中央高校基本科研业务费专项资助项目（项目编号：201462007）

Marine Fishes of China

中国海洋鱼类

陈大刚　张美昭　编著

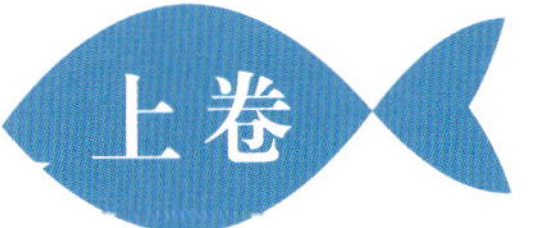

中国海洋大学出版社
·青岛·

图书在版编目（CIP）数据

中国海洋鱼类 / 陈大刚，张美昭编著. —青岛：中国海洋大学出版社，2015.12（2021.5重印）

ISBN 978-7-5670-1065-9

Ⅰ. ①中… Ⅱ. ①陈… ②张… Ⅲ. ①海产鱼类—中国 Ⅳ. ①Q959.4

中国版本图书馆CIP数据核字（2015）第306035号

出 版 人 杨立敏
出版发行 中国海洋大学出版社
社 址 青岛市香港东路23号 266071
网 址 http://pub.ouc.edu.cn
订购电话 0532-82032573（传真）
责任编辑 魏建功 孙玉苗 董 超
电子信箱 wjg60@126.com
整体装帧 济南海讯图文有限公司
印 制 青岛国彩印刷股份有限公司
版 次 2015年12月第1版
印 次 2021年5月第2次印刷
成品尺寸 210 mm × 297 mm
印 张 137.25
字 数 1 842千
图 片 3 200幅
定 价 999.00元（全三卷）

前 言

小时候，我就喜欢看画有鱼的书。长大后，有缘学习鱼类学，接触鱼类世界，便希望能写一本关于鱼的书。在过去的半个多世纪里，我踏遍祖国的万里海疆，又在鱼类学教学和标本室建设中“结识”了上千种鱼。只是在那物质贫乏的年代里，尽管有那么多鲜艳夺目、活蹦乱跳的鱼儿近在眼前，但常常连拍张黑白照片都是奢望。也因为后来专业变化、工作繁忙，写书始终未能如愿。前几年退休了，作为自由人，我重温了孩提时代的梦想、年轻时的心愿，又添了一份上了年纪人的寄托。几番思量、几经斗争之后，终于鼓起勇气和合作者一起提笔编写这本书。其意在告诉同志者和后辈：作为世界海洋生物多样性最高的国家之一，我国蔚蓝海洋里生活的那么多鱼族，需要人们更多地去研究、关爱和保护，不能再过度利用了！

这里我深深怀念恩师——邹源琳教授和王贻观教授，是二位恩师引导我走上鱼类学和资源学的教学、研究道路。怀念朱元鼎、张春霖、成庆泰、李思忠等我国老一辈鱼类学家，感谢他们为我国鱼类学发展做出不可磨灭的贡献！感谢伍汉霖、张春光、刘静、高天翔等正在从事鱼类学研究的学者，是他们为推进我国鱼类学发展而不懈努力！我特别感谢台湾大学沈世杰教授、邵广昭教授对台湾鱼类所做全面系统的研究和丰富我国海洋鱼类多样性所做的贡献！十分感谢日本益田一、尼岡邦夫、中坊徹次等鱼类学同行对日本及邻近海域鱼类的深入研究，给我们以启迪和借鉴。同时，我还要感谢中国水产科学院黄海水产研究所唐启升院士、雷霁霖院士和中国科学院海洋研究所杨纪明研究员给予的热情鼓励与支持。我深刻认识到如没有国内外同行的研究基础与支持帮助，要完成这本书是不可能、也是不可想象的。

张安琪为本书搜集部分资料并绘图。

由于一些“疑难”种类未获标本核校，一些种类也没能取得原色图照，以及限于编者水平，不妥之处在所难免，恳请斧正，至为感谢。

陈大刚于梦中三牧坊

2015年10月

Preface

When I was a little boy, I loved reading books with pictures of fishes. As I grew up, I was lucky enough to major in ichthyography, which opens the door for me to get into contacting with the world of fishes. So I felt an overwhelming desire to write a book about fishes. Over the past fifty years, I have made trips to China' s vast oceans and got acquainted with thousands of fishes in the process of teaching and setting up the specimen room. In those years of material deprivation, although many attractively bright–colored and lively fishes were swimming in front of me, it was a luxury even to take a black–and–white picture of them. Afterwards, I changed my major and got really busy with my work, so my desire to write the book was not achieved. A few years ago, I got retired and had much spare time. I reminded myself of my childhood dream, youthful desire and present hope. After much thinking and repeatedly struggling with myself, I finally took heart and wrote this book with Zhang Meizhao. It is hoped that those with an interest in marine fishes and younger generations, by reading the book, could realize that China is one of the countries with the richest variety of marine life and fishes living in the blue oceans need to be further studied, cared and protected rather than overfished.

I wish to take this opportunity to express my most profound appreciation to my mentors, Professor Zou Yuanlin and Professor Wang Yiguan, who led me onto the road of teaching and doing research on ichthyography and resource science. I am also deeply obliged to the elder generation of ichthyologists including Zhu Yuanding, Zhang Chunlin, Cheng Qingtai and Li Sizhong for their indelible contributions to our country' s ichthyologic development. Thanks are also due to scholars engaged in ichthyologic researches, in particular Wu Hanlin, Zhang Chunguang, Liu Jing and Gao Tianxiang, who are making constant efforts to push forward China' s ichthyologic development. A special word of appreciation should go to Professor Shen Shijie and Professor Shao Guangzhao of Taiwan University for their contributions to the comprehensive and systematic study on Taiwan' s fishes and increased recognition of China' s variety of marine fishes. I am very grateful to Japanese ichthyologists Hajime Masuda, Kunio Amaoka and Tetsuji Nakabo for their intensive studies on marine fishes in Japanese and neighboring sea areas, which are illuminating and referable for us. This book has been made possible by the warm encouragement and support from Academician Tang Qisheng and Academician Lei Jilin of Yellow Sea Fisheries Research Institute of Chinese Academy of Fishery Sciences as well as research scientist Yang Jiming of Institute of Oceanology of Chinese Academy of Sciences. I firmly believe it would be impossible and unimaginable to finish this book without the help and support from fellow ichthyologists both at home and abroad.

Zhang Anqi collected part of data and drew pictures for this book.

Due to the lack of specimens of rare and unidentified species, unsuccessful acquirement of some pictures in original colors and limited academic abilities of the writers, mistakes must be unavoidable in the book. We would be very grateful if readers point them out.

Chen Dagang at San Mufang

2015.10

说 明

1. 本书编写的背景

解读我国面前这片蔚蓝海洋，生物多样性是其中最重要内容之一。全球海洋生物多样性十年普查表明，中国海域是世界生物多样性最高的地区之一。但作为海洋生物主要门类——鱼类的生物多样性究竟如何？它的种类、形态和分布如何？我们又如何去认识它呢？

我国有关鱼类方面较系统的研究起始于20世纪50年代初期。在张春霖、朱元鼎、成庆泰等先生的领导下，我国开展了黄渤海、东海、南海的渔业资源调查，先后出版了《黄渤海鱼类调查报告》（1955）、《东海鱼类志》（1963）、《南海鱼类志》（1962）和《南海诸岛海域鱼类志》（1979），为我国海洋鱼类多样性研究奠定了坚实的基础。但毕竟当时的条件有限，介绍种类偏少，如《黄渤海鱼类调查报告》仅收录201种，《南海诸岛海域鱼类志》亦仅报告521种（而据我国台湾学者调查，仅南沙太平岛海域鱼类就达500种）。“文革”期间，我国中断了对海洋鱼类的系统研究。改革开放后为了科研、教学需要，郑葆珊、成庆泰牵头组织全国有关专家出版了《中国鱼类系统检索》（1987）。但也由于条件所限，纳入该书的海洋鱼类只有1600余种。时至1994年，陈大刚参加日本文部省项目“中日渔业比较研究”并承担“中日鱼类多样性的比较研究”，其报告收录的中国海洋鱼类达3046种。

应该指出，我国历来是重视生物多样性研究的。早在1963年中国科学院就启动了《中国动物志》鱼类分卷的编写。因工作量太大，老一代鱼类学家又先后辞世，年轻后继力量薄弱，以致虽有《中国动物志 圆口纲 软骨鱼纲》《中国动物志 硬骨鱼纲 鲽形目》《中国动物志 硬骨鱼纲 鲟形目 海鲢目 鲱形目 鼠鱚目》《中国动物志 硬骨鱼纲 银汉鱼目 鳉形目 颌针鱼目 蛇鳚目 鳕形目》《中国动物志 硬骨鱼纲 鳗鲡目 背棘鱼目》等分卷于1995年始先后出版，但巨口鱼目、鲻形目以及鲈形目的许多重要亚目等分册还没面世。并且早期出版的卷本如今来看，种类已明显不足，需要修订。

近年我国海洋生物多样性研究有了可喜的进展。刘瑞玉院士主编的《中国海洋生物名录》（2008）收录鱼类3200多种。黄宗国、林茂主编的《中国海洋物种多样性》（2012）收录鱼类3700

多种，《中国海洋生物图集》（2012）第八册刊印有鱼类900多种。2013年，孙典荣、陈铮主编的《南海鱼类检索》（上册）以及刘敏、陈晓、杨圣云的《中国福建南部海洋鱼类图鉴》（一）等专著出版。

我国台湾学者沈世杰教授等对我国台湾邻近海域开展了十分系统的研究，先后出版了《台湾鱼类检索》（1984）、《台湾鱼类志》（1993）、《台湾近海鱼类图鉴》（1984）、《台湾鱼类图鉴》（2011）等专著，很大程度上丰富了我国海洋鱼类多样性的记录。

日本也是全球海洋生物多样性最高的国家之一。同时，又是对本国及邻近海区的海洋鱼类进行最全面系统研究的国家。松原喜代松编写的《魚類の形態と検索》（1955），当时在世界上有一定影响。蒲原稔治的《原色日本魚類図鑑》（1961），到1980年已再版27次。尼岡邦夫等的《図鑑北日本の魚と海藻》（1983）、益田一等的《日本産魚類大図鑑》（1984）、尼岡邦夫等的《九州-パラオ海嶺ならびに土佐湾の魚類》（1982）、尼岡邦夫等的《東北海域・北海道オホーツク海域の魚類》（1983）、山田梅芳等的《東シナ海・黄海のさかな》（1986）、阿部宗明的《魚大全》（1995）等著作都刊印有精美原色彩图。中坊徹次编写了《日本産魚類検索》（1993），以图解形式检索鱼种。

韩国学者金益秀等出版了《原色韓國魚類大圖鑑》（2005）等。

上述背景启示，一个海洋国家或海洋发达地区应该有自己系统的、不同版本的鱼类学、鱼类图谱及与之配套的检索专著。

2. 本书编写的性质与定位

本书以原色图为主体，以系统分类检索为手段，试图建立起从“名录”到“志”的平台，架起“名录”到“图鉴”间的桥梁，成为向读者全面介绍分布于中国海洋中的鱼类（包括圆口类）的种类和简明形态特征的生物学基础性专著；同时，又是物种查询和鉴定的工具书；从而为水产、生物等专业的本科生、研究生和海洋调查监测人员提供一部较系统的工具书和教学参考用书，为鱼类学、水产学、海洋环境科学研究人员提供一本记述我国海洋鱼类较全面的分类参考书。

3. 中国海洋鱼类多样性特征

我国是世界海洋鱼类生物多样性最丰富的国家之一，海洋鱼类总数达3700余种[13]。我国海洋鱼类以浅海暖水性种类居优势，暖温性种类占较高比重，并有一定数量的冷温性种类。但我国缺少马舌鲽*Reinhardtius hippoglossides*、小眼天翁鳕*Albatrossia pectoralis*之类真正冷水性种类；缺少蛇鳚科Ophidiidae的一些深海种、长尾鳕科Macroridae的深渊鱼类及东太平洋的无须鳕*Merluccius*或该海区习见的拟蟾鱼*Porichthys*等。从渔业资源角度，我国海域较缺乏世界渔业最多产的鳀、鲱、鳕、鲽的种群资源，目前白鲟*Psephurus gladius*或大黄鱼*Pseudosciaena crocea*等中国海域特有种或种质几近灭绝，或资源已严重衰退。

4. 中国海洋生物多样性的海洋学特点

我国海域广阔，地跨热带、亚热带和温带，包括沿岸河口内湾到大陆架浅海，以至于冲绳海槽边缘、南海海盆，拥有不同性质、错综复杂的地形地貌与底质。南海暖流、黑潮暖流及其分支台湾暖流、对马暖流和太平洋–印度洋贯穿流强化了我国海域生物与北太平洋及印度洋生物的交流。并在与中国沿岸流、季风流的交互作用下，东海、南海出现局部涌升区和黄海冷水团盘踞。于是复杂的海洋学多样性，孕育了中国海洋生物的高度多样性与地域特征（附图）。

附图 中国海冬季海流分布图（依刘瑞玉，2008）

5. 中国海洋鱼类区系性质

生物与环境交互作用的重要生态学特征是生物区系的形成。在不同气候带、栖息生境和海洋学条件的综合作用下，我国大致形成了以长江口以南的印度–太平洋暖水性鱼类区系为主体和以长江口以北的太平洋温水性鱼类区系为主要组分的性质不同的两大鱼类区系。一切海洋生命现象，包括生物生产过程都遵循该区系的生态规律而运转。

6. 检索表及其编制

检索表是以一组组相对立的生物性状特征的梯级逻辑排列，达到帮助读者简便识别物种的目的。因此，简约和特征突出是编写检索表的精髓和基本要求。但鉴于生物形态结构的复杂性，甚至连同种的不同性别或不同发育阶段的个体也存有很大差异，以致靠一组组对立的性状表征，往往难以识别。故依靠检索表查定的生物名称，在一定程度上只能说是参考名称，分化较浅的物种或分类隶属变动较大的种类更是如此。这就要求读者做迂回比较，并对照原色图和形态特征记述，以期检索正确。若目标种类仍难以确认，希望读者再查阅相关鱼类志或论文报告的详细描述，以减少鉴定错误。

本书检索表编制，系采纳Nelson J S（2006）分类系统，考虑到使用习惯与衔接，在目、亚目和科一级检索主要维持成庆泰《中国鱼类系统检索》（1987）框架，科以下分类参考中坊徹次《日本産魚類検索》（1993）进行编写。对于已出版鱼类志的类群则多依鱼类志检索表，穿插新增种类条目。对于笔者掌握分类信息不足的个别鱼类，为避免出错，只作简介和附图而未编入检索表。

对于检索表的使用，基于本书检索表系采用以“目”为单元编写，故读者通常根据对拟检索标本的判断，直接找相应的目开始检索。因在表右边设有“科”一级代表简图，读者也可按对该科特征的识别，直接插入科进行检索。对于种类最多的鲈形目，为避免表列冗长，改以“亚目”为单元列表。其中鲈亚目又因有鮨科、天竺鲷科、雀鲷科等大型科属，故在“亚目”表中，又设立科分表，以供查检。为了便于读者使用，本书检索表采用双码编写，即在表左侧的序码中设有红色数码，供读者回溯使用；在表右侧的种名之后附有绿色数码，为该鱼在本书中的序号。读者可据序号查找图照和简介，识别拟检索标本种类。

7. 关于参考文献

鱼类学文献浩如烟海。基于本书不是研究型专著，故除笔者相关论文外，一般都只引列主要参考文献。读者如有兴趣或需要，可从相关鱼类志或论文报告的参考文献中查阅，本书不再罗列。参考文献排序主要依书中引列顺序，而非依著者或中外文献排序。

总目录

上卷

无颌鱼形动物

有颌鱼类

中卷

下卷

上卷目录

无颌鱼形动物

有颌鱼类

无颌鱼形动物

无颌总纲 AGNATHA

无颌鱼形动物是一类最古老的脊椎动物，发生于距今5亿年前后的奥陶纪，在演化史中曾经繁盛过，后来在生存竞争中大量灭绝了。因此，如今生存的少数种类，只是古老无颌类的孑遗。无颌鱼形动物是以无上颌和下颌、无腹鳍、无椎体、体鳗形（现生种）、外骨骼发达（灭绝种）为特征的鱼形动物。全球现生海洋种类仅有4科79种，我国有2科15种。

盲鳗纲 MYXINI

盲鳗纲动物体鳗形，只有1个半规管。外鼻孔1个，开孔于吻端。口纵裂状，有口须。眼无晶状体，视神经萎缩成盲。鳃囊状，5～15对。无背鳍，有尾鳍。该纲仅有1目1科，全球有7属70种，我国有3属13种。

1 盲鳗目 MYXINIFORMES

盲鳗目一般特征同纲。

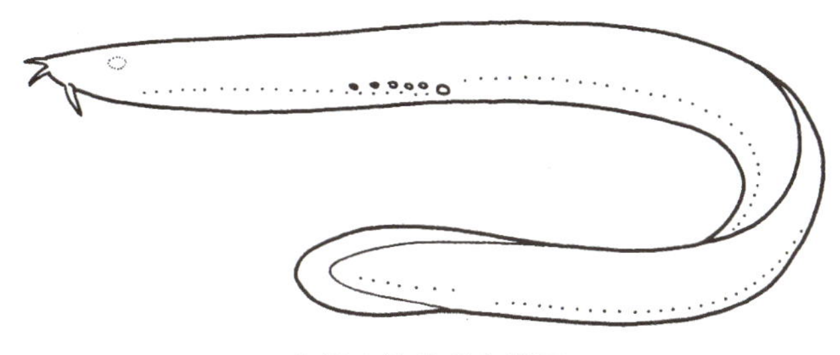

盲鳗目物种形态简图

(1) 盲鳗科 Myxinidae

盲鳗科物种体鳗形，无背鳍。眼退化。口缘有须，口腔左、右各有1行齿，其内侧2~3枚齿基部愈合，舌上具齿。肛门位于体末端。肠无螺旋瓣。

盲鳗科的属、种检索表

1a 50%以上的鳃孔内侧无黏液孔，鳃孔间距小……（4）
1b 50%以上的鳃孔内侧有黏液孔，鳃孔间距大……黏盲鳗属 *Eptatretus*（2）
2a 体背中线白色；外鳃孔6对……蒲氏黏盲鳗 *E. burgeri* [1]
2b 体背中线与体色一致；外鳃孔5对或8对……（3）
3a 体紫黑色；外鳃孔8对……紫黏盲鳗 *E. okinoseanus* [2]
3b 体粉红色；外鳃孔5对……红身黏盲鳗 *E. rubicundus* [3]
4-1a 鳃孔1对；齿式（8~12）+3/2+（8~12）……台湾盲鳗 *Myxine formosana* [10]
4b 外鳃孔至少4对……副盲鳗属 *Paramyxine*（5）
5a 外鳃孔4对，排列成堆状……纽氏副盲鳗 *P. nelsoni* [4]
5b 外鳃孔5对或6对……（6）
6a 外鳃孔6对……（8）
6b 外鳃孔5对……（7）
7a 外鳃孔排列成堆状，齿式（6~8）+3/2+（6~8）……杨氏副盲鳗 *P. yangi* [5]
7b 外鳃孔排列成直线，齿式（9~11）+3/2+11……陈氏副盲鳗 *P. cheni* [6]
8-6a 外鳃孔排列成直线，齿式11+3/3+10……沈氏副盲鳗 *P. sheni* [7]
8b 外鳃孔排列成2列，或不甚规则……（9）
9a 体侧黏液孔1列；齿式（6~8）+3/2+（6~7）……台湾副盲鳗 *P. taiwanae* [8]
9b 体侧黏液孔2列；齿式（10~13）+3/2+（10~13）……热海副盲鳗 *P. atami* [9]

1 蒲氏黏盲鳗 *Eptatretus burgeri*（Girard，1855）

本种体鳗形。口圆形，端位，具短须。眼退化，埋于皮下。分泌黏液多。体黄褐色，以鱼体背中线处具1条白色纵带为特征。栖息水深达200 m。肉食性，营寄生生活。繁殖期在秋、冬季，亲鱼游向深水产卵。卵粒大，长椭球形，附着于海藻、礁石上发育。分布于我国台湾东北海域、黄海南部、东海，以及日本南部海域。在江苏海域底拖网、延绳钓渔获中偶见。体长为40～60 cm。肉可食。鱼体含有一种芳胺类物质，即黏盲鳗素，对心脏有刺激起博等作用[10]。

注：该图由王春生研究员提供。

2 紫黏盲鳗 *Eptatretus okinoseanus*（Dean，1904）[38]

本种形态特征与蒲氏黏盲鳗十分相似。以外鳃孔8对，体紫黑色以及眼表皮、外鳃孔和腹侧正中皮褶白色与蒲氏黏盲鳗相区别。生态习性亦相似，只是栖息水深200～600 m。分布于我国南海北部、东海，以及日本南部海域。体长为60～80 cm。

3 红身黏盲鳗 *Eptatretus rubicundus* Kuo，Lee et Mok，2010[37]

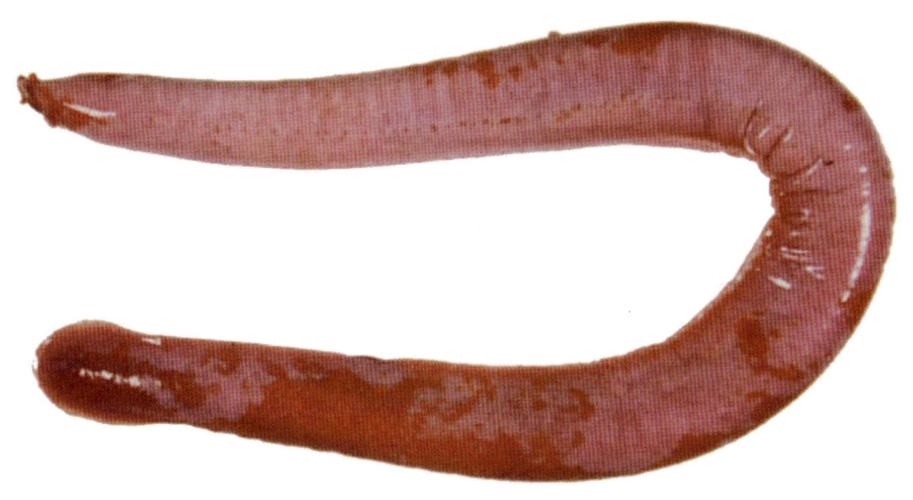

本种体鳗形，较粗壮。鼻管末端有1对小瓣膜。无眼点。体全身粉红色，背中线处无白色纵带。具5对外鳃孔，与鳃区黏液孔均呈一直线排列。黏液孔多达100～102个（鳃孔前有16～17个，鳃孔上有3～4个，躯干部有62个，尾部有19个）。口漏斗状，外缘具3枚多尖齿和7枚单尖齿，内缘具2枚多尖齿及7枚单尖齿。分布于我国台湾海域。

4 纽氏副盲鳗 *Paramyxine nelsoni* Kuo，Huang et Mok，1994[37]

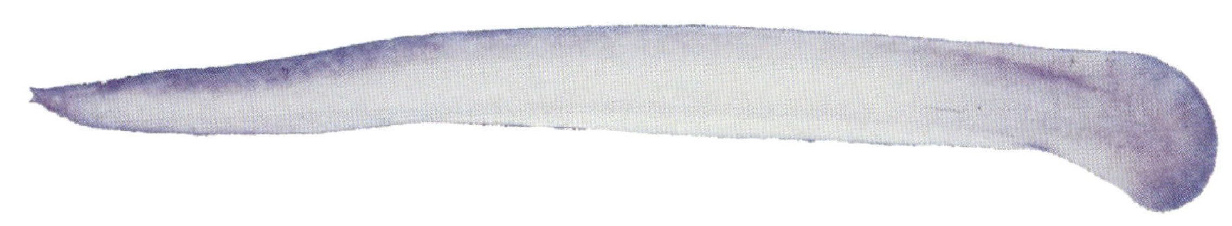

本种体细长。眼退化，埋于皮下。口漏斗状，有口须。鳃孔每侧4个，呈堆状。每个鳃孔周缘均呈白色。左侧最后鳃孔扩大。鳃孔前有黏液孔19个，鳃孔上无黏液孔，躯干部有黏液孔35个，尾部有黏液孔8个。齿式8+3/2+7。为深水半寄生种。分布于我国台湾海域。体长20 cm左右。

5 杨氏副盲鳗 *Paramyxine Yangi* Teng，1958[40]

本种体鳗形。外鳃孔每侧5个，相互接近，不规则地排成一堆。鳃孔前有黏液孔16～23个，鳃孔上无黏液孔，躯干部有黏液孔42～47个，尾部有黏液孔8～11个。齿式（6～8）+3/2+（6～8）。体灰褐色，腹部灰色。生态习性与热海副盲鳗相似，肉食性，营寄生生活。但分布海区较浅，栖息水深20～50 m。目前据报道，其分布只限于我国台湾海域。渔民以拖网捕获。肉可食用。体长30 cm左右。

6 陈氏副盲鳗 *Paramyxine cheni* Shen et Tao，1975[37]

本种体鳗形。眼已退化，埋于皮下。口漏斗状，口缘有须。鳃孔每侧5个，呈直线排列。各鳃孔间距离短。鳃孔前有26个黏液孔，鳃孔上无黏液孔，躯干部有45～47个黏液孔，尾部有7～8个黏液孔。齿式（9～11）+3/2+11。体呈暗灰色。为深水半寄生种。分布于我国台湾海域。体长16 cm左右。

7 沈氏副盲鳗 *Paramyxine sheni* Kuo，Huang et Mok，1994[37]

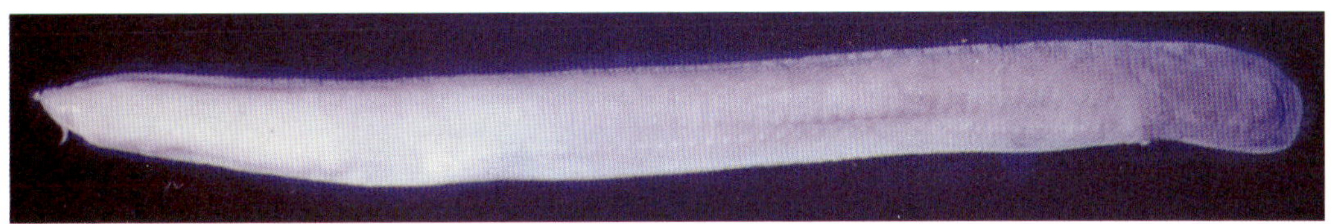

本种体细长似鳗。眼退化，埋于皮下，眼点较明显。口漏斗状，周缘具须。鳃孔每侧6个，呈直线状紧密排列。每个鳃孔周边均有白环。鳃孔前有13～18个黏液孔，鳃孔上有0～2个黏液孔，躯干部有39～46个黏液孔，尾部有8～12个黏液孔。齿式11+3/3+10。体略带褐色。为深水半寄生种。分布于我国台湾海域。体长45 cm左右。

8 台湾副盲鳗 *Paramyxine taiwanae* Shen et Tao，1975[37]

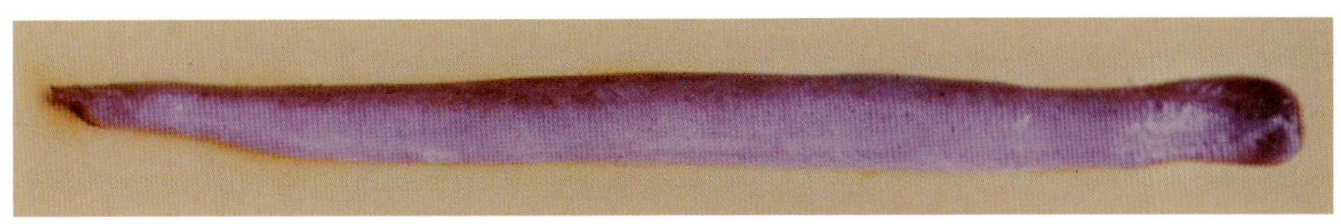

本种体细长似鳗。眼退化，埋于皮下。口漏斗状，周缘有须。鳃孔每侧6个，排列成2列，有的不甚规则。鳃孔前有16～19个黏液孔，鳃孔上无黏液孔，躯干部有36～42个黏液孔，尾部有6～9个黏液孔。齿式（6～8）+3/2+（6～7）。体淡红褐色，背缘褐色。为深水半寄生种。分布于我国台湾海域。

9 热海副盲鳗 *Paramyxine atami* Dean，1904[39]

本种体鳗形。和蒲氏黏盲鳗相似，鳃孔亦为6对，但外鳃孔相互靠近，并呈两列不规则排列。齿式（10～13）+3/2+（10～13）。从头部到尾部腹面并排有两列黏液孔，能分泌大量黏液。体茶褐色，外鳃孔周缘白色。分布于黄海南部海域，以及日本青森以南海域。日本曾以盲鳗笼捕获，在我国仅偶见于荣成一带拖网渔获，现资源已枯竭。本种产卵期为4～8月份；怀卵量少，为15～30粒。卵径为25～26 mm；卵两端密生附着丝。属肉食性，以其他鱼类和底栖动物为食。体长50 cm左右。肉可食，皮可制革[39]。

10 台湾盲鳗 *Myxine formosana* Mok et Kuo，2001[37]

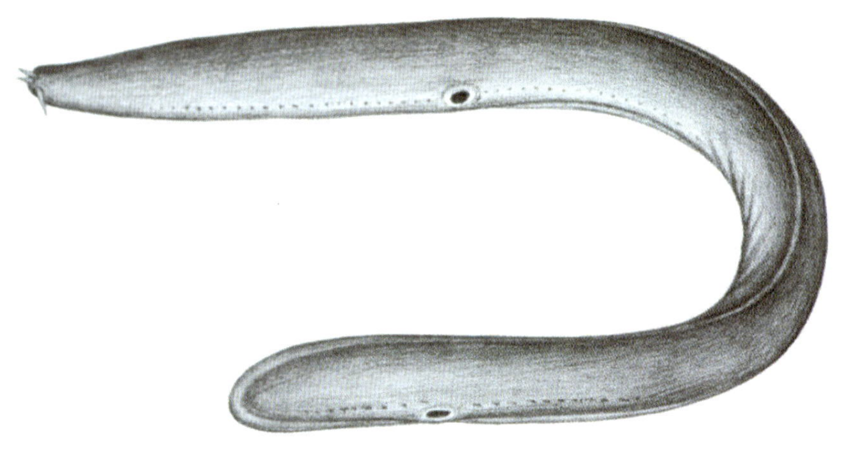

本种体鳗形。眼退化。外鼻孔1个，开口于吻端。口漏斗状，口缘有短须。每侧1个鳃孔，常具白缘。鳃囊5个。鳃孔前有26～32个黏液孔，鳃孔上无黏液孔，躯干部有54～58个黏液孔，尾部有14个黏液孔。齿较多，齿式（8～12）+3/2+（8～12）。体暗灰色。为半寄生深水种。分布于我国东海、台湾海域。体长70 cm左右。

▲ 本科我国尚有怀氏副盲鳗*P. wisneri*等3种，多分布于我国台湾海域。可查考沈世杰等《台湾鱼类图鉴》（2011）[9, 35]。

头甲纲 CEPHALASPIDOMORPHI

4亿年前（志留–泥盆纪）的头甲纲鱼形动物，其头和躯干前部为坚硬的头甲所覆盖，其外形与现今的七鳃鳗差异甚大，故有的学者（如Romer，1966）曾把七鳃鳗和盲鳗归为一类，称圆口纲[21、22]。《中国动物志 圆口纲 软骨鱼纲》（2001）也使用"圆口纲"这一名称[4A]。但七鳃鳗已经有2个半规管；有1个中鼻孔开口于两眼之间；有2个背鳍。七鳃鳗与盲鳗有重大差别，因而分立出来并归于头甲纲。现生种只有1目3科10属38种，内含淡水种29种[3]，在我国海区仅有1科1属2种。

2 七鳃鳗目 PETROMYZONIFORMES

七鳃鳗目一般特征同纲。

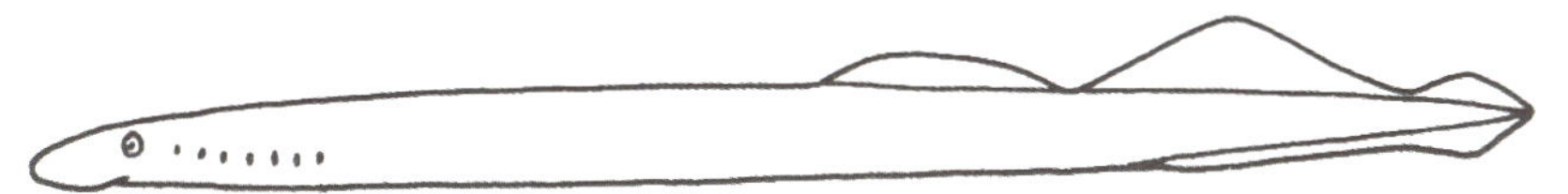

七鳃鳗目物种形态简图

(2) 七鳃鳗科 Petromyzontidae

本科物种口圆，呈吸盘状，周缘有穗状突起，位于头部腹面。无口须。背鳍2个。成鱼眼发达。鼻囊只有1个，外开孔，不与咽腔相通。在我国海区仅分布有七鳃鳗属的日本七鳃鳗和雷氏七鳃鳗。

七鳃鳗属的种检索表

1a 两背鳍分离；上口齿板齿大、锐尖；尾鳍褐色或黑色……日本七鳃鳗 *Lampetra japonica* [11]

1b 两背鳍连续；上口齿板齿大、钝尖；尾鳍色淡……………………雷氏七鳃鳗 *L. reissneri* [12]

[11] 日本七鳃鳗 *Lampetra japonica*（Martens，1868）[41]

= 日本叉牙七鳃鳗 *Lethenteron japonicum*

本种体鳗形。口腹位，呈吸盘状，周缘具穗状突起。眼发达，位于头前部。鳃孔7对，位于眼后，故又有“八目鳗”之称。两背鳍略分离，第2背鳍较高而长，末端附近呈黑色。尾鳍矛状，褐色或黑色。体青绿色，腹部浅黄色或灰白色。为洄游性鱼形动物。其幼体至成体栖息于海中，营半寄生生活。性成熟个体于冬季上溯至河口，翌年5～6月在河中筑巢产卵，每次产8万～10万粒，卵黏附于沙砾上发育。亲体产卵后死亡。体长为50～60 cm。肉美味，曾经是俄罗斯远东捕捞对象。分布于我国的黑龙江、图们江流域，偶见于鸭绿江口及江苏近岸水域[10, 39]；以及日本海。

12 雷氏七鳃鳗 *Lampetra reissneri*（Dybowski，1869）[38]

= 雷氏叉牙七鳃鳗 *Lethenteron reissneri*

本种形态特征与日本七鳃鳗相似，只是吻较宽短，上口齿板齿钝尖，两背鳍连续，尾鳍色较淡。其生态习性仍不甚明了。孟庆闻等（1995）、尼科尔斯基（1960）、朱元鼎等（2001）都认为其是不进行洄游的淡水种类，并有在兴凯湖等繁殖的具体报告[2、4A、42]。而中坊徹次（1993）、刘瑞玉（2008）明确其为江海洄游种类[12、36]。益田一（1984）记述其幼体从夏到冬完成变态，随后降海潜泥底生活；翌春产卵。体长可达20 cm，但以小型个体较多见[38]。分布于我国黄海北部、黑龙江、松花江、图们江流域[90]，以及日本海等。可作钓饵，无食用价值。

有颌鱼类

GNATHASTOMATA

软骨鱼纲、辐鳍鱼纲

有颌鱼类为脊椎动物多分支演化的类群。开始有了真正的上、下颌。多数种类具胸鳍和腹鳍。内骨骼发达，成体脊索退化，具脊椎骨，很少有骨质外骨骼。内耳有3个半规管。原始有颌鱼类出现于4.2亿年前的中志留纪。

有颌鱼类包括盾皮鱼纲Placodermi、软骨鱼纲Chondrichthyes、棘鱼纲Acanthodii、辐鳍鱼纲Actinopterygii和肉鳍鱼纲Sarcopterygii。其中盾皮鱼纲和棘鱼纲已经灭绝，而肉鳍鱼纲指总鳍类Coelacanthimorpha和肺鱼类Dipnoterapodomorpha，在我国没有分布。全球现生有颌鱼类约27 870种，其中淡水种类为11 920左右[3]，是脊椎动物中最大的类群。我国海洋鱼类有3 700余种[13]，其中许多种类是海洋渔业的主要捕捞种类和海水养殖对象，有着重要的经济价值。

软骨鱼纲 CHONDRICHTHYES

软骨鱼纲物种因为有上、下颌，口可启闭，故属有颌类，为真鱼。又因它终生具有软骨并常已钙化，但不是硬骨化，所以称为软骨鱼类。其古老类型出现很早，保存完好的化石种存在于泥盆纪。到古生代末的石炭纪至中生代侏罗纪、白垩纪，软骨鱼类中的不同种类曾先后繁盛过。对于软骨鱼类的祖先如今虽有研究，但仍不清楚。软骨鱼类的主要演化谱系有二支，即全头类Holocephalans和板鳃类Elasmobranchs。而Schaeffer（1981）认为全头类是较原始的一支[3]。全球有970种[3c]。

全头亚纲 HOLOCEPHALI

本亚纲物种以膜质鳃盖覆盖4个鳃裂，以至每侧只有1个鳃孔。颚方软骨与颅骨愈合（全接式）。鳃腔集中于脑颅下方，无喷水孔，无泄殖腔，皮肤裸露无鳞，是一群十分特化的软骨鱼类。发生于上泥盆纪，但现生种类仅1目。

3 银鲛目 CHIMAERIFORMES

本目物种体延长，向后渐细小。头侧扁，口腹位。吻钝或延长或尖突或呈扁平叶状。雄鱼除拥有鳍脚外，尚有腹前鳍脚和额鳍脚。卵大。全球有3科6属33种，我国有2科3属6种。

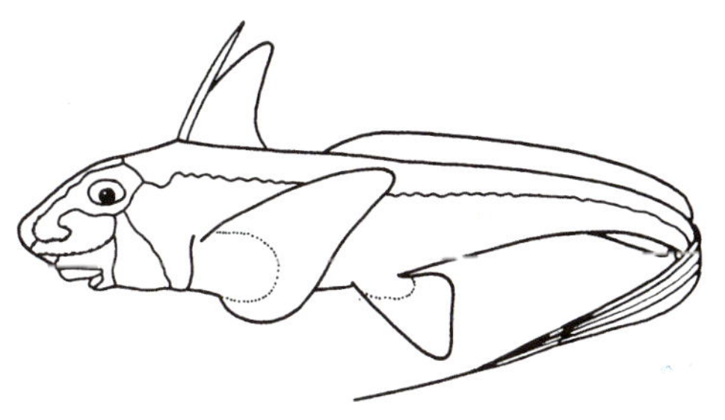

银鲛目物种形态简图

银鲛目的科、属、种检索表

1a 吻长而尖；雄性交尾器不分支，呈棒状
……………………………………………长吻银鲛科 Rhinochimaeridae（5）

1b 吻短，圆锥形；雄性交尾器末端分2支或3支
……………………………………………………银鲛科 Chimaeridae（2）

2a 臀鳍与尾鳍下叶有一缺刻相隔………………………………黑线银鲛 *Chimaera phantasma* 13

2b 臀鳍消失或与尾鳍下叶连续 ……………………………………………兔银鲛属 *Hydrolagus*（3）

3a 臀鳍与尾鳍下叶连续…………………………………………………………奥氏兔银鲛 *H. ogilbyi* 16

3b 无臀鳍…………………………………………………………………………………………（4）

4a 第1背鳍鳍棘后缘光滑；雄鱼交尾器分3支…………………………紫银鲛 *H. purpurescens* 15

4b 第1背鳍鳍棘后缘锯齿状；雄鱼交尾器分2支……………………箕作兔银鲛 *H. mitsukurii* 14

5-1a 吻基部近侧扁，吻长小于头长的2倍；尾鳍上叶具小棘
……………………………………………………………太平洋长吻银鲛 *Rhinochimaera pacifica* 17

5b 吻平扁，吻长大于或等于头长的2倍；尾鳍上叶无小棘…………非洲长吻银鲛 *R. africana* 18

（3）银鲛科 Chimaeridae

本科物种体延长，侧扁形，向后渐细小。尾尖长。吻短且呈圆锥形，不延长突出。鼻孔腹位，具口鼻沟。唇褶发达。颌齿愈合成齿板。胸鳍宽大，位低。第1背鳍具粗大硬棘，第2背鳍低而延长。雄性鳍脚两叉形或三叉形，尚有额鳍脚。全球有3属27种，我国有2属4种。

简图同目。

13 黑线银鲛 *Chimaera phantasma* Jordan et Snyder，1900[15]

本种头高而侧扁。体侧扁，延长，向后细小。尾呈鞭状。雄性的眼前上方具一柄状额鳍脚，腹鳍内侧具一三叉形鳍脚。吻短。口横裂。上颌前齿板喙状；侧齿板宽大，呈三角形。背鳍2个，以低鳍膜相连，第1背鳍具一扁长硬棘。臀鳍低平，后端尖突，与尾鳍下叶分隔处有一缺刻。侧线小波曲状。体银白色，头上部、第1至第2背鳍上部、背侧上部褐色。侧线下方，胸鳍、腹鳍间有一黑色纵带。属冷温性较深水分布种，栖息水深90～500 m。冬季向近海洄游。卵生，卵大且呈纺锤形。主食软体动物。分布于我国东海、黄海、台湾海域，以及日本北海道以南海域、朝鲜半岛西南部海域。全长可达1 m。

14 箕作兔银鲛 *Hydrolagus mitsukurii*（Jordan et Snyder，1904）[38]

=冬银鲛

本种为兔银鲛属鱼类，以臀鳍缺失与银鲛属鱼类相区别。上颌具6枚齿板。第1背鳍鳍棘后缘呈锯齿状，其长度几乎与头长相等。头前部高耸。尾鳍丝状部显著比头长。雄鱼交尾器分2支。体褐色，腹部色略浅，各鳍呈褐色。体侧具若干与侧线平行的浅色纵带。栖息水深600 ~ 900 m。分布于我国东海、南海，以及日本南部海域、冲绳海槽。全长58 ~ 85 cm。

15 紫银鲛 *Hydrolagus purpurescens* Gilbert，1905 [38]

本种无臀鳍。尾鳍下叶前无缺刻。头前部缓尖。第1背鳍鳍棘后缘光滑。尾鳍丝状部较短。侧线有小波纹状弯曲，但侧线上部无短横带。雄鱼交尾器分3支。体褐色，略带紫色，无斑点。栖息水深1 120 ~ 1 920 m。分布于我国南海，以及日本岩手海域、美国夏威夷海域等。全长80 cm左右。

16 奥氏兔银鲛 *Hydrolagus ogilbyi*（Waite，1898）[40]

= 曾氏兔银鲛 *H. tsengi*

本种有低平臀鳍，并与尾鳍下叶相连，无缺刻。侧线波纹状。侧线上方具许多短横纹。体淡褐色，腹部色浅。背部有一宽纵带。侧线灰色，各鳍略呈褐色。为海洋底栖鱼类，栖息水深120～350 m。游泳能力弱，以小型底栖动物为食。偶见于底拖网渔获。该鱼背鳍硬棘中空，具毒腺。分布于我国黄海、东海、南海、台湾海域，以及日本南部海域、澳大利亚海域、印度–西太平洋。全长75～95 cm。

（4）长吻银鲛科 Rhinochimaeridae

本科物种体延长，尾细长。吻甚长，近侧扁或平扁，吻突尖。头腹面、鼻孔前无侧线沟环绕。口小，腹位。齿冠面通常平滑。第1背鳍鳍棘末端不连背鳍。雄性鳍脚呈棒状，不分叉。额鳍脚腹面有10个以上钩刺。全球有3属8种，我国有1属2种。

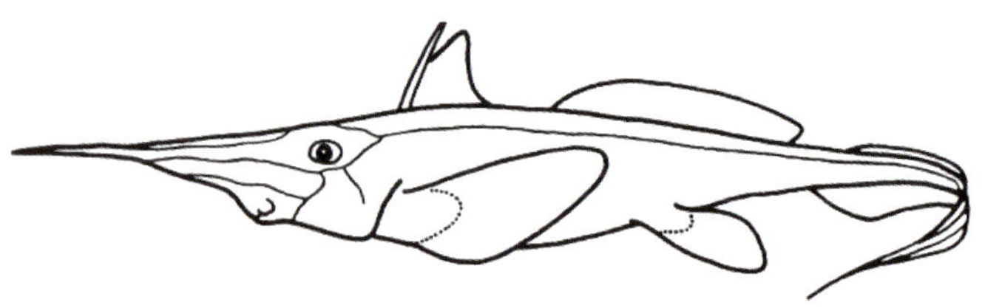

长吻银鲛科物种形态简图

17 太平洋长吻银鲛 *Rhinochimaera pacifica*（Mitsukuri，1895）[19]

本种吻尖长，呈剑状，基部近侧扁。口小，横裂，有齿板3对。躯体侧扁，延长。无臀鳍。雄鱼交尾器棒状。尾鳍上叶为肉质，其边缘有1列30～50个齿状突起。侧线几乎平直。体与各鳍均为黑褐色。为深海底层鱼类，通常栖息水深750～1 100 m。卵生。分布于我国东海、南海，以及日本北海道以南海域、新西兰海域、秘鲁海域等。全长可达1.3 m。

18 非洲长吻银鲛 *Rhinochimaera africana* Campagno，Stehmann et Ebert，1990[37]

本种体延长，侧扁。吻长，平扁，吻长大于或等于头长的2倍。眼上侧线管与眼下侧线管于吻腹面交会，交会点到吻端较到鼻管为近。第1背鳍鳍棘较软条为长。胸鳍大。尾鳍上叶无小棘。体黑色。为深海鱼类。分布于我国台湾海域以及印度–太平洋深水域。

板鳃亚纲 ELASMOBRANCHII

板鳃亚纲物种鳃孔5～7对，无膜质鳃盖遮覆，腭方软骨即上颌骨不与头颅愈合，通常有喷水孔，体表光滑或被盾鳞，具泄殖腔，雄性无额鳍脚。它又以鳃裂开孔于体侧还是腹面分别演化出鲨类Selachomorpha和鳐类Batomorpha两大类群。大多数古老种类已经灭绝，现生的许多种类具有一定渔业价值，但其资源也多陷入衰退，以至于濒危，亟待保护。

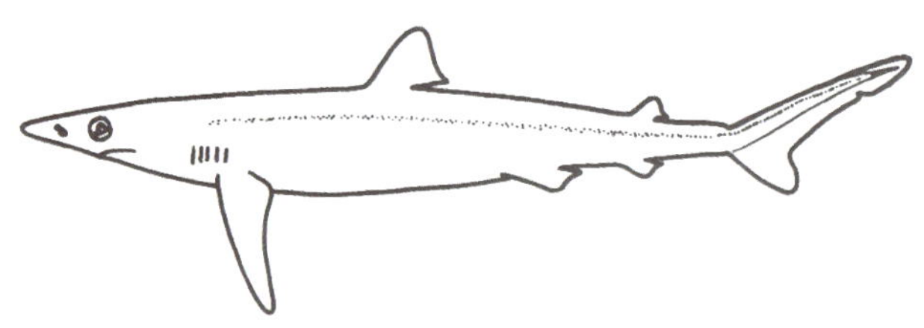

鲨类形态简图

板鳃亚纲的目检索表

1a 胸鳍前缘与头和体侧愈合……………………………………………………鳐总目 Batomorpha（10）

1b 胸鳍前缘游离，不与头和体侧愈合………………………………鲨总目Selachomorpha（2）

2a 鳃裂6～7对，背鳍1个…………………………六鳃鲨目 Hexanchiformes

2b 鳃裂5～6对，背鳍2个……………………………………………………………………………（3）

3a 无臀鳍……………………………………………………………………………………………（7）

3b 具臀鳍……………………………………………………………………………………………（4）

4a 两背鳍各具一硬棘…………………………虎鲨目 Heterodontiformes

4b 背鳍前方无硬棘……………………………………………………………………………………（5）

5a 眼具瞬褶或瞬膜…………………………真鲨目 Carcharhiniformes

5b 眼无瞬膜褶或瞬膜…………………………………………………………………………………（6）

6a 无口鼻沟，鼻孔不开口于口内…………………鼠鲨目 Lamniformes

6b 具口鼻沟或鼻孔开口于口内………………须鲨目 Orectolobiformes

7-3a 吻长，呈剑状突出，两侧具锯齿

……………………………………………………锯鲨目 Pristiophoriformes

7b 吻短，不呈剑状突出……………………………………………………………………………（8）

8a 体平扁；胸鳍扩大，向头侧延伸；背鳍无鳍棘

……………………………………………………扁鲨目 Squatiniformes

8b 体纺锤形，胸鳍正常大小，背鳍一般具鳍棘……………………………………………………（9）

9a 第1背鳍起点位于腹鳍起点后上方………棘鲨目 Echinorhiniformes

笠鳞棘鲨 *Echinorhinus cookei* 100

9b 第1背鳍起点位于腹鳍起点前上方……………角鲨目 Squaliformes

10-1a 头侧与胸鳍间有大型发电器官…………电鳐目 Torpediniformes

10b 头侧与胸鳍间无大型发电器官……………………………………………………………（11）

11a 吻特别长，呈剑状突出，边缘有一行大吻齿

……………………………………………………锯鳐目 Pristiformes

11b 吻正常大小，边缘无尖大吻齿…………………………………………………………（12）

12a 尾部粗大，具尾鳍，无尾刺……………………鳐形目 Rajiformes

12b 尾部细长，呈鞭状，尾鳍退化或消失；如尾粗大，则具尾鳍和尾刺

……………………………………………………鲼形目 Myliobatiformes

4 六鳃鲨目 HEXANCHIFORMES

六鳃鲨目物种体呈圆柱状或稍侧扁。鳃裂6～7对。眼无瞬膜或瞬膜褶。喷水孔很小，位于眼后方。口大，深弧形。齿多为三叉型；或下颌齿宽扁，呈梳状。背鳍1个，无硬棘，后位。颌两接柱型。为鲨类中古老的类型。化石种见于中志留纪。全球有2科4属5种，这些种类在我国也均有分布。

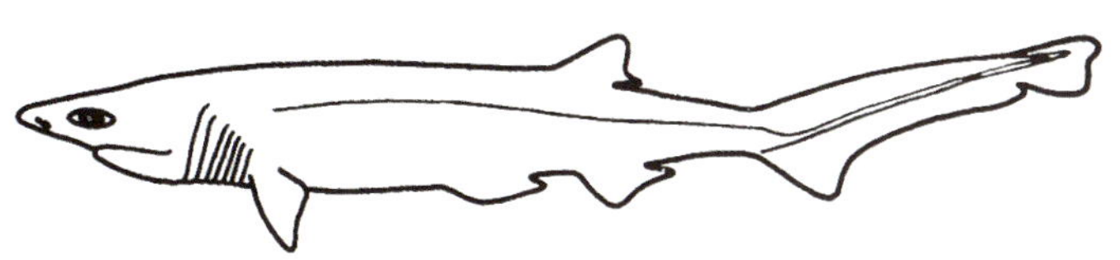

六鳃鲨目物种形态简图

六鳃鲨目的科、属、种检索表

1a 第1对鳃裂在喉部左右相连接；上、下颌齿同型，除1对小尖齿外，其余齿皆为三叉型；体延长似鳗形……………………皱鳃鲨科 Chlamydoselachidae

皱鳃鲨 *Chlamydoselachus anguineus* 19

1b 第1对鳃裂不在喉部左右相连接；上、下颌齿异型，下颌侧齿大且呈梳状；体鲨形……………………………………………………六鳃鲨科 Hexanchidae（2）

2a 鳃裂7对…………………………………………………………………………………………（4）

2b 鳃裂6对……………………………………………………………六鳃鲨属 *Hexanchus*（3）

3a 吻较短钝，眼较小，背鳍基底后端与尾鳍起点间距约等于或稍长于背鳍基底长……………………………………………………………………………灰六鳃鲨 *H. griseus* 20

3b 吻较窄尖，眼较大，背鳍基底后端与尾鳍起点间距为背鳍基底长的2倍以上……………………………………………………………………………长吻六鳃鲨 *H. nakamurai* 21

4-2a 头狭长，吻尖突………………………………………………尖吻七鳃鲨 *Heptranchias perlo* 22

4b 头宽扁，吻宽圆……………………………………………扁头哈那鲨 *Notorhynchus cepedianus* 23

（5）皱鳃鲨科 Chlamydoselachidae

本科物种体延长似鳗形。鳃裂6对，第1对鳃裂于喉部左右互相连接。上、下颌齿同型，除1对小尖齿外，其余齿皆为三尖叉状；齿几乎等长。本科仅有1属1种。

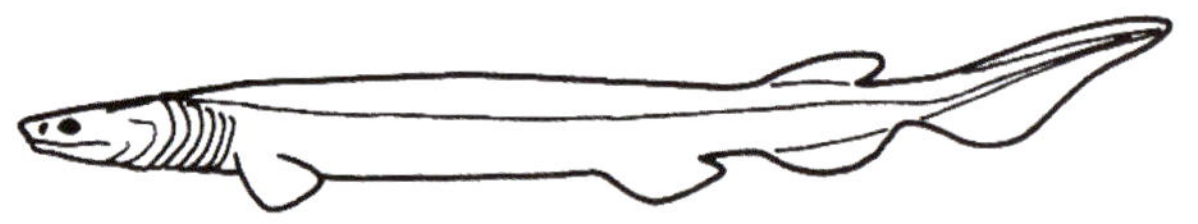

皱唇鲨科物种形态简图

19 皱鳃鲨 *Chlamydoselachus anguineus* Garman，1884[38]（上雄鱼，下雌鱼）

本种体侧扁且细长，似鳗形，腹部具隆起嵴。头纵扁。口端位。鳃裂6对，左、右第1鳃孔在腹面相连。鳃瓣突出于鳃裂外。侧线沟状。背鳍1个，后位。尾鳍细长，无缺刻。体暗褐色。为全球深海种，栖息水深120 ~ 1 280 m。卵胎生，每产8 ~ 12仔，初产仔鲨长约39 cm。分布于我国东海、台湾海域，以及日本南部海域；东太平洋、东大西洋、智利海域、澳大利亚海域、新西兰海域皆有记录，但都较罕见。最大体长可达1.96 m。

（6）六鳃鲨科 Hexanchidae

本科物种体不呈鳗形。头稍平扁而吻长。口大，下位。上、下颌齿异型。上颌齿尖而细长；下颌齿宽扁，具数个小齿头。鳃裂位于胸鳍基上方。背鳍1个，位于腹鳍后上方。尾鳍延长。卵胎生。全球有3属5种，我国有3属4种。

简图同目。

20 灰六鳃鲨 *Hexanchus griseus*（Bonnaterre，1788）[38]

本种鳃裂6对。吻短，前端圆弧形。口下位。眼较小。喷水孔较大。口大，弧形。两颌齿异型，下颌具梳状齿6枚。背鳍1个，其基底后端至尾鳍起点间距约等于或稍长于背鳍基底长。尾鳍背缘有肥大鳞。体暗褐色，体侧有浅色纵带。属深水性鲨类，栖息水深从表层到1 800多米处。幼鲨常在近岸，成鱼多在深水处，夜间游升至上层觅食。卵胎生，每产22 ~ 100仔，初产仔鲨长60 ~ 70 cm。分布于我国东海、南海，以及日本南部海域和太平洋、大西洋、地中海等的温、热带水域。为大型鲨类，最大全长达8 m。

21 长吻六鳃鲨 *Hexanchus nakamurai*（Teng，1962）[52]

= 大眼六鳃鲨 *H. vitulus*

本种吻较长且窄尖，眼较大，下颌梳状齿5枚。背鳍基底后端至尾鳍起点间距为背鳍基底长的2倍多。体褐色，腹面色浅，尾端黑色。为深水大型鲨类。栖息水深100 ~ 600 m，热带海域也偶见于表层。卵胎生，每产13仔，初产仔长约43 cm。摄食小型鱼类和无脊椎动物。分布于我国南海、台湾海域，以及西太平洋、西北大西洋的温、热带水域。2010年春，在黄海南部捕得一尾体长为1.85 m的个体。

22 尖吻七鳃鲨 *Heptranchias perlo*（Bonnaterre，1788）[48]

= 达氏七鳃鲨 *H. dakini*

本种鳃裂7对。体侧扁。吻较窄尖，头部显著狭窄。眼径大于两鼻孔间距。无瞬膜。齿侧扁，上、下颌齿异型。体灰褐色，腹面色浅，背鳍末端和尾端灰黑色。为深水大中型鲨类，通常栖息水深200 ~ 300 m，最深可达1 000米，有时也见于近岸浅水。卵胎生，每产20 ~ 90仔，初产仔长26 cm左右。摄食鱼类和乌贼等。分布于我国东海、台湾海域，广布于大西洋、印度洋、太平洋温、热带沿岸水域。体长约为1.3 m。

23 扁头哈那鲨 *Notorhynchus cepedianus*（Peron，1807）[15]

本种鳃裂7对。体延长，头宽扁，吻宽圆。眼椭圆形，无瞬膜。眼间隔宽阔。喷水孔小。上、下颌齿侧扁。上颌无正中齿；下颌有1枚正中齿，无中央齿头。体灰褐色，散布不规则的黑色斑点。腹部、腹鳍和臀鳍浅褐色至灰白色。为底栖大型鲨类，通常栖息水深40 ~ 50 m，亦见于沿岸浅水内湾。卵胎生，每产80仔左右，初产仔鲨长45 ~ 53 cm。捕食小型鱼类。分布于我国黄海、东海、台湾东部海域，以及印度洋、地中海、大西洋、东北太平洋温、热带水域。该鱼肉质颇佳，皮可制革，肝、油可入药[43]。大型个体体长约为2.9 m。所记录的最大体长达4.6 m。

5 虎鲨目 HETERODONTIFORMES

虎鲨目物种背鳍2个，各具一硬棘。具臀鳍。鳃裂5对。颌两接柱型或舌接柱型。具口鼻沟。两颌齿同型，前、后齿异型。化石种见于石炭纪。现生种类全球仅有1科1属8种，我国有1属2种。

虎鲨目物种形态简图

（7）虎鲨科 Heterodontidae

本科物种特征同目。化石种见于侏罗纪。分布于太平洋、印度洋。本科仅有虎鲨属1属。全球有8种，我国有2种。

虎鲨属的种检索表

1a 体侧有7 ~ 10条宽带；尾柄短，长度为臀鳍基底长的1.25倍左右
……………………………………………………………宽纹虎鲨 *Heterodontus japonicus* 24

1b 体侧有20 ~ 30条狭带；尾柄长，长度为臀鳍基底长的2倍左右
………………………………………………………………狭纹虎鲨 *Heterodontus zebra* 25

24 宽纹虎鲨 *Heterodontus japonicus*（Maclay et Macleay，1884）[44]

本种体延长。头部高耸。两颌齿同型；前部齿细小，具3～5齿头；后部为臼齿。唇肥厚，有口鼻沟。背鳍2个，前缘均具强棘。有臀鳍。尾柄较短，其长为臀鳍基底长的1.25倍左右。体黄褐色，体侧有7～10条深褐色横带。为温水性近海底栖小型鲨类。行动缓慢。卵生，卵大，卵壳螺旋状，卵堆集于水深为8～9 m处的岩礁或藻丛中发育。雌鲨每次产卵2枚，孵化期长达1年，刚孵化的仔鲨长约18 cm。主要以贝类为食，兼食甲壳类和小鱼。分布于我国东海、黄海、台湾海域，以及朝鲜半岛海域、日本海域[45]。体长约为1.2 m。

25 狭纹虎鲨 *Heterodontus zebra*（Gray，1831）[15]

本种尾柄较长，其长为臀鳍基底长的2倍左右。吻也较长。体上具20～30条横纹。繁殖、摄食等生态习性与宽纹虎鲨相似。本种的适温习性偏暖，属暖水性近海底层鱼类。分布于我国东海、台湾海域、南海，以及印度尼西亚海域；亦见于日本南部海域。体长约1 m，最长可达1.5 m。

6 鼠鲨目 LAMNIFORMES（=鲭鲨目 ISURIFORMES）

鼠鲨目物种体呈纺锤形或圆柱形。吻呈剑状突出或圆锥形，稍平扁。背鳍2个，无硬棘。具臀鳍。喷水孔小，位于眼后方。眼侧位或背侧位，无瞬膜和瞬膜褶。口大，腹位或端位，或可伸出。尾鳍新月形，或上叶狭、下叶发达或很长。全球有7科10属，我国有7科8属12种。

鼠鲨目物种形态简图

鼠鲨目的科、属、种检索表

1a 吻向前延伸，尖突似短剑；口近端位，两颌向前突出
　……尖吻鲨科 Mitsukurinidae　欧氏尖吻鲨 *Mitsukurina owstoni* [26]

1b 吻短或较长，圆锥形；两颌不向前突出……（2）

2a 吻很短，广圆形；口很大，端位；具乳突状鳃耙
　……大口鲨科 Megachasmidae　大口鲨 *Megachasma pelagios* [27]

2b 吻较长，窄或广弧形；口腹位；无鳃耙或鳃耙发达……（3）

3a 5对鳃孔均位于胸鳍基底前方……（6）

3b 最后2～3对鳃孔位于胸鳍基底上方
　……长尾鲨科 Alopiidae　长尾鲨属 *Alopias*（4）

4a 头背鳃部上方有弧形沟；第1背鳍后端与臀鳍起首几乎相对……大眼长尾鲨 *A. superciliosus* [34]

4b 头背无浅沟；第1背鳍后端远离臀鳍起首处……（5）

5a 第1背鳍、胸鳍、腹鳍末端圆；第2背鳍起首位于腹鳍游离缘上方
　……浅海长尾鲨 *A. pelagicus* [35]

5b 第1背鳍、胸鳍、腹鳍末端尖；第2背鳍起首位于腹鳍游离缘后上方
　……弧形长尾鲨 *A. vulpinus* [36]

6–3a 尾鳍下叶长，呈新月形；尾柄具强侧突……（8）

6b 尾鳍下叶短，不呈新月形；尾柄无强侧突……（7）

7a 眼较小，体较粗；尾鳍基上方具凹洼；鳃裂不延伸至背侧
………砂锥齿鲨科 Odontaspididae　戟齿锥齿鲨 *Carcharias taurus* [28]

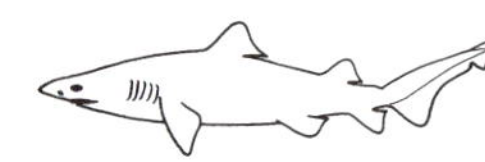

7b 眼大，体较修长；尾鳍基上、下方均具凹洼；鳃裂延伸至背侧
…………………………拟锥齿鲨科 Pseudocarchariidae
蒲原拟锥齿鲨 *Pseudocarcharias kamoharai* [29]

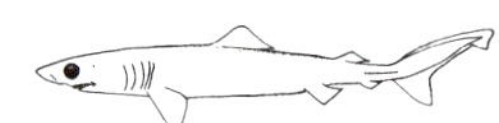

8-6a 齿细小而多，两颌齿均逾150行；鳃裂极长，延伸至头背侧；鳃耙发达………姥鲨科 Cetorhinidae　姥鲨 *Cetorhinus maximus* [33]

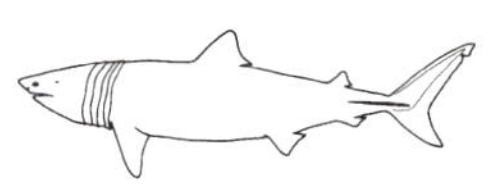

8b 齿较少，两颌齿均少于40行；鳃裂大，但不延伸至头背侧；无鳃耙
……………………………………………………鲭鲨科 Isuridae（9）

9a 齿宽扁，三角形，边缘具小锯齿………………………………噬人鲨 *Carcharodon carcharias* [32]
9b 前部齿细长，锥形，边缘光滑……………………………………………鲭鲨属 *Isurus*（10）
10a 吻尖锐，呈圆锥形；胸鳍长短于头长；吻部腹侧白色……………尖吻鲭鲨 *I. oxyrinchus* [30]
10b 吻窄或钝尖；胸鳍长约等于头长，较宽尖；吻部腹侧黑色…………长鳍鲭鲨 *I. paucus* [31]

（8）尖吻鲨科 Mitsukurinidae

本科物种以吻长，向前延伸，平扁，尖突似短剑；口近端位，两颌向前突出；两颌齿相似，棘状，单尖头为主要特征。过去隶属于锥齿鲨科的铲吻鲨亚科 Scapanorhynchinae，现已独立成为鼠鲨目的1个科[12]。本科仅有1属1种。

尖吻鲨科物种形态简图

26 欧氏尖吻鲨 *Mitsukurina owstoni* Jordan，1898[38]

＝剑吻鲨

本种体柔软。吻先端扁平而尖。颚显著突出。口宽，下位，可伸出很长。两颌齿圆形，棘状，单尖头。体色从淡红灰色转白色。为深海性大型鲨类。卵胎生。从我国台湾海域到日本南部海域、苏里南海域、葡萄牙海域、澳大利亚海域、新西兰海域都有分布记录。全长可达5 m。

(9) 大口鲨科 Megachasmidae

本科物种体呈圆柱形，稍侧扁。头很长，头长约等于躯干长。吻颇短，平扁广圆。眼中等大。口特大，端位。齿小，锥状，两颌齿各逾100行。背鳍低而小。胸鳍大，狭长。臀鳍甚小。尾鳍帚形。尾柄侧扁，无侧突，具上、下凹洼。本科仅有1属1种。

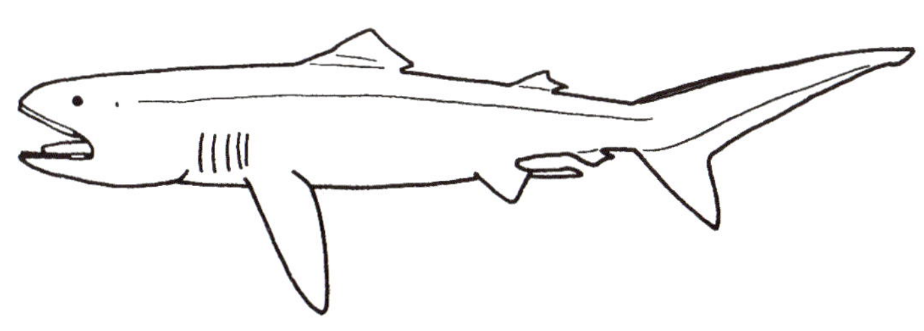

大口鲨科物种形态简图

27 大口鲨 *Megachasma pelagios* Taylor，Compagno et Stuhsaker，1983[51]

本种一般特征同科。体圆柱状。头长。吻短，扁圆形。口端位，显著大。两颌齿小，锥状，尖头后斜，各逾100行。体背灰色或灰黑色，无斑点，腹部白色。口褐色。胸鳍、腹鳍背侧黑色，有白边。为大洋中大型鲨类。常栖息水深一般为150 m，最深达4 600 m。以浮游生物、小鱼为食。卵胎生。分布于我国东海南部、台湾海域，以及全球热带、温带海域。体长约5 m。

(10) 砂锥齿鲨科 Odontaspididae = 锥齿鲨科 Carchariidae

本科物种躯干呈圆柱状。头短。吻尖，呈圆锥状。眼小，喷水孔小。口大，腹位。齿大型，前部齿窄长如锥，侧面齿侧扁如刀，后部齿小或退化，呈臼状。背鳍2个，几乎等大。尾柄侧扁，无侧突。尾鳍中等大小，尾鳍基上方具凹洼，近尾端具一缺刻。全球有1属5种，我国有1属2种。

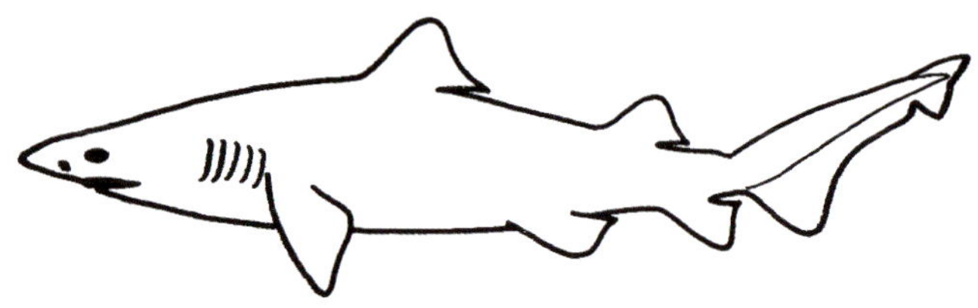

砂锥齿鲨科物种形态简图

28 戟齿锥齿鲨 *Carcharias taurus* Rafinesque，1810[19]

= 欧氏锥齿鲨 *C. owstoni* = 后鳍锥齿鲨 *Eugomphodus taurus*

本种体延长而粗大。头较宽扁。吻长而尖突。眼小，无瞬膜。齿大小不均，前部狭长斜曲，侧面短而较宽，后部低小不发达；上颌第4齿尤其细小，与第5齿有一宽的间隙。背鳍2个，同形，中等大小。尾侧扁，尾鳍基底上方具一凹洼，尾柄无侧突。体灰褐色或黄褐色，背侧和鳍上有不规则的锈色斑点，鳍缘黑色，腹部白色。为温带习见大型鲨，属温水性底层鱼类。但常至表层吞入空气，以增加浮力。其洄游趋势为春、夏北上，秋、冬南下。卵胎生。胎儿在子宫中即有同类相残习性。一般子宫中仅有两胎儿长成。妊娠期长达8～9个月。初生仔体长达9.5～10.5 cm。分布于我国东海、黄海、台湾海域，以及朝鲜半岛海域、日本南部海域等温、热带沿岸海域。体长可达3 m。已被列入IUCN易危动物名录。

注：朱元鼎等（2001）记述在我国尚有1种砂锥齿鲨*Odontaspis arenaries*，以上颌第6齿和第5齿细小，且这两齿之间无空隙相隔为特征。基于其和戟齿锥齿鲨形态相似，黄宗国等（2012）认为二者是同物种[4A、13]。

（11）拟锥齿鲨科 Pseudocarchariidae

本科与砂锥齿鲨科特征相似，故曾将其归属于砂锥齿鲨中。后经解剖学认证而独立为一科。以体较修长，吻圆锥状，口裂与眼均大，背鳍小，尾柄侧有弱侧突为特征。本科现存只有1种，为广布于40° N ~ 30° S海域中的小型鲨类。

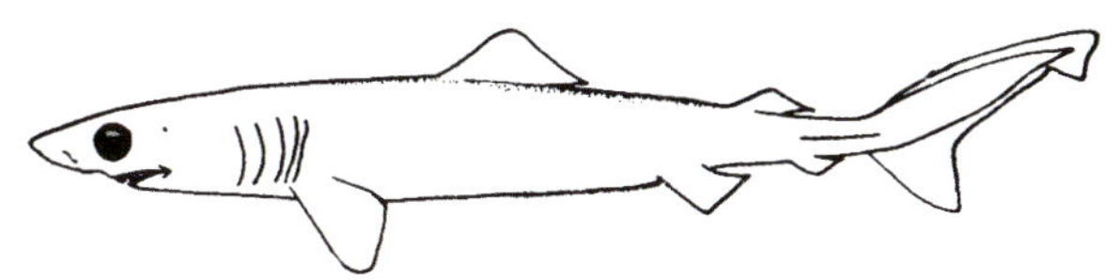

拟锥齿鲨科物种形态简图

29 蒲原拟锥齿鲨 *Pseudocarcharias kamoharai*（Matsubara，1936）[19]

= 杨氏锥齿鲨 *Carcharias yangi*

本种特征同科记述。以体修长，眼大，尾鳍基上、下方均具凹洼；鳃裂大，可伸达背侧；第2背鳍和臀鳍显著小于尾鳍下叶为特征。体背部及两侧褐色，腹面灰色，各鳍亦均呈褐色，但后缘有狭白边。为近底层小型鲨类。白天栖息于水深300 m以深海区，夜间可上浮至表层。卵胎生，胎儿在子宫中亦有相残现象。每产4仔，初产仔鲨长40 cm左右。分布于我国台湾东北海域，以及朝鲜半岛海域、日本海域，印度洋、太平洋、大西洋温、热带水域。数量稀少。体长仅1 m左右。

（12）鲭鲨科 Isuridae

本科物种背鳍2个，无硬棘。第2背鳍和臀鳍均很小。尾鳍叉形，尾柄侧突发达，尾鳍基上、下方各具一凹洼。眼圆，无瞬膜。口大，具唇褶。喷水孔细小或消失。鳃裂大，位于胸鳍基底前。齿大，或细长，呈锥形；或宽扁，呈三角形。全球有3属5种，我国有2属3种。

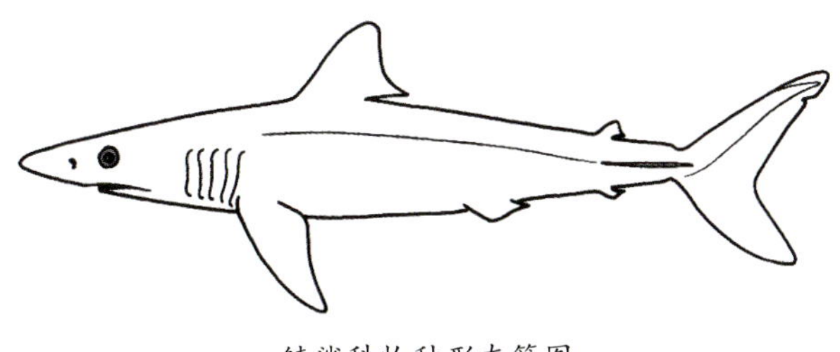

鲭鲨科物种形态简图

鲭鲨属 *Isurus* Rafinesque，1810

本属物种体呈纺锤形。眼大而圆，无瞬膜。齿侧扁尖锐，前部齿细长，呈锥形；后部齿宽扁，呈三角形；基底无侧齿头。

30 尖吻鲭鲨 *Isurus oxyrinchus* Rafinesque，1810[38]

= 灰鲭鲨 *Isurus glaucus*

本种吻尖锐，呈圆锥形。两颌齿侧扁，尖锐，呈小刀状，边缘光滑。第1背鳍起始于胸鳍内角上方或稍后上方。胸鳍短，其长度短于头长。臀鳍起点与第2背鳍基中点相对。尾鳍下叶长，使尾鳍呈新月形。尾柄两侧各有一强侧突。体青色，吻腹侧和体腹部白色。为热带和暖温带近海上层大中型鲨类。活跃于水域表层至水深150 m海区，夏季随暖流游移。卵胎生，每产4～6仔，初产仔鲨长为60～70 cm。性情凶猛，常追逐掠食鲐、鲱等鱼群。有袭人记录。但肉质佳，肝、油可入药，皮可制革。本种是中美洲、非洲重要渔获对象。广布于世界各大洋，在我国其分布于东海、台湾海域及南海。最大体长可达4 m。

31 长鳍鲭鲨 *Isurus paucus* Guitart et Manday，1966[19]

= 长臂灰鲭鲨

本种与尖吻鲭鲨十分相似。吻窄或钝尖。胸鳍长，且较宽尖。臀鳍起点与第2背鳍基末端对位。吻部腹侧黑色。生态习性亦与尖吻鲭鲨相似，为暖温带和热带上层大洋性鱼类。卵胎生，每产2仔，初产仔鲨长近1 m。因体大齿利，为危险鲨类之一。其食谱广，主要以鱼类、头足类为食。分布于我国台湾北部海域，以及日本南部海域、美国夏威夷北部海域、东北大西洋、西印度洋、中西太平洋。体长可达4 m以上。

32 噬人鲨 *Carcharodon carcharias*（Linnaeus，1758）[14]

本种俗称大白鲨。该属现生种类仅此一种。与鲭鲨相似，体呈纺锤形，躯干粗大。其吻较短，钝尖。眼较小。齿大，宽扁，呈三角形，边缘具锯齿。胸鳍宽大，呈镰形。为热带、亚热带近海上层大型凶猛鲨类。活跃于海区表层至水深1 280 m水域。捕食各种鱼类及海龟、海兽等，有凶残噬人、攻击渔船记录，为现存最凶猛鲨类之一。卵胎生。该鱼肉质佳，肝、油可入药，皮可制革，鳍更是“鱼翅”珍品。分布于我国东海、台湾海域、南海，以及日本海域、澳大利亚海域、美国东北海域等。体型大，体长6～8 m，最大可达12 m。

（13）姥鲨科 Cetorhinidae

本科物种体呈纺锤形，粗壮。角质鳃耙密而细长。鳃裂极长，延伸至头背。吻圆锥状。眼小。口大，具唇褶。齿细小，圆锥形。喷水孔细小，位于眼后。第1背鳍大，第2背鳍与臀鳍小。尾柄具侧突，尾鳍叉形。本科仅有1属1种。

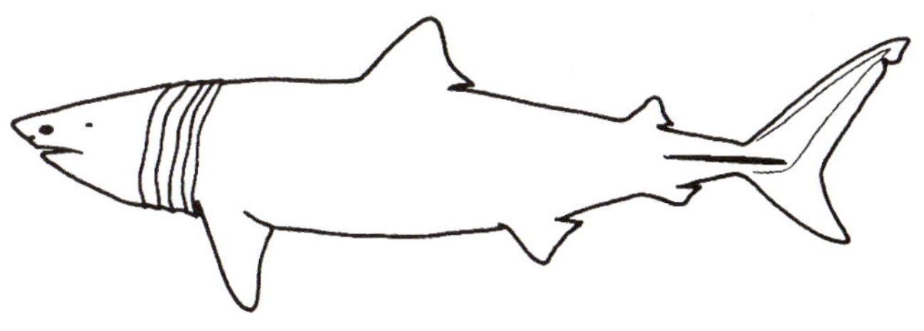

姥鲨科物种形态简图

33 姥鲨 *Cetorhinus maximus*（Gunner，1765）[41]

本种是姥鲨科中唯一现生的大型鲨类。体呈纺锤形，十分臃肿。吻短，圆锥形。眼小，无瞬膜。鳃孔非常大，开口从体背一直到近腹缘。两颌齿小，单尖头，棘状，均可达200行以上。尾柄两侧各有一侧突。尾鳍下叶发达，尾鳍近新月形，其基底上、下方各有一凹洼。体灰褐色，腹面白色。为近海上层洄游性鲨鱼。在我国该鱼每年5～6月随暖流北上，经闽、浙海区，稍晚进入黄海，可达青岛、烟台近海，秋后循原路南返。姥鲨经济价值高，食用、入药、制革均属上品[43]。广布于全球寒、温带海域，南至澳洲南部海域，北可抵冰岛、挪威海域。体长最大可达15 m。

（14）长尾鲨科 Alopiidae

本科物种尾部很长，尾长大于鱼体全长的1/2。尾柄侧扁，无侧突，尾鳍上翘。口弧形，具唇褶。眼圆，无瞬膜。喷水孔细小。鳃孔中等大，其最后2～3对鳃孔位于胸鳍基底上方。齿小，平扁三角形。本科仅有1属3种，我国海区皆有分布。

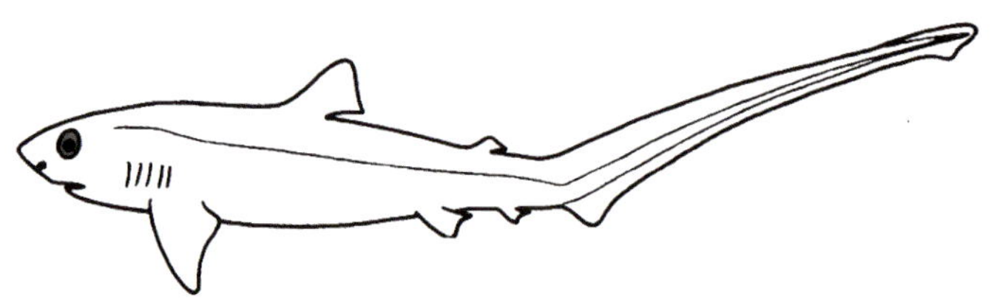

长尾鲨科物种形态简图

34 大眼长尾鲨 *Alopias superciliosus*（Lowe，1840）[48]

=深海长尾鲨 *A. profundus*

本种体较粗大。背面圆凸，腹面平坦。头侧有1对深纵沟。吻钝圆，锥形。眼特别大，近圆形。唇褶发达，口浅弧形。两颌齿较大，同型，呈三角形。成体喷水孔不明显。第1背鳍三角形，其后端与臀鳍起点几乎相对。第2背鳍很小，基底长仅为第1背鳍基底长的1/6。尾较长。体背面鼠灰色，腹面色较浅。第1背鳍后缘、胸鳍和腹鳍色稍暗，呈深灰色或黑色。为浅海上层大中型鲨类。栖息于从表层至水深500 m的海区。善游泳，常集成小群用尾鳍击水驱赶集群小鱼而摄食。卵胎生，每产2～4仔。肉质佳，鳍制鱼翅。为印度洋西北部、中西太平洋和古巴海域的重要渔获对象。广布于我国台湾海域，以及日本南部海域，印度洋、太平洋热带水域；浅海内湾较少见。体长约为1.5 m。

35 浅海长尾鲨 *Alopias pelagicus* Nakamura，1935[52]

本种头背无纵沟，头窄，吻较延长。眼小，位于体侧。第1背鳍基底后端位于腹鳍起点前上方，第2背鳍起点位于腹鳍游离缘上方。第1背鳍、胸鳍、腹鳍末端稍圆。尾鳍很长，腰刀形，尾鳍长大于全长的1/2。体背黑褐色，腹面浅褐色，背鳍、尾鳍和胸鳍、腹鳍都具细狭黑褐色边缘。生态习性与大眼长尾鲨相似，属上层鲨类。但栖息水深较浅，仅为150 m。活泼善游，以捕小型集群鱼类为食。卵胎生，每产至少2仔。分布于我国南海和台湾海域，以及日本南部海域、印度洋和太平洋温、热带水域。体长可达3 m。

36 **弧形长尾鲨** *Alopias vulpinus*（Bonnaterre，1788）[54]
= *A. caudatus*

本种头宽，吻较短。尾鳍甚长，腰刀形，尾鳍长大于全长之半。胸鳍窄长，镰刀形。第1背鳍、胸鳍、腹鳍末端尖。第2背鳍起点位于腹鳍游离缘后上方。体黑褐色，头侧鳃孔、胸鳍、腹鳍基底附近浅褐色，腹面体色深浅交杂。为温、热带大洋性鱼种。栖息于表层至水深350 m海区，幼鱼也出现于浅水内湾。常用长尾击水，追捕小型集群鱼类而摄食。卵胎生，每产2～4仔，初产仔长1.0～1.5 m。分布于我国黄海、东海、台湾海域、南海，以及日本南部海域和全球温带、亚热带海域。体长约为2.5 m。

7 须鲨目 ORECTOLOBIFORMES

本目物种鼻孔具口鼻沟，或鼻孔开口于口内。前鼻瓣常有一鼻须或喉部具一对皮须。头后第2～4鳃裂位于胸鳍基底上方。口平横或很大，端位。眼小，无瞬膜和瞬膜褶。齿细长或细小，圆锥状。喷水孔或细小，位于眼后；或较大，位于眼下方。背鳍2个，无硬棘。全球有7科14属32种，我国有6科6属10种。

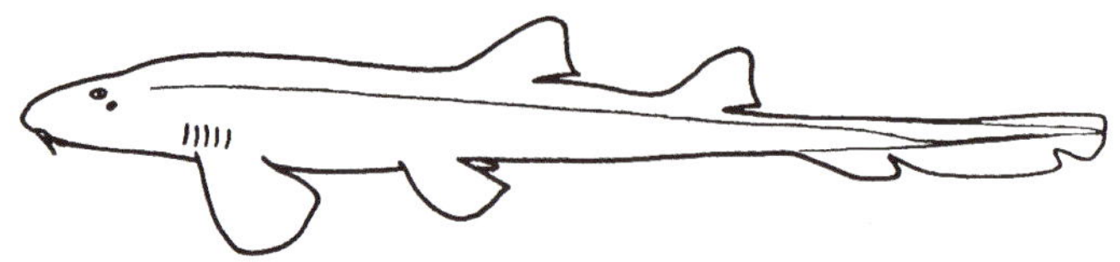

须鲨目物种形态简图

须鲨目的科、属、种检索表

1a 口近端位；鳃裂大，具海绵状鳃耙；尾柄有强侧嵴，尾鳍新月形
…………………… 鲸鲨科 Rhincodontidae 鲸鲨 *Rhincodon typus* 46

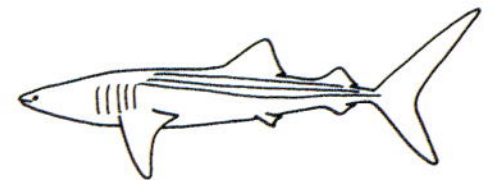

1b 口亚端位；鳃裂小，无鳃耙；尾柄无强侧嵴，尾鳍狭长……………………………………………（2）

2a 尾鳍长几乎等于尾鳍前体长

…………豹纹鲨科 Stegostomatidae 豹纹鲨 *Stegostoma fasciatum* 39

2b 尾鳍长短于尾鳍前体长………………………………………………………………………………（3）

3a 头、体圆柱形或稍平扁；头侧无皮须……………………………………………………………（5）

3b 头、体均平扁；头侧具皮须

………………………须鲨科 Orectolobidae 须鲨属 *Orectolobus*（4）

4a 眼上方无乳突；眼前方或下方具5～6枚皮须…………………………日本须鲨 *O. japonicus* 37

4b 眼上方具2个乳突；眼前方或下方具8～10枚皮须…………………斑纹须鲨 *O. maculatus* 38

5-3a 鼻孔外缘不分叶…………………绞口鲨科 Ginglymostomatidae

长尾光鳞鲨 *Nebrius ferrugineus* 43

5b 鼻孔外缘分叶…………………………………………………………………………………………（6）

6a 喷水孔大；臀鳍起点比第2背鳍起点靠后

………………长尾须鲨科 Hemiscylliidae 斑竹鲨属 *Chiloscyllium*（8）

6b 喷水孔小；臀鳍起点比第2背鳍起点靠前

………………橙黄鲨科 Cirrhoscylliidae 橙黄鲨属 *Cirrhoscyllium*（7）

7a 体具6条褐色横纹；第1背鳍起点距吻端与距尾鳍下叶缺刻相等

…………………………………………………………………台湾橙黄鲨 *C. formocanum* 45

7b 体具9～10条褐色横纹；第1背鳍起点距吻端较距尾鳍下叶缺刻远

……………………………………………………………………日本橙黄鲨 *C. japonicum* 44

8-6a 臀鳍基底长等于或大于缺刻前的尾鳍下叶长；背上具3纵行皮嵴

………………………………………………………………………印度斑竹鲨 *C. indicum* 40

8b 臀鳍基底长短于缺刻前的尾鳍下叶长；背正中具1纵行皮嵴………………………………（9）

9a 背鳍后缘圆钝，下角不突出；背鳍几乎与腹鳍等大………………条纹斑竹鲨 *C. plagiosum* 42

9b 背鳍后缘凹入，下角尖突；背鳍大于腹鳍…………………………点纹斑竹鲨 *C. punctatum* 41

（15）须鲨科 Orectolobidae

本科物种体修长，头宽而平扁。头侧具皮须。吻宽短。眼上侧位，无瞬膜。喷水孔大型，大于眼而位于眼的侧下方。鳃裂小。前鼻瓣前部延长为一较长鼻须；后鼻瓣形成一扁环形皮褶，沿口鼻沟外侧与上唇褶相连。口宽大，亚端位。上、下颌齿前、后异型，上颌缝合处具犬齿2行，下颌齿3行。两背鳍几乎等大。胸鳍宽圆，稍大于腹鳍。臀鳍小于第2背鳍。尾鳍短小，尾椎不上翘。体色复杂多变。全球有1属4种，我国有1属2种。

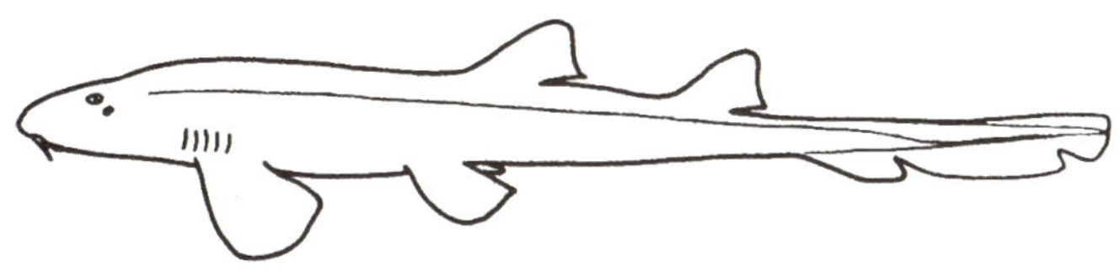

须鲨科物种形态简图

37 日本须鲨 *Orectolobus japonicus* Regan，1906[15]

本种体延长，前部宽扁，后部细小。头很宽扁，宽与长约相等。吻宽短，前缘圆弧形，背面平坦。眼小，椭圆形，上侧位，无瞬膜。前鼻瓣延长成鼻须，其外侧具一小枝，属单枝型。眼上方无乳突。眼前方或下方有5～6枚皮须。头侧皮质突起末端有缺刻。体锈褐色，遍具云状纹及斑点，背侧面有不规则的横纹10条，腹面白色。栖息于近海底层海藻植物茂盛环境中，显示保护色和拟态。捕食小型鱼类和无脊椎动物。卵胎生，每产可达20仔。广布于温、热带浅海，在我国黄海、渤海、东海、南海北部，以及日本南部海域、朝鲜半岛海域、越南海域、菲律宾海域等均有分布。体长可达1 m。

38 斑纹须鲨 *Orectolobus maculatus*（Bonnaterre，1788）[14]

本种体延长，头宽扁。眼上方有2个乳状突起。眼前方或下方具8～10枚皮须。鼻须分两叉。体棕褐色，体上和各鳍有许多白色斑点和圆形或不规则的花斑。背、尾上具不规则的褐色横纹。腹面白色。栖息于温、热带沿岸海域。夜间游动觅食，以底栖无脊椎动物为主食。卵胎生，每产可达37仔，初产仔鲨长约21 cm。该鱼肉质佳，皮可制装饰性皮革。分布于我国东海、南海、台湾海域，以及日本南部海域、澳大利亚海域。体长约为75 cm。

（16）豹纹鲨科 Stegostomatidae

本科物种躯干近圆柱状，尾部长于全长的1/2。体侧具明显皮嵴。头稍宽扁。吻圆钝。眼小，无瞬膜。喷水孔与眼几乎等大。鳃裂狭小，后2个很接近或重叠。口平横，唇褶短小。齿细小，三齿头型。背鳍2个。第1背鳍较大，位于腹鳍上方。第2背鳍位于臀鳍前上方。臀鳍接近尾鳍。本科仅有1属1种。

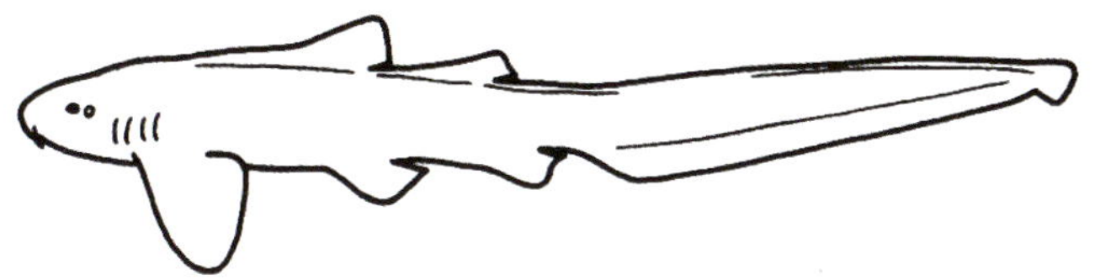

豹纹鲨科物种形态简图

39 豹纹鲨 *Stegostoma fasciatum*（Hermann，1783）[19]

本种特征同科记述。尾部特别长，尾长为头长和躯干长之和的2倍多。背面自头后至第2背鳍后部具纵行皮嵴3行，腹面在腹鳍和臀鳍间亦具皮嵴3行。头较宽阔。除胸鳍、尾鳍外，其他鳍均小。幼体体呈深褐色或黑褐色，具许多黄色细狭横纹和斑点。成体黄褐色，具很多列深褐色斑点，腹面浅褐色，各鳍也都有斑点。以热带沿海珊瑚礁水域居多。白天常伏于沙质底暗礁中，夜间钻入礁中洞穴觅食。卵生，卵壳厚。每产1 ~ 2卵。初孵仔鲨长20 ~ 36 cm。分布于我国东海南部、台湾海域、南海，以及日本南部海域、印度−西太平洋、红海。体长可达2 m。

（17）长尾须鲨科 Hemiscylliidae（= 斑竹鲨科）

本科物种头、体呈圆柱状或稍平扁。吻宽圆或稍尖。眼小，椭圆形，无瞬膜，位于头背侧方。喷水孔大，与眼等大而位于眼下后方。鳃裂小，后两鳃裂很接近。前鼻瓣具一鼻须，后鼻瓣前部为一平扁半环形皮褶。口小，平横。齿细小，中齿头三角形。两背鳍约等大。胸鳍中等大，宽圆。臀鳍小，后位，与尾鳍仅以一窄凹洼分隔。全球有1属6种，我国有1属3种。

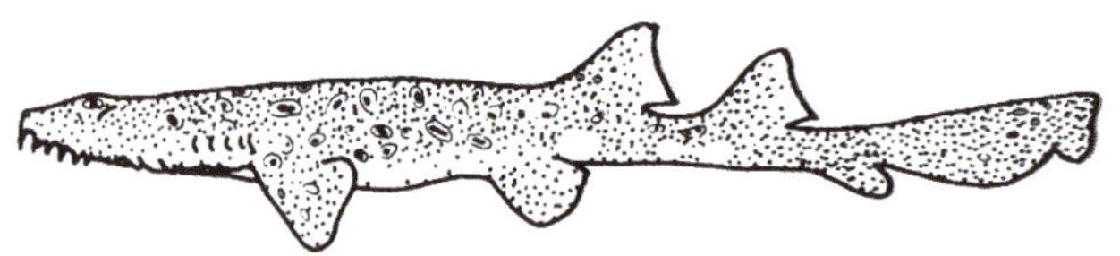

长尾须鲨科物种形态简图

40 印度斑竹鲨 *Chiloscyllium indicum*（Gmelin，1789）[19]

= 长鳍斑竹鲨 *C. colax*

本种体修长。尾部很细长，几乎为头长和躯干长之和的2倍。背面具3纵行皮嵴。吻中等长，宽而圆钝。鼻孔近口，具口鼻沟。前鼻瓣前部具一尖长鼻须，伸达口隅。后鼻瓣前部具一平扁半环形皮褶。口小，平横。齿小，齿头三角形。背鳍2个，大小和形状几乎相同。胸鳍、腹鳍几乎与背鳍同形。臀鳍低长，与尾鳍下叶毗连。尾鳍狭长，尾椎轴平直。体灰褐色或锈褐色，体上及鳍上有许多斑点和条纹。为温、热带海域沿岸底栖性小型鲨类。卵生。分布于我国南海、台湾海域，以及日本南部海域、韩国海域、菲律宾海域、印度沿海、印度洋、西太平洋。在印度、斯里兰卡和泰国是普通食用鱼类。最大体长约为1 m。

41 点纹斑竹鲨 *Chiloscyllium punctatum*（Müller et Henle，1841）[141]

本种体延长。体背中线只有一皮褶隆起。臀鳍基底比尾鳍下叶短。两背鳍皆比腹鳍大，后角延伸。臀鳍比第2背鳍显著靠后。体黄褐色，上有11条棕褐色横带并散布许多小黑点。为热带沿海习见小型底栖鲨类。栖息于珊瑚礁或潮间带潟湖中，耐干能力强，离水可存活半天。卵生，卵壳球形。分布于我国东海南部、南海、台湾海域，以及日本南部海域、巽他群岛海域、菲律宾海域、东印度洋、澳大利亚北部海域。体长约为1 m。

42 条纹斑竹鲨 *Chiloscyllium plagiosum*（Bennett，1830）[18]

本种第1背鳍始于腹鳍基底中央上方。背鳍后端圆钝，下角不突出。两背鳍几乎与腹鳍等大。体灰褐色，具暗褐色横带，散布许多小白斑。栖息于浅海底层藻类茂密环境中，并显示保护色。主食小鱼和无脊椎动物。卵生。分布于我国东海、台湾海峡、南海，以及日本南部海域、菲律宾海域、印度−西太平洋温热水域。体长为70 cm左右。

（18）绞口鲨科 Ginglymostomatidae

本科物种躯干呈圆柱状或稍平扁，体后部侧扁。头宽而平扁。吻宽而短。眼小，侧位，无瞬膜和瞬褶。喷水孔很小，位于眼后。鳃裂小，第4与第5鳃裂重叠。前鼻瓣具一长鼻须，有口鼻沟。口中等大，平横。齿大或较小而扁，具5～10个齿头。两背鳍同形，或第1背鳍稍大。胸鳍镰状，大于腹鳍。尾鳍较长，尾椎轴稍上翘。本科有2属，我国有1属1种。

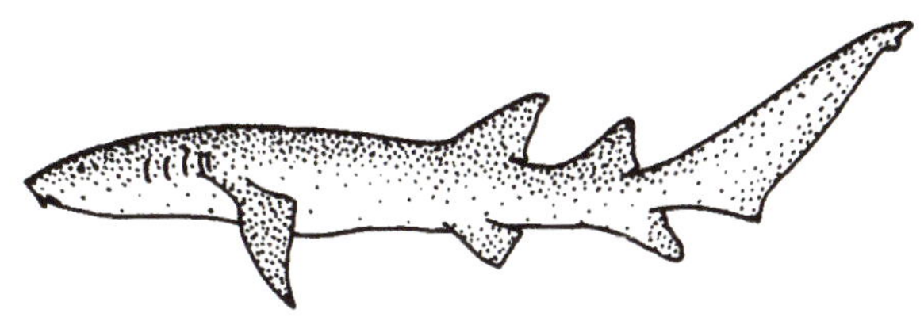

绞口鲨科物种形态简图

43 长尾光鳞鲨 *Nebrius ferrugineus*（Lesson，1830）[14]

= 锈色绞口鲨 *Ginglymostoma ferrugineus* = 光鳞鲨 *N. macrurus*

本种基本特征与科相同。体延长，纺锤形。前部宽扁，后部略呈圆柱状。头稍平扁而宽。吻较短，吻端宽圆。有口鼻沟，前鼻瓣有一长须，后鼻瓣前部半环形，后部呈皮褶沿口鼻沟外侧伸达口隅。口平横。齿较小，具9～11个齿头。背鳍2个，同形；第1背鳍较大，与腹鳍对位；第2背鳍略小，与臀鳍几乎相对。尾较长，尾长为体长的1/2。尾鳍基上、下方无凹洼。体背侧面锈褐色，腹面淡黄色，各鳍与体侧同色。为热带沿海大型底栖鲨类。常栖息于浅海洞穴中，昼伏夜出，以2～6尾组成小群活动。卵胎生，每产至少4仔，初产仔鲨长约40 cm。分布于我国台湾海域、南海，以及西太平洋-印度洋南北纬30° 沿岸海域。最大体长约3.2 m。

（19）橙黄鲨科 Cirrhoscylliidae（= 斑鳍鲨科 Parascylliidae）

本科物种体呈圆柱形或稍平扁。头窄而稍平扁。头侧无皮须。眼上侧位，下眼睑有发达的眼下褶。鳃孔小。喷水孔很小。有口鼻沟，前鼻瓣无鼻须。口较大，腹位。齿小，三齿头型。两背鳍小，同形，几乎等大，第1背鳍位于腹鳍基底后上方。尾鳍狭小，尾椎不上翘。本科有1属3种，我国有1属2种。

橙黄鲨科物种形态简图

44 日本橙黄鲨 *Cirrhoscyllium japonicum* Kamohara，1943[38]

= 橙黄鲨 *C. expolitum*

本种体细而延长。喉部有1对皮须。口鼻沟很发达。第1背鳍起始于腹鳍游离缘后上方，第2背鳍位于臀鳍基底后上方。尾鳍背缘肥厚。体淡黄褐色，下部色浅，体侧有9～10条不明显的横纹。为温带至热带沿岸底栖性小型鲨类，栖息水深达200 m。分布于我国广东沿海、海南沿海，以及日本高知以南近海。体长仅为35 cm左右[47]。

注：朱元鼎（1962，2001）认为日本橙黄鲨 *C. japonicum*与橙黄鲨 *C. expolitum*是不同种，区别在于后者第1背鳍起点与腹鳍里角后端相对，臀鳍基底长大于基底后端至尾鳍下叶起点距离，以及臀鳍基底后端伸达第2背鳍基底中央下方[7，4A]。

45 台湾橙黄鲨 *Cirrhoscyllium formocanum* Teng，1959[37]
= 台湾喉须鲨

本种体细长，头平扁。吻钝圆。喉部有1对皮须。眼后位，长椭圆形。第1背鳍起点距吻端与距尾鳍下叶缺刻相等。体黄褐色，有6条褐色横纹。为我国台湾海域特有，稀见。最大全长约为39 cm。

（20）鲸鲨科 Rhincodontidae

本科物种体庞大，每侧具2条皮褶。口大，近端位。上、下颌具唇褶。鼻孔位于吻端两侧。出水孔开口于口内。眼小，无瞬膜。喷水孔小，位于眼后。齿细小而多，圆锥形。鳃裂宽大，鳃弓具角质鳃耙，呈海绵状。背鳍2个，第2背鳍和臀鳍均小，胸鳍宽大，尾鳍宽短、叉形。尾柄两侧各有一侧突，尾鳍基上方具一凹洼。本科仅有1属1种。

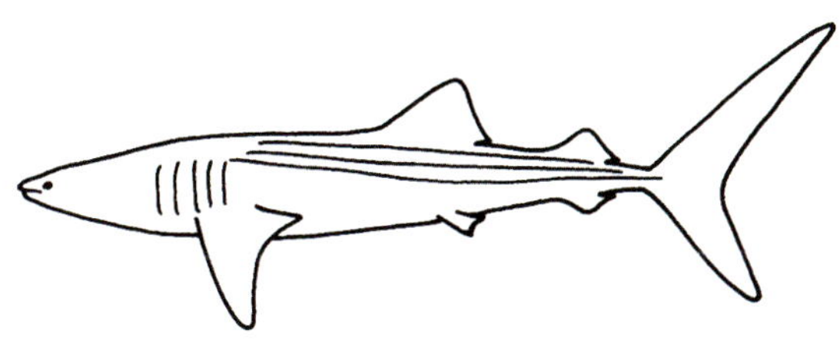

鲸鲨科物种形态简图

46 鲸鲨 *Rhincodon typus* Smith，1829[14]

本种形态特征同科。体形硕大。体暗灰色、绿褐色，还有红褐色。体上散布白色或黄色斑点。栖息于水域上层，滤食小型甲壳类和小鱼等。卵生，卵壳椭球状，大小为30 cm × 14 cm × 9 cm。广布于全球热带、亚热带海域。在我国，该鱼依季节洄游于南海，甚至于黄海北部。数量稀少。体长可达20 m。

8 真鲨目 CARCHARHINIFORMES

真鲨目物种体呈圆柱形，通常稍侧扁。头圆锥形，平扁或两侧突出。鳃裂5对。眼侧位或背侧位，具瞬膜或瞬褶。多数眼后有喷水孔。鼻孔通常无鼻须或口鼻沟。口大，呈弧形。齿变异较多，但通常无臼齿。背鳍2个，无鳍棘。具臀鳍。全球有8科49属224种，我国有7科33属60余种，是鲨类最多的目。

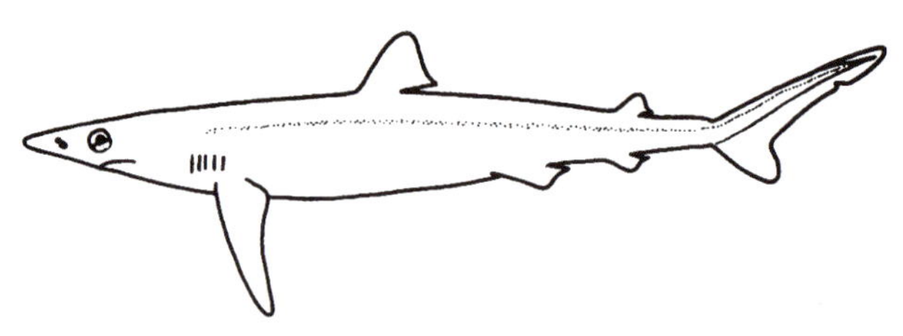

真鲨目物种形态简图

真鲨目的科、属、种检索表

1a 头部正常，不向左、右侧突出……………………………………（5）

1b 头部额区向两侧突出，眼位于突出部两端……双髻鲨科 Sphyrnidae（2）

2a 头侧突起狭长，呈翼状；鼻孔长，其长度几乎为口宽的2倍；在头侧鼻孔前有结节状突起……………………………………丁字双髻鲨 *Eusphyrna blochii* 96

2b 头侧突起宽，不呈翼状；鼻孔短，其长度小于口宽的1/2；在头前缘无结节状突起………（3）

3a 吻端中央圆凸……………………………………锤头双髻鲨 *Sphyrna zygaena* 97

3b 吻端中央凹入……………………………………（4）

4a 里鼻沟显著；臀鳍基底长大于第2背鳍基底长……………………路氏双髻鲨 *S. lewini* 98

4b 里鼻沟消失；臀鳍基底约与第2背鳍基底等长……………………无沟双髻鲨 *S. mokarran* 99

5–1a 齿细小，带状或铺石状排列；下眼睑有瞬褶；喷水孔显著……………………（30）

5b 齿侧扁而大；瞬膜发达；喷水孔小或无……………………………………（6）

6a 体较细长；眼椭圆形；肠内螺旋瓣螺旋型

…半沙条鲨科 Hemigaleidae　犁鳍半沙条鲨 *Hemigaleus microstoma* 71

6b 体较粗壮；眼近圆形或圆形；肠内螺旋瓣画卷型
……………………………………………真鲨科 Carcharhinidae（7）

7a 上唇沟很长，向前延伸至眼前；尾鳍下叶后部有2个缺刻…………鼬鲨 *Galeocerdo cuvier* 72

7b 上唇沟长或很短，不延伸至眼前；尾鳍下叶后部有1个缺刻……………………………（8）

8a 齿为三齿头型；前鼻瓣管状……………………………………………三齿鲨 *Triaenodon obesus* 73

8b 齿为单齿头型；前鼻瓣不呈管状………………………………………………………………（9）

9a 第2背鳍与第1背鳍几乎等大………………………………尖鳍柠檬鲨 *Negaprion acutidens* 74

9b 第2背鳍显著小于第1背鳍…………………………………………………………………（10）

10a 上、下颌齿边缘具细锯齿或光滑，基底具小齿头…………………………………………（14）

10b 上、下颌齿颇倾斜，边缘光滑，基底无小齿头……………………………………………（11）

11a 眼后缘中央有一凹缺；胸鳍、腹鳍基底间距为第1背鳍基底长的2～3倍
……………………………………………………………………隙眼鲨 *Loxodon macrorhinus* 75

11b 眼后缘中央无凹缺；胸鳍、腹鳍基底间距小于第1背鳍基底长的2倍……………………（12）

12a 头很平扁，胸鳍宽与前缘长几乎相等；第1背鳍后端位于腹鳍基底中点上方
…………………………………………………………宽尾斜齿鲨 *Scoliodon laticaudus* 76

12b 头圆锥状或稍平扁；胸鳍宽短于前缘长，第1背鳍后端位于腹鳍起点前上方
………………………………………………………………尖吻鲨属 *Rhizoprionodon*（13）

13a 上唇褶发达，向前延伸…………………………………………………………尖吻鲨 *R. acutus* 77

13b 上唇褶不发达，只见于口隅………………………………………………短鳍尖吻鲨 *R. oligolinx* 78

14–10a 有乳头状鳃耙；尾柄具弱侧褶；第1背鳍基底距腹鳍较距胸鳍近
………………………………………………………………………大青鲨 *Prionace glauca* 79

14b 无乳头状鳃耙；尾柄无侧褶；第1背鳍基底至腹鳍的距离等于或大于至胸鳍的距离……（15）

15a 尾鳍基上凹呈纵凹形…………………………………………………印度露齿鲨 *Glyphis gangeticus* 81

15b 尾鳍基上凹呈横凹形…………………………………………………………………………（16）

16a 上、下颌齿边缘光滑，上颌齿基底具小齿头………………长吻基齿鲨 *Hypoprion macloti* 80

16b 上、下颌齿或上颌齿边缘具细锯齿 ………………………………真鲨属 *Carcharhinus*（17）

17a 第1背鳍上角和胸鳍外角均宽圆；臀鳍后端几乎达尾鳍起点……长鳍真鲨 *C. longimanus* 82

17b 第1背鳍上角和胸鳍外角钝尖或钝圆；臀鳍后端不达尾鳍起点…………………………（18）

18a 体侧具云状斑和小白点；背鳍前缘特别低斜…………………小眼真鲨 *C. microphthalmus* 83

18b 体侧无云状斑和小白点；背鳍前缘不特别低斜……………………………………………（19）

19a 第1背鳍、胸鳍、腹鳍和尾鳍后缘为白色…………………………白边真鲨 *C. albimarginatus* 84

19b 第1背鳍、胸鳍、腹鳍和尾鳍后缘不呈白色………………………………………………（20）

20a 第1背鳍起点不与胸鳍基底后端相对………………………………………………………（23）

20b 第1背鳍起点与胸鳍基底后端相对…………………………………………………………（21）

21a 口前吻长大于口宽………………………………………………………………大鼻真鲨 *C. altimus* 85

21b 口前吻长小于口宽……………………………………………………………………………（22）

22a 第1背鳍高为第2背鳍高的4倍，且第1背鳍高几乎为第1背鳍前体长的1/2
……………………………………………………………………………阔口真鲨 *C. plumbeus* 87

22b 第1背鳍高为第2背鳍高的3.1倍，且第1背鳍高几乎为第1背鳍前体长的1/3
……………………………………………………………………公牛真鲨 *C. leucas* 88

23-20a 第2背鳍前上部和中部黑色，其余部分不呈黑色……………黑印真鲨 *C. menisorrah* 86

23b 第2背鳍颜色单一或仅鳍尖黑色……………………………………………………（24）

24a 上颌前侧齿具窄尖且弯曲如钩的齿尖……………………………短尾真鲨 *C. brachyurus* 89

24b 上颌前侧齿多变化，或宽或窄，齿尖近直立……………………………………………（25）

25a 两背鳍间具纵嵴………………………………………………………………………（28）

25b 两背鳍间不具纵嵴……………………………………………………………………（26）

26a 尾鳍后缘有黑色边，胸鳍、两背鳍及尾鳍有明显的黑色鳍尖……乌翅真鲨 *C. melanopterus* 90

26b 尾鳍后缘不为黑色或部分呈黑色，各鳍鳍尖黑色或不为黑色…………………………（27）

27a 上唇褶长；两背鳍间距超过第1背鳍鳍高的2.2倍；第1背鳍起点与胸鳍里角略相对
……………………………………………………………………直齿真鲨 *C. brevipinna* 91

27b 上唇褶短；两背鳍间距小于第1背鳍鳍高的2倍；第1背鳍起点位于胸鳍后上方
……………………………………………………………………侧条真鲨 *C. limbatus* 92

28-25a 第2背鳍起点位于臀鳍起点后上方，第2背鳍端部、尾鳍下叶或胸鳍端部黑色
……………………………………………………………………沙拉真鲨 *C. sorrah* 93

28b 第2背鳍起点与臀鳍起点相对，各鳍无黑斑……………………………………………（29）

29a 两背鳍间距为第1背鳍高的3倍多；腹鳍、尾鳍间距等于吻端至胸鳍距离
……………………………………………………………………镰形真鲨 *C. falciformes* 94

29b 两背鳍间距为第1背鳍高的2倍左右；腹鳍、尾鳍间距短于吻端至胸鳍距离
……………………………………………………………………暗体真鲨 *C. obscurus* 95

30-5a 第1背鳍位置比腹鳍靠前……………………………………………………………（44）

30b 第1背鳍位于腹鳍上方或后上方…………猫鲨科 Scyliorhinidae（31）

31a 尾鳍上缘或尾柄上、下缘均无两纵行扩大的盾鳞……………………………………（35）

31b 尾鳍上缘或尾柄上、下缘有两纵行扩大的盾鳞………………………………………（32）

32a 尾柄上、下缘有两纵行特别扩大的盾鳞……………………棕黑盾尾鲨 *Parmaturus piceus* 57

32b 尾柄上缘有两纵行较扩大的盾鳞……………………………………锯尾鲨属 *Galeus*（33）

33a 臀鳍里角伸达或几乎伸达第2背鳍下角下方；体无鞍状横纹………黑鳍锯尾鲨 *G. sauteri* 60

33b 臀鳍里角未伸达第2背鳍下角下方；体侧上部具鞍状暗色横纹…………………………（34）

34a 鼻孔至吻端距离大于或等于眼径；臀鳍基底长小于腹鳍至臀鳍距离
……………………………………………………………………日本锯尾鲨 *G. nipponensis* 59

34b 鼻孔至吻端距离小于眼径；臀鳍基底长大于腹鳍至臀鳍距离……伊氏锯尾鲨 *G. eastmani* 58

35-31a 下颌或上、下颌具唇褶……………………………………………………………（37）

35b 上、下颌唇褶退化或消失……………………………绒毛鲨属*Cephaloscyllium*（36）

36a 体无网状线纹……………………………………………………阴影绒毛鲨 *C. isabellum* 47

36b 背部和体侧有网状线纹……………………………………………网纹绒毛鲨 *C. fasciatum* 48

37-35a 下颌具唇褶，上颌口隅无唇褶………………………………虎纹猫鲨 *Scyliorhinus torazame* 49

37b 上、下颌均具唇褶……………………………………………………………………（38）

38a 吻部有成行黏液孔；臀鳍、尾鳍间距小于臀鳍基底长的1/5……光尾鲨属 *Apristurus*（40）

38b 吻部无成行黏液孔；臀鳍、尾鳍间距大于臀鳍基底长的1/5……………………………（39）

39a 前鼻瓣不达上颌；体有梅花状斑……………………………梅花鲨 *Halaelurus burgeri* 50

39b 前鼻瓣伸达上颌；体上斑点不呈梅花状…………………斑鲨 *Atelomycterus marmoratus* 51

40-38a 第1背鳍起首于腹鳍基底上方……………………………………………………（43）

40b 第1背鳍起首于腹鳍基底末端后上方………………………………………………（41）

41a 胸鳍至腹鳍起点间距大于吻端至胸鳍起点距离…………………日本光尾鲨 *A. japonicus* 54

41b 胸鳍和腹鳍起点间距小于吻端至胸鳍起点距离…………………………………………（42）

42a 胸鳍和腹鳍起点间距等于吻端至鳃裂距离，长于吻端至眼中央距离
………………………………………………………………扁吻光尾鲨 *A. platyrhynchus* 55

42b 胸鳍和腹鳍起点间距小于吻端至鳃裂距离，约等于吻端至眼中央距离
……………………………………………………………………霍氏光尾鲨 *A. herklotsi* 56

43-40a 胸鳍外缘长大于吻长；臀鳍基底长等于吻端至第1鳃裂距离
……………………………………………………………大吻光尾鲨 *A. macrorhynchus* 52

43b 胸鳍外缘长小于吻长；臀鳍基底长等于吻端至眼后缘距离…长头光尾鲨 *A. longicephalus* 53

44-30a 第1背鳍低长，第1背鳍基底长约等于尾长；上、下颌齿均超过200枚
…拟皱唇鲨科 Pseudotriakidae　拟皱唇鲨 *Pseudotriakis microdon* 64

44b 第1背鳍高而短；上、下颌齿均远少于200枚…………………………………………（45）

45a 唇褶很短或缺如……………………………原鲨科 Proscyllidae（51）

45b 唇褶较长……………………………………皱唇鲨科 Triakidae（46）

46a 齿侧扁，多齿头型，不呈铺石状排列………………………………………………（49）

46b 齿平扁，齿头退化或消失，呈铺石状排列……………………………星鲨属 *Mustelus*（47）

47a 体具白色斑点……………………………………………………白斑星鲨 *M. manazo* 66

47b 体无白色斑点……………………………………………………………………（48）

48a 第1背鳍起点几乎位于胸鳍里角上方，显著靠近腹鳍……………………灰星鲨 *M. griseus* 67

48b 第1背鳍起点位置比胸鳍里角靠前，显著靠近胸鳍………………前鳍星鲨 *M. kanekonis* 68

49-46a 前、后齿同型，齿头不向外倾斜，基底具1～2个小齿头……皱唇鲨 *Triakis scyllium* 65

49b 前、后齿异型或同型，齿头向外倾斜，基底具2～3个小齿头……………………………（50）

50a 第2背鳍显著大于臀鳍而小于第1背鳍的1/2…………………下灰鲨 *Hypogaleus hyugaensis* 69

50b 第2背鳍与臀鳍几乎等大，约为第1背鳍的2/3…………日本灰鲨 *Hemitriakis japonica* 70

51-45a 尾鳍狭长，呈带状；体无斑纹……………………………光唇鲨 *Eridacnis radcliffei* 63

51b 尾鳍不呈带状；体具斑纹……………………………………原鲨属 *Proseyllium*（52）

52a 体上黑点稀疏分布…………………………………………哈氏原鲨 *P. habereri* 61

52b 体上黑点密集分布…………………………………………雅原鲨 *P. venustum* 62

（21）猫鲨科 Scyliorhinidae

本科物种眼呈椭圆形，下眼睑上部分特化为瞬褶，能上闭。鼻孔与口不相通，前鼻瓣须或有或无。口宽大，弧形。齿细小而多，多齿头型。喷水孔小或中等大。鳃裂狭小。背鳍2个，无硬棘。尾鳍短狭，尾鳍基上、下方无凹洼。是鲨类中较大的一科。广布于热带到冷温带以至北极水域。为近海种类，近底层栖息。栖息水深达2 000 m。以无脊椎动物和小鱼为食。多为鲨类中的小型种，有些体长达30 cm即性成熟。少数大型种体长亦可长达1.6 m。卵生或卵胎生。全球有16属113种，我国有8属20余种。

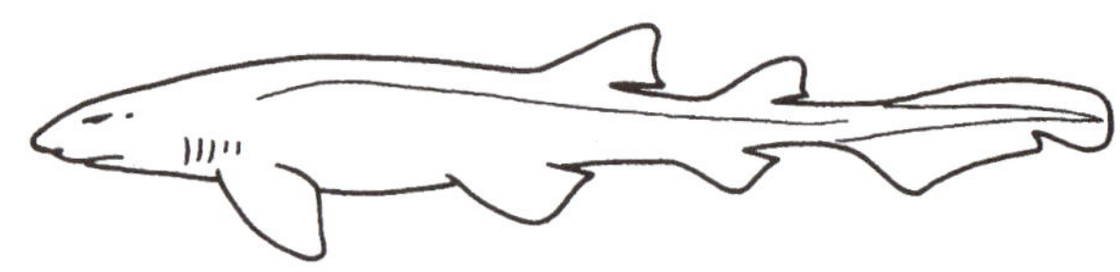

猫鲨科物种形态简图

47 阴影绒毛鲨 *Cephaloscyllium isabellum*（Bonnaterre，1788）[18]

= *C. umbratile* = 台湾绒毛鲨 *C. formosanum*

本种体延长，颇粗大。头宽扁而长。吻短，钝圆，吻长小于口宽的一半。尾细小。体被盾鳞，细滑如绒毛。第1背鳍起始于腹鳍起点后上方。第2背鳍与臀鳍几乎相对。体黄褐色，并具深褐色斑，但这些斑块随鱼体生长变化较大。栖息于近海底层。能吸水或空气至胃中，使腹部膨胀。有时升到表层，翻身浮于水面，诱捕食饵生物。卵生。分布于我国黄海、东海、南海、台湾海域，以及日本北海道以南海域、朝鲜半岛西南海域、新西兰海域等。体长为1 m左右。

48 网纹绒毛鲨 *Cephaloscyllium fasciatum* Chan，1966[52]

本种体延长，粗壮。头宽扁，吻端圆钝。口宽大，深弧形，唇褶退化。眼狭长，具瞬膜。喷水孔狭小，位于眼后角下方。体黄褐色，背部色稍深，腹面色浅。幼体背侧面有11个鞍状斑及网状纹，成鱼还有分散的浅色小斑点。为深水性小型鲨类。栖息于泥底质海区，水深219～314 m。分布于我国南海，以及越南海域、澳大利亚海域、西太平洋暖水域。体长约为60 cm。

49 虎纹猫鲨 *Scyliorhinus torazame*（Tanaka，1908）[38]

本种体延长。口前吻长大于口宽的1/2。体背盾鳞，较粗糙。第1背鳍起始于腹鳍起点的后上方。臀鳍位于第2背鳍前下方。尾鳍上叶肥大无鳞。体黄褐色，具11～12条不整齐横纹并散布有不规则的浅色斑纹。腹面淡褐色。为暖温性近海底层小型鲨类。栖息水深大于100 m。伴随季节，有小规模洄游习性。卵生，每个输卵管只有1个受精卵，初孵仔鲨长约8 cm。分布于我国黄海、渤海、东海，以及日本北海道以南海域、朝鲜半岛海域至菲律宾近海。雄鱼体长可达48 cm。

50 梅花鲨 *Halaelurus burgeri*（Müller et Henle，1841）[141]

本种体延长，前部较平扁。鼻孔较大，靠近口。前鼻瓣无鼻须。眼狭长。喷水孔小，紧靠眼角后下方。鳃裂狭小，前4个的长度约等于眼径的1/2，最后1个仅与喷水孔等大。背鳍2个，小型。第1背鳍位于腹鳍基的后上方。尾鳍颇小，但较长。体多呈黄褐色，具横带和呈梅花状排列的黑色斑点。为热带、温带习见小型鲨类。栖息水深为80～100 m。卵生。子宫中有数个卵囊，胚胎在卵囊中发育至将孵化幼体后产出，成为介于卵生和卵胎生的过渡类型。分布于我国东海、黄海南部、南海、台湾海域，以及日本九州西岸海域、朝鲜半岛西南海域、印度尼西亚近海。

51 斑鲨 *Atelomycterus marmoratus*（Bennett，1830）[14]

=斑猫鲨

本种体细长，头平扁。尾细长，侧扁。吻短，圆钝。眼中等大，椭圆形，具瞬膜。口鼻沟简单，前鼻瓣伸达上颌，无鼻须。口宽，弧形，唇褶发达。齿小，三齿头型。背鳍2个，中等大，后缘凹入，下角尖突。体浅褐色，幼鱼具12条深褐色横纹，夹杂白斑。成鱼具不规则的斑点和条纹。为暖水性小型鲨类。栖息于珊瑚礁洞穴中。卵生。分布于我国东海、南海、台湾海域，以及马来西亚海域、印度–西太平洋暖水域。体长约为70 cm。

光尾鲨属 *Apristurus* Garman，1913

本属物种体柔软，延长，稍侧扁。头及吻部平扁。吻部背面具成行黏液孔。眼背位。上、下唇褶发达。鼻孔大，鼻瓣窄。口弧形。齿细小而多，属多齿头型。幼体盾鳞细针状；成体鳞变宽，呈叶状。背鳍2个，等大或第2背鳍略大。臀鳍长，尾鳍狭长，两者仅以一缺刻相隔。多数光尾鲨体纯黑色或略带棕色和暗灰色。栖息水深通常为500～1 200 m。本属全球有30余种，我国有10余种[4a，13]。

52 大吻光尾鲨 *Apristurus macrorhynchus*（Tanaka，1909）[38]

本种主要特征如属。吻扁平而长，其长度约为眼间距的1.5倍。两背鳍狭小，同形。第1背鳍起始于腹鳍基底上方。胸鳍宽大，外缘长于吻长。臀鳍基底长，其长度等于吻端到第1鳃裂间距。体灰黑色，腹面色稍浅。无斑纹，口腔与鳃膜黑色。为深海陆坡小型鲨类。卵生，每个输卵管仅有1个受精卵。分布于我国南海、台湾海域，以及日本相模湾以南海域。雌鱼体长最大为66 cm。

53 长头光尾鲨 *Apristurus longicephalus* Nakaya，1975 [38]

本种体延长。吻部扁长，吻长约为眼间距的2倍。第1背鳍起点位于腹鳍基底上方，但第2背鳍略大于第1背鳍。胸鳍、腹鳍间距远小于头长。胸鳍外缘长小于吻长。臀鳍长大，其基底长等于吻端至眼后缘距离。齿极细小，密列。上、下颌齿同型，具3～5个齿头。体背、腹面均呈灰黑色，各鳍边缘和鳃裂均为黑色。属深水性小型鲨类。卵生。分布于我国东海、南海，以及日本南部海域。体长约为60 cm。

54 日本光尾鲨 *Apristurus japonicus* Nakaya，1975 [38]

本种体延长。吻平扁，较短，口前吻长小于口宽。背、腹面中央有纵带状罗伦管开孔多行。口较宽。齿小，同型，密列，具3～5个齿头。第1背鳍起始于腹鳍基底末端后上方。胸鳍、腹鳍起点间距大于吻端到胸鳍起点距离。臀鳍基底长，后端几乎与尾鳍下叶相连。体黑褐色。为深海性小型鲨类。卵生。分布于我国东海、南海，以及日本千叶以南海域。体长约为70 cm。

55 扁吻光尾鲨 *Apristurus platyrhynchus*（Tanaka，1909）[37]

=范氏光尾鲨 *A. verweyi*

本种体柔软，延长，前部平扁。头大而宽。口较小，口宽小于口前吻长。两背鳍间距大于第2背鳍基底长。胸鳍、腹鳍间距等于两背鳍间距。体黑褐色，腹面色稍浅。各鳍和鳃孔、口腔边缘均呈黑色。为陆坡深水性小型鲨类。卵生。分布于我国东海、南海、台湾海域，以及日本骏河湾海域、菲律宾海域、西太平洋暖温带水域。体长约为80 cm。

56 霍氏光尾鲨 *Apristurus herklotsi*（Fowler，1934）[14]

= 长吻光尾鲨 *A. longianatis* = 短体光尾鲨 *A. abbreviatus*

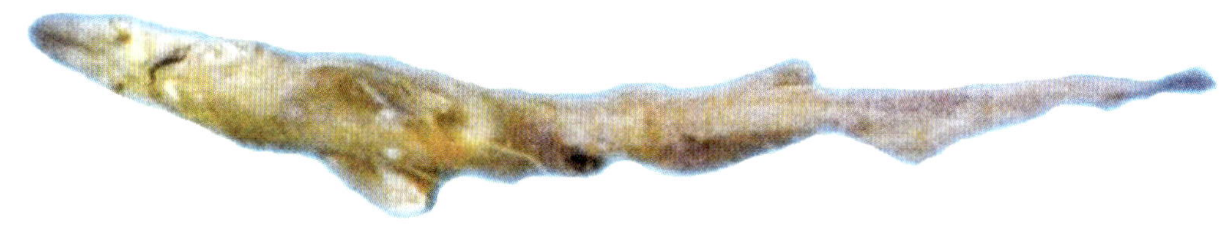

本种体柔软，延长。头较长而平扁。两背鳍间距等于第2背鳍基底长。胸鳍起点和腹鳍起点间距小于吻端至鳃裂距离，约等于吻端至眼中央距离。体灰褐色，各鳍边缘及口腔黏膜黑色。为深水性小型鲨类。分布于我国东海、南海，以及日本南部海域、菲律宾海域、西太平洋暖水域。体长约43 cm。

▲ 本属我国尚有无斑光尾鲨*A. acanutus*等数种。读者可参阅朱元鼎等《中国动物志 圆口纲 软骨鱼纲》（2001）[4A]。

57 棕黑盾尾鲨 *Parmaturus piceus*（Chu，Meng et Liu，1983）[48]

= 棕黑双锯鲨 *Figaro piceus* = 黑鳃盾尾鲨 *P. melanobranchus*

本种体柔软而延长。尾鳍狭短，尾柄上、下缘有2纵行特别扩大的锯齿状盾鳞。吻短，吻长约为口宽的2/3。齿细小而多，呈三齿头型。头稍平扁。眼大，长椭圆形，背侧位，具瞬褶。背鳍2个，后位。第1背鳍小于第2背鳍，其起点位于腹鳍基底中央上方。体及各鳍棕黑色，腹部色稍浅。深水性小型鲨类。卵生。分布于我国南海，以及日本相模湾以南海域、西太平洋。体长50 cm左右。

注：棕黑盾尾鲨与黑鳃盾尾鲨 *Parmaturus melanobranchius*（Chan，1966）十分相似，后者仅以第1背鳍起点在腹鳍基底后端上方，以及体呈褐色，眼和各鳍边缘深褐色，鳃腔黑褐色与前者相区别。黑鳃盾尾鲨分布于我国东海和南海的陆坡水域。朱元鼎（2001）将二者分立为2种[4A]，黄宗国（2012）认为二者是同一种[13]。

锯尾鲨属 *Galeus* Rafinesque，1810

本属物种体细而延长。头平扁。眼大，椭圆形，瞬膜褶发达。口大，唇褶发达。齿细小而多，呈多齿头型。背鳍小，2个。臀鳍低长。尾柄细长或甚短。尾鳍狭长，尾鳍上缘有2纵行较扩大的盾鳞。我国有3种。

58 伊氏锯尾鲨 *Galeus eastmani*（Jordan et Snyder，1904）[38]

本种一般特征同属。吻中等长，吻长与口宽几乎相等。鼻孔至吻端距离小于眼径。臀鳍基底长大于腹鳍至臀鳍距离。体褐色，背侧面具褐色横纹8～9条。胸鳍内缘白色，外缘略呈褐色。为深水性小型种。卵生。分布于我国东海、台湾北部海域，以及日本静冈以南海域、东京湾海域，越南海域。体长仅40 cm左右。

59 日本锯尾鲨 *Galeus nipponensis* Nakaya，1975[48]

本种体延长。吻颇长，口宽大，口宽大于口前吻长。鼻孔至吻端距离大于或等于眼径。臀鳍基底长短于腹鳍至臀鳍距离。体灰褐色，腹面色稍浅，背侧面有8～9条黑褐色鞍状斑。为深水底栖小型鲨鱼。卵生。分布于我国东海、南海、台湾海域，以及日本千叶以南海域、九州海域，帕劳海岭。最大体长可达70 cm。

60 黑鳍锯尾鲨 *Galeus sauteri*（Jordan et Richardson，1909）[141]
=沙氏锯尾鲨

本种尾柄甚短，臀鳍与尾鳍间距等于或小于眼径。臀鳍里角伸达或几乎伸达第2背鳍下角下方。体背侧褐色，腹侧白色，体无鞍状横纹。背鳍上部、尾鳍和胸鳍、臀鳍前部褐色。为大陆架底栖小型鲨鱼。栖息水深较浅，仅达60～90 m。卵生。分布于我国东海南部、台湾海域、南海，以及日本南部海域至菲律宾海域。最大体长仅45 cm。

（22）原鲨科 Proscyllidae

本科物种眼狭长或呈椭圆形，具瞬膜褶。喷水孔中等大或小。口中等大。齿细小密列，上、下颌齿同型，均远少于200枚。第1背鳍小而高。尾鳍基部无凹洼，尾鳍窄。肠螺旋瓣6～11个。为暖温性深海小型鲨类。卵生或卵胎生。体长一般不超过1.2 m。全球有4属6种，我国有2属3种。

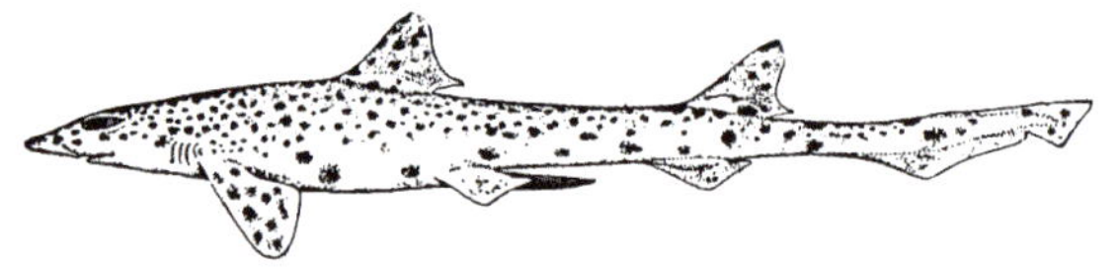

原鲨科物种形态简图

61 哈氏原鲨 *Proseyllium habereri* Hilgendorf，1904[141]
=哈氏台湾鲨=斑点丽鲨 *Calliscyllium venustum*=斑点皱唇鲨 *Triakis venustum*[50]

本种体细长。眼狭长。喷水孔细小。头长小于两背鳍间距。臀鳍起始于第2背鳍起点前下方。第1背鳍位置比腹鳍靠前。体茶褐色，具暗横纹10余条，其上分布有许多小黑点。胸鳍背面小黑点10个以下。第1背鳍边缘黑色。该种体色和斑纹与梅花鲨略相似，只是第1背鳍位置前移而与梅花鲨明显区分。栖息于热带、暖温带水域，水深50 ~ 100 m。卵生。摄食小型鱼类、蟹和头足类。分布于我国东海、台湾海域、南海，以及日本四国沿海、九州东南沿海，朝鲜半岛海域，越南海域。体长约65 cm。

62 雅原鲨 *Proseyllium venustum*（Tanaka，1912）[38]

= 雅台湾鲨 = 豹纹三峰鲛

本种体细长。头小，稍平扁。眼长椭圆形，具瞬膜。口角具唇褶。臀鳍起始处位于第2背鳍起始点前下方，第1背鳍位于腹鳍前上方。体黄褐色，其上分布有较密的黑点，并且点较大。胸鳍背面小黑点10个以上。第1背鳍背缘通常白色。为深水小型鲨类。栖息水深100 ~ 300 m。分布于我国东海、南海、台湾海域，以及琉球群岛海域、西北太平洋暖水域。体长约60 cm。

63 光唇鲨 *Eridacnis radcliffei* Smith，1913 [14]

= 斑鳍光唇鲨 = 花尾猫鲨

本种体较细长。头长大于两背鳍间距。尾鳍窄带状。口略呈三角形，口腔及鳃耙边缘具乳状突起。体背灰褐色，腹面白色。两背鳍具深褐色斑，尾鳍有2 ~ 4条深褐色横行带纹。为热带深水鲨鱼。栖息于水深71 ~ 766 m的泥底质海区。卵胎生，每产1 ~ 2仔，初产仔鲨长约11 cm。分布于我国台湾海域、南海，以及印度-西太平洋。本种为现存最小鲨鱼之一，体长仅23 cm。

(23) 拟皱唇鲨科 Pseudotriakidae

本科物种体延长。头宽而平扁。吻短，前端圆。眼细长，纵径为横径的2倍，具瞬膜褶。口大，深弧形；上、下唇褶均很短。上、下颌齿小，同型，各200枚以上。尾鳍基上、下无凹洼。第1背鳍低而延长，形如隆嵴，基底长约等于尾长。第1背鳍基底后端与腹鳍起首相对。第2背鳍大，与臀鳍对位。本科仅有1属1种。

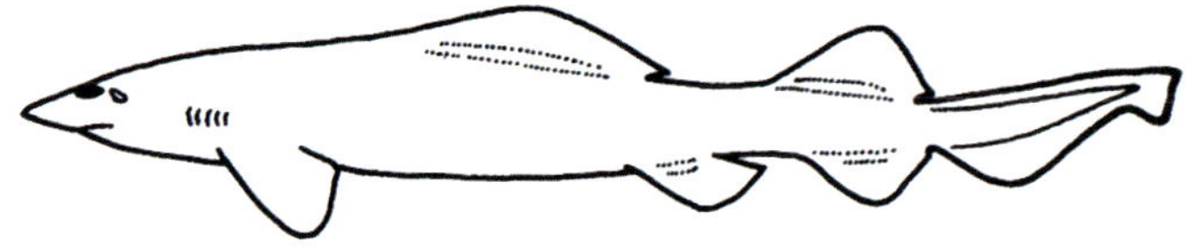

拟皱唇鲨科物种形态简图

64 拟皱唇鲨 *Pseudotriakis microdon* Capello，1868[38]

= *P. acrages*

本种特征同科记述。体褐色，各鳍边缘黑色。为栖息水深200～1 500 m的大型底栖鲨类。体柔软，体腔大，行动缓慢。卵胎生，每产2～4仔，初产仔鲨70～85 cm。分布于我国台湾东北海域，以及日本南部东侧海域、美国夏威夷海域到马达加斯加北部海域，以至北大西洋。体长约2.4 m。

(24) 皱唇鲨科 Triakidae

本科物种体延长。眼椭圆形，具瞬膜褶。有喷水孔。口宽大，弧形，唇褶较长。齿细而多，呈多齿头型或平扁。鳃裂中等大小。背鳍2个，无硬棘。尾鳍较宽长。尾椎轴稍上翘。本科全球有9属34种，我国有4属6种。

皱唇鲨科物种形态简图

65 皱唇鲨 *Triakis scyllium* Müller et Henle，1841[15]

本种体颇延长。头宽扁。眼中等大，椭圆形，瞬褶发达。喷水孔小。口宽，成弧形，上、下唇褶发达。齿小，细密，同型，中间具一中齿头，基底有1～2个小齿头。第1背鳍位于腹鳍前上方。体灰褐色带紫色，具暗褐色宽幅横纹13条，暗纹上有大小不一的黑色斑点。腹面白色，各鳍褐色，有时具黑色斑点。为温带大陆架近海底栖鲨类，喜在河口、内湾浅水藻类繁茂区逗留。可耐低盐。卵胎生，每产10～24仔。摄食小鱼、甲壳类和其他底栖动物。分布于我国黄海、东海、南海北部、台湾海域，以及日本海域、朝鲜半岛海域。体长达1 m左右。

66 白斑星鲨 *Mustelus manazo* Bleeker，1857[15]

本种体细而延长。第1背鳍位于腹鳍前上方。齿呈铺石状排列。上颌唇褶长于下颌唇褶。体背侧面灰褐色，沿侧线及侧线以上散布许多不规则的白色斑点，但成鱼的白斑减少。腹面白色，各鳍褐色。为暖温性近海小型鲨类。在潮间带沙泥底质海区可见其踪影。卵胎生，每产1～22仔，多为2～6仔。妊娠期约10个月。春、夏产仔，仔鲨长30 cm，经3～4年方性成熟。主食底栖无脊椎动物。分布于我国黄海、渤海、东海、南海，以及日本北海道以南海域、朝鲜半岛海域。雌鱼体长可达1.2 m。该鱼曾是我国黄海、渤海渔业的兼捕对象，生物学教学典型鱼种，如今资源衰退[51]。

67 灰星鲨 *Mustelus griseus* Pietschmann，1908[15]

本种体细而延长。第1背鳍起点几乎位于胸鳍里角上方，显著靠近腹鳍。上、下颌唇褶几乎等长。体一致灰褐色，无白色斑点。各鳍紫褐色。其分布区与白斑星鲨的重叠，略偏暖水域。生态习性相似，但该鱼种胎生，每产10余仔。主食甲壳类、软体动物和小型鱼类。分布于我国黄海、东海、南海，以及日本海域、朝鲜半岛海域、越南海域和西北太平洋温、暖水域。体长约1 m。

68 前鳍星鲨 *Mustelus kanekonis*（Tanaka，1916）[16]

本种体细长。口呈三角形，上唇褶比下唇褶长。第1背鳍起点比胸鳍里角位置靠前。第2背鳍较小。体背侧灰褐色，腹面白色，体无白斑。各鳍紫色，背鳍上端褐色。为暖水性浅海小型鲨类。卵胎生。分布于我国东海南部、南海，以及日本南部海域。体长50 cm左右。

注：本种过去曾同称灰星鲨，现独立列一种[4A]，而黄宗国等（2012）仍将其与灰星鲨列为同种[13]。

69 下灰鲨 *Hypogaleus hyugaensis*（Miyosi，1939）[37]

= 黑鳍翅鲨 *Galeorhinus hyugaensis* = 黑缘灰鲨

本种吻中等长，口前吻长约等于口宽。眼椭圆形，位于头背侧，瞬褶发达。前鼻瓣小。喷水孔小。口深弧形，具上、下唇褶。上、下颌齿同型，侧扁，三角形，基底具2～3个小齿头，齿头向外倾斜。第2背鳍显著大于臀鳍，而小于第1背鳍的1/2，两背鳍间无隆起嵴。体灰褐色，腹面色浅。各鳍褐色，两背鳍后缘具黑边。为热带、亚热带近海中小型鲨类，栖息水深40～230 m。胎生，每产10～11仔，妊娠期15个月。分布于我国东海、台湾东北海域，以及日本南部海域和印度洋、西北太平洋暖水域。体长1.2 m左右。

70 日本灰鲨 *Hemitriakis japonica*（Müller et Henle，1839）[38]

= 日本半皱唇鲨 = 日本翅鲨 *Galeorhinus japonicus*

本种与下灰鲨相似，曾同归于翅鲨属。吻中等长，口前吻长小于口宽的1.3倍。眼狭长，背侧位，具瞬褶。前鼻瓣圆大。喷水孔裂隙状。口成弧形，唇褶中等长。齿三角形，宽而侧扁，两颌齿同型。第1背鳍始于胸鳍内角上方。第2背鳍与臀鳍几乎等大，约为第1背鳍的2/3。两背鳍间有隆起嵴。体灰褐色或锈色。腹面、胸鳍、背鳍后缘均白色。尾端、背鳍端部褐色。栖息于温带、亚热带的大陆架水域。卵胎生，每产8～22仔，初产仔鲨长20～21 cm。在我国东海，其产仔期为6～8月，妊娠期为10个月。分布于我国黄海、东海、台湾东北海域至南海水域，以及日本南部海域、朝鲜半岛海域和西北太平洋温、暖水域。体长达1.2 m以上。该鱼肉质甚佳，鳍可制优质鱼翅。

（25）半沙条鲨科 Hemigaleidae

本科物种体较细长。眼椭圆形，瞬膜发达。喷水孔微小。前鼻瓣具一三角形突出，后鼻瓣有一半环形薄膜。口宽大，弧形，上、下唇褶发达。齿侧扁而大，上、下颌齿异型。肠螺旋瓣为螺旋型，这是本科区别真鲨科的最重要特征。

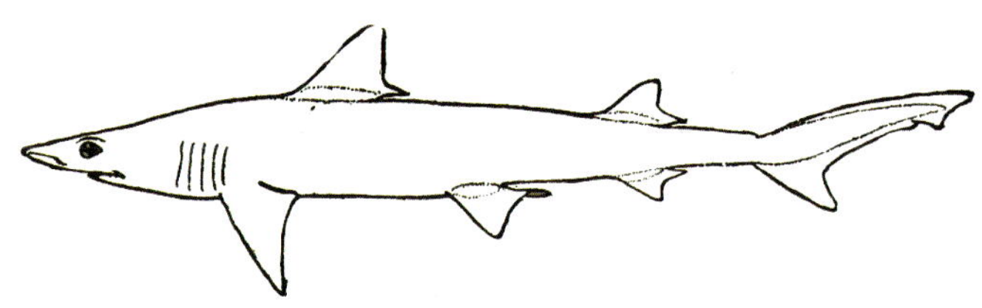

半沙条鲨科物种形态简图

71 犁鳍半沙条鲨 *Hemigaleus microstoma* Bleeker，1852 [19]

= 小孔沙条鲨 *Negogaleus microstoma* = 短颌沙条鲨 *H. brachygnathus*

本种体较细而延长，头平扁。眼颇大，眼径与第1鳃裂宽相等。口深弧形。上颌齿侧面三角形，下颌前部齿尖矛状。背鳍2个。第1背鳍中等大，位于胸鳍、腹鳍中间上方。背侧灰褐色，腹侧白色，第1、第2背鳍后缘及尾鳍后端黑色。为近海暖水性小型鲨类。每产4～14仔，初产仔鲨长26～28 cm。主食头足类、甲壳类和棘皮动物。分布于我国东海南部、台湾海域、南海，以及西太平洋与印度洋之间海域。体长通常小于1 m。为濒危物种[19]。

注：据黄宗国（2012），短颌沙条鲨与犁鳍半条鲨为同物种。朱元鼎（1960，2001）将二者分立为两种[13、4A、47]。

▲ 本科我国尚有邓氏副沙条鲨 *Paragaleus tengi*（Chen，1963）和钝吻鲨 *Hemipristis elongatus*（Klunzinger，1871）（亦称半锯鲨）。请参阅《中国动物志 圆口纲 软骨鱼纲》（2001）[4A]。

（26）真鲨科 Carcharhinidae

本科物种体属典型鲨形。眼近圆形或圆形，瞬膜发达。通常无喷水孔。前鼻瓣小，呈三角形或管状。上颌齿常宽扁，亚三角形，下颌齿较窄而尖。尾鳍基上、下方具凹洼。第1背鳍大，位置比腹鳍靠前；第2背鳍较小。肠螺旋瓣画卷型，此为本科最显著的特征。本科为鲨类中种类最多、经济价值最高的一科。广布于温带各海域，有的还是热带海区的优势种。有重要渔业价值。许多种类性情凶猛。本科全球有14属55种，我国有10属24种。

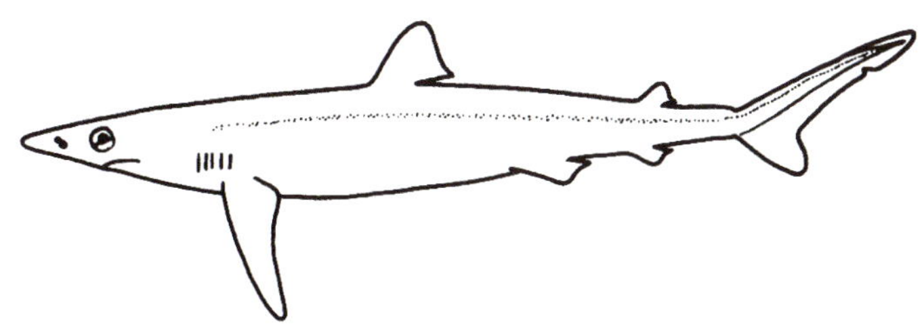

真鲨科物种形态简图

72 鼬鲨 *Galeocerdo cuvier*（Lesueur，1828）[53]

本种体粗大，延长。头长大，宽扁。吻短，广圆形。眼中等大，近圆形，瞬膜发达。喷水孔细狭。口宽大，深弧形。上唇褶粗大，向前伸至眼前，下唇褶细狭。上、下颌齿同型，宽扁，呈斜三角形，具小齿头，边缘尚有细锯齿。尾侧具一纵行隆起嵴。体灰褐色或青褐色，体侧和鳍上具不规则的褐色斑点，并连成许多纵行和横形条纹，腹面白色。为热带、暖温带沿海中上层大型凶猛鲨类。栖息水深可达140 m，亦出现于珊瑚礁区或咸淡水河口内湾水域。夜间升至浅水区摄食。性凶猛，捕食鱼类、海兽、海龟、海鸟等，并袭击水中游人。本种是真鲨科唯一卵胎生鱼种，经4～6年性成熟。分布于我国黄海、东海、南海、台湾海域，以及日本伊豆以南海域和全球南、北纬40°之间温、热带海域。最大体长可达9.1 m。肉质颇佳，皮可制优质革，鳍制鱼翅，肝可入药，是大型游钓鱼种。

73 三齿鲨 *Triaenodon obesus*（Rüppell，1837）[52]

本种体较细长。头宽而平扁。吻短而广圆。眼小，近圆形，瞬膜发达。前鼻瓣与中鼻瓣共同形成一小管道是本种的主要特征。口宽弧形。上、下颌齿同型，小而多，为三齿头型。第2背鳍大，和臀鳍对位，尾比头或躯干略长，尾柄无隆起嵴，尾鳍基上、下方各具一凹洼。体灰褐色，腹面白色，各鳍颜色较深。第1背鳍和尾鳍上叶尖端白色。为热带沿岸近底栖习见鲨类。通常栖息于水深8～40 m的珊瑚礁浅海，少数可在100～300 m深处栖息。白天集群于珊瑚礁洞穴中，夜间出游。胎生，每产1～5仔，初产仔鲨52～60 cm。分布于我国南海，以及日本南部海域、红海、印度洋、西太平洋。最大体长可达2.1 m。

74 尖鳍柠檬鲨 *Negaprion acutidens*（Rüppell，1837）[38]
＝昆士兰柠檬鲨 *N. queenslandicus*

本种体延长，躯干较粗壮。头甚平扁。眼较小，近圆形，瞬膜发达。无喷水孔。前鼻瓣短，宽三角形。口宽大于口前吻长，唇褶不发达，只见于上颌口隅处，稍前延。两颌齿异型。上颌齿直立，单尖头，边缘光滑。第1背鳍基底中央位于胸鳍腋部和腹鳍起点中间上方。两背鳍高度约相等，上角钝尖，后缘凹入，下角尖突。尾鳍中等大，尾端钝尖。尾鳍基凹洼呈纵凹形是本种重要特征。活体柠檬色，出水后黄褐色，腹部色浅，尾端上、下叶黑褐色，两背鳍和胸鳍上部色暗。栖息于热带沿岸潮间带到水深30 m处，常在近表层、河口、内湾、珊瑚礁、潟湖静水中。幼鱼则常在礁石浅水处，背鳍露出水面，缓慢游泳。胎生，每产1～3仔，初产仔鲨45～48 cm。摄食底栖鱼类。分布于我国南海，以及日本南部海域、马来西亚海域、印度尼西亚海域、澳大利亚海域、西印度洋、中西太平洋。最大体长约3.1 m。是南亚、东南亚国家流刺网和延绳钓的捕捞对象。肉可鲜食或做成腌制品，鳍可制鱼翅。

75 隙眼鲨 *Loxodon macrorhinus* Müller et Henle，1839[38]

=弯齿鲨=杜氏斜齿鲨 *Scoliodon dumerili*

本种体细长。头窄长，稍平扁。吻狭长。眼大，瞬膜发达，眼后缘具凹刻。喷水孔小，呈残迹状。唇褶短，仅见于口隅处。两颌齿同型，侧齿宽扁，齿头外斜，齿缘光滑。第1背鳍大，位于腹鳍起点前上方。第2背鳍小，与臀鳍基底后对位。体灰色或灰褐色。为热带习见小型鲨类。栖息于水深80 m以浅沿岸水域。胎生，每产2～4仔。分布于我国南海、台湾海域，以及日本南部海域、菲律宾海域、印度–西太平洋热带海域。最大体长为90 cm。

76 宽尾斜齿鲨 *Scoliodon laticaudus* Müller et Henle，1838[141]

=尖头斜齿鲨 *S. sorrakowah*

本种体修长。头很平扁。吻尖长。眼圆形，后缘无缺刻，瞬膜发达。喷水孔消失。口宽大，深弧形，唇褶不发达。上、下颌齿外斜，宽扁，边缘光滑，无小齿头。第1背鳍中等大，距腹鳍起首近。第2背鳍很小，起始于臀鳍基底后上方。尾鳍宽长，尾鳍基上、下方均具一凹洼。体背侧灰褐色，腹侧白色。背鳍、尾鳍、胸鳍灰褐色，臀鳍、腹鳍淡白色。为暖水性小型鲨类，常结群巡游。胎生，受精卵小，直径仅1 mm。每产1～14仔，初产仔鲨长13～15 cm。1～2龄性成熟。以小鱼为食。分布于我国东海、台湾海域、南海，偶见于黄海；以及印度–太平洋35° N～10° S间沿岸水域。最大体长74 cm[59]。

77 尖吻鲨 *Rhizoprionodon acutus*（Rüppell，1837）[19]

=尖吻斜锯牙鲨=瓦氏斜齿鲨 *Scoliodon walbeehmi*

本种体延长，较粗大。头略呈圆锥状。吻长而扁，前缘钝尖。眼大而圆，后缘无缺刻，瞬膜发达，侧位。喷水孔消失。口深弧形，上、下唇褶发达，上唇褶向前延伸。齿宽扁，边缘无锯齿，齿头向外倾斜。第1背鳍中等大，距腹鳍与距胸鳍约相等。第2背鳍很小，起点位于臀鳍基后端上方。尾长比头或躯干稍长，尾鳍基上、下方各具一凹洼。体背侧灰褐色，腹侧白色。体侧或有不规则的暗褐色斑点。背鳍、尾鳍边缘褐色。为暖水性中小型鲨类。栖息于沿岸至200 m左右水域，也有出现于咸淡水水域的记载。胎生，每产1～8仔。分布于我国东海、南海、台湾海域，以及日本南部海域、东大西洋、西北印度洋和西太平洋南、北纬35° 间沿岸水域。体长1 m左右。

78 短鳍尖吻鲨 *Rhizoprionodon oligolinx* Springer，1964[38]

=寡线斜锯齿鲨=短鳍斜齿鲨 *Scoliodon palasorrah*

本种体延长。头扁，锥状。上唇褶不发达，仅见于口隅。第2背鳍起始于臀鳍基中部上方。尾鳍较宽短。体背侧面灰褐色，腹面白色。除尾鳍外，各鳍色较深。为热带大陆架习见小型鲨类。胎生，每产3～5仔，初产仔鲨长21～26 cm。分布于我国南海，以及日本南部海域、韩国海域、泰国海域、印度洋、西南太平洋暖水域。最大体长70 cm。肉质尚佳，是南亚国家家常食用鲨类。

79 大青鲨 *Prionace glauca*（Linnaeus，1758）[44]

本种体呈纺锤形。头部窄而侧扁。吻尖突。眼圆，具瞬膜。喷水孔消失。口宽大，深弧形，唇褶短小，隐于口隅处。两领齿异型；上颌齿宽扁，呈三角形，边缘具细锯齿；下颌齿狭尖。鳃裂小，鳃耙呈乳头状突起。胸鳍非常大是大青鲨的重要特征。第1背鳍基底距腹鳍较距胸鳍近。体背侧深蓝色，腹侧白色。通常结成大群，栖息外洋于上层。巡游时，第1背鳍、尾鳍上叶露出水面。也有夜间入侵沿岸水域的记录。属凶猛鲨类，可袭击入水游人，甚至船只。胎生，每产60余仔，妊娠期9～12个月，初产仔鲨长35～44 cm。性成熟晚，4～5龄方性成熟，交配产仔，寿命可高达20龄。以鱼、头足类为主食，胃含物尚见鲸类肌肉。广布于世界温、热带海域。在我国，见于南海、台湾海域。体长约为3.8 m，曾有长达4.8～6.5 m的记录。肉美味，鳍可制鱼翅。

80 长吻基齿鲨 *Hypoprion macloti*（Müller et Henle，1839）[19]

= 麦氏真鲨 *Carcharhinus macloti* = 枪头鲛

因基齿鲨属和真鲨属相似，沈世杰（1993，2011）、黄宗国（2012）将基齿鲨类列入真鲨属（*Carcharhinus*）[9，37，13]。但本属物种上、下颌齿边缘光滑，只上颌齿基底有小齿头，因而独立为一属[4A，12]。长吻基齿鲨以吻延长而尖突，头长约占全长的1/4，体背侧青褐色，腹面白色，各鳍深褐为特征。为暖水性近海小型鲨类。胎生，每产1～2仔，初产仔鲨长45～50 cm。分布于我国东海、台湾海域、南海，以及南亚各国海域、澳大利亚东北部海域、西太平洋、印度洋。

81 印度露齿鲨 *Glyphis gangeticus*（Müller et Henle，1839）[44]

=恒河鲨 *G. gangeticus* =恒河真鲨 *Carcharihinus gangeticus*

因露齿鲨属*Glyphis*物种与真鲨属相似，朱元鼎（1960）、刘继兴（1979）曾将该属物种归于真鲨属[47, 8]。但本属物种最主要特点在于口闭时牙齿外露，故得名露齿鲨。此外尚因尾鳍基上凹呈纵凹状而独立为一属。印度露齿鲨体呈纺锤形，躯干粗壮。头部宽扁。尾稍侧扁。第1背鳍高大，前位，起始于胸鳍基底后半上方。两背鳍间有隆起嵴。体灰褐色，下侧和腹面白色，各鳍褐色（不呈黑色）。栖息于热带水域沙泥底质河口、内湾或珊瑚礁水域。栖息水深从表层直至280 m左右。性凶猛，是噬人鲨之一。胎生。分布于我国东海、台湾海域、南海，以及日本南部海域、印度洋南亚各国海域。体长达2.5 m左右。

真鲨属 *Carcharhinus* Blainville，1816

本属物种体呈纺锤形，粗壮。眼圆形，瞬膜发达。喷水孔消失。前鼻瓣具小三角形突出，后鼻瓣不分化。口宽大，深弧形，唇褶不发达。齿宽扁，亚三角形，上颌齿边缘具细锯齿。背鳍2个。第1背鳍大。第2背鳍起点位于臀鳍起点上方或后上方。胸鳍宽大，近镰形。尾鳍基上、下方各有1个凹洼。分布于全球温、热带海域，是鲨类中种类最多的一属。全球有32种，我国有14种。

82 长鳍真鲨 *Carcharhinus longimanus*（Poey，1861）[19]

本种基本特征同属。第1背鳍和胸鳍长大。第2背鳍与臀鳍几乎相对。第1背鳍、胸鳍和尾鳍下叶边缘白色。而第2背鳍、臀鳍和腹鳍外角有黑斑。属大洋上层鲨类，偶见于近岸海域，为大型凶猛鲨鱼之一，有袭人和船只的记录。胎生，每产1～15仔。分布于我国台湾海域、南海，以及日本南部海域和世界温、热带海域。最大体长约3.9 m。

83 小眼真鲨 *Carcharhinus microphthalmus* Chu，1960

本种体延长，粗大。吻短圆。眼圆形，特别小。鼻孔较宽大，鼻间隔较小。下颌短缩，口闭时颌齿暴露。第2背鳍较大，仅略小于第1背鳍。胸鳍宽大，三角形，后缘平直。尾鳍基上方具横凹洼。体侧具云状斑和小白点。第1背鳍末端和尾鳍后缘呈黑色。第2背鳍、胸鳍、腹鳍和臀鳍末端亦带黑色。属于暖水性鲨类，从沿岸到外洋，从水深30 m到数百米珊瑚礁海域皆有分布。卵生。分布于我国南海，以及日本南部海域，红海，地中海，中西太平洋和印度洋热带、亚热带海域。体长可达7 m。

84 白边真鲨 *Carcharhinus albimarginatus*（Rüppell，1837）[53]

本种第1背鳍顶端和胸鳍末端尖形。第1背鳍、胸鳍、腹鳍和尾鳍后缘有白边。上颌齿两侧切面，侧扁，亚三角形，边缘有细锯齿，齿头稍外斜。为暖水性中上层大型鲨类。从沿海到外洋，在近表层到800 m深处栖息，珊瑚礁内少见。胎生，通常每产5～6仔，妊娠期约为1年，夏季产仔。游泳迅速，性情凶猛。分布于我国南海、台湾海域，以及日本南部海域和印度洋–西太平洋温、热海域。最大体长达3 m。

85 大鼻真鲨 *Carcharhinus altimus*（Springer，1950）[14]

本种吻端钝圆，中等长，口前吻长大于口宽。前鼻瓣三角形，颇宽。唇褶不发达，只见于口隅。第1背鳍起点与胸鳍基底后端对位。胸鳍长大，稍呈镰状，前缘长约等于头长。尾鳍颇宽长，尾鳍长超过头长的1.2～1.3倍，尾端钝尖。体背淡灰色，带有青铜色；腹面白色。除腹鳍外，各鳍鳍尖均为黑色。为暖温带、热带底栖大型鲨类，常栖息于大陆架和岛屿岸坡水深90～430 m处。幼鱼分布较浅，可达25 m处。胎生，每产3～15仔，初产仔鲨长70～90 cm。分布于我国台湾东北海域，以及西印度洋、太平洋、地中海。体长可达2.8 m。

86 黑印真鲨 *Carcharhinus menisorrah*（Müller et Henle，1841）[15]

＝杜氏真鲨 *C. dussumieri*

本种以两背鳍间有纵嵴，第1背鳍距胸鳍较距腹鳍稍近，胸鳍短，各鳍末端不呈白色，第2背鳍上部明显呈黑色为主要特征。此外，本种眼较小；上颌齿宽而扁，呈三角形，边缘具细锯齿，齿头外斜。为暖水性近海中小型鲨类。卵胎生。是我国南海习见种，夏、秋可抵黄海、渤海。日本南部海域、印度洋、红海、西南太平洋也都有分布。体长一般1 m左右，最大可达4 m。

87 阔口真鲨 *Carcharhinus plumbeus*（Nardo，1827）[53]

=铅灰真鲨 = 阔口真鲨 *C. latistomus*

本种吻宽扁。口弧形，口宽大于口前吻长。第1背鳍高为第2背鳍高的4倍，且第1背鳍高几乎为第1背鳍前体长的一半；这是本种的重要特征。体青褐色或灰褐色，腹面白色，各鳍灰褐色，后缘色较浅。为温、热带近海上层鲨类。栖息于自潮间带到280 m深处。具集群性洄游习性。胎生，每产1～14仔。分布于我国黄海、东海、台湾东北部海域，以及西太平洋至美国夏威夷海域、红海、阿曼海域、大西洋沿岸。在西北和东北大西洋地区是重要渔业对象。体长最大达3 m。

88 公牛真鲨 *Carcharhinus leucas*（Valenciennes，1839）[54]

=低鳍真鲨

本种体呈纺锤形，粗壮。吻短钝，吻端广圆。第1背鳍稍矮；其高为第2背鳍高的3.1倍，是第1背鳍前体长的1/3。胸鳍宽大，呈镰状。上颌齿宽扁，呈三角形，具锯齿缘，近齿基处转平滑，无小齿头。体灰色，各鳍尖深色，体侧具不明显的白色带。为温、热带沿岸种，仔鲨可见于河口、咸淡水水域。通常于350 m以浅水域活动。性凶猛，袭人，是最危险的鲨之一。胎生，性成熟晚，6龄方性成熟。分布于我国台湾海域，以及日本南部海域，印度洋西岸海域，世界大洋南、北纬40° 之间海域。在东北大西洋，本种可抵北海沿海。最大体长可达3.4 m。

89 短尾真鲨 *Carcharhinus brachyurus*（Günther，1870）[54]

= 远鳍真鲨 *C. remotoides*

本种体呈纺锤形。吻端尖。上颌前侧齿窄尖，弯曲；后侧齿侧扁，狭三角形，边缘具细锯齿。第1背鳍起始于胸鳍内角上方，第2背鳍与臀鳍几乎相对。尾鳍较宽短，长度约为全长的1/4。尾端钝圆，后缘斜凹。体灰褐色；各鳍色浅，但前端或后缘多色深。为暖温带沿海和大洋鲨类，活泼善游。胎生，每产13～20仔，初产仔鲨长59～67 cm。分布于我国东海、台湾海域，以及日本东京湾以南海域和世界温、热带海域。最大体长达3 m。

90 乌翅真鲨 *Carcharhinus melanopterus*（Quoy et Gaimard，1824）[54]

本种体呈纺锤形。吻较短。口宽而呈圆弧形，口前吻长约等于口宽的1/2。唇褶不发达，只见于口隅处。上颌齿宽扁，三角形，边缘具细齿，齿头外斜。两背鳍间不具纵嵴。体背淡褐色，腹部白色。尾鳍后缘有黑色边。胸鳍、两背鳍及尾鳍皆有明显的黑色鳍尖。为热带、亚热带习见中小型鲨类。单独或成小群活动。胎生，每产2～4仔，妊娠期16个月。分布于我国南海、台湾海域，以及红海、地中海、40° N～30° S中西太平洋、印度洋。最大体长达2 m。

91 直齿真鲨 *Carcharhinus brevipinna*（Müller et Henle，1839）[19]

= 蔷薇真鲨 = 短鳍直齿鲨 *Aprionodon brevipinna*

本种体呈纺锤形，较粗壮。口宽大，上唇褶长。颌齿窄尖且直立，下颌齿边缘光滑。第1背鳍中等大。第2背鳍较短小，其基底短于臀鳍基底。两背鳍间距超过第1背鳍鳍高的2.2倍。第1背鳍起点与胸鳍里角略相对。尾鳍颇长，尾端尖圆，后缘微凹。体背侧灰褐色，腹侧色浅，其上散布有不规则的暗斑。各鳍亦呈灰褐色。成鱼鳍尖黑色。为暖温带、热带近海鲨类，栖息水深从表层到75 m处，通常在水深30 m浅海成群游泳，常跃出水面。胎生，每产3～15仔，初产仔鲨长60～75 cm。分布于我国台湾海域、南海，以及美洲东岸海域、印度洋、西太平洋。最大体长可达2.8 m。肉可食，鳍可制鱼翅，肝、油可入药。

92 侧条真鲨 *Carcharhinus limbatus*（Valenciennes，1839）[52]

= 黑稍真鲨 = 侧条真鲨 *C. pleurotaenia*

本种体呈纺锤形，粗壮。上唇褶短而粗厚，稍向前伸。上颌齿狭，呈三角形，边缘有锯齿。第1背鳍高大，两背鳍间距超过第1背鳍鳍高的2倍。第1背鳍起点位于胸鳍后上方，第2背鳍与臀鳍相对。体背灰褐色，腹面白色。胸鳍基底到腹鳍基上方有一白色纵带，各鳍均为褐色。为热带、暖温带海区习见鲨类。栖息于近海浅水沙泥底质海区及海湾和河口附近。常在海水表层集成一群并跃出水面。胎生，每产1～10仔。分布于我国东海、台湾海域，以及世界各大洋南、北纬40°之间水域。最大体长达2.25 m。

93 沙拉真鲨 *Carcharhinus sorrah*（Müller et Henle，1839）[15]

本种体呈纺锤形，粗壮。吻较长，口前吻长稍大于口宽。两背鳍间具纵嵴。第2背鳍起点位于臀鳍起点后上方。第2背鳍游离缘长，超过基底长的2倍。胸鳍宽长，镰形。体灰褐色，腹面白色。第1背鳍末端、尾鳍下叶、胸鳍和第2背鳍尖端明显呈黑色。为暖水性近海中小型鲨类，也出现于珊瑚礁周边水域。胎生，每产3～6仔，初产仔鲨长45～60 cm。分布于我国东海、南海、台湾海域，以及日本南部海域、印度–西太平洋热带水域。最大体长1.5 m。

94 镰形真鲨 *Carcharhinus falciformes*（Bibron，1939）[53]

＝黑背真鲨 *C. atrodorsus*

本种体呈纺锤形，粗壮。第1背鳍较小，先端圆，起始于胸鳍基底后上方。第2背鳍小，起点与臀鳍起点相对。两背鳍间具纵嵴。两背鳍间距为第1背鳍高的3倍多。胸鳍大，镰状，后缘有深凹。

腹鳍、尾鳍间距等于吻端至胸鳍距离。体背侧近黑色，各鳍灰黑色，无黑斑。为热带、亚热带海洋上层大型鲨类。栖息水深可达500 m。胎生，每产2～4仔，初产仔鲨长70～87 cm。分布于我国南海、台湾东部海域，以及日本南部海域和西太平洋、大西洋沿岸海域。体长可达3.3 m。在墨西哥湾、加勒比地区是重要渔业捕捞对象之一。

注：黄宗国（2012）将本种与黑印真鲨 *C. menisorrah* 列为同种[13]。朱元鼎（2001）将本种确立为独立种，特征明显[4A]。

95 暗体真鲨 *Carcharhinus obscurus*（Lesueur，1818）[38]

=灰真鲨 *C. obscus*

本种体呈纺锤形，粗壮。两背鳍间具纵嵴。但第1背鳍颇大，起始于胸鳍内角上方。两背鳍间距为第1背鳍高的2倍左右。腹鳍、尾鳍间距短于吻端至胸鳍距离。上颌齿呈宽三角形状，齿侧不凹入。体背侧灰褐色，腹侧色浅。背鳍、胸鳍黑褐色，其他鳍褐色。为温、热带近海上层鲨鱼。可下潜至400 m处栖息。胎生，每产3～14仔。幼鲨有成群摄食习性。性成熟晚，6龄方性成熟。分布于我国东海、台湾东南海域，以及日本中部以南海域和南、北纬40°间广阔海域。体长最大达4 m。

（27）双髻鲨科 Sphyrnidae

本科物种头部额区向左、右侧突出，似发髻状。眼圆，位于头侧突出部的两端。瞬膜发达。喷水孔消失。前鼻瓣呈小三角形。通常具里、外口鼻沟。口宽大，弧形。唇褶不发达，或只见于口隅。上颌齿侧扁，三角形，齿头外斜，边缘光滑。下颌齿与上颌齿同型，但稍狭。背鳍2个，均无硬棘。第1背鳍大于第2背鳍。尾鳍基上、下方各具一凹洼。肠螺旋瓣属于画卷型。分布于热带、温带海域，化石种见于白垩纪。全球有2属9种，我国有2属4种。

双髻鲨科物种形态简图

96 丁字双髻鲨 *Eusphyrna blochii*（Cuvier，1817）[54]

= *Sphyrna blochi*

本种体延长，很侧扁而粗大。以头侧突起狭长，呈翼状，使头部呈T形。吻端中央凹入。鼻孔很长，其长度几乎为口宽的2倍。头侧鼻孔前缘有结节状突起。尾鳍基上凹洼呈纵凹形。体背侧灰褐色，腹侧白色。背鳍、尾鳍后端暗褐色。胸鳍、腹鳍后缘浅色。为热带小型鲨类。胎生，每产6～11仔。分布于我国南海，以及泰国海域、马来西亚海域、印度海域、巴基斯坦海域。最大体长达1.5 m。

97 锤头双髻鲨 *Sphyrna zygaena*（Linnaeus，1758）[38]

本种体延长。头侧突起宽，不呈翼状。鼻孔短，其长度小于口宽的1/2。头前缘无结节突起。吻很短宽，中央圆凸。吻前至鼻孔沟长，达吻前和鼻孔的中间处。第1背鳍中等大，前缘向后倾斜。第2背鳍基底与臀鳍基底几乎等长。体灰褐色，腹面白色。背鳍、尾鳍、胸鳍边缘黑色。臀鳍、腹鳍色浅，外角褐色。为暖温性大型凶猛鲨类。主食鱼类，常结成大群洄游。胎生，每产29 ~ 37仔，初产仔鲨长50 ~ 61 cm。分布于我国黄海、东海、台湾北部海域，以及日本北海道以南海域和全球温、热带海域。最大体长约4 m。

98 路氏双髻鲨 *Sphyrna lewini*（Griffith et Smith，1834）[15]

本种体呈纺锤形，粗壮。吻短，很宽，前缘广弧形，吻端中央凹入。里鼻沟显著。第1背鳍高大直竖，形似风帆。第2背鳍矮，后缘直线状。臀鳍基底长大于第2背鳍基底长。尾鳍宽长，上叶平直。尾端钝尖。体色灰褐色，腹面白色。两背鳍后上缘、尾端上部、尾鳍下叶前端及胸鳍末端皆呈褐色。为热带、温带习见大型鲨类。沿岸栖息，也常出现于内湾和咸淡水处，水深从潮间带至280 m左右。胎生，每产15 ~ 31仔，初产仔鲨长42 ~ 55 cm。分布于我国黄海、东海、台湾海域、南海，以及日本关东以南海域和全球温、热带海域。该鱼肉质佳，鳍制鱼翅，皮可制革，肝、油可入药。最大体长达4.2 m。

99 无沟双髻鲨 *Sphyrna mokarran*（Rüppell，1855）[38]

本种体延长，侧扁而粗壮。吻端中央凹入。头前缘不呈波状，不突出。里鼻沟消失。第1背鳍高大，前缘较倾斜。第2背鳍较小，臀鳍基底约与第2背鳍基底等长。体背侧灰褐色，腹面白色。两背鳍后缘黑色。臀鳍、腹鳍、胸鳍后缘色浅。为热带沿岸上层和外海性鲨类。栖息于表层到水深80 m处。具季节性洄游习性。胎生，每产13～42仔，产仔期于春末和夏季。分布于我国南海、台湾海域，以及日本九州海域、琉球群岛海域、红海、全球热带海域。肉质佳。最大体长可达6 m。

9 棘鲨目 ECHINORHINIFORMES

棘鲨类体呈圆柱状，粗壮。头中等大，平扁。喷水孔很小，位于眼后方。两鼻孔相距远。口弧形而宽大，唇褶短。两颌齿同型，侧扁，呈叶状。两背鳍均小于腹鳍且无鳍棘。第1背鳍起点位于腹鳍起点后上方。无臀鳍。尾鳍无尾下缺刻。仅棘鲨1属2种。在我国分布有1种。

注：Nelson（2006）、黄宗国（2012）从原列于角鲨目SQVALIFORMES中分立为棘鲨目ECHINORHINIFORMES[3, 13]。

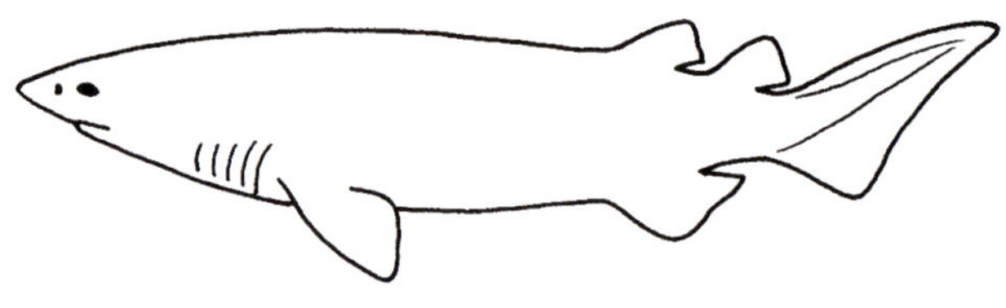

棘鲨目物种形态简图

（28）棘鲨科Echinorhindae

本科物种一般特征同目。

100 笠鳞棘鲨 *Echinorhinus cookei* Pietschmann，1928[38]

= 笠鳞鲛 *E. brucus*

笠鳞棘鲨基本特征如目所述。本种鳞小，大小一致，均匀密布。每鳞片中央棘突立于圆形小基板上，呈笠状；其基板独立，互不连接成片。背鳍2个，小，上、下角钝圆。两背鳍几乎等大，后位。第1背鳍起始于腹鳍起点后上方。胸鳍短小。腹鳍大。无臀鳍。尾鳍镰刀形，后端稍尖。体背面褐色，腹面灰白色。为大型底栖深水鲨类。栖息水深可达900 m，有时也出现在浅水区，行动缓慢。卵胎生，每产15～24仔。分布于我国台湾东北海域，以及日本熊野滩海域、新西兰海域、美国夏威夷海域、秘鲁海域。最大体长可达3.1 m。

10 角鲨目 SQUALIFORMES

本目物种体呈圆柱形或稍侧扁。头呈圆锥形或稍平扁。鳃孔5对。眼侧位或上侧位，瞬膜有或无。喷水孔小或较大。口弧形或近横列，有唇褶。背鳍2个，有鳍棘或无鳍棘。无臀鳍。颌舌接型。肠螺旋瓣为螺旋型。本目全球有6科24属99种，我国有5科12属34种。

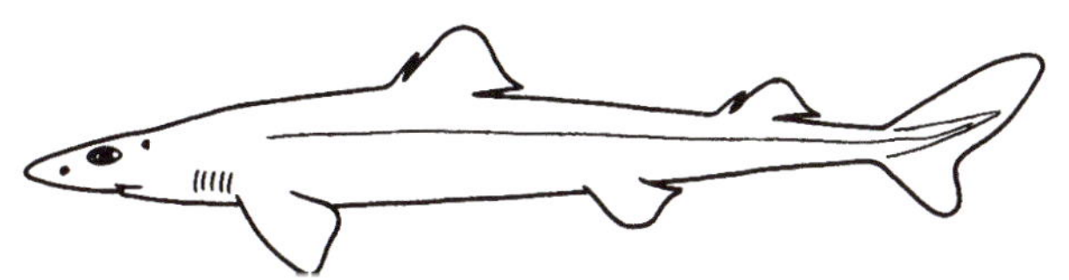

角鲨目物种形态简图

角鲨目的科、属、种检索表

1a 第2背鳍不具硬棘，第1背鳍亦常不具硬棘
……铠鲨科 Dalatiidae（25）

1b 两背鳍均具硬棘……（2）

2a 上颌齿具1个齿尖……（8）

2b 上颌齿具数个齿尖……乌鲨科 Etmopteridae（3）

3a 两颌齿同型……蒲原氏霞鲨 *Centroscyllium kamoharai* 101

3b 两颌齿异型，下颌齿具1个齿尖……乌鲨属 *Etmopterus*（4）

4a 鳞较规则排列，表皮可见排列纹理；盾鳞细长、弯曲，呈刚毛状……（6）

4b 鳞散布，排列不规则；盾鳞粗短……（5）

5a 盾鳞顶端平截状……小乌鲨 *E. pusillus* 102

5b 盾鳞棘状……褐乌鲨 *E. unicolor* 103

6-4a 腹鳍上方深色翼状斑不向后伸延成细长条纹；两眼间盾鳞不呈规则的线状排列
……斯普兰汀乌鲨 *E. splendidus* 104

6b 腹鳍上方深色翼状斑向后伸延成细长条纹；两眼间盾鳞排列成规则线状…………………（7）
7a 腹鳍上方深色翼状斑向前伸延的长度短于往后伸延的长度……………莫拉乌鲨 *E. molleri* 105
7b 腹鳍上方深色翼状斑向前伸延的长度长于往后伸延的长度…………………乌鲨 *E. lucifer* 106
8-2a 口前吻长大于口中央至胸鳍起点距离；盾鳞叉状，具一细长柄……田氏鲨 *Deania calcea* 124
8b 口前吻长小于口中央至胸鳍起点距离；盾鳞不呈叉状，柄宽短或无柄…………………（9）
9a 两颌齿异型……………………………………………………………………………（15）
9b 两颌齿同型，齿头颇倾斜……………………………………………………………（10）
10a 鼻孔前缘具一长须，伸达口角………………………………须角鲨 *Cirrhigaleus barbifer* 107
10b 鼻孔前缘无须……………………………………………………………角鲨属 *Squalus*（11）
11a 体具白斑；第1背鳍起点位于胸鳍里角后上方；腹鳍距第2背鳍比距第1背鳍近
……………………………………………………………………白斑角鲨 *S. acanthias* 108
11b 体无白斑；第1背鳍起点对着胸鳍里缘中部，腹鳍距第2背鳍与距第1背鳍约相等……（12）
12a 吻较长，其长度为口宽的1.5～2倍；眼距第1鳃裂较距吻端近……日本角鲨 *S. japonicus* 109
12b 吻较短，其长度为口宽的1.4倍以下（长吻角鲨除外）；眼距第1鳃裂较距吻端远……（13）
13a 由吻端至鼻孔里角距离小于鼻内角至上唇沟的斜线距离；盾鳞具一棘突
…………………………………………………………………短吻角鲨 *S. brevirostris* 110
13b 由吻端至鼻孔里角距离大于鼻内角至上唇沟的斜线距离；盾鳞具三棘突……………（14）
14a 背鳍鳍棘长于背鳍上角，背鳍高几乎等于基底长…………………高鳍角鲨 *S. blainvillei* 111
14b 背鳍鳍棘短于背鳍上角，背鳍高小于基底长………………………长吻角鲨 *S. mitsukurii* 112
15-9a 胸鳍里角尖突
……………刺鲨科 Centrophoridae　刺鲨属 *Centrophorus*（19）
15b 胸鳍里角宽圆…………………………睡鲨科 Somniosidae（16）
16a 体前、后部盾鳞具棘突或隆起嵴；下颌齿高而宽，近直立………异鳞鲨属 *Scymnodon*（18）
16b 第1背鳍后方盾鳞光滑，边缘圆弧形，体前部盾鳞有嵴突或线纹；下颌齿稍低，齿头倾斜
……………………………………………………………荆鲨属 *Centroscymnus*（17）
17a 吻长小于眼径；口宽大于口前吻长………………………………大眼荆鲨 *C. coelolepis* 113
17b 吻长等于眼径；口宽约等于或小于口前吻长……………………………欧氏荆鲨 *C. owstoni* 114
18-16a 盾鳞无横嵴；第1背鳍基底长度约等于两背鳍间距的1/5……异鳞鲨 *S. squamulosus* 115
18b 盾鳞有横嵴；第1背鳍基底长度远小于两背鳍间距的1/5………小口异鳞鲨 *S. obscurus* 116
19-15a 第2背鳍很小，其鳍高仅为第1背鳍鳍高的1/2………………皱皮刺鲨 *C. moluccensis* 117
19b 第2背鳍较大，其鳍高大于第1背鳍鳍高的3/5……………………………………（20）
20a 胸鳍里角尖长，末端几乎达或超过第1背鳍鳍棘尖端垂线……………………………（23）
20b 胸鳍里角稍尖突，末端不达第1背鳍鳍棘尖端垂线……………………………………（21）
21a 盾鳞排列稀疏，颗粒状，具一棘突…………………………台湾刺鲨 *C. niaukang* 118
21b 盾鳞排列紧密……………………………………………………………………（22）
22a 盾棘有柄，呈叶状，重叠排列…………………………叶鳞刺鲨 *C. squamosus* 119
22b 盾棘无柄，不呈叶状，整齐排列…………………………黑缘刺鲨 *C. atromaginatus* 120

23–20a 第1背鳍基底长，其长度等于吻端至第1鳃裂距离……………尖鳍刺鲨 *C. lusitanicus* 121

23b 第1背鳍基底短，其长度短于吻端至第1鳃裂距离…………………………………………（24）

24a 第2背鳍高小于第1背鳍高，两背鳍间距大…………………………………同齿刺鲨 *C. uyato* 122

24b 第2背鳍高约等于第1背鳍高，两背鳍间距小…………………………………针鳞刺鲨 *C. acus* 123

25–1a 第1背鳍基底末端位于腹鳍起点上方；两背鳍间距短于第2背鳍至尾鳍间距
……………………………………………………………………………巴西达摩鲨 *Isistius brasiliensis* 125

25b 第1背鳍基底末端位置比腹鳍起点位置靠前；两背鳍间距长于第2背鳍至尾鳍间距……（26）

26a 下颌齿直立，齿冠三角形，有锯齿缘；第2背鳍基底稍长于第1背鳍基底
…………………………………………………………………………………………铠鲨 *Dalatias licha* 126

26b 下颌倾斜，无锯齿缘；第2背鳍基底长至少为第1背鳍基底长的2倍
………………………………………………………………………………拟角鲨属 *Squaliolus*（27）

27a 上唇有肉质突起；眼小，眼径为眼间隔的40%～70%，眼上缘有凹………阿里拟角鲨 *S. alii* 127

27b 上唇无肉质突起；眼大，眼径为眼间隔的78%～80%，眼上缘无凹… 宽尾拟角鲨 *S. laticaudus* 128

（29）乌鲨科 Etmopteridae

本科物种体细而延长。眼大，椭圆形，无瞬膜。喷水孔中等大，位于眼后。鼻孔横列，近吻端。口宽大，几乎平横，唇褶狭小，口角有一斜行深沟。上、下颌齿异型或同型。鳃裂狭小。2个背鳍均具硬棘和侧沟。第1背鳍比第2背鳍小。第2背鳍位于臀鳍后上方。尾鳍较长，上叶发达。分布于全球温带、热带海域，我国有2属8种。

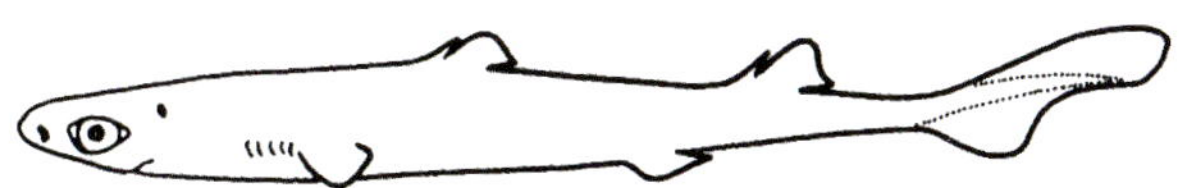

乌鲨科物种形态简图

101 蒲原氏霞鲨 *Centroscyllium kamoharai* Abe，1966[38]

本种体柔软、光滑且延长。体侧线孔显著。头宽扁。吻钝圆。眼大，椭圆形，眼径等于吻长。鼻孔大，斜列。口较宽，弧形，口宽大于口前吻长，口角具唇褶。齿细小，密列；上、下颌齿同

型。喷水孔较大，卵圆形，位于眼后上方。盾鳞很小，棘突针状。背鳍2个，各具一硬棘，每侧具一纵沟。第1背鳍小，硬棘短，起点比胸鳍末端靠后。第2背鳍大，硬棘也长大，位于腹鳍基底稍后上方。尾鳍较短，尾鳍基上、下方无凹洼。无臀鳍。体黑褐色，为深水性小型鲨类。栖息于水深500～1 000 m陆坡水域。分布于我国东海、南海，以及日本骏河湾外海、九州海域等。性成熟雌鱼体长为42～44 cm。

▲ 本属我国尚有黑霞鲨*C. fabricii*，分布于我国南海深海[13]。

102 小乌鲨 *Etmopterus pusillus*（Lowe，1839）[48]

= 光鳞乌鲨

本种体细长，前端平扁。喷水孔大。口宽大，浅弧形。唇褶狭小，仅见于隅角。上颌齿侧扁，具5～7个齿头。第1背鳍稍小，硬棘较短，具侧沟，起点位于胸鳍里缘内角稍后上方。盾鳞粗短，顶端平截状。体背灰褐色，腹面色深，各鳍黑褐色。为陆坡深水小型鲨类。栖息水深350～1 000 m，尚有1 998 m的深潜记录。卵胎生。肉食性，摄食鱼卵、灯笼鱼等。分布于我国南海、台湾海域，以及日本海域、南非海域、大西洋。在大西洋东部尚是底拖网和定置网的兼捕对象。全长可达1 m。

103 褐乌鲨 *Etmopterus unicolor*（Engelhardt，1912）[55]

本种体延长，稍粗，头稍扁平。口宽与吻长几乎相等。上颌齿多尖头，下颌齿单尖头。鳃裂小。第1背鳍位于体中部。第2背鳍比第1背鳍大。胸鳍内、外角圆钝，后端比第1背鳍起点靠前。尾鳍下叶发达。盾鳞棘状，向后弯曲，浓密，排列不规则。体灰褐色，腹面暗褐色。为深水性小型鲨类。栖息于水深800～1 100 m的陆坡水域。分布于我国东海，以及日本相模湾海域、鄂霍次克海。体长约50 cm。

104 斯普兰汀乌鲨 *Etmopterus splendidus* Yano，1988[14]

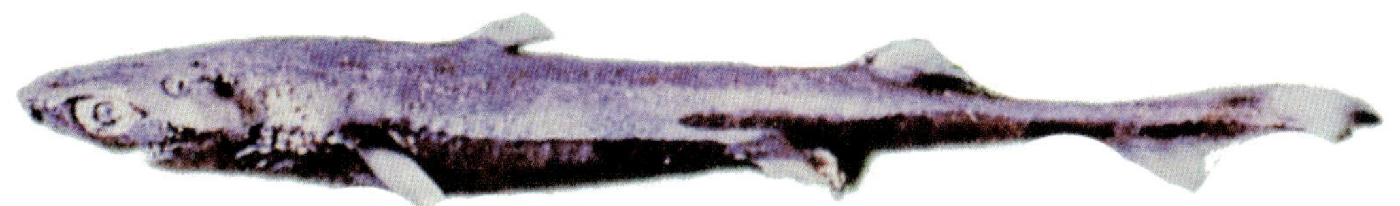

本种体细长。吻短。盾鳞细长、弯曲，呈刚毛状。两眼间盾鳞呈线状排列。两背鳍适度偏前，第1背鳍鳍棘位于胸鳍内角上方。第2背鳍鳍棘与腹鳍基底后端相对。体淡紫黑色，腹鳍上方具翼状斑。翼状斑及尾鳍附近的3处暗斑略呈淡蓝黑色。其翼状斑前伸窄，向后则较宽是本种的重要特征。为大陆架边缘的小型底层鲨类。栖息水深120～210 m，其生态习性不甚了解。分布于我国东海外海、台湾海域，以及日本沿海、西太平洋。延绳钓、底拖网可见渔获。体长40 cm左右。

105 莫拉乌鲨 *Etmopterus molleri*（Whitley，1939）[14]

本种体略粗。吻短，钝圆。躯干部盾鳞细长尖锐。两眼间及背部、躯干部的盾鳞呈线状排列。腹鳍上方深色的翼状斑向后延长，呈细长条纹状。翼状斑向前延伸的长度较短。体背棕灰色，腹面暗棕色。体侧下方具纵行排列的斑块，尾鳍上亦有3处不甚显著的暗蓝色斑。为陆坡边缘栖息的小型鲨类。分布于我国台湾东北海域，以及日本南部海域、澳大利亚海域、西太平洋暖温带水域。体长约31 cm。

106 乌鲨 *Etmopterus lucifer* Jordan et Snyder，1902[48]

本种体细小而延长。头短，宽扁。鳞棘状，背侧被刚毛状鳞片，在头背两眼间、体背侧排列成线状。腹鳍上方深色翼斑向后延伸为细长条纹状，但以向腹鳍前方延伸的长度长。两背鳍间长度和尾鳍上叶长几乎与头长相等。胸鳍内角位置比第1背鳍位置靠前。腹鳍基底位置比第2背鳍位置靠前。体背侧灰褐色，上眼睑后部和前囟区白色，腹面黑色。尾鳍后端黑色。为广布大陆架和陆坡的小型近底层鲨类。栖息水深183～823 m。卵胎生。摄食枪乌贼和小型硬骨鱼类。分布于我国东海、南海、台湾海域，以及日本北海道以南海域、印度尼西亚海域、菲律宾海域、西太平洋、南大西洋。最大体长42 cm。

▲ 本科我国尚有比氏乌鲨 *E. bigelowi*，为深海鲨类[13]。

（30）角鲨科 Squalidae

本科物种体粗壮或细长。眼椭圆形，无瞬膜或瞬褶。喷水孔中等大，多为肾形。鼻孔横列，距口较远。前鼻瓣具长鼻须或无鼻须。口宽大，略呈浅弧形。唇褶发达。口侧具2条深沟，口能突出。上、下颌齿同型，宽扁，边缘光滑，单齿头，外斜。鳃裂小。背鳍2个，各具一硬棘。第1背鳍位置靠近胸鳍，第2背鳍位于腹鳍后上方。尾鳍基上方具一凹洼，尾柄下侧具一皮褶，末端有缺刻。胸鳍宽大。臀鳍消失。广布于世界各大洋。我国有2属7种。

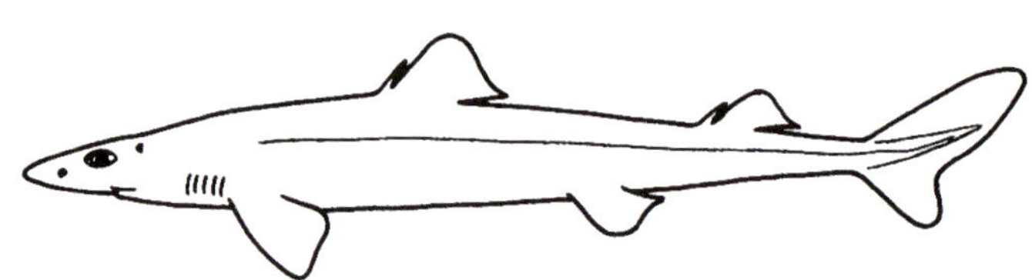

角鲨科物种形态简图

107 须角鲨 *Cirrhigaleus barbifer* Tanaka，1912[38]

＝长须卷盔鲨

本种体粗壮，躯干背部隆起。吻短而广圆。鼻孔前缘具很长的肉质鼻须，可伸达口角后方。眼椭圆形，无瞬膜、瞬褶，眼径小于吻长。喷水孔椭圆形。口横列，具唇褶。上、下颌齿同型，侧扁，叶片状，齿头倾斜。盾鳞大，亦具三尖头。背鳍2个，同形，几乎等大，具长而粗的硬棘。尾鳍宽，似帚形。胸鳍大，里、外角钝圆，后缘凹入。体背部棕灰色，腹面白色，各鳍有明显的白色缘。为深水性小型鲨类。在水深360～494 m处营底栖生活。卵胎生，每产10仔。分布于我国东海、台湾东北部海域，以及日本海域、新西兰海域、澳大利亚海域。体长约1 m。肝富含角鲨烯，但缺乏维生素A。

角鲨属 *Squalus* Linnaeus，1758

一般特征同科。

108 白斑角鲨 *Squalus acanthias* Linnaeus，1758[19]

= 萨氏角鲨 *S. suckleyi*

本种以体背面和上侧具2纵行白斑为显著特征，但白斑随鱼体生长逐渐消失。第1背鳍起始于胸鳍里角后上方。腹鳍距第2背鳍较距第1背鳍近。前鼻瓣为小三角形突出，几乎不分叉。体灰褐色，腹面白色。各鳍褐色，皆有白边。为广布温带到亚寒带沿海、大陆架和陆坡上部的小型鲨类，从潮间带至900 m深处皆有其踪迹。具洄游习性。卵胎生，每产10余仔，初产仔长22～33 cm。寿命长，存活25～30龄。分布于我国黄海、东海，以及日本沿海、太平洋和北大西洋温带、寒带水域。最大体长可达1.2 m。背鳍鳍棘基部有毒腺[43]。

109 日本角鲨 *Squalus japonicus* Lshikawa，1908[38]

本种体延长，粗壮。吻较长，口前吻长为口宽的1.5～2倍。鼻孔前缘鼻瓣分两叉。第1背鳍位置偏前，始于胸鳍内角前上方。腹鳍距第2背鳍与距第1背鳍约相等。胸鳍宽大，内角圆形。体灰褐色，腹面白色，鳍缘具白边。于温带、热带大陆架到陆坡上缘，水深150～300 m处，近底层栖息。分布于我国台湾海域，以及日本南部海域。体长约91 cm。

110 短吻角鲨 *Squalus brevirostris* Tanaka，1917 [52]

= 大眼角鲨 *S. megalops*

本种第1背鳍始于胸鳍内角前上方。鼻瓣分两叉。其吻较短，通常口前吻长为口宽的1.4倍以下。鼻孔到吻端较到口前为近。眼大，长椭圆形，距吻端较距第1背鳍近。胸鳍内角尖。盾鳞幅狭，单尖头。体背暗褐色，微带赤色，腹面白色。第1、第2背鳍端部黑色，胸鳍后缘色浅。为温、热带习见小型鲨类。栖息于大陆架和陆坡上部、水深50～732 m处。常集成大群。卵胎生，每产2～4仔，妊娠期2年。分布于我国黄海、东海、台湾海峡，以及日本南部海域、西太平洋、西印度洋、东大西洋。体长约70 cm。见于底拖网渔获。

111 高鳍角鲨 *Squalus blainvillei*（Risso，1826）[38]

本种体较粗壮。头平扁，口前吻长等于或稍大于口宽。背鳍很高，第1背鳍起点与胸鳍基底后端相对。背鳍鳍棘长，大于背鳍高。背鳍高几乎等于基底长。胸鳍内角不呈尖状。尾鳍短宽，帚形。盾鳞具3枚尖棘。体灰褐色，腹部白色。背鳍具白边，尾鳍无暗斑。为全球温、热带浅水至陆坡上缘小型鲨类，位于水深16～440 m处，常集成大群，近底层栖息。卵胎生，每产3～4仔。初产仔长约23 cm。摄食各种小型鱼、虾类。分布于我国台湾海域，以及日本海域、朝鲜半岛海域、越南海域、澳大利亚海域，东大西洋和地中海水域也有分布。最大体长达95 cm。

112 长吻角鲨 *Squalus mitsukurii* Jordan et Snyder，1901[15]

本种体细而延长。吻长，前缘钝尖。口浅弧形，近于横列。口前吻长可达口宽的1.5倍左右。鼻孔小，几乎横平，外侧位。前鼻瓣三角形突出，分叉。第1背鳍中等大，起点与胸鳍里缘中部相对，距吻端与距第2背鳍几乎相等。背鳍鳍棘短于背鳍上角，背鳍高小于基底长。背侧暗褐色，微带赤色；腹面白色。第1、第2背鳍上端、尾鳍下叶中部有黑边。胸鳍后缘色浅。为暖温带和热带海洋习见鲨类。栖息水深180～300 m。卵胎生，每产4～9仔，初产仔鲨长22～26 cm。秋季繁殖，妊娠期约2年。摄食小鱼、头足类和甲壳动物。分布于我国黄海、东海、台湾海域、南海，以及朝鲜半岛海域、日本沿海、美国夏威夷海域。最大体长约1 m。

▲ 本科我国尚有尖吻角鲨*S. acutirosris*，分布于我国南海、台湾海域[13]。

(31) 睡鲨科 Somniosidae

本科物种体延长，侧扁。口前吻长短于口至胸鳍起点距离。吻平扁，广弧形。两颌齿异型。上颌齿细矛状。下颌齿长方形，侧扁，齿头倾斜。眼和喷水孔中等大。背鳍2个，均较小，各具1枚有倒沟的小棘，仅末端裸露。第1背鳍后方盾鳞光滑，体前部盾鳞有棘突或浅纹。胸鳍内侧宽圆。尾鳍基上、下方无凹洼。全球有4属约10种，我国有3属5种。

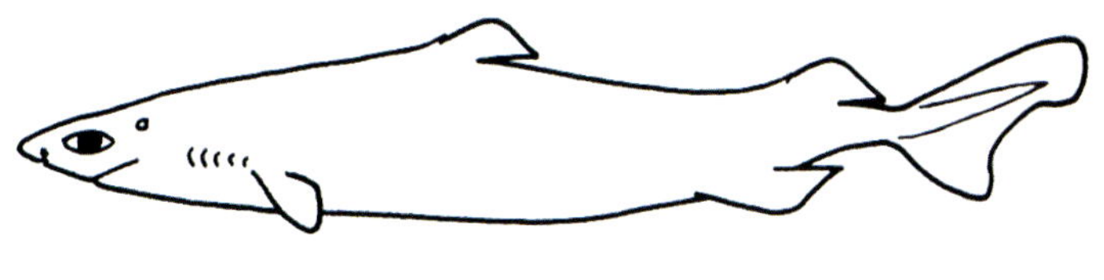

睡鲨科物种形态简图

113 大眼荆鲨 *Centroscymnus coelolepis* Bocage et Capello，1864[38]
=腹鳞荆鲨

本种体侧扁，延长，粗壮。头前部平扁，后部隆起。眼大，长椭圆形。吻短，吻长小于眼后头长。口裂宽，大于口前吻长。第1、第2背鳍几乎等大。躯干部腹侧无隆起线。鳞大，头部鳞圆。全体纯黑色，有光泽。下唇和胸鳍基后端白色。各鳍后缘色较浅。为深海性小型鲨类。栖息水深270～3 675 m，主要栖息水深700～2 000 m。卵胎生，每产13～16仔。仅捕食鱼类。分布于我国南海，以及日本骏河湾海域、北大西洋、地中海、南非西部沿海。全长80 cm左右。

114 欧氏荆鲨 *Centroscymnus owstoni* Garman，1906[38]

本种体呈纺锤形，粗壮。头平扁而宽。吻稍长，吻长等于眼径。口裂宽，约等于或小于口前吻长。上颌齿尖锐，直立，单尖头。第2背鳍大于第1背鳍。躯干部腹侧缘有隆起线。胸鳍略大于腹鳍，内、外角均圆钝。盾鳞小，头部鳞三尖头。体黑褐色。为深水性小型鲨类。栖息水深780～1 040 m。卵胎生。分布于我国东海，以及日本相模湾海域。全长可达1 m左右。深海延绳钓和拖网可渔获。

异鳞鲨属 *Scymnodon* Bocaga et Capello，1864

本属物种体延长，横断面近三角形。头顶平扁，后部较宽。吻平扁，鼻孔斜列。前鼻瓣短小。喷水孔很大。口较大，浅弧形。口角具一深沟和唇褶。两颌齿异型；上颌齿锥状；下颌齿高而侧扁，边缘光滑，齿头直立。背鳍2个，较小，硬棘外露。体前、后部盾鳞具三棘突、三纵嵴。我国有2种。

115 异鳞鲨 *Scymnodon squamulosus* Günther, 1877[55]

本种主要特征同属。上颌齿直立，单尖头，矛状。颌缝合部和口角处齿很少，间隙大。吻长与吻后头长的比值为0.9 ~ 1.2。两背鳍鳍棘短小，第1背鳍向后倾斜，基底长约为两背鳍间距的1/5。尾鳍末端有明显缺刻。盾鳞三尖头形，无横嵴。体黑褐色。为深水性小型鲨类。栖息于水深350 ~ 810 m陆坡上缘水域。卵胎生。分布于我国东海、南海，以及日本相模湾海域、澳大利亚海域、西太平洋暖水域。体长约53 cm。

116 小口异鳞鲨 *Scymnodon obscurus*（Vaillant, 1888）[48]

本种体延长，头扁平。盾鳞有横嵴，即鳞片中央隆起向左、右延伸有数条横向隆起嵴。第1背鳍基底短，两背鳍相距远，以至第1背鳍基底长远小于两背鳍间距的1/5。体棕褐色。为深水性小型鲨类，较稀见。分布于我国台湾海域，以及日本九州海域、帕劳海岭、大西洋。体长50 cm左右。

注：黄宗国（2012）认为本属以上两种和鳞睡鲨*Zameus squamulosus*为同物种[13]。据尼冈邦夫（1982，1983）报告，以上两种为两个明确的独立种[48, 55]。

增补 太平洋睡鲨 *Somniosus pacificus* Bigelow & Schroeder, 1944[38]

体粗大，纺锤形。头长，吻端圆。尾鳍较短，下叶发达，尾鳍基无隆起嵴。颌齿发达，下颌齿35～45枚，齿尖短斜。眼小，侧上位。体被小盾鳞。背鳍2个，几乎等大，无鳍棘。第1背鳍顶部圆，位于体中央偏前。体青灰色。为大洋性深水大型鱼类。栖息水深可达2 000 m。卵胎生。分布于我国台湾海域，以及日本太平洋侧海域、北太平洋海域。体长可达7 m[36, 38]。

注：本书出版前获知台湾有该种记录。作为睡鲨科的典型种，拟以增补，未被列入检索表，也未编序号。供读者参考。

（32）刺鲨科 Centrophoridae

本科物种体延长。眼大，长椭圆形。无瞬膜或瞬褶。喷水孔颇大。鼻孔横列，前鼻瓣具一小三角形突出。口大，拱形；唇褶发达；口侧具一斜形深沟。上、下颌齿异型，单尖头。上颌齿尖；下颌齿宽扁，齿头外斜。背鳍2个，狭长，各具一有倒沟的硬棘。第1背鳍位置靠近胸鳍，第2背鳍位于腹鳍后上方。尾鳍宽短，尾柄侧扁，无凹洼。胸鳍内角尖突。我国有2属10种。

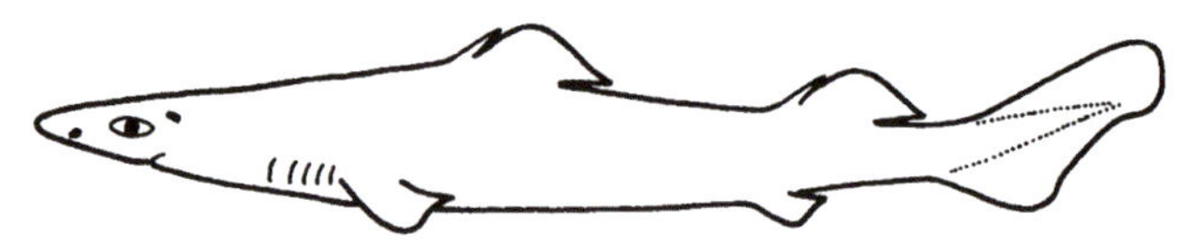

刺鲨科物种形态简图

刺鲨属 *Centrophorus* Müller et Henle, 1837

一般特征同科。

117 皱皮刺鲨 *Centrophorus moluccensis* Bleeker，1860[14]

=皱皮尖鳍鲛

本种体呈纺锤形，躯干部较粗。吻中等长。眼大，长椭圆形，距吻端较胸鳍起首为近。第2背鳍很小，其鳍高仅为第1背鳍鳍高的1/2。第2背鳍鳍棘与尾鳍起始和腹鳍基后端的中央处相对。胸鳍内角显著突出，外角钝圆。体背灰绿色，腹面白色。为深水性近底层小型鲨类。栖息水深128～823 m。卵胎生，每产2仔，初产仔长31～37 cm。分布于我国台湾东部海域，以及冲绳海槽、印度尼西亚海域、澳大利亚海域、南非东部海域。体长可达89 cm。

118 台湾刺鲨 *Centrophorus niaukang* Teng，1959[19]

=猫公鲨

本种体呈亚纺锤形，稍侧扁，粗壮。吻中等长。口浅弧形，口宽大于口前吻长。上、下颌齿异型，各具一齿头。上颌齿为窄三角形，下颌齿斜宽。第1背鳍位于全长前半部，背鳍鳍棘基部有皮肤包被。第2背鳍起始于腹鳍内缘的前上方，其鳍高接近第1背鳍鳍高。胸鳍大，外角宽圆，内角尖突。盾鳞大，颗粒状，具一棘突，排列不紧密。体锈褐色，背部较深，腹部色浅。各鳍亦呈锈褐色。栖息水深250 m。仅分布于我国台湾海域。全长约1.5 m。

119 叶鳞刺鲨 *Centrophorus squamosus*（Bonnaterre，1788）[19]

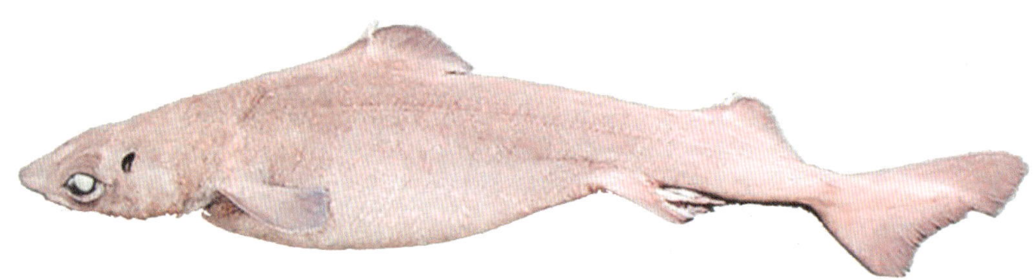

本种体修长。第2背鳍较大，其鳍高接近第1背鳍鳍高的3/4。胸鳍较短小，外部圆，里角较尖突。盾鳞有柄，排列紧密，呈叶片状；其后缘锯齿状，具中央棘突。体灰褐色，尾鳍后缘和下缘黑色。为较大型深水鲨类。栖息水深可达3 940 m。卵胎生，每产5仔。分布于我国东海、南海，以及日本福岛以南海域、菲律宾海域、澳大利亚海域、西印度洋、东大西洋。体长可达1.6 m。

120 黑缘刺鲨 *Centrophorus atromarginatus*（Garman，1913）[38]

本种体呈纺锤形，头平扁。吻端尖。鳞盾形，无柄，整齐排列。第1背鳍比第2背鳍高。胸鳍内角伸长。第1背鳍基底后端到第2背鳍鳍棘与从吻端到胸鳍基后端几乎等长。体灰褐色，腹侧灰白色。各鳍黑色。为深海性小型鲨类。分布于我国南海，以及日本东京湾、骏河湾海域。体长约1 m。

121 尖鳍刺鲨 *Centrophorus lusitanicus* Bocage et Capella，1864[14]

=低鳍刺鲨=锈色刺鲨 *C. ferrugineus*[14]

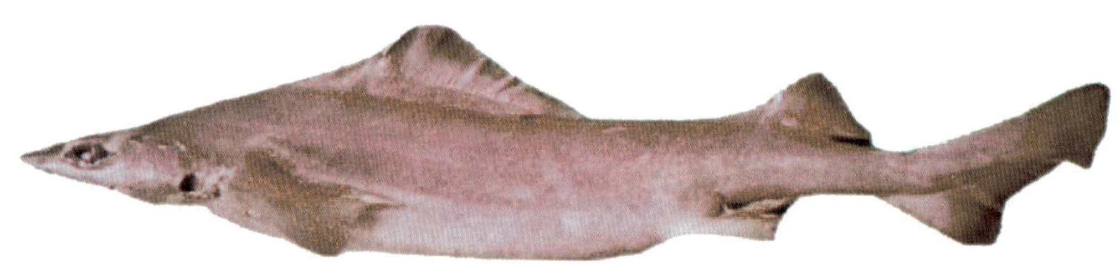

本种体稍粗壮而延长。头平扁而宽。吻钝尖，吻长稍长于眼径。眼大，长椭圆形。口浅弧形，几乎横平，口宽略大于口前吻长。上、下颌齿异型。上颌齿三角形，较小，具一尖齿头，边缘光滑。下颌齿较宽大，齿头斜向口角。盾鳞具一棘突。第1背鳍颇长而低，上角广圆，鳍棘包于皮肤，仅露1/3尖端。第1背鳍基底长等于吻端至第1鳃裂距离。胸鳍中等大，内角延长尖突。尾鳍宽短，上叶发达，下叶前部呈三角形突出。体灰褐色或黄褐色，腹部色浅，鳍褶具黑色缘。为中型深水鲨类。栖息水深300～1 400 m。卵胎生，每产1～6仔，初产仔鲨长36 cm。分布于我国台湾东北海域，以及印度–太平洋和大西洋暖水域。体长约1.6 m。

122 同齿刺鲨 *Centrophorus uyato*（Rafinesque，1810）[52]

= 同齿拟齿鲨 *Pseudocentrophorus isodon* = 等齿刺鲨 *C. isodon*

本种体稍细而延长。吻较长。眼大，长椭圆形。鼻孔小，横平。口浅弧形，几乎平横，口宽为口前吻长的2/3～3/4。口腔背面及舌黏膜黑色。口侧具一斜长深沟，唇褶扁狭，灰黑色。上、下颌齿同型，均为单齿头型，宽扁，边缘光滑。上颌齿较狭小，下颌齿较大。第1背鳍中等大，低长。第2背鳍高小于第1背鳍高，两鳍间距大。盾鳞具一棘突，鳞大小不一，排列稀疏。体背面铁灰色，腹面灰白色。尾鳍上叶、第2背鳍前上角及鳃裂上方灰黑色。为大陆架和陆坡上部深水近底层小型鲨类。栖息水深50～1 400 m，以200 m附近居多。卵胎生，每产1仔，初产仔鲨长40～50 cm。分布于我国南海、台湾海域，以及非洲西部及西北部海域。最大体长达1 m。肝、油富含角鲨烯。

123 针鳞刺鲨 *Centrophorus acus* Garman，1906 [38]

本种体长，呈纺锤形。头背平扁。眼大，长椭圆形。盾鳞针叶状。鳞片三纵嵴中，以中央纵嵴和后缘棘突最长。第2背鳍高约等于第1背鳍高，第2背鳍鳍棘位于腹鳍基后上方，距尾鳍起点稍远。两背鳍间距较小。胸鳍内角短尖。体灰褐色，腹部色浅。为深海性鲨类，栖息水深通常为200～800 m。分布于我国东海、南海、台湾海域，以及日本相模湾海域、高知海域，冲绳海槽、西北大西洋、墨西哥湾海域。全长1 m左右。

▲ 本属我国尚有颗粒刺鲨*C. granulosus*、粗体刺鲨*C. robustus*，分布于我国东海、南海、台湾海域[13，49]。

124 田氏鲨 *Deania calcea*（Lowe，1839）[38]

本种体延长，稍呈纺锤形。吻颇长，纵扁，似匙状。吻长大于口中央到胸鳍起点距离。鼻孔小，横列，外侧位。眼大，长椭圆形，无瞬膜和瞬褶。喷水孔大。口宽大，浅弧形。上、下唇褶发达，上唇褶较长。两颌齿暴露，齿小，侧扁，两颌齿异型，边缘光滑无锯齿。盾鳞较小，叉形，三尖头，直立状。背鳍2个，背鳍鳍棘强，具侧沟。第2背鳍比第1背鳍大。腹鳍低平，尾鳍较短，尾端圆钝。体灰褐色，腹部色较浅，各鳍色深，在鼻缘、口缘和鳃孔处呈黑褐色。为大陆架和陆坡深水小型鲨类。栖息水深73～1 450 m。卵胎生，每产6～12仔，初产仔鲨长30 cm。分布于我国东海、台湾海域，以及北太平洋、北大西洋、南非海域、新西兰海域。全长约1 m。肝可提取角鲨烯。

（33）铠鲨科 Dalatiidae

本科物种体呈鱼雷形。上、下颌齿异型，均具一齿头。上颌齿细尖，圆锥形。下颌齿宽，呈叶片状，为切齿形，侧缘相互重叠，边缘光滑或具细锯齿。第2背鳍无鳍棘。有时第1背鳍亦无鳍棘。本科全球有8属12种，我国有3属4种。

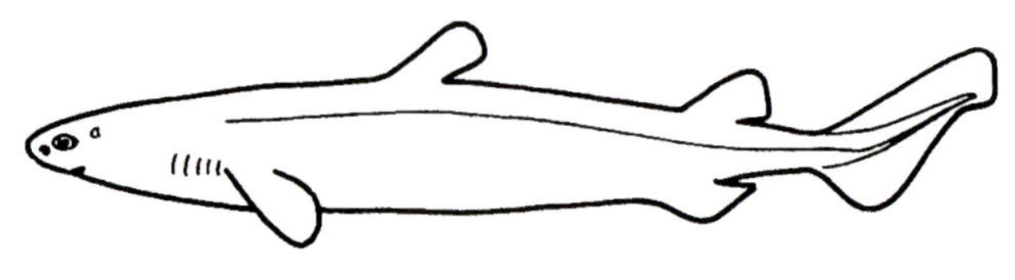

铠鲨科物种形态简图

125 巴西达摩鲨 *Isistius brasiliensis*（Quoy et Gaimard，1824）[19]

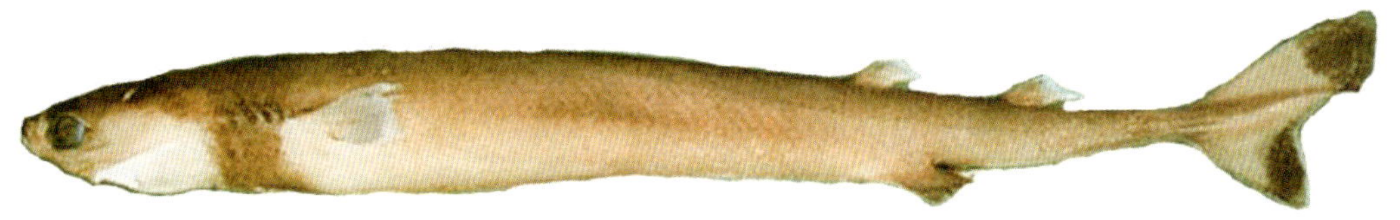

本种体细长。吻较短，前端圆钝。眼颇大，卵圆形，眼径几乎等于吻长。喷水孔位于头背，亦呈卵圆形。口平横，肉质唇发达，可借以吸附用。两颌齿异型，下颌齿单尖头，锐尖，无锯齿。鳃裂小，长度小于喷水孔长径。各鳍均小，第1背鳍位于体中部靠后，其基底后缘位于腹鳍起点上方。两背鳍间距短于第2背鳍至尾鳍间距。尾鳍宽短，呈帚形，尾鳍下叶长为上叶长的2/3。体褐色，颈部有褐色环带。背鳍、胸鳍、腹鳍有白边。腹部有发光器。为深海小型鲨类，夜间可升至水上层。栖息水深85 ~ 3 500 m。卵胎生。是软骨鱼类中唯一营体外寄生属种。捕食甲壳类和乌贼等软体动物。分布于我国南海、台湾海域，以及日本近海和南、北纬30° 之间温、热带海域。体长可达50 cm左右。被IUCN列为濒危物种[19]。

126 铠鲨 *Dalatias licha*（Bonnaterre，1788）[38]

本种体较细长，亚圆柱状。背鳍无鳍棘。吻很短，几乎等长于眼径。眼卵圆形。喷水孔背侧位，为眼径的1/2。口浅弧形，口宽几乎等于口前吻长。唇厚，肉质。上、下颌齿异型。上颌齿细刺状。下颌齿宽扁，呈三角形，直立，具锯齿缘。盾鳞有低嵴突，皮肤粗糙。背鳍2个，较小。第1背鳍位于胸鳍后上方。第2背鳍基底稍长于第1背鳍基底，与腹鳍基底后部相对。尾鳍大；上叶后缘圆钝；下叶宽大，呈三角形。体灰黑色，各鳍后缘色浅，仅尾鳍尖端黑色。为暖温带和热带深水鲨类。栖息水深200 ~ 1 800 m。不结群，单独行动。卵胎生，每产10 ~ 16仔，初产仔鲨长30 cm。分布于我国台湾海域，以及日本南部海域以及太平洋、大西洋、印度洋温暖水域。体长约1.2 m。底拖网渔获，肝脏含油量高，富含角鲨烯，皮可制革，肉可制鱼粉。

拟角鲨属 *Squaliolus*

本属物种一般特征同科。

127 阿里拟角鲨 *Squaliolus alii* Teng，1959[38]

=阿里小角鲨

本种体细长，亚纺锤形。吻长而尖。前鼻瓣尖突，不扩大为鼻须。眼大，侧位。喷水孔大，半月形。口平横，口角唇厚，肉质。齿大，上、下颌齿异型，侧扁，边缘光滑。鳃裂狭小，位于胸鳍前方。盾鳞小而平扁，大小不一，排列稀疏。背鳍2个。第1背鳍短小；鳍棘很短，仅为鳍高的1/3。第2背鳍长而低，无鳍棘。尾鳍宽短，帚形。体背褐色。第1背鳍后部、第2背鳍和腹鳍白色。胸鳍外缘有黑斑。尾椎末端黑色，边缘白色。为侏儒型深水鲨类。腹部密布发光器。分布于我国台湾海域，以及日本相模湾海域、菲律宾海域。最大全长仅20 cm，可能是鲨类中的最小者。被IUCN列为濒危物种[19]。

128 宽尾拟角鲨 *Squaliolus laticaudus* Smrrh et Radcliffe，1912[48]

本种体细长。头部稍侧扁。吻钝尖。眼大，眼径为两鼻孔间隔的2倍。口小，口角有长沟。颌齿单尖头。上颌齿小棘状，几乎直立。下颌齿宽，先端向外倾斜。鳞小，先端平截状。第1背鳍有鳍棘，第2背鳍无鳍棘。第2背鳍基底很长，为眼径的2倍。尾鳍下叶很发达。体褐色，腹面黑褐色。各鳍有部分白色。为深海小型鲨类。栖息水深达500 m。分布于我国台湾海域、南海，以及日本九州以南海域和印度-西太平洋、大西洋温、热带水域。体长约25 cm。

11 锯鲨目 PRISTIOPHORIFORMES

本目物种体稍平扁，后部稍侧扁。头部平扁。吻长，呈剑状突出，边缘具锯齿。腹面鼻孔前具一对皮须。口大，弧形。鳃裂5～6对，位于头侧胸鳍基底前方。喷水孔很大，位于眼后。眼上侧位，无瞬膜。背鳍2个，无硬棘。无臀鳍。肠螺旋瓣螺旋型。化石种见于上白垩纪。全球仅有1科2属5种，我国有1属1种。

锯鲨目物种形态简图

（34）锯鲨科 Pristiophoridae

本科物种一般特征同目。

129 日本锯鲨 *Pristiophorus japonicus* Günther，1870[38]

本种体鲨形。鳃裂5对，位于体侧。剑状吻两侧各有1列锯齿，吻的腹面边缘尚有1列较小的尖齿。皮须扁长，其长度约与眼前吻宽相等。体被细鳞。口腔齿小，平扁，齿头细尖，密列。两背鳍同形，第2背鳍稍小。胸鳍宽大。尾鳍狭长，尾鳍后缘圆弧形。体灰褐色，腹面白色。侧线白色。吻上具褐色纵纹2条。各鳍后缘色浅。为沿岸水域底栖鲨类。卵胎生，每产12仔。以底栖生物为食。分布于我国黄海、东海、台湾近海，以及日本北海道以南海域、朝鲜半岛西南部海域。全长可达2 m，肉质甚佳。

12 扁鲨目 SQUATINIFORMES

本目物种体平扁。吻短而宽。鼻孔前位。眼背位。胸鳍扩大，前缘游离。鳃裂5对，宽大，紧邻胸鳍前游离缘。口宽大。上、下颌齿同型，细长，单齿头型。背鳍2个，后位，无硬棘。腹鳍宽大，接近胸鳍。无臀鳍。尾鳍宽短，后部无缺刻，帚形。化石种见于上侏罗纪。仅有1科1属13种，我国有1属4种。

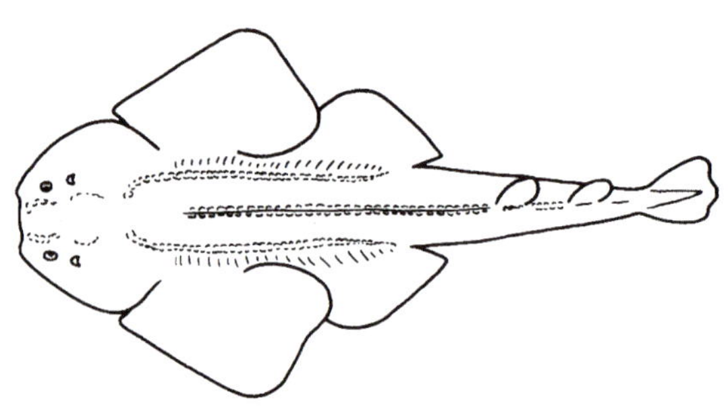

扁鲨目物种形态简图

（35）扁鲨科 Squatinidae

本科物种一般特征同目。

扁鲨属 *Squatina* Dumeril，1806

本属物种一般特征同科。

扁鲨属的种检索表

1a 内鼻须末端分支，内、外鼻须间鼻孔缘具短须；体背具黑褐色大圆斑并密布白色小斑点 ……拟背斑扁鲨 *Squatina tergocellatoides* 130

1b 内鼻须末端不分支，内、外鼻须间鼻孔缘无短须或稍呈凹凸状……（2）

2a 胸鳍外角呈直角；腹鳍内缘后端在第1背鳍起点前下方；体背无大黑斑 ……日本扁鲨 *S. japonica* 131

2b 胸鳍外角大于直角；腹鳍内缘后端达或略超越第1背鳍起点……（3）

3a 喷水孔与眼的距离和眼径相等（幼体），或大于眼径的1.5倍（成体） ……星云扁鲨 *S. nebulosa* 132

3b 喷水孔与眼的距离小于眼径的1.5倍……台湾扁鲨 *S. formosa* 133

130 拟背斑扁鲨 *Squatina tergocellatoides* Chen，1963 [14]

本种体较平扁。头宽大于头长。内鼻孔须末端分支，内、外鼻须间的鼻孔边缘具短须。头侧具2～3叶三角形皮褶。两背鳍小。第1背鳍起点与腹鳍后缘相对。胸鳍较窄长，外角呈钝角。尾鳍三角形，后缘凹入。尾柄纵扁。体淡黄褐色，具3对眼状斑。栖息水深大于100 m。为我国台湾海域特有种。

131 日本扁鲨 *Squatina japonica* Bleeker，1858 [14]

本种体似鳐类，平扁。胸鳍前缘大而斜直，外角几乎为直角（90°～100°）。沿体背中线有1列小棘。内鼻孔须末端不分支，左、右鼻须间皮褶不凹入。喷水孔间隔比眼间隔大。腹鳍内缘后端在第1背鳍起点的前下方。体茶褐色或灰褐色，具斑点，腹面白色，鳞片部分淡黄色。为近海温水性底栖鲨类。栖息水深100 m。卵胎生。分布于我国黄海、东海、台湾海域，以及日本北海道以南海域、朝鲜半岛海域。全长可达2 m。

132 星云扁鲨 *Squatina nebulosa* Regan，1906[141]

本种体平扁。胸鳍外角达120°左右。沿体背中线无小棘。左、右鼻须间的皮褶凹入，两喷水孔间距与眼间距几乎相等。腹鳍内侧后缘达或略超越第1背鳍起点处下方。体青褐色，略带红褐色。散布暗斑或白色斑点。在胸鳍前、后方，背鳍基底和尾鳍基底常各有一黑斑。尾柄上也有若干黑色小斑。为暖温性近海底栖鲨类。栖息水深100～300 m。分布于我国东海南部、台湾海域、南海，以及日本南部海域等。体长1 m以内。

133 台湾扁鲨 *Squatina formosa* Shen et Ting，1972[37]

本种体较窄，平扁。眼径稍大于喷水孔径。喷水孔与眼的距离小于眼径的1.5倍。鼻孔内缘具2枚须，前外缘呈流苏状。沿头侧有时具1片三角形皮褶。胸鳍大，后缘较尖窄。体背和尾中线具小隆脊。体灰黄色，无眼状斑，但有褐色斑点。第1背鳍下方有斑块。为暖水性近海底栖鲨类。栖息水深180～220 m。分布于我国台湾海域。

13 锯鳐目 PRISTIFORMES

本目物种体颇似锯鲨。头部扁平，鳃孔位于腹面。吻平扁，狭长，呈剑状突出。吻部两侧缘具等大吻齿。无须。无口鼻沟。背鳍2个，无硬棘。胸鳍前缘伸达头侧后部。尾柄粗大，尾鳍发达。无发电器官。仅有1科，全球有1属6种，我国有1属2种。

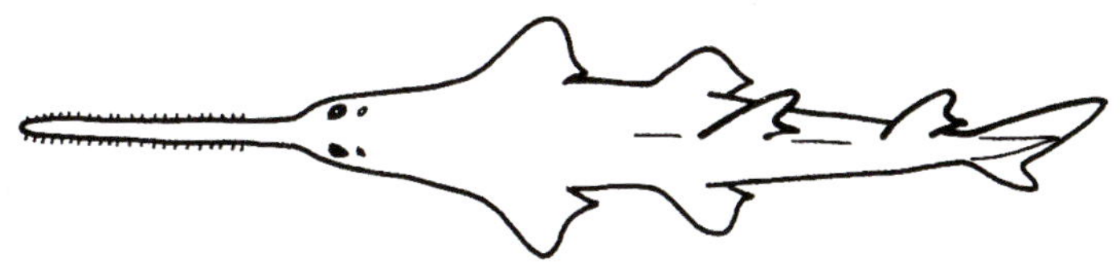

锯鳐目物种形态简图

(36) 锯鳐科 Pristidae

本科物种一般特征同目。

锯鳐属 *Pristis* Linck，1790

本属物种吻平扁，狭长，呈剑状突出。眼上侧位。下眼睑具瞬褶。鼻孔狭长，相距颇远。前鼻瓣有一三角形突出。口宽，横裂。齿细小而多，平扁，光滑，呈铺石状排列。鳃孔小，斜列于头部腹面。背鳍2个，无硬棘。第2背鳍距尾鳍较距腹鳍为近。胸鳍宽大，基底连于头侧后部。尾柄下侧具一皮褶。尾鳍上、下叶均发达。化石种见于始新世。近年已十分稀见。

134 尖齿锯鳐 *Pristis cuspidatus* Latham，1794[19]

= 钝锯鳐 *Anoxypristis cuspidate*

本种基本特征同属。体延长而平扁。背面稍圆凸，吻狭长，呈剑状，前端圆钝，吻锯柔软，吻齿包于皮内，21～26对。第1背鳍起点对着腹鳍基底后端上方。尾鳍下叶前部呈三角形突出。体背面褐色，腹面白色。胸鳍和腹鳍前缘白色。背面肩部有一颜色较浅的横纹。为暖水性近海底栖鳐类，有时尚可进入河口。主食甲壳类，有时也追捕鲻、鲱鱼群。卵胎生，每产10余仔。分布于我国东海南部，以及日本南部海域、印度尼西亚海域、印度洋。最大体长可达9 m。肉味美，皮可制装饰品，鳍可制鱼翅，经济价值高。被IUCN列为濒危物种[19]。

▲ 我国尚记录有小齿锯鳐 *P. microdon*，分布于我国东海南部和南海[13]。

14 电鳐目 TORPEDINIFORMES

本目物种体平扁，呈盘状。头、躯干及胸鳍连成一体，形成光滑体盘，与尾部明显区分。头区两侧有发电器官。皮肤松软（坚皮单鳍电鳐*Crassinarke dormitor*例外）。前鼻瓣左、右连接。有口鼻沟。背鳍2个、1个或缺如。腹鳍小型，部分被胸鳍覆盖。化石种见于始新世。本目全球有3科，我国有2科5属11种。

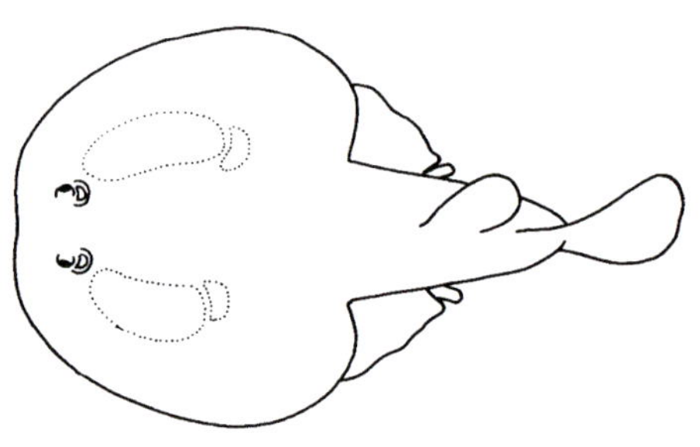

电鳐目物种形态简图

电鳐目的科、属、种检索表

1a 背鳍1个……………………………………单鳍电鳐科 Narkidae（8）

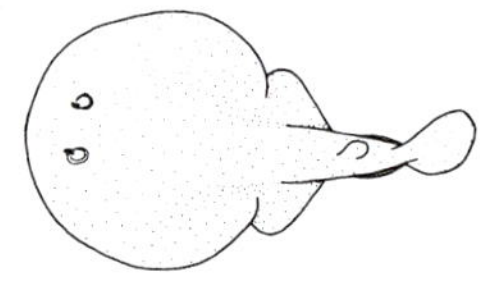

1b 背鳍2个……………………………………电鳐科 Torpedinidae（2）

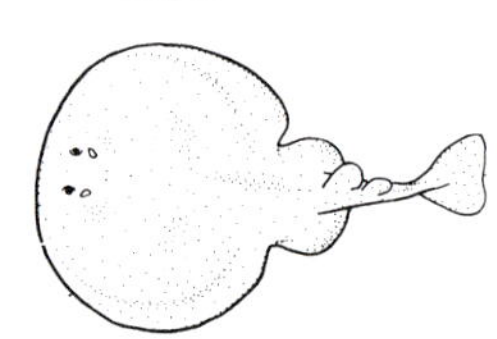

2a 口小，可伸出，呈一短管；齿带松散地附于颌骨皮肤上……………………………………（4）

2b 口中等大，弧形，稍能突出；齿带坚固附着于颌骨上…………………电鳐属 *Torpedo*（3）
3a 体盘亚圆形，宽大于长…………………………………………………珍电鳐 *T. nobiliana* 136
3b 体盘近圆形，宽等于长…………………………………………………东京电鳐 *T. tokionis* 135
4-2a 眼颇小；或眼完全隐埋在皮肤下，退化…………………深海电鳐 *Benthobatis moresbyi* 137
4b 眼发育正常，有视觉功能…………………………………………双鳍电鳐属 *Narcine*（5）
5a 体盘亚圆形，宽大于长…………………………………………………………………（7）
5b 体盘圆形，盘宽与长约相等……………………………………………………………（6）
6a 体具中等大圆形或条状斑纹……………………………………舌形双鳍电鳐 *N. lingula* 138
6b 体具大小不一的深色斑点…………………………………短唇双鳍电鳐 *N. brevilabiata* 139
7-5a 第1背鳍起点与腹鳍基底后端相对；体具黑色大斑及小点……黑斑双鳍电鳐 *N. maculata* 140
7b 第1背鳍起点位置比腹鳍基底后端位置靠后；体具中等大圆形和条状斑纹，无黑色小点
……………………………………………………………………………丁氏双鳍电鳐 *N. timlei* 141
8-1a 眼小而突出；喷水孔边缘隆起；前鼻瓣宽大，伸达下唇；皮肤柔软
………………………………………………………………日本单鳍电鳐 *Narke japonica* 142
8b 眼微小而凹入；喷水孔边缘不隆起；前鼻瓣短小，仅达口前；皮肤坚韧
……………………………………………………………坚皮单鳍电鳐 *Crassinarke dormitor* 143

（37）电鳐科 Torpedinidae

本科物种体盘呈亚圆形至长椭圆形。尾前部较宽大，约与体盘等长或稍短。背鳍2个。尾鳍发达，上、下叶约等大。本科全球有6属29种，我国有3属9种。

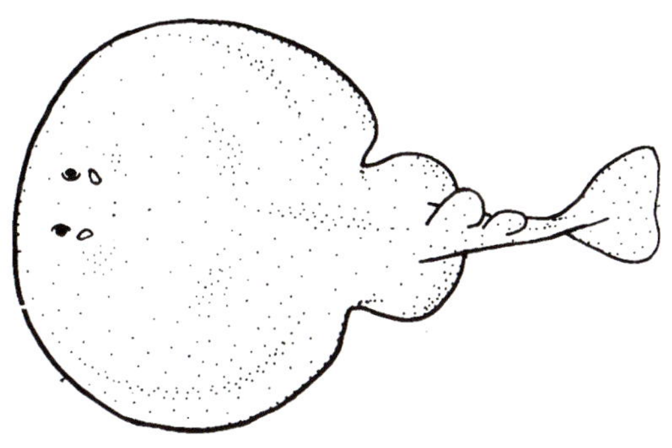

电鳐科物种形态简图

电鳐属 *Torpedo* Houttuyn，1764

本属物种体盘状，体盘宽大于体盘长。吻端几乎平直。眼小，但发达。喷水孔离眼近或有一定距离。鼻孔横列于近口端。口中等大，稍能伸出。齿细小，具一齿头，呈铺石状排列。第1背鳍位于腹鳍基上方。第2背鳍显著小于第1背鳍，位于腹鳍基后上方。尾柄两侧具低的尾褶，尾鳍呈亚三角形。我国有4种。

135 东京电鳐 *Torpedo tokionis*（Tanaka，1908）[55]

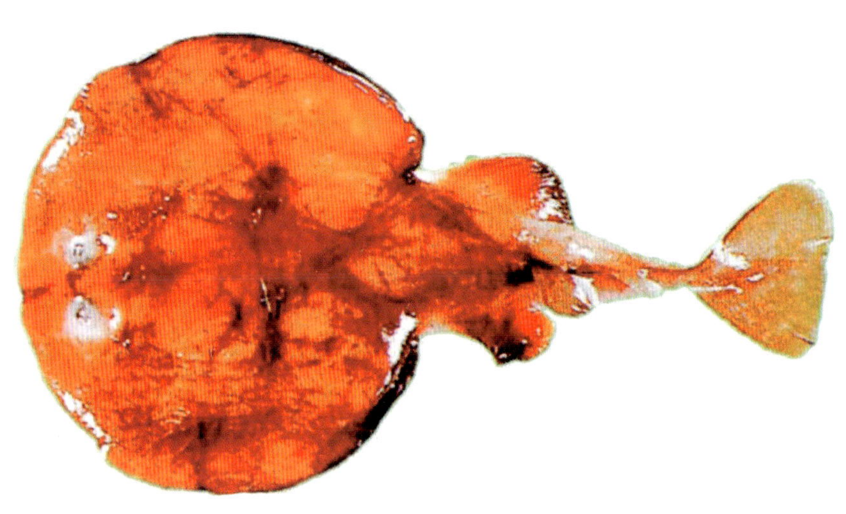

本种体平扁。体盘宽大，近圆形。吻短，吻端广圆。眼较小。喷水孔离眼稍远。口中等大，弧形。尾柄较长。两背鳍位置靠后，第1背鳍比第2背鳍大，起始于腹鳍基底后缘上方。体背面、背鳍、尾鳍、腹鳍背面，体盘腹面边缘均呈深褐色。腹面、尾前方、侧皮褶、背鳍后缘白色。喷水孔边缘白色。栖息于深海从大陆架到1 000 m陆坡水域。分布于我国南海、台湾海域，以及日本本州以南海域和西北太平洋沿岸海域。体长可达1 m。

136 珍电鳐 *Torpedo nobiliana* Bonaparte，1835 [14]

=地中海电鳐

本种体盘亚圆形，宽大于长。吻短而宽，前端平广圆。眼大，喷水孔较大，紧接眼后。口略平横。尾鳍基宽扁。侧褶发达，尾部较短。第1背鳍位于腹鳍后缘前上方。第2背鳍小，仅为第1背鳍的1/3。两背鳍距离近。体背面紫褐色，腹面灰白色。胸鳍、腹鳍边缘深褐色，两背鳍后缘浅灰色。为暖水性大型底栖鳐类。平时半潜埋于泥沙中栖息，水深可达570 m。发电器电压达170～220 V。卵胎生，妊娠期约1年。肉食性，主要摄食底栖动物。分布于我国东海、南海、台湾海域，以及东大西洋、地中海、南非海域。最大体盘宽可达1.3 m，体重达90 kg左右。

注：据沈世杰（2011）记述，本种应为台湾电鳐 *T. formosa*，“珍电鳐”是误称[37]。

▲ 本属我国尚有麦氏电鳐 *T. macneilli*，分布于我国南海[13]。

137 深海电鳐 *Benthobatis moresbyi* Alcock，1898[14]

本种体盘呈椭圆形。吻宽阔而长。眼颇小；或完全埋于皮下，退化，呈盲状。喷水孔较大，卵圆形，前缘有皮褶。口颇小，平横，口前有深沟。上、下颌能向下突出，略呈小短管。齿细小，铺石状。腹鳍较小，起始于胸鳍末端后方。尾长，无侧褶。尾鳍宽大，近椭圆形。体背褐色，有的具有不规则的深褐色线纹，腹面淡黄色。为深海小型底栖鳐类。分布于我国南海、台湾东部海域，以及印度海域、阿拉伯海、地中海。全长30 cm左右。

注：据沈世杰（2011）记述，本种应为杨氏深海电鳐 *B. yangi*，“深海电鳐”是误称[37]。

双鳍电鳐属 *Narcine* Henle，1834

本属物种一般特征同电鳐科。眼发达，中等大小。口小，可突出，呈小管状。齿小，齿带松散地附着于上、下颌的皮肤中。背鳍2个，腹鳍后缘不与尾部腹面相连。

138 舌形双鳍电鳐 *Narcine lingula* Richardson，1846[141]

本种体盘宽大，圆形。眼小。喷水孔比眼稍大。口颇小，平横，能突出。唇较厚。齿细尖，铺石状排列。齿带可外翻。第1背鳍在腹鳍末端上方。体上黑斑大，黑斑外有网状纹。斑纹前亦有大斑。腹面白色。为暖水性底层鳐类。栖息于深水沙泥底质海底。分布于我国东海、南海、台湾海域，以及印度-西太平洋暖水域。体长约40 cm。

注：据沈世杰（2011）记述，本种过去被误鉴定为丁氏双鳍电鳐 *N. timlei*。但二者特征有上述明显的差别。

139 短唇双鳍电鳐 *Narcine brevilabiata* Bessednov，1966 [37]

本种体盘平扁，几乎呈圆形，长与宽约相等，稍短于全长的1/2。眼小，约为喷水孔的1/2。口小，横裂，齿小且窄。2个背鳍约等大。第1背鳍位于腹鳍后缘上方。尾侧具纵走皮褶。体背棕灰色，具许多大小不等的深色斑点。腹面白色。为暖水性底层鳐类。栖息于水深100 m以深的沙泥质海底。分布于我国台湾海域。

140 黑斑双鳍电鳐 *Narcine maculata*（Shaw，1804）[15]

= 印度双鳍电鳐 *N. indica*

本种体盘宽大，亚圆形。吻长而宽，前端钝圆。鼻孔与口很近。齿小而尖，铺石状排列。背鳍2个，高大，大小几乎相同。尾鳍基宽扁，侧褶很发达。尾长较体盘稍长。尾鳍宽大，帚形，上、下叶同等发达。体背面锈褐色，具黑色小点

和大型黑色斑块。腹面也有不规则的灰褐色斑块。为暖水性底栖小型鳐类。主食甲壳类、蠕虫。卵胎生。分布于我国南海、台湾海域，以及印度尼西亚海域、东印度群岛海域。全长30 ~ 40 cm。

141 丁氏双鳍电鳐 *Narcine timlei*（Bloch et Schneider，1801）[15]

= 印度双鳍电鳐 *N. indica*

本种体盘宽大，亚圆形，宽大于长。吻长，吻端圆。喷水孔紧接眼后，并与眼等大。口小，平横，略呈管状。齿细尖，铺石状排列。背鳍2个，几乎等大。腹鳍三角形。尾部长，几乎与体盘等长，尾鳍后缘圆弧形。体背面锈褐色，具中等大褐色圆斑，有时圆斑合并为不规则条纹。为暖水性近海小型底栖鳐类。主食底栖多毛类和甲壳类。卵胎生。分布于我国南海、台湾海域，以及日本南部海域、印度尼西亚海域、菲律宾海域，印度洋。全长约40 cm。

注：朱元鼎（2001）、沈世杰（1993）认为，黑斑双鳍电鳐与印度双鳍电鳐是同物种，提供的二者的图照亦较一致[4a, 9, 15]。而黄宗国（2012）认为丁氏双鳍电鳐与印度双鳍电鳐为同物种[13]。但丁氏双鳍电鳐和印度双鳍电鳐斑纹不同，二者是否为同种仍有待进一步研究。

（38）单鳍电鳐科Narkidae

本科物种体盘亚圆形或椭圆形。尾前部颇宽大，侧褶发达。背鳍1个。腹鳍后缘平直或凹入。眼小而突出或微小而凹入。喷水孔大，边缘隆起或不隆起。口小，平横，唇褶发达，齿细小而多，齿带不能外翻。皮肤柔软或坚硬。全球有5属9种，我国有2属2种。

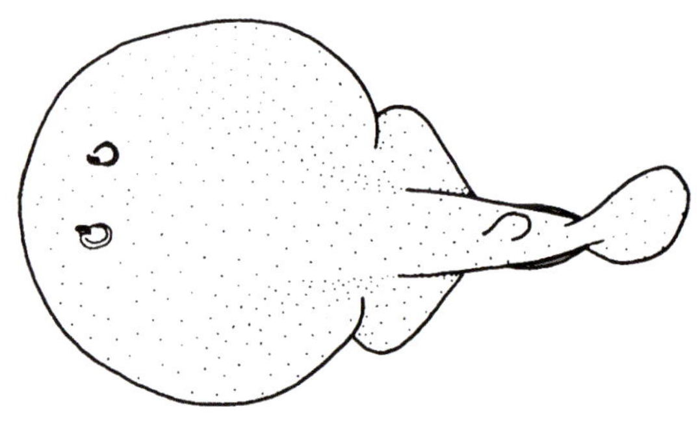

单鳍电鳐科物种形态简图

142 日本单鳍电鳐 *Narke japonica*（Temminck et Schlegel，1850）[10]

= 白斑单鳍电鳐 *N. dipterygia*

本种体盘近圆形，宽略大于长。皮肤柔软。吻颇长，吻端广圆。前鼻瓣宽大，可伸达下唇。眼小，眼球突出。喷水孔小，椭圆形边缘隆起，紧邻眼后方外侧。口小，平横，能突出，口前具一深沟。齿细小，平扁，粒状。背鳍1个，中等大，后缘圆弧形，起始于腹鳍基底后上方。胸鳍宽大，后部广圆。腹鳍前角圆钝，不突出。尾宽短，侧褶很发达。尾鳍宽大，后缘圆弧形。体背灰褐色、沙黄色或赤褐色，时有不规则的暗斑散布。各鳍边缘白色。体盘外侧、腹鳍里缘以及尾后部褐色。为暖温性近海小型底栖鳐类。主食底栖环节动物和甲壳类。栖息于大陆架水域。分布于我国东海、黄海、台湾海域、南海，以及日本南部海域、朝鲜半岛海域。体长20 cm左右。

143 坚皮单鳍电鳐 *Crassinarke dormitor* Takagi，1951[37]

本种体盘椭圆形。眼微小，凹入。喷水孔边缘平坦。前鼻瓣短小，仅达口前缘。背鳍1个，位于腹鳍基后上方。腹鳍外角突出，后缘凹入。尾无侧褶，皮肤坚硬。体背灰褐色或赤褐色，有不规则的斑点。体盘、腹鳍边缘白色。腹面白色。为暖温性底栖鳐类。栖息水深大于100 m。分布于我国东海、南海、台湾海域，以及日本南部海域、西太平洋温热带水域。体长约20 cm。

注：坚皮单鳍电鳐仅一个背鳍。黄宗国（2012）将本种置于双鳍电鳐科[13]。笔者赞同朱元鼎（2001）的观点，将其置于电鳐科[4A]。

15 鳐形目 RAJIFORMES

本目物种体平扁。头侧与胸鳍间无发电器官。眶前软骨不扩大，不分支，不伸达吻前。吻软骨或有或无。通常尾部粗大，具尾鳍，无尾刺。是鳐类（下腹孔类）中种类最多的一类。全球有8科32属280多种，我国有6科8属34种。

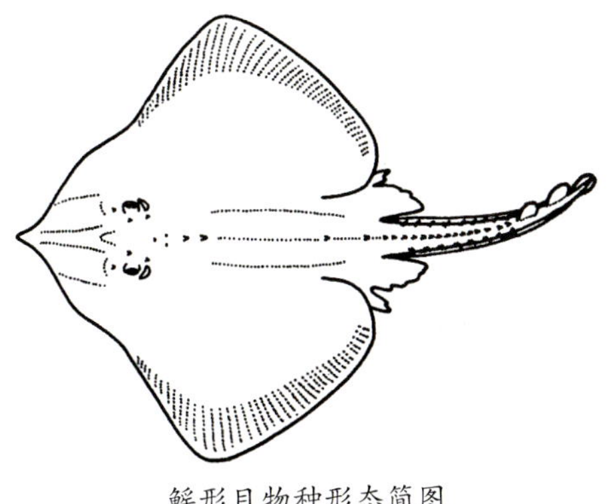

鳐形目物种形态简图

鳐形目的科、属、种检索表

1a 腹鳍前部分化为足趾状构造……………………………………………………（9）

1b 腹鳍正常；前部不分化为足趾状构造…………………………………………（2）

2a 体盘中等大，似鲨形或近盘形；胸鳍较小，不伸达吻端……………………（4）

2b 体盘宽大，团扇形；胸鳍前延，伸达吻端
……………………团扇鳐科 Platyrhinidae　团扇鳐属 *Platyrhina*（3）

3a 背部、尾部正中线具1行结刺；第1背鳍起点距腹鳍基比距尾鳍基近
……………………………………………………………中国团扇鳐 *P. sinensis* 150

3b 背部、尾部正中线具2～3行结刺；第1背鳍起点距尾鳍基比距腹鳍基稍近
…………………………………………………………林氏团扇鳐 *P. limboonkengi* 151

4-2a 腹鳍距胸鳍有一段距离，尾鳍下叶前部突出；第1背鳍位于腹鳍基底上方…………（8）

4b 腹鳍接近胸鳍，尾鳍下叶前部不突出；第1背鳍位于腹鳍后上方
……………………犁头鳐科 Rhinobatidae　犁头鳐属 *Rhinobatos*（5）

5a 前鼻瓣不转入鼻间隔区；背面密具粒状鳞片……………………颗粒犁头鳐 *R. granulatus* 146

5b 前鼻瓣转入鼻间隔区；背面不具粒状鳞片……………………………………………（6）

6a 口前吻短，其长度为口宽的3倍以下…………………………斑纹犁头鳐 *R. hynnicephalus* 147

6b 口前吻长，其长度大于口宽的3.5倍…………………………………………………（7）

7a 吻软骨侧突全部较宽，分离………………………………台湾犁头鳐 *R. formosensis* 148

7b 吻软骨侧突前2/3相互靠近………………………………………许氏犁头鳐 *R. schlegelii* 149

8-4a 吻宽短，前缘圆弧形；第1背鳍起点位于腹鳍起点稍前上方
……………圆犁头鳐科 Rhinidae　圆犁头鳐 *Rhina ancylostoma* 144

8b 吻长而尖，第1背鳍起点位于腹鳍起点稍后上方
…尖犁头鳐科 Rhynchobatidae　及达尖犁头鳐 *Rhynchobatus djiddensis* 145

9-1a 具2个背鳍…………………………………………鳐科 Rajidae（12）

9b 无背鳍
…………无刺鳐科 Anacanthobatidae　无刺鳐属 *Anacanthobatis*（10）

10a 尾长，泄殖孔中央至尾端长度等于至吻端长度的1.5倍；体盘宽大于体盘长
……………………………………………………………黑体无刺鳐 *A. melanosoma* 169

10b 尾短，泄殖孔中央至尾端长度几乎等于或小于至吻端长度；体盘宽几乎等于体盘长……（11）

11a 口前吻长为口宽的4.7～5.4倍；吻长为眼径的7.8～8.2倍……南海无刺鳐 *A. nanhaiensis* 170

11b 口前吻长为口宽的3.3～3.6倍；吻长为眼径的6.8～7.1倍
……………………加里曼丹无刺鳐 *A. borneensis* 171

12–9a 胸鳍的辐状骨在两侧与吻软骨前端扩大的翼状骨远分离……………鳐属 *Raja*（18）

12b 胸鳍的辐状骨在两侧与吻软骨前端扩大的翼状骨靠近……………………（13）

13a 尾长大于体盘宽；项、肩和尾中部无扩大结刺；尾部有宽侧褶……短鳐 *Breviraja tobitukai* 157

13b 尾长小于体盘宽；至少在尾中部有扩大结刺；体盘背面有小棘
……………………深水鳐属 *Bathyraja*（14）

14a 腹面灰褐色或紫色……………………（16）

14b 腹面白色……………………（15）

15a 腹鳍前叶长，末端达到或超过后叶膨大处……………黑肛深水鳐 *B. diplotaenia* 152

15b 腹鳍前叶短，末端未达后叶膨大处；尾侧皮褶仅限于尾端…粗尾深水鳐 *B. trachouros* 153

16–14a 尾中线棘发达，向前延伸与项棘相连……………林氏深水鳐 *B. lindbergi* 154

16b 尾中线棘不发达，止于尾部不向前延伸……………………（17）

17a 两眼靠近，眼间隔为头长的20%以下；腹面灰褐色…………匀棘深水鳐 *B. isatrachys* 155

17b 两眼相距远，眼间隔为头长的20%以上；体紫色…………松原深水鳐 *B. matsubarai* 156

18–12a 雄鱼尾部具结刺1行，雌鱼尾部具结刺3～5行；成鱼全长大于55 cm；腹面小刺分布广；体盘腹面色暗……………………（24）

18b 雄鱼尾部具结刺3行（斑鳐例外）；成鱼全长通常小于55 cm；腹面光滑或仅吻部具小刺；体盘腹面白色（斑鳐例外）……………………（19）

19a 雄鱼尾部具结刺1行，雌鱼尾部具结刺3行；背、腹均呈褐色；背面具圆斑，胸鳍里角有一暗斑……………………斑鳐 *Raja kenojei* 158

19b 雄鱼尾部具结刺3行；腹面白色……………………（20）

20a 背鳍后部尾长大于第2背鳍基底长的1.5倍……………………（23）

20b 背鳍后部尾长小于或等于第2背鳍基底长的1.5倍……………………（21）

21a 背鳍后部尾长等于第2背鳍基底长的1.5倍；项部有2～3个结刺…麦氏鳐 *R. meerdervoortii* 159

21b 背鳍后部尾长小于第2背鳍基底长的1.5倍……………………（22）

22a 腹面腹腔两侧各具1横群黏液孔；背部褐色，个别个体具网状花纹……孔鳐 *R. porosa* 160

22b 腹面腹腔两侧无横群黏液孔；体密布褐色小点，肩区具1对圆形大斑
……………………尖棘鳐 *R. acutispina* 161

23–20a 两背鳍间距常小于第1背鳍基底长；背面有褐色蔷薇状小斑，胸鳍腋部有眼状环斑
……………………鲍氏鳐 *R. boesemani* 162

23b 两背鳍间距常大于第1背鳍基底长；背面密布褐色或黑色小点，胸鳍腋部有多层眼状环斑
……………………何氏鳐 *R. hollandi* 163

24–18a 吻软骨愈合部短于分离部；幼鱼胸鳍基有1对卵圆形斑块…………美鳐 *R. pulchra* 164

24b 吻软骨愈合部长于分离部；胸鳍基无卵圆形斑块……………………（25）

25a 两背鳍相距甚近或两背鳍间距离仅为第1背鳍基底长的1/5～1/4……………（27）

25b 两背鳍相距较远……………………（26）

26a 体背无斑块；腹鳍前叶后端不呈白色……………………………………尖吻鳐 *R. tengu* 165

26b 体背具不规则的斑块；腹鳍前叶后端白色……………………广东鳐 *R. kwangtungensis* 166

27–25a 尾部宽厚而短；腹鳍前叶弯转时不达后叶中后部……………大尾鳐 *R. macrocauda* 167

27b 尾部粗长；腹鳍前叶弯转时伸达后叶近末端………………………………巨鳐 *R. gigas* 168

（39）圆犁头鳐科 Rhinidae

本科物种吻宽短，前缘圆弧形。眼卵圆形。瞬褶不发达。眼间隔宽大。喷水孔大，椭圆形。鼻孔宽大，近口。前鼻瓣具一圆形突出。口中等大，浅弧形，唇褶发达。齿细小而多，铺石状排列，齿面波曲。鳃孔狭小，斜列于胸鳍基底内方。第1背鳍起点位于腹鳍起点稍前上方，第2背鳍约位于尾柄中间上方。尾侧具一皮褶。尾鳍上叶大于下叶，无缺刻。胸鳍前缘达下颌水平线。分布于印度–太平洋。本科仅有1属1种。

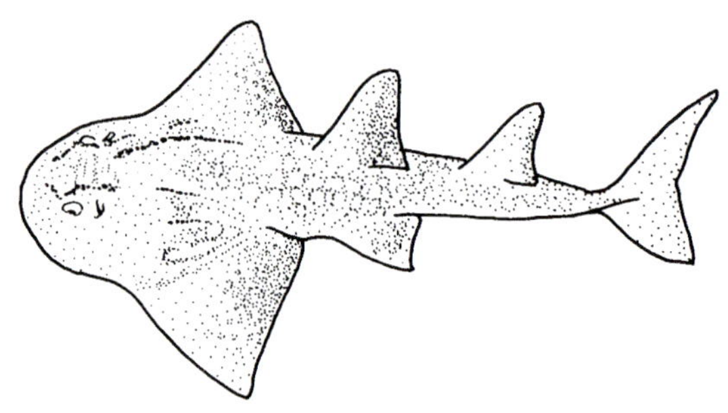

圆犁头鳐科物种形态简图

144 圆犁头鳐 *Rhina ancylostoma* Bloch et Schneider，1801 [19]

本种基本特征如科述。体平扁，延长。体盘前半部为半圆形。吻前缘圆弧形，吻长与眼间距几乎相等。胸鳍起始于眼后方，不与腹鳍相连。体背有大鳞片组成的数条隆起嵴。体褐色，其上散布白色斑点，头和背上具横纹。为暖水性近海底栖鱼类。栖息水深90 m以浅。行动滞缓。卵胎生。以甲壳动物和软体动物为主食。分布于我国东海、南海、台湾海域，以及日本南部海域、印度尼西亚海域、大洋洲海域、印度洋。最大体长约2.7 m。见于底拖网渔获。被IUCN列为易危物种[19]。

(40) 尖犁头鳐科 Rhynchobatidae

本科物种吻长而平扁，呈三角形突出。眼椭圆形，瞬褶稍发达。喷水孔中等大。鼻孔狭长，前鼻瓣具一“人”字形突出。口中等大，横列，唇褶发达。齿细小而多，铺石状。鳃孔狭小，位于胸鳍基底内侧。胸鳍扩大，起始于口的后方。腹鳍与胸鳍有一段距离。背鳍2个，中等大。第1背鳍起点位于腹鳍起点稍后上方。第2背鳍比第1背鳍稍小。尾鳍短小，尾侧具一皮褶。本科有1属1～2种，我国有1种。

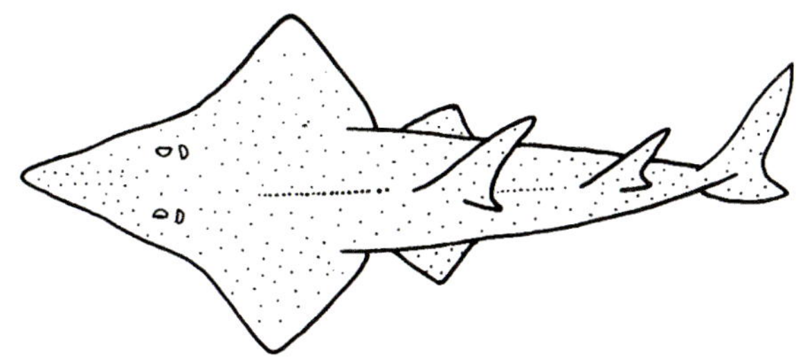

尖犁头鳐物种形态简图

145 及达尖犁头鳐 *Rhynchobatus djiddensis*（Forskål，1775）[141]

本种基本特征如科。体盘部为长三角形，吻端尖，以吻长显著大于眼间距为特征。体褐色，大个体灰褐色。吻端常有1～2个小黑斑。胸鳍基底上具一黑色圆斑，周围有白斑或仅上后方具一白斑。尾侧常具一白色纵纹。为暖水性近海大型底栖鳐类。分布于我国东海、南海、台湾海域，以及日本南部海域、澳大利亚海域、印度洋。体长约2 m。见于底拖网渔获。

(41) 犁头鳐科 Rhinobatidae

本科物种吻长而平扁，呈三角形突出。眼椭圆形，瞬褶退化。喷水孔较小，位于眼后。鼻孔狭长，距口颇近，前鼻瓣具“人”字形突出，后鼻瓣发达。口平横，唇褶发达。齿细小而多，铺石状。鳃孔狭小，斜列于胸鳍上方。胸鳍扩大，伸越鼻孔前缘。腹鳍接近胸鳍。背鳍2个，大小几乎相等。第1背鳍位于腹鳍后上方。尾鳍短小，上叶较大，尾侧皮褶发达。全球有6属45种，我国有1属5种。

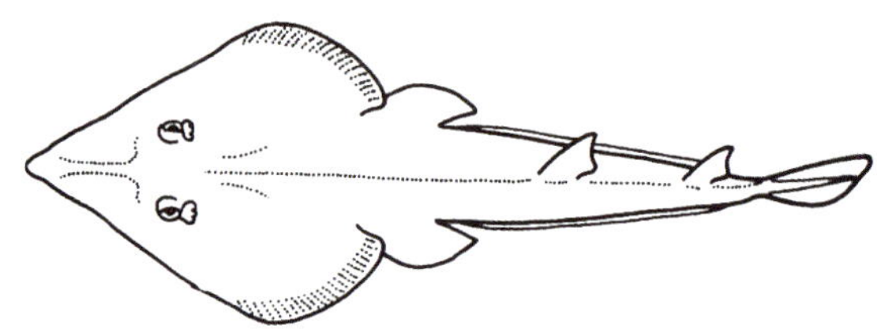

犁头鳐科物种形态简图

犁头鳐属 *Rhinobatos* Linck，1790

本属物种一般特征同科。分布于温、热带沿岸海域，常可进入淡水水域。

146 颗粒犁头鳐 *Rhinobatos granulatus* Cuvier，1829 [14]

= 颗粒蓝吻犁头鳐 *Scobatus granulatus*

本种吻呈等边三角形，前端钝圆。吻软骨细长，前部联合。前鼻瓣具一扁须状突出，不转入鼻间隔区。背面和鳍上密具粒状鳞。背中线上具纵行粗大结刺。吻软骨两侧各有1行小结刺，眼内侧具1行小刺。两背鳍几乎同形，等大。两背鳍间距小。第1背鳍起点位于腹鳍后上方。胸鳍、腹鳍密接。体背面赤褐色或紫褐色，吻侧淡红色，腹面白色。为近海大型底栖鳐类，平时半埋于泥沙中栖息。卵胎生。摄食甲壳类、贝类、小鱼和其他底栖动物。分布于我国东海，以及日本南部海域、澳大利亚海域、印度洋。最大体长约2.8 m。见于底拖网渔获。被IUCN列为易危物种[19]。

147 斑纹犁头鳐 *Rhinobatos hynnicephalus* Richardson，1846 [141]

本种吻长适中，不甚尖。口前吻长为口宽的3倍以下。第1背鳍位于腹鳍后上方。两背鳍间距小，为第1背鳍基底长的3倍以卜。体背有许多黑点形成的轮状斑或虫纹，而腹面无褐色斑。为暖温性近海底栖鳐类。主食甲壳类、贝类以及其他底栖动物。卵胎生。分布于我国沿海，以及朝鲜半岛海域、日本南部海域。体长1 m左右。见于底拖网渔获。肉可食用，鳍可制鱼翅。

148 台湾犁头鳐 *Rhinobatos formosensis* Norman，1926 [19]

本种吻长而钝尖。侧缘斜直或稍凹，口前吻长是口宽的3.6～3.7倍。吻软骨侧突较宽，分离，仅在吻端处相连。两背鳍间距是第1背鳍基底长的3～3.25倍。体被细小盾鳞，触摸感光滑。背中线上具细弱结刺。体背褐色，吻软骨两侧透明，腹面和尾部侧褶白色。为热带底栖中型鳐类。栖息水深120 m以浅。卵胎生。分布于我国东海、台湾海域、南海。最大体长约36 cm。

149 许氏犁头鳐 *Rhinobatos schlegelii* Müller et Henle，1841[18]

本种吻长而窄尖，口前吻长大于口宽的3.5倍。吻软骨侧突的前部约2/3相互靠近。背、腹面均具很细鳞片，触摸感光滑。第1背鳍前方无结刺，中脊线上及眼眶上的结刺很小，不明显。体背面纯褐色，无斑纹，吻侧和腹面色浅，吻的前部腹面具一黑色大斑。为暖温性近海底栖鳐类。平常半埋于沙土中或贴底漫游。主食甲壳类、贝类，兼食鱼类和其他无脊椎动物。卵胎生，每产约10仔，仔长27 cm。为我国沿海习见经济鳐类，以南海产量较高。此外，本种还分布于日本南部海域、朝鲜半岛海域、阿拉伯海。最大体长约2 m。见于底拖网渔获。肉质佳。

▲ 本属我国尚有小眼犁头鳐 *R. microphthalmus*，分布于我国台湾100 m以深大陆架水域。

（42）团扇鳐科 Platyrhinidae

本科物种体盘宽大，呈团扇形。吻宽短。吻软骨2根，向前延伸至吻端愈合。鼻孔宽大，近口，具一原始型口鼻沟。胸鳍辐状软骨达吻端。尾颇粗大，向后细小。本科仅有1属2种，在我国海域均有分布。

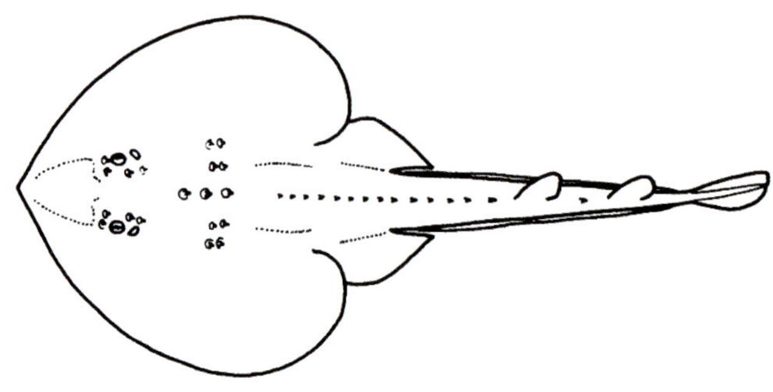

团扇鳐科物种形态简图

150 中国团扇鳐 *Platyrhina sinensis*（Bloch et Schneider，1801）[15]

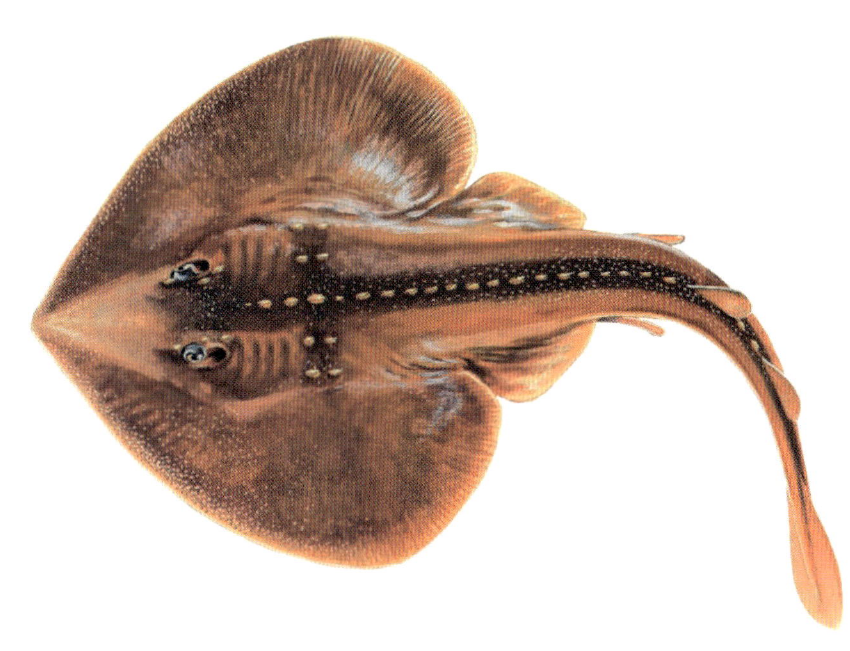

本种体盘呈圆形。胸鳍几乎扩张达吻前端。眼小。喷水孔大。口平横，唇褶不发达。齿细小，铺石状排列。背鳍2个，发达，大小约相等。腹鳍狭小，后缘圆弧形，接近胸鳍。尾部较发达，侧褶很发达。尾鳍狭长，后缘圆弧形。背面具细小及较大刺状鳞片。背中线上有一纵行大而侧扁的尖锐结刺，尾部背面中央亦具一纵行结刺。眼附近有大棘鳞。体背面棕褐色或灰褐色，腹面白色。胸鳍、腹鳍外侧和尾上常具灰色斑点。为暖水性近海小型底栖鳐类。喜栖息于岩礁附近，栖息水深50 ~ 60 m。卵胎生。分布于我国沿海，以及日本南部海域、朝鲜半岛海域、越南海域。最大体长约60 cm。为底拖网、刺网常见渔获。肉美味。

151 林氏团扇鳐 *Platyrhina limboonkengi* Tang，1933[147]

= 汤氏团扇鳐 *P. tangi*

本种体盘近圆形。眼近中央内侧。背中线及两侧具较大结刺。吻短，钝圆。尾部粗圆。腹侧具发达皮褶。尾鳍发达，上叶较大。体被细鳞。体棕褐色或灰褐色。体上各鳍刺基底橙黄色，腹面白色。胸鳍外缘、腹鳍缘及尾部常具灰色斑。为暖水性底栖鳐类。分布于我国台湾海域、南海。体长约60 cm。

注：黄宗国（2012）认为林氏团扇鳐与汤氏团扇鳐是同种[13]；苏永全（2011）认为中国团扇鳐与汤氏团扇鳐属同种[20]。笔者认为黄宗国可能有误。

（43）鳐科 Rajidae

本科物种体盘宽大，亚圆形或近斜方形。通常吻钝尖。口小，平横。齿细小而多，铺石状排列。背鳍2个，位于尾的后半部。尾中等大，平扁，具侧褶。体光滑或具小刺。雄性成体胸鳍外侧常具钩刺群。卵生。本科全球有18属200多种，我国有3属20种。

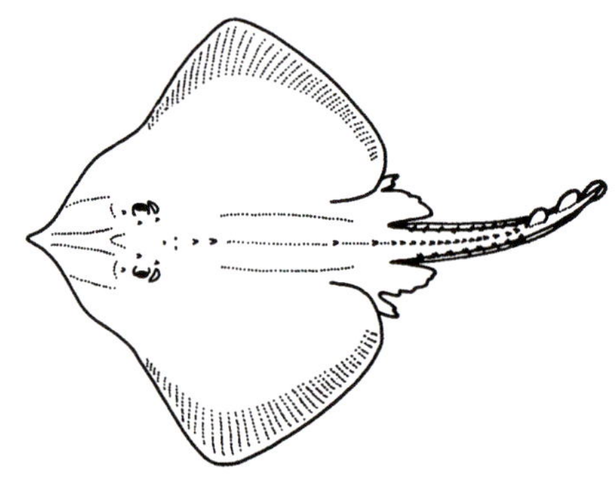

鳐科物种形态简图

深水鳐属 *Bathyraja* Ishiyama et Hubbs，1968

本属物种吻软骨仅1根，呈杆状，伸达吻端，前端两侧具扩大的翼状软骨。胸鳍的辐状软骨在两侧与翼状软骨靠近。体盘背面和尾部具小棘，至少在尾中部有扩大结刺。尾长小于体盘宽。鳍脚圆柱状。我国有6种。

152 黑肛深水鳐 *Bathyraja diplotaenia*（Ishiyama，1952）[55]

本种一般特征同属。体盘菱形。吻软骨柔软易曲折。眼小，眼径为吻长的30%以下。尾短，小于体盘宽。腹鳍前叶长，其末端达到或超过腹鳍后叶的膨大处，但大型个体相对变短。体盘背面淡灰褐色，尾部色暗，无斑纹。体盘腹面白色。为深海鳐类。栖息水深80 ~ 100 m。分布于我国东海。体长约85 cm。

153 粗尾深水鳐 *Bathyraja trachouros*（Gilbert，1892）[38]

= 糙体深水鳐

本种眼中等小。体盘上无棘。肩带部亦无左右对称小棘。项背无棘或有极不发达的弱棘，不与尾正中线大棘连续。腹鳍前叶短，末端不达腹鳍膨大处。尾短，小于体盘宽。尾背面无斑纹。皮褶仅见于尾端。体背褐色，腹面除尾部和泄殖孔周围外为白色。为深水中型鳐类。分布于我国东海、台湾海域，以及日本北海道以南海域、北太平洋、白令海峡、美国加利福尼亚海域。全长约90 cm。

154 林氏深水鳐 *Bathyraja lindbergi* Ishiyama et Ishihara，1977[55]

本种体盘菱形。尾正中线有1列发达棘刺。腹面无小棘，尾部棘列向前伸长，与项部棘列相接。体背灰褐色，无斑纹。胸、腹腔边缘同色。尾部黑褐色。体腹面灰褐色，前半部有白色小点。泄殖腔褐色。为深水性鳐类。栖息水

深160～950 m。分布于我国东海，以及鄂霍次克海南部、白令海。体长约90 cm。

155 匀棘深水鳐 *Bathyraja isatrachys*（Günther，1877）[38]

本种体盘后缘圆弧形。盘宽大于盘长。吻软骨细，柔软易折曲。项部棘大，尾部棘向前延伸，但不与项部棘连续。体盘背面几乎布满小棘，尤其胸鳍两侧钩刺群发达。尾部长与体盘宽几乎相等。尾鳍很小，仅见于上叶。体背黑褐色。为深水中型鳐类，栖息水深450～1 100 m。分布于我国东海、南海。全长达50 cm左右。

注：我国尚有贝氏深水鳐 *B. bergi* （Dolganov，1983）[13]。贝氏深水鳐过去被混同为匀棘深水鳐，其以肩带部有棘而与后者相区别。

156 松原深水鳐 *Bathyraja matsubarai*（Ishiyama，1952）[55]

本种眼较大。肩带部无棘。项背有数个大棘，不与尾部棘连续。体背、腹面几乎同色，均为紫色。为深水性鳐类，栖息水深800 m左右。分布于我国台湾海域，以及西北太平洋到鄂霍次克海。全长约1 m。

157 **短鳐** *Breviraja tobitukai*（Hiyama，1940）[38]

= 日本隆背鳐 = 密棘深水鳐 *Notoraja tobitukai* = *Bathyraja tobitukai*

本种体盘亚圆形，稍近斜方形。吻中等长，前端钝尖。短鳐肩带和项背部均无棘，尾中线上棘亦不甚发达。体盘背面、背鳍、腹鳍、尾鳍及尾部腹面皆密布绒毛状细刺。从背面可见皮下侧线管。体背、腹面同为褐色，只是背面略带紫色，腹面色稍浅。为底栖小型鳐类，栖息水深300～400 m。卵生，卵壳长3.8 cm，鱼卵透明，浅黄色。分布于我国东海、南海，以及日本南部沿海、土耳其海域。全长约40 cm。

鳐属 *Raja* Linnaeus，1758

本属物种体盘亚圆形或近斜方形。吻软骨发达，伸达吻端，不能弯曲。眼椭圆形，无瞬褶。喷水孔中等大。鼻孔距口近。前鼻瓣宽大，伸达口隅，掩盖鼻孔和口鼻沟。后鼻瓣前部分化为一半环形皮褶，形成一入水孔。口小，横列，唇褶不发达。齿细小而多，铺石状排列。鳃孔狭小。两背鳍均位于尾后部。第2背鳍接近尾鳍或与尾连合。尾鳍下叶退化或消失。胸鳍前延，但未伸达吻端。腹鳍前部分化为足趾状构造。分布于全球温、热带海域。我国有13种。

158 斑鳐 *Raja kenojei* Müller et Henle，1841[44]

= 华鳐 *R. chinensis*[4a]

本种体盘后缘圆弧形。吻中等长，尖突。尾中等长，较粗大，尾长略小于体盘长。雄鱼尾部结刺仅1行，雌鱼尾部结刺3行。体背、腹面均为褐色。体盘上具许多大小不一的颜色较浅的圆斑。肩后区圆斑较大，并常有1～2个小暗斑。胸鳍里角上方的圆斑上，也有一个暗斑。腹面具许多黑色细斑。腹鳍足趾状外缘和鳍脚腹面白色。为温带近海底层中小型鳐类，栖息水深20～80 m。卵生，繁殖盛期为11～12月。卵切面观呈扁长方形。以头足类和虾、蟹类为主食。分布于我国黄海、东海、台湾海域，以及日本青森以南海域。通常全长小于55 cm，但最大可达1.5 m[44]。曾是我国东海、黄海底拖网兼捕对象，现已稀少。

159 麦氏鳐 *Raja meerdervoortii* Bleeker，1860[38]

= 大眼鳐 *R. macrophthalma*

本种雄鱼尾部结刺3行，雌鱼尾部结刺5行。侧褶明显，几乎达整个尾部。吻中等长，吻端尖突，吻长为眼间距的2.5倍以上。眼大，眼间隔窄，眼径也比眼间距长。体盘背面具结刺和小刺，项部有2～3个较大结刺。腹面光滑或仅吻端有小刺。背鳍后部尾长等于第2背鳍基底长的1.5倍。体背褐色，吻部色浅而透

明。体盘背面有许多小黄点，胸鳍后方中央有1对小白点。腹面除吻端和体盘边缘褐色外，近乎白色。为近海小型底栖鳐类。栖息水深80 ~ 90 m。分布于我国东海、台湾海域、南海，以及日本静冈以南海域。体长约35 cm。

160 孔鳐 *Raja porosa* Günther，1874

= 喀氏鳐 *R. katsukii* = 网纹鳐 *R. katsukii*

本种外形与斑鳐相似。但雄鱼尾部结刺有3纵行，雌鱼尾部结刺有5纵行。背鳍后部尾长小于第2背鳍基底长的1.5倍。体背面结刺正前方具1纵群黏液孔。腹面腹腔两侧各具1横群黏液孔。眼与喷水孔附近结刺发达。体盘背面褐色，腹面白色。体盘上斑纹多变，有的尚具网状花纹而导致与斑鳐等容易混淆。本种为温水性小型鳐类。栖息水深30 ~ 100 m。夜间活动觅食。卵生，以卵壳丝缠附于海藻、岩礁上孵化。分布于我国渤海、黄海、东海，以及日本涵馆以南海域、朝鲜半岛海域、北太平洋西部。全长小于50 cm。该鱼曾是我国黄海和渤海的重要渔业鳐类，也是渤海的优势种。但如今其资源已濒临枯竭[56]。

注：Tanaka（1927）将日本产的孔鳐定名为*R. katsukii*（喀氏鳐或网纹鳐）。Ishihara（1987）认为孔鳐、喀氏鳐、华鳐和*R. kenojei*（斑鳐）为同种[4a]。黄宗国（2012）将孔鳐和斑鳐、华鳐认定为同种[13]。笔者调查中注意到斑鳐和孔鳐在尾部结刺及腹面体色等特征上有明显差别，似应列为不同种。

161 尖棘鳐 *Raja acutispina* Ishiyama，1958[141]

本种与斑鳐也十分相似，同样都属于吻较短的类型，也曾被认定为斑鳐[47]。吻长小于吻端至第5鳃孔距离的1/2。雄性尾部结刺为3纵行，但较粗大。背鳍后部尾长小于第2背鳍基底长的1.5倍。本种腹面腹腔两侧无黏液孔横群。背面黄褐色，密具褐色小斑。吻部色浅而透明。体盘肩区两侧各有一由许多黑色小点组成的圆形斑块，其外侧有由小斑点连成的黑色边缘。胸鳍里角上方有1对不明显的圆形暗斑。尾上隐具横纹10余条，尾鳍上叶亦有两条横纹。腹面灰褐色，有许多黑色圆斑。栖息水深50～200 m。卵生。卵壳厚，卵切面观呈扁长方形，各隅角突起。产卵期6～7月。分布于我国黄海、东海，以及日本西南海域。全长约50 cm。曾是黄海南部底拖网兼捕鳐类，以吕泗、大沙渔场居多，现已少见。

162 鲍氏鳐 *Raja boesemani* Ishihara，1987[141]（左幼鱼，右成鱼）

本种体盘接近菱形。雄性尾部具3纵行结刺。体盘背面具结刺和小刺，腹面除吻端和鼻侧外均光滑无刺。两背鳍靠近，其间距小于第1背鳍基底长。背面褐色，吻部色浅而透明，体背散布蔷薇花样暗斑。胸鳍腋部有1对眼大小的环纹。两背鳍尖端和尾色暗，腹面通常白色。卵生，卵囊切面观长方形。为大陆架浅海底栖鳐类。栖息水深70～90 m。分布于我国东海、南海、台湾海域，以及日本南部海域、印度洋。最大全长可达55 cm。

163 何氏鳐 *Raja hollandi* Jordan et Richardson，1909[16]

= 鲍氏鳐 *R. boesemani*[57]

本种与鲍氏鳐十分相似，以致《黄、东海鱼类名称和图解》（1995）中[57]二者被列为同种。书中所提供的模式图和彩图亦是鲍氏鳐。但朱元鼎等（2001）、刘敏等（2013）将二者列为两种[4a，141]。其区别在于何氏鳐两背鳍间距大于第1背鳍基底长。体盘背面黄褐色，密布褐色或黑色小斑点，有时斑点集成不规则小群。胸鳍后角上方具1对多环层眼状大斑。尾具横纹8～9条，尾鳍上叶亦有横纹2～4条。腹面灰褐色，具许多暗斑。为大陆架底栖鳐类。卵生，产卵期1～4月。卵切面观呈扁长方形，褐色或黑褐色。主食甲壳类，兼食天竺鲷等小型鱼类和头足类。分布于我国黄海南部、东海、台湾海域、南海，以及日本南部海域、朝鲜半岛南部海域。最大全长可达54.5 cm。曾是东海底拖网渔业兼捕对象。现已稀少。

164 美鳐 *Raja pulchra* Liu，1932[15]

= 史氏鳐 *R. smirnovi*[5]

本种体前部斜方形。雄鱼尾部背面具1列结刺，雌鱼尾部具3～5列结刺。吻部腹面体盘前缘有小棘。吻软骨愈合部短于分离部。吻长为第5鳃孔前头长的1/2以上。尾短，体盘长为尾长的1.6～1.7倍。尾鳍高与尾部侧皮褶最宽处相等，尾鳍下叶消失。体背面褐色，吻侧白色。幼鱼胸鳍基有1对卵圆形斑块。腹面灰褐色。为大陆架浅海小型底栖鳐类。栖息水深50～100 m。卵生。以甲壳类、软体动物为主食。分布于我国黄海、东海，以及日本海域、朝鲜半岛海域、鄂霍次克海。一般全长30 cm左右。

165 尖吻鳐 *Raja tengu* Jordan et Fowler，1903[14]

= 长鼻鳐[49] = 天狗鳐[13]

本种体盘近菱形，体盘宽大于体盘长。吻长而尖，其长度为吻端至第5鳃孔长度的1/2以上。雄鱼尾部具1行结刺。胸鳍外侧有不规则排列的小刺，腹面小刺分布广。两背鳍距离稍远。尾稍短。体盘宽为尾长的1.6～1.7倍。体背面棕褐色，无斑，腹面浅褐色，边缘白色或浅灰色，腹鳍后缘和尾侧皮褶深褐色。栖息水深80～150 m。分布于我国东海、台湾海域、南海，以及日本东南沿海。全长最大达60 cm。

166 广东鳐 *Raja kwangtungensis* Chu，1960[40]

本种体盘呈菱形。吻颇延长，尖突。尾很细，与体盘长相等或稍长。尾褶低平，不甚发达。第2背鳍与尾鳍上叶相连。尾鳍下叶消失。围眼小刺呈半环形排列。雄鱼背正中线和尾部具1纵行结刺，雌鱼具3纵行结刺。体背褐色，散布淡褐色斑纹，以胸鳍中央斑纹最大。腹面灰褐色。腹鳍足趾状部分后端白色。为暖水性底栖鳐类。栖息水深大于100 m。分布于我国南海、台湾海域，以及日本南部海域、西北太平洋暖温带水域。体长约50 cm。

167 大尾鳐 *Raja macrocauda* Ishiyama，1955[38]

本种体盘前部近菱形。吻长而尖突。尾部宽厚而短，体盘宽为尾长的1.5倍，侧褶发达。两背鳍几乎等大，背鳍间距小。第2背鳍与尾相连。腹鳍前叶与后叶间有深凹刻，前叶转弯时不达后叶中后部。体盘背面光滑，腹面除吻两侧缘具带状小刺外，均光滑。尾部背面有1纵行结刺。体盘背面灰褐色。腹面黑褐色，周缘白色。为深水性中型底栖鳐类。栖息水深300～400 m。分布于我国东海、台湾海域、南海，以及日本千叶以南海域。全长可达84 cm。

168 巨鳐 *Raja gigas* Ishiyama，1958[48]

本种体盘后缘圆弧形。吻宽长而尖突。体盘宽为体盘长的1.4～1.5倍，为尾长的1.5～1.7倍。尾部侧皮褶发达，前部低平，向后变粗。尾鳍高大于尾侧皮褶的最宽幅。腹鳍中等大，前、后缘分裂很深，其前叶弯转时可伸达后叶近末端。体背面具细刺，吻侧和胸鳍前部外侧密布小刺。尾背部中央有1纵行结刺。体盘背面及其边缘均为铅灰色或灰黑色，腹面浅灰色。背鳍里缘、尾鳍及尾侧褶和腹鳍灰黑色。为深水性中型鳐类，栖息水深300～1000 m。分布于我国东海、南海，以及日本南部海域、九州海域，帕劳海域，菲律宾海域。全长可达75 cm。

▲ 本属我国尚有汉霖鳐 *R. wuhanlingi*、孟氏鳐 *R. mengae*，分布于我国南海[13]。

（44）无刺鳐科 Anacanthobatidae

本科鳐类吻部有一小的丝状突起。尾部无侧褶。无背鳍，故又称无鳍鳐。腹鳍有深缺刻，前部分化为两节“腿足”状构造，腹鳍后叶内缘与尾侧褶相连或部分相连。皮肤光滑无结刺或有少量结刺。全球有2属10种，我国有1属5种。

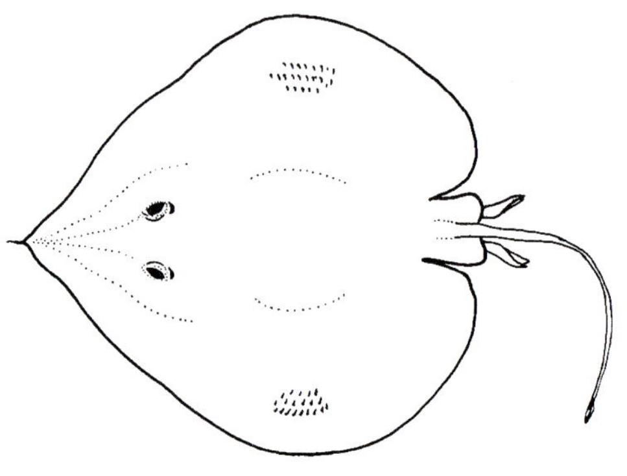

无刺鳐科物种形态简图

无刺鳐属 *Anacanthobatis* Von Bonde et Swart，1924

本属物种基本特征同科。吻端具丝状突出或稍后膨大呈圆盘状。尾部背、腹面具皮膜。腹鳍后叶外缘前方与胸鳍愈合，腹鳍后叶内缘与尾相愈合。无背鳍。为深海小型鳐类。

169 黑体无刺鳐 *Anacanthobatis melanosoma*（Chen，1965）[14]

= 黑体海湾无鳍鳐 *Sinobatis melanosoma*

本种体盘前部三角形，后缘圆弧形。吻延长、尖突，吻端稍膨大。体盘宽为体盘长的1.3倍。尾细长，从泄殖孔中央至尾端长度是至吻端长度的1.5倍。体盘背、腹面均光滑无结刺。体盘背面黑色至黑褐色，眼周围和喷水孔黑色，腹面白色，但腹面边缘、口前区黑褐色。为深海小型底栖鳐类。分布于我国台湾海域、南海。全长25 cm左右。

170 南海无刺鳐 *Anacanthobatis nanhaiensis*（Meng et Li，1981）[14]

本种体盘前部三角形，后缘圆弧形。体盘宽几乎等于盘体长。无背鳍。吻尖突，有一丝状突起。口前吻长为口宽的4.7～5.4倍。吻长为眼径的7.8～8.2倍。眼间距约等于眼径。喷水孔小，直径仅为眼径的1/3。腹鳍前叶分化的“腿足”状构造末端有三尖突，呈足趾状。体背淡褐色，黏液孔深褐色。尾部褐色，腹面灰白色。为深海暖水种。分布于我国南海。体长约55 cm。

171 加里曼丹无刺鳐 *Anacanthobatis borneensis* Chen，1965[38]

本种体盘前部呈三角形，后缘圆弧形。体盘宽等于体盘长。无背鳍。吻部有丝状突起，吻背部散布细长的肉质突起。鼻瓣后缘呈须状。口小，弧形。口前吻长为口宽的3.3～3.6倍。腹鳍前叶和后叶完全分离，呈"脚状"。尾细，较短，从泄殖孔中央至尾端长度小于至吻端长度。雄鱼体背除具翼棘外无鳞或棘。体盘背面褐色，腹面白色，腹鳍边缘和鳍脚黑色，尾端黑色。为深海小型底栖鳐类。栖息水深600～1 700 m。分布于我国东海、台湾海域、南海，以及日本冲绳海域。全长30 cm左右。

▲ 本属我国尚有东海无刺鳐 *A. donghaiensis*和狭体无刺鳐 *A. stenosoma*，分布于我国东海、南海深水域[4A, 13]。

16 鲼形目 MYLIOBATIFORMES

本目物种体盘宽大，圆形、亚圆形、斜方形或菱形。无吻软骨。鼻孔距口近，有口鼻沟。出水孔开口于口隅。胸鳍前延，伸达吻端，或前部分化为吻鳍或头鳍。背鳍1个或无。尾通常细长如鞭，上、下叶退化；或尾较粗短而具尾鳍。尾刺有或无。腹鳍前部不分化为足趾状。无发电器官。全球有10科27属183种，其中含淡水种23种，我国有8科14属40种。

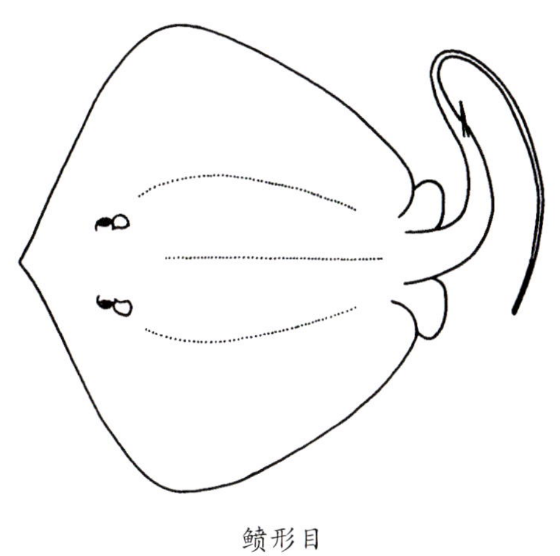

鲼形目

鲼形目的科、属、种检索表

1a 胸鳍前部分化为吻鳍或头鳍，胸鳍后缘凹入……………………鲼亚目 Myliobatoidei（26）

1b 胸鳍前部不分化为吻鳍或头鳍，胸鳍后缘圆突……………………魟亚目 Dasyatoidei（2）

2a 鳃孔6对，无口鼻沟

…………………六鳃魟科 Hexatrygonidae　六鳃魟属 *Hexatrygon*（23）

2b 鳃孔5对，有口鼻沟………………………………………………………………………（3）

3a 尾鳍发达……………………………………………扁魟科 Urolophidae（21）

3b 尾鳍退化或消失……………………………………………………………………………（4）

4a 体盘宽不超过体盘长的2倍，泄殖腔至尾端长度大于体盘宽，无背鳍

……………………………………………………………魟科 Dasyatidae（7）

4b 体盘宽至少为体盘长的2倍，泄殖腔至尾端长度小于体盘宽，有或无背鳍

…………………………………………………………燕魟科 Gymnuridae（5）

5a 背鳍1个………………………………………………………条尾鸢魟 *Aetoplatea zonura* 196

5b 背鳍消失…………………………………………………………………燕魟属 *Gymnura*（6）

6a 眼后外侧具2个白斑…………………………………………………双斑燕魟 *G. bimaculata* 194

6b 眼后外侧无白斑，体背具黑色小斑和大型斑块…………………日本燕魟 *G. japonica* 195

7-4a 无尾刺，背面密具结刺，体盘卵圆形…………………非洲沙粒魟 *Urogymnus africanus* 193

7b 具尾刺，背面光滑或部分具结刺……………………………………………………（8）

8a 体盘呈亚圆形或斜方形；尾细长如鞭，尾鳍上、下叶退化………………魟属 *Dasyatis*（10）

8b 体盘呈圆形或卵圆形，尾中等长，后部侧扁，具无鳍条的尾鳍下叶……条尾魟属 *Taeniura*（9）

9a 体背棕褐色，具许多不规则的圆斑，尾和皮膜黑色……………黑斑条尾魟 *T. melanospila* 191

9b 体背黄褐色，散布许多蓝色斑点，尾部背侧有2条蓝色带…………迈氏条尾魟 *T. meyeni* 192

10-8a 吻前缘广圆，口底乳突16个，体背黑褐色…………………………………黑魟 *D. atratus* 179

10b 吻前缘中央尖突，口底乳突0～7个，体背非黑褐色……………………………………………（11）

11a 尾的背、腹面无皮膜或突起……………………………………………………………………（20）

11b 尾的背面无突起或具短小隆脊，腹面具皮膜；或背、腹面均具皮膜…………………（12）

12a 尾的背面无突起或具短小隆脊，腹面具皮膜……………………………………………（18）

12b 尾的背、腹面均具皮膜…………………………………………………………………………（13）

13a 口底无乳突，吻延长……………………………………………………………尖嘴魟 *D. zugei* 188

13b 口底乳突2～5个，吻不延长………………………………………………………………………（14）

14a 口底乳突2个…………………………………………………………………………古氏魟 *D. kuhli* 186

14b 口底乳突3～5个…………………………………………………………………………………（15）

15a 口底乳突3个，体光滑…………………………………………………………光魟 *D. laevigata* 185

15b 口底乳突5个，中间3个显著；体具小刺或结刺…………………………………………（16）

16a 尾刺前方有宽大盾形结刺1～3个，尾长约为体盘长的1.5倍…………奈氏魟 *D. navarrae* 187

16b 尾刺前方无宽大盾形结刺…………………………………………………………………………（17）

17a 背面正中具1纵行结刺，尾长为体盘长的2～2.7倍…………………………赤魟 *D. akajei* 183

17b 背面具细小结刺，尾长为体盘长的1.2～1.5倍……………………………中国魟 *D. sinensis* 184

18-12a 尾长约为体盘长的3倍，体背黄褐色……………………………………黄魟 *D. bennetti* 180

18b 尾长短于体盘长的3倍……………………………………………………………………………（19）

19a 口底乳突7个，尾长大于体盘长的2倍………………………………………………牛魟 *D. ushiei* 182

19b 口底无乳突，尾长为体盘长的1.7倍，眼小……………………小眼魟 *D. microphthalmus* 181

20-11a 体密具黑色圆形或多边形斑块，尾长大于体盘长的3倍……………花点魟 *D. uarnak* 190

20b 体具黄色小圆斑，尾长约为体盘长的3倍…………………………………齐氏魟 *D. gerrardi* 189

21-3a 尾鳍宽大于尾鳍长的1/4，泄殖腔中央至尾端距离小于至吻端距离
……………………………………………………………褐黄扁魟 *Urolophus aurantiacus* 176

21b 尾鳍宽不超尾鳍长的1/6，泄殖腔中央至尾端距离稍大于至吻端距离
…………………………………………………………………巨尾魟属 *Urotrygon*（22）

22a 眼较小，吻长为眼径的6倍多，体背具黑斑…………………………达氏巨尾魟 *U. daviesi* 177

22b 眼较大，吻长为眼径的4～4.8倍，体背无黑斑…………………………曼达巨尾魟 *U. mundus* 178

23-2a 吻较长，吻长为体盘长的38%～39%…………………………………………………………（25）

23b 吻较短，吻长为体盘长的30%～34%…………………………………………………………（24）

24a 眼眶前宽度较宽，吻长为其宽度的1/2，吻端呈25°角………台湾六鳃魟 *H. taiwanensis* 175

24b 眼眶前宽度较窄，吻长超过其宽度的1/2，吻端呈35°角……短吻六鳃魟 *H. brevirostra* 174

25-23a 尾刺侧缘后部具锯齿，尾端不裸露…………………………长吻六鳃魟 *H. longirostrum* 172

25b 尾刺侧缘从基部至末端均具锯齿，尾端裸露…………………………杨氏六鳃魟 *H. yangi* 173

26-1a 胸鳍前部分化为头鳍，位于头前两侧；齿细小而行数多
……………………………………………………蝠鲼科 Mobulidae（34）

26b 胸鳍前部分化为吻鳍，位于头前中央；齿大而行数少……………………………（27）

27a 吻鳍前部分成两瓣
……牛鼻鲼科 Rhinopteridae 爪哇牛鼻鲼 *Rhinoptera javanica* 204

27b 吻鳍1个，不分瓣……………………………………………………………（28）

28a 吻鳍与胸鳍在头侧分离；上、下颌齿各1行
……………………………………………鹞鲼科 Aetobatidae（32）

28b 吻鳍与胸鳍在头侧相连或分离；上、下颌齿各7行
……………………………………………鲼科 Myliobatidae（29）

29a 胸鳍与吻鳍在头侧相连，具尾刺……………………………鸢鲼 *Myliobatis tobijei* 200

29b 胸鳍与吻鳍在头侧分离，无尾刺…………………………无刺鲼属 *Aetomylaeus*（30）

30a 背鳍起点比腹鳍基底终点靠后，体盘上散布白色斑点…………花点无刺鲼 *A. maculatus* 199

30b 背鳍起点对着腹鳍基底终点……………………………………………………（31）

31a 体背完全光滑，体背具蓝色横纹5~6条（成体后逐渐消失）………聂氏无刺鲼 *A. nichofi* 197

31b 幼鱼体背光滑，成鱼体背及胸鳍具细小星状细鳞，体常具白斑……鹰状无刺鲼 *A. milvus* 198

32–28a 喷水孔开口于侧面，无尾刺；体有黑色网纹…………网纹鹞鲼 *Aetobatus reticulatus* 203

32b 喷水孔开口于背面，具尾刺；体无黑色网纹…………………………………（33）

33a 体密布白色或蓝色斑点，吻较短而宽钝，口底乳突2行……………斑点鹞鲼 *A. narinari* 202

33b 体背无白色或蓝色斑点，吻较长而钝尖，口底乳突1行……………无斑鹞鲼 *A. flagellum* 201

34–26a 口前位，下颌具一齿带……………………………双吻前口蝠鲼 *Manta birostris* 205

34b 口下位，上、下颌各具一齿带…………………………………蝠鲼属 *Mobula*（35）

35a 具尾刺，尾长大于体盘长的2倍……………………………………日本蝠鲼 *M. japonica* 208

35b 无尾刺，尾长小于或等于体盘长的1.5倍…………………………………………（36）

36a 尾长为体盘长的1～1.5倍，喷水孔直径约为眼径的1/4………………无刺蝠鲼 *M. diabolus* 206

36b 尾长短于体盘长，喷水孔直径约为眼径的2倍……………………台湾蝠鲼 *M. formosana* 207

（45）六鳃魟科 Hexatrygonidae

本科物种鳃孔6对。前鼻瓣短，不连接成口盖。无口鼻沟，口底无乳突。齿小，菱形，呈铺石状排列。眼小，喷水孔距眼较远。吻稍长或延长，吻中央部柔软，薄而透明。体盘宽大，前部呈三角形突出，后部亚圆形。尾短，具一窄长尾鳍，具尾刺，两侧缘具锯齿。体光滑。全球仅有1属5种，我国有4种。

注：由于本科各物种十分相似，黄宗国（2012）认为，杨氏六鳃魟、短吻六鳃魟、台湾六鳃魟和长吻六鳃魟为同物种。但笔者看仍有差别，故按《中国动物志 圆口纲 软骨鱼纲》（2001）分列为4种记述，以供参考[13, 14]。

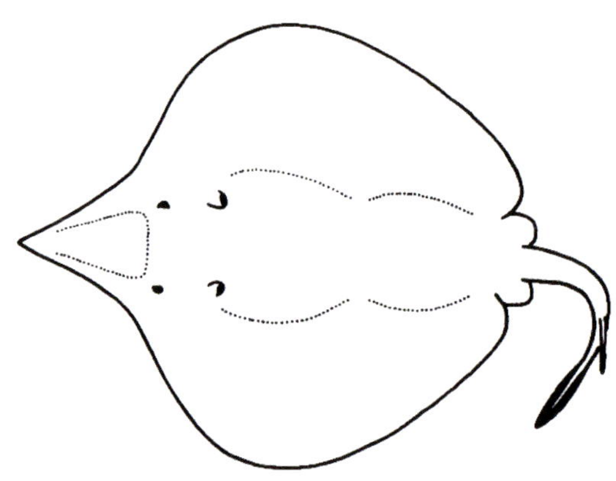

六鳃魟科物种形态简图

172 长吻六鳃魟 *Hexatrygon longirostrum*（Chu et Meng，1981）[38]

本种一般特征如科。体盘宽大，帽形，中央较厚。前部呈三角形突出，后部呈亚圆形。吻柔软，甚长；吻长为体盘长的39%，呈角状突出。两眼间隔宽。喷水孔卵圆形，位于眼后方。尾较短，尾端不裸露。体光滑无鳞，体盘背面褐色，腹面灰白色。腹中央和胸鳍外侧有不规则的黑褐色斑点。为深海底层中小型魟类。栖息水深350～1 000 m。分布于我国东海、南海，以及日本海域。全长可达1.2 m。

173 杨氏六鳃魟 *Hexatrygon yangi* Shen et Liu，1984[37]

本种与长吻六鳃魟相似。吻尖长，吻长为体盘长的38%。尾刺侧缘从基部至末端均具锯齿，尾端裸露。体盘背面褐色，吻部灰色，腹白色，侧缘和尾部深褐色。分布于我国台湾海域。全长约60 cm。

174 短吻六鳃魟 *Hexatrygon brevirostra* Shen，1986[37]

本种吻较短，呈三角形，吻端呈35°角，吻长为体盘长的34%。体盘菱形而平扁，盘长稍大盘宽。腹鳍小，圆钝。尾短，短于体盘长。尾侧扁，具一尾刺，其两侧具锯齿。体背深灰色，腹面白色，但边缘稍黑，尾部深褐色。分布于我国台湾海域。全长约48 cm。

175 **台湾六鳃魟** *Hexatrygon taiwanensis* Shen，1986[37]

本种体形、体色等均与短吻六鳃魟相似。体盘呈菱形而平扁，体盘长稍大于体盘宽。吻较短，呈三角形，吻端呈25°角。吻长仅为体盘长的30%。眼眶前宽度较宽。体盘背侧深褐色，腹面白色，边缘稍黑，尾部深褐色。分布于我国台湾海域。全长约45 cm。

（46）扁魟科 Urolophidae

本科物种具发达的尾鳍，并有辐状软骨支持。尾部有发达的具锯齿的尾刺。颅前中央微凹，其外角广圆。腹鳍后缘弧形。鳃弧内侧光滑。全球有2属35种，我国有2属3种。

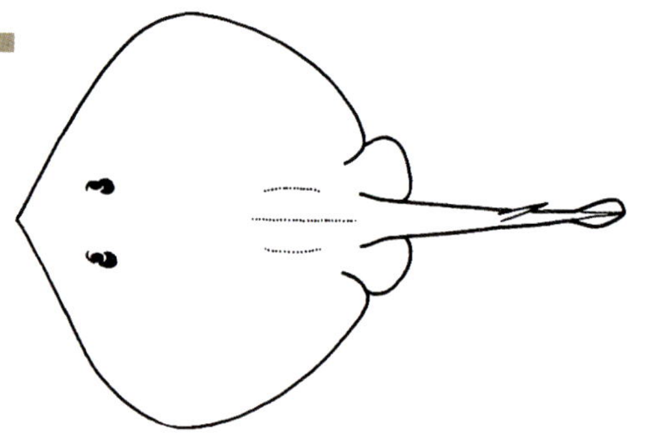

扁魟科物种形态简图

176 **褐黄扁魟** *Urolophus aurantiacus* Müller et Henle，1841[141]

本种体盘菱形，前缘微凹，吻端呈60°角。吻较短，吻长小于眼间距。胸鳍广圆。腹鳍近长方形，宽而钝。无背鳍。有大的尾棘，尾部粗短。尾鳍发达，长椭圆形。尾鳍宽大于尾鳍长的1/4。体光滑无鳞。体背褐色，腹面白色。为沿岸浅水底栖小型魟类。栖息水深约90 m。

卵胎生，早期胎儿具外鳃，从母体吸取营养。怀胎仅数尾，产仔期为春季[39]。分布于我国东海、台湾海域，以及日本南部海域。全长约40 cm。曾见于东海底拖网渔获，现已稀少。

177 达氏巨尾魟 *Urotrygon daviesi* Wallace, 1967[19]

= 斑纹扁魟 *Urolophus marmoratus* = 达氏深水尾魟 *Plesiobatis daviesi*

本种体盘薄，亚圆形，略带斜方形。吻较尖突。眼较小，吻长为眼径的6倍多。齿细小，菱形。腹鳍近长方形。尾长稍短于体盘长，尾刺1～2枚。体被细刺状盾鳞。泄殖腔中央至尾端距离稍大于至吻端距离。体背面灰褐色，具黑斑。眼后外侧有近圆形或纵行黑色斑块2～3个。尾及尾鳍黑色，腹面外缘灰黑色，中央灰白色。为深海底层小型魟类。栖息水深350～395 m。分布于我国东海、南海，以及日本九州海域、帕劳海岭、美国夏威夷海域、南非海域。全长约75 cm。被IUCN列为濒危物种[19]。

178 曼达巨尾魟 *Urotrygon mundus* Gill, 1863[9]

本种体盘近圆形。前端稍尖突。尾长等于体盘长。眼较大，吻长为眼径的4～4.8倍，喷水孔直径大于眼径。齿小，钻石形。腹鳍短，外角钝圆。尾鳍窄而尖，具一大尾刺。体被细刺或小棘，棘基呈星芒状。体背棕褐色，无黑斑。腹面白色，腹面边缘亦呈褐色。分布于我国台湾海域，以及美国加利福尼亚湾至巴拿马海域。全长约48 cm。

注：本种现更倾向于称为“达氏深水尾魟”，隶属于从扁魟科独立出的深水尾魟科[14]。

(47) 魟科 Dasyatidae

本科物种体盘呈圆形、亚圆形或斜方形。鳃孔5对。尾通常细长如鞭，常具尾刺。齿细小，平扁，铺石状排列。喷水孔中等大。前鼻瓣宽大，连成一口盖，伸达口前。体光滑，或具小刺和结刺。背鳍消失。胸鳍伸达吻端。尾鳍一般退化或消失。化石种见于白垩纪。本科有9属约70种，我国有4属15种。

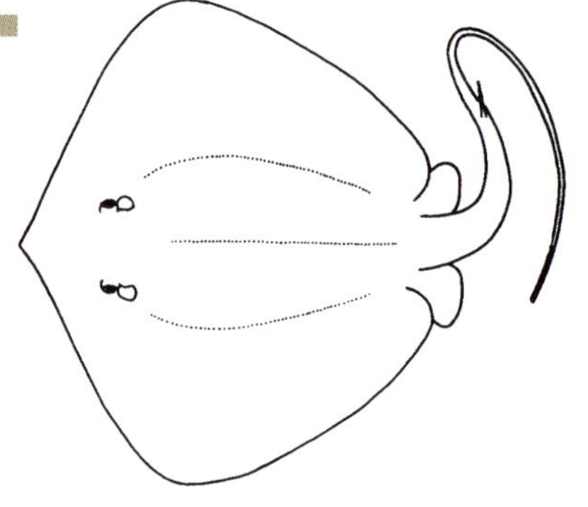

魟科物种形态简图

魟属 *Dasyatis* Rafinesque，1810

本属物种体盘呈亚圆形或斜方形。尾细长如鞭，具1～3枚尾刺。眼小或中等大。喷水孔中等大。鼻孔距口近。具口鼻沟。前鼻瓣宽大，连成一口盖。口小，平横，唇褶不发达，口底通常具0～7个乳突，个别达10个以上。齿细小而多，铺石状排列。鳃孔狭小。体具结刺或光滑。是鲼类中最大的一属。我国有12种。

179 黑魟 *Dasyatis atratus* Ishiyama et Okada，1955[16]

本种基本特征如属。体盘斜方形，中央隆起。吻前缘广圆。口小，口底具1横列小型乳突，多达16个。腹鳍狭长，前、后角圆钝。尾长，后部呈鞭状，尾长为体盘长的2.5倍。腹中线有皮膜，背面无皮褶。背中央有结刺50～60枚，尾刺1～2枚。体背黑褐色，腹面带紫色。为温热带外海中型魟类。分布于我国南海。全长达1 m以上。

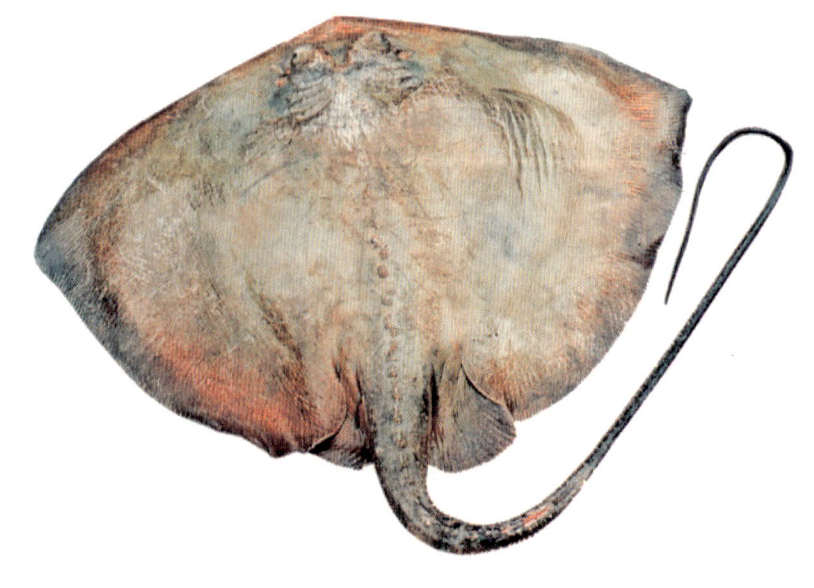

180 黄魟 *Dasyatis bennetti*（Müller et Henle，1841）[38]

本种体盘亚圆形，微带斜方形。前缘斜直。吻颇尖，微突出。体盘宽为体盘长的1.1倍。眼中等大，与喷水孔同大。口小，口底中部具显著乳突3个，两边各有一小乳突。腹鳍前缘斜直，后缘微突。尾细长。背皮膜消失；腹皮膜低狭。幼体光滑，成鱼体背和尾上有平扁鳞和结鳞。体背黄褐色，有的具云状斑，边缘色浅。尾后部黑色，腹面白色，边缘浅褐色。为温热带沿岸水域中型魟类。分布于我国东海、南海，在我国台湾海域偶见。在日本南部海域、印度洋、大西洋、太平洋暖温带水域也有分布。全长可达1 m。

181 小眼魟 *Dasyatis microphthalmus* Chen，1948 [141]

= 小眼窄尾魟 *Himantura microphthalma*

本种体盘略呈斜方形。体盘前缘与吻端呈30°～35°角。吻尖长，吻长为体盘长的3/7。眼很小，稍突出。口中等大，口底无乳突。齿小而多，铺石状排列。尾中等长，尾长为体盘长的1.7倍，具尾刺，其后方散布小刺。背皮膜消失，腹皮膜短弱。幼体光滑或体、吻及胸鳍外侧具小刺，背面正中有结刺。体淡褐色或淡红色，腹面白色，边缘灰色。为暖水性魟类。分布于我国台湾海域、福建南部海域，以及西北太平洋暖温带水域。全长可达1 m。

182 牛魟 *Dasyatis ushiei* Jordan et Hubbs，1925[38]

= 尤氏魟

本种体盘呈菱形，体盘宽大于体盘长。吻端稍突出，前角广圆。眼突出，眼间隔平坦。喷水孔大，直径为眼径的1.5倍。口底乳突7个。尾长为体盘长的2倍以上。尾部腹面有短而低的皮膜，背面隆脊亦短小。体光滑，仅尾部后方3/4处有细盾鳞。体背深褐色，腹面白色，边缘黑色。为温带底栖大中型魟类。分布于我国台湾海域、东海，以及日本青森以南海域。全长可达3.1 m。

183 赤魟 *Dasyatis akajei*（Müller et Henle，1841）[18]

本种体盘亚圆形。吻短，稍钝，先端呈钝角。体盘长大于体盘宽的85%。肩区内、外各有2短行结刺。口小，口底具显著乳突3个，外侧各具一细小乳突。齿细小扁平，铺石状排列。尾细长如鞭，尾长为体盘长的2～2.7倍。尾刺后背中线上有低皮褶。体赤褐色，大者色较深，体盘边缘色浅。喷水孔后缘附近和尾柄两侧赤黄色。体盘腹面边缘赤黄色，中央部色浅。为

温热带中型魟类。卵胎生，产仔期5～8月，每产10仔左右。摄食虾、蟹、双壳类、多毛类和小鱼，以底栖动物居多。分布于我国黄海、东海、台湾海域、南海、广西西江（可能为陆封种）[58]，以及日本南部海域、朝鲜半岛西南部海域。全长可达1 m。曾是我国东海、黄海，特别是吕泗洋渔场拖网渔业的兼捕种类，如今已甚少见。为国家二级保护野生动物[41]。

184 中国魟 *Dasyatis sinensis*（Steindachner，1892）[18]

本种体盘呈亚斜方形。体盘宽为体盘长的1.2～1.3倍。吻钝尖。眼小，稍突出，比喷水孔小。前鼻瓣联合成长方形口盖。口小，平横。口底中部具乳突3个，两侧各具细小乳突1个。腹鳍近长方形。尾短，尾长为体盘长的1.2～1.5倍，具背、腹皮膜。成体头后正中线具1纵群细小粒状鳞。尾上无大型结刺。体黄褐色，具不规则的暗斑。尾及背、腹皮膜均呈黑色。为温水性底栖鳐类。栖息于大陆架浅海。分布于我国渤海、黄海、东海。体长达80 cm。

185 光魟 *Dasyatis laevigata* Chu，1960

本种体呈亚斜方形，前缘斜直。体盘长小于体盘宽的85%。口底乳突3个。体光滑，体背无结刺。尾较短，尾长仅为体盘长的1.4～1.8倍。《黄渤海鱼类调查报告》（1955）中的赤魟实际是本种[5]。体背灰褐色中带黄色，隐具不规则的暗斑，眼和喷水孔附近黄色，腹面边缘亦灰褐色中带黄色，中间区域白色，尾背、腹皮膜黑色。为温热带沙泥底栖鱼种。分布于我国东海、黄海，偶见于台湾海域。全长可达63 cm。曾是东海、黄海底拖网兼捕魟类，有一定产量，如今资源已严重衰退。

186 古氏魟 *Dasyatis kuhli*（Müller et Henle，1841）[141]

= 古氏新魟 *Neotrygon kuhlii*

本种体盘呈亚斜方形，前缘斜直，前角钝尖。吻端钝圆，不突出。体盘略宽，体盘宽为体盘长的1.4～1.5倍。口底乳突2个。腹鳍稍呈三角形。尾较短，尾长为体盘长的1.3～1.5倍，尾背皮膜短而明显，腹皮膜几乎达尾端。体背肩带区正中具结鳞，从头后至尾刺前具1纵行结鳞。体背褐色，具不规则的暗斑，常有黑边缘的蓝色圆斑。头前部眼区附近有一横斑。尾褐色，后部有几个白色环纹。为温热带海域底栖中小型魟类。分布于我国东海、台湾海域、南海，以及日本南部海域、印度尼西亚海域。全长约58 cm。

187 奈氏魟 *Dasyatis navarrae*（Steindachner，1892）[10]

= 黑土魟

本种体盘略呈亚斜方形，前缘近吻端两侧略凹入。吻端稍尖，突出。体盘宽为体盘长的1.2～1.3倍。口底乳突中间3个较为明显，两侧各有一细小突起。腹鳍近方形，后缘圆突。尾较短，具背、腹皮膜。尾刺前方有宽大盾形结刺1～3

个。头后正中具1纵群粒状鳞片，正中一行鳞扩大并向后延伸与尾上鳞片衔接。体背黄褐色，有的具不规则的暗斑。胸鳍、腹鳍边缘橙黄色，腹面白色，边缘亦橙黄色。为冷温性中小型魟类。分布于我国渤海、黄海、东海。体长达1 m左右。

188 尖嘴魟 *Dasyatis zugei*（Müller et Henle，1841）[59]

本种体盘略呈圆形。吻长而尖，显著突出，吻长约占体盘长的1/3。体盘宽为体盘长的1.1倍左右。口小，口底无乳突。腹鳍狭长，外角钝尖。尾中等长，尾长为体盘长的1.5～2.0倍。背、腹皮膜皆很长，几乎达尾后端，高度几乎相等。尾刺1～2枚。幼鱼体背光滑，成鱼中线上具1纵行鳞片。背面赤褐色或灰褐色，边缘色较浅。腹面白色，边缘灰褐色。为暖水性近海底栖小型魟类。分布于我国黄海、东海、南海、台湾海域，以及日本南部海域、朝鲜半岛海域、印度尼西亚海域、印度海域。全长50 cm左右。

189 齐氏魟 *Dasyatis gerrardi*（Gray，1851）[141]

= 杰氏窄尾魟 *Himantura gerrardi*

本种体盘呈亚圆形。吻颇尖，稍突出。体盘宽为体盘长的1.1～1.2倍。口小，口底乳突4～5个，一般中部2个乳突显著，外侧乳突细小。齿细小，平扁，具横突起。腹鳍狭长，外角钝圆，后角消失。尾很细长，尾长约为体盘长的3倍，背、腹皮膜完全消失，具尾刺。幼体光滑，一般个体背中线有1纵行扁平心状结鳞，大型个体头及肩区有多行结鳞。背中线鳞则连接一铺石状鳞块。体背褐色，散布许多黄色小圆斑，腹鳍边缘黄色。尾具黑、黄交叠环纹，达50余条。鳞片黄色，腹面白色。本种为大型魟类。分布于我国台湾海域、福建沿海、南海，以及日本南部海域、印度尼西亚海域、印度洋。体盘宽可达1 m左右。

190 花点魟 *Dasyatis uarnak*（Forskål，1775）[15]
= 鞭尾魟 = 黄线窄尾魟 *Himantura uarnak*

本种体盘呈亚圆形，前角广圆，后角钝圆。体盘宽为体盘长的1.1 ~ 1.2倍。吻稍尖长，吻长相当于体盘长的1/4左右。口底乳突4 ~ 7个，中部2个最显著。腹鳍颇狭长。尾很长，尾长大于体盘长的3倍，背、腹皮膜完全消失。结鳞分布也和齐氏魟相似。鱼体背面赤褐色或沙黄色，密具黑色圆形或多边形斑块。腹鳍外缘黄色。尾具褐色环纹70余条。腹面白色，边缘褐色。为亚热带到热带珊瑚礁区海域大型魟类。分布于我国东海南部、台湾海域、南海，以及日本冲绳海域、澳大利亚海域、西太平洋和印度洋暖水域。体盘宽达1.5 m以上，为魟类中最大的鱼种之一。

条尾魟属 *Taeniura* Müller et Henle，1837

本属物种体盘圆形或卵圆形。尾中等长，前部平扁，具一尾刺，尾腹面具一无鳍条的皮膜。眼中等大，突起。喷水孔中等大。鼻孔距口很近。前鼻瓣宽大，连成口盖。口小，平横，唇褶不发达。齿细小而多，铺石状排列。口底乳突2 ~ 6个。鳃孔狭小。体光滑。尾稍粗糙。本属全球有4种，我国有2种。

191 黑斑条尾魟 *Taeniura melanospila* Bleeker, 1837[38]

本种体盘圆形。尾长大于体盘长。无背鳍、尾鳍，尾部背面有强大棘。尾腹面有皮膜，直达尾末端。口底具细小乳突3～5个。头背中线上有一纵行柱状鳞片。体背布有许多不规则的褐色圆斑。尾和皮膜黑色。为暖水性中大型底栖魟类。栖息于温带、热带海域。分布于我国黄海南部、东海、南海，以及日本纪伊水道海域、印度尼西亚海域、印度洋、红海。最大全长达1.8 m。

注：赵盛龙《东海区珍稀水生动物图鉴》（2009）一书中图照似是黑魟 *D. atratus*，不是本种[19]。

192 迈氏条尾魟 *Taeniura meyeni* Müller et Henle, 1841[52]

本种形态特征与黑斑条尾魟相似。体盘卵圆形。吻部不尖突，呈圆弧形。腹鳍长，外角钝尖。体背黄褐色，其上散布许多蓝色斑点，尾部背侧亦有2条蓝色带。为热带海域分布种。分布于我国南海。体盘长约38 cm。

注：黄宗国（2012）将本种与黑斑条尾魟*T. melanospilos*列为同物种[13]。笔者认为这一观点值得商榷。

193 非洲沙粒魟 *Urogymnus africanus*（Bloch et Schneider，1801）[52]
=糙沙粒魟 *U. asperrimus*（Bets，1801）

本种体盘卵圆形，前缘平圆。体盘宽大于体盘长。背鳍、尾鳍消失。尾细，较短，无尾刺，无皮膜。眼小而高突。喷水孔大。齿细小，平扁，铺石状排列。体背密具结刺。胸鳍上具尖锐结刺粒。尾的后部具平扁结刺。体背褐色，结刺黄色，腹面白色。为热带珊瑚礁区大中型魟类。分布于我国西沙、南沙海域，以及印度尼西亚海域、澳大利亚海域、印度洋。体盘长可达1 m。

（48）燕魟科 Gymnuridae

本科物种体盘斜方形，体盘宽为体盘长的2倍以上。尾细而短，尾长不及体盘宽的1/4。尾刺有或无。齿细小而多，铺石状排列。喷水孔中等大。口底无乳突。背鳍1个或消失。尾鳍消失。胸鳍前延，伸达吻端。化石种见于中新世。全球有2属12种，我国有2属4种。

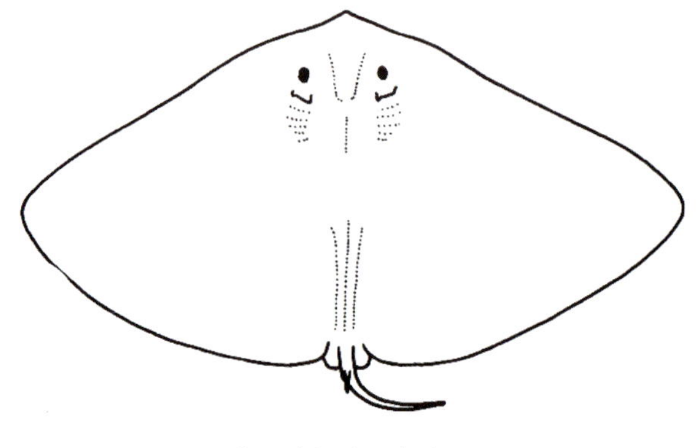

燕魟科物种形态简图

燕魟属 *Gymnura* Van Hasseler，1823

一般特征同科。无背鳍。尾刺有或无。我国有3种。

194 双斑燕魟 *Gymnura bimaculata*（Norman，1925）[141]

本种体盘很宽大，斜方形。体盘宽为体盘长的2.0～2.2倍，外角及后缘宽圆。吻端钝，先端呈圆锥状突出。眼小，眼径比喷水孔直径小。口宽平。齿细小，密列，齿头尖细。口底无乳突。腹鳍狭长，前、后缘几乎成直角。尾细短，尾长约为体盘长的1/2。尾刺颇短小，背、腹皮膜几乎消失。体盘背面棕褐色，隐具细小暗斑及较大的不规则黑斑和云状斑。眼后外侧有1对明显的白色卵圆形大斑，尾具褐色横纹8～10条，腹面白色。分布于我国东海、台湾海域、南海，以及日本海域、印度沿海。全长50 cm左右。

195 日本燕魟 *Gymnura japonica*（Temminck et Schlegel，1850）[141]

本种体盘宽大，体盘宽是体盘长的2.1～2.2倍，其体盘后缘广圆。尾短，鞭状，尾长约为体盘长的1/2。尾刺短小，1～2个。腹皮膜低弱，几乎延至尾端。体背灰褐色或青褐色，散布黑色小斑及大型斑块。腹鳍外缘白色，尾具黑色横纹。腹面白色，边缘灰褐色。为暖温性近海底栖中小型魟类。卵胎生，春季产仔。分布于我国沿海，以及日本本州中部以南海域、朝鲜半岛海域[45]。大型个体体盘长可达1 m左右，体盘宽约2 m。

▲ 本属我国尚有花尾燕魟 *G. poecilura*，分布于我国南海[13]

196 条尾鸢魟 *Aetoplatea zonura* Bleeker, 1852[19]

= 条尾燕魟 *G. zonura*

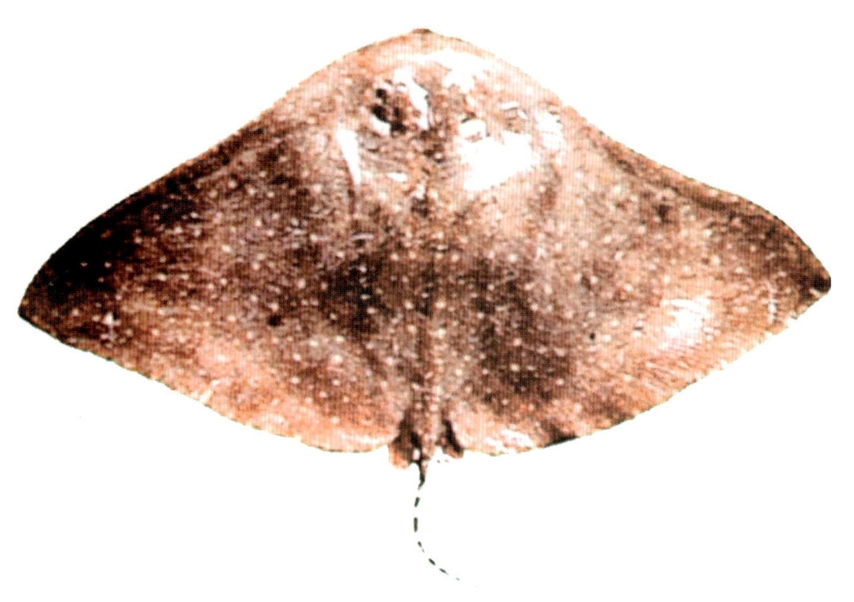

本种体盘很宽，后缘广圆，体盘宽为体盘长的2倍以上。吻短，稍尖突。眼小，眼径比喷水孔直径小。口宽而平横，口底无乳突。齿细小，密列，齿头微小。背鳍1个。腹鳍长方形，前、后缘几乎成直角。尾细而短，尾长短于盘长的1/2。尾刺细弱，1～2个。尾部背、腹皮膜几乎消失。体光滑，背面褐色，密布小暗斑及白色较大圆斑。尾具褐色横纹8～10条。腹面白色。为暖水性近海底栖中小型魟类。栖息水深浅于50 m。卵胎生。分布于我国台湾海域、南海，以及新加坡海域、印度–西太平洋。体长约50 cm。

（49）鲼科 Myliobatidae

本科物种的体盘菱形。脑颅部高耸。胸鳍前部分化为吻鳍，呈一单叶状，该吻鳍与胸鳍在头侧相连或分离。口中等大，口底乳突4～6个。齿宽扁，两颌齿各7纵行。喷水孔大，紧位于眼后。尾细长如鞭，具一小型背鳍。尾刺有或无。化石种见于白垩纪。全球有3属21种，我国有2属5种。

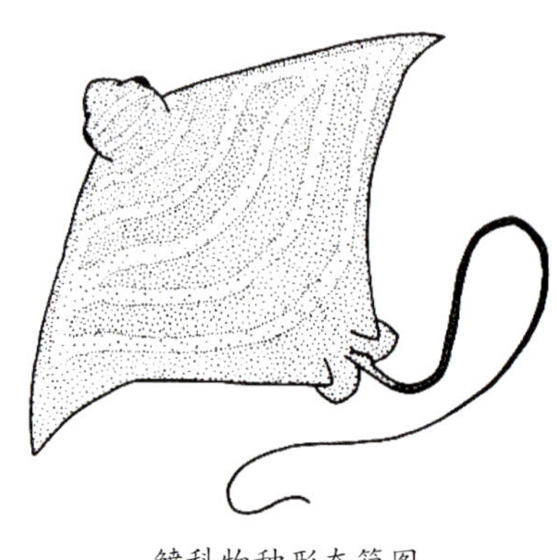

鲼科物种形态简图

无刺鲼属 *Aetomylaeus* Garman，1908

本属物种基本特征同科。吻鳍1个，呈单叶状，不分瓣。胸鳍与吻鳍在头侧不相连，没有尾刺。在我国分布有3种。

197 聂氏无刺鲼 *Aetomylaeus nichofi*（Bloch et Schneider，1801）[15]

本种体菱形，体盘宽为体盘长的2倍，前缘微凸，后缘凹入，前角弯尖。吻颇短，前端钝尖。吻鳍1个，不分瓣。脑颅高耸，眼侧位。喷水孔狭长，侧上位。口中等大，口底具5个乳突。有背鳍。无尾刺。背、腹皮膜退化。尾长约为体盘长的3倍。背鳍起点与腹鳍基底终点相对。体盘背面光滑。体背褐色带蓝色，具蓝色波状横纹5~6条（成体后逐渐消失）。腹面白色或散布有蓝色云状斑块，边缘灰褐色。尾具不明显的褐色横纹。为暖水性近海底层中小型鲼类。栖息于温带到热带沿岸海域，善于游弋。分布于我国东海、台湾海域、南海，以及日本横滨海域、澳大利亚海域、印度–西太平洋暖温带水域。全长可达1.2 m以上。

198 鹰状无刺鲼 *Aetomylaeus milvus*（Müller et Henle，1841[59]

本种体盘宽几乎为体盘长的2倍。背鳍起点与腹鳍基底终点相对。成鱼体背及胸鳍上具细小星状细鳞。腹鳍狭长，长为宽的2.5倍。体背褐色，体盘后部具白斑，而无蓝色波状横纹。尾上隐具褐色横纹数条。分布于我国南海、台湾海域，以及菲律宾海域、印度–西太平洋暖温带水域。全长可达1 m以上。

199 花点无刺鲼 *Aetomylaeus maculatus*（Gray，1832）[19]

本种体盘菱形，体盘宽约为体盘长的2倍。吻短。眼较大，上侧位。口底有乳突5个。背鳍1个，小三角形。但背鳍起点比腹鳍基底终点靠后。尾很细长，尾长超过体盘长的4.5倍。尾前部两侧有竹节状横线纹。背面中央具结刺，前囟上具小刺。体背褐色，散布圆形、镶黑缘的白色斑点，有时白斑中还出现暗斑。尾前部白色中带蓝色，后部黑色。体腹面白色。为暖水性近海底栖中小型鲼类。善游弋，嗜食贝类。分布于我国东海、台湾海域、南海，以及印度尼西亚海域、新加坡海域、印度洋。全长约1.1 m。

▲ 本属我国尚有蝠状无刺鲼 *Aetomylaeus vespertilio*。该种现已被移入鹞鲼科，称网纹鹞鲼*Aetobatus reticulates*[13]。但朱元鼎（2001）将二者列为两个明确种[4A]。

200 鸢鲼 *Myliobatis tobijei* Bleeker，1857[38]

本种体盘呈菱形。吻宽短，圆钝。体盘宽为体盘长的1.8～1.9倍。脑颅高耸，眼、喷水孔均上侧位。口中等大，口底乳突多。背鳍1个，后位，起始于腹鳍基底后上方。尾长为体盘长的2倍左右。尾刺1～3个。体光滑，仅尾部粗糙，具细鳞。体背黄褐色中带红色，腹面边缘橙黄色中带灰褐色。尾灰黑色或花白色，隐具横纹。为温水性近海底栖小型鲼类。卵胎生，5～8月产仔，每产8仔左右。以虾、蟹和双壳类为食。分布于我国黄海、东海、台湾海域、南海，以及日本海域、朝鲜半岛海域。全长达1 m左右。尾刺有毒。

（50）鹞鲼科 Aetobatidae

本科物种体盘菱形。胸鳍前部分化为吻鳍，位于头前中部，单叶型。但吻鳍与胸鳍在头侧分离。尾细长如鞭。具一小型背鳍。尾刺或有或无。脑颅高耸。眼圆，侧位。喷水孔大，背侧位。口底乳突或粗大或细小。齿很宽扁，两颌齿各有1纵行。化石种见于古新世至上新世。本科仅有1属，我国有3种。

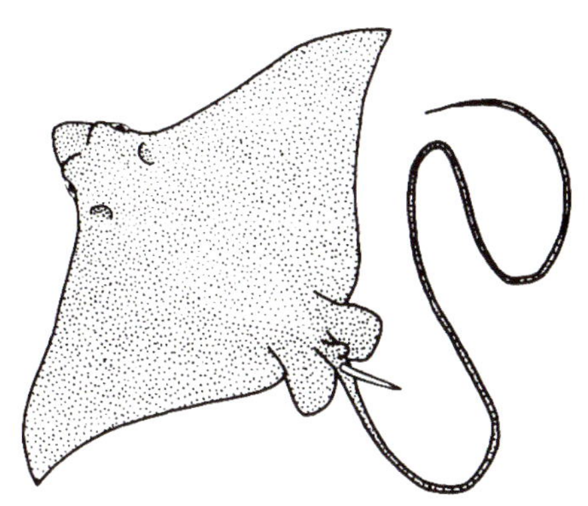

鹞鲼科物种形态简图

鹞鲼属 *Aetobatus* Blainville，1816

本属体盘菱形，体盘宽稍小于体盘长的2倍。其他特征如科述。

201 无斑鹞鲼 *Aetobatus flagellum*（Bloch et Schneider，1801）[15]

本种一般特征同科。体盘宽为体盘长的1.7～1.8倍。吻较长，三角形。喷水孔位于头背面。口中等大，口底乳突1行，细而多。齿平扁宽大。上、下颌齿各有1纵行。腹鳍狭长。背鳍1个，小型。尾部细长，尾长为体盘长的3.5～4.0倍。尾刺1～2个。无侧褶，背、腹皮膜

均退化。体光滑，体背褐色或赤褐色，无白色或蓝色斑点。尾隐具条纹。腹面白色，边缘灰褐色。为温、热带沿海栖息的中大型鲼类。分布于我国东海南部、南海，以及日本长崎海域、和歌山以南海域和印度–西太平洋暖温带水域。全长可达1.6 m。

202 斑点鹞鲼 *Aetobatus narinari*（Euphrasen，1790）[59]

= 纳氏鹞鲼 = 斑点鹞鲼 *A. guttatus* [47]

本种体盘宽约为体盘长的2倍。吻较突出，弧形。头鳍与头部无明显分区。口底乳突2行。前行乳突细小，仅2个。腹鳍狭长，后缘圆突，里、外角皆圆弧形。尾细长，尾长约为体盘长的4倍。尾刺1个，无侧褶。体光滑，体背褐色或赤褐色，有白色或蓝色斑点。胸鳍、腹鳍和背鳍上有白色或蓝色斑点。腹面为白色，边缘褐色。尾隐具条纹。为热带和暖温带近海底栖鲼类。以翅状胸鳍遨游于水层中。卵胎生，初产仔鱼体盘宽17 ~ 36 cm。主食贝类，亦食鱼、虾和蠕虫等。分布于我国东海、台湾海域、南海，以及太平洋、印度洋、大西洋的暖温带、热带水域。最大个体体盘宽可达2 m，重逾200 kg。尾刺有毒。

203 网纹鹞鲼 *Aetobatus reticulatus* Teng，1962 [52]

= 蝠状无刺鲼 *Aetomylaeus vespertilio* [13]

本种体盘宽为体盘长的2.1倍。吻鳍完全与胸鳍分离，前端圆钝。喷水孔位于眼后上侧位，开孔于头侧。腹鳍窄长，后缘圆弧形。背鳍小，位于腹鳍内缘终点处。尾细长，尾长为体盘长的2.8倍。无尾刺。体背粗糙，具小突

起。体背褐色，其上有黑色网纹及不规则黑色横纹。分布于我国台湾海域和南海。体盘长可达1.3 m，重100 kg。

（51）牛鼻鲼科 Rhinopteridae

本科物种体盘菱形。吻鳍前部分化为两叶是本科最主要特征。吻鳍与胸鳍在头侧分离。尾细长如鞭。具一背鳍。有尾刺。眼圆，侧位。喷水孔大。口宽大，平横。口底无乳突。齿宽扁。上、下颌各具齿5～10纵行。卵胎生。化石种见于上白垩纪至第三纪中新世。全球有1属5种，我国有2种。

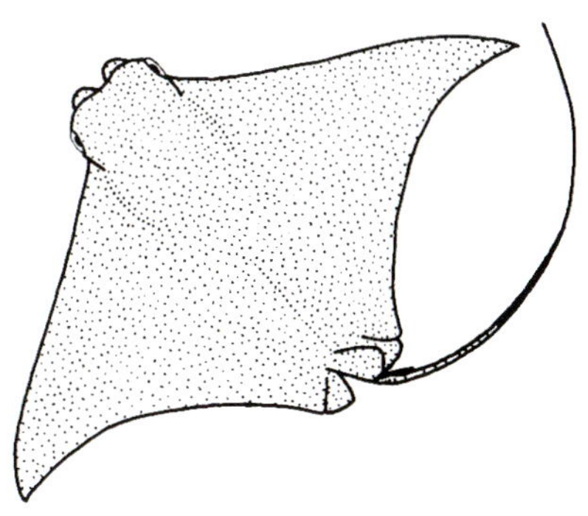

牛鼻鲼科物种形态简图

204 爪哇牛鼻鲼 *Rhinoptera javanica* Müller et Henle，1841[60]

本种一般特征同科。体盘宽为体盘长的1.8～2.0倍。头鳍在头部下面分两个半圆，使吻前端凹陷，形成吻鳍。口平横，宽大。口底无乳突。齿平扁，上、下颌齿各有7纵行，以正中齿最宽。背鳍1个，颇大，三角形，起点对着腹鳍基部终点。尾细长如鞭。尾刺1个，细弱，具锯齿。体光滑，散布星状细鳞，头、背、中央部较密集。鳞棘细弱，多埋于皮下。体褐色中带蓝色，胸鳍前、后缘蓝色，腹面白色。为暖水性底层大中型鲼类。分布于我国台湾海域、东海，以及印度尼西亚爪哇海域、印度海域、斯里兰卡海域。全长约1.3 m。

▲ 本科我国尚有海南牛鼻鲼 *R. hainanica*，分布于我国南海[4A, 13]。

（52）蝠鲼科 Mobulidae

本科物种体盘菱形。头宽大而平扁。吻端宽而平横。胸鳍前部分化为头鳍，位于头前两侧。口宽大，前位或下位。齿细小而行数多，近铺石状排列。上、下颌具齿带或上颌无齿。鼻孔位于口前两侧。眼大。喷水孔较小，三角形，位于眼后。鳃孔宽大。尾细如鞭，具一小型背鳍。尾刺或有或无。化石种见于第三纪。全球有2属13种，我国有2属4种。

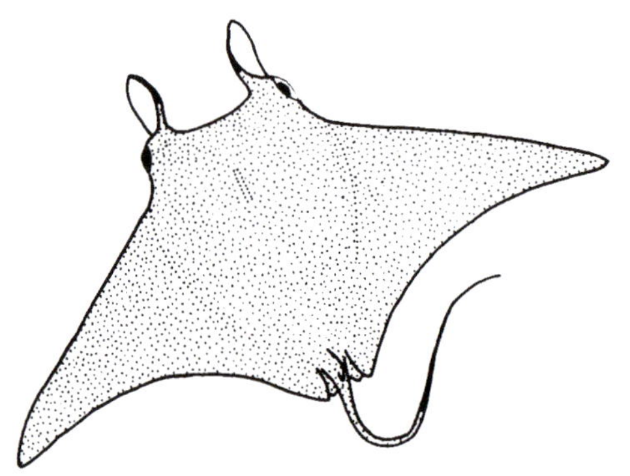

蝠鲼科物种形态简图

205 双吻前口蝠鲼 *Manta birostris*（Wallbaum，1792）[38]

本种体盘菱形，体盘宽为体盘长的2.2～2.4倍。头鳍侧扁，大而长方形。眼很大，侧位，比喷水孔大约2倍。口前位，很宽大。下颌突出，具一细狭齿带，齿带由100余纵行颌齿组成。上颌无齿。腹鳍小，长方形，约与胸鳍后角位于同一水平线上。背鳍1个，小型，起点与腹鳍起点相对。尾细短，短于体盘长的1.2倍。尾刺1个，短宽，三角形，包于皮下。体具星状鳞片。体背青灰色，头前部至喷水孔及头鳍内面上、下缘均呈黑褐色，胸鳍外缘灰褐色，头侧至肩区具灰白色大斑1对。为暖水性中上层大型鲼类。活动敏捷，可上升至表层，甚至跳出水面。喜群游，雌、雄常偕行。以筛板状细密鳃耙过滤水中浮游生物及集群小型鱼类为食。卵胎生，每产1仔。产后仔鱼尚受亲体保护。分布于我国沿海，笔者曾在莱州湾采得1尾体盘宽达1.4 m的个体[61]。日本冲绳海域和世界热带、亚热带海域皆可见。最大个体体盘宽达6.7 m，重2 t。是腹孔类中的最大者。

蝠鲼属 *Mobula* Rafinesque，1810

本属物种与前口蝠鲼相似。体盘菱形，体盘宽为体盘长的2倍多。口下位，上、下颌各具一齿带。背鳍位置略偏前，起点位于腹鳍基底前。尾刺或有或无。我国有3种。

206 无刺蝠鲼 *Mobula diabolus*（Shaw，1804）[14]

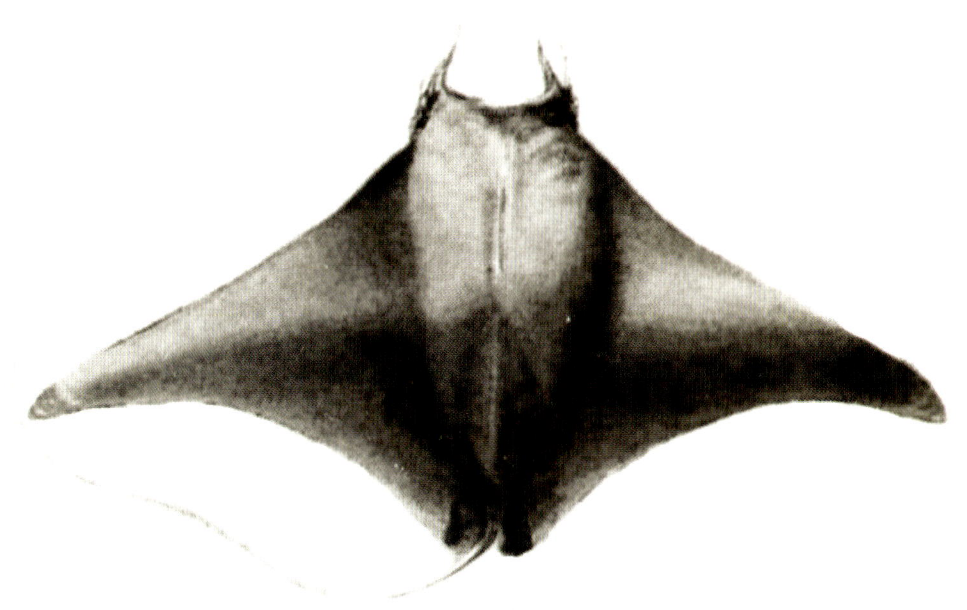

本种一般特征如属。体盘宽为体盘长的2.4倍。眼较大，侧位。喷水孔小，眼径约为喷水孔直径的4倍。口下位，平宽，开口于近前端。齿平扁，细小。上、下颌齿带均由100多纵行颌齿组成。背鳍1个，比腹鳍稍短而宽。尾细，长于体盘长。无尾刺，背面粗糙。体背黑褐色，头鳍内侧黑褐色，外侧白色。为暖温性中上层大型鲼类。主食浮游生物，兼食小鱼。卵胎生，每产1仔。分布于我国东海、台湾海域、南海，以及红海、阿拉伯海、印度尼西亚海域、菲律宾海域、澳大利亚海域。全长约1.3 m。

207 台湾蝠鲼 *Mobula formosana* Teng，1962 [14]

= 褐背蝠鲼 = 台湾蝠鲼 *M. tarapacana*

本种和无刺蝠鲼相似。体盘宽为体盘长的1.8倍。尾长较短，短于体盘长。喷水孔大，其直径为眼径的2倍。齿为梳状，上、下颌齿分别为57行和66行。背面黄褐色，腹面白色。分布于我国台湾海域。全长约1.2 m。

208 日本蝠鲼 *Mobula japonica*（Müller et Henle，1841）[44]

本种体盘宽。眼很大，喷水孔中等大，而小于眼径。口下位，平宽。齿细小，上、下颌均具细齿带，每条齿带约由150行齿组成，呈铺石状排列。腹鳍小，狭长。背鳍1个，比腹鳍稍小。尾细长，尾长几乎为体盘长的3倍。尾刺1个，短小。背面粗糙，尾两侧具白色小鳞。体背青褐色。头鳍里侧青褐色，外侧白色。腹鳍白色。为暖温性中上层大型鲼类。卵胎生，怀胎可达8仔以上。以滤食浮游生物为主，兼捕集群小鱼。分布于我国沿海，以及日本海域、朝鲜半岛海域、美国夏威夷海域。最大体盘宽可达2.5 m。

辐鳍鱼纲 ACTINOPTERYGII

辐鳍鱼类内骨骼或多或少骨化，具脊髓，头部常被膜骨。体被硬鳞或骨鳞，有些被骨板或裸出。鳃孔1对。通常具鳔。鳍条分节，多为鳞质鳍条。一般为正型尾。肠通常无螺旋瓣。心脏无动脉圆锥。从上志留纪至今，为现生鱼类中最繁盛的一支。全球有42目431科27007种（包含淡水种），我国有31目265科3456种。

辐鳍鱼纲分目检索表

1a 体被硬鳞或裸露，尾为歪型尾……………………鲟形目 Acipenseriformes

1b 体被圆鳞、栉鳞或裸露，尾不为歪型尾……………………………………………………（2）

2a 鳔存在时无鳔管……………………………………………………………………（15）

2b 鳔存在时有鳔管……………………………………………………………………（3）

3a 前部脊椎骨形成韦氏器，两颌有齿，具长须
……………………………………………………………鲇形目 Siluriformes

3b 前部脊椎骨不形成韦氏器…………………………………………………………（4）

4a 体不呈鳗形，具腹鳍……………………………………………………………（7）

4b 体呈鳗形或细长，发育过程有叶状幼体……………………………………………（5）

5a 有腹鳍，背鳍、臀鳍常有鳍棘，无眶蝶骨…背棘鱼目 Notacanthiformes

5b 无腹鳍，各鳍无鳍棘，有眶蝶骨……………………………………………………（6）

6a 口巨大，眼位于吻端，胸鳍微小
……囊鳃鳗目 Saccopharyngiformes　宽咽鱼 *Eurypharynx pelecanoides* 371

6b 口小，眼不近前端……………………………鳗鲡目 Anguilliformes

7-4a 上颌口缘由前颌骨构成……………………………………………………（14）

7b 上颌口缘一般由前颌骨和上颌骨构成………………………………………………（8）

8a 有脂鳍，有侧线……………………………………………………………………（11）

8b 无脂鳍………………………………………………………………………………（9）

9a 颏部有喉板，发育过程有叶状幼体……………海鲢目 Elopiformes

9b 颏部无喉板，发育过程无叶状幼体…………………………………………………（10）

10a 体被圆鳞或栉鳞，有侧线，无上颌辅骨
…………………………………………………鼠鱚目 Gonorhynchiformes

10b 体被圆鳞，无侧线或仅前部几枚鳞片有侧线孔，有上颌辅骨
………………………………………………………鲱形目 Clupeiformes

11-8a 体具发光器…………………………………巨口鱼目 Stomiformes

11b 体无发光器…………………………………………………………………………（12）

12a 颌骨不正常……………………………………水珍鱼目 Argentiniformes

12b 颌骨正常……………………………………………………………………………（13）

13a 最后脊椎骨向上弯，鳃盖条10～20枚
………………………………………………………鲑形目 Salmoniformes

13b 最后脊椎骨正常，鳃盖条6～7枚…………胡瓜鱼目 Osmeriformes

14-7a 无发光器……………………………………仙鱼目 Aulopiformes

14b 具发光器……………………………………灯笼鱼目 Myctophiformes

15-2a 胸鳍基部呈柄状；鳃孔位于胸鳍基底后方
……………………………………………………鮟鱇目 Lophiiformes

15b 胸鳍正常，基部不呈柄状；鳃孔通常位于胸鳍基底前方………………………………（16）

16a 上颌骨与前颌骨愈合成骨喙，腹鳍一般不存在
……………………………………………………鲀形目 Tetraodontiformes

16b 上颌骨不与前颌骨愈合成骨喙…………………………………………………………………（17）

17a 体不对称，两眼位于一侧………………鲽形目 Pleuronectiformes

17b 体左右对称，眼位于头两侧……………………………………………………………………（18）

18a 背鳍一般具鳍棘…………………………………………………………………………………（22）

18b 背鳍无鳍棘（银汉鱼科例外）…………………………………………………………………（19）

19a 背鳍、臀鳍较长；背鳍1～3个；臀鳍1～2个，腹鳍胸位、喉位或颏位……………（21）

19b 背鳍、臀鳍多呈后位；腹鳍通常腹位…………………………………………………………（20）

20a 体无侧线或侧线不发达，鼻孔每侧2个
……………………………………………………银汉鱼目 Atheriniformes

20b 体有侧线，鼻孔每侧1个…………………颌针鱼目 Beloniformes

21-19a 体有鳞；常有颏须；腹鳍鳍条7～11枚，胸位或喉位，或无腹鳍………………………………………鳕形目 Gadiformes

21b 体有细圆鳞；无颏须；腹鳍鳍条1～2枚，喉位、颏位，或无腹鳍；奇鳍常相连……………………………鼬鳚目 Ophidiiformes

22-18a 无眶蝶骨………………………………………………………………………………………（28）

22b 有眶蝶骨，如无眶蝶骨，腹鳍有1枚鳍棘或无棘…………………………………………（23）

23a 腹鳍常有1枚鳍棘，3～13枚鳍条；腰带与匙骨相接………………………………………（25）

23b 腹鳍无鳍棘，具1～17枚鳍条；腰带与乌喙骨相接………………………………………（24）

24a 体前部肥大，向后渐呈辫状；腹鳍鳍条单一，喉位
……………………………………………………辫鱼目 Ateleopodiformes

24b 体侧扁而高或带形；腹鳍如存在，多为胸位
……………………………………………………月鱼目 Lampridiformes

25–23a 尾鳍主鳍条10～13枚…………………………海鲂目 Zeiformes

25b 尾鳍主鳍条18～19枚…………………………………………………………………………（26）

26a 犁骨、腭骨无齿，无眶蝶骨，上颌辅骨消失或退化，无鳍棘或鳍棘短弱，背鳍中位
……………………………………奇金眼鲷目 Stephanoberyciformes

26b 犁骨、腭骨一般具齿，具眶蝶骨，上颌辅骨1～2块，鳍棘发达………………………（27）

27a 颏部有须1对，鳃盖条4枚…………………须鳂目 Polymixiiformes

27b 颏部无须，鳃盖条8或9枚…………………金眼鲷目 Beryciformes

28–22a 腰带不与匙骨相接，吻常呈管状，背鳍、臀鳍、胸鳍鳍条大多不分支
…………………………………刺鱼目 Gasterosteiformes

28b 腰带与匙骨相接，吻通常不呈管状，背鳍、臀鳍、胸鳍鳍条大多分支………………（29）

29a 腹鳍腹位或亚胸位；背鳍2个，分离颇远
……………………………………………………鲻形目 Mugiliformes

29b 腹鳍存在时胸位至喉位；背鳍如为2个时，相距较近……………………………（30）

30a 第3眶下骨后延形成眼下骨架，与前鳃盖骨相接
……………………………………………………鲉形目 Scorpaeniformes

30b 第3眶下骨正常，不与前鳃盖相接
……………………………………………………鲈形目 Perciformes

17 鲟形目 ACIPENSERIFORMES

本目物种体呈梭形，被硬鳞或裸露，内具软骨，为较原始硬骨鱼类，故又称软骨硬鳞鱼类。其背鳍、臀鳍后位，胸鳍低位，尾鳍为歪尾型。有锁骨，无椎体。鳔大，有鳔管。消化道有幽门垂，又有发达的螺旋瓣。化石种见于上石炭纪至白垩纪，包括几个已绝灭的科。现生种全球有2科6属27种，含淡水种14种。我国有2科4属9种，主要分布于淡水，其中3属4种为海河洄游性物种。

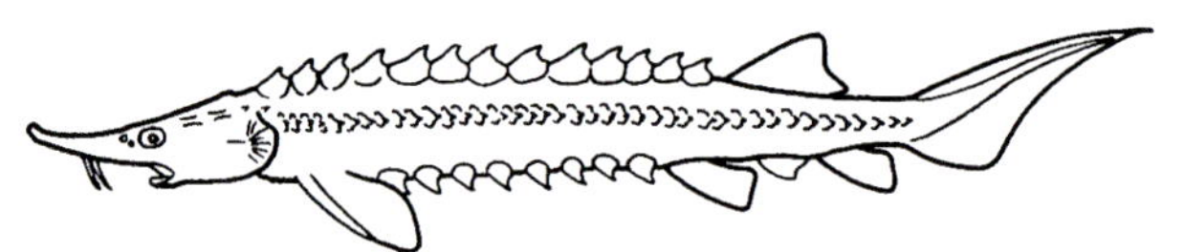

鲟形目物种形态简图

鲟形目的科、属、种检索表

1a 体无骨板，仅尾鳍上叶具棘状硬鳞
……………………长吻鲟科 Polyodontidae　白鲟 *Psephurus gladius* 212

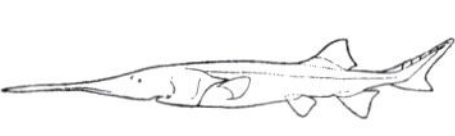

1b 体具5行骨板……………………………………鲟科 Acipenseridae（2）

2a 口裂大，有时达头侧；鳃盖膜与峡部相连；体侧骨板小………………鳇 *Huso dauricus* 211

2b 口裂小，不达头侧；鳃盖膜与峡部不相连；体侧骨板大…………………鲟属 *Acipenser*（3）

3a 吻须较长，须长等于须基至口前缘的1/2………………………………达氏鲟 *A. dabryanus* 210

3b 吻须很短，须长小于须基至口前缘的1/2………………………………中华鲟 *A. sinensis* 209

（53）鲟科 Acipenseridae

本科物种体被5行骨板。吻长，圆锥形。眼小，侧位。鼻孔大，位于眼前缘。口下位。口前吻须4枚，成鱼无颌齿。鳃耙短小。背鳍1个，后位。尾鳍两侧密生多行硬鳞。全球有4属25种（含淡水种），我国海洋记录有2属3种。

形态简图同目。

鲟属 *Acipenser* Linnaeus，1758

本属物种一般特征同科。吻圆锥形。口中等大，横裂，略呈梅花形。有喷水孔。鳃膜与峡部不相连。

209 中华鲟 *Acipenser sinensis* Gray，1834[19]

背鳍50～54；臀鳍30～34；胸鳍48～54；腹鳍32～42。鳃耙9～15+6～10。

本种一般特征同属。体长梭形。头呈长三角形。吻尖长。喷水孔裂缝状。口下位，梅花形，能伸缩。吻部中央有吻须2对。鳃裂大，鳃耙稀疏，短棒状。背鳍1个，后位，与臀鳍相对。胸鳍发达，低位。尾鳍歪形，上叶特别发达，其上有一纵行棘状鳞。成鱼体表粗糙，有5行骨板。体上部青灰色，侧面黄白色，腹部乳白色。各鳍灰色，带有浅色边。为大型溯河洄游鲟类。幼鱼索饵越冬于海洋，成鱼溯河到长江上游。于秋季产卵，怀卵量高达数百万粒。卵径3.6 mm，为沉性卵。摄食底栖无脊椎动物和小鱼。分布于我国沿海和长江、珠江流域[58, 62]。最大体长超过3 m，体重可达600 kg。属于国家一级保护野生动物[19, 41]。近年由于大量放流增殖，在山东近海已能见到少量幼鱼。

210 达氏鲟 *Acipenser dabryanus* Dunméril，1868[63]

=长江鲟

背鳍48～53；臀鳍32～34；胸鳍38～39；腹鳍30～31。鳃耙19～55。

本种体长梭形。吻稍短，吻端尖细，吻须较长。头较小。眼较小。鳃耙细密，呈薄片状。前背侧硬鳞9～14枚，第1硬鳞不是最大。皮肤粗糙。体灰褐色，腹面灰白色，各鳍呈青灰色。本种为中国特有种，主要分布于长江中上游深水区，东海、黄海亦有过记载[4C]。笔者曾在长江口见过该鱼，体长约85 cm。为国家一级保护野生动物[19]。

211 鳇 *Huso dauricus*（Georgi，1775）[41]

背鳍47～57；臀鳍26～40。鳃耙17～22。

本种体长梭形，粗壮。头呈圆锥形。吻短，尖突，呈三角形。口较大，下位，半月形，有时可伸达头侧。鳃膜与峡部相连。臀鳍始于背鳍后下方。体侧骨板小，36～45枚。背部青绿色，体侧色略浅，腹部白色。为大型鲟科鱼类。性成熟晚，为16龄以上。繁殖力大，怀卵量60万～400万粒，产卵期5～7月，产卵场在水深2～3 m的江河，产沉性黏着性卵，卵径为2.5～3.5 mm。本种以底栖无脊椎动物和鱼类为食，分布于我国黑龙江流域，河口种群可进入日本海、鄂霍次克海沿岸咸淡水水域[64]，是硬骨鱼类中的最大者。体长可达5.6 m，体重1 000 kg以上，寿命达百龄[42]。已被列入IUCN易危动物名录[46]。

（54）长吻鲟科（匙吻鲟科）Polyodontidae

本科物种体长梭形。头、体光滑，无骨板，被细小斜方形小鳞。尾鳍上缘有1行棘状鳞。吻延长、突出，桨状或圆锥状。口大，下位，弧形，不能伸出。颌齿细小。鳃耙密长或稀短。吻须细小，2对或1对。全球现存2属2种，我国有1属1种。

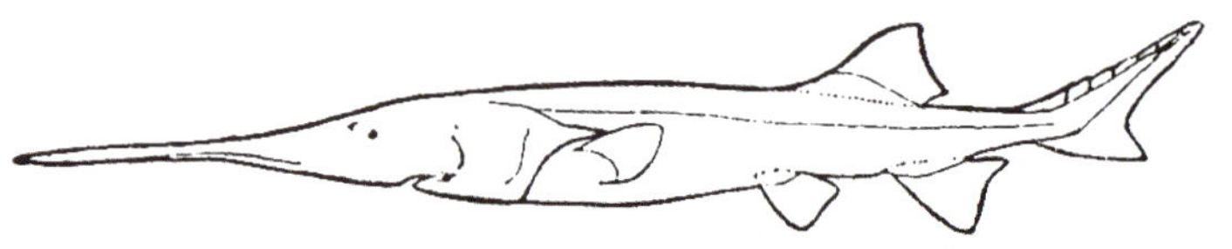

长吻鲟科物种形态简图

212 白鲟 *Psephurus gladius*（Martens，1861）[43]

背鳍46～53；臀鳍48～52；胸鳍33；腹鳍32。

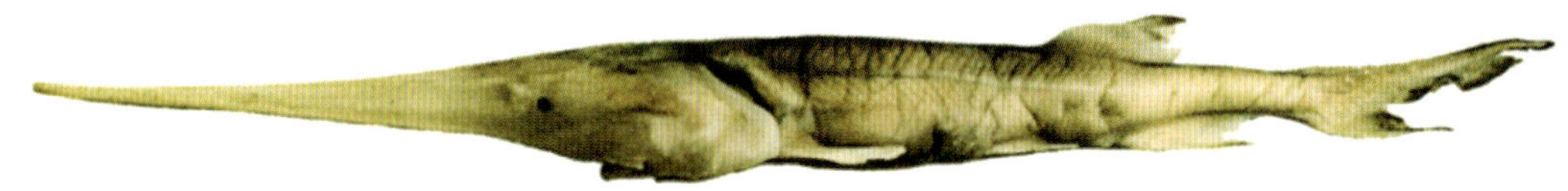

本种一般特征同科。吻延长，圆锥状。口前吻须1对。头长，大于体长的一半。眼极小，圆形，侧位。鳃孔大，鳃膜与峡部相连。鳃耙粗短，排列紧密。棘状硬鳞仅分布于尾鳍上叶，6～7个。为河海洄游性鱼类。属肉食性，以鱼、虾为主食。产卵期为3～4月，怀卵量约20万粒。产卵场位于长江上游。卵球形，黑色，沉性，卵径约2.7 mm。分布于我国沿海江河和渤海、黄海、东海。最大体长可达7 m，体重908 kg。为我国特有大型珍稀濒危鱼类。属国家一级保护野生动物[41]。

18 海鲢目 ELOPIFORMES

本目物种形态似鲱，贝尔格（1955）将其和背棘鱼一起归于鲱形目[66]。格林伍德（1966）及拉斯（1971）等据发生学特征，将其从鲱形目中独立，分别形成海鲢和背棘鱼2个目。纳尔逊（1994）将二者合为1个目[2, 3B]，但之后又将二者分列为独立的2个目（2006）[3C]。

海鲢目物种体延长，侧扁。腹部无棱鳞。颏部有喉板。口前位。上颌口缘由前颌骨和上颌骨组成。眶蝶骨、基蝶骨发达，颅顶骨在中线缝合。围眶骨发达。上颌辅骨2块。两颌、犁骨、腭骨均具绒毛状齿带。鳃盖完全，鳃膜不与峡部相连。体被圆鳞，胸鳍、腹鳍基部具腋鳞。侧线完全。背鳍1个，无硬棘。臀鳍位于背鳍后下方。胸鳍下位或高位。腹鳍腹位。尾鳍深叉形。仔鱼为叶状幼体，个体发育中经过明显变态，为真骨鱼类原始特征。全球有2科2属8种，我国有2科2属2种。

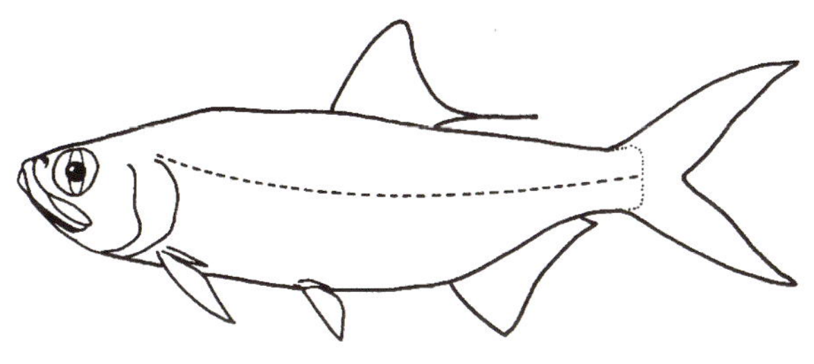

海鲢目物种形态简图

海鲢目的科、属、种检索表

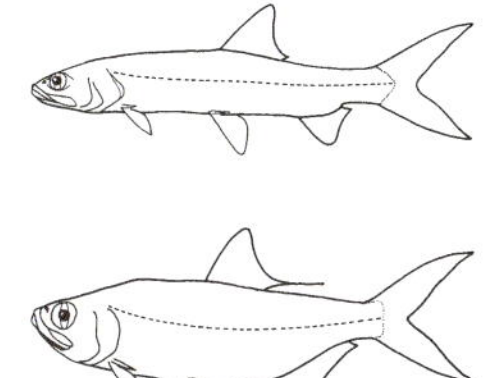

1a 有假鳃，背鳍最后鳍条不延长
……………………………海鲢科 Elopidae　海鲢 *Elops machnata* [213]

1b 无假鳃，背鳍最后鳍条呈丝状延长
…………大海鲢科 Megalopidae　大海鲢 *Megalops cyprinoides* [214]

（55）海鲢科 Elopidae

本科物种体延长，略侧扁。腹部平，无棱鳞。口大，前位。颏部有喉板。背鳍最后鳍条不延长。上颌由前颌骨和上颌骨组成，上颌辅骨2块。鳃盖条多达27～35枚。化石种始见于白垩纪。全球有1属6种，我国仅有1种。

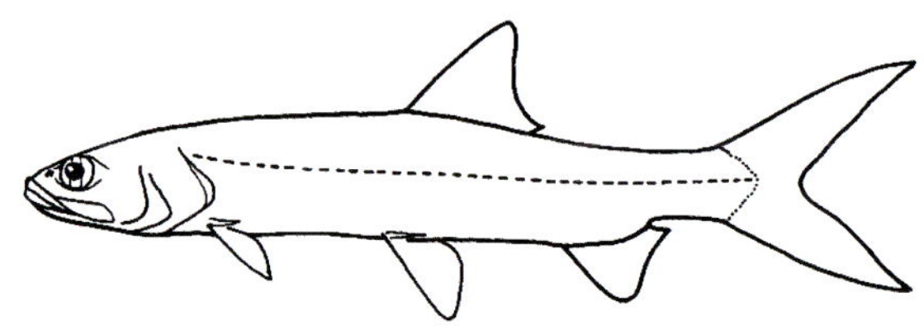

海鲢科物种形态简图

213 海鲢 *Elops machnata*（Forskål，1775）[38]

= 夏威夷海鲢 *E. hawaiensis* = *Argentina machnata*

背鳍20～23；臀鳍14～16；胸鳍17～18；腹鳍14～16。侧线鳞96～97（13/10～11）。鳃耙7～9＋14～15。

本种一般特征如科。体延长。眼大，脂眼睑发达。口盖骨有细齿。背鳍位于中部，与腹鳍对位，最后鳍条不延长。臀鳍基底短于背鳍基底。鳞圆形，较小。胸鳍腹位，胸鳍基底有腋鳞。尾鳍深叉形。体色背部深绿色，头背略呈黄色，侧腹银白色。各鳍淡黄色，背鳍、尾鳍边缘黑色。为暖水性近海表层中型鱼类。分布于我国黄海南部、东海、南海，以及日本南部海域、美国夏威夷海域、澳大利亚海域和印度洋、太平洋、大西洋温热带水域。最大体长可达70 cm。为近海习见种类和咸淡水养殖重要对象。肉味鲜美。

注：黄宗国（2012）记载我国尚有蜥海鲢*E. saurus*[13]，但张世义（2001）认为其与海鲢为同种[4C]。

（56）大海鲢科 Megalopidae

本科物种体延长，侧扁。口大，上位。有喉板。侧线管分支。背鳍始于腹鳍起点稍后上方，最后鳍条呈丝状延长。两颌、口盖和舌上均有绒毛状齿。上颌由前颌骨和上颌骨组成，有2块上颌辅骨。全球仅有1属2种，我国有1种。

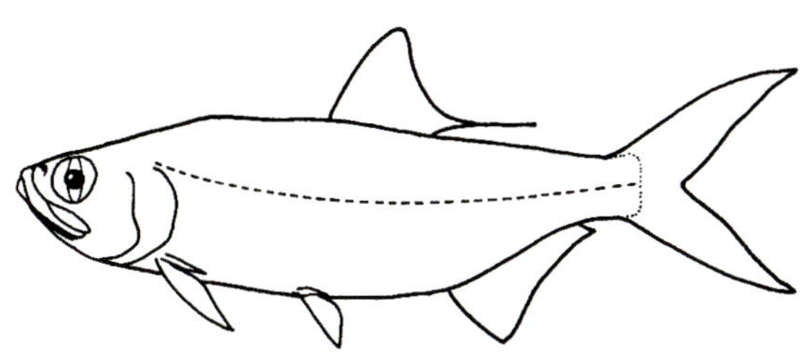

大海鲢科物种形态简图

214 大海鲢 *Megalops cyprinoides*（Broussonet，1782）[15]

背鳍17；臀鳍26；胸鳍15；腹鳍10。侧线鳞39～42（5/6）。鳃耙14＋27。

本种一般特征同科。体延长，侧扁。眼大，侧上位，脂眼睑窄。口斜上位。下颌突出。体被大圆鳞，胸鳍基底有腋鳞。背鳍始于吻端与尾鳍基中间，最后鳍条丝状。胸鳍位低。腹鳍小。尾鳍长大，深叉形。体背深绿色，侧线下银白色，吻端灰绿色，各鳍淡黄色。为暖水性近海中上层鱼类，有时可进入河口。性凶猛，以鱼、虾为食。幼鱼发育具柳叶状变态期。分布于我国东海南部、台湾海域、南海，以及琉球群岛海域、太平洋中部、澳大利亚海域、非洲海域。体长可达1 m。为游钓重要对象。肉味鲜美。

19 背棘鱼目 NOTACANTHIFORMES

本目物种体梭形或鳗形，无喉板或萎缩成细条。口下位，由前颌骨和上颌骨构成口缘，或仅由前颌骨构成。上颌辅骨1块。齿细小，或呈绒毛状。该目鱼分类上不稳定，《中国动物志　硬骨鱼纲　鳗鲡目　背棘鱼目》(2010)中，本目未包含北梭鱼科。[4B] 为中小型深浅海鱼类。全球有4科7属30种，我国有4科6属9种。

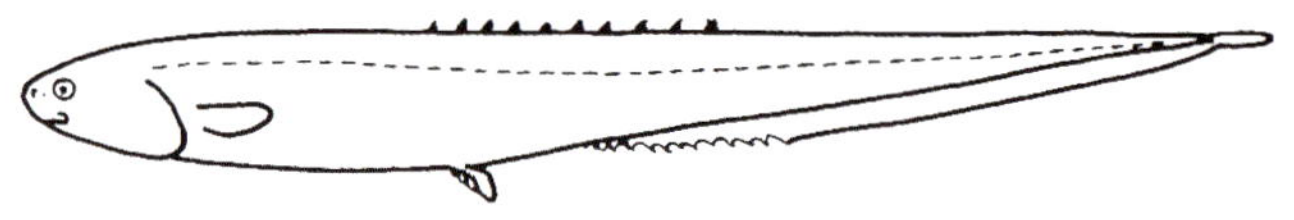

背棘鱼目物种形态简图

背棘鱼目的科、属、种检索表

1a 体鳗形，臀鳍、尾鳍相连，或无尾鳍……………………………………………………（3）

1b 体梭形，臀鳍、尾鳍分离……………………………………………………………………（2）

2a 背鳍基短，鳍条不到20枚；鳃盖条多于10枚
……………北梭鱼科 Albulidae　圆颌北梭鱼 *Albula glossodonta* 215

2b 背鳍基长，鳍条50枚以上；鳃盖条少于10枚
……………长背鱼科 Pterothrissidae　长背鱼 *Pterothrissus gissu* 217

3-1a 鳞小，侧线鳞多于50枚；背鳍由游离棘组成
……………………………………………背棘鱼科 Notacanthidae（6）

3b 鳞大，侧线鳞少于30枚，背鳍由鳍条组成，无鳍棘
……………………………………………海蜥鱼科 Halosauridae（4）

4a 吻短；侧线黑色……………………………………短吻拟海蜥鱼 *Halosauropsis macrochir* 220

4b 吻长；侧线不呈黑色……………………………………………………海蜥鱼属 *Aldrovandia*（5）

5a 吻长为吻突的2～2.5倍；背鳍起点对应于腹鳍基或稍前于腹鳍基……异鳞海蜥鱼 *A. affinis* 221

5b 吻长为吻突的3倍；背鳍起点对应于腹鳍基之后…………………裸头海蜥鱼 *A. phalacra* 222

6-3a 吻圆形；背鳍鳍棘12～13枚；体白色…………………长吻背棘鱼 *Notacanthus abbotti* 218

6b 吻较长；背鳍鳍棘32～35枚；体褐色…………多棘背棘鱼 *Polyacanthonotus challengeri* 219

(57) 北梭鱼科 Albulidae

本科物种体梭形。喉板极小。上颌缘主要由前颌骨构成。每侧只有1块上颌辅骨。腭骨、副蝶骨有齿。眶蝶骨、基蝶骨愈合，骨化为眼间隔。化石种见于古新世。全球有1属3种，我国有2种。

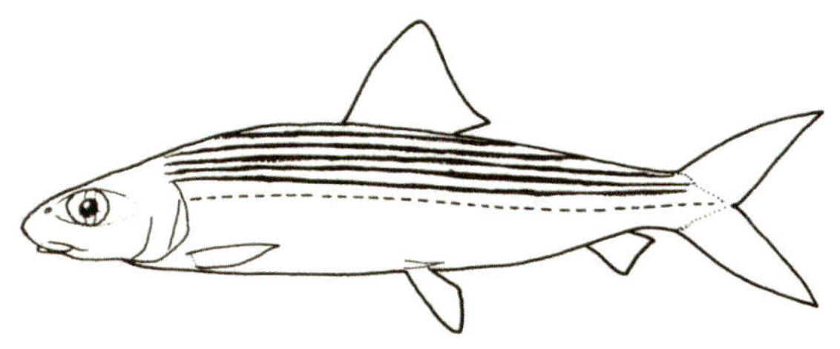

北梭鱼科物种形态简图

215 圆颌北梭鱼 *Albula glossodonta*（Forsskål，1775）[38]

= 北梭鱼 *A. vulpes*

背鳍16～18；臀鳍8；胸鳍16；腹鳍10。侧线鳞73～77（9/6～7）。鳃耙7～11＋10～12。

本种基本特征同科。体梭形。头短，圆锥形。吻短。眼侧上位，脂眼睑发达。口呈“人”字形，口裂短，下位。唇厚，齿绒毛状。鳃耙瘤状。体被圆鳞，头部无鳞。胸鳍、腹鳍基有腋鳞。背鳍起始点距吻端较距尾鳍稍近。臀鳍较小，位于腹鳍后方。胸鳍位低。尾鳍宽，深叉形。体背青灰色。吻端有半圆形的黑斑。体背侧有10多条灰色纵纹。腹侧为白色。各鳍浅黄色，背鳍、尾鳍前上缘灰黑色。为暖水性沿岸鱼类。栖息于温、热带海域和近海河口处。分布于我国东海南部、南海、台湾海域，以及日本南部海域、琉球群岛海域、菲律宾海域、美国夏威夷海域。最大体长可达1 m。

216 尖颌北梭鱼 *Albula neoguinaica* Valenciennes，1846[14]

注：本种未被《中国海洋生物名录》(2008)和《中国海洋物种多样性》(2012)收录[12, 13]，但见于黄宗国《中国海洋生物图集》(2012)[14]。其形态与圆颌北梭鱼相似，仅以吻部较尖长、眼大、侧上位、鱼体较高来区别。因笔者未获得该种资料，难以写入检索表，仅附图供参考。

(58) 长背鱼科 Pterothrissidae

本科物种体延长。腹部圆柱状。头狭长，裸露。吻尖。眼大。口小，下位。上颌缘由前颌骨构成。上颌辅骨1块。唇厚。上、下颌各具1行小齿，犁骨、腭骨无齿。体被圆鳞。背鳍基底颇长。臀鳍后位。胸鳍下位。腹鳍腹位。尾鳍叉形。本科全球仅有1属2种，我国有1种。

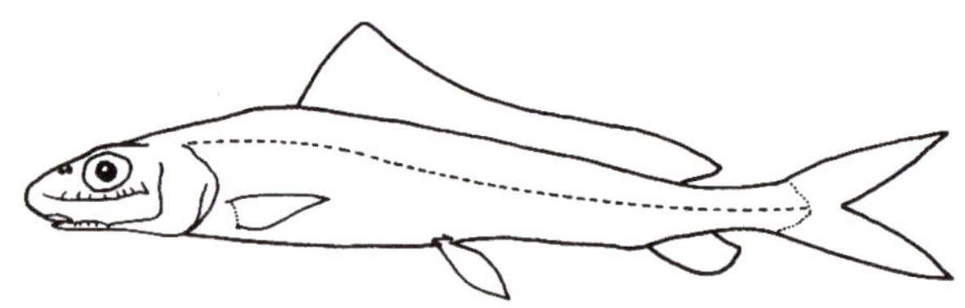

长背鱼科物种形态简图

217 长背鱼 *Pterothrissus gissu* Hilgendorf，1877[48]

背鳍58～60；臀鳍12；胸鳍16～17；腹鳍10。侧线鳞109～112(8/13)。

本种基本特征同科。体颇延长，稍侧扁。腹部圆柱状。头中等大，裸露。黏液管发达。吻稍尖突。眼大，圆形，无脂眼睑。口小，下位。齿小，绒毛状；上、下颌齿各1行。犁骨、腭骨无齿。鳃耙短小，有小刺。侧线明显。背鳍1个，基底长，始于胸鳍后上方，止于臀鳍中部上方。体背灰色，腹部银白色，头部黑色。鳃盖后缘具一大黑斑。各鳍灰黑色。属深海性鱼种。栖息水深达587 m。分布于我国东海，以及日本北海道以南海域、冲绳海域和九州–帕劳海岭。体长约60 cm。

(59) 背棘鱼科 Notacanthidae

本科物种体延长，呈鳗形，侧扁。尾部呈带状，尾端细尖。吻端圆，显著突出。眼圆，侧位。口小，下位，横裂；口角处具一尖棘。上颌缘仅由前颌骨组成。齿细小，密列。舌中等大，游离。鳃膜与峡部分离。体被小圆鳞。背鳍具1行游离短棘。臀鳍基底长，前部为游离棘，后部为鳍条，与尾鳍相连。胸鳍短，基部肉质。全球有2属9种，我国仅有1属2种。

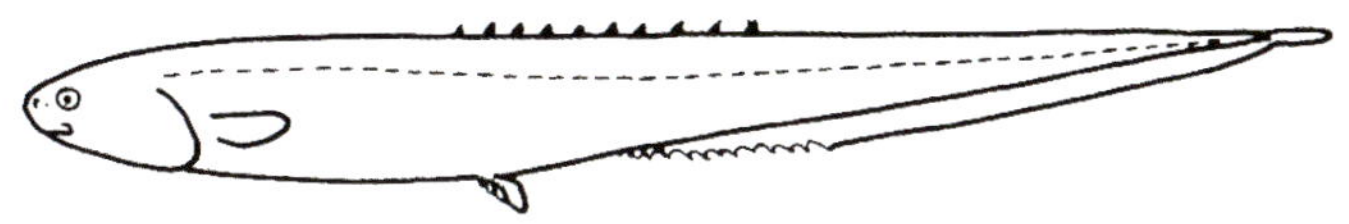

背棘鱼科物种形态简图

218 长吻背棘鱼 *Notacanthus abbotti* Fowler，1934 [38]

= 阿氏背棘鱼

背鳍Ⅻ～ⅩⅢ；臀鳍17～22；胸鳍14；腹鳍Ⅲ～Ⅳ－6。

本种基本特征如科。体延长。吻圆，较突出。口小，开口于腹面。齿细小，上、下颌齿各1行。背鳍有12～13枚游离棘，最后棘最长。腹鳍有3～4枚鳍棘，6枚软鳍条。体白色，鳃盖有黑缘。为深海底层鱼类。栖息水深达1 000 m。分布于我国东海，以及日本南部海域、冲绳海域和菲律宾海域。全长33.5 cm左右。

219 多棘背棘鱼 *Polyacanthonotus challengeri*（Vaillant，1888）[38]

背鳍ⅩⅩⅫ～ⅩⅩⅩⅤ；臀鳍26～35；胸鳍12～14；腹鳍1 － 8～9。

本种体延长，侧扁。吻尖长。口小，下位。左、右鳃膜愈合，与峡部分离。背鳍棘长，多达32～35枚，棘间距大。左、右腹鳍分离。尾部甚长，尾长约为肛前体长的2倍。体褐色。胸鳍黑色。为深海性鱼类。栖息水深1 200～3 400 m。分布于我国台湾海域，以及日本本州以北海域、白令海、新西兰海域。体长约52 cm。

（60）海蜥鱼科 Halosauridae

本科物种体鳗形。吻突出。口小，前颌骨和上颌骨具齿。鳃孔宽，鳃膜与峡部分离。鳃盖条9～23枚。背鳍短，无鳍棘，位于肛门前上方。鳞大，侧线鳞少于30枚。左、右腹鳍靠近，由皮膜相连。胸鳍高位。臀鳍基底长。无尾鳍。全球有3属16种，我国有3属4种。

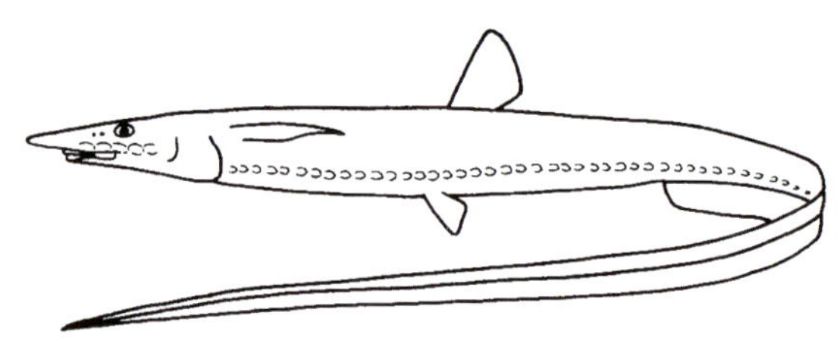

海蜥鱼科物种形态简图

220 短吻拟海蜥鱼 *Halosauropsis macrochir*（Günther，1878）[37]

背鳍11～13；臀鳍172～194；胸鳍11～12；腹鳍9～10。

本种体鳗形，体高以腹鳍前最高。头长锥形。吻尖，稍短。头上方无鳞，鳃盖具鳞。背鳍第1鳍条分节，与第2鳍条等长。侧线鳞显著大，成鱼侧线鳞鞘布满黑色素细胞。头、体及各鳍均黑色。为深海鱼类。栖息水深1 500～2 700 m。分布于我国台湾海域，以及日本相模湾海域、澳大利亚海域、印度洋、大西洋。体长约71 cm。

221 异鳞海蜥鱼 *Aldrovandia affinis*（Günther，1877）[38]

背鳍11～13；臀鳍约200；胸鳍12～15；腹鳍9。

本种体延长，尾部呈细丝状。臀鳍基底长，从肛门向尾端延续。头锥形，头侧有黏液腔。眼小，上侧位。口小，下位。两颌齿呈绒毛状。体被圆鳞。各鳍无鳍棘。背鳍基短，起点位于臀鳍前上方，几乎与腹鳍相对。体背及尾黄褐色，头部略带银灰色，腹部灰黑色，各鳍色浅。为深海陆坡下部洄游性鱼类。栖息水深383～2 617 m。分布于我国东海，以及太平洋、印度洋、大西洋温、热带水域。全长约40 cm。

222 裸头海蜥鱼 *Aldrovandia phalacra*（Vaillant，1888）[37]

本种体鳗形。吻尖长，吻长约为吻突的3倍。头部上方和鳃盖均无鳞。背鳍第1鳍条不分节，短于第2鳍条。背鳍起点位于腹鳍基后上方。侧线鳞较大。肛前侧线鳞24～28枚。躯体和各鳍淡灰色。头部蓝色。腹部黑色。肛门开口处白色，外围黑色。成鱼侧线鳞鞘不具黑色素细胞。为深海鱼类。分布于我国台湾海域。

▲ 本科在我国尚有中华海蜥鱼 *Halosaurus sinensis* [4B]。

20 鳗鲡目 ANGUILLIFORMES

本目现生种类无腹鳍。体延长，呈鳗形。有的种类无胸鳍和肩带骨。通常臀鳍基很长。鳃孔小。前颌骨、犁骨和筛骨常愈合成一骨块。由上颌骨组成口缘。具齿。种类繁多，以温、热带海域分布居多。全球有15科141属约791种，我国有14科58属168种。

鳗鲡目物种形态简图

鳗鲡目的科、属、种检索表

1a 体无鳞（软泥鳗、寄生鳗例外）……………………………………………………………（7）

1b 体被小鳞或退化鳞………………………………………………………………………（2）

2a 鳃裂在腹面相连成一卵圆形孔，中间被峡部分隔；具退化鳞
……合鳃鳗科 Synaphobranchidae 合鳃鳗属 *Synaphobranchus*（5）

2b 鳃裂在头侧，左、右各1个；鳞小，呈席状排列
……………………………鳗鲡科 Anguillidae 鳗鲡属 *Anguilla*（3）

3a 体表具深褐色斑纹；背鳍、臀鳍起点距离大于头长…………………花鳗鲡 *A. marmorata* 225

3b 体色单一，无特殊斑纹……………………………………………………………………（4）

4a 肛门至背鳍基前端间距为全长的9%～15%……………………………鳗鲡 *A. japonica* 223

4b 肛门至背鳍基前端间距等于或小于全长的4%…………………………双色鳗鲡 *A. bicolor* 224

5-2a 鳞圆形或略呈多角状；眼位于口裂中央略偏前…………短背鳍合鳃鳗 *S. brevidorsalis* 275

5b 鳞椭圆形或棒状；眼位于口裂后缘或中央处……………………………………………（6）

6a 鳞椭圆形；眼位于口裂后端……………………………………………长鳍合鳃鳗 *S. affinis* 273

6b 鳞棒状；眼位于口裂中央处…………………………………………考柯氏合鳃鳗 *S. kaupii* 274

7-1a 无尾鳍，尾端尖………………………蛇鳗科 Ophichthyidae（98）

7b 有尾鳍，且与背鳍、臀鳍相连………………………………………………………………（8）

8a 后鼻孔位于上唇边缘…………………………蠕鳗科 Echelidae（138）

8b 后鼻孔位于眼前方吻侧或眼后缘上方…………………………………………………（9）
9a 肛门至鳃孔的距离小于头长（软泥鳗例外）………………………………………（124）
9b 肛门至鳃孔的距离大于头长…………………………………………………………（10）
10a 舌附于口底，不游离…………………………………………………………………（31）
10b 舌较宽，前部游离……………………………………………………………………（11）

11a 尾长小于头长和躯干长之和，唇边无肉质瓣
……………………………短尾康吉鳗科 Colocongridae
日本短尾康吉鳗 *Coloconger japonicus* 226
11b 尾长大于或等于头长和躯干长之和；唇边缘具扩展的肉质瓣
…………………………………………康吉鳗科 Congridae（12）

12a 胸鳍发达………………………………………………………………………………（15）
12b 胸鳍极小或消失…………………………………异康吉鳗亚科 Heterocongrinae（13）
13a 上唇左、右游离缘相连；体灰白色，有暗斑…………哈氏异康吉鳗 *Heteroconger hassi* 245
13b 上唇左、右游离缘不相连……………………………………………圆鳗属 *Gorgasia*（14）
14a 背鳍始于胸鳍后缘上方；体乳白色，具青黄色斑…………………台湾圆鳗 *G. taiwanensis* 244
14b 背鳍始于胸鳍基底上方；体茶褐色，具白斑………………………日本圆鳗 *G. japonica* 243
15–12a 尾长大于头长和躯干长之和；尾鳍长……………………………康吉鳗亚科 Congrinae（21）
15b 尾长等于或略大于头长和躯干长之和；尾鳍短…………海康吉鳗亚科 Bathymyrinae（16）
16a 后鼻孔无瓣膜…………………………………………………………………………（18）
16b 后鼻孔有瓣膜…………………………………………………………………………（17）
17a 口闭时前上颌齿不外露；颌齿狭带状…大眼拟海康吉鳗 *Parabathymyrus macrophthalmus* 246
17b 口闭时上颌齿外露………………………………………锉吻海康吉鳗 *Bathymyrus simus* 235
18–16a 眼后缘具1对斑点……………………………………………………齐头鳗 *Anago anago* 230
18b 眼后缘无斑点…………………………………………………………奇鳗属 *Alloconger*（19）
19a 吻较长，体背深褐色，奇鳍黑缘显著……………………………………奇鳗 *A. anagoides* 232
19b 吻钝圆或钝尖，体色稍浅，奇鳍黑缘不显著……………………………………………（20）
20a 吻钝圆；体浅褐色，无深色横斑…………………………………………大奇鳗 *A. major* 233
20b 吻钝尖；体灰白色，有不规则的深色横斑……………………………南希奇鳗 *A. fasciatum* 234
21–15a 上唇无唇褶，尾后部纤细…………………………………………………………（27）
21b 上唇有唇褶，尾部稍窄而侧扁…………………………………………………………（22）
22a 口闭时前颌骨不外露……………………………………………………………………（24）
22b 口闭时前颌骨外露，颌齿圆锥状……………………………………突吻鳗属 *Gnathophis*（23）
23a 体较粗，奇鳍具黑边…………………………………………………银色突吻鳗 *G. nystromi* 241
23b 体较细，奇鳍无黑边…………………………………………………异颌突吻鳗 *G. xenica* 240
24–22a 头部感觉孔多，颌齿切割状，尾端有黑斑……斑尾深康吉鳗 *Congriscus megastomus* 248
24b 头部感觉孔少，颌齿圆锥状……………………………………………康吉鳗属 *Conger*（25）
25a 侧线孔具白色斑点…………………………………………………………星康吉鳗 *C. myriaster* 227
25b 侧线孔无白色斑点………………………………………………………………………（26）

26a 背鳍起始于胸鳍中央上方；胸鳍有暗纹……………………………灰康吉鳗 *C. cinereus* 229

26b 背鳍起始于胸鳍后端上方或略靠后；胸鳍无暗纹………………日本康吉鳗 *C. japonicus* 228

27–21a 犁骨齿2枚，或呈带状，多行……………………………………………………………（29）

27b 犁骨齿至少3枚，排成1行……………………………………………………………………（28）

28a 体柔软，延长，体长为体高的11.9～15.6倍；胸鳍鳍条15～16枚
……………………………………………………………深海尾鳗 *Bathyuroconger vicinus* 236

28b 体不柔软，细长，体长为体高的18.2～30.6倍；胸鳍鳍条9～11枚
……………………………………………………………………尖尾鳗 *Uroconger lepturus* 247

29–27a 颌齿与犁骨齿连接；齿中等大；后鼻孔位于眼前；吻较长；尾黑色
…………………………………………………………黑尾吻鳗 *Rhynchoconger ectenurus* 238

29b 颌齿与犁骨齿不相连…………………………………………………………………………（30）

30a 背鳍位于胸鳍基前上方；口裂达眼中部下方；前颌骨齿圆柱状
……………………………………………………………南方康吉鳗 *Japonoconger sivicola* 239

30b 背鳍位于胸鳍基后上方；口裂达眼后缘下方；前颌骨齿犬齿状
……………………………………………………………黑边鳍康吉鳗 *Rhechias retrotincta* 237

31–10a 吻不特别延长………………………………………………………………………………（38）

31b 吻特别延长，呈喙状……………………………………………………………………………（32）

32a 无胸鳍；前鼻孔位于吻端……………鸭嘴鳗科 Nettastomidae（37）

32b 有胸鳍；前鼻孔位于吻中部（鳄头鳗例外）
………………………………………海鳗科 Muraenesocidae（33）

33a 胸鳍仅呈痕迹状；尾尖细（叶状体似海鳗）…………………鳄头鳗 *Gavialiceps taeniola* 249

33b 有胸鳍；尾不细尖……………………………………………………………………………（34）

34a 体侧扁；尾长小于头长和躯干长之和；犁骨齿细小……细颌鳗 *Oxyconger leptognathus* 250

34b 体圆柱状；尾侧扁，尾部长于头长和躯干长之和；犁骨齿大………………………………（35）

35a 下颌具向外横卧齿；犁骨齿不是三尖型；头稍长…………鹤海鳗 *Congresox talabonoides* 253

35b 下颌无向外横卧齿；犁骨齿为三尖型锐牙……………………………………………………（36）

36a 侧线孔140～153个，肛前侧线孔40～44个；鳔管位于鳔左侧位…海鳗 *Muraenesox cinereus* 251

36b 侧线孔128～134个，肛前侧线孔34～37个；鳔管位于鳔前上位………褐海鳗 *M. bagio* 252

37–32a 后鼻孔紧接眼前方；有腭骨齿……………………………野蜥鳗 *Saurenchelys fierasfer* 255

37b 后鼻孔位于眼后缘上方；无腭骨齿…………………………小头丝鳗 *Nettastoma parviceps* 254

38–31a 侧线有或无；无胸鳍…………………海鳝科 Muraenidae（41）

38b 体具侧线；有胸鳍……………………………………………………………………………（39）

39a 尾长大于头长和躯干长之和；胸鳍不发达
……新鳗科 Neenchelyidae　微鳍新鳗 *Neenchelys parvipectoralis* 309

39b 尾长小于头长和躯干长之和；胸鳍小或退化为瓣膜状
………………………蚓鳗科 Moringuidae　蚓鳗属 *Moringua*（40）

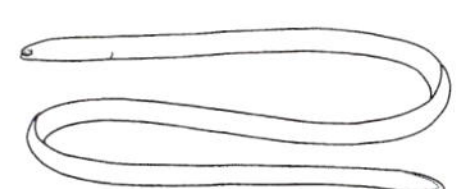

40a 背鳍起点位于臀鳍起点后上方…………………………大头蚓鳗 *M. macrocephalus* 257

40b 背鳍起点与臀鳍起点相对……………………………………线蚓鳗 *M. abbreviata* 256

41–38a 无骨质化下鳃骨；奇鳍通常发达…………………………海鳝亚科 Muraeninae（51）

41b 具骨质化下鳃骨；奇鳍不发达，仅残存于尾部尖端……裸海鳝亚科 Uropterygiinae（42）

42a 两颌具须；后鼻孔边缘呈花瓣状……………………须裸海鳝 *Cirrimaxilla formosa* 315

42b 两颌无须；后鼻孔边缘不呈花瓣状……………………………………………………（43）

43a 后鼻孔接邻上眼窝孔；体褐色……………………………褐高眉鳝 *Anarchias allardicei* 324

43b 后鼻孔1个，无上眼窝孔………………………………………………………………（44）

44a 尾较长，头和躯干长之和等于或短于尾长……………………………………………（46）

44b 尾较短，头和躯干长之和大于尾长……………………………………………………（45）

45a 体具13～16条不规则的黑褐色环带……………………宽带鳍鳝 *Channomuraena vittata* 316

45b 体无褐色环带；背部、体中部、腹部各有1行黑褐色椭圆形斑
……………………………………………………………………虎纹尾鳝 *Uropterygius tigrina* 319

46–44a 体无斑纹…………………………………………………………………褐尾鳝 *U. concolor* 320

46b 体有斑纹………………………………………………………………………………（47）

47a 上、下颌齿各3～4行；体具大理石斑纹或网状细纹……………………………………（49）

47b 上、下颌齿各2行；体具网状纹……………………………………………………（48）

48a 体灰白色，背侧色较暗，杂有深色网状斑…………………小鳍尾鳝 *U. micropterus* 317

48b 体黑褐色，有浅褐色网状纹或茶褐色雪花状斑纹……………巨头尾鳝 *U. macrocephalus* 318

49–47a 体较粗短；具黑色网状细纹…………………………少椎尾鳝 *U. oligospondylus* 321

49b 体较细长…………………………………………………………………………………（50）

50a 具黑色大理石斑纹………………………………………………花斑尾鳝 *U. marmoratus* 323

50b 具深褐色花斑网纹……………………………………………………网纹尾鳝 *U. nagoensis* 322

51–41a 体不特别延长，体长为体高的30倍以下…………………………………………（55）

51b 体特别延长，体长为体高的30倍以上……………………………………………………（52）

52a 前鼻孔管具叶状皮瓣；吻和下颌端具须状突起………管鼻海鳝 *Rhinomuraena quaesita* 332

52b 前鼻孔管为简单管状；吻和下颌端无须状突起…………………………………………（53）

53a 吻稍圆钝；眼后下方有头部侧线感觉管…………………长体鳝 *Thyrsoidea macrurus* 333

53b 吻相当尖；眼后下方无头部侧线感觉管…………………………长海鳝属 *Strophidon*（54）

54a 体浅黄色；头部具黑色点，奇鳍具白缘………………………………斑长海鳝 *S. brummeri* 331

54b 体灰色；头部无斑纹；奇鳍无白缘……………………………………………长海鳝 *S. sathete* 330

55–51a 吻较尖长…………………………………………………………………………（62）

55b 吻短而钝…………………………………………………………………………………（56）

56a 尾长小于头长和躯干长之和；齿臼状………………………条纹裸海鳝 *Gymnomuraena zebra* 314

56b 尾长大于或等于头长和躯干长之和……………………………………………………（57）

57a 齿臼状或颗粒状……………………………………………………………蛇鳝属 *Echidna*（59）

57b 齿圆锥状……………………………………………………………………………（58）
58a 上颌齿1行；体侧有3列较大褐色斑点…………………邵氏裸胸鳝 *Gymnothorax shaoi* 368
58b 上颌齿2行；体上密布褐色圆点…………………………密花裸胸鳝 *G. thyrsoideus* 366
59–57a 体侧有23～29条横带…………………………………………多带蛇鳝 *E. polyzona* 311
59b 体侧具斑纹或斑点………………………………………………………………（60）
60a 体被2纵列星状斑纹………………………………………………云纹蛇鳝 *E. nebulosa* 310
60b 体被褐色或黄色至白色斑点……………………………………………………（61）
61a 体被不规则的褐色斑点………………………………………棕斑蛇鳝 *E. delicatula* 312
61b 体密布黄色至白色圆形斑点，一些斑点聚合在一起…………黄点蛇鳝 *E. xanthospilos* 313
62–55a 颌部多不弯曲，两颌可闭合，前鼻孔不延长……………………………………（67）
62b 颌部呈钩状延长，两颌不能闭合，多数颌齿尖外露……………勾吻鳝属 *Enchelycore*（63）
63a 后鼻孔不为长管状…………………………………………………………………（65）
63b 后鼻孔长管状………………………………………………………………………（64）
64a 体红褐色，遍布镶褐色边的白色圆斑及深浅交错的斑纹…………豹纹勾吻鳝 *E. pardalis* 325
64b 体单一暗褐色，无斑纹………………………………………………贝氏勾吻鳝 *E. bayeri* 327
65–63a 体深棕色，体侧有3排苔藓状斑点……………………………苔斑勾吻鳝 *E. lichenosa* 326
65b 幼鱼体红褐色，成鱼体灰褐色……………………………………………………（66）
66a 鳍边缘白色………………………………………………裂吻勾吻鳝 *E. schismatorhynchns* 328
66b 鳍边缘不为白色…………………………………………………比基尼勾吻鳝 *E. bikiniensis* 329
67–62a 体色单一，无任何点、斑或带……………………………………………………（93）
67b 体色不单一，杂有浅色或深色斑点、环带或条纹……………………………………（68）
68a 上颌齿每侧仅1行…………………………………………………………………（71）
68b 上颌齿每侧2～3行，内侧齿至少10枚，多为犬齿……………………………………（69）
69a 鳍缘具黄白色边；体褐色，体侧有数列黑斑，近尾处有数列白斑
……………………………………………………………………伯恩斯裸胸鳝 *G. buroensis* 336
69b 鳍缘不具黄白色边…………………………………………………………………（70）
70a 体紫褐色，全身密布镶有黑褐色边的白色小圆点；鳃孔周缘黑色，口内及尾端白色
…………………………………………………………………………斑点裸胸鳝 *G. meleagris* 334
70b 体黄褐色，全身密布黄白色和黑色斑点…………………………微身裸胸鳝 *G. eurostus* 335
71–68a 鳃孔周缘不呈黑色………………………………………………………………（75）
71b 鳃孔周缘黑色………………………………………………………………………（72）
72a 鳍缘具黄绿色边；体黄褐色，全身密布黑褐色圆点……黄边裸胸鳝 *G. flavimarginatus* 348
72b 鳍缘不具黄绿色边…………………………………………………………………（73）
73a 体淡红褐色，具深褐色斑点；尾部斑点连成网纹状……………美丽裸胸鳝 *G. formosus* 349
73b 全体淡黄褐色，或体前半部黄色而尾部加深至褐色，具黑斑或白点…………………（74）
74a 全体淡黄褐色，体表具许多黑色大斑，间以淡褐色网状条纹……爪哇裸胸鳝 *G. javanicus* 354
74b 体由头部黄色向尾端褐色加深；遍布带褐色边的白色圆点；口内鲜黄色
……………………………………………………………………星斑裸胸鳝 *G. nudivomer* 343
75–71a 鱼体不具深色环带…………………………………………………………………（79）

75b 鱼体具深色环带……………………………………………………………………（76）

76a 深褐色环带由无数小暗点组成………………………………网纹裸胸鳝 *G. reticularis* 340

76b 深褐色环带不由无数小暗点组成……………………………………………………（77）

77a 环带窄，30～36条，深褐色……………………………………褐首裸胸鳝 *G. ypsilon* 351

77b 环带宽，12～13或15～19条，黑色或褐色…………………………………………（78）

78a 环带为12～13条，黑色；环带间有许多黑色小点……………黑环裸胸鳝 *G. chlamydatus* 339

78b 环带为15～22条，黑褐色；腹部环带较窄；前鼻管黑色……宽带裸胸鳝 *G. rueppelliae* 341

79-75a 体具多种深浅交错的网状线或条纹…………………………………………………（89）

79b 体不具交错网状线或条纹…………………………………………………………（80）

80a 奇鳍有梳状斑纹……………………………………………………………………（86）

80b 奇鳍无梳状斑纹……………………………………………………………………（81）

81a 体表具白色斑点……………………………………………………………………（83）

81b 体表具黑色斑点……………………………………………………………………（82）

82a 黑斑点大，稍稀；间隔变异大……………………………豆点裸胸鳝 *G. favagineus* 355

82b 黑斑细密，不规则……………………………………………花斑裸胸鳝 *G. pictus* 367

83-81a 通常眼后具1列黑色斑纹伸向尾部；体黄褐色至深褐色，体侧有2～4行白色斑点

……………………………………………………斑颈裸胸鳝 *G. margaritophorus* 350

83b 眼后无1列黑色斑纹伸向尾部………………………………………………………（84）

84a 体表具不定型黄色或白色小斑，头部小斑密集；吻短钝……细花斑裸胸鳝 *G. neglectus* 342

84b 体表白斑大，但稍模糊；吻尖长……………………………………………………（85）

85a 体短，红褐色；白斑不呈雪花状……………………………白斑裸胸鳝 *G. leucostigma* 352

85b 体长，黑褐色；白斑雪花状…………………………………雪花裸胸鳝 *G. niphostigmus* 353

86-80a 头部不具白色斑块………………………………………………………………（88）

86b 头部具白色斑块……………………………………………………………………（87）

87a 两颌侧线管孔周围白色；口角后有一黑痕…………………云纹裸胸鳝 *G. chilospilus* 345

87b 奇鳍的梳状斑纹黑色；两颌侧线管孔周围有白点，眼后方有2条明显的白色带纹

……………………………………………………………带尾裸胸鳝 *G. zonipectis* 346

88-86a 体底色为黄褐色至白色；斑块黑色，在头部小，在腹部大；吻尖长

……………………………………………………………细斑裸胸鳝 *G. fimbriatus* 357

88b 体底色为茶褐色；斑块深褐色；吻较短……………………匀斑裸胸鳝 *G. reevesii* 358

89-79a 网状纹为深褐色………………………………………………………………（91）

89b 网状纹为白色………………………………………………………………………（90）

90a 网状纹细密，大个体网状纹不明显；隐约有数排褐色斑

…………………………………………………………淡网裸胸鳝 *G. pseudothyrsoideus* 360

90b 网状纹较粗；头背黄色…………………………………………波纹裸胸鳝 *G. undulatus* 359

91-89a 体底色为白色，网纹黑褐色；躯干、尾部网状纹大而稀，头部网状纹细密

……………………………………………………………斑氏裸胸鳝 *G. berndti* 338

91b 体底色不是白色……………………………………………………………………（92）

92a 体底色为淡褐色或灰色；颌部有深浅交错的小白点；脊椎骨111～121枚
……………………………………………………………………异纹裸胸鳝 *G. richardsoni* 344

92b 体底色为黄色或棕色；吻和眼下侧线管孔周围不呈白色；脊椎骨136～143枚
……………………………………………………………………蠕纹裸胸鳝 *G. kidako* 347

93-67a 体单纯黄色；鳃孔周缘黑色，眼虹彩有一与口垂直的黑色痕
……………………………………………………………………黄身裸胸鳝 *G. melatremus* 363

93b 体单纯褐色或红褐色……………………………………………………………（94）

94a 体特别细长……………………………………………………长身裸胸鳝 *G. prolatus* 369

94b 体较粗壮……………………………………………………………………（95）

95a 眼后有一黑斑，斜向后方延伸至口角……………………眼斑裸胸鳝 *G. monostigmus* 364

95b 眼后无黑斑……………………………………………………………………（96）

96a 上颌齿2行；头下缘、尾部及鳍缘颜色较浅…………………海氏裸胸鳝 *G. herrei* 365

96b 上颌齿1行，或前部2行而后部1行………………………………………………（97）

97a 鳍缘深黑褐色……………………………………………………平达裸胸鳝 *G. pindae* 337

97b 鳍缘具白边；上、下颌孔有白斑，尾部细而延长…………白边裸胸鳝 *G. heparicus* 361

98-7a 有胸鳍……………………………………………………………………（100）

98b 无胸鳍……………………………………………………………………（99）

99a 鳃孔下侧位，鳃孔后角位于口角下方…………………克氏褐蛇鳗 *Bascanichthys kirki* 278

99b 鳃孔侧位，鳃孔后角位于口角上方…………………云纹丽鳗 *Callechelys marmorata* 279

100-98a 上、下颌均无须………………………………………………………（103）

100b 颌具须……………………………………………………………………（101）

101a 下颌无须，上颌须较长，其长度约等于眼径的一半……中华须鳗 *Cirrhimuraena chinensis* 280

101b 上、下颌均具短须，呈皮突状………………………短体鳗属 *Brachysomophis*（102）

102a 唇须明显，呈叉状；体具茶色云状斑…………………裂须短体鳗 *B. cirrhochilus* 281

102b 唇须短粗，不甚明显；体色一致，无斑………………鳄形短体鳗 *B. crocodilinus* 282

103-100a 背鳍始于鳃孔上方或后上方；胸鳍发达…………………………………（107）

103b 背鳍始于头背中部前方（半环平盖鳗例外）；胸鳍小或呈瓣膜状………………（104）

104a 无犁骨齿；体上具横带…………………………半环平盖鳗 *Leiuranus semicinctus* 283

104b 犁骨齿2行；体上具规则的斑或带……………………………花蛇鳗属 *Myrichthys*（105）

105a 体上有26～30条环带…………………………………斑竹花蛇鳗 *M. colubrinus* 288

105b 体上有圆形大斑点……………………………………………………………（106）

106a 体有5列褐色斑，以第3列最大………………………………豹纹花蛇鳗 *M. aki* 290

106b 体有3列褐色圆斑，以第2列最大………………………………黑斑花蛇鳗 *M. maculosus* 289

107-103a 牙齿锐尖，一般排列整齐…………………………………………………（109）

107b 牙齿颗粒状，排列成齿带……………………………豆齿鳗属 *Pisoodonophis*（108）

108a 背鳍起始于胸鳍中部上方…………………………………食蟹豆齿鳗 *P. cancrivorus* 276

108b 背鳍起始于胸鳍后上方……………………………………杂食豆齿鳗 *P. boro* 277

109-107a 各部齿不等大，具大犬齿…………………………………………………（123）

109b 各部齿等大，两颌及犁骨无大犬齿………………………………………………（110）

110a 两颌齿各1～2行……………………………………………………蛇鳗属 *Ophichthus*（112）

110b 上颌齿4～5行或2行…………………………………………光唇蛇鳗属 *Xyrias*（111）

111a 上颌齿4～5行，呈宽齿带排列，体密布褐色斑点…………光唇蛇鳗 *X. revulsus* 284

111b 上颌齿2行；体无褐色斑点……………………………………邱氏光唇蛇鳗 *X. chioui* 285

112-110a 背鳍起点位于胸鳍尖上方或前上方……………………………………………（114）

112b 背鳍起点位于胸鳍尖后上方……………………………………………………………（113）

113a 上颌无皮突；体长与背鳍前长的比值小于8…………………暗鳍蛇鳗 *O. aphotistos* 291

113b 上颌和眼下各有一皮突；体长与背鳍前长的比值大于8；躯干部横切面圆形
……………………………………………………………………圆身蛇鳗 *O. rotundus* 292

114-112a 肛门位于体中部或中部后方；体一般具斑纹………………………………………（119）

114b 肛门位于体中部之前；体色均一，无斑纹………………………………………………（115）

115a 上颌齿2行；下颌齿1行……………………………………………锦蛇鳗 *O. tsuchidae* 299

115b 上颌齿1行……………………………………………………………………………………（116）

116a 犁骨齿1行………………………………………………………浅草蛇鳗 *O. asakusae* 297

116b 犁骨齿2行……………………………………………………………………………………（117）

117a 犁骨齿呈V形排列……………………………………………尖吻蛇鳗 *O. apicalis* 300

117b 犁骨齿呈Y形排列……………………………………………………………………………（118）

118a 吻尖；背鳍、臀鳍在尾端前不升高……………………………大鳍蛇鳗 *O. macrochir* 302

118b 吻钝；背鳍、臀鳍在尾端前升高…………………………………裙鳍蛇鳗 *O. urolophus* 298

119-114a 体有横带………………………………………………………………………………（121）

119b 体有圆斑……………………………………………………………………………………（120）

120a 体具3～4行黑褐色环状斑，圆斑中心白色………………眼斑蛇鳗 *O. polyophthalmus* 295

120b 体具2行褐色大圆斑，圆斑中心不呈白色…………………………斑纹蛇鳗 *O. erabo* 294

121-119a 颈部有一黑色宽横带；横带前、后有白边………………颈斑蛇鳗 *O. cephalozona* 301

121b 项部无黑色白边横带…………………………………………………………………………（122）

122a 体侧有20条左右不规则的云状暗斑……………………………艾氏蛇鳗 *O. evermanni* 296

122b 体侧有18～23条黑黄相间的宽横带……………………………鲍氏蛇鳗 *O. bonaparti* 293

123-109a 两颌不特别延长；上颌长于下颌…………………………紫匙鳗 *Mystriophis porphyreus* 287

123b 两颌特别延长；下颌稍长于上颌…………………大吻沙蛇鳗 *Ophisurus macrorhynchus* 286

124-9a 体略粗壮；吻不延长；前、后鼻孔分离
……………………………………前肛鳗科 Dysommidae（127）

124b 体延长，纤细；吻延长或有弯曲；尾亦延长；前、后鼻孔相邻………………………（125）

125a 肛门位于胸鳍远后下方；背鳍起始于胸鳍后上方；犁骨齿呈锯齿状
……锯犁鳗科 Serrivomeridae　长齿锯犁鳗 *Serrivomer sector* 260

125b 肛门紧邻胸鳍下方或稍后下方；背鳍起始于胸鳍基附近上方；齿尖
向后弯…………………………………线鳗科 Nemichthyidae（126）

126a 肛门位于胸鳍下方；侧线孔3行；尾端丝状………………线口鳗 *Nemichthys scolopaceus* 258

126b 肛门位于胸鳍后下方；侧线孔1行；尾端不呈丝状………………喙吻鳗 *Avocettina infans* 259

127–124a 吻特短；口裂未达眼后缘下方……………………寄生鳗 *Simenchelys parasiticus* 272
127b 吻正常；口裂超过眼后缘下方……………………………………………………（128）
128a 体具鳞；侧线孔明显色浅………………………………软泥鳗 *Ilyophis brunneus* 271
128b 体无鳞；侧线孔色不浅…………………………………………………………（129）
129a 具复合齿；胸鳍有或缺……………………………………前肛鳗属 *Dysomma*（131）
129b 不具复合齿；具胸鳍……………………………………箭齿前肛鳗属 *Meadia*（130）
130a 体较粗；背鳍起始于胸鳍前半部上方……………………箭齿前肛鳗 *M. abyssalis* 270
130b 体细长，侧扁；背鳍起始于肛门后上方……………………罗氏箭齿前肛鳗 *M. roseni* 269
131–129a 无胸鳍；有前颌骨齿，下颌骨前半部具复合齿……长身前肛鳗 *D. dolichosomatum* 263
131b 有胸鳍；有或无前颌骨齿…………………………………………………………（132）
132a 有前颌骨齿；下颌骨具复合齿……………………………黑尾前肛鳗 *D. melanurum* 264
132b 无前颌骨齿（多齿前肛鳗例外）；下颌骨不具复合齿………………………………（133）
133a 肛门位于胸鳍基部远后下方；吻钝圆，颊部膨大…………后臀前肛鳗 *D. opisthoprotus* 265
133b 肛门位于胸鳍基或胸鳍末端下方…………………………………………………（134）
134a 肛门位于胸鳍基下方………………………………………………………………（136）
134b 肛门位于胸鳍末端下方……………………………………………………………（135）
135a 吻尖长，犁骨齿5枚…………………………………………长吻前肛鳗 *D. longirostrum* 267
135b 吻较短钝，犁骨齿4枚……………………………………多皱短身前肛鳗 *D. rugosa* 266
136–134a 下颌齿多，前部为大齿，后部为20～25枚小齿………多齿前肛鳗 *D. polycatodon* 268
136b 下颌齿较少………………………………………………………………………（137）
137a 吻尖锐；侧线长，具100个以上侧线孔………………………前肛鳗 *D. anguillaris* 261
137b 吻膨大；侧线短，具24～27个侧线孔………………………高氏前肛鳗 *D. goslinei* 262
138–8a 有胸鳍…………………………………………………………………………（142）
138b 无胸鳍………………………………………………………虫鳗属 *Muraenichthys*（139）
139a 背鳍起始于肛门后上方………………………………………………裸虫鳗 *M. gymnotus* 305
139b 背鳍起始于肛门前上方或肛门上方…………………………………………………（140）
140a 背鳍起始于肛门上方……………………………………马拉邦虫鳗 *M. malabonensis* 306
140b 背鳍起始于肛门前上方……………………………………………………………（141）
141a 前、后鼻孔间有1个侧线孔；吻稍圆钝…………………………短鳍虫鳗 *M. hattae* 303
141b 前、后鼻孔间有2个侧线孔；吻较尖………………………大鳍虫鳗 *M. macropterus* 304
142–138a 背鳍起始于胸鳍末端后上方……………………………陈氏油鳗 *Myrophis cheni* 307
142b 背鳍起始于胸鳍末端上方……………………………小尾鳍蠕鳗 *Echelus uropterus* 308

（61）鳗鲡科 Anguillidae

本科物种体延长，前部圆柱状，后部侧扁。鳞小。前鼻孔具短管，后鼻孔裂隙状。眼埋于皮下。口裂近水平。舌端游离，不附于口底。颌齿细小，锐尖，呈带状排列。具侧线。背鳍起始于头部远后方。背鳍、臀鳍与尾鳍相连。为降河洄游性鱼类，经济价值高，是重要养殖鱼种[80]。本科仅有1属，全球有15种，我国有6种。

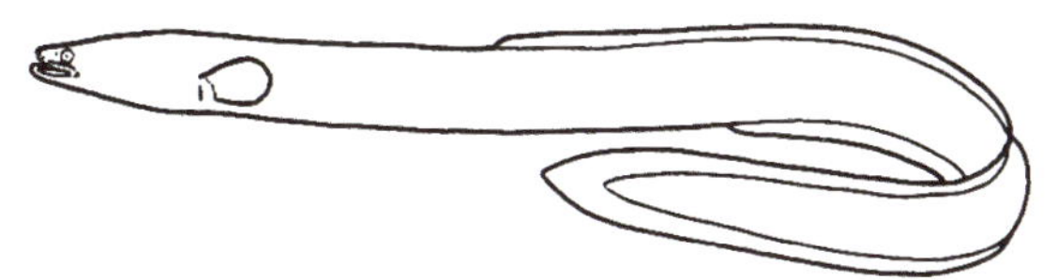

鳗鲡科物种形态简图

鳗鲡属 *Anguilla* Shaw，1803

本属物种一般特征同科。

223 鳗鲡 *Anguilla japonica* Temminck et Schlegel，1847[15]

= 日本鳗鲡

胸鳍15 ~ 20。侧线孔30 ~ 35。脊椎骨112 ~ 119。

本种体延长，躯干圆柱状，尾部侧扁。背鳍起始于胸鳍至肛门的中点上方或稍后上方。下颌比上颌突出。上唇边缘有向上翻转的游离缘。体背色暗，腹面白色，体无花状斑纹。为降河洄游性产卵鱼类。本种亲鳗秋、冬产卵于马里亚纳海沟东边海域，日本学者已找到中心产卵场[81]。其柳叶鳗幼体随黑潮暖流，于春季漂游到我国、日本等沿海河口。经变态发育，幼鳗入江河湖泊栖息，至性成熟再次集结顺江入海游向产卵场[81]。分布于我国沿海，以及日本北海道以南海域、朝鲜半岛海域[45]。该鱼肉味鲜美，营养丰富，是淡水养殖中的名贵鱼种[80]。但如今野生鳗苗资源几乎枯竭，亟待保护。最大全长可达1.3 m。

224 双色鳗鲡 *Anguilla bicolor* McClelland，1844[37]

= 福州鳗鲡 *A. foochowensis*

本种体延长，吻稍尖。眼小，眼间隔宽而平坦。口大，端位，上、下颌约等长。齿细小，尖锐，带状排列。背鳍起始于肛门稍前上方，臀鳍靠近肛门。体浅棕灰色，向腹侧渐呈淡黄色。尾鳍边缘黑色，胸鳍灰褐色。为降河洄游性鱼类。分布于我国闽江口、台湾海域，以及澳大利亚海域、印度-西太平洋暖温带水域。体长约40 cm。

225 花鳗鲡 *Anguilla marmorata* Quoy et Gaimard，1824[18]

= 鲈鳗

背鳍254；臀鳍191；胸鳍15。脊椎骨100～110。

本种体延长，较粗壮。背鳍起始于胸鳍至肛门的中点前上方。脊椎骨略偏少。体背侧略带黄褐色，腹面色浅。生态习性与日本鳗鲡相似。每年秋季（10～11月）向河口移动，其产卵亲鱼体重达5 kg。来年3～4月幼鳗入河口，上溯山涧溪流营穴居生活。分布于我国黄海、东海、南海，以及日本南部海域、印度-西太平洋。为名贵食用鱼类。现今资源严重衰退，已成为珍稀鱼种。最大全长达2 m。

▲ 本属我国尚有云纹鳗鲡 *A. nebulosa*、孟加拉鳗鲡 *A. bengalensis*、西里伯鳗鲡 *A. celebesensis*[46, 13]，分布于我国东海、南海。

（62）短尾康吉鳗科 Colocongridae

本科物种体短而高，头较侧扁。尾长小于头长和躯干长之和。吻短，前端宽圆。口大，伸达眼远后方。颌齿细小，1行，侧扁。犁骨、腭骨无齿。体光滑无鳞。背鳍起始于胸鳍上方或稍后上方。肛门位于体中部之后。全球有1属4种，我国有3种。

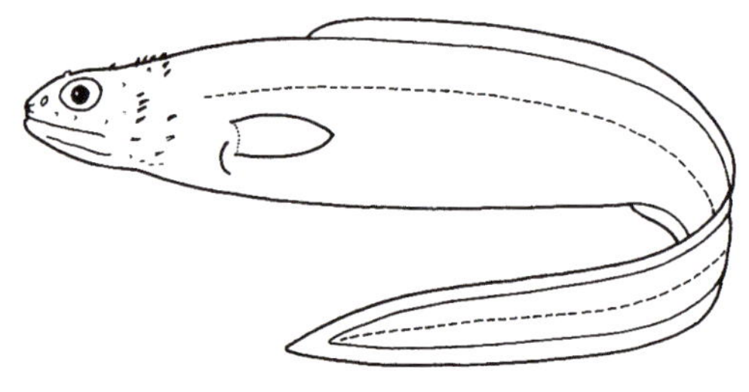

短尾康吉鳗科物种形态简图

226 日本短尾康吉鳗 *Coloconger japonicus* Machida，1984[38]

胸鳍19～22。肛门前侧线孔60～70。脊椎骨149～153。

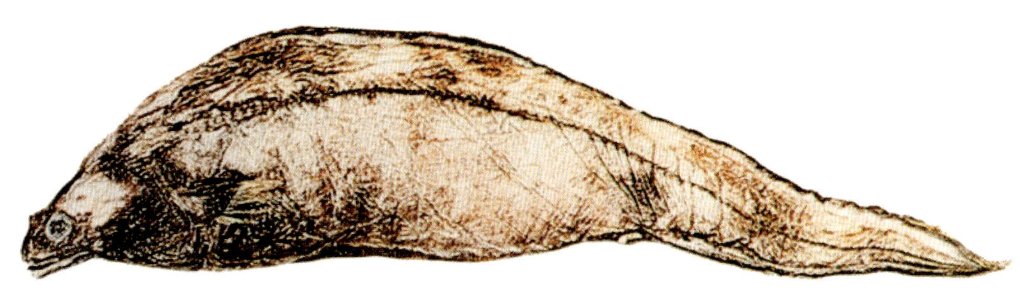

本种体侧扁。体背高耸，粗短。尾部短尖。吻短。口裂大。齿小，圆锥状。上颌齿1行，下颌齿2行。犁骨无齿。眼小，眼径小于吻长。头部侧线管孔多达48个。肛门位于体中部后方。体褐色。为深海性中型鳗类。栖息水深750～770 m。分布于我国东海、南海，以及日本冲绳海域。全长约56 cm。稀见。

▲ 本属我国尚记录有蛙头短尾康吉鳗 *C. raniceps*、施氏短尾康吉鳗 *C. scholesi*，分布于我国东海、南海、台湾海域[13]。

（63）康吉鳗科 Congridae

本科物种通常尾长大于或等于头长与躯干长之和。头中等大，吻突出。颌骨和犁骨均具齿，有的种类齿基相连，尚呈切缘，但无犬牙。舌游离，不附于口底。前鼻孔近吻端，后鼻孔位于眼前缘。体无鳞。侧线明显。鳃孔分离。背鳍、臀鳍与尾鳍相连。全球有33属171种，我国有15属24种。有些种类尚有一定经济价值。

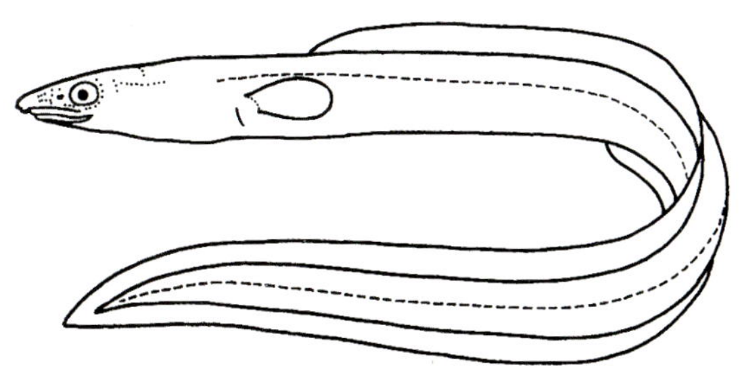

康吉鳗科物种形态简图

康吉鳗属 *Conger* Cuvier，1817

本属物种头中等大，圆锥形，稍平扁。眼大，埋于皮下。后鼻孔圆孔状，无膜瓣。唇发达，唇边具扩张的肉质瓣。口裂达眼中部下方或后下方。舌游离，不附于口底。上、下颌齿各2～4行。口闭时前颌齿不外露。肛门位于体中部之前。全球有10余种，我国有4种。

227 星康吉鳗 *Conger myriaster*（Brevoort，1856）

＝星鳗

胸鳍14～18。肛门前侧线孔39～43。脊椎骨142～148。

本种舌宽阔，前端游离。两颌牙细，各1～2行。犁骨齿丛状。上唇有唇沟，可向上翻转。背鳍起始于胸鳍末端的正上方。侧线发达，侧线孔有白色斑点，侧线孔上方还有1列小白点，是本种最明显的特征。为温水性近海洄游性鳗类。栖息于沿岸沙泥底质海区。产卵期6～7月，产卵场偏向外海水域。怀卵量大，平均达430万粒。为浮性受精卵，属1次排卵类型。仔稚鱼经柳叶鳗阶段，次春即随潮漂移至近岸内湾水域。以小型鱼、虾类为主食，兼食头足类等。分布于我国黄海、东海，以及日本北海道以南海域、朝鲜半岛海域、西太平洋。最大全长1 m。是鳗笼等定置网具的主要捕捞对象，有一定产量，但资源也已严重衰退。该鱼肉质细嫩，味道鲜美，是康吉鳗属中最美味的物种。

228 日本康吉鳗 *Conger japonicus* Bleeker，1879[48]

胸鳍15～16。肛门前侧线孔35～39。脊椎骨142～145。

本种体较细长。背鳍起点对应于胸鳍末端，或略靠后。体淡褐色，腹侧白色。奇鳍色浅，有黑边。胸鳍黑色。本种以沿侧线无白色斑点与星鳗相区别。多栖息于浅海岩礁区。分布于我国黄海、东海、南海，以及日本南部海域、韩国海域。全长约1.3 m。为底拖网、钩钓兼捕鱼种，数量少，肉质差。

229 灰康吉鳗 *Conger cinereus* Rüppell，1830[38]

胸鳍14～17。肛门前侧线孔38～41。脊椎骨138～145。

本种体延长。头部感觉孔较多。口裂大，颌齿细小，锐尖。体侧无白色斑点纵列。背鳍起点对应于胸鳍中部。体灰褐色，腹部色浅，吻部黑色；奇鳍灰黄色，有黑缘。胸鳍上有暗斑。灰康吉鳗比上述两种更偏暖水分布，多栖息于珊瑚礁区。分布于我国东海南部、南海，以及日本鹿儿岛以南海域、印度－太平洋暖水域。全长达1 m[8]。

▲ 本属我国尚记录有大洋康吉鳗 *C. oceanicus*，分布于我国南海[13]。

230 齐头鳗 *Anago anago*（Temminck et Schlegel，1846）[15]

= 穴美体鳗 *Ariosoma anago*

胸鳍12～16。肛门前侧线孔58～60。脊椎骨149～150。

本种体中等粗，胸鳍大。背鳍起点位于胸鳍基前上方。口裂略大，达眼中部下方。口闭时仅有小部分颌齿外露。犁骨齿多行。头后部和肛门前无侧线感觉孔。体淡紫色，背部色较深，腹部色浅。眼后缘有2个黑褐色斑点，背鳍、臀鳍具黑缘，尾端无色。为暖水性中小型鳗类。栖息于温、热带浅海。分布于我国东海南部、南海，以及日本沿海、印度-西太平洋暖水域。最大全长60 cm。曾是底拖网、定置网渔获习见种，如今已稀见。

231 梅氏美体鳗 *Ariosoma meeki*（Jordan et Snyder，1900）

胸鳍15。肛前侧线孔62。脊椎骨约157。

本种体延长，躯干部粗壮，尾侧扁。头中等大，吻圆钝。眼大，吻长约等于眼径。口宽大，口裂伸达眼中部后下方。齿小，密列，毛刷状。背鳍起始于胸鳍基上方。体光滑，无鳞。体浅棕色，腹侧白色。眼后缘上、下侧各有一褐色长斑。背鳍、臀鳍边缘黑色。分布于我国黄海南部、东海，以及日本海域[10]。

注：本种实际与齐头鳗*A. anago*为同物种，仅脊椎骨略偏多。但其已被黄宗国（2012）、倪勇（2006）列为独立种[13, 10]。本书摘写并附图供参考，未编入检索表[10]。

本图由王春生研究员提供。

奇鳗属 *Alloconger* Jordan et Hubbs，1925

= 美体鳗属 *Ariosoma* Swainson，1838

本属物种体中等长，躯干部较粗圆。尾部侧扁，头长与躯干长之和稍小于尾长。头较大，圆锥形。吻通常突出。前鼻孔近吻端，短管状；后鼻孔无瓣膜。眼大。齿尖锐；前颌齿丛较大，排列不规则。口闭时，前颌齿丛有小部分外露。唇宽厚，左、右不连续。奇鳍和胸鳍发达。全球约有10种，我国有4种。

232 奇鳗 *Alloconger anagoides*（Bleeker，1854）[38]

= 拟穴美体鳗 = 拟穴中肛鳗 *Ariosoma angoides*

胸鳍13 ~ 14。肛门前侧线孔51 ~ 54。脊椎骨143。

本种一般特征同属。体中等长。胸鳍大。吻较长。后鼻孔位于眼纵轴下方。头部侧线感觉孔多。肛门位于体腹中部或略靠前。体背深褐色，腹侧白色，眼后头部有黑斑。为浅海性中型鳗类。分布于我国东海、南海、台湾海域，以及日本南部海域、东印度群岛海域。全长约51 cm。

233 大奇鳗 *Alloconger major* (Asano, 1958) [38]

= 大美体鳗 = 大中肛鳗 *Ariosoma major*

胸鳍12～13。肛门前侧线孔50～53。脊椎骨144～147。

本种体前部粗圆，头较大。吻钝圆，口大。齿尖锐，较大。颌齿前方3～4行，后方1～2行；犁骨齿3～4行。背鳍始于胸鳍基稍前上方。肛门靠近臀鳍。体浅褐色，眼后头部无大斑纹。为暖水性中型鳗类。栖息于浅海。分布于我国东海、台湾海域，以及日本三重县和鹿儿岛沿海。全长约50 cm。见于底拖网渔获。

234 南希奇鳗 *Ariosoma fasciatum* (Günther, 1872) [37]

= 条纹美体鳗 = 南希美体鳗 *A. nancyae*

本种体延长，较粗壮。吻钝尖。前鼻孔位于吻端，短管状，后鼻孔小，位于眼前，长椭圆形。鳃孔几乎竖直状，位于体侧中央下方。背鳍、臀鳍鳍条不分节。尾鳍萎缩。体灰白色，具许多不规则的横斑。为暖水性中型鳗类。栖息于浅海。分布于我国台湾海域。

235 锉吻海康吉鳗 *Bathymyrus simus* Smith，1965[14]

本种体延长，稍侧扁。吻短，不突出。眼大，眼径稍大于吻长。口裂不达眼后缘下方。后鼻孔有不发达的瓣膜。颌齿前方2～3行，后方1行。犁骨齿多行。口闭时上颌齿外露。背鳍始于胸鳍基后上方，位于胸鳍中部上方。体褐色，背鳍白色，臀鳍有黑缘。为暖水性中小型鳗类。分布于我国台湾海域，以及越南海域、西太平洋。全长约33 cm。

236 深海尾鳗 *Bathyuroconger vicinus*（Vaillant，1888）[38]

胸鳍15～16。肛前侧线孔48。脊椎骨189。

本种体延长，侧扁。尾尖细，尾长大于头长与躯干长之和。头锥形，吻钝尖，不突出。后鼻孔位于眼前，无瓣膜。口中等大。上、下颌几乎等长。齿尖锐，犬牙状。口闭时颌齿大部分外露。犁骨齿仅3～4枚，排成1行。鳃孔小而圆。背鳍起点位于胸鳍基上方或稍后上方。胸鳍较尖长。体黑褐色。为深海全球分布种。栖息水深600～1 000 m。分布于我国东海、台湾海域，以及日本海域，东、西大西洋，中、南美洲海域，印度-太平洋。全长约70 cm。

▲ 本属我国尚有大尾深海康吉鳗 *B. macrurus*，分布于我国南海[105]。

237 黑边鳍康吉鳗 *Rhechias retrotincta*（Jordan et Snyder，1901）[38]

=黑顶康吉鳗 *Congrina retrotincta* =网格深海康吉鳗 *Bathycongrus retrotinctus*

胸鳍14～15。肛前侧线孔40～43。脊椎骨173～181。

本种吻圆钝，上颌长。口裂达眼后缘下方。犁骨齿大，锐利，仅2枚齿。上颌齿圆锥状，数行，外行较大。口闭时颌齿大部分外露。体背侧黄褐色，头背褐色，腹部白色。背鳍、臀鳍、尾鳍边缘黑色。为深水性中小型鳗类。分布于我国东海、台湾海域，以及日本东京海域、鹿儿岛海域，朝鲜半岛海域。全长约41 cm。偶见于底拖网渔获。

238 黑尾吻鳗 *Rhynchoconger ectenurus*（Joedan et Richardson，1909）[38]

胸鳍11～13。肛前侧线孔29～31。脊椎骨155～159。

本种吻突出，吻端圆钝。口中等大，口裂超过眼前缘下方。上唇无游离缘。下颌较上颌短。两颌齿小，呈圆锥状。犁骨齿呈短带状，与上颌齿带愈合。尾鞭状延长。体黑绿色，尾部渐转深黑色。为温水性中型鳗类。分布于我国东海、南海，以及日本和歌山海域、鹿儿岛海域，朝鲜半岛海域。全长约65 cm。偶见于底拖网渔获。

239 南方康吉鳗 *Japonoconger sivicola*（Matsubara et Ochiai，1951）[15]

= 日本康吉鳗 *J. simus* = 短尾吻鳗 *Rhynchocymba sivicola*

胸鳍12～14。肛前侧线孔38～40。脊椎骨159～164。

本种体延长，尾不呈鞭状。吻部突出而尖。无上唇沟。口中等大。齿圆锥形，口闭时前颌齿丛大部分外露。犁骨齿带长，与上颌齿带分离。胸鳍和奇鳍均发达。背鳍起始于胸鳍基前上方。体褐色。各鳍淡黄色，奇鳍有黑边。为暖水性中型鳗类。分布于我国东海，以及日本静冈海域、高知海域，西北太平洋。全长约57 cm。见于底拖网渔获。

突吻鳗属 *Gnathophis* Kmap，1860

本属曾与日本康吉鳗属共置于吻鳗属*Rhynchocymba*中[35]。本属与日本康吉鳗属的最主要区别在于本属具有不甚发达的上唇沟。全球有21种，我国有2种。

240 异颌突吻鳗 *Gnathophis xenica*（Matsubara et Ochiai，1951）[38]

= 外来颌吻鳗 = 尖吻颌吻鳗

胸鳍12～14。肛前侧线孔41～49。脊椎骨151～157。

本种体较细长。上唇沟浅。上颌齿数行，呈带状。下颌短，口闭时前颌骨外露。肛前侧线孔多。奇鳍无黑缘。体黄褐色，腹侧白色。栖息水域稍深。分布于我国台湾海域，以及日本铫子海域、三重海域，西北太平洋。全长约28 cm。见于深海曳网渔获。

241 银色突吻鳗 *Gnathophis nystromi*（Jordan et Snyder，1901）[38]
=尼氏颌吻鳗

胸鳍11～14。肛前侧线孔29～35。脊椎骨117～124。

本种体较粗。上唇有沟，其边缘有狭幅游离缘。齿小，圆锥状。肛前侧线孔及脊椎骨数均较少。胸鳍附近侧线管孔高位。体色较浅，奇鳍有黑色边缘。分布比异颌吻鳗略广，分布于我国南海，以及日本北海道以南海域。全长约45 cm。见于底拖网渔获。

242 穴颌吻鳗 *Gnathophis nystromi ginanago*（Asano，1958）[38]

本种与银色突吻鳗十分相似，为同一种的不同亚种。体黄褐色。在胸鳍附近的侧线孔开口于侧线管下方。肛前侧线孔较多（35～40个）。脊椎骨亦较多（126～134块）。分布区两种相同。故在我国可能也有分布，被黄宗国等收入《中国海洋物种多样性》（2012）[13]。

243 日本圆鳗 *Gorgasia japonica* Abe，Miki et Asai，1977[38]

肛前侧线孔24 ~ 35。脊椎骨182 ~ 196。

本种体显著细长。尾长大于头长与躯干长之和。尾端肉质。口非常小，最多仅达眼前缘下方。上唇有游离缘，但被感觉孔间隔开，左、右不相连接。前鼻管未被上唇游离缘包被。背鳍较高，起始于胸鳍基底上方。胸鳍短。体茶褐色，无横纹；腹部色浅。为暖水性底栖鳗类。栖息于沙质海底。分布于我国台湾海域，以及日本八丈岛海域、新西兰海域。全长可达1 m。

244 台湾圆鳗 *Gorgasia taiwanensis* Shao，1990[14]

肛前侧线孔37 ~ 44。脊椎骨156 ~ 167。

本种体显著细长，断面圆形。头短。眼大，眼径稍大于吻长。口大，上颌达眼瞳孔后缘下方。背鳍起始于胸鳍后缘上方。侧线完全，侧线孔小，但明显。体乳白色，具许多青黄色小斑。胸部、鳃孔黄褐色。为暖水性底栖鳗类。于浅海内湾沙地洞栖，以前半身耸立于水中，抢食漂来的小型生物。分布于我国台湾海域，以及日本的骏河湾、西表岛海域。全长约74 cm。

245 哈氏异康吉鳗 *Heteroconger hassi*（Klausewitz et Eibl-Eibesfeldt，1959）[37]

肛前侧线孔62～71。脊椎骨163～176。

本种体显著细长。尾部长。尾端肉质厚。口非常小，口裂达眼前缘下方。上唇左、右游离缘相连。有小胸鳍。体灰白色，布有许多斑点。鳃孔周边、头中部、体中部和肛门周边有大的暗斑。为珊瑚礁区鳗类。栖息于潮流湍急的珊瑚礁区，以尾部潜沙，群居生活，捕食随流而来的浮游动物和穿孔动物。分布于我国台湾海域，以及琉球群岛海域、日本小笠原群岛海域、澳大利亚海域、印度-西太平洋热带水域。全长36 cm左右。

246 大眼拟海康吉鳗 *Parabathymyrus macrophthalmus* Kamohara，1938[15]

= 大眼油鳗 *Myrophis macrophthalmus*

胸鳍12～14。肛前侧线孔38～42。脊椎骨131～134。

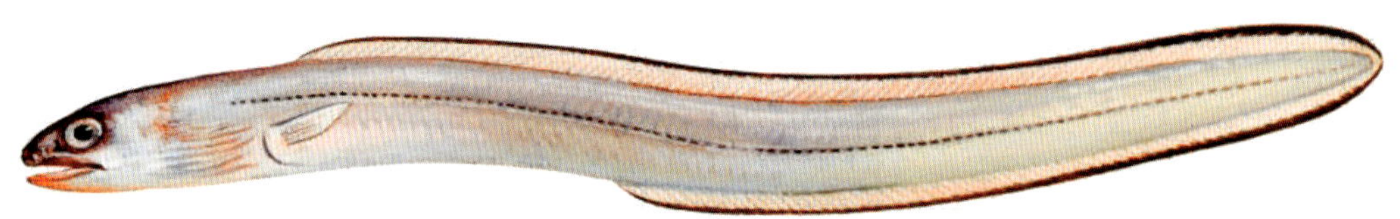

本种后鼻孔位于眼前方，有瓣膜。尾长略大于头长和躯干长之和。齿钝锥状，口闭时前上颌齿不外露，颌齿呈狭带状。体中等粗。胸鳍大。吻短，眼大。吻长小于眼径。上唇有唇沟，具能向上翻转的游离缘。后鼻孔位于上唇边缘，被以皮瓣。背鳍始于胸鳍上方。尾端圆钝。体青灰色，头部黄褐色，背鳍、臀鳍、尾鳍鳍缘黑色。为温水性中小型鳗类。分布于我国东海、南海、台湾海域，以及日本德岛海域、高知海域和印度尼西亚海域、印度-西太平洋暖温带水域。全长约47 cm。见于底拖网渔获。

注：本属系从原蠕鳗科 Echelidae 油鳗属 *Myrophis* 独立出来的。

247 尖尾鳗 *Uroconger lepturus*（Richardson，1845）[38]

胸鳍9～11。肛前侧线孔42～44。脊椎骨203～206。

本种体细长，前部近圆柱状。尾部侧扁，延伸；尾端细尖。尾长大于头长和躯干长之和。头较小，吻钝尖。上唇无游离缘。口裂伸达眼中部下方。犁骨齿1行，10多个，大且尖锐。上颌齿2行，大小相同，较尖锐。为暖水性中型鳗类。栖息于大陆架水较深处。分布于我国东海、南海，以及日本南部海域、红海、印度–太平洋。全长约52 cm。偶见于深水底拖网渔获。

248 斑尾深康吉鳗 *Congriscus megastomus*（Günther，1977）[48]

＝大口康吉鳗

胸鳍16～20。肛前侧线孔46～52。脊椎骨150～159。

本种体延长，躯干亚圆柱状。尾部侧扁，尾长大于头长和躯干长之和。头中等大，圆锥形，稍平扁。吻稍突出。眼中等大。前鼻孔具短管，后鼻孔有瓣膜。口大，口裂几乎伸达眼后缘下方。上颌稍长于下颌。两颌齿侧扁，齿基相连，略呈切缘。唇发达，有唇沟，边缘翻转。背鳍起始于胸鳍中部上方。体淡褐色，腹面色浅，尾部后方黑色。为深水性小型鳗类。栖息水深61～830 m。分布于我国东海、台湾海域，以及日本冲绳海域、西北太平洋。全长约40 cm。偶见于深水拖网渔获。

(64) 海鳗科 Muraenesocidae

本科物种一般体较粗大。无鳞。吻长。口大。舌较窄小，附于口底。齿尖锐，两颌或犁骨中部具大型犬牙。后鼻孔不具瓣膜。奇鳍发达并相连接。胸鳍发达。全球有5属13种，我国有4属6种。

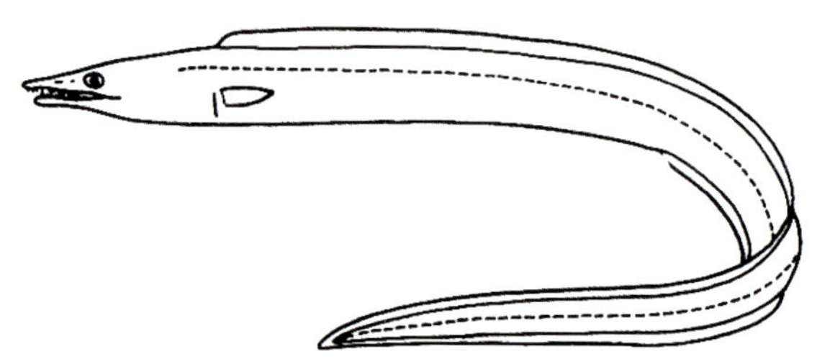

海鳗科物种形态简图

249 鳄头鳗 *Gavialiceps taeniola* Alcock，1889 [38]

肛前侧线孔45。脊椎骨171～187。

本种体细长，略侧扁。后部纤细，呈丝状延长。头小且长，吻尖长。两侧各有一凹刻。口裂大，伸至眼后下方，无唇褶。颌齿3行，犁骨齿1行。背鳍始于鳃孔上方。体灰黄色，背部和体侧散布小斑，鳃盖、尾部褐色。为暖水性深海鳗类。栖息水深440～1 200 m。分布于我国东海、台湾海域，以及日本南部海域、印度-太平洋。体长约90 cm。

注：本属曾归于线鳗科Nemichthyidae，继之被列入鸭嘴鳗科Nettastomidae，后因叶状幼体的相似性而移入海鳗科。本属全球仅有3种，我国有1种。但Chen和Weng（1967）发表一新种，即台湾鸭嘴鳗*Chlopsis taiwanensis*，已被黄宗国（2012）收入，而张春光（2010）认为其和鳄头鳗为同种[4B，13]。

250 **细颌鳗** *Oxyconger leptognathus* Bleeker，1867[141]

胸鳍11。肛前侧线孔49。脊椎骨111～117。

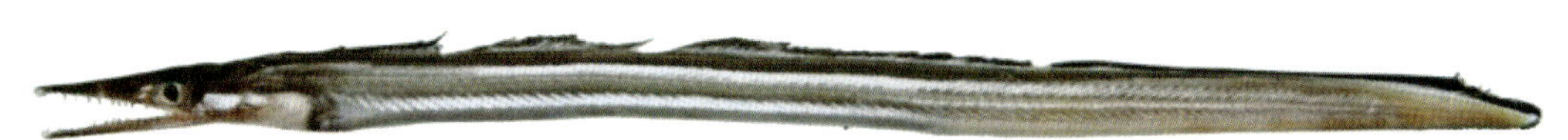

本种体延长，侧扁。尾部短，尾长小于头长与躯干长之和。肛门位于体中部后方。吻特别延长，吻端尖。前鼻孔不呈管状。两颌齿各有3行；中间1行大，呈细长犬齿形。犁骨齿细小。胸鳍发达，长尖形。体深褐色。为深海性中型鳗类。栖息于大陆架深处到陆坡水域。分布于我国东海、南海，以及日本长崎海域、熊野海域，澳大利亚海域，西太平洋。全长约60 cm。

海鳗属 *Muraenesox* McClelland，1843

本属物种体呈圆柱状，粗壮。尾部侧扁。头长。眼大，长椭圆形。吻突出，上颌较长。前鼻孔具短管。口大，口裂可达眼后下方，舌附于口底。齿尖锐，锥形，两颌齿通常各3行以上。犁骨齿特大，侧扁，具三尖或呈犬齿状。前颌骨和下颌骨前方有大而弯曲的犬齿。侧线发达。我国有4种，包括已移入原鹤海鳗属*Congresox*的原鹤海鳗和鹤海鳗。本属鱼种均具重要经济价值。

251 **海鳗** *Muraenesox cinereus*（Forskål，1775）[15]
=灰海鳗

胸鳍16～17。肛前侧线孔40～44。脊椎骨142～159。

本种一般特征同属。吻较尖，适度突出。前鼻孔短管状，位于吻前端。上颌齿4～5行，下颌、犁骨齿均3行，中间行侧扁，呈三尖头状，俗称狼牙鳝。鳔管位于鳔的左侧。体灰褐色，腹部灰白色，故又称灰海鳗。为暖水性凶猛底层鱼类。通常栖息于50～80 m泥沙质海底。产卵期5～7月，怀卵量18万～120万粒，属1次排卵，卵浮性。受精卵经8～10个月的柳叶变态期发育，随海流漂回近岸水域。摄食鱼类为主，兼食头足类和虾类。性凶猛。分布于我国沿海，以及日本北海道以南海域、朝鲜半岛海域、印度-西太平洋。最大全长可达2.2 m。为底拖网和延绳钓渔获对象。曾是我国重要经济鱼类，如今资源严重衰退。鱼肉味道鲜美，鲜品和加工品均受人们喜爱[39]。

252 褐海鳗 *Muraenesox bagio*（Hamilton，1822）[38]

= 百吉海鳗 = 山口海鳗 *M. yamaguchiensis*

胸鳍17。肛前侧线孔34 ~ 37。脊椎骨128 ~ 142。

本种吻部稍尖，头长与眼间隔之比值为10.7 ~ 11.4。肛前侧线孔和脊椎骨偏少。鳔管位于鳔的前上位。体深褐色，尚带烤蓝色，沿背鳍基、臀鳍基各有一青灰色线。本种比海鳗适温偏暖。栖息于水深100 m以浅的沙泥质海底。分布于我国东海、南海和台湾海峡，但也进入黄海；日本濑户内海以南海域、菲律宾海域、澳大利亚海域、印度–太平洋热带水域也有分布。全长可达2 m。见于底拖网、延绳钓渔获。

253 鹤海鳗 *Congresor talabonoides*（Bleeker，1853）[15]

= 似鹤海鳗 *Muraenesox talabonoides*[13]

胸鳍17 ~ 18。肛前侧线孔36 ~ 40。

本种下颌外侧牙向外倾斜，其大型个体的则完全呈横卧状。犁骨齿中间行特别发达，为侧扁三角形，其在大型个体中则变成特别细长的尖锐齿。体高大且粗壮，头呈圆锥状。头长为胸鳍长的4.1～4.3倍。体背部呈暗银色，体侧及腹面近乳白色，奇鳍边缘黑色，胸鳍色浅。为暖水性凶猛鳗类。分布于我国东海、南海，以及日本南部海域。大型个体的全长可达1 m。曾是我国南海底拖网、钩钓习见渔获。为上等食用鱼类。如今已小型化，且少见。

▲ 本属我国尚有原鹤海鳗 *C. talabon*（= 太拉海鳗），以胸鳍较长，肛前侧线孔稍多为特征，分布于我国东海、南海[4b]。

（65）鸭嘴鳗科 Nettastomidae

本科物种体细长。尾侧扁，尾端细尖，常呈丝状延长。尾长大于头长与躯干长之和。头细长，吻部尖长。眼中等大，圆形。前鼻孔管状或不呈管状，位于近吻端。后鼻孔裂隙状。上、下颌突出似鸭嘴状。两颌和犁骨具锥状齿。舌不游离，附于口底。鳃孔小。侧线明显。无胸鳍，背鳍、尾鳍、臀鳍相连。全球有6属43种，我国有2属4种。过去称丝鳗科[6, 7]。

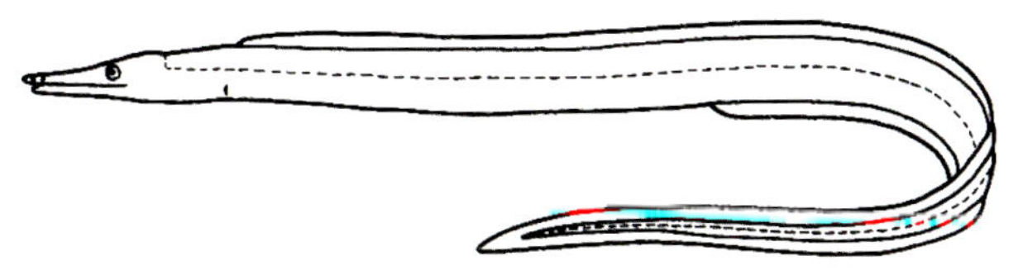

鸭嘴鳗科物种形态简图

254 小头丝鳗 *Nettastoma parviceps* Günther，1877[55]

= 小头鸭嘴鳗

肛前侧线孔49～58。脊椎骨160以上。

本种体很细长。头短小，细尖。无胸鳍。尾端很细，延长，呈鞭状。前鼻孔短管状，后鼻孔位于眼后缘上方。口大，口裂达眼后。两颌和犁骨齿呈绒毛状齿带。腭骨无齿。吻端亦无肉质突起。体淡褐色，各鳍色浅，但尾后部1/3有黑色边缘。为深水鳗类。栖息水深60～1 190 m。分布于我国台湾海域，以及日本海域、美国夏威夷海域、澳大利亚海域、非洲东南海域。全长约72 cm。

255 野蜥鳗 *Saurenchelys fierasfer*（Jordan et Snyder，1901）[38]

= 浅尾蜥鳗 = 丝尾草鳗 *Chlopsis fierasfer*

肛前侧线孔29 ~ 39。脊椎骨211。

本种体很细长。头细尖。无胸鳍。尾端细，但不延长为鞭状。前鼻孔不呈管状，后鼻孔侧位，位于眼前。腭骨有齿。以吻端无缺刻，肛前侧线孔少，尾端黑色部几乎和头部等长而与近缘种相区别。体黄褐色，腹部白色，头背色暗，尾端黑色。为暖水性小型鳗类。分布于我国东海南部、南海，以及日本南部海域、西太平洋。全长约50 cm。偶见于底拖网渔获。

▲ 本科我国尚有台湾丝鳗 *N. taiwanensis* 和台湾蜥鳗 *S. taiwanensis*，二者分别与小头丝鳗及野蜥鳗相似[13]。

（66）蚓鳗科 Moringuidae

本科物种体呈细圆柱状，尾部侧扁，尾长小于头长和躯干长之和。头小，吻短。下颌稍突出，口裂达眼后缘下方。眼小，埋于皮下。前鼻孔近吻端，后鼻孔位于眼前方。舌附于口底。齿细小，上、下颌齿及犁骨齿均为1行。鳃孔窄小，低位。胸鳍不发达或退化。背鳍仅存在于尾部。背鳍、臀鳍、尾鳍相连。胸鳍小或退化为瓣膜状。全球有2属14种，我国仅有1属3种。

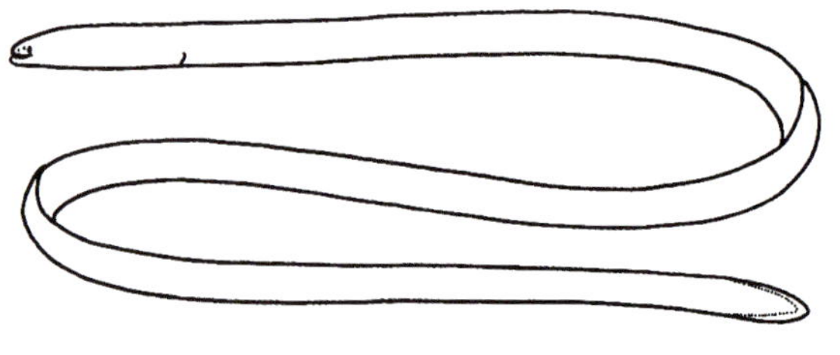

蚓鳗科物种形态简图

蚓鳗属 *Moringua* Gray，1831

本属一般特征同科。胸鳍退化，背鳍、臀鳍短。口小，下颌突出。成熟雄鳗眼较发达。侧线明显。

256 线蚓鳗 *Moringua abbreviata*（Bleeker，1865）[38]

= 小鳍蚓鳗 *M. microchir*

肛前侧线孔63 ~ 64。脊椎骨105 ~ 113。

本种体极细长，体长为体高的48 ~ 60倍，为头长的11 ~ 12.5倍。吻钝短。齿小，圆锥状。上、下颌齿和犁骨齿均1行。胸鳍退化为痕迹。尾部显著短于躯干部。背鳍、臀鳍退化，前部仅为膜状，中部消失。仅尾端残留有近似鳍条的构造。背鳍、臀鳍、尾鳍相连。体淡黄褐色。为珊瑚礁浅水区栖息的小型鳗类。分布于我国东海南部、南海、台湾海域，以及日本以南海域、菲律宾海域、印度-西太平洋。全长约33 cm。

257 大头蚓鳗 *Moringua macrocephalus*（Bleeker，1865）[9]

本种体细长。体长与体高之比小于40。吻短钝，头部较尖，体长为头长的9.2倍。颌齿细小，1行，犁骨齿前部2行，呈不规则排列。背鳍起点位于臀鳍后上方。体色较浅，腹部淡黄色。分布于我国东海南部、台湾海域、南海，以及西太平洋。全长约45 cm。

▲ 本属我国尚有大鳍蚓鳗 *M. macrochir*，特征与上述两种相似，主要以背鳍、臀鳍、尾鳍不相连和上述两种相区别。分布于我国东海、南海，以及印度-西太平洋。全长约30 cm[48]。

(67) 线鳗科 Nemichthyidae

本科物种体特别纤细而延长。尾端细小，有的呈丝状。吻喙状。两颌细长，突出。上颌上翘，下颌下弯，不能闭合。口裂大，伸达眼后缘下方。两颌和犁骨均密具细尖齿，尖端后倾。眼中等大。前、后鼻孔靠近。舌固定，不游离。鳃孔较宽。背鳍起始于胸鳍基附近上方，胸鳍小，尾鳍纤细。雄鱼无伸长的喙和齿，雌鱼齿退化。为深海鳗类。全球有3属9种，我国有2属2种。

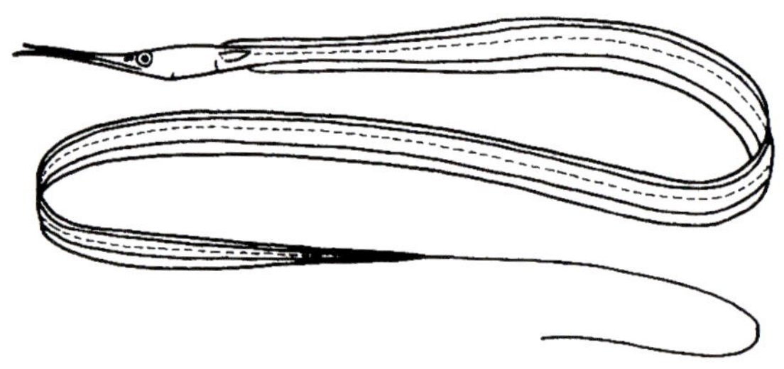

线鳗科物种形态简图

258 线口鳗 *Nemichthys scolopaceus* Richardson，1848 [48]

胸鳍10～14。

本种一般特征同科。体很细长，稍侧扁。尾端延长，呈细丝状。头小。两颌延长，不能闭合。胸鳍小。肛门位于胸鳍下方。侧线孔3行，每个肌节排列有5个孔。前鼻孔管状。体黄褐色，成体加深为褐色。为热带深海性鳗类。栖息水深205～4 335 m。分布于我国东海、台湾海域，以及日本海域、全球温热带深海域。全长约1.4 m。

259 喙吻鳗 *Avocettina infans*（Günther，1878）[48]

胸鳍14～18。肛前侧线孔16～26。背鳍平均339，臀鳍约300。

本种体显著延长，侧扁，呈带状。体前部体高小于后部。尾端细尖，不呈丝状。头小，头部有感觉器隆起域。两颌显著延长为长喙状，上、下颌端各具一瘤状突起，突起具小齿。侧线孔1行。肛门位于胸鳍后下方。体褐色。为深海性鳗类，栖息水深50～5 033 m。分布于我国台湾海域、东海，以及日本小笠原群岛以南海域、全球15° S以北的温、热带深海水域。体长约70 cm。

（68）锯犁鳗科 Serrivomeridae

本科物种体细长，中等侧扁，向后渐细。头长，大。吻尖。两颌延长突出。口裂伸达眼后缘下方。两颌前部齿小，侧扁，各数行；后部齿大，矛状，各1行。犁骨齿1纵行，大而发达，呈锯齿状。眼中等大，高位。前、后鼻孔靠近，近于眼前缘。鳃孔宽斜向前。侧线不明显。背鳍始于胸鳍后上方。臀鳍起始于背鳍前下方。胸鳍小。尾细小，延长。为深海性鳗类。全球有2属16种，我国有1属2种。

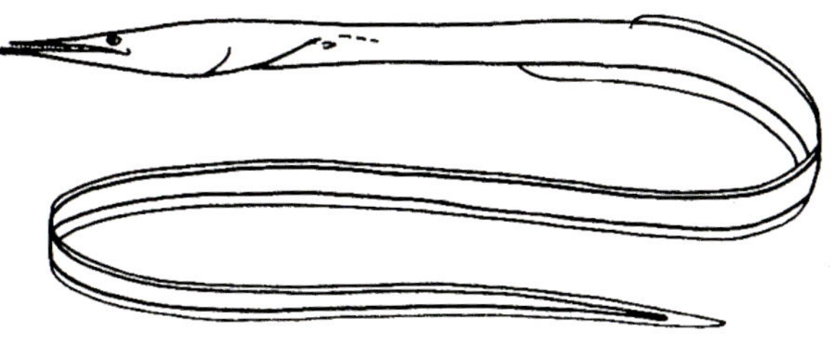

锯犁鳗科物种形态简图

260 长齿锯犁鳗 *Serrivomer sector* Garman，1899[48]

背鳍192，臀鳍183。脊椎骨160。

本种一般特征同科。体细长，头长，吻尖突。颌延长，略向上弯。犁骨齿大，30枚，紧密排列成锯齿状。背鳍鳍条190枚以上。背鳍鳍条、臀鳍鳍条柔软，在尾部密列，呈菱形。侧线不明显，每肌节中央有2个侧线孔。体黑褐色。栖息水深250～3 200 m。分布于我国东海深海，以及日本熊野海域、太平洋。全长约46 cm。

▲ 我国尚有锯犁鳗 *Serrivomer beani* Gill et Ruder，1899，与长齿锯犁鳗十分相似[4B]。

(69) 前肛鳗科 Dysommidae

本科物种体稍侧扁。肛门靠近鳃孔。尾部长远大于头长和躯干长之和。头中等大，吻圆钝，上颌突出。齿锐尖，稍向后弯，两颌齿1至多行。犁骨具齿，鳃孔中等大，下侧位。侧线孔小，不明显。背鳍、臀鳍与尾鳍相连。胸鳍弱小或无。全球有5属16种[4b]，我国有4属12种。

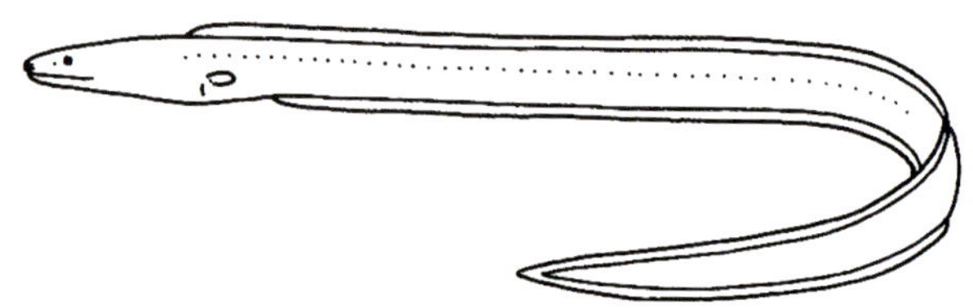

前肛鳗科物种形态简图

注：本科物种被许多学者如Nelson（2006）、沈世杰（1993）、刘瑞玉（2008）、黄宗国（2012）等置于合鳃鳗科Synaphobranchidae中[23, 9, 12, 13]。本书仍以肛门前位，鳃孔未合一的特征，依张春光（2010）、孟庆闻（1995）等设为一独立科[4b, 2]。

前肛鳗属 *Dysomma* Alcock，1889

本属物种体稍侧扁。鳃孔小，近咽喉部。肛门位于两胸鳍间或稍靠后。吻部突出。眼很小。鼻孔大，前鼻孔呈管状。口裂宽。背鳍始于胸鳍前上方。我国有8种。

261 前肛鳗 *Dysomma anguillaris* Barnard，1923 [15]

= 盲糯鳗

本种一般特征同属。体长约为体高的15.6倍，尾长约为头长和躯干长之和的6.7倍。吻尖锐。上颌长于下颌。口大。左、右鳃孔分离。犁骨齿为复合齿，1行，共4～5枚，显著比上颌齿大。无前颌骨齿。眼小，退化，埋于皮下，位于口裂中央上方。肛门显著前位。脊椎骨119～130枚。体褐色，腹部色较浅，背鳍、臀鳍白色。为暖水性小型鳗类。栖息水深30～270 m。分布于我国东海、南海，以及日本相模湾以南海域、印度-西太平洋、西大西洋。全长约52 cm。

262 高氏前肛鳗 *Dysomma goslinei* Robins et Robins，1976 [14]

本种基本特征与前肛鳗相似。体延长，侧扁。体长约为体高的17.3倍，约为头长的8.3倍，尾长约为头长与躯干长之和的5.9倍。吻膨大。无前颌骨齿。两颌齿细小，各4行。下颌骨无复合齿。犁骨齿4枚。背鳍起始于胸鳍基之上。侧线短，不超过体长的1/4。体灰色，尾部和腹面灰黑色。为浅水小型鳗类。栖息水深100 m以浅。分布于我国台湾海域，以及印度-西太平洋。全长约20 cm。

263 长身前肛鳗 *Dysomma dolichosomatum* Karrer，1982[14]

= 异齿前肛鳗

本种体更细长，体长约为体高的22.9倍，约为头长的9.7倍。尾部稍短，尾长为头长和躯干长之和的2.6倍。上颌骨齿细小，呈两短行。下颌骨前半部有5枚复合齿。有前颌骨齿，仅2枚。无胸鳍。体灰褐色，背鳍、臀鳍、尾鳍有黑缘。为深海性鳗类。分布于我国台湾海域，以及印度–西太平洋。全长约22 cm。

264 黑尾前肛鳗 *Dysomma melanurum* Chen et Weng，1967[37]

= 尖嘴前肛鳗

本种体长约为体高的20.1倍，约为头长的8倍。尾长约为头长与躯干长之和的6.8倍。吻较尖长，下颌长于上颌。具前颌骨齿。下颌骨具复合齿。犁骨齿5枚。有胸鳍。背鳍起始于胸鳍后上方。背鳍、臀鳍较低。体淡褐色，背鳍、臀鳍白色，臀鳍后端和尾鳍黑色。为深海鳗类。分布于我国东海、台湾海域，以及西太平洋。全长约24 cm。

265 后臀前肛鳗 *Dysomma opisthoprotus* Chen et Mok，1995[37]

= 后肛前肛鳗

本种体延长，稍侧扁，尾尖长。具胸鳍。肛门位于胸鳍基部远后下方。头大，吻钝圆，颊突起发达。上、下颌齿圆锥状。无前颌骨齿。犁骨齿为4枚复合齿。鳃孔位于腹侧。脊椎骨120枚。体灰褐色，腹侧灰白色。为深海性鳗类。分布于我国台湾海域。

266 多皱短身前肛鳗 *Dysomma rugosa* Ginsburg，1951[37]

= 后肛鳗 *Dysommina rugosa*

本种体延长，稍侧扁，前部较粗。头短，吻较短钝。前颌骨无齿。上颌与下颌齿小，且呈不规则排列。犁骨齿大，4枚，呈1行排列。体无鳞。背鳍起始于鳃孔上方。吻端到鳃孔距离大于鳃孔到肛门的距离。胸鳍小而宽。脊椎骨127～134枚。体灰褐色。为深水性鳗类。分布于我国台湾海域。

267 长吻前肛鳗 *Dysomma longirostrum* Chen et Mok，2001[37]

本种体细长，侧扁。吻尖长，下颌短于上颌。前颌骨无齿。上、下颌齿多行，圆锥状。犁骨齿较大，5枚，为复合齿。鳃孔位于腹侧、胸鳍基下方，分离。肛门位于胸鳍末端下方。体侧线完整，具管状沟连接侧线孔，头部侧线孔发达。体褐色，背鳍、臀鳍白色，臀鳍后部和尾鳍黑色。为浅海鳗类。栖息水深100 m。分布于我国台湾海域。

268 多齿前肛鳗 *Dysomma polycatodon* Karrer，1982[37]

本种体延长。吻较尖。前颌骨有2行齿。犁骨齿大，5个，呈1行，为复合齿。下颌齿1行，前部大，后部有20～25枚小齿。上颌齿小，且呈不规则排列。背鳍前置，起始于颈部。具胸鳍。脊椎骨140枚。为浅海鳗类。栖息水深100 m。分布于我国台湾海域。

269 罗氏箭齿前肛鳗 *Meadia roseni* Mok，Lee et Chan，1991 [37]

本种吻部正常。口裂超过眼后缘下方。体无鳞。鳃孔位于体侧。主要特点为复合齿。吻钝。上颌较下颌长，端部有肉质突起。体长约为体高的15倍，约为头长的6.5倍。尾长约为头长与躯干长之和的3.4倍。上颌齿小，呈齿带状；下颌齿亦小，遍布整个下颌。前颌骨齿2行。犁骨齿圆锥状，5枚；后端呈1单行。前鼻孔管状，后鼻孔位于眼前。肛门显著前位。背鳍起始于肛门后上方。体褐色，背鳍、臀鳍淡褐色，后端颜色较深。分布于我国台湾海域，以及西北太平洋。

270 箭齿前肛鳗 *Meadia abyssalis*（Kamohara，1938）[48]

本种体较粗，头大，尾尖。口裂大。前颌骨有许多大犬齿。上颌骨齿3行，下颌齿2行。犁骨齿2行，呈不规则排列，不为复合齿。头部侧线孔发达，体侧前1/3具侧线孔。具卵圆形胸鳍。背鳍起始于胸鳍前半部上方。肛门到鳃孔距离小于头长。体淡褐色，腹部色浅，各鳍白色。属深水性鳗类。栖息水深200 ~ 400 m。分布于我国台湾海域，以及日本高知海域、九州以南海域。体长约60 cm。

271 软泥鳗 *Ilyophis brunneus* Gilbert，1891 [37]
=褐泥蛇鳗

本种体延长，吻尖长，尾尖形。体被鳞。口裂大。前颌骨具齿，上、下颌骨齿小，犁骨亦有齿，均呈不规则排列。头部侧线孔发达。具胸鳍。背鳍起始于胸鳍后端上方。肛门到鳃孔的距离为头长的2倍。脊椎骨145～151枚。体灰褐色，侧线孔明显色淡。为深海鳗类。分布于我国台湾海域。

272 寄生鳗 *Simenchelys parasiticus* Gill，1879 [48]
=短吻合鳃鳗

本种体鳗形。吻短钝。口小，端位，横裂状；口裂仅达眼前缘下方。鳃裂位于腹面，左、右鳃孔分离。体黏液发达。鳞小，埋于皮下。脊椎骨117～125枚。颌齿有锋利刀刃缘。体褐色。为深水寄生性鳗类。栖息水深366～2 630 m。分布于我国台湾海域、东海，以及日本北海道海域、高知海域，新西兰海域，南非海域，西太平洋，大西洋。全球仅此1种，全长约60 cm。

(70) 合鳃鳗科 Synaphobranchidae

本科物种体延长，侧扁。头大而尖。吻尖突。前鼻孔短管状，后鼻孔开孔于眼前缘。口大，口裂伸达眼后缘下方。两颌几乎等长。颌齿与犁骨齿均小，同型。舌长仅前端游离。鳃裂腹位，在胸鳍基之间愈合成1个卵圆形孔，故称合鳃鳗。具侧线。体被退化鳞片。背鳍始于肛门上方或后上方。肛门位于体前部1/4～1/3处。全球有4属11种，我国有1属3种。

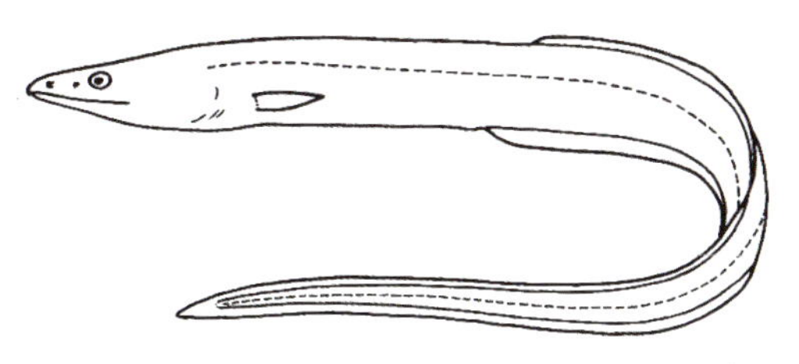

合鳃鳗科物种形态简图

合鳃鳗属 *Synaphobranchus* Johnson，1862

本属物种一般特征同科。

273 长鳍合鳃鳗 *Synaphobranchus affinis* Güther，1877[48]

胸鳍13。肛前侧线孔28～31。脊椎骨131～138。

本种体延长。口大。上颌外侧齿大，内侧齿细小。鳞小，椭圆形。鳃孔位于腹面，纵裂状。体深褐色，尾端色稍浅。为深海鳗类。栖息水深400～1 100 m。分布于我国东海、台湾海域，以及日本高知海域、北海道海域，印度–太平洋，大西洋。全长约60 cm。

274 考柯氏合鳃鳗 *Synaphobranchus kaupii* Johnson，1862[48]

胸鳍13。肛前侧线孔28。脊椎骨137～145。

本种体延长，全长约为体高的17倍，约为头长的6.5倍。眼较大，位于口裂中部上方。鳞细长，呈棒状，每2～3枚平行与垂直交互规则排列。齿呈小犬齿状。上、下颌前方和内侧齿较大，可倾倒。背鳍位置偏后，起始于体前1/3处。脊椎骨数较多。体

深褐色。栖息水深236 ~ 3 200 m。分布于我国东海、台湾海域，其他分布区与长鳍合鳃鳗相同。全长约80 cm。

275 短背鳍合鳃鳗 *Synaphobranchus brevidorsalis* Güther，1887[48]

胸鳍16。肛前侧线孔29。脊椎骨133。

本种体延长，全长为体高的16倍，为头长的7倍。腹部鳞片圆形，不规则排列。其齿为细小犬齿，2 ~ 3行并排，两颌齿以内侧齿较大。舌细，舌尖游离。背鳍起始于肛门远后上方。体黑色。为深海鳗类。栖息水深530 ~ 660 m。分布于我国台湾海域、东海深海，其他分布区与长鳍合鳃鳗相同。全长约50 cm。

上述几种可偶见于深海拖网或延绳钓渔获。

（71）蛇鳗科 Ophichthyidae

本科物种体延长，尾部稍侧扁。头较尖，呈钝锥形。吻尖，突出。口裂大，可达眼下方或后下方。前鼻孔具短管或缘瓣，位于上唇边或吻端突出部的腹面；后鼻孔亦位于上唇边上。舌附于口底。齿尖锐，锥形或颗粒状。鳃孔侧位或腹位。鳃盖条多，在头部腹中线交叉重叠，在喉部形成“竹篮状”构造。无尾鳍，尾端尖秃。背鳍与臀鳍不相连。胸鳍发达或无。为热带、温带分布鳗类。全球有52属250多种，我国有14属40种（包括蠕鳗类）。

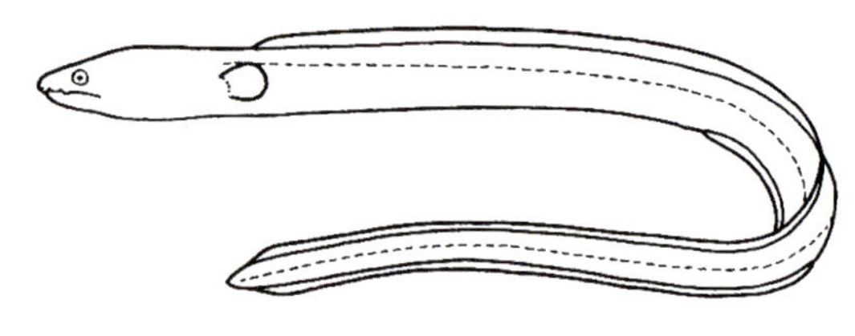

蛇鳗科物种形态简图

豆齿鳗属 *Pisoodonophis* Kaup，1856

本属物种体延长。肛门位于体中后部。吻尖突。眼小。口裂达眼后缘下方。齿颗粒状，排列成齿带。领间骨齿丛与上颌骨、犁骨齿分离。具侧线。背鳍起始于胸鳍上方或后上方。胸鳍发达。无尾鳍。全球有8种，我国有2种。

276 食蟹豆齿鳗 *Pisoodonophis cancrivorus*（Richardson，1848）[38]

胸鳍13～14。肛前侧线孔55～60。脊椎骨153～162。

本种体延长。体长约为体高的30.6倍，约为头长的8.3倍。吻短，口大。齿小钝，颗粒状。上颌齿排列成齿带，前颌骨齿丛稍与犁骨齿分离。后鼻孔前、后有肉质小突起。背鳍起始于胸鳍中部上方，背鳍、尾鳍在近尾端高起，胸鳍发达。尾长为头长与躯干之和的1.4倍。体单一褐色，奇鳍边缘黑色。为温、热带近海鳗类。分布于我国东海、南海、台湾海域，以及日本南部海域、澳大利亚海域、印度–太平洋。全长可达1 m。见于底拖网渔获。

277 杂食豆齿鳗 *Pisoodonophis boro*（Hamilton-Buchanan，1822）[14]

=波路豆齿蛇鳗（台）

胸鳍15。肛前侧线孔65。

本种体甚细长，体长约为体高的48.7倍，约为头长的11.6倍。尾长约为头长与躯干长之和的2.1倍。头小，吻短钝。口较大。后鼻孔前、后无肉质小突起。背鳍起始于胸鳍远后上方。体灰褐色，腹侧与各鳍白色，但背鳍具很窄的黑色边缘。栖息于浅海内湾，可入淡水处。分布于我国东海南部、南海、台湾海域，以及日本高知海域、新加坡海域、印度–西太平洋暖温带水域。全长可达1 m。见于底拖网、定置网渔获。危害贝类养殖。

278 克氏裼蛇鳗 *Bascanichthys kirki*（Günther，1870）[14]

= 长尾鞭鳗 = 盲蛇鳗

本种体很细长，体长约为体高的64倍，约为头长的22.9倍。尾长约为头长与躯干长之和的1.1倍。吻尖短。上唇无唇褶。眼小，埋于皮下。口裂超过眼后缘下方。齿小，圆锥状，两颌和犁骨均有齿。鳃部胀大；鳃孔小，下侧位。无胸鳍和尾鳍。背鳍起始于鳃裂前上方，至鳃裂的距离至少为吻长的4倍。肛门位于体中间略偏后。体上部黄褐色，腹侧色较浅，背鳍、臀鳍白色。分布于我国台湾海域，以及印度-西太平洋。全长约64 cm。

▲ 本属我国尚有长鳍裼蛇鳗 *B. longipinnis*（= 喉鳃鳗 *Sphagebranchus longipinnis*）。以背鳍起始于鳃裂上方，头部腹面鳃盖膜褶显著和近缘种相区别。笔者曾在海南岛清澜港采得一尾全长30 cm的标本。

279 云纹丽鳗 *Callechelys marmorata*（Bleeker，1853）[37]

本种体细长，稍侧扁。吻短尖。颌齿1行，齿尖弯曲。犁骨齿前部2行，后部1行。鳃孔下侧位［本书检索表依张春光（2010）所述，记为侧位］[4B]。背鳍起始于头部。无胸鳍。尾端硬，无尾鳍。体乳黄色，具许多不规则的黑色斑纹和黑点。为暖水性浅海鳗类。分布于我国台湾海域。

▲ 本属我国尚有斑纹丽鳗 *C. maculatus*，与云纹丽鳗相似。以体淡棕色，体侧隐具10余个黑褐色横斑与云纹丽鳗相区别。为我国特有种[4B]。

280 中华须鳗 *Cirrhimuraena chinensis* Kaup，1856[20]

本种体细长，圆柱状。体裸露无鳞，侧线孔明显。吻尖突。口裂大，可伸越眼后缘下方。上颌口缘具1列梳状唇须。颌齿细小，锐尖。上颌齿带4～6行，下颌齿2行，犁骨齿2～4行。背鳍起始于胸鳍基部上方或稍后上方。胸鳍和背鳍、臀鳍发达。尾尖，无尾鳍。体黄褐色，腹侧色较浅。各鳍浅黄色。为暖水性底层鳗类。栖息于浅海内湾沙泥质海底，穴居。分布于我国东海、南海、台湾海域，以及菲律宾海域、印度尼西亚海域、印度–西太平洋暖水域。体长约30 cm。危害滩涂贝类养殖。

▲ 本属我国尚有元鼎须鳗 *C. yuandingi*，以背鳍起点偏前，胸鳍欠发达而与近缘种相区别。分布于我国福建海域。为我国特有种[40]。

短体鳗属 *Brachysomophis* Kaup，1856

本属物种体延长，圆柱状。肛前躯干长大于尾长。吻很短，粗钝，具唇须。前鼻孔短管状或具皮瓣，后鼻孔开口于口内。鳃孔下侧位。背鳍起始于胸鳍后上方。齿尖，上颌齿2行，下颌齿1行。犁骨具大型齿。有胸鳍，无尾鳍。全球有6种，我国有3种。

281 裂须短体鳗 *Brachysomophis cirrhochilus*（Bleeker，1859）[14]

= 大口鳗

本种体长圆柱状，较粗，尾后部稍侧扁。体长约为体高的20.6倍，尾长约为头长与躯干长之和的1.1倍。吻短钝，不突出。口裂大，达眼后缘下方。眼小。前、后鼻孔均位于上唇边缘。上、下唇均具短须，呈叉状。前颌骨齿丛半圆形，上颌齿2行，下颌齿1行，小犬齿状。犁骨齿大，排成1行。胸鳍发达，背鳍起始于胸鳍后上方，无尾鳍。各鳍黄色。背鳍、臀鳍有黑缘。为暖水性中型鳗类。栖息于沙泥底质海区。分布于我国东海、南海、台湾海域，以及日本高知海域、印度–西太平洋。全长约88.5 cm。

282 鳄形短体鳗 *Brachysomophis crocodilinus*（Bennett，1833）[15]

本种体长圆柱状，较粗壮。无尾鳍，尾尖硬。尾长小于或等于头长和躯干长之和。上、下唇有短粒状细小触须。两颌齿与犁骨齿细尖。眼小，位高。胸鳍小。体黄褐色，无斑纹。亦为暖水性中型鳗类。栖息于沙泥底质海区。分布于我国东海、南海、台湾海域，近年也出现于黄海。日本南部海域、澳大利亚海域、印度–西太平洋也有分布。全长约1.1 m。稀见于底拖网渔获。

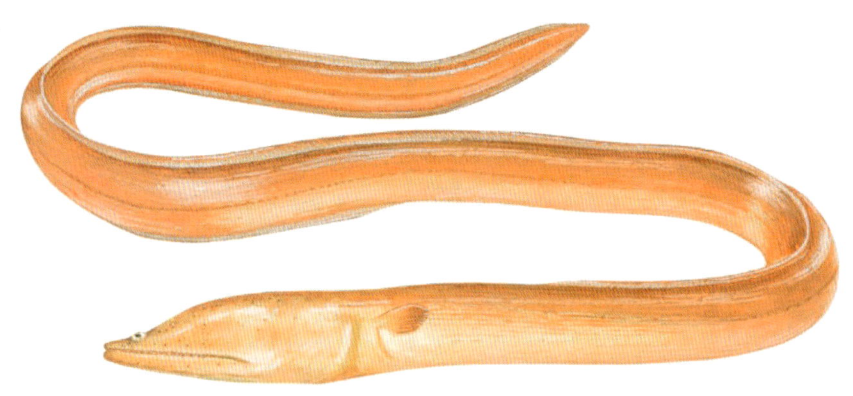

▲ 本属我国尚有长鳍短体鳗 *B. longipinnis*（Micocosker et Ranolall，2001），采自台湾海峡，已被黄宗国（2010）收录。但张春光（2010）认为其与鳄形短体鳗差异不大，未予收录[13，4B]。

283 半环平盖鳗 *Leiuranus semicinctus*（Lay et Bennett，1839）[38]

胸鳍8～10。肛前侧线孔69～74。脊椎骨153～154。

本种体细长。吻部下侧有沟。口较小。颌齿小，不尖锐。犁骨无齿。前鼻孔管状。鳃孔小，侧位。背鳍起始于鳃孔上方或胸鳍基后上方。胸鳍细小。体前部的环带在腹面多不愈合。为暖水性中小型鳗类。栖息于沿岸沙泥底质海区。分布于我国东海、南海，以及日本南部海域、澳大利亚海域、西太平洋、东非南部海域。全长约50 cm。

光唇蛇鳗属 *Xyrias* Jordaen et Snyder，1901

本属物种上、下颌颇延长。背鳍起点位于胸鳍末端上方或稍后上方。上颌齿2行或4～5行，细尖长。犁骨齿1行，齿大，排列稀疏。前颌骨齿齿尖向前，外露。下颌齿1行。全球有3～4种，我国有2种。

284 光唇蛇鳗 *Xyrias revulsus* Jordan et Snyder[38]

＝列齿鳗

胸鳍15。肛前侧线孔84。脊椎骨158～160。

本种体细长。吻短，口裂大。眼位于口裂中央靠前。两颌齿各4～5行，等大，齿尖。体淡褐色，腹部色浅。体背侧方及腹面密布不规则的褐色斑点，其斑点大小和密度依个体变化大。为暖水性中型鳗类。分布于我国东海、南海，以及日本神奈州海域、长崎海域和菲律宾海域、印度–太平洋。全长约93 cm。偶见于底拖网渔获。

285 邱氏光唇蛇鳗 *Xyrias chioui* McCosker，Chen et Chen，2009[37]

＝邱氏无须蛇鳗

本种体延长，吻较短，上颌延长。口唇无须。颌齿尖，上颌齿2行，下颌齿和犁骨齿各1行。头部感觉孔细小。背鳍起始于胸鳍末端后上方。胸鳍匙形。体褐色，腹部色较浅，胸鳍色深。为深海鳗类。分布于我国台湾海域。

286 大吻沙蛇鳗 *Ophisurus macrorhynchus* Bleeker, 1853 [38]

= 长吻沙鳗

胸鳍14～16。肛前侧线孔72～77。脊椎骨203～210。

本种体很细长。头中等大。吻尖突。两颌特别细长，呈喙状突出，颌长大于头长。眼较小。口大，口裂伸达眼后下方。齿锥形，两颌齿和犁骨齿各1行，不相连。后鼻孔具皮瓣，位于上唇边内侧。胸鳍发达。背鳍起点位于胸鳍末端后上方。体背部黑色，腹侧带银灰色，尾端色深。为深海鳗类。分布于我国东海，以及日本南部海域、西太平洋、印度洋和大西洋温热带海域。全长约1.4 m。偶见于延绳钓、深水拖网渔获。

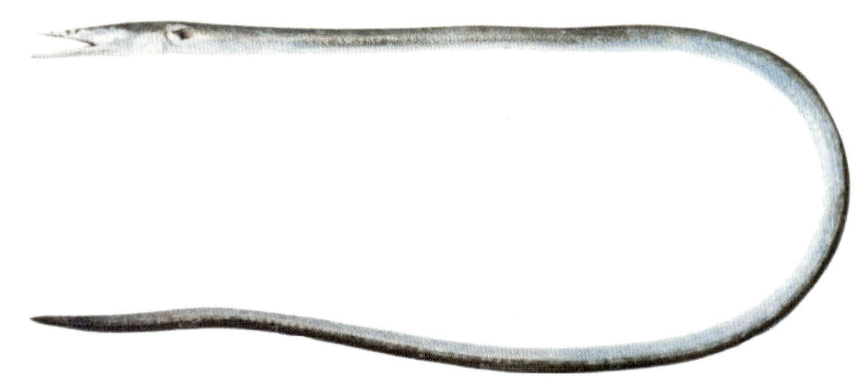

287 紫匙鳗 *Mystriophis porphyreus*（Temminck et Schlegel, 1845）[38]

= 紫身短体鳗 *Brachysomophis porphyreus*

胸鳍14。肛前侧线孔64。脊椎骨170。

本种体呈长圆柱状，稍粗。吻短。口大，口裂超过眼后缘下方。上颌稍长于下颌。齿尖，两颌齿和一部分犁骨齿呈大犬牙状。体背紫褐色，腹侧色稍浅，无斑点。为暖温性鳗类。分布于我国东海，以及日本南部海域、西北太平洋。全长可达1.2 m。稀见于底拖网渔获。

花蛇鳗属 *Myrichthys* Girard，1859

本属物种体长，鳗形，稍侧扁。头较小。吻短。上颌突出。眼小。前鼻孔具短管，后鼻孔位于上唇下缘。口裂通常达眼后缘下方。齿钝锥形或颗粒状。两颌和犁骨齿均为2行。鳃孔较小。侧线不明显。背鳍起点位于胸鳍前上方。肛门位于体前半部。全球有7种，我国有3种。

288 斑竹花蛇鳗 *Myrichthys colubrinus*（Boddaert，1781）[15]

胸鳍9。肛前侧线孔85。脊椎骨197～201。

本种一般特征同属。体延长。头小。吻钝。前鼻孔管状，位于吻端腹面。后鼻孔位于上唇边缘。两颌和犁骨各具2行钝齿，大部呈臼状。尾端尖，无尾鳍。背鳍起始于鳃孔前上方。背鳍、臀鳍止于尾端远前方。胸鳍仅为痕迹。无腹鳍。体淡褐色，吻与尾端白色。体上有26～30条深褐色环带。高龄鱼环带间有圆形小斑点。为暖水性中小型鳗类。栖息于珊瑚礁缝隙间。分布于我国南海，以及日本冲绳海域、印度-西太平洋。全长约75 cm。

289 黑斑花蛇鳗 *Myrichthys maculosus*（Cuvier，1817）[38]

胸鳍12～14。肛前侧线孔73～77。脊椎骨192～195。

本种体细长，略呈圆柱状。头中等大；吻短，突出。口中等大，口裂达眼后缘下方。牙钝，颗粒状。胸鳍基幅宽。背鳍起始于胸鳍基前上方。体色浅，有3列褐色圆斑。为暖水性中小型鳗类。分布于我国东海、南海，以及日本三宅岛以南海域、印度-西太平洋。全长约1 m。

290 豹纹花蛇鳗 *Myrichthys aki* Tanaka，1917[38]

=艾氏花蛇鳗

胸鳍11 ~ 14。肛前侧线孔74 ~ 79。脊椎骨191 ~ 197。

本种与黑斑花蛇鳗相似。胸鳍基底短而宽。齿钝，颗粒状。背鳍起始于鳃孔前上方。张春光（2010）、黄宗国（2012）认为两者是同物种[4b，13]。但本种体在黄色基底上布有5列褐色圆斑，以第3列圆斑最大，与黑斑花蛇鳗呈明显差别。中坊徹次（1993）将二者明确列为两个独立种[36]。为暖水性中小型鳗类。栖息于浅海。分布于我国东海、南海，以及日本伊豆海域、高知海域。全长约95 cm。见于笼网、延绳钓渔获。

蛇鳗属 *Ophichthus* Ahl，1789

本属物种体细长，圆柱状。尾部细尖。头中等大。吻尖，突出。眼小。口裂通常达眼后缘下方。前鼻孔具短管，位于吻端上唇边缘。后鼻孔位于眼前缘下方。前颌骨齿、上颌骨齿与犁骨齿不相连。侧线明显。是蛇鳗科中最大一属。全球有65种，我国有14种。

291 暗鳍蛇鳗 *Ophichthus aphotistos* McCosker et Chen，2000 [37]

本种一般特征同属。体中等延长，尾较侧扁。吻圆，吻腹面有一纵沟。上颌长。前鼻孔管状，位于唇边；后鼻孔孔状，位于唇腹面。口中等大，齿细尖；上、下颌齿各2行。前颌齿1行，与犁骨齿紧接。背鳍起始于胸鳍尖后上方。背鳍、臀鳍低。尾端尖，无尾鳍。头部黏液孔小，肛前侧线孔60个。体灰褐色。下唇和口角有小黑点，呈线状排列。胸鳍和背鳍、臀鳍边缘褐色。为深海鳗类。栖息水深700 ~ 800 m。分布于我国台湾海域。

292 圆身蛇鳗 *Ophichthus rotundus* Lee et Hirotoshi，1997 [4B]

本种体细长，躯干至尾前呈圆柱形。头短钝，吻短。前鼻孔管状。后鼻孔开口于上唇内侧，裂隙状，具皮瓣。口小，上颌长。上唇和眼下各有一皮突，分别位于前、后鼻孔间和眼下方。头部黏液孔发达。颌齿、犁骨齿均细小。上、下颌齿各2行。犁骨齿前部为2行，后部合为1行。背鳍起点与胸鳍尖后方相对。胸鳍发达。尾端尖，无尾鳍。侧线孔小，肛前侧线孔约60个。体黄褐色，腹侧和胸鳍淡黄色。为暖水性鳗类。分布于我国台湾海域。体长约47 cm。

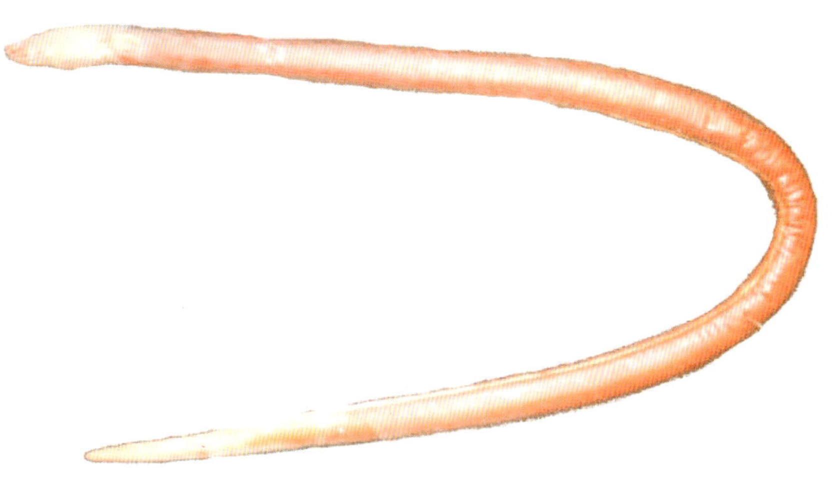

293 鲍氏蛇鳗 *Ophichthus bonaparti*（Kaup，1856）[38]

胸鳍13。肛前侧线孔90。脊椎骨161。

本种体呈长圆柱状，尾尖细。背鳍起始于胸鳍末端上方。两颌齿及犁骨齿各1行。头部有橙色斑纹，体侧有18～23条黑黄相间宽横带，易与近缘种相区别。为暖水性中小型鳗类。栖息水深100 m以浅。分布于我国台湾海域，以及日本和歌山海域、印度–西太平洋。全长约75 cm。见于延绳钓渔获。

294 斑纹蛇鳗 *Ophichthus erabo* Jordan et Snyder，1901[141]

=斑纹小齿蛇鳗

胸鳍15～17。肛前侧线孔82～83。脊椎骨151～155。

本种体稍粗，圆柱状。背鳍起始于胸鳍基底附近上方。胸鳍基底不宽。尾长小于头长和躯干长之和。齿小而锐尖。体黄褐色，有2纵行褐色大圆斑，有时其间尚不规则地散布有同色小斑纹。其头部斑纹则小而密。为近海暖水性鳗类。分布于我国东海、台湾海域，以及日本千叶海域、冲绳海域，印度–太平洋。全长约70 cm。

295 眼斑蛇鳗 *Ophichthus polyophthalmus*（Bleeker，1856）[38]

= 多斑蛇鳗

胸鳍13～14。肛前侧线孔73～74。脊椎骨147～149。

本种体稍粗，圆柱形。背鳍起始于胸鳍基底上方。体有3～4行黑褐色环状斑。其以体底浅灰褐色，体侧和头部圆斑的中心白色以及肛前侧线孔较少而与近缘种区分。不过随生长其体色和圆斑中心颜色有变异。为暖水性浅海中小型鳗类。分布于我国台湾海域，以及日本南部海域、美国夏威夷海域、印度–太平洋暖水域。全长约60 cm。

296 艾氏蛇鳗 *Ophichthus evermanni* Jordan et Richardson，1909[38]

胸鳍14。肛前侧线孔68～74。脊椎骨151。

本种体延长，稍粗。背鳍起始于胸鳍末端上方。肛门位于体中间附近。背鳍、臀鳍在尾端呈菱形。齿小，锐利。两颌齿和犁骨齿各1行。体淡褐色，背侧色较深，体无明显条带，但体侧有20条左右通达背鳍的不规则的褐色云状斑。颈部也可见褐色斑纹。为暖水性近岸中小型鳗类。栖息于沿岸浅水泥底质海区。分布于我国东海、南海，以及日本南部海域、西太平洋。全长约87 cm。

297 浅草蛇鳗 *Ophichthus asakusae* Jordan et Snyder，1901 [38]

胸鳍14～15。肛前侧线孔53～57。脊椎骨129～131。

本种体延长。背鳍起点与胸鳍末端附近相对应。从胸鳍后至尾端几乎等粗。肛门位于体中间前面。眼小，吻较尖，眼径小于吻长。体单一黄褐色，无斑纹。头部侧线孔和背鳍前端不带黑色。为暖水性浅海中小型鳗类。栖息水深100 m以浅。分布于我国台湾海域，以及日本三崎海域、高知海域，西北太平洋。全长约47 cm。

298 裙鳍蛇鳗 *Ophichthus urolophus*（Temminck et Schlegel，1846）[48]

胸鳍14～17。肛前侧线孔53～58。脊椎骨134～140。

本种体稍粗壮。吻短钝。躯干后尾端逐渐变细。背鳍较高，起始于胸鳍末端后上方。尾长大于头长与躯干长之和。两颌齿各1行。犁骨齿2行，多呈Y形排列。体单一黄褐色，腹侧色稍浅。为暖水性浅海中小型鳗类。栖息水深200 m左右。分布于我国东海、南海，以及日本骏河湾沿海、长崎沿海，印度–太平洋。全长约60 cm。偶见于底拖网渔获。

299 锦蛇鳗 *Ophichthus tsuchidae* Jordan et Snyder，1901 [14]

本种体延长，前部较粗，后部渐细。体长约为体高的22.5倍，头较大，体长约为头长的8.4倍。吻短钝。眼较大。口裂中等长。上颌齿2行，下颌齿1行。背鳍起始于胸鳍中部到末端上方。背鳍、臀鳍在近尾端处略有升高。体单一褐色，无斑纹。为暖水性中小型鳗类。分布于我国台湾海域，以及日本南部海域、西北太平洋。全长约50 cm。

300 尖吻蛇鳗 *Ophichthus apicalis*（Bennett，1830）[15]

本种体细长，体长为体高的28～40倍。头较长，体长为头长的9～11倍。吻尖突。口裂较大，伸达眼后缘下方。牙细小，锥状。两颌齿各1行。犁骨齿2行，V形排列。尾长为头长与躯干长之和的1.4～1.6倍。背鳍起点位于胸鳍基上方。体黄褐色，无明显的斑纹。为暖水性小型鳗类。栖息于浅海内湾水域。分布于我国东海、南海、台湾海域，以及菲律宾海域、印度–西太平洋。全长约43 cm。为我国南海定置网渔获习见种类。危害滩涂贝类养殖。

301 颈斑蛇鳗 *Ophichthus cephalozona*（Bleeker，1864）[4B]

本种体细长，体长约为体高的48.4倍，约为头长的13.9倍。吻短钝。眼小。口裂远伸过眼后缘下方。两颌齿较大，各1行，前颌骨齿4枚，与犁骨齿分离。犁骨齿1行。背鳍起点位于鳃孔后上方、胸鳍中点上方。体黄褐色，腹侧色浅，颈部有一黑色横带。为暖水性小型鳗类。分布于我国东海、台湾海域，以及日本南部海域、澳大利亚海域、太平洋温热带水域。全长约75 cm。

302 大鳍蛇鳗 *Ophichthus macrochir*（Bleeker，1853）[14]

= 长身蛇鳗

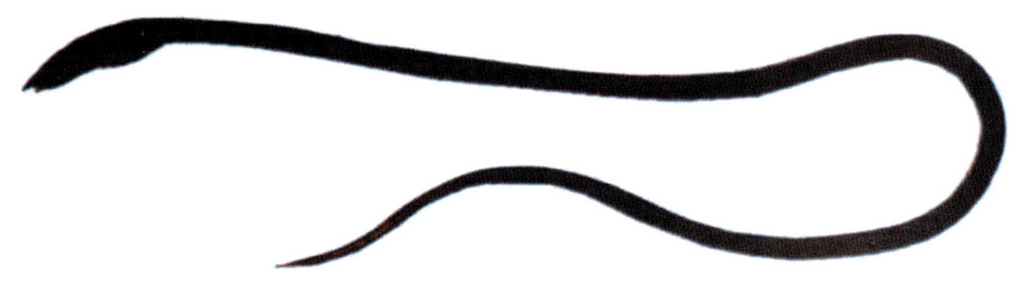

本种体细长，体长约为体高的41.1倍，约为头长的11.2倍。尾长约是头长和躯干长之和的1.6倍。吻尖。口裂稍超过眼后缘下方。上颌较下颌长。上、下颌齿各1行，尖锐，齿列前端接近犁骨齿。犁骨齿呈Y形排列，2行。前颌骨齿5枚。背鳍起始于鳃孔后上方。背鳍、臀鳍近尾端处不升高。有胸鳍，无尾鳍。体单一橄榄色。为暖水性小型鳗类。分布于我国台湾海域，以及印度-太平洋。全长约37 cm。

▲ 本属我国尚有短尾蛇鳗*O. brevicaudatus*，与锦蛇鳗相似，以下颌齿2行与锦蛇镘相区别。为我国特有种。我国还有西里伯蛇鳗*O. celebicus* Bleeker等种，形态特征与上述种类相似，只是一些量度特征及齿式排列存在差异[7]。都是暖水性小型鳗类。分布于我国南海、台湾海域。

（72）蠕鳗科 Echelidae

本科物种体长，圆柱状，稍侧扁；或体短，很侧扁。吻短，口裂达眼后下方。前鼻孔位于吻端上唇边，具短管；后鼻孔位于上唇边，近眼前沿，具缘边或很突出。舌附于口底。鳃孔小，侧位。背鳍、尾鳍、臀鳍相连。胸鳍发达或无。因前、后鼻孔均位于上唇边的特点与蛇鳗相似，故通常被置于蛇鳗科中[3, 12, 13]。但蠕鳗类有尾鳍，故也有学者将其单列1科[2, 35]。全球有3属13种，我国有3属7种。

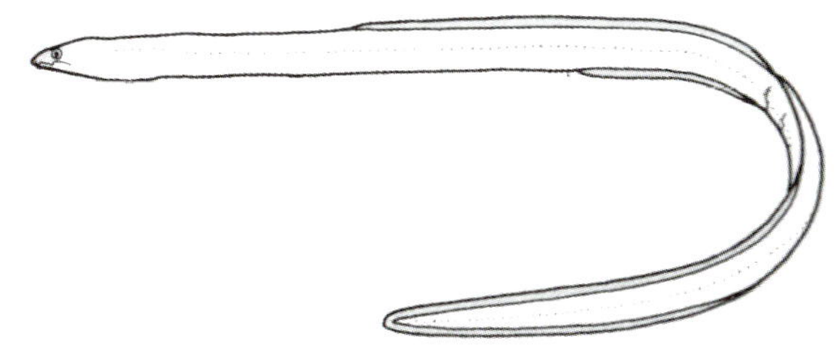

蠕鳗科物种形态简图

虫鳗属 *Muraenichthys* Bleeker，1853

本属物种体细长，圆柱状，稍侧扁。吻短，口裂达眼后下方。前鼻孔具短管，后鼻孔有瓣膜，皆位于上唇边。有尾鳍，无胸鳍。为热带或珊瑚礁鳗类。我国有4种。

303 短鳍虫鳗 *Muraenichthys hattae* Jorda et Snyder，1901[38]

肛前侧线孔54。脊椎骨154 ~ 161。

本种一般特征同属。体很细长。吻稍圆钝。背鳍起始于肛门前上方。前、后鼻孔间有1个侧线感觉孔。犁骨前部具一宽齿带。体黄褐色。为暖水性小型鳗类。栖息于岩礁性潮间带水窟中。分布于我国东海、南海，以及日本和歌山海域、印度–太平洋。全长约30 cm。

304 大鳍虫鳗 *Muraenichthys macropterus* Bleeker, 1857[38]

= 大鳍蠕蛇鳗 *Scolecenchelys macropterus*

肛前侧线孔45 ~ 52。脊椎骨127 ~ 132。

本种体细长。有尾鳍，无胸鳍。吻较尖。犁骨齿前部2列，后部1列。前、后鼻孔间有2个侧线孔。背鳍、臀鳍较高。背鳍起始于肛门前上方。体灰色，胸部银白色。奇鳍灰黑色。为暖水性小型鳗类。栖息于珊瑚礁潮间带水窟中。分布于我国东海南部、南海，以及琉球群岛海域、印度-西太平洋。全长约20 cm。

305 裸虫鳗 *Muraenichthys gymnotus* Bleeker, 1857[38]

= 裸身蠕蛇鳗 *Scolecenchelys gymnotus*

肛前侧线孔59。脊椎骨129 ~ 135。

本种体细长，体长为体高的30 ~ 50倍。头小。吻短，较尖。前、后鼻孔间有2个侧线孔。眼小，埋于皮下。背鳍起始于肛门后上方。口大。两颌齿细小，短圆锥形，各有2 ~ 3行，排列不规则。尾侧扁，尾鳍发达。体黄褐色，尾鳍色浅。为暖水性小型鳗类。栖息于浅海。分布于我国南海、东海，以及琉球群岛海域、太平洋热带水域。全长约38 cm。

306 马拉邦虫鳗 *Muraenichthys malabonensis* Herre，1923

= 汤氏虫鳗 *M. thompsoni*

肛前侧线孔45 ~ 46。

本种体细长，较侧扁，尾长是头长与躯干长之和的1.6 ~ 1.7倍。头中等大，吻圆钝。口大，口裂伸达眼的远后下方。两颌齿各有1行，细尖。犁骨齿小，尖锐。背鳍起点位于肛门上方。背鳍、臀鳍均较低，与尾鳍相连接。尾鳍后端尖形。体淡黄色，背部散布细密的黑色小斑点，各鳍色浅。为暖水性小型鳗类。分布于我国南海，以及菲律宾海域、西太平洋暖水域。全长约37 cm。

注：该图由中国海洋大学叶振江教授提供。

307 陈氏油鳗 *Myrophis cheni*（Chen et Weng，1967）[38]

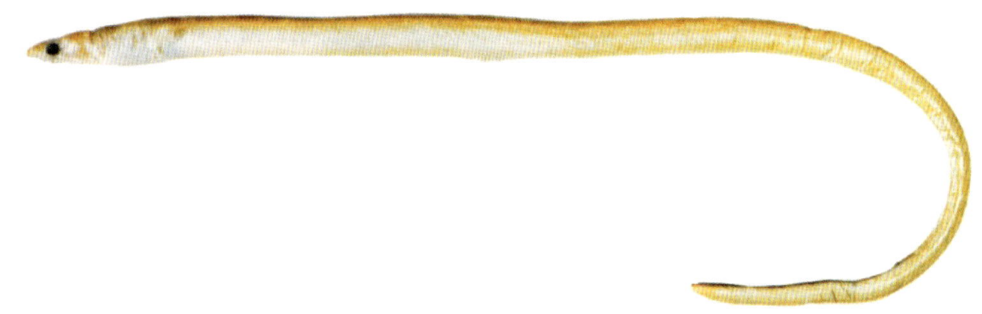

本种体很细长，体长约为体高的47.2倍，约为头长的11.1倍。尾长约是头长与躯干长之和的1.7倍。吻钝尖。上、下颌等长。口裂可伸达眼后缘下方。齿圆锥状，上、下颌齿及犁骨齿均为1行。前颌骨齿5枚。鳃孔小，开口于侧下方。具胸鳍。臀鳍起点位于肛门后面，背鳍起点位于臀鳍的稍后上方。体浅黄色，背鳍、臀鳍白色，接近尾鳍处为深褐色。为暖水性小型鳗类。分布于我国台湾海域，以及西北太平洋。全长约35 cm。

注：本图为小尾油鳗*M. microchir*，是陈氏油鳗的近似种。本属原有的大眼油鳗*M. macrophthalmus*[7]已被移入康吉鳗科。为了不致本属缺失，摘此图供参考。

308 小尾鳍蠕鳗 *Echelus uropterus*（Temminck et Schlegel，1846）[38]

胸鳍13～16。肛前侧线孔46～51。脊椎骨152～162。

本种体鳗形。头圆锥状。吻短，尖突。眼大，侧高位。口裂达眼后缘下方。眼后上方无侧线孔。齿颗粒状，犁骨齿呈宽齿带分布，两颌齿也列成齿带。背鳍起点与胸鳍后端相对应。尾细尖，有小尾鳍。体黄色，腹部白色。背鳍、臀鳍、尾部均有黑色边缘。为暖水性中型鳗类。分布于我国东海、南海，以及日本熊野海域、长崎海域，印度-太平洋暖温带水域。全长约60 cm。稀见于底拖网渔获。

（73）新鳗科 Neenchelyidae

本科物种体延长。尾长大于头长与躯干长之和。吻尖，锥状。前鼻孔短管状；后鼻孔长，裂隙状。两颌齿各1行，齿尖。鳃孔小。体具侧线。背鳍起点对应于胸鳍尖端后方。具胸鳍和尾鳍。背鳍、尾鳍、臀鳍相连。有著作把其置于蛇鳗科中[3, 4B, 13]。另有作者认为蛇鳗科太庞杂，*Neenchelys*依有尾鳍等特征，而独立为1科[2, 12]。我国有1属1种。

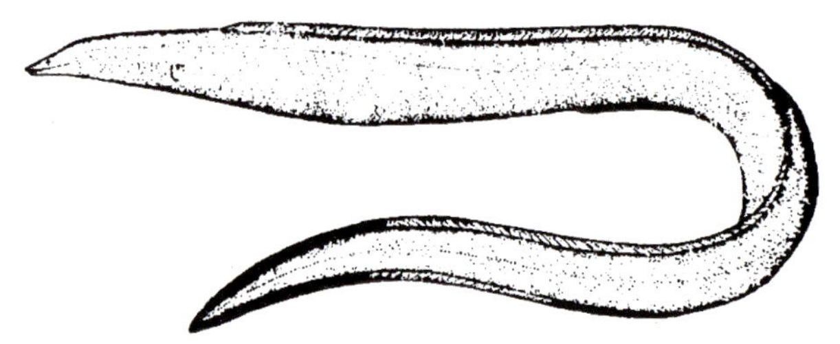

新鳗科物种形态简图

309 微鳍新鳗 *Neenchelys parvipectoralis Chu*，Wu et Jin，1981[37]

本种一般特征同科。体延长，躯干部圆柱状，较宽大。头短小，尖锥状。吻短，尖突。眼小，埋于皮下。后鼻孔裂隙状，位于眼前缘。口大。颌齿小，长锥形，上、下颌齿各1行，前颌骨齿外露。犁骨有齿。鳃孔小，鳃盖条明显，约20条。胸鳍甚小。背鳍起始于肛门前上方，达胸鳍尖端后上方。尾鳍细小，上、下叶等长。体淡褐色，腹侧色稍浅。背鳍、臀鳍后部和尾鳍边缘褐色。为近海暖水性鳗类。分布于我国东海、台湾海域。体长约25 cm。

（74）海鳝科 Muraenidae

本科物种体鳗形，稍侧扁。无鳞。头较短。口大，口裂达眼后下方。齿为犬齿、颗粒状齿或臼齿。舌附于口底。鼻孔每侧2个，一般均有短管或缘膜。鳃孔小。背鳍、臀鳍无论发达与否，皆与尾鳍相连。无胸鳍。通常具颜色艳丽的斑带或网纹。最大体长可达3 m。肉可食，甚美味。但有的种类皮肤和肌肉有西卡毒素，可致食者中毒，应加小心[43]。为鳗鲡目中最大一科。全球有15属约190种，我国有11属62种。

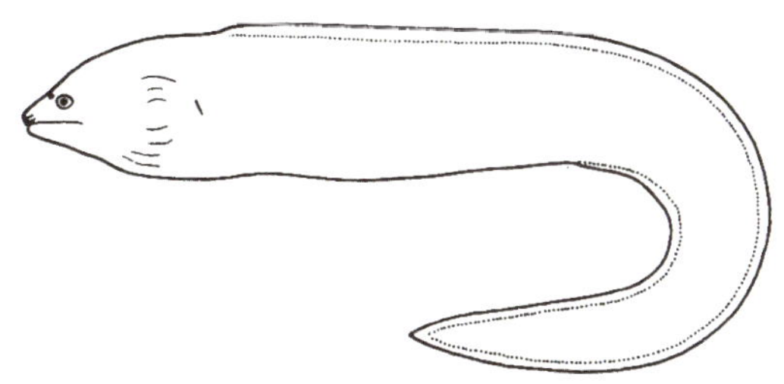

海鳝科物种形态简图

蛇鳝属 *Echidna* Forster，1788

本属物种体延长，侧扁。头较小。口裂大，达眼后下方。两颌及犁骨、腭骨具锥状犬齿、颗粒状齿或臼齿。体无鳞。背鳍、臀鳍、尾鳍相连，鳍由较厚皮膜包被。鳃孔较小，近水平，位于体侧中部。为热带沿岸及珊瑚礁分布种。全球有15种，我国有4种。

310 云纹蛇鳝 *Echidna nebulosa*（Ahl，1789）[38]

脊椎骨120～127。

本种一般特征同属。体延长，侧扁。头与躯干部较粗。吻短钝。两颌等长。上颌齿大部圆钝，1行或不规则地排成2行，齿行短于犁骨齿行。犁骨齿较大，臼齿。性成熟雄鱼的前上颌骨齿尖锐，具锯齿缘。体淡褐色，背、腹侧各有1列黑褐色星状斑纹。为热带中小型鳗类。多栖息于珊瑚礁潟湖内。分布于我国东海、南海、台湾海域，以及日本鹿儿岛以南海域、印度洋、太平洋。全长约55 cm。为珊瑚礁习见鱼种。肉具西加毒素。

311 多带蛇鳝 *Echidna polyzona*（Richaedson，1845）[37]

＝多环蝮鯙

脊椎骨120～124。

本种体延长，侧扁。头较小。吻短，较大。齿大部分钝。犁骨具大的臼齿，呈2行排列。性成熟雄鱼的前上颌骨齿尖锐，但无锯齿缘。体灰白色，具有横带。体长小于30 cm的个体，在白底上有23～29条横带。多见于珊瑚礁潟湖。捕食甲壳类为主。分布于我国台湾海域、南海，以及琉球群岛海域、印度-太平洋暖温带水域。全长约68 cm。

312 棕斑蛇鳝 *Echidna delicatula*（Kaup，1856）[8]

脊椎骨118 ~ 120。

本种体较粗，侧扁。体长约为体高的17.3倍。尾长等于吻端至肛门的长度。吻略突出。眼小而圆。口裂较大，达眼后缘下方。前颌骨齿12个，中间2个特粗大；上颌齿2行，外密内稀；犁骨齿1行，12个；下颌齿细小。背鳍、臀鳍、尾鳍发达并相连。无胸鳍。体、鳍色浅，随生长转为深褐色，密布不规则的褐色斑点，部分斑点尚连接为条纹或网状斑纹。鳃孔周缘黑色。为珊瑚礁区中小型鳗类。分布于我国南海，以及印度尼西亚海域、西南太平洋。全长约60 cm。

313 黄点蛇鳝 *Echidna xanthospilos*（Bleeker，1859）[37]

= 黄斑蝮鯙（台）

本种体粗短，头大，吻短钝。体长为头长的6.5 ~ 8倍。颌齿为臼齿，上颌齿1行，下颌齿2 ~ 3行。犁骨齿1 ~ 3行，延伸呈条状。体色暗，遍布黄色至白色圆形斑点，一些斑点聚合在一起。为浅海岩礁鳗类。栖息水深浅于60 m。分布于我国台湾海域。

314 条纹裸海鳝 *Gymnomuraena zebra*（Shaw et Nodder，1797）[15]

=斑马裸海鳝 *Echidna zebra*

脊椎骨131 ~ 139。

本种体细长，侧扁。尾部短。肛门位于体中部后方。背鳍低，被以厚皮膜，起始于鳃孔后上方。齿大部分为臼齿。前颌骨齿与锄骨齿连成铺石状齿带。无胸鳍和腹鳍。体黑褐色，具30 ~ 100条白色环纹。栖息于珊瑚礁浅水区。以甲壳动物为主食。分布于我国东海、台湾海域。

注：原纪录本属中分布于我国的单色裸海鳝*G. concolor*、虎纹裸海鳝*G. tigrina*和花斑裸海鳝*G. marmorata*[2]，因背鳍、臀鳍位置有别，现已被收录于尾鳝属*Uropterygius*中。因此，条纹裸海鳝成为裸海鳝属中唯一分布于印度-西太平洋的物种。

315 须裸海鳝 *Cirrimaxilla formosa* Chen et Shao，1995[37]

=台湾颌须鳝

本种体短粗，前部圆柱状，后部侧扁。吻尖，两颌边缘具许多须。口大。颌齿、犁骨齿尖，钩状。每侧2个鼻孔，后鼻孔边缘呈花瓣状。侧线孔不明显。体黄褐色，具许多虎斑状褐色条纹。为浅海岩礁性鳗类。栖息于水深60 m以浅的岩礁区。分布于我国台湾海域。体长约20 cm。

316 宽带鳍鳝 *Channomuraena vittata*（Richardson，1845）[37]

=环带裂口鳝

本种躯干部较粗，圆柱状。尾部较短，尾长约占体长的1/3。鳍条结构仅见于尾部后段。口裂大。齿细小，钩状，数多，呈多行排列。犁骨齿列短。体侧乳白色至浅褐色，具13～16条不规则的黑褐色环带，每环带具白边，各环带在腹缘相连。为浅海岩礁鳗类。栖息水深浅于60 m。分布于我国台湾海域。

尾鳝属 *Uropterygius* Rüppell，1838

=裸海鳝属

本属物种体细长，侧扁。口可完全闭合。两颌不甚突出。齿细针状。眼小。背鳍、臀鳍退化，有时仅呈皮褶状，鳍条仅见于尾部末端。尾鳍短小。为暖水性中小型鳗类。我国有7种。

317 小鳍尾鳝 *Uropterygius micropterus*（Bleeker，1852）[14]

=短鳍尾鳝

脊椎骨133～138。

本种一般特征同属。体细长，尾长大于全长的1/2。吻较尖。下颌有头部侧线管孔5个。后鼻孔位于眼中央前方，周围无头部侧线管孔。眼小，位于口裂中部上方或稍后上方。上、下颌齿各2行，细小，针状。鳃孔位于体侧中间。奇鳍退化，鳍条仅见于尾端。体

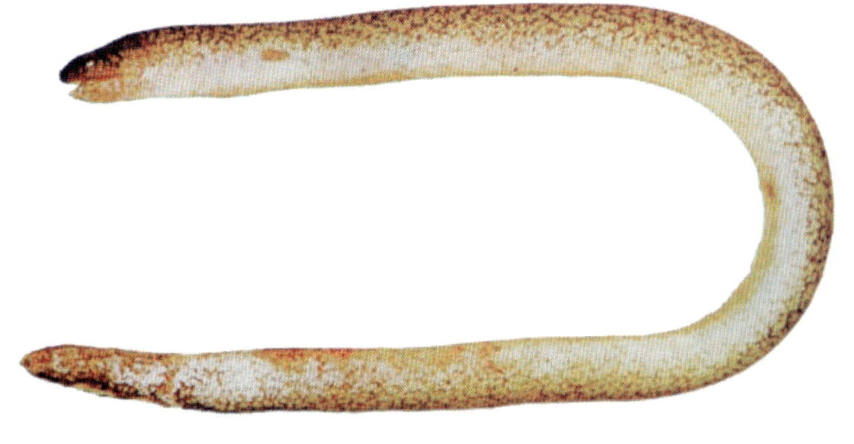

淡褐色，有褐色树枝状斑和不明显的网状斑纹。栖息于珊瑚礁浅海。分布于我国东海南部、台湾海域、南海，以及日本海域、澳大利亚东部海域、印度−西太平洋。全长约30 cm。

318 巨头尾鳝 *Uropterygius macrocephalus*（Bleeker，1865）[14]

= 大头尾鳝

脊椎骨105 ~ 116。

本种体细长。吻大，圆钝，隆起。后鼻孔位于眼瞳孔上方。上、下颌齿各2行，可倒伏。下颌有侧线管孔6个。尾部粗直，明显侧扁。体黑褐色，布有浅褐色网状条纹或茶褐色雪花状斑纹。吻、下颌和尾端淡褐色。为暖水性小型鳗类。栖息于热带沿海岩礁或珊瑚礁区。分布于我国台湾海域、南海，以及日本南部海域、密克罗尼西亚海域、中东太平洋暖温带水域。全长约40 cm。

319 虎纹尾鳝 *Uropterygius tigrina*（Lesson，1828）[14]

= 虎斑裸海鳝 *Gymnomuraena tigrina*

脊椎骨116。

本种体细长。尾部较短，尾长约为全长的1/3。吻钝尖。上、下颌齿细长而尖，各2行。犁骨齿小，单行。前、后鼻管等长。体橙黄色，背部、体中部、腹部各有1行黑褐色椭圆形斑。吻部和两颌有黑色小斑点，鼻孔附近白色。为暖水性小型鳗类。分布于我国东海南部、台湾海域、南海，以及菲律宾海域、美国夏威夷海域、印度–太平洋。全长约86 cm。

320 褐尾鳝 *Uropterygius concolor*（Rüppell，1838）[38]

= 单色裸海鳝 *Gymnomuraena concolor*

脊椎骨118 ~ 123。

本种体细长，肛门位于体中间附近。后鼻孔周边无头部侧线管孔。吻圆钝。眼小，位于口裂中间上方。上、下颌齿各2行，犁骨齿1行。体茶褐色，无斑纹，奇鳍黑色。为热带近岸小型鳗类。栖息于河口红树林分布区。分布于我国东海南部、南海、台湾海域，以及日本奄美大岛以南海域、新喀里多尼亚海域、印度–太平洋。全长约25 cm。

321 少椎尾鳝 *Uropterygius oligospondylus* Chen，Randall et Loh，2008[37]

脊椎骨100 ~ 103。

本种体较粗短，体高。吻背侧隆突。下颌粗厚，口裂较大。上、下颌齿各3行，细长，排列紧密。鳃孔位于体侧中线下方。肛门位于近体中间处。体灰色，布有黑色网状细纹。为浅海岩礁鳗类。分布于我国台湾海域。

322 网纹尾鳝 *Uropterygius nagoensis* Hatooka，1984[38]

脊椎骨140。

本种体较粗。尾稍宽。口大。下颌细，前端上弯。两颌齿细，各有3～4行。眼位于口裂中间稍前上方。鳃孔小，背侧位。鳃孔前方无侧线管孔。体茶褐色，头、胸部色浅，全身布有深褐色不太明显的网状斑纹。为热带中小型鳗类。分布于我国台湾海域，以及琉球群岛海域、印度尼西亚海域、汤加海域、西太平洋。全长约70 cm。

323 花斑尾鳝 *Uropterygius marmoratus*（Lacépède，1803）[38]

=石纹尾鳝=花斑裸海鳝 *Gymnomuraena marmorata*

脊椎骨138。

本种体细长。背鳍、臀鳍退化。肛门位于体中间附近。眼位于口裂中间上方。鳃孔小，位于体侧中间下方。两颌齿各3行，尖细。体淡灰色，密布眼大小的深褐色斑点，并形成大理石状的斑纹。为热带小型鳗类。栖息于珊瑚礁浅水区。分布于我国东海南部，以及琉球群岛南部海域、萨摩亚海域、马达加斯加海域、印度-太平洋。全长约50 cm。

324 褐高眉鳝 *Anarchias allardicei* Jordan et Starks，1906[14]

= 薩摩亚高眉鳝 = 暗色高眉鳝 *A. fuscus*

脊椎骨96～100。

本种体细长，尾长略长于全长的1/2。后鼻孔邻接一扩大的上眼窝孔。上、下颌齿各2行，内侧齿少而大，颌间有2个倒伏的大尖齿。体单一褐色；有的个体有变异，带有斑纹；背侧色较深，腹侧和颌下色略浅，尾鳍周边为黄色。头部感觉孔、后鼻孔及肛门为白色。分布于我国台湾海域，以及印度–太平洋。

注：黄宗国（2012）将褐高眉鳝和暗色高眉鳝视为同物种[13]，张春光（2010）依头部侧线孔颜色白色或褐色将二者分立为两种[4B]。本属尚有一种坎顿高眉鳝*A. cantonensis*。

勾吻鳝属 *Enchelycore* Kaup，1856

= 泽鳝属

本属物种体粗壮。头较长。上、下颌明显弯曲，以致口部不能完全闭合，故称勾吻鳝。颌齿尖长并呈钩状延伸，两颌闭时牙齿明显外露。背鳍始于鳃孔附近上方。无胸鳍。全球有12种，我国有5种。

325 豹纹勾吻鳝 *Enchelycore pardalis*（Temminck et Schlegel，1846）[38]

= 豹纹泽鳝 = 豹纹海鳝 *Muraena pardalis*

脊椎骨125～129。

本种体粗壮。吻尖长。上、下颌弯曲。多数大尖牙外露。后鼻孔管长于前鼻孔管。奇鳍发达。尾长约等于头长与躯干长之和。体红褐色，布有带褐色边的白色圆斑，体下侧圆斑较大且不规则。栖息于热带海域的岩礁和沿岸地区。分布于我国台湾海域、东海，以及日本南部海域、西印度洋、西太平洋。全长约78 cm。

注：本种过去因后鼻孔管长于前鼻孔管特征而被列入大西洋分布的海鳝属*Muraena*[2]，其实本种其他特征和海鳝属并不完全相似[9]。

326 苔斑勾吻鳝 *Enchelycore lichenosa*（Jordan et Snyder，1901）[38]

= 泽鳝

脊椎骨148～153。

本种体较粗，圆柱状。吻尖长，眼上后部隆起。口裂大，两颌弯曲不能完全闭合。上、下颌齿各2～3行，锐尖。后鼻孔不呈管状。体深褐色，体侧有3排黄褐色苔藓状斑。为热带浅海鳗类，栖息于近岸岩礁区。分布于我国台湾海域，以及日本南部海域、西北太平洋。全长可达90 cm。

327 贝氏勾吻鳝 *Enchelycore bayeri*（Schultz，1953）[37]

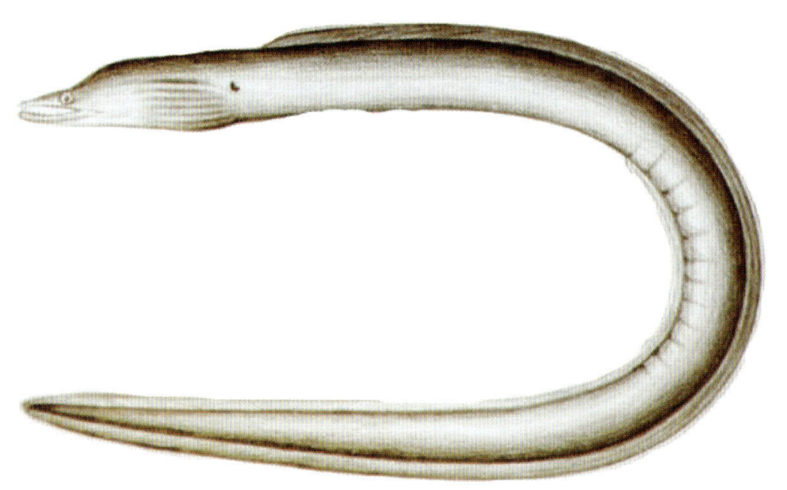

本种体较细长，上、下颌亦颇细长，前端弯勾状。上、下颌齿各2行，犁骨齿前部亦2行。前鼻管细管状；后鼻孔卵圆形，位于眼和前鼻孔基部的中央处。背鳍起始于鳃孔稍后的上方。体单一暗褐色，腹侧色略浅，背鳍、尾鳍、臀鳍鳍缘色浅。为浅海岩礁鳗类。栖息水深60 m以浅。分布于我国台湾海域。

328 裂吻勾吻鳝 *Enchelycore schismatorhynchus*（Bleeker，1853）[14]（左幼鱼，右成鱼）

=裂吻褐泽鳝

脊椎骨139～142。

本种体粗，稍长。前鼻孔呈漏斗状。后鼻孔在眼上方。背鳍起始于鳃孔前的上方。两颌尖长且呈钩状，下颌齿前部2行，上颌齿的内侧齿较尖长，口闭时颌齿同样外露。成鱼体单一灰褐色，背鳍、臀鳍边缘白色。为珊瑚礁水域栖息鳗类。分布于我国南海、台湾海域，以及日本冲绳海域、萨摩亚海域、印度–西太平洋。全长可达1.2 m。不能食用。

329 比基尼勾吻鳝 *Enchelycore bikiniensis*（Schultz，1953）[14]

脊椎骨146～148。

本种体前部粗壮，尾部渐细尖。其体色及吻形态与裂吻勾吻鳝相似。二者皆为成鱼灰褐色，幼鱼红褐色；吻部尖长，颌不能完全闭合。但本种鳍为深褐色，无白边；齿式亦与裂吻褐泽鳝有差别。另外在我国台湾海域尚发现了本种与淡网裸胸鳝*Gymnothorax pseudothyrsoideus*的杂交种[9]。属暖水性大中型鳗类。肉食性，喜食蛇鲻等底层鱼类。分布于我国台湾海域，以及太平洋热带水域。全长可达1 m以上。

长海鳝属 *Strophidon* McClelland，1844

= 弯牙海鳝属

本属物种体侧扁，很细长，体长为体高的40 ~ 50倍。头较小。齿尖锐，可倒伏。背鳍始于头后部。有侧线，由小孔连成线状。无胸鳍。尾鳍发达。我国有2种。

330 长海鳝 *Strophidon sathete*（Hamilton，1822）[38]

= 长尾弯牙海鳝 = 长身裸胸鳝 *Gymnothorax prolatus*

脊椎骨183 ~ 191。

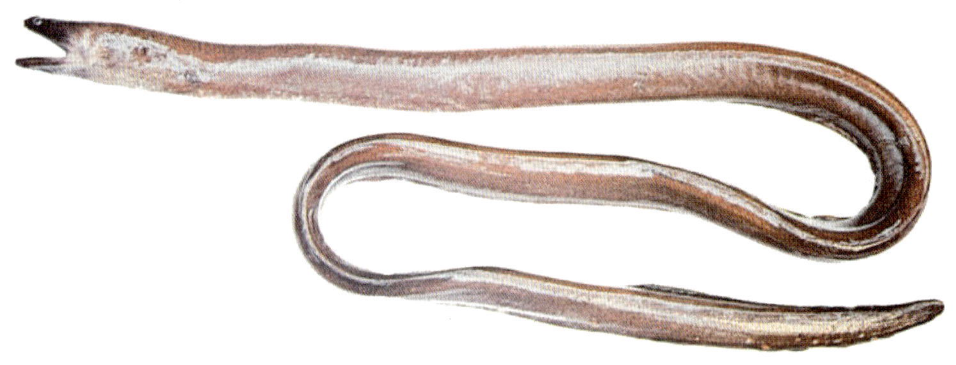

本种一般特征同属。体很细长。吻端尖。眼较近吻端。上、下颌等长，上颌两侧及下颌前端各有2行小尖齿。犁骨齿1行，2 ~ 4个。前鼻孔管状，后鼻孔有突起边缘。眼下后方无侧线孔。体灰色，腹面色较浅。背鳍、臀鳍边缘黑色。为热带沿岸大型鳗类。栖息于近岸河口。分布于我国东海、台湾海域，以及日本南部海域、印度−西太平洋。最大全长可达3 m。时见于我国台湾近岸底拖网渔获。

331 斑长海鳝 *Strophidon brummeri*（Bleeker，1858）[38]

= 布氏弯牙海鳝

脊椎骨210。

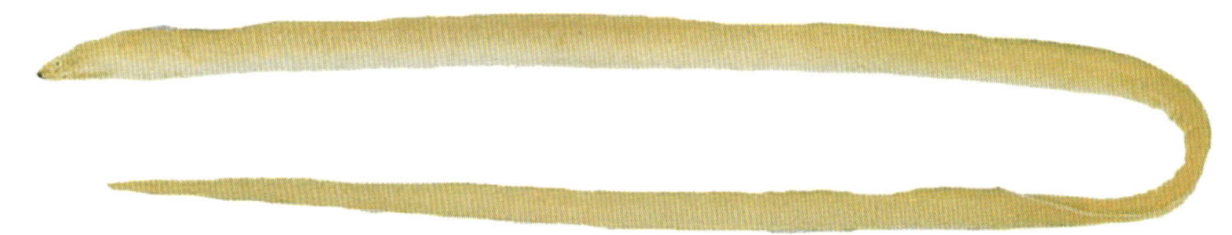

本种体细且极长。背鳍颇高。头短，吻较细尖。口端位，口裂伸达眼远后下方。齿犬齿状，上颌齿2行，下颌齿1行。犁骨齿1行，2 ~ 5个。体浅黄色，近乳白色。头前部有黑色小斑点，多位于侧线管孔处。前鼻管前端亦为黑色。奇鳍缘有白边。为近海底栖中型鳗类。常埋于沙或碎石堆中。分布于我国东海、台湾海域，以及日本冲绳南部海域、西太平洋、西印度洋。全长约80 cm。稀见。

332 管鼻海鳝 *Rhinomuraena quaesita* Garman，1888[70]

= 大口管海鳝 = 蓝体管鼻海鳝 *R. amboinensis*

脊椎骨270 ~ 286。

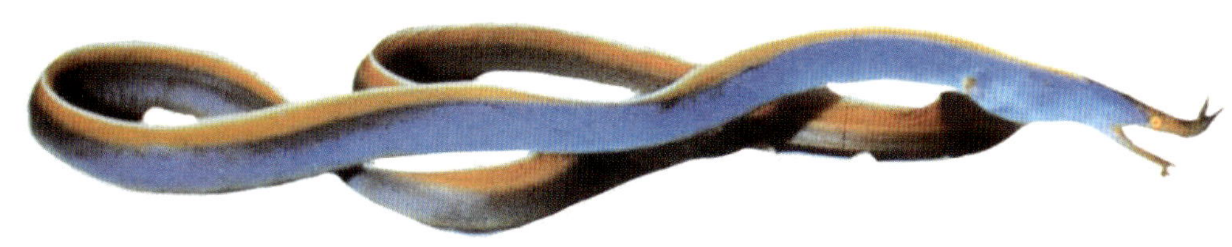

本种体很细长。前鼻管具叶状皮瓣。吻和下颌前部具须状突起。尾长为头长和躯干长之和的1.5 ~ 2倍。背鳍起点位于鳃孔和吻的中间上方。背鳍黄色，臀鳍黑色，皆有白边。本种有性逆转现象。幼鱼全身为黑色，仅下颌有一黄色条纹。雄鱼体为天蓝色，故曾被鉴定为蓝体管鼻海鳝。雄鱼经性逆转变为雌性后，体变为黄色，鳃裂亦呈黄色[9]。栖息于珊瑚礁水域。分布于我国台湾海域、东海，以及日本南部海域、印度-太平洋暖温带水域。全长可达1.2 m。

333 长体鳝 *Thyrsoidea macrurus*（Bleeker，1854）[38]

= 真泽鳝 *Evenchelys macrurus*

脊椎骨183 ~ 196。

本种体特别延长，较侧扁。尾长约为头长与躯干长之和的1.5倍。吻短。眼小而圆。前鼻孔具短管，后鼻孔具缘瓣。口较大，口裂伸达眼远后下方。两颌齿各2行，齿尖而侧扁。犁骨齿1行。鳃孔小。背鳍起始于鳃孔前上方。无胸鳍。侧线不

明显。体灰褐色，胸部、腹部色浅，无斑纹。尾端黑褐色。为热带大中型鳗类。分布于我国东海、南海，以及西太平洋暖温带水域。全长可达3 m。

裸胸鳝属 *Gymnothorax* Bloch，1795

本属物种体中等长，较侧扁。尾部等于或稍长于头长和躯干长之和。头中等大。吻短。眼小。前鼻孔具短管；后鼻孔具缘瓣。口裂达眼后下方。两颌不显著弯曲。齿锐尖，上颌齿2行，外侧较细长，齿行较犁骨齿长大。前颌骨中间齿1～3行。舌附于口底。鳃孔较小，呈圆孔状或裂隙状。奇鳍比较发达，无胸鳍。通常体具斑带或网纹。本属是鳗鲡目中最大一属，我国有37种。

334 斑点裸胸鳝 *Gymnothorax meleagris*（Shaw and Nodder，1795）[38]

=白口裸胸鳝

脊椎骨127～129。

本种体高，侧扁，较粗短。头中等大，吻短。口大，近水平位。上颌齿2行，下颌齿1行。前颌骨中央齿尖锐，3行。犁骨具1行小齿。口腔内白色，故又称白口裸胸鳝。体紫褐色，密布白色小点。鳃孔周缘黑色。尾端白色。由于口腔齿与壮体裸胸鳝相同，台湾曾称其为黑斑裸胸鳝，即壮体裸胸鳝[9]。张春光（2010）也认为二者是同物种[4B]。为珊瑚礁浅海大型鳗类。分布于我国东海、台湾海域，以及日本奄美大岛以南海域、印度-太平洋暖温带水域。全长可达1 m以上。

335 微身裸胸鳝 *Gymnothorax eurostus*（Abbott，1861）[38]

=壮体裸胸鳝

脊椎骨119～130。

本种与斑点裸胸鳝相似。前颌骨中间齿3行，上颌齿2行。吻稍尖长。成鱼的两颌略呈钩状。口腔与躯干部一样颜色。体黄褐色，散布黄白色和黑色斑点或线虫状斑。眼虹彩橘黄色。其体色多变，甚至出现无黑点的白化个体。为暖温带岩礁区到热带珊瑚礁中型鳗类。分布于我国南海、台湾海域，以及日本南部海域、美国夏威夷海域、澳大利亚海域、哥斯达黎加海域、印度–太平洋。全长约60 cm。《台湾鱼类志》（1993）和《中国动物志硬骨鱼纲 鳗鲡目 背棘鱼目》（2010）误将本种鉴定为斑点裸胸鳝[9，48]。沈世杰（2011）、黄宗国（2012）和中坊徹次（1993）已将二者明确列为2种[37，36，13]。

336 伯恩斯裸胸鳝 *Gymnothorax buroensis*（Bleeker，1857）[14]

脊椎骨112～114。

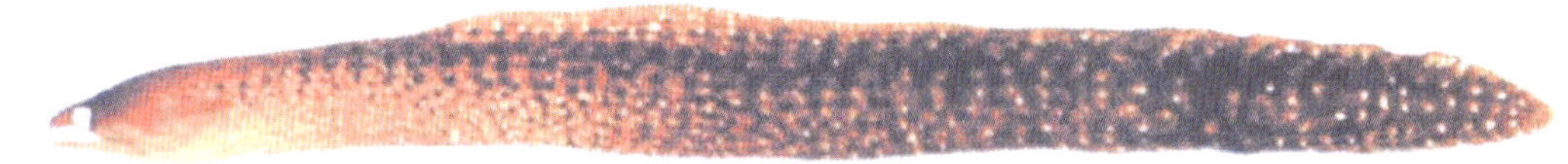

本种体粗壮，吻端稍圆。两颌不弯曲，上颌齿2～3行。体褐色；体侧有不明显的黑点，呈纵向规则排列。尾部有许多浅色粒状突起。鳍边缘为黄白色。为珊瑚礁浅水小型鳗类。分布于我国台湾海域，以及日本冲绳以南海域、美国夏威夷海域、哥斯达黎加海域、巴拿马海域、印度–太平洋。全长约30 cm[82]。

337 平达裸胸鳝 *Gymnothorax pindae* Smith，1962[14]

脊椎骨121。

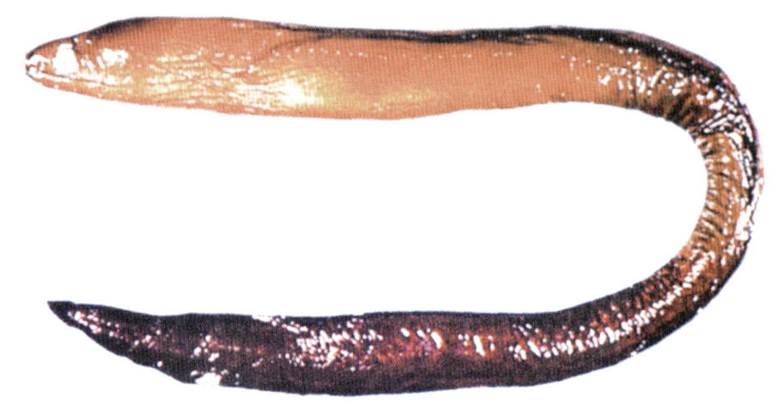

本种体延长，前部略呈圆柱状，尾部侧扁。吻钝，口大。上颌齿尖锐，1行，或前部2行而后部1行，齿列较犁骨齿大，其切缘有锯齿。体单纯褐色，前鼻管黑色，口内皮肤白色，鳍边缘黑褐色。为珊瑚礁水域中型鳗类。分布于我国台湾海域，以及日本奄美大岛海域、澳大利亚海域、印度–太平洋。全长约1 m。

338 斑氏裸胸鳝 *Gymnothorax berndti* Snyder，1904[14]

脊椎骨130 ~ 138。

本种体前部粗壮，尾端侧扁。两颌略呈钩状，上颌比下颌突出。前颌骨中央和下颌前端齿尖锐，但也有个体齿弱或缺失。体在黄白色底上布有不规则的狭幅横带25 ~ 35条，或呈网状斑纹。臀鳍基底黑褐色，边缘白色。眼虹彩淡黄色。为珊瑚礁水域中型鳗类。栖息于25 m以浅沿岸水域。分布于我国台湾海域，以及日本骏河湾以南海域、美国夏威夷海域、马里亚纳海域、西太平洋暖温带水域。全长可达1 m。

339 黑环裸胸鳝 *Gymnothorax chlamydatus* Snyder，1908[14]

= 褐环裸胸鳝

脊椎骨144～153。

本种体延长，侧扁。吻端圆。头背稍隆起。口裂大，前颌骨中间通常无齿，颌齿单行，切缘有锯齿。体黄褐色，有12～13条黑色宽环带，环纹前、后镶有白缘，环带间和头部有黑色小斑点。为暖水性中型鳗类。栖息于100 m以浅沿岸水域。分布于我国台湾海域，以及日本冲绳海域、菲律宾海域、印度尼西亚海域、西太平洋暖温带水域。全长约60 cm。

340 网纹裸胸鳝 *Gymnothorax reticularis* Bloch，1795[15]

= 疏条裸胸鳝

脊椎骨134～144。

本种体延长，稍侧扁。头较小，吻短，眼小。两颌约等长，上、下颌齿和犁骨齿皆为1行，为侧扁犬齿，尚有锯齿缘。体黄白色，有14～22条横带，该横带系由棕色点组成，外缘又无白边相隔，易与黑环裸胸鳝区分。为珊瑚礁中小型鳗类。分布于我国南海、台湾海域，以及日本海域、印度尼西亚海域、印度–西太平洋暖温带水域。全长约60 cm。习见于底拖网渔获。

341 宽带裸胸鳝 *Gymnothorax rueppelliae*（McClelland，1845）[8]

= 鞍斑裸胸鳝 *G. petelli*

脊椎骨128～134。

本种体延长，侧扁。吻稍突出。前颌骨中间处有2～3枚尖齿，并有锯齿缘。体淡褐色，布有15～22条等幅的黑褐色横带。幼鱼横带显著，大型个体横带不明显。横带在腹面多间断，故成鞍状斑。为珊瑚礁中型鳗类。栖息于珊瑚礁浅水区。分布于我国南海、东海南部、台湾海域，以及琉球群岛海域、澳大利亚海域、美国夏威夷海域、印度–太平洋热带水域。全长约80 cm。

342 细花斑裸胸鳝 *Gymnothorax neglectus* Tanaka，1911 [14]

脊椎骨152～153。

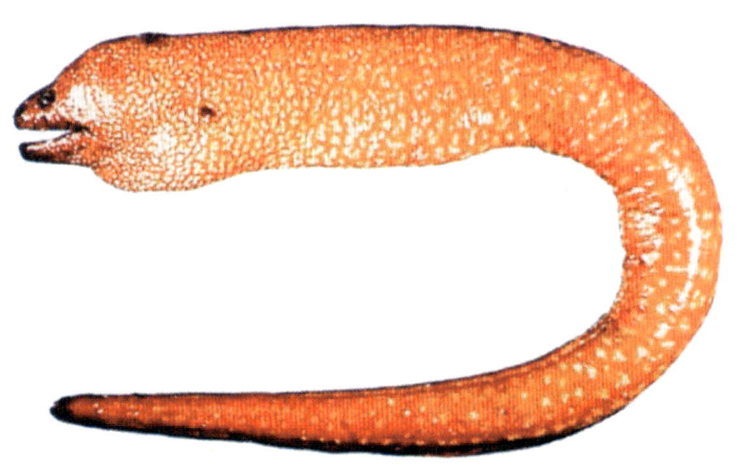

本种体延长。头大，吻短钝。唇无褶，两颌等长。颌齿单行，前、后缘均具锯齿。犁骨齿圆锥状，无前颌骨大尖牙。体无横带。在黄褐色基底上密布不定型白色或黄白色小斑点，尾部斑点略稀疏。口腔内有斑纹。背鳍、臀鳍有白边。为暖水性大中型鳗类。栖息于沿岸到200 m水深处。分布于我国台湾海域、南海，以及日本和歌山以南海域、西北太平洋。全长约1.2 m。

343 星斑裸胸鳝 *Gymnothorax nudivomer*（Günther，1867）[14]

=褐裸锄裸胸鳝

脊椎骨135～136。

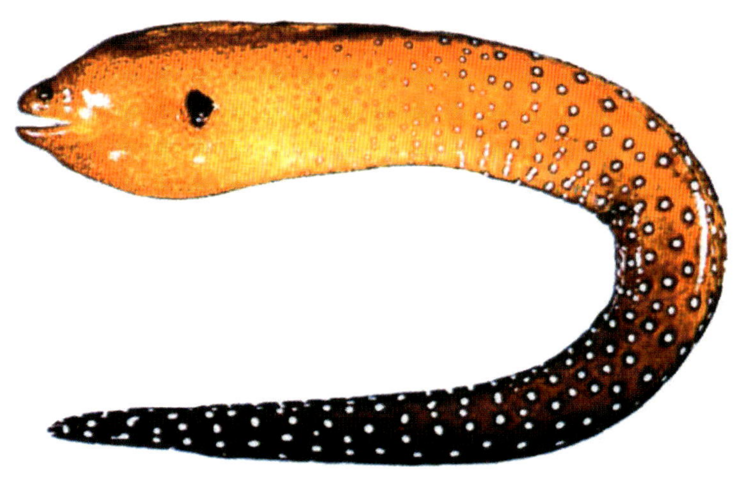

本种体延长，侧扁，头后部稍突出。吻短而钝。上、下颌粗短；颌齿各1行，齿缘锯齿状。上颌前部6对齿大。成鱼犁骨裸露无齿，故又称褐裸锄裸胸鳝。体前半部在黄色基底上密布小白点，尾部在褐色基底上稀疏布有眼大小的圆形或椭圆形白点。口腔内黄色。鳃孔圆，周缘黑色。为珊瑚礁水域大中型鳗类。栖息水深100 m左右。分布于我国南海、台湾海域，以及日本冲绳海域、美国夏威夷海域、印度–太平洋。全长约1 m。皮肤黏液有毒。

344 异纹裸胸鳝 *Gymnothorax richardsoni*（Bleeker，1852）[14]

=李氏裸胸鳝

脊椎骨111～121。

本种体延长，稍侧扁。头中等大，吻短，口大。通常上、下颌齿单行，齿切缘无锯齿。犁骨齿1～2行（雌、雄鱼，幼、成鱼有别）。背鳍起始于鳃孔上方。在淡褐色或灰色的基底上，布有狭幅不连续的黑褐色波状纹。头部褐色，有白色斑点，尤以颌孔周缘的白斑更明显。为小型鳗类。栖息于珊瑚礁藻场、大叶藻繁茂的水域。分布于我国南海、台湾海域，以及日本冲绳海域、萨摩亚海域、印度–西太平洋暖温带水域。全长约25 cm。

345 云纹裸胸鳝 *Gymnothorax chilospilus* Bleeker，1865[141]

=唇瓣裸胸鳝

脊椎骨124～128。

本种体延长，侧扁。头背隆起，吻侧扁。口裂大。上、下颌齿和犁骨齿均单行，前颌骨齿3行。背鳍起始于鳃孔前上方。体无明显横带，底色从黄褐色到黑褐色不等，夜间色浅。体斑纹变异也很大，从斑块状至树枝状皆有。两颌的头部侧线管孔周围白色。口角有黑痕。为小型鳗类。栖息于珊瑚礁浅水处。分布于我国台湾海域、东海南部，以及日本奄美大岛以南海域、澳大利亚海域、美国夏威夷海域、印度–太平洋暖温带水域。全长约40 cm。在我国台湾海域珊瑚礁区数量甚多[9, 82]。

346 带尾裸胸鳝 *Gymnothorax zonipectis* Seale，1906[14]

脊椎骨128。

本种体细长，侧扁。吻稍尖长。上、下颌齿和犁骨齿均单行。上颌内侧齿较大。体淡棕色，具褐色点。在尾部各点相连，并连接背鳍、臀鳍上的斑点，形成明显的梳状黑色横带。两颌侧线管孔周围有白点，眼后方有2条明显的白色带纹。为热带珊瑚礁小型鳗类。分布于我国台湾海域，以及日本高知以南海域、菲律宾海域、印度–西太平洋沿岸水域。全长约47 cm。

347 蠕纹裸胸鳝 *Gymnothorax kidako*（Temminck et Schlegel，1846）[68]

脊椎骨136～143。

本种体延长，粗壮。头较大，吻较尖，上、下颌等长。上、下颌齿均单行，齿小而尖。体黄色或棕色，周身环绕树枝状不规则的褐色横带。吻和眼下侧线管孔周围不呈白色。臀鳍有白色边缘。口角有黑痕。为暖水性沿岸中型鳗类。栖息于沿岸岩礁区。分布于我国东海、台湾海域，以及日本南部海域、菲律宾海域、印度–西太平洋暖温带水域。全长约80 cm。为习见种。

348 黄边裸胸鳝 *Gymnothorax flavimarginatus*（Rüppell，1830）[38]

脊椎骨131～140。

本种体延长，侧扁。吻短尖，略呈锥状。口大，上、下颌齿均单行，幼鱼颌齿内侧尚有3～4枚尖牙。犁骨齿亦单行。体黄褐色，密布褐色斑点。背鳍、臀鳍具黄绿色边缘。鳃孔周缘黑色。为中型鳗类。常栖息于浅海珊瑚礁上或礁穴中。分布于我国台湾海域、东海南部、南海，以及琉球群岛海域、美国夏威夷海域、印度–太平洋、巴拿马海域、哥斯达黎加海域、东太平洋。全长约1.1 m。为习见种。

349 美丽裸胸鳝 *Gymnothorax formosus* Bleeker，1864[37]

本种体延长，稍侧扁。吻短尖，头背隆起。两颌齿及犁骨齿均单列。体黏膜呈深黄色，皮肤淡红褐色。背部、尾部有许多较大的深褐色斑点。头和腹侧具小斑点。尾部斑点连成网状纹。鳃孔周缘黑色。为暖水性岩礁鳗类。栖息于水深60 m以浅的岩礁区。分布于我国台湾海域。

350 斑颈裸胸鳝 *Gymnothorax margaritophorus* Bleeker，1864[14]

=珠纹裸胸鳝

脊椎骨128～131。

本种体延长，侧扁。背鳍起点位于鳃孔前上方。吻尖长。颌间齿尖，下颌前端和上颌内侧亦有大尖齿。体色和斑纹变异颇大，底色由黄褐色至深褐色不等，体侧有2～4行白色斑点。通常眼后上方有1列黑色斑纹向尾部延伸。前鼻管黑色，下颌白色，口角有黑痕。为中型鳗类。栖息于珊瑚礁浅水处。分布于我国东海南部、台湾海域，以及日本冲绳海域、澳大利亚海域、印度–太平洋。全长约70 cm。

351 褐首裸胸鳝 *Gymnothorax ypsilon* Hatook et Randall，1993[37]

= 丫环裸胸鳝

本种体较粗壮而延长，侧扁。头背隆起。吻稍尖。齿尖长，呈犬齿状。两颌齿和犁骨齿均单行。前鼻孔管状，开口于吻端，后鼻孔开口于眼后上方。肛门位于体长中点之前。体淡褐色，背侧略呈黄色。头前半部单一红褐色，体具30～36条深褐色环带，部分环带于体侧交会，呈Y形。臀鳍多深褐色，并具白边。栖息于水深60 m以浅的岩礁区。分布于我国台湾海域。

352 白斑裸胸鳝 *Gymnothorax leucostigma* Jordan et Richardson，1909[38]

= 锯齿裸胸鳝 *G. prionodon*

脊椎骨134～139。

本种体较粗壮，侧扁。吻长而尖。上、下颌尖长，两颌齿和犁骨齿均单行。体红褐色，布满白斑。但白斑大小和清晰程度有很大差异。口角黑色，眼虹彩金黄色，鳃腔表皮有许多黑线。此外群体中尚有个体具有红褐色网状斑纹或眼大小的白斑，尚不确定这两类型个体和普通个体间的差异水平[38]。为暖水性中型鳗类。栖息于沿岸岩礁区至水深100 m的水域。分布于我国台湾海域、南海、东海南部，以及日本南部海域、西北太平洋热带水域。全长约80 cm。在我国台湾南部海域较常见[37, 82]。

353 雪花裸胸鳝 *Gymnothorax niphostigmus* Chen，Shao et Chen，1996 [141]

本种体延长，侧扁，头背稍隆起。吻短，口端位，口裂大。上、下颌齿均单行，犬齿状。体和鳍均呈黑褐色，密布雪花状白色斑点。颅顶具白色小点。口角黑色。臀鳍具白缘，背鳍、尾鳍边缘色深。为暖水性岩礁鳗类。栖息水深60 m以浅。分布于我国台湾海域。

354 爪哇裸胸鳝 *Gymnothorax javanicus*（Bleeker，1859）[38]

脊椎骨140～143。

本种体较短，粗壮。头后部稍隆突。吻端圆钝，两颌齿均单行。犁骨齿1～2行。体淡黄褐色，体侧有3～4列黑色大斑，间以浅色网状条纹。随鱼体成长，大斑中心出现一些浅色小斑。鳃孔周边黑色。为大型鳗类。栖息于珊瑚礁浅水处。分布于我国台湾海域，以及日本冲绳海域、美国夏威夷海域、印度-太平洋热带水域。全长可达2.2 m。体有西卡毒素。

355 豆点裸胸鳝 *Gymnothorax favagineus* (Bleeker, 1855) [14] (上幼鱼，下成鱼)

= 澎湖裸胸鳝 = 黑斑裸胸鳝 *G. pescadoris*

脊椎骨131～142。

本种体延长，侧扁。头中等大，略呈圆锥状。吻较长，口大。两颌齿、犁骨齿细，呈尖锥状，均1行。体浅色，布有黑色圆形、椭圆形或不规则斑点。幼鱼尾部具网状纹。随鱼体生长，头部变粗，黑色斑点相对变小，散布密度较稀。为珊瑚礁大中型鳗类。栖息于热带近岸内湾、岩礁、珊瑚礁礁盘至水深100 m处。分布于我国东海南部、南海，以及日本和歌山以南海域、西太平洋。幼鱼全长30～50 cm，成体长约85 cm。曾为南海习见种，如今已稀少。刘瑞玉（2008）、黄宗国（2012）将本种与黑点裸胸鳝*G. melanospilus*分列为两种[12, 13]，而张春光（2010）、沈世杰（1993）认为二者为同种[4B, 9]。

356 黑点裸胸鳝 *Gymnothorax melanospilus* (Bleeker, 1855) [15]+[38] (左幼鱼，右成鱼)

= 魔斑裸胸鳝 *G. isingteena*

本种与豆点裸胸鳝特征很相似，皆无胸鳍，背鳍、臀鳍、尾鳍连合，外被皮膜。颌齿和犁骨齿细尖，锥状，皆1行。只是本种黑斑圆点较大，且随生长渐细、且密。分布于我国南海，以及日本南部海域、西太平洋暖水域。体长可达1.7 m。

357 细斑裸胸鳝 *Gymnothorax fimbriatus*（Bennett，1832）[15]

=縫斑裸胸鳝=花鳍裸胸鳝

脊椎骨131～136。

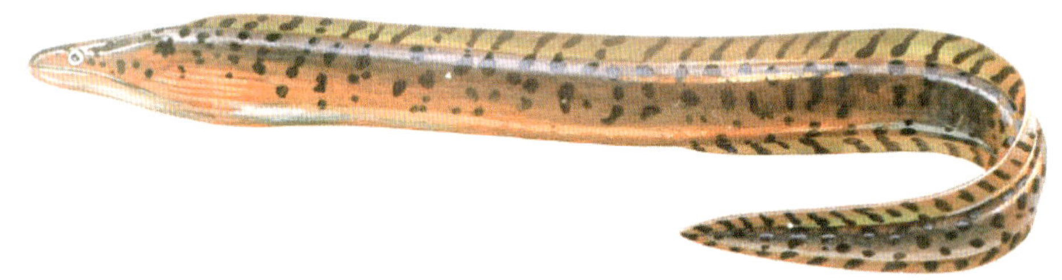

本种体延长，侧扁。头背稍隆起。吻较尖长。口裂大，上、下颌齿锥形，稍侧扁，各1行。前颌骨中间有2～3个大的锥形齿，可倒伏。犁骨齿细小，1行。体底色为黄褐色至白色，布有小于眼且形状不规则的黑点或黑色斑纹。头部黑点少，口角有一黑斑。有黄色黏液。尾部斑点常连成梳状斑纹。为中型鳗类。栖息于珊瑚礁浅水区。分布于我国东海南部、南海，以及日本高知以南海域、澳大利亚海域、印度–太平洋热带水域。全长约80 cm。

358 匀斑裸胸鳝 *Gymnothorax reevesii leucostigma*（Richardso，1845）[141]

=吕氏裸胸鳝=雷福氏裸胸鯙

脊椎骨127～128。

本种体延长，较粗壮。头中等大，吻短而钝。口裂大，两颌齿均单行，前颌骨齿2～3枚，为可倒伏尖齿。犁骨齿1行。背鳍始于头中部上方。侧线不明显。体茶褐色，有眼大小的不明显的深褐色斑纹2～4纵列。背鳍、臀鳍各具1排梳状褐色斑。大斑点

间尚有许多细小的褐色斑点。为暖水性中型鳗类。栖息于热带内湾水域。分布于我国南海，以及日本冲绳海域、西北太平洋暖温带水域。全长约60 cm。

359 波纹裸胸鳝 *Gymnothorax undulatus*（Lacépède，1803）[14]

脊椎骨128 ~ 131。

本种体粗壮，侧扁。头背稍隆突。吻较尖。下颌稍向上弯。两颌齿、犁骨齿均单行，犬齿状。背鳍起始于口裂与鳃孔之间上方。体灰褐色，布满较粗的黄白色网状纹或波状纹，波纹延伸到背鳍、臀鳍。口腔黑色。为珊瑚礁区中型鳗类。分布于我国台湾海域、东海南部、南海，以及日本高知以南海域、美国夏威夷海域、澳大利亚海域、印度–太平洋暖温带水域。全长约90 cm。

360 淡网裸胸鳝 *Gymnothorax pseudothyrsoideus*（Bleeker，1852）[14]

= 密网裸胸鳝

脊椎骨128 ~ 131。

本种体较粗，侧扁。头背隆起。上、下颌较短钝，两颌齿、犁骨齿均单行。线纹细。体在灰褐色底上布满很细的由黄白线组成的网状纹。幼鱼网状纹非常明显，随成长网状纹渐较不明显，变成灰棕色底上一块块不规则深色斑。上、下唇色较浅，或呈淡红色。为中型鳗类。栖息于珊瑚礁及热带内湾、河口区。分布于我国东海南部、台湾海域、南海，以及日本冲绳以南海域、印度–西太平洋。全长约80 cm。

361 白边裸胸鳝 *Gymnothorax heparicus*（Rüppell，1830）[37]

= 紫裸胸鳝

本种体延长，稍侧扁。头背稍隆起。两颌齿及犁骨齿均单行，颌间齿为大型犬齿，2 ~ 4枚。体色为单一褐色或红褐色。眼虹彩黄色，前鼻管尖端黑色，口内膜橘黄色，鳍缘略呈白色。为暖水性大中型鳗类。分布于我国台湾海域，以及日本南部海域、美国夏威夷海域、西太平洋暖温带水域。体长可达1 m。

362 白缘裸胸鳝 *Gymnothorax albimarginatus*（Temminck et Schlegel，1846）[38]

脊椎骨171 ~ 181。

本种体延长，全长为头长和躯干长之和的2.3 ~ 2.4倍。头较大。吻尖，较长。颌前端无突起，两颌齿均单行，犁骨齿3 ~ 4枚。肛门位于体中间附近，背鳍中等高，起始于鳃孔前上方。体色为单一紫褐色，腹部色浅。背鳍缘有白边，吻部上、下颌的侧线孔周围有白斑。幼鱼头部有鞍状斑。为暖水性大中型鳗类。栖息于沿岸到100 m水深的海域。分布于我国台湾海域，以及日本和歌山以南海域、美国夏威夷海域、西太平洋。全长达1.2 m。

注：刘瑞玉（2008）、黄宗国（2012）、沈世杰（2012）将本种与紫裸胸鳝列为两种[12, 13]，

张春光（2010）将二者列为同物种[4B]。笔者经比较认为，二者可能是同物种，而未将本种列写于检索表中。

363 黄身裸胸鳝 *Gymnothorax melatremus* Schulta，1953[37]

= 黄体裸胸鳝

本种体细长，体型较小，侧扁。头背较隆突。吻短钝。前颌骨齿和颌间齿锥状。上颌齿2行。下颌齿前部2行，后部为1行。颌间齿1～2枚。犁骨齿1～2行。体鲜黄色，鳃孔周缘黑色。眼虹彩具1条与口垂直的黑色痕。为暖水性岩礁鳗类。栖息于水深60 m以浅的岩礁区。分布于我国台湾海域。

364 眼斑裸胸鳝 *Gymnothorax monostigmus*（Regan，1909）[37]

本种体延长，侧扁。头背突起。体褐色，胸、腹部色稍浅。因眼后有一眼大小的方形黑斑而得名。下颌两侧有4～5个黏液孔。虹膜红色。黏液孔周边粉红色，各鳍淡棕色。为中小型鳗类。栖息于珊瑚礁处。分布于我国台湾海域，以及日本冲绳海域、东非海域、印度–西太平洋暖温带水域。全长约37 cm。

365 海氏裸胸鳝 *Gymnothorax herrei* Beebe et Tee-Van，1933 [14]

= 褐裸胸鳝 *G. brunneus*

脊椎骨114～116。

本种体细长，尾宽扁。上颌齿2行，下颌齿前部2行。前颌骨齿1～2枚，大且可倒伏。犁骨齿小，1行。体色为单一红褐色，吻、下颌及各鳍缘颜色较浅，尾端白色。为小型鳗类。栖息于珊瑚礁浅水区。分布于我国台湾海域，以及日本冲绳海域、菲律宾海域、印度-西太平洋暖温带水域。全长约20 cm。

366 密花裸胸鳝 *Gymnothorax thyrsoideus*（Richardson，1845）[15]

= 密点星斑鳝 *Siderea thyrsoidea*

脊椎骨129～134。

本种体长，侧扁。头中等大，尾长等于或略大于头长与躯干长之和。吻短，口大。两颌齿均为2行锥形齿。前颌骨中央有2枚圆锥状齿，比周围齿大。犁骨齿2行。为珊瑚礁中小型鳗类。分布于我国东海南部、台湾海域、南海，以及琉球群岛海域、萨摩亚海域、印度-太平洋暖温带水域。全长约60 cm。

基于本种牙齿圆锥状，与裸胸鳝齿通常为臼齿或颗粒状齿的情况有别，现其已被列于星斑鳝属*Siderea*中[4b, 9, 36]。同时，本种体高，尾侧扁而宽，在黄褐色基底上密布深褐色小斑，眼虹彩白色，易与近缘种区别。

367 花斑裸胸鳝 *Gymnothorax pictus*（Ahl，1789）[14]

= 花斑星斑鳝 *Siderea pictus* = 细点双犁裸胸鳝

脊椎骨127～133。

本种体较细长，侧扁。头中等大。上颌齿1行，犁骨齿2行。体灰白色，密布微小黑点。有时可出现斑点连成细纹或不规则斑块的个体变异。胸、腹部白色，眼虹彩具“十”字形黑斑。为中型鳗类。栖息于珊瑚礁浅水区。分布于我国台湾海域，以及日本冲绳海域、澳大利亚海域、科隆群岛海域、印度–太平洋。全长约1 m。

368 邵氏裸胸鳝 *Gymnothorax shaoi* Chen et Loh，2007[37]

本种体延长。背鳍始于鳃孔前上方。肛门位于体中间附近。颌齿通常单行。体淡褐色，体侧有3列较大暗褐色斑块，背鳍有一些暗褐色点，两颌和腹部色较浅，呈灰白色。分布于我国台湾东南部海域。

369 长身裸胸鳝 *Gymnothorax prolatus*（Sasaki et Amaoka，1991）[37]

=台湾小长裸胸鳝

本种体特别细长，微侧扁。肛门位于体中间。眼位于上颌中点上方或稍后上方。背鳍与臀鳍不发达，很低，几乎与皮肤紧贴。齿为犬齿，上颌齿2行。体色为单一灰褐色，鳍边为黑褐色。分布于我国台湾海域。

370 台湾裸胸鳝 *Gymnothorax taiwanensis*（Chen，Loh et Shao，2008）[37]

本种体延长，头背隆起。肛门位于体中间点之后。上、下颌较短，齿圆钝，犁骨齿2行。体褐色，具灰白色网状细条纹。皮肤具淡黄色黏膜，前鼻管尖端和后鼻孔边缘颜色深。眼虹彩橘黄色。分布于我国台湾海域。

注：本种因可比信息不足，未被列入检索表。

21 囊鳃鳗目 SACCOPHARYNGIFORMES

本目物种为一些已显著特化的深海鱼类，种类不多，但广泛分布于太平洋、大西洋和印度洋500 m以深水域，以大西洋热带水域较多，也可分布到高纬度深水域。口巨大，两颌甚长，相关骨骼亦随之变化。无鳃盖骨、鳞片、肋骨、腹鳍以及鳔等。眼小，位于吻端。鳃孔腹位。背鳍、臀鳍长。全球有4科5属28种，我国仅有1科1属1种。

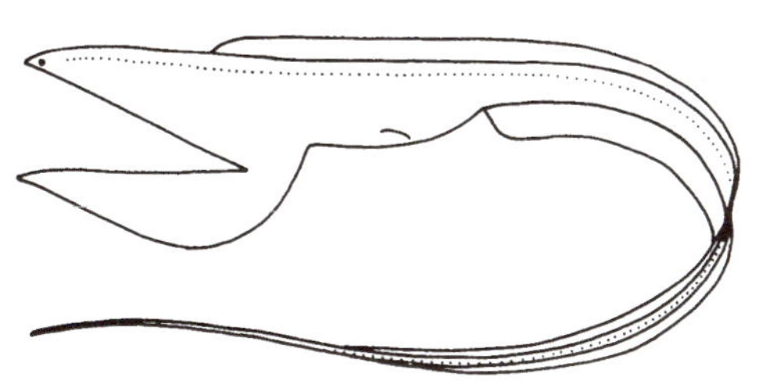

囊鳃鳗目物种形态简图

（75）宽咽鱼科 Eurypharyngidae

本科物种头大。尾细长。鳃孔小，距肛门较距吻端为近。口巨大，两颌有小齿。胸鳍微小。发育变态期仔鱼很像鳗的柳叶鳗幼体。本科仅有1属1种。

简图同目。

371 宽咽鱼 *Eurypharynx pelecanoides* Vaillant，1882[38]

背鳍155～196；臀鳍118～147；胸鳍约11。脊椎骨101～113。

本种一般特征同科。口大，袋状，口壁非常柔软。两颌骨齿小。眼小，位于吻端。鳃孔小，距肛门较距吻端为近。胸鳍小。背鳍始于胸鳍前上方。尾细长，尾鳍有匙状尾器官。为中型深海鱼类。广布于世界温、热带水深3 000 m

海域。有昼夜垂直迁移现象。主要摄食浮游甲壳类和小鱼。分布于我国台湾海域，以及日本宫岛海域、土佐湾海域，印度–太平洋，大西洋暖水域。最大全长达75 cm。

22 鲱形目 CLUPEIFORMES

本目物种体延长，侧扁。腹部圆或侧扁，常具棱鳞。口裂小或中等大。上颌口缘由前颌骨和上颌骨组成，上颌辅骨1～2块。齿小或不发达。多数种类鳃耙细长。无喉板。体被圆鳞。胸鳍基、腹鳍基有腋鳞。无侧线或仅前部几枚鳞片有侧线孔。背鳍1个，无硬棘。无脂鳍。胸鳍下侧位。腹鳍腹位。尾为正尾型。具眶蝶骨和中乌喙骨。有鳔管。幼鱼发育无变态期。本目种类较多，而且世界上多数产量大的鱼种均属于本目，有重要经济价值。全球有5科84属364种（含淡水种79种），我国有4科26属69种[4C, 29, 67]。

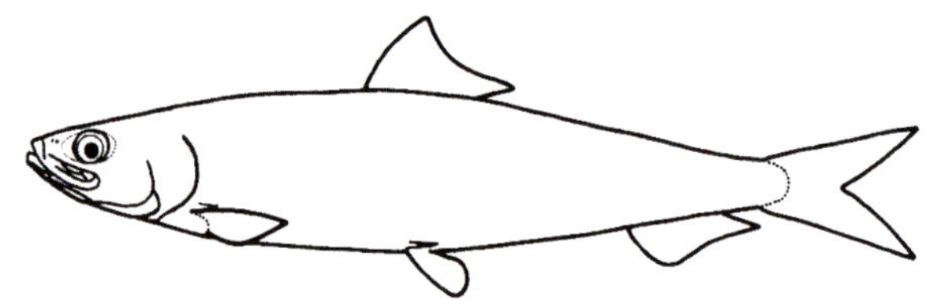

鲱形目物种形态简图

鲱形目的科、属、种检索表

1a 背鳍通常位于臀鳍前上方；纵列鳞少于200枚；颌齿细小，不呈犬齿状…鲱亚目 Clupeidei（3）

1b 背鳍与臀鳍相对应；纵列鳞多于200枚；前颌骨和下颌骨有锐利犬齿…………宝刀鱼亚目 Chirocentridei　宝刀鱼科 Chirocentridae（2）

2a 上颌骨稍短，末端不伸到前鳃盖骨；鳃耙3+14……………短颌宝刀鱼 *Chirocentrus dorab* 440

2b 上颌骨较长，末端伸到或超过前鳃盖骨；鳃耙7+14…………………长颌宝刀鱼 *C. nudus* 439

3–1a 下颌关节在眼下方或刚刚在眼后，鳃盖膜不相连………………………………………（29）

3b 下颌关节在眼远后方，鳃盖膜微连…………鳀科 Engraulidae（4）

4a 尾部很长，尾鳍与臀鳍几乎相连；胸鳍上部有游离的丝状鳍条………鲚亚科 Coilinae（26）

4b 尾部中等长，尾鳍与臀鳍分离；胸鳍上部无游离的丝状鳍条………鳀亚科 Engraulinae（5）

5a 腹部无棱鳞和棱棘……………………………………………………鳀 *Engraulis japonicus* 413

5b 腹部有棱鳞或棱棘………………………………………………………………………（6）

6a 臀鳍基长，鳍条多于25枚………………………………………………………………（15）

6b 臀鳍基短，鳍条少于25枚…………………………………………小公鱼属 *Stolephorus*（7）

7a 背鳍始于腹鳍前上方……多棘小公鱼 *S. shantungensis* 414
7b 背鳍始于腹鳍后上方……（8）
8a 臀鳍始于背鳍后下方……（13）
8b 臀鳍始于背鳍基下方……（9）
9a 上颌骨末端伸达鳃孔……（11）
9b 上颌骨末端不达鳃孔……（10）
10a 腹鳍前棱棘4～5个……印度小公鱼 *S. indicus* 422
10b 腹鳍前棱棘6个……中华小公鱼 *S. chinensis* 420
11−9a 背鳍前方有小刺……棘背小公鱼 *S. tri* 421
11b 背鳍前方无小刺……（12）
12a 背鳍起点距吻端较距尾鳍基为近……短背小公鱼 *S. bataviensis* 418
12b 背鳍起点距尾鳍基较距吻端为近……江口小公鱼 *S. commersoni* 419
13−8a 上颌骨末端截形……青带小公鱼 *S. zollingeri* 417
13b 上颌骨末端尖形……（14）
14a 上颌骨末端达前鳃盖骨后下缘，下鳃耙22～30枚……尖吻小公鱼 *S. heteroloba* 415
14b 上颌骨末端未达前鳃盖骨后下缘，下鳃耙17或18枚……菲律宾小公鱼 *S. oligobranchus* 416
15−6a 胸鳍有延长鳍条……（22）
15b 胸鳍无延长鳍条……（16）
16a 胸鳍前无棱鳞……平胸鲆 *Thrissina baelama* 428
16b 胸鳍前有棱鳞……棱鳀属 *Thryssa*（17）
17a 上颌骨末端伸到鳃盖或鳃孔……（21）
17b 上颌骨末端伸到胸鳍基或其后方……（18）
18a 上颌骨末端伸到胸鳍基部……（20）
18b 上颌骨末端超过胸鳍基部……（19）
19a 上颌骨末端伸到胸鳍末端……顶斑棱鳀 *T. dussumieri* 434
19b 上颌骨末端伸到肛门处……长颌棱鳀 *T. setirostris* 433
20−18a 下鳃耙14～16枚，背鳍 I，14～15……中颌棱鳀 *T. mystax* 431
20b 下鳃耙21～22枚，背鳍 I，12～13……黄吻棱鳀 *T. vitirostris* 432
21−17a 上颌骨末端伸达鳃盖……赤鼻棱鳀 *T. kammalensis* 429
21b 上颌骨末端伸达鳃孔……高体棱鳀 *T. hamiltonii* 430
22−15a 无腹鳍，背部黄褐色……海州拟黄鲫 *Pseudosetipinna haizhouensis* 427
22b 有腹鳍，背部青绿色……黄鲫属 *Setipinna*（23）
23a 胸鳍第1鳍条丝状延长长度短；胸鳍、腹鳍黑色……黑鳍黄鲫 *S. melanochir* 426
23b 胸鳍第1鳍条丝状延长长度较长或很长；胸鳍、腹鳍不呈黑色……（24）
24a 胸鳍第1鳍条呈丝状延长，可达臀鳍第9～12鳍条……黄鲫 *S. termuifilis* 423
24b 胸鳍第1鳍条丝状延长长度超过体长的1/2……（25）
25a 胸鳍第1鳍条丝状延长长度为体长的1/2以上，体金黄色……金色黄鲫 *S. breviceps* 425
25b 胸鳍第1鳍条丝状延长长度为体长的2/3以上，体银白色……长丝黄鲫 *S. taty* 424
26−4a 体具发光器……发光鲚 *Coilia dussumieri* 435

26b 体无发光器……………………………………………………………………………………（27）
27a 胸鳍上部具7枚游离鳍条………………………………………………………七丝鲚 *C. grayi* 436
27b 胸鳍上部具6枚游离鳍条…………………………………………………………………（28）
28a 臀鳍鳍条74～79枚，纵列鳞60～65枚……………………………………凤鲚 *C. mystus* 437
28b 臀鳍鳍条97～110枚，纵列鳞74～80枚…………………………………刀鲚 *C. ectenus* 438
29–3a 臀鳍中等长，臀鳍鳍条少于30枚…………鲱科 Clupeidae（36）
29b 臀鳍长，臀鳍鳍条多于30枚………锯腹鳓科 Pristigasteridae（30）
30a 亚上颌骨有齿…………………………………………………………………齿鳓 *Pellona ditchela* 406
30b 亚上颌骨无齿……………………………………………………………………………（31）
31a 臀鳍基甚长，臀鳍鳍条51～65枚，无腹鳍………………………后鳍鱼属 *Opisthopterus*（35）
31b 臀鳍基中等长，臀鳍鳍条34～53枚，有腹鳍……………………………………鳓属 *Ilisha*（32）
32a 纵列鳞少于45枚……………………………………………………………………………（34）
32b 纵列鳞多于45枚……………………………………………………………………………（33）
33a 胸鳍短于头长，臀鳍始于背鳍基下方………………………………………………鳓 *I. elongata* 409
33b 胸鳍长于头长，臀鳍起点与背鳍起点几乎相对应……………………………纸刀鳓 *I. novacula* 410
34–32a 臀鳍起点与背鳍基后部相对应，胸鳍不超过腹鳍基……………………黑口鳓 *I. melastoma* 407
34b 臀鳍起点与背鳍基中后部相对应，胸鳍超过腹鳍基…………………大鳍鳓 *I. megaloptera* 408
35–31a 胸鳍鳍条15～17枚，胸鳍长小于头长；第2上颌辅骨几乎达上颌骨末端
……………………………………………………………………………短鳍后鳍鱼 *O. valenciennes* 411
35b 胸鳍鳍条14～17枚，胸鳍长等于或大于头长；第2上颌辅骨不达上颌骨末端…后鳍鱼 *O. tardoore* 412
36–29a 腹部有棱鳞……………………………………………………………………………（41）
36b 腹部无棱鳞………………………………………………………圆腹鲱亚科 Dussumierinae（37）
37a 背鳍鳍条16～21枚，鳃盖条14～19枚……………………………………………………（39）
37b 背鳍鳍条11～16枚，鳃盖条6～7枚……………………………………小体鲱属 *Spratelloides*（38）
38a 上颌有齿，臀鳍鳍条11～14枚，纵列鳞42～48枚，体有银色纵带
……………………………………………………………………………银带小体鲱 *S. gracilis* 375
38b 上颌无齿，臀鳍鳍条9～11枚，纵列鳞35～41枚，体无银色纵带
……………………………………………………………………………弱姿小体鲱 *S. delicatulus* 376
39–37a 腹鳍位于背鳍基底后下方，犁骨有齿，臀鳍鳍条9～13枚，脂眼睑覆盖全眼
……………………………………………………………………………脂眼鲱 *Etrumeus teres* 374
39b 腹鳍位于背鳍基底下方，犁骨无齿，臀鳍鳍条14～19枚，脂眼睑不覆盖全眼
……………………………………………………………………………圆腹鲱属 *Dussumieria*（40）
40a 纵列鳞52～58枚，体长为体高的4.42～5.58倍………………………………黄带圆腹鲱 *D. elopsoides* 373
40b 纵列鳞40～48枚，体长为体高的3.6倍………………………………………尖吻圆腹鲱 *D. acuta* 372
41–36a 上颌辅骨2块；胃不呈沙囊状………………………………………………………（47）
41b 上颌辅骨1块；胃呈沙囊状…………………………………………………鰶亚科 Dorosomatinae（42）
42a 背鳍最后鳍条不延长为丝状……………………………………………无齿鰶 *Anodontostoma chacunda* 405

42b 背鳍最后鳍条延长为丝状……………………………………………………………（43）
43a 第1鳃弓鳃耙长为鳃丝长的3/4以上；上颌骨下缘直……………………………（46）
43b 第1鳃弓鳃耙长等于或小于鳃丝长的1/2；上颌骨向下弯……………海鰶属 *Nematalosa*（44）
44a 前鳃盖骨前下方被第3眶下骨遮盖……………………………………圆吻海鰶 *N. nasus* 402
44b 前鳃盖骨前下方为肉质区，不被第3眶下骨遮盖…………………………………（45）
45a 体长为体高的2.3～2.6倍，纵列鳞36枚…………………………………环球海鰶 *N. come* 403
45b 体长为体高的2.63～3.03倍，纵列鳞48～50枚…………………………日本海鰶 *N. japonica* 404
46–43a 体侧有4～6个黑绿色圆斑；纵列鳞44～48枚……………花鰶 *Clupanodon thrissa* 400
46b 体侧仅有1个黑斑；纵列鳞53～56枚…………………………斑鰶 *Konosirus punctatus* 401
47–41a 上颌中间无缺刻，上颌骨后端通常伸到眼中部前下方或下方……鲱亚科 Clupeinae（49）
47b 上颌中间有明显的缺刻，上颌骨后端伸到眼中部下方或后下方……鲥亚科 Alosinae（48）
48a 头部顶缘窄，光滑无纹；内鳃耙不向外弯；体侧无斑点……………鲥 *Tenualosa reevesii* 398
48b 头部顶缘宽，细纹多；内鳃耙向外弯；体侧有4～7个绿斑…………………花点鲥 *Hilsa kelee* 399
49–47a 鳃盖有辐射状骨质纹，第3鳃弓内侧无鳃耙
……………………………………………………斑点盖纹沙丁鱼 *Sardinops melanostictus* 397
49b 鳃盖光滑，第3鳃弓内侧通常有鳃耙………………………………………………（50）
50a 鳃孔内的后缘通常有2个明显的肉突………………………………………………（52）
50b 鳃孔内的后缘为圆形，无肉突……………………………………………………（51）
51a 腹鳍鳍条9枚，腹部无强棱鳞；腹鳍始于背鳍起点后下方………太平洋鲱 *Clupea pallasi* 377
51b 腹鳍鳍条7枚，腹部具强棱鳞；腹鳍始于背鳍起点前下方……洁白鲱 *Escualosa thoracata* 378
52–50a 额顶面细纹多，第2上颌辅骨呈铲形…………………………………………（55）
52b 额顶面细纹少，第2上颌辅骨呈犁形…………………………翠鳞鱼属 *Herklotsichthys*（53）
53a 眼大，眼径为头长的28%～30%；体背两侧无斑点…………………大眼翠鳞鱼 *H. ovalis* 381
53b 眼稍小，眼径小于头长的28%；体背两侧有斑点……………………………………（54）
54a 体高为体长的24%～30%，头长为体长的30%……………………斑点翠鳞鱼 *H. punctatus* 379
54b 体高为体长的18%～30%，头长为体长的23%…………四点翠鳞鱼 *H. quadrimaculatus* 380
55–52a 下鳃耙通常多于45枚，前背鳞一般经中线对列……………小沙丁鱼属 *Sardinella*（58）
55b 下鳃耙26～43枚，前背鳞经中线单列…………………………圆腹沙丁鱼属 *Amblygaster*（56）
56a 体侧有10～20个金黄色圆点………………………………………西姆圆腹沙丁鱼 *A. sirm* 382
56b 体侧无圆点……………………………………………………………………………（57）
57a 上颌骨末端接近眼前缘下方，下鳃耙31～34枚……………平胸圆腹沙丁鱼 *A. leiogaster* 383
57b 上颌骨末端远不达眼前缘下方，下鳃耙28～30枚…………短颌圆腹沙丁鱼 *A. clupeoides* 384
58–55a 腹鳍鳍条9枚……………………………………………………金色小沙丁鱼 *S. aurita* 385
58b 腹鳍鳍条8枚……………………………………………………………………………（59）
59a 尾鳍上、下叶末端呈黑色…………………………………………………………（67）
59b 尾鳍上、下叶末端不呈黑色………………………………………………………（60）
60a 背鳍基前缘有一黑斑………………………………………………………………（62）
60b 背鳍基前缘无黑斑……………………………………………………………………（61）
61a 第1鳃弓下鳃耙42～56枚…………………………………………青鳞小沙丁鱼 *S. zunasi* 389

61b 第1鳃弓下鳃耙60～65枚……中华小沙丁鱼 *S. nymphaea* 390

62–60a 第1鳃弓下鳃耙85枚以上，鳞片后部无小孔……多耙小沙丁鱼 *S. jussieui* 391

62b 第1鳃弓下鳃耙85枚以下……（63）

63a 腹鳍后棱鳞12～14枚……（65）

63b 腹鳍后棱鳞15～16枚……（64）

64a 尾鳍长约等于头长，鳞片后部小孔多于20个……金带小沙丁鱼 *S. gibbosa* 392

64b 尾鳍长小于头长，鳞片后部小孔少于20个……短尾小沙丁鱼 *S. sindensis* 393

65–63a 尾鳍长大于头长，腹部腋鳞1枚……白腹小沙丁鱼 *S. albella* 396

65b 尾鳍长约等于头长……（66）

66a 腹部腋鳞2枚……短体小沙丁鱼 *S. brachysoma* 394

66b 腹部腋鳞3枚……缕鳞小沙丁鱼 *S. fimbriata* 395

67–59a 背鳍基前缘有一黑斑，下鳃耙44～63枚……花莲小沙丁鱼 *S. hualiensis* 387

67b 背鳍基前缘无或有黑斑，下鳃耙38～44枚……黑尾小沙丁鱼 *S. melanura* 388

（76）鲱科 Clupeidae

本科物种体延长、梭形或侧面观呈长椭圆形。腹部圆或侧扁，棱鳞有或无。头侧扁。吻不突出。口中等大。上颌辅骨1～2块。齿小，细弱或无。鳃膜不与峡部相连。体被圆鳞。通常无侧线。背鳍中后位。臀鳍基较长，鳍条在30枚以下。腹鳍中等大或小。尾鳍分叉，上、下叶等长。有鳔管。化石种见于下白垩纪。全球有56属81种（含淡水种50种），我国有15属34种。

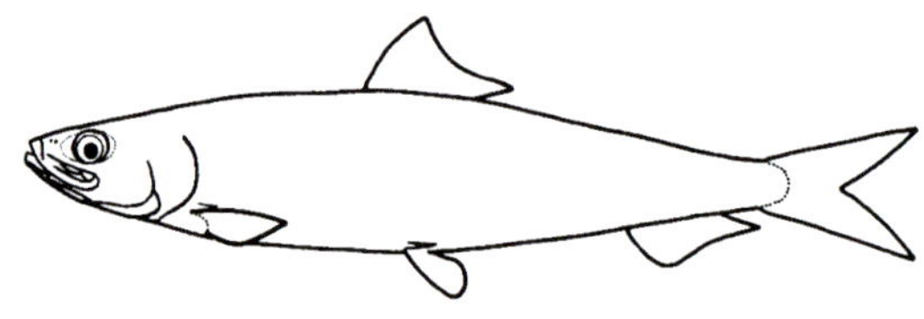

鲱科物种形态简图

372 尖吻圆腹鲱 *Dussumieria acuta* Valenciennes，1847 [59]

背鳍20；臀鳍15；胸鳍14；腹鳍8。纵列鳞40～48。鳃耙13＋22。

本种体长椭圆形（侧面观），侧扁。体长为体高的3.6倍。腹部圆钝，无棱鳞。头较小。吻尖长，吻长大于眼径。口中等大，前位，上颌辅骨2块。两颌具绒毛状齿带，犁骨无齿。鳃孔大，鳃耙细长。体被薄圆鳞。背鳍位于体中部后面。腹鳍起点对应于背鳍中点。尾鳍叉形。体背侧褐色，腹侧灰黄色。各鳍色浅；尾鳍浅灰色，有黑缘。为暖水性中上层鱼类。栖息于近岸浅海水域。分布于我国东海、南海、台湾海域，以及日本南部海域、印度-西太平洋暖水域。体长约13 cm。

注：徐恭昭（1994）所指圆腹鲱 *D. hasseltii*应是尖吻圆腹鲱*D. acuta*。

373 黄带圆腹鲱 *Dussumieria elopsoides* Bleeker，1849 [38]

= 哈氏圆腹鲱 *D. hasseltii*

背鳍19～21；臀鳍17；胸鳍14～15；腹鳍8。纵列鳞52～58。鳃耙13～14＋24～26。

本种体梭形，稍细长，体长为体高的4.42～5.58倍。腹部圆，无棱鳞。头锥形，吻端尖。脂眼睑发达。口小。上颌短，不达眼前缘下方。上颌辅骨2块。齿细小。两颌、腭骨均有齿，犁骨无齿。体被圆鳞。胸鳍、腹鳍有细长腋鳞。背鳍对应于体中部后面。臀鳍小。胸鳍位低，稍短。腹鳍位于体中部。尾鳍深叉形。体背深绿色，腹部银白色，体侧有一具金黄色光泽的纵带。各鳍黄绿色。为暖水性中上层小型鱼类。繁殖期2～4月。以浮游生物和小鱼为食。分布于我国长江口以南海域，以及日本冲绳海域、马来西亚海域、印度海域、巴基斯坦海域。体长约16 cm。

374 脂眼鲱 *Etrumeus teres*（Dekay，1842）[44]

= *E. micropus*

背鳍19～20；臀鳍9～13；胸鳍16；腹鳍8。纵列鳞53～55。鳃耙13～15＋31～33。

本种体梭形。腹部无棱鳞。头短，侧扁。眼大，脂眼睑发达，覆盖全眼。口小。上颌辅骨1块。齿细小，犁骨有齿。体被圆鳞。胸鳍基、腹鳍基有长腋鳞。背鳍起点对应于腹鳍前方。臀鳍后位，臀鳍基短于背鳍基。腹鳍小。胸鳍低位。尾鳍短，叉形。体背深绿色，腹侧银白色。吻、背鳍和尾鳍淡黄色，腹鳍、臀鳍白色。为近岸小型中上层鱼类。4～5月于近岸内湾产卵。以浮游动物为主食。分布于我国长江口以南至南海沿岸海域，以及日本本州以南海域、印度-太平洋、西非温热带海域。最大体长达33 cm。为南海渔业兼捕对象。

375 银带小体鲱 *Spratelloides gracilis*（Temminck et Schlegel，1846）[68]

= 日本银带鲱 *Stolephorus japonicus* [1] = *Spratelloides atrofasciatus*

背鳍12～13；臀鳍11～14；胸鳍13～15；腹鳍8。纵列鳞42～48。鳃耙18＋28。

本种体延长，稍侧扁。腹部圆钝，无棱鳞。头较小。吻钝。眼大，侧上位，后部有脂眼睑。上颌辅骨2块。上颌具绒毛状齿。体被大圆鳞。胸鳍基、腹鳍基具大腋鳞。背鳍位置比腹鳍位置靠前。臀鳍较小，后位。胸鳍侧下位。尾鳍浅叉形。体背部浅褐色，下部灰白色。体侧有一眼径宽的银白色纵带。背鳍、尾鳍浅褐色，其他鳍灰白色或白色。为近海集群性小型鱼类。产卵期4～8月。卵为黏着性卵，附着于海藻上孵化。以浮游生物为食。分布于我国福建海域、台湾海域，以及日本冲绳海域、东南亚海域、印度海域、东非海域、红海。最大体长10 cm。

376 弱姿小体鲱 *Spratelloides delicatulus*（Bennett，1831）[38]

= 绣眼银带鲱

背鳍11～13；臀鳍9～11；胸鳍11～12；腹鳍8。纵列鳞35～41。鳃耙6～10＋10～30。

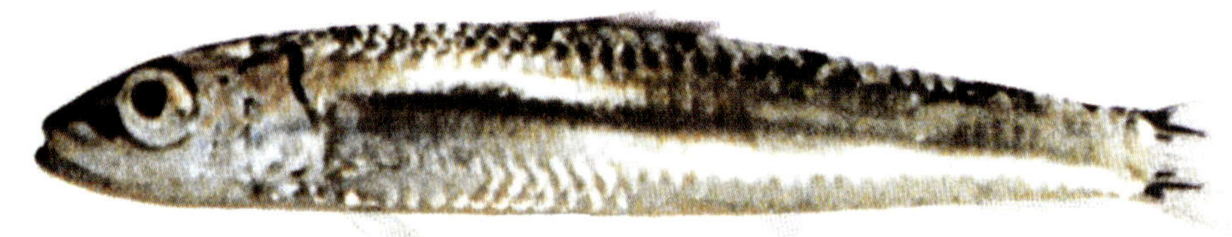

本种与银带小体鲱很相似。体较高。上颌无齿。臀鳍鳍条9～11枚。纵列鳞35～41枚。体无银色纵带。体背灰褐色，体侧银白色。各鳍灰白色。以浮游生物为食。为暖水性中上层小型鱼类。栖息于近海内湾水域。分布于我国南海、台湾海域，以及日本南部海域、印度–西太平洋暖水域。最大体长仅7 cm。

377 太平洋鲱 *Clupea pallasi* Valenciennes，1847

背鳍15～17；臀鳍17～18；胸鳍17；腹鳍9。纵列鳞52～54。鳃耙20＋36～37。

本种体延长，侧扁。体被圆鳞，棱鳞弱。眼中等大，侧上位，有脂眼睑。口较小，斜上位。上颌骨宽，有2块上颌辅骨。齿细小，下颌、犁骨有小齿，上颌和腭骨无齿。鳃盖光滑，无肉突。鳃耙细长而侧扁。背鳍始于腹鳍起点前上方。臀鳍中等长。胸鳍侧下位。腹鳍短小。尾鳍叉形。体背青绿色，体侧及腹部银白色。为冷温结群洄游性鱼类。产卵期3～4月份，怀卵量3万～10万粒。产沉性黏着性卵，受精卵附着于海藻上孵化。摄食浮游生物。分布于我国黄海、渤海，以及日本北海道海域，太平洋北部。最大体长35 cm。是拖网、围网、流刺网、建网的渔获对象。20世纪60年代末70年代初，本种资源丰盛。如今资源已严重衰退[56, 69]。

378 洁白鲱 *Escualosa thoracata*（Valenciennes，1847）

＝玉鳞鱼＝银条若鲫 *Kowala coval*[1]

背鳍15～16；臀鳍19～20；胸鳍12～14；腹鳍7。纵列鳞39～41。鳃耙19～21＋37～40。

本种体长椭圆形（侧面观），很侧扁。吻短，钝圆，吻长略短于眼径。口小，前位。上颌骨伸达瞳孔前下方。犁骨、腭骨、翼骨和舌上均有细齿。体被小圆鳞。无侧线。背鳍起点距吻端较距尾鳍基为近。臀鳍位置远比背鳍靠后。尾鳍叉形。体侧下方洁白如玉，体侧中上方具1条与眼径几乎等宽的有白色光泽的纵带。沿体背部有2行平行小黑点。头顶、吻端和臀鳍、尾鳍边缘亦有许多小黑点。为近海暖水性小型鱼类。分布于我国南海，以及印度尼西亚海域、菲律宾海域、澳大利亚海域、印度–西太平洋热带海域。体长约8 cm。

翠鳞鱼属 *Herklotsichthys* Whitley，1951

本属物种体细长或呈长椭圆形（侧面观），侧扁。上颌中间无缺口。颌齿微小。犁骨无齿。鳃盖光滑。鳃孔后缘有2个肉突。额顶细纹少。第2上颌辅骨近犁形。鳞薄，腹部棱鳞强。背鳍位于臀鳍前上方。臀鳍最后2枚鳍条延长。胸鳍下位。尾鳍深叉形。我国有3种。

379 斑点翠鳞鱼 *Herklotsichthys punctatus*（Rüppell，1837）[14]

= 斑点似青鳞鱼

背鳍18 ~ 19；臀鳍16 ~ 19；胸鳍15 ~ 17；腹鳍8。棱鳞16 + 11。

本种体较细长，体长为体高的3.3 ~ 4.2倍。眼稍小。口斜向前。上颌骨扩大区域的下缘较上缘长。前颅骨有直纹3 ~ 6条。背中线两侧有黑点，背鳍前鳞片下无长形翼状鳞。体背青灰色，腹侧银白色。各鳍浅黄褐色。为热带近海小型鱼类。以浮游生物为食。分布于我国台湾海域、南海，以及印度洋、红海、亚丁湾海域。体长约14 cm。

380 四点翠鳞鱼 *Herklotsichthys quadrimaculatus* Rüppell，1837 [14]

= 蓝带似青鳞鱼

本种与斑点翠鳞鱼相像。体细长、侧扁，体长为体高的3.3 ~ 5.6倍。吻长约与眼径等长。口中等

大，开口于吻端。上颌骨达眼前缘下方，下颌稍长。体背部青蓝色，体侧、腹侧银白色。背中线两侧具黑点。为暖水性近海小型鱼类。以浮游生物为食。栖息于近海内湾海域。分布于我国台湾海域。

注：张世义（2001）提到本种和斑点翠鳞鱼为同物种，沈世杰（2011）和黄宗国（2012）均认为二者是两独立种[4c, 9, 37]。

381 大眼翠鳞鱼 *Herklotsichthys ovalis*（Bemett，1830）[38]

= 大眼似青鳞鱼 = 大眼青鳞鱼 *Harangula ovalis*[8]

背鳍18～19；臀鳍17～18；胸鳍15；腹鳍8。腹棱鳞16＋12。纵列鳞42～44。鳃耙16。

本种体细长，体长为体高的3.7～3.9倍。眼大，眼径占头长的28%～30%。吻长小于眼径。口前位，下颌齿细小，无犁骨齿。体背部绿色，腹部白色。沿体侧有1条稍绿的纵带，口缘有黑色斑，吻背有一黑色纵纹。为热带小型鱼类。以浮游生物为食。分布于我国南海、东海，以及日本南部海域、澳大利亚海域、印度－西太平洋暖水域。体长最大可达14.6 cm。目前我国南海近岸内湾还有一定产量。

圆腹沙丁鱼属 *Amblygaster* Bleeker，1849

本属物种体延长，略侧扁。腹部具棱鳞。吻圆钝。脂眼睑发达。口小。上颌辅骨2块，呈铲形。两颌、翼骨具细齿。鳃盖光滑。鳃孔后缘具2个肉突。额顶细纹多。体被大圆鳞，背前鳞为单列。胸鳍基和腹鳍基有发达的腋鳞。背鳍短，约与腹鳍相对应。臀鳍较长，最后2枚鳍条略延长。胸鳍下位，尾鳍深叉形。我国有3种。

382 西姆圆腹沙丁鱼 *Amblygaster sirm*（Walbaum，1792）[14]

= 斑点钝腹鲱 = 西姆沙丁鱼 *Sardinella sirm*

背鳍17～19；臀鳍16～18；胸鳍16～17；腹鳍8。纵列鳞40～43。鳃耙21＋38～43。

本种一般特征如属，体略延长。背鳍起点明显距吻端较距尾鳍基近。下鳃耙数目偏多。体背部黑褐色，腹部银白色。体侧有1列10～20个金黄色圆斑。颌端黑色。为小型鱼类。常于近岸结群。分布于我国台湾海域、南海，以及日本冲绳海域、菲律宾海域、新几内亚海域、澳大利亚海域、东非海域。最大体长23 cm。为沿岸定置网、底拖网渔获对象。

383 平胸圆腹沙丁鱼 *Amblygaster leiogaster*（Valenciennes，1847）[38]

= 平胸钝腹鲱

背鳍17～18；臀鳍18～21；胸鳍16～17；腹鳍8。纵列鳞39～41。下鳃耙31～34。

本种体延长。第1鳃弓下鳃耙偏少。口小，前位。上、下颌约等长，上颌骨接近眼前缘下方。第2上颌辅骨扩大，呈杏仁状。腹部棱鳞弱，胸鳍基、腹鳍基有腋鳞。体背青绿色，腹侧银白色。为热带近岸小型鱼类。集群栖息。分布于我国台湾海域、南海，以及日本冲绳海域、澳大利亚海域、东非海域。体长约20 cm。为定置网、曳网渔获对象。

384 短颌圆腹沙丁鱼 *Amblygaster clupeoides* Bleeker，1849
= 短颌钝腹鲱 = 白腹小沙丁鱼 *Sardinella clupeoides*

背鳍18；臀鳍17 ~ 18；胸鳍17 ~ 18；腹鳍8。纵列鳞42 ~ 44。鳃耙13 + 28 ~ 30。

本种体延长，微侧扁。脂眼睑发达。口甚小，前位。上、下颌约等长。上颌骨后端不达眼前缘下方。腭骨、翼骨和舌上有细齿。体被圆鳞。背鳍前具平卧小棘。胸鳍基、腹鳍基有腋鳞。尾鳍基有2枚尾鳞。背鳍始于腹鳍前上方。臀鳍最后2枚鳍条显著长。腹鳍小，尾鳍宽叉形。背部青绿色，腹部银白色，口微绿色。背鳍、胸鳍、尾鳍边缘有许多小斑点。近海暖水性小型鱼类。分布于我国东海、南海，以及日本南部海域、印度–西太平洋暖水域。体长最大可达29 cm。

注：白腹小沙丁鱼*S. clupeoides*是王文滨在《南海鱼类志》（1962）中对短颌圆腹沙丁鱼的称谓。实际上，白腹小沙丁鱼*S. albella*（= 孔鳞小沙丁鱼*S. perforate*）体较高；后腹棱鳞较少，仅12 ~ 13枚；可与短颌圆腹沙丁鱼相区别。

小沙丁鱼属 *Sardinella* Valenciennes，1847

本属物种侧扁，腹部具棱鳞。吻圆钝。眼较大。额顶细纹多。口前位，上颌中间无明显缺刻。第2上颌辅骨呈铲形。鳃盖多无辐射条纹。多数种类鳃孔后缘有2个肉突。体被大圆鳞。前背鳞通常于背中线对列。胸鳍基、腹鳍基都具腋鳞。尾鳍基有2枚显著或不显著的长鳞。背鳍、腹鳍对位。臀鳍最后2枚鳍条扩大。小沙丁鱼属是鲱形鱼类中重要的一属，我国有12种。产量高，是海洋渔业的重要类群。

385 金色小沙丁鱼 *Sardinella aurita* Valenciennes，1853[70]

= 亚来沙丁鱼 *S. allecia*[1] = 黄泽小沙丁鱼 *S. lemuru*[9，13]

背鳍17～18；臀鳍16～19；胸鳍16～17；腹鳍9。纵列鳞46～49。鳃耙83～117＋126～152。

本种一般特征如属。体延长，略侧扁。体长为体高的4.08～4.59倍，为头长的3.70～3.82倍。脂眼睑发达。口小，前位。齿细小，腭骨和舌上有齿。鳃盖光滑。鳃耙细长而多。腹鳍鳍条9枚是本种区别于其他沙丁鱼的重要特征。体背部青绿色，沿体侧下方有1条金黄色纵带。腹部银白色。头背淡黄绿色。鳃盖后有一淡黄色斑点。为暖水性中上层小型经济鱼类。具集群洄游习性。繁殖期3～6月，产浮性卵，属分批产卵类型。主要以硅藻、桡足类等浮游生物为食。分布于我国闽南、台湾、广东、海南、广西沿海，以及日本南部海域、印度尼西亚海域、澳大利亚海域、地中海。最大体长30 cm。本种具强烈趋光习性，是我国南海灯光围网的重要渔获对象。20世纪七八十年代，高产年份产量曾超过5万吨。如今资源已衰退[72，73]。

386 黄泽小沙丁鱼 *Sardinella lemuru* Bleeker，1853

本种曾被认为和金色小沙丁鱼*S. aurita*为同物种[8，35]。实际上，二者是两个不同的独立种[67，13]。但因过去两个称谓混同使用，通常文献中所见的标有金色小沙丁鱼的内容，其记述对象实际是黄泽小沙丁鱼。笔者因未获得对照资料，而未将其编入检索表。

注：本图由王春生研究员提供。

387 花莲小沙丁鱼 *Sardinella hualiensis*（Chu et Tsai，1958）[20]

背鳍17～19；臀鳍19～20；胸鳍16；腹鳍8。纵列鳞40～42。下鳃耙44～63。

本种体延长，极侧扁。体长为体高的2.58～3.36倍，为头长的3.87～4.28倍。腹部棱鳞30～32枚。背鳍起始于腹鳍起点前上方，背鳍起点距吻端较距尾鳍基为近。体侧金黄色，腹部色浅，背两侧褐色。鳃孔后上方具褐色斑。背鳍起点处有一黑斑。各鳍淡黄色，尾鳍上、下叶末端稍黑。为暖水性小型鱼类。分布于我国台湾海域和广东陆丰沿海。最大体长12.5 cm。

388 黑尾小沙丁鱼 *Sardinella melanura*（Cuvier，1829）[20]

背鳍16～18；臀鳍18～19；胸鳍14～15；腹鳍8。纵列鳞36～41。下鳃耙38～44。

本种鱼体延长，极侧扁，体长为体高的3.60～3.87倍，为头长的3.4～3.6倍。腹鳍基部具腋鳞。腹部棱鳞强，17～18＋11～12。背部深绿色，体侧银白色。背鳍荧绿色，上缘黑色，基部有黑斑。尾鳍绿色，上、下两叶末端黑色。吻端深褐色，鳃盖后端具一黑斑。为热带海洋小型鱼类。集群栖息于沿岸海域。分布于我国台湾、海南海域，以及日本小笠原群岛海域、印度尼西亚海域、澳大利亚海域、东非海域。最大体长为12.2 cm。

389 青鳞小沙丁鱼 *Sardinella zunasi*（Bleeker，1854）

= 寿南青鳞鱼 *Harengula zunasi* [1]

背鳍17 ~ 19；臀鳍10 ~ 22；胸鳍15 ~ 17；腹鳍8。纵列鳞42 ~ 43。下鳃耙42 ~ 56。

本种体延长，侧扁。腹部隆起。体长为体高的3.07 ~ 3.38倍，为头长3.96 ~ 4.17倍。腹部棱鳞锐利，18 + 13 ~ 14。背鳍前中线上鳞呈双列排列。体背部青褐色，体侧及腹部银白色。鳃盖后上角具一黑斑。口周围黑色。各鳍灰白色。为温水性小型鱼类。集群栖息于近海湾水域。以浮游生物为食，主食硅藻和小型甲壳类。产卵期4 ~ 6月，分批产出浮性卵。在我国主要分布于黄海、渤海，台湾海域散见。最大体长15 cm。为黄海、渤海定置网、刺网的季节性捕捞对象或兼捕鱼种，其幼鱼制成的干品味美[56]。

390 中华小沙丁鱼 *Sardinella nymphaea*（Richardson，1846）[59]

= 神仙青鳞鱼[6]

背鳍17 ~ 19；臀鳍17 ~ 21；胸鳍14 ~ 16；腹鳍8。纵列鳞42 ~ 46。鳃耙34 ~ 36 + 60 ~ 65。

本种体延长，很侧扁。体长为体高的3.21 ~ 3.33倍，为头长的3.91 ~ 4.16倍。腹缘锯齿状，棱鳞17 ~ 18 + 12 ~ 13。背鳍位于体中央上方，背鳍基、臀鳍基等长。其下鳃耙数较多。头、体背面青绿色，体侧与腹侧银白色。背鳍、尾鳍淡黄色，其他鳍白色。鳃盖后上角常有一黑斑。为暖水性小型鱼类。在南海其生殖期为1 ~ 3月，产浮性卵。以浮游生物为食。分布于我国东海南部、南海近岸内湾海域，以及西太平洋陆缘浅海。最大体长达15 cm。为福建、广东大亚湾等地的重要经济鱼类，是定置网的主要捕捞对象[59, 74]。

注：黄宗国（2012）认为本种与黄泽小沙丁鱼*S. lemuru*为同物种[13]。笔者注意到二者腹鳍鳍条数及体形等均有差别。二者是否为同物种有待进一步研究。

391 多耙小沙丁鱼 *Sardinella jussieui*（Valenciennes，1847）[59]

=逑氏小沙丁鱼[9]

背鳍19；臀鳍18～20；腹鳍8。下鳃耙88～126。

本种体略延长，侧扁。体长为体高的2.7～3.5倍。头较小。体长为头长的3.8倍左右。口小，斜上位。下鳃耙多，是本属中最多者。腹部具锯齿状棱鳞（31～32）。背鳍起始于腹鳍前上方，距吻端较距尾鳍基为近。体略带金黄色，背鳍前、鳃盖后上方常各有一黑斑。尾鳍黑褐色，其他鳍色浅。为暖水性小型鱼类。繁殖期长，每年有2次繁殖期，分别为5～7月和10月至翌年3月。产浮性卵，属分批产卵类型。以浮游生物为食。分布于我国台湾海域、南海沿岸内湾海域，以及印度-太平洋。最大体长15 cm。为广东大亚湾等地渔业的重要鱼种，有一定经济价值[59]。

392 金带小沙丁鱼 *Sardinella gibbosa*（Bleeker，1849）[70]

=裘氏小沙丁鱼 *S. jussieusi*[7]=裘苏沙丁鱼[1]=隆背小沙丁鱼[9]

背鳍17～18；臀鳍18～19；胸鳍14～16；腹鳍8。纵列鳞44～47。鳃耙26～30+48～54。

本种体延长，侧扁。体长为体高的3.66~3.98倍，为头长的3.76~4.03倍。吻长约等于眼径。腹部棱鳞32~36枚。尾鳞显著。体背部深绿色，背侧有一金色纵带，体侧和腹部银白色。为暖水性近海中上层小型鱼类。集群栖息于近岸内湾水域。繁殖期3~6月，怀卵量1.6万~2万粒，产浮性卵。主要摄食浮游甲壳类。分布于我国长江口以南沿海至北部湾水域，以及日本南部海域、澳大利亚海域、印度-西太平洋暖水域。最大体长16 cm。为闽南、北部湾等地的经济鱼种。是流刺网、灯光围网的重要捕捞对象[59]。

注：王文滨（1962）将本种记述为裘氏小沙丁鱼*S. jussieusi*[7]，笔者认为此记述有误。

393 短尾小沙丁鱼 *Sardinella sindensis*（Day，1878）[70]

=中国小沙丁鱼[9]=印度沙丁鱼[1]=信德小沙丁鱼[4]

背鳍17~18；臀鳍18~19；胸鳍14~16；腹鳍8。纵列鳞41~44。鳃耙58~72。

本种体延长，侧扁。体长为体高的3.25~4.0倍，为头长的3.66~4.33倍。腹部棱鳞17~18+15~16。尾鳍短，上、下叶较尖。体背深绿色，体侧和腹部银白色。背鳍基前部具黑斑。背鳍上部和尾鳍末端黑色。为暖水性中上层小型鱼类。分布于我国台湾海域、南海，以及日本南部海域、印度尼西亚海域、印度-西太平洋暖温带水域。最大体长17 cm。

394 短体小沙丁鱼 *Sardinella brachysoma* Bleeker，1852 [70]

背鳍18~19；臀鳍19~21；胸鳍15；腹鳍8。纵列鳞42~44。鳃耙30~36+56~59。

本种体稍延长，侧扁。体长为体高的2.82 ~ 3.17倍，为头长的4.0 ~ 4.2倍。吻短，小于眼径。腹缘呈弧形。棱鳞锐利，18 + 13 ~ 14。腹部腋鳞2枚。尾无尾鳞。体背部深绿色，腹面白色。口周围黑色。背鳍淡青褐色，前面1 ~ 6枚鳍条基部黑色。尾鳍浅黄色，末端黑色。胸鳍、腹鳍、臀鳍淡青蓝色。本种曾与白腹小沙丁鱼*S. albella*混同，但本种腹缘锐利，体较侧扁而高，易与其区别[50]。为暖水性中上层小型鱼类。常栖息于沿海近岸内湾水域。分布于我国闽南沿海、广东沿海、海南沿海，以及菲律宾海域、澳大利亚海域、东非海域、印度–西太平洋。最大体长约15 cm。为流刺网、虎网的兼捕对象，产量少[74, 75]。

395 缝鳞小沙丁鱼 *Sardinella fimbriata*（Cuvier et Valenciennes，1847）[14]

= 孔状青鳞鱼[1] = 黑小沙丁鱼

背鳍19；臀鳍20；胸鳍15 ~ 16；腹鳍8。纵列鳞42。下鳃耙58 ~ 64。

本种体稍延长，侧扁。体长为体高的3.1 ~ 3.2倍，为头长的4.1 ~ 4.3倍。吻短。口小，前上位。上颌骨伸至眼前缘下方。腹部浅弧形。腹部棱鳞17 ~ 18 + 13。尾鳍较短，其长度约等于头长。腹部腋鳞3枚。体被强圆鳞，鳞片后端尖形。体背侧深绿褐色，腹侧银白色，背鳍前基具一黑斑，各鳍黄绿色。为暖水性小型鱼类。分布于我国厦门沿海至海南沿海，以及巴布亚新几内亚海域、东非海域、印度–西太平洋。最大体长13 cm。为流刺网、定置网的捕捞对象[74, 75]。

396 白腹小沙丁鱼 *Sardinella albella*（Valenciennes，1847）[14]

= 孔鳞小沙丁*S. perforate*[13]

背鳍17 ~ 18；臀鳍20 ~ 21；胸鳍15 ~ 17；腹鳍8。纵列鳞39 ~ 42。下鳃耙41 ~ 48。

本种体延长，极侧扁。腹部浅弧形。体长为体高的3.15～3.58倍，为头长的4.08～4.33倍。吻中等长。上颌骨伸至眼中部下方。体被薄大圆鳞，鳞片后部有数个小孔，并稍向后贯穿。腹部棱鳞17～18＋12～13。腹部腋鳞1枚。尾较长，尾鳍长大于头长。体背青色，腹侧银白色。背鳍青蓝色，前面5～6枚鳍条基部具一黑斑。尾鳍绿色，后缘黑色。其他鳍色浅。为暖水性小型鲱科鱼类。常栖息于近岸河口内湾区。主要以浮游桡足类动物为食。分布于我国厦门至北部湾沿海，以及印度尼西亚海域、新几内亚至东非海域。一般体长10 cm左右。为流刺网和定置网的渔获对象[50]。

注：黄宗国（2012）认为白腹小沙丁鱼与孔鳞小沙丁鱼是同物种[13]。但王以康（1958）曾因后者下鳃耙数偏少，头长与眼径之比略大而将二者分立为两种[1]。笔者认为二者十分近似，属于同物种。

397 斑点盖纹沙丁鱼 *Sardinops melanostictus*（Temminck et Schlegel，1846）[44]

＝东亚沙瑙鱼[1]＝远东拟沙丁鱼

背鳍16～21；臀鳍16～21；胸鳍18；腹鳍8。纵列鳞52。下鳃耙58～93。

本种体近梭形，腹缘稍圆。头侧扁，吻尖长。体长约为体高的5.5倍，约为头长的3.46倍。口端位，较小。上颌骨伸达眼中部下方。上颌辅骨2块。颌齿细小，犁骨无齿。鳃盖骨表面有放射状骨质纹。体被薄圆鳞，腹缘具弱棱鳞20＋16。背鳍始于腹鳍前上方。臀鳍后位，最后2枚鳍条稍延长。腹鳍较小，腹位。尾鳍深叉形，尾鳍基具2枚尾鳞。体背青绿色，腹侧银白色。体侧具1行黑色圆点。为暖水性中小型鱼类。繁殖期5～6月，怀卵量3万～10万粒。产浮性卵。主要以浮游桡足类、毛颚类等动物为食。分布于我国渤海、黄海、东海、南海北部，以及日本沿海、鄂霍次克海。最大寿命为8岁。一般体长20 cm左右。本种属于结群洄游性鱼种，在我国春、秋季为拖网、流刺网重要捕捞对象。如今资源已衰退[39, 56, 77]。

398 鲥 *Tenualosa reevesii*（Richardson，1846）[15]

= 中华鲥 *Hilsa sinensis*

背鳍17 ~ 18；臀鳍18 ~ 20；胸鳍14 ~ 15；腹鳍8。纵列鳞42 ~ 44。鳃耙110 ~ 172。

本种体稍延长。头侧扁，顶缘窄，光滑无纹。体长为体高的2.60 ~ 3.06倍，为头长的3.25 ~ 3.56倍。吻圆钝，中等长。眼较小，脂眼睑较发达。口较小，前位。上、下颌等长。前颌骨中间有明显的缺凹，上颌骨伸达眼中间后下方。口颌无齿。鳃盖光滑。无侧线。体被圆鳞。腹部棱鳞强，16 ~ 17 + 14个。胸鳍基、腹鳍基有腋鳞。无明显尾鳞。背鳍起点位于体中部略靠后，臀鳍后位。尾柄高，尾鳍深叉形。体背绿色，腹侧银白色。各鳍淡黄色，背鳍、尾鳍边缘灰黑色。为暖水性溯河洄游的鱼类。每年春季性成熟亲鱼从海洋进入江河，溯江而上。长江是其最大产卵群体回归江河，鄱阳湖上源的峡江是其主要产卵场。产卵期为6 ~ 8月，怀卵量100万粒以上。卵为浮性卵。孵化后小鱼顺江而下，边索饵边成长，秋后进入海洋育肥越冬。以浮游生物为食，其食饵组成依不同发育阶段和不同栖息地而异。分布于我国四大海域，在长江、钱塘江、乌龙江、韩江、西江都有其产卵场分布[62，58]；还分布于日本南部海域、菲律宾海域、印度-西太平洋。怀有成熟卵的雌性亲鱼平均体长50 cm，体重2 kg。为名贵鱼种，资源已严重衰退。现已被列入《中国物种红色名录》（2004），亟待保护[41]。

399 花点鲥 *Hilsa kelee*（Cuvier，1829）

= 中国鲥

背鳍16 ~ 17；臀鳍20 ~ 21；胸鳍14 ~ 15；腹鳍8。纵列鳞42 ~ 44。鳃耙87 ~ 88 + 131。

本种体呈长卵圆形（侧面观），侧扁。头部顶缘宽，其上有很多细纹。吻长略等于眼径。眼侧上位，脂眼睑发达。口小，前位。两颌等长。前颌骨中央缺刻显著。颌无齿。体被圆鳞。腹部

棱鳞15 ~ 16 + 14。腹鳍基有腋鳞。背鳍起点距吻端较距尾鳍基为近。腹鳍位于背鳍基下方。臀鳍基稍长于背鳍基。尾柄短，尾鳍深叉形。体背部青绿色，两颌、腹部银白色。背鳍、胸鳍、尾鳍淡黄色，腹鳍、臀鳍白色。体侧有4 ~ 7个绿斑。为近海暖水性小型鱼类。分布于我国东海、南海，以及印度−西太平洋暖水域。体长约22 cm。

400 花鰶 *Clupanodon thrissa*（Linnaeus，1758）[16]

= 盾齿鰶、多斑鰶

背鳍15；臀鳍23 ~ 26；胸鳍15；腹鳍8。纵列鳞44 ~ 48。鳃耙248 + 304。

本种体长卵圆形（侧面观），体长为体高的2.82 ~ 3.06倍，为头长的3.11 ~ 3.60倍。吻不突出。眼侧位，脂眼睑发达。口前位，前颌骨中间有较明显的缺凹。上颌骨末端不下弯，可伸达眼中部下方。口无齿。鳃盖光滑，鳃耙长且多。体被小圆鳞。腹缘具棱鳞，17 ~ 18 + 11 ~ 12。胸鳍基、腹鳍基有短腋鳞。背鳍起始于腹鳍前上方，最后鳍条延长为丝状。臀鳍基底长于背鳍。尾鳍深叉形。胃砂囊状，幽门垂发达。体背青绿色，腹侧银白色，体侧有4 ~ 6个黑绿色圆斑。各鳍蓝色，背鳍、尾鳍有黑缘。为暖水性小型鱼类，可进入咸淡水水域。分布于我国东海、南海、台湾海域，以及日本海域、韩国海域、印度−太平洋沿岸和河口水域。最大体长20 cm。

401 斑鰶 *Konosirus punctatus*（Temminck et Schlegel，1846）

= *Clupanodon punctatus* = 窝斑鰶

背鳍15～17；臀鳍21～24；胸鳍16；腹鳍8。纵列鳞53～56。鳃耙217～211。

本种体呈长椭圆形（侧面观），很侧扁。体长为体高的3.0～3.56倍，为头长的3.75～4.0倍。吻稍钝。口小，近前位，口裂短。前颌骨前端有凹刻。口无齿。鳃盖后缘光滑，鳃耙致密而长，并形成鳃上器官。体被圆鳞。腹部棱鳞锯齿状，18～20 + 14～16。胸鳍基、腹鳍基有短腋鳞。无侧线。背鳍有丝状鳍条。头、体背缘青绿色，体侧、腹部银白色。鳃盖后上方有1个大黑斑，体侧上方有8～9行绿色小点。为沿海习见温水性小型鱼类。栖息于水深5～15 m的近海内湾水域，集群洄游，可达河口。以浮游幼虫、桡足类、硅藻和腐屑为食。产卵期4～6月，分批产卵。卵浮性，怀卵量10万～20万粒。广泛分布于我国沿海，以及日本沿海、朝鲜半岛沿海、印度-太平洋沿岸和河口水域。最大体长26.5 cm。为我国拖网、流刺网和定置网的捕捞对象，也是港养和海水池塘兼养对象。已开展人工育苗工作[76]。

海鰶属 *Nematalosa* Regan，1917

本属物种体外形与斑鰶相似。背鳍同样有延长为丝状的鳍条。但本种鳃耙较短，数目相对较少。口下位。上颌骨后部下弯。下颌骨缘显著向外褶卷。背鳍前中线上鳞呈双列排列。我国有3种。

402 圆吻海鰶 *Nematalosa nasus*（Bloch，1795）[15]

= 方身海鰶

背鳍15～16；臀鳍20～24；胸鳍16～17；腹鳍8。纵列鳞45～50。鳃耙197 + 168。

本种体呈卵圆形（侧面观），侧扁而高。体长为体高的2.32～2.72倍，为头长的4.25～4.71倍。头短，吻钝。眼大，脂眼睑厚。口小，横裂，无齿。上颌突出，下颌齿骨缘向外褶卷。鳃耙细而多，但短于鳃丝。体被椭圆形圆鳞。腹部棱鳞17～18 + 14～15。胸鳍基部、腹鳍基部有短腋

鳞。体背部绿色，腹部银白色。沿体侧上方有6～7行绿色小点。鳃盖后上方有一青绿色大圆斑。各鳍色浅，背鳍、尾鳍有黑缘。为暖水性小型鱼类。分布于我国福建南部和海南近海，以及日本南部沿海、菲律宾沿海、澳大利亚沿海、印度-太平洋近岸水域。最大体长21 cm。为地方性渔业兼捕鱼种。肉质佳，产量少[50]。

403 环球海鰶 *Nematalosa come*（Richardson，1846）[14]

背鳍14；臀鳍18～20；腹鳍8。纵列鳞36。

本种体呈卵圆形（侧面观），侧扁而高。体长为体高的2.3～2.6倍，体长为头长的3.8～4.0倍。头稍大。体被椭圆形圆鳞，胸鳍基部和腹鳍基部腋鳞长，腹部棱鳞29～31枚。前鳃盖骨前下方为肉质区，不被第3眶下骨遮盖。鳃耙长为鳃丝长的2倍多。体背部黄蓝色，腹部银白色。鳃盖后上方有一黑斑。各鳍色浅。分布于我国东海，以及琉球群岛海域、澳大利亚海域。体长约16 cm。

404 日本海鰶 *Nematalosa japonica* Regan，1917[38]

背鳍16～17；臀鳍21～23；胸鳍16～18；腹鳍8。纵列鳞48～50。

本种体呈长椭圆形（侧面观），体稍低，体长为体高的2.63～3.03倍。前鳃盖骨前下方为片状三角形肉质区，不被第3眶下骨遮盖。口下位，下颌缘向外翻转。纵列鳞较多，腹部棱鳞16～19 + 13～16。鳃盖后上方具一大黑斑。为暖水性近海小型鱼类。栖息于沙泥底质浅海。繁殖期为5月。以浮游生物为食。分布于我国南海、台湾海域，以及日本本州以南海域、菲律宾海域、泰国海域。最大体长19 cm。

405 无齿鰶 *Anodontostoma chacunda*（Buchanan-Hamilton，1822）[15]

背鳍18～19；臀鳍19～20；胸鳍15～16；腹鳍8。纵列鳞40～42。

本种休呈卵圆形（侧面观），侧扁而高。体长为体高的2.17～2.35倍，为头长的3.78～4.12倍。头较小，吻较尖突。口小，无齿。鳃耙细长，较多，为86 + 71。体被圆鳞，腹部棱鳞16～17 + 12。上颌骨直，宽大而薄，向后渐细。背鳍最后鳍条不延长为丝状。体背缘绿色，腹部银白色。体侧上部有数行黄绿色小点。鳃盖后上方有大黑斑。为暖水性近海小型鱼类。分布于我国东海南部、台湾沿海、海南沿海，以及印度－太平洋热带水域。最大体长16.5 cm。为地方性渔业兼捕鱼种，数量少。

(77) 锯腹鳓科 Pristigasteridae

本科物种体延长，侧扁而高。腹缘通常具棱鳞。上颌辅骨2块。颌齿细小。齿鳓属*Pellona*的亚上颌骨有齿。背鳍短，臀鳍长，胸鳍较大，腹鳍小或无。本科全球有9属33种，我国有3属7种。

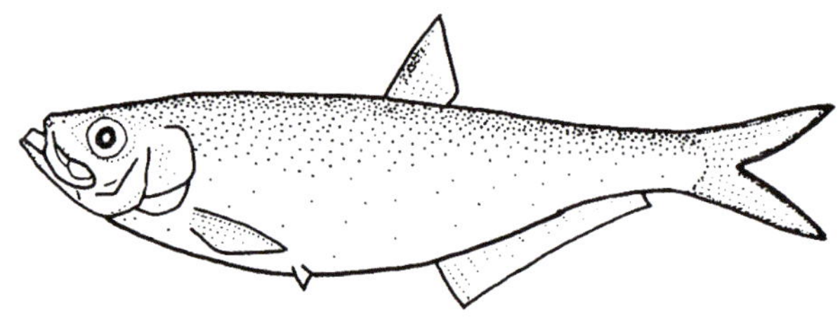

锯腹鳓科物种形态简图

406 齿鳓 *Pellona ditchela* Valenciennes，1847[14]

＝庇隆鳓

背鳍21；臀鳍36；胸鳍18；腹鳍8。纵列鳞40。鳃耙23＋11。

本种体延长，侧扁，体长约为体高的2.87倍，约为头长的3.56倍。眼大，侧上位。口亚上位，下颌突出。两颌齿细小。前颌骨末端至上颌缘的亚上颌骨有细齿是本属物种的重要特征。上颌辅骨2块。背鳍起始于体背中部。臀鳍基长。胸鳍镰刀形。腹鳍短小，尾鳍深叉形。体被圆鳞。腹部具腋鳞和棱鳞（16＋7）。体背蓝褐色，腹部银白色，口端黑色。鳃盖的上缘具黑斑。分布于我国台湾海域、南海，以及澳大利亚海域、东非海域。

鳓属 *Ilisha* Richardson，1846

本属物种体延长，侧扁。腹部有锐利棱鳞。头中等大。吻钝。眼大，侧上位。口中等大，顶位。下颌突出。上颌辅骨2块。两颌齿细小，亚上颌骨无齿。鳃耙较粗。体被中等大圆鳞。背鳍始于腹鳍后上方。臀鳍基较长。胸鳍侧下位。腹鳍小。尾鳍深叉形。我国有4种。

407 黑口鳓 *Ilisha melastoma*（Schneider，1801）[59]

=短鳓[1]=印度鳓 *I. indica*[7]

背鳍17～17；臀鳍38～42；胸鳍15～17；腹鳍7。纵列鳞41～44。鳃耙10～12+20～24。

本种体侧扁且略高，腹缘较突出。体长为体高的2.64～3.16倍，为头长的4.08～4.35倍。头近圆形，较短。吻短，眼大，侧上位。口小，顶位。两颌、腭骨、翼骨均有细齿。鳃盖骨上有辐射状细纹。鳃耙较稀粗。体被圆鳞。腹部棱鳞锐利，19～20+9～11。胸鳍基、腹鳍基有腋鳞。背鳍始于腹鳍起点后上方。臀鳍基长。腹鳍小。尾鳍宽叉形。体侧银白色，体背淡绿色，口缘灰黑色，鳃盖后上角具一小黑点。为暖水性浅海中上层鱼类。繁殖期在5～6月，体长13.5 cm即性成熟。以虾类、蟹类、沙蚕和小鱼为食。分布于我国福建、广东、海南近海，山东南部海域也有分布[56]；以及新加坡海域、印度海域。大型个体体长约25.6 cm。

408 大鳍鳓 *Ilisha megaloptera*（Swainson，1839）

背鳍18；臀鳍45；胸鳍17；腹鳍7。纵列鳞43。鳃耙7+18。

本种体侧扁，稍高。头侧扁而短。吻短，眼大。下颌前端上翘。上颌骨伸达眼中部下方。两颌、腭骨和舌骨均具细齿。体被圆鳞。腹部棱鳞21+13。背鳍位于体中部上方，臀鳍起点与背鳍中后部相对应。胸鳍基、腹鳍基有腋鳞。尾鳍宽叉形。体淡黄色，吻端和体上部褐色。各鳍淡黄色。为近海暖水性中小型鱼类。分布于我国南海，以及马来西亚海域、印度−西太平洋暖水域。体长可达27 cm。

409 鳓 *Ilisha elongata*（Bennett，1830）

= 长鳓

背鳍15 ~ 17；臀鳍48 ~ 50；胸鳍17；腹鳍7。纵列鳞52 ~ 54。鳃耙11 ~ 12 + 23 ~ 24。

本种体延长，侧扁。体长为体高的3.5 ~ 3.7倍。头较短。纵列鳞较多。鳃耙粗短，边缘具小刺。头顶平坦，具菱形隆起棱。腹缘棱鳞较多，为23 ~ 26 + 13 ~ 14。背鳍起点位于体背中间。体背灰色，体侧、腹银白色。各鳍色浅。鳃盖后上方无黑斑。为暖水性近海中上层洄游性鱼类。产卵期为4 ~ 6月。一般怀卵量4万 ~ 10万粒，卵为浮性卵。产卵场分布于渤海到广西北部湾的各近岸河口，以吕泗洋和莱州湾比较集中。以虾类、头足类和鱼类为食。广泛分布于我国沿海，以及俄罗斯大彼得湾海域、日本海域、朝鲜半岛海域、印度尼西亚海域、中南半岛海域、印度沿海。最大体长40 cm。为重要经济鱼种，曾是我国海洋“四大家鱼”之一。是拖网、流刺网的主要捕捞对象。但如今资源已严重衰退，近年资源虽略有恢复，仍亟待保护[56]。肉味鲜美。

410 纸刀鳓 *Ilisha novacula*（Valenciennes，1847）

= 剃刀鳓[1] = 缅甸鳓

背鳍17；臀鳍42。纵列鳞45。鳃耙20 ~ 30。

本种体延长，侧扁，形似剃刀。头中等大，吻短。眼大，眼径超过吻长。口小。下颌突出，上颌伸达眼前缘下方。颌具细齿。体被薄圆鳞。胸鳍基、腹鳍基具腋鳞。腹部棱鳞24 ~ 25 + 10 ~ 11。背鳍起点距尾鳍基较距吻端为近。臀鳍基长，腹鳍基短，尾鳍叉形。体背蓝绿色，腹部银白色，吻末端色暗。虹膜黄色，各鳍淡黄色。为咸淡水鱼类，可溯入江河上游。分布于我国南海，以及印度尼西亚海域、缅甸咸淡水水域。体长可达32 cm。

411 短鳍后鳍鱼 *Opisthopterus valenciennes* Bleeker，1872

背鳍17；臀鳍58；胸鳍15 ~ 17。纵列鳞55。鳃耙10 + 26。

本种体延长，侧扁，体长约为体高的3.87倍，约为头长的6.7倍。头小。项背凹形显著。胸鳍短，其长度略短于头长。吻短，口顶位。颌具细齿。第2上颌辅骨窄，末端几乎达到上颌末端。体侧、体腹银白色，背部黄褐色，各鳍白色，鳃盖后上方有一黑绿色小圆斑。为暖水性浅海中上层小型鱼类。分布于我国黄海南部、东海、南海，以及印度尼西亚爪哇以北西太平洋。最大体长20 cm[4C]。

注：王以康（1958）将本种记为后鳍鱼*O. tardoore*[1]。

412 后鳍鱼 *Opisthopterus tardoore*（Cuvier，1829）

背鳍16 ~ 17；臀鳍59 ~ 61；胸鳍14 ~ 17。侧线鳞51 ~ 52。鳃耙9 ~ 11 + 24。

本种体延长，极侧扁。头顶凹形。腹部突出。腹棱锯齿状，棱鳞29～32枚。眼上侧位，眼径略大于吻长。上颌骨腹缘具齿状棱，伸达眼下1/3处。颌骨、腭骨、翼骨和舌上均有细齿。体被薄圆鳞。背鳍小，位于体背后部。胸鳍较长，其长度等于或大于头长。无腹鳍，尾鳍深叉形。体上部蓝褐色，腹部银白色。口缘和尾鳍后部黑色，胸鳍上方黑斑，臀鳍白色。为近海暖水性小型鱼类。分布于我国台湾海域，以及新加坡沿海、印度尼西亚沿海等。体长约25 cm。

（78）鳀科 Engraulidae

本科物种体延长或呈长椭圆形（侧面观），稍侧扁。腹部圆或侧扁，通常有棱鳞。头中等大。吻突出。眼中等大，位于前端。无脂眼睑。口大，下位，口裂可达眼后缘下方。上颌口缘由前颌骨和上颌骨组成。上颌辅骨2块，犁骨、腭骨、翼骨通常有齿。体被圆鳞。背鳍通常短或中等长，大多位于臀鳍上方或其前上方。本科物种虽多，但多属于中小型鱼种，其中一些种类是世界和我国海洋渔业最重要的类群[67，106]。全球有21属110种，我国有7属26种。

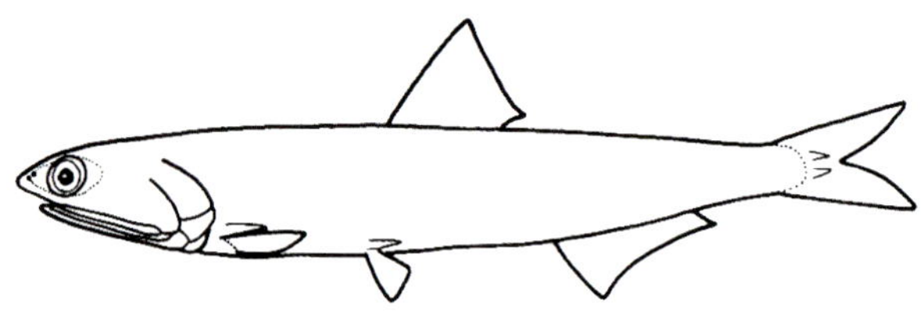

鳀科物种形态简图

413 鳀 *Engraulis japonicus* Temminck et Schlegel，1846

= 日本鳀

背鳍14～15；臀鳍18；胸鳍17；腹鳍7。纵列鳞43。

本种体延长，稍侧扁。腹部无棱鳞。体长为体高的6.05～6.76倍，为头长的3.34～4.33倍。头稍大。吻较短，钝尖。眼大，侧上位。口大，前下位。上颌长于下颌，上颌骨末端不伸达鳃孔。有2

块上颌辅骨。上、下颌和舌上有小细齿。体被中等大小圆鳞。无侧线。背鳍中等大小，始于腹鳍稍后上方，位于体背中部附近。胸鳍侧上位。腹鳍小。尾鳍叉形。体背蓝黑色，体侧上部呈微绿色，体侧、体腹银白色，体侧有一青黑色宽纵带。为近海暖温性中上层小型鱼类。集群洄游，趋光性强，具昼夜垂直迁移习性。产卵期3～7月。怀卵量0.8万～2.4万粒，分批产卵，卵为浮性卵。以浮游硅藻、桡足类、磷虾和仔稚鱼为食。分布于我国渤海、黄海、东海、南海北部近岸水域，以及日本沿海、朝鲜半岛沿海、菲律宾沿海。最大体长达16 cm。曾是我国海洋最高产鱼种，单鱼种产量在20世纪90年代曾达百万吨水平。但因开发过度，资源现已严重衰退。该鱼是拖网、灯光围网、建网、地拉网的捕捞对象[69]。肉可食，加工成的干鱼“海蜒”味美。

小公鱼属 *Stolephorus* Lacépède，1803

本属物种体延长，侧扁。吻突出。眼中等大。口大。上颌长于下颌。上颌骨后端一般不超过鳃孔。两颌、腭骨、翼骨和犁骨均有细齿。体被薄圆鳞。腹缘具骨刺，腹鳍前骨刺通常不超过9个。背鳍起点对应于臀鳍前方。臀鳍基短。胸鳍上部无延长的鳍条。体侧有银白色纵带。我国有9种。

414 多棘小公鱼 *Stolephorus shantungensis*（Li，1978）

= 山东小公鱼

背鳍13～16；臀鳍15～18；胸鳍17～20；腹鳍7～8。纵列鳞34～36。鳃耙17～20＋23～25。

本种体延长，侧扁。头长，吻端尖。眼大。头背有3条细棱。口大，下位。上颌骨长，末端截形，伸达前鳃盖骨边缘。上颌辅骨棒状。颌骨、腭骨、犁骨具细齿。体被薄圆鳞。腹部棱鳞7～8枚。无侧线。背鳍始于腹鳍前上方，距吻端较距尾鳍基为近。尾鳍叉形。体中部有1条银色纵带。为近海暖温性小型鱼类。仅分布于我国黄海。体长约6 cm。

415 尖吻小公鱼 *Stolephorus heteroloba*（Rüppell，1835）[70]

= 尖吻半棱鳀 *Encrasicholina heteroloba* = 异叶公鳀

= 短吻侧带小公鱼 *S. pseudoheterolobus*

背鳍13～14；臀鳍19；胸鳍13～14；腹鳍7。纵列鳞41～43。下鳃耙22～30。

本种一般特征如属。体延长，微侧扁。体长为体高的5.25～5.78倍，为头长的3.76～4.10倍。腹部有骨刺。头较长，吻很突出。上颌骨末端尖，伸达前鳃盖骨后下缘。体被小圆鳞。腹鳍前棱鳞4～6枚。背鳍始于腹鳍后上方，距尾鳍基较距吻端为近。体白色，体侧中部有1条银白色纵带。尾鳍边缘有斑点。为暖水性近海小型鱼类。生殖期为6～9月，产浮性卵。主要以浮游桡足类为食。分布于我国东海南部、台湾沿海、广东沿海、海南沿海，以及澳大利亚沿海、印度-西太平洋沿岸。最大体长约9 cm。为我国南海地域性经济鱼种，有一定产量[72]。

注：沈世杰（1993）、黄宗国（2012）认为短吻侧带小公鱼和尖吻小公鱼是同物种。张世义（2001）依臀鳍位置不同，将二者分立为两种，但没提供短吻侧带小公鱼的图幅，难以比较[9，13，4C]。

416 菲律宾小公鱼 *Stolephorus oligobranchus*（Wongratana，1983）[37]

= 寡鳃半棱鳀 *Encrasicholina oligobranchus*[14] = 菲律宾额顶鳀[67]

本种与尖吻小公鱼很相似。体延长，微侧扁。口大，吻钝尖。上颌骨长，末端尖。但本种颌骨末端未达前鳃盖骨后下缘。眼更大，几乎占头颅前半部。鳃耙显著少，下鳃耙17或18枚。体淡褐色，腹侧淡黄色。体中央有一白色纵带。为暖水性小型鱼类。分布于我国台湾海域，以及菲律宾海域、西太平洋热带水域[67]。

417 青带小公鱼 *Stolephorus zollingeri*（Bleeker，1849）[70]

= 刺公鳀 *S. punctifer* = 银灰半棱鳀 *Encrasicholina punctifer*

背鳍14；臀鳍16 ~ 18；胸鳍13 ~ 14；腹鳍7。纵列鳞39 ~ 42。鳃耙17 ~ 20 + 22 ~ 24。

本种体延长，体长为体高的5.05 ~ 6.0倍，为头长的4.12 ~ 4.28倍。鳃耙细长而密。臀鳍始于背鳍后下方。其上颌骨末端截形，且不达前鳃盖骨后下缘。前腹缘骨刺4 ~ 5个。体白色，头背有1块绿色斑，体侧有1条银青色纵带。为暖水性浅海小型鱼类。生态习性似尖吻小公鱼。分布于我国台湾海域、广东沿海。体长可达10 cm以上。产量较少。

418 短背小公鱼 *Stolephorus bataviensis* Hardenberg，1933[70]

= 岛屿小公鱼 *S. insularis*

背鳍16 ~ 17；臀鳍20 ~ 23；胸鳍14；腹鳍7。纵列鳞37 ~ 38。下鳃耙23。

本种体延长。体长为体高的4.0 ~ 4.5倍，为头长的3.8 ~ 4.33倍。口大，上颌骨末端达鳃孔。吻短，圆钝。前腹缘骨刺4 ~ 5个。臀鳍始于背鳍基下方。背鳍中等大，始于体背中部略靠前，背鳍前方无小刺。体淡褐色。头背有黑斑。体侧有一银白色纵带。为暖水性小型鱼类。分布于我国台湾海域，以及印度尼西亚海域和西太平洋等。体长约6 cm。

419 江口小公鱼 *Stolephorus commersoni*（Lacépède，1803）[15]

= 康氏小公鱼 *Anchoviella commersoni* Fowler，1911 [7]

= 康氏棱鳀 *Scutengraulis commersoni* Lacépède

背鳍15～16；臀鳍19～22；胸鳍12～13；腹鳍7。纵列鳞37～39。鳃耙16～19＋20～25。

本种体延长，侧扁，体长为体高的4.5～5.1倍，为头长的4.0～4.4倍。头较小。吻稍突出。上颌骨末端伸达鳃孔。背鳍前方无小刺，其始点距尾鳍基较距吻端为近。前腹缘有6～7个骨刺。体侧有1条银白色纵带。头背有“凹”状绿斑。自背鳍向后缘有2行绿色小点。各鳍白色，仅尾鳍后缘呈淡绿色。为温水性近海小型鱼类。产卵期为4～8月，产浮性卵。主要以浮游桡足类和毛虾为食。分布于我国黄海南部、海南近海，以及日本海域、韩国海域、菲律宾海域、印度–西太平洋。最大体长12.5 cm。为我国东海南部地方性渔业的重要捕捞对象，有一定经济价值[10]。据笔者近年调查，该鱼分布北移，在海州湾数量有增多趋势。

420 中华小公鱼 *Stolephorus chinensis*（Günther，1868）

= 中华银带鳀 = 中华侧带小公鱼

背鳍16～17；臀鳍21～23；胸鳍12～13；腹鳍7。纵列鳞38～40。鳃耙17～19＋25～28。

本种体延长，稍侧扁。头较小，吻突出。眼大，眼径大于吻长。口大，上颌长于下颌。上颌骨末端尖，可伸达前鳃盖骨，但不达鳃孔。颌齿细小。体被圆鳞。腹鳍前棱棘6个。背鳍起点距尾鳍基较距吻端为近。臀鳍起点对应于背鳍基中间。腹鳍小。尾鳍中等大，后缘凹入。体侧有银白色纵带。头部有“凹”形绿斑。仅尾鳍淡绿色，其他鳍白色。为近海暖水性小型鱼类。分布于我国东海、南海。为我国特有种。体长约8 cm。

421 棘背小公鱼 *Stolephorus tri*（Bleeker，1852）

= 印尼小公鱼

背鳍15；臀鳍20；胸鳍12；腹鳍7。纵列鳞38。鳃耙19 + 25。

本种体延长，侧扁。头中等大。吻短，稍钝。口大，斜裂。上颌骨末端伸达鳃孔。两颌、腭骨具细齿。体被小圆鳞。背鳍位于体背中部，始于腹鳍起点后上方。腹鳍小。尾鳍深叉形。体侧具有银色光泽的纵带。尾鳍淡绿色，其他鳍白色。为暖水性小型鱼类。栖息于近岸水域，可溯入淡水。分布于我国南海。体长约6 cm。

422 印度小公鱼 *Stolephorus indicus*（van Hasselt，1823）[70]

= *Anchoviella indica*

背鳍15 ~ 16；臀鳍19 ~ 20；胸鳍14 ~ 15；腹鳍7。纵列鳞38 ~ 42。鳃耙16 ~ 19 + 20 ~ 22。

本种体延长，体长为体高的5.23～6.38倍，为头长的4.0～4.57倍。背缘平或微呈弧状，腹缘微突。吻钝圆，突出。上颌骨末端不伸达鳃孔。鳃耙略长于鳃丝。背鳍起点距尾鳍基较距吻端稍近。臀鳍始于背鳍基中间下方。腹鳍前棱棘4～5个。胸鳍基、腹鳍基皆有细腋鳞。体近似透明，头顶及其后方有绿斑。体侧有1条银白色纵带，前端窄，向后渐宽。背鳍、尾鳍呈淡绿色。为温水性小型鱼类。分布于我国黄海至南海沿岸内湾，可入江河；以及日本冲绳海域、印度–西太平洋温热带水域。最大体长14 cm。产量较少。

423 黄鲫 *Setipinna termuifilis*（Valenciennes，1848）

背鳍13～14；臀鳍50～56；胸鳍12～13；腹鳍7。纵列鳞43～46。鳃耙12＋14～17。

本种体稍延长，很侧扁，体长为体高的3.18～3.48倍，为头长的5.53～6.17倍。背缘窄，腹缘有锐利棱鳞。头小。吻短，钝圆。眼前侧位。口大，斜上位，口裂窄长。上颌骨细长，其后不伸达鳃孔。有2块上颌辅骨。两颌、犁骨、腭骨均有细齿。鳃耙稀疏，扁针状。体被圆鳞。腹部棱鳞18～21＋7～8。背鳍前有1枚小刺，胸鳍基、腹鳍基有腋鳞。背鳍起点与臀鳍相对应。臀鳍基长，占体长的1/2。胸鳍位低；其第1鳍条呈丝状延长，可达到臀鳍起点。腹鳍位于背鳍前下方。尾鳍叉形。吻和头侧淡金黄色，体背青绿色，腹侧银白色，各鳍金黄色，尾鳍后缘黑色。为暖温性中小型鱼类。集群栖息于近海沙泥底质海区。繁殖期为4～6月。怀卵量0.4万～1.4万粒。卵为浮性卵。属分批产卵类型。以浮游甲壳类、鱼卵、仔鱼为食。分布于我国渤海、黄海、北部湾沿海，以及日本冲绳海域、朝鲜半岛海域、澳大利亚海域、印度–西太平洋。最大体长小于20 cm。为我国重要小型经济鱼类。是底拖网、流刺网和定置网的渔获对象。黄海、渤海年产量达万吨。有较大经济价值[56]。

注：黄鲫学名几经变动。其曾用吉氏黄鲫*S. giberti*[5]、太的黄鲫*S. taty*[6, 7, 10]等名。因其胸鳍丝状鳍条较长等特征而改为现在的名称[13, 36, 67, 142]。

424 长丝黄鲫 *Setipinna taty*（Cuvier et Valeneinns，1848）

= 太的黄鲫 = 吉氏黄鲫 *S. giberti*

过去将黄鲫误认为本种。二者十分相似。主要区别在于本种胸鳍第1鳍条的丝状延长甚长，其长度超过体长的2/3，可达臀鳍最后1枚鳍条。腹部棱鳞多达32 ~ 40枚。下鳃耙较多，为17 ~ 21枚。体侧银白色，背部褐色或蓝褐色。各鳍淡黄色，背鳍、胸鳍、尾鳍的后缘为黑色。为近海暖水性小型鱼类。分布于我国南海，以及印度–西太平洋暖水域[67，142]。

425 金色黄鲫 *Setipinna breviceps*（Cantor，1849）

= 小头黄鲫

背鳍13 ~ 14；臀鳍58 ~ 61；胸鳍12 ~ 14。纵列鳞56 ~ 57。

本种体延长，侧扁。吻略尖，下颌较上颌突出。口裂大，占头长的4/5以上。体被圆鳞。背鳍始于体背中央。臀鳍基底长。胸鳍位低，其第1鳍条延长为长丝状，其长度为体长的1/2以上，伸达臀鳍第35 ~ 41鳍条。腹鳍小。尾鳍叉形。体及各鳍均为金黄色，各鳍后缘黑色。为暖水性近海小型鱼类。分布于我国南海，以及印度尼西亚海域、马来西亚海域。体长达21 cm[4C，67]。

426 黑鳍黄鲫 *Setipinna melanochir*（Bleeker，1849）

本种亦与黄鲫很相像。后者亦曾被称为黑鳍黄鲫[1]。主要区别在于本种的胸鳍丝状鳍条甚短，不达肛门处。腹部棱鳞稍多，为21～26＋8。下鳃耙较少，9～12枚。体浅黄色，带银色光泽。背部青绿色。胸鳍、腹鳍黑色，其他鳍淡黄色。为浅海暖水性小型鱼类。分布于我国南海，以及马来西亚海域、印度尼西亚沿海[67]。

427 海州拟黄鲫 *Pseudosetipinna haizhouensis* Peng et Zhao，1988

＝无鳍拟黄鲫

背鳍11～13；臀鳍51～59；胸鳍12～13；腹鳍0。纵列鳞48～52。鳃耙10～13＋14～16。

本种与黄鲫十分相似。体延长，侧扁，体长为体高的3.3～4.5倍，为头长的5.7～6.8倍。头较小，吻短钝。本种以无腹鳍，无腰带骨为最主要的鉴别特征。此外，本种胸鳍丝状鳍条长，可抵或超越臀鳍起始处。体背侧黄褐色，各鳍色浅，背鳍、尾鳍后缘黑色。为近海小型鱼类。生态习性与黄鲫相似。仅分布于我国江苏近海。最大体长达17.1 cm。偶见于春、秋季底刺网渔获，常与黄鲫混捕[73]。

注：本图片系拟黄鲫的定名人赵振伦教授提供。

428 平胸鲾 *Thrissina baelama*（Forskål，1775）

背鳍 Ⅲ – 10 ~ 12；臀鳍 Ⅲ – 26 ~ 27。纵列鳞37 ~ 38。下鳃耙20 ~ 23。

本种体侧扁。吻突出，稍尖。眼较大，被脂眼睑。口大，斜裂。上颌骨伸达鳃盖膜边缘。上、下颌齿细小，各1行。犁骨齿细小，呈块状分布。鳃耙细长。体被圆鳞。胸鳍基、腹鳍基具腋鳞。胸鳍前无棱鳞。腹部棱鳞小，5 ~ 6 + 9 ~ 10。背鳍始于腹鳍稍后上方。背鳍前有1枚小钝棘。臀鳍位于背鳍稍后下方。尾鳍深叉形。体背部浅黑蓝色，体侧银白色，无银色纵带。为暖水沿岸性小型鱼类。分布于我国东海、台湾海域，以及印度–西太平洋暖水域。体长约15 cm。

棱鳀属 *Thryssa* Cuvier，1829

本属物种体体延长或侧面观呈长椭圆形，侧扁。腹缘棱鳞发达。吻短或突出。上颌骨长，甚至可抵臀鳍。口斜裂。两颌、腭骨有齿。背鳍始于臀鳍前上方，其前方通常有分离的平伏状小棘。胸鳍向后可伸达腹鳍，其上部鳍条不延长为丝状。尾鳍深叉形。体侧无银色纵带。我国有6种。

429 赤鼻棱鳀 *Thryssa kammalensis*（Bleeker，1849）

= 棱鳀 *Scutengraulis kammalensis* [5] = 芝罘棱鳀

背鳍 Ⅰ，12；臀鳍28 ~ 34；胸鳍13；腹鳍7。纵列鳞38 ~ 40。鳃耙25 ~ 28 + 28 ~ 31。

本种体延长，稍侧扁。头中等大。吻显著突出，圆锥形。口大，下位。上颌骨仅伸到前鳃盖骨后下缘。体被圆鳞。腹部棱鳞15～16＋10。胸鳍基、腹鳍基有腋鳞。无侧线。背鳍始于腹鳍稍后上方。胸鳍末端几乎达腹鳍基。体侧银白色，背部青绿色。吻常为赤红色，各鳍色稍浅。为浅海内湾小型鱼类。产卵期5～8月。怀卵量1 600～3 600粒。卵为浮性卵。以浮游生物为食。分布于我国渤海、黄海到广东沿海，以及印度–西太平洋。最大体长11.5cm。近年数量显著增多，可供食用或作为养殖鱼虾的饵料。其幼鱼所制干品“海蜒”味美[56]。

430 高体棱鳀 *Thryssa hamiltonii*（Gray，1836）[14]

=汉氏棱鳀 *Thrissocles hamiltonii*[1，7]

背鳍Ⅰ，13～14；臀鳍38～40；胸鳍12～13；腹鳍7。纵列鳞44～49。鳃耙9～10＋14～15。

本种体侧扁。头略短，吻钝。体长为体高的3.6～4.2倍，为头长的4.8～5.58倍。口窄，两颌等长。上颌骨末端尖，向后伸达鳃孔。两颌和犁骨、腭骨均有细齿。腹部棱鳞10～11＋16～17。背鳍前方有一小刺。胸鳍基、腹鳍基各有一腋鳞。体背部青绿色，体侧白色。鳃盖后上角有1块黄绿色大斑。各鳍色浅。为暖水性小型鱼类。常栖息于内湾、河口一带。分布于我国台湾海峡、南海，以及日本南部海域、韩国海域、印度尼西亚海域、印度海域。为棱鳀类较大的鱼种，最大体长21 cm。产量不多[59]。

431 中颌棱鳀 *Thryssa mystax*（Bloch et Schneider，1801）[59]

背鳍Ⅰ，14～15；臀鳍34～38；胸鳍12～13；腹鳍7。纵列鳞43～46。鳃耙9～10＋14～16。

本种体延长，体长为体高的3.81 ~ 4.2倍，为头长的4.29 ~ 4.7倍。吻略钝。腹部棱鳞17 + 10 ~ 12。口裂长大，上颌骨末端尖形，向后可伸达胸鳍基部。体银白色，背部青绿色，鳃盖后上部有1块黄绿色斑，各鳍色浅。为暖温带浅海小型鱼类。繁殖期5 ~ 8月。以浮游生物为食。分布于我国四大海域，以及韩国海域、印度尼西亚海域、印度–西太平洋。本种也是棱鳀属中大型鱼种之一，最大体长22.8 cm。常混杂于赤鼻棱鳀渔获中，但数量甚少。肉含脂量高，味美。

432 黄吻棱鳀 *Thryssa vitirostris*（Gilchrist et Thompsion，1908）[59]

背鳍 Ⅰ，12 ~ 13；臀鳍37 ~ 42；胸鳍12；腹鳍7。纵列鳞41 ~ 43。鳃耙14 ~ 15 + 21 ~ 22。

本种体延长，侧扁。体长为体高的3.7 ~ 4.2倍，为头长的2.26 ~ 4.77倍。吻短，钝尖。体被圆鳞。背鳍前有一小刺。腹缘棱鳞16 + 9 ~ 10。上颌骨末端可伸到胸鳍基部。下鳃耙数较多。背鳍鳍条稍少。体白色，有银色光泽。鳃盖后端有一黄绿色斑，各鳍色浅。为暖水性浅海小型鱼类。繁殖期为8 ~ 9月。卵为浮性卵。以浮游生物为食。分布于福建海域、广东沿海至北部湾海域，以及非洲东南沿海、印度洋。体长约9 cm。地方性渔业兼捕鱼种，数量不多[59]。

433 长颌棱鳀 *Thryssa setirostris*（Broussonet，1782）[15]

= 长颌鲨鱼[1]

背鳍 Ⅰ，13 ~ 14；臀鳍34 ~ 38；胸鳍13 ~ 14；腹鳍7。纵列鳞42 ~ 44。鳃耙5 + 10。

本种体侧扁。体长为体高的3.38~4.27倍，为头长的4.96~5.37倍。头小。吻短。口窄小，口裂短。上颌骨特别延长，呈长条状，向后可伸达肛门；这是本种重要特征。体被圆鳞。背鳍前有一小刺。胸鳍基、腹鳍基有腋鳞。腹缘棱鳞17~18+9~10。背鳍起始于体背中部。体背灰绿色，腹侧银白色。靠鳃盖后上方有一绿斑，各鳍色浅。为暖水性小型鱼类。喜栖于近岸内湾或咸淡水。分布于我国东海南部、南海，以及菲律宾海域、东非沿海。最大体长15 cm。数量少。

434 **顶斑棱鳀** *Thryssa dussumieri*（Cuvier et Valenciennes，1848）[14]

=杜氏棱鳀 *Thrissa dussumieri*

背鳍Ⅰ，13；臀鳍34~37；胸鳍11~12；腹鳍7。纵列鳞38~42。鳃耙14+16。

本种体窄长，侧扁。体长为体高的3.58~3.89倍，为头长的4.04~4.51倍。头中等大。吻短钝。口大，上颌骨延长超过胸鳍，几乎达腹鳍起始处。体被圆鳞。胸鳍基、腹鳍基亦有腋鳞。腹部棱鳞15+8~9。头顶后方有鞍状绿色斑。各鳍色浅。为暖水性小型鱼类。分布于我国东海南部、南海，以及日本南部海域、菲律宾海域、印度-西太平洋。最大体长14 cm。为小型食用鱼，但产量低。

鲚属 *Coilia* Gray，1831

本属物种体延长，侧扁。尾部长，向后渐窄。头短，吻短钝。口大，斜行。上颌骨延长。两颌、犁骨、腭骨、翼骨均具齿。背鳍基短，始于臀鳍前上方。臀鳍基通常很长。胸鳍上缘有6~7枚丝状游离鳍条。腹鳍小。腹部棱鳞显著。尾鳍尖长，下叶与臀鳍相连。我国有4种。

435 发光鲚 *Coilia dussumieri* Valenciennes，1848

背鳍Ⅲ－10～12；臀鳍Ⅲ，98～103；胸鳍8～11；腹鳍Ⅰ－6。纵列鳞65～70。鳃耙20＋33。

本种体延长，向尾部渐细。头中等大，吻短钝。眼中等大，无脂眼睑。口小，前位。上颌骨细长，刚超过鳃盖。两颌、腭骨具细齿。鳃耙细长。体被薄圆鳞。腹部棱鳞弱，4～6＋6～8。背鳍中等大，前有一短刺。臀鳍基底很长，位于背鳍后下方，后部与尾鳍相连。胸鳍侧下位，具4～6枚丝状游离鳍条。尾鳍尖长，不分叉。体背部褐色，体侧、腹部银白色。体侧下方具金黄色或珍珠色纵列发光器。臀鳍后部和尾鳍灰色。为暖水性沿岸小型鱼类。分布于我国南海，以及新加坡沿海。体长可达20 cm。

436 七丝鲚 *Coilia grayi* Richardson，1844

＝葛氏鲚

背鳍Ⅰ－12～13；臀鳍74～88；胸鳍7＋10～11；腹鳍Ⅰ～6。纵列鳞58～62。鳃耙19～21＋24～30。

本种一般特征同属。体延长，侧扁。体长为体高的4.38～6.28倍，为头长的5.4～6.15倍。口大，上颌骨下缘具细锯齿，后延伸达胸鳍基部。上颌辅骨2块。齿细小，绒毛状。体被薄圆鳞，头部无鳞。腹部棱鳞15～17＋22～26。胸鳍侧下位，上缘有7条丝状游离鳍条；这是本种的最主要特征。体银白色，背缘绿色，尾鳍尖端稍呈黑色。为暖水性沿海、河口常见鱼类。繁殖期为4～6月，亲鱼于河口分批产卵。卵为浮性卵。受精卵在咸淡水区孵化。主要以浮游甲壳类、桡足类和端足类为食。分布于我国闽江口以南到南海北部湾水域。最大个体可达28.5 cm。为地方性渔业春、夏季流刺网、定置网的兼捕鱼种[50]。

437 凤鲚 *Coilia mystus*（Linnaeus，1758）

背鳍Ⅰ－13；臀鳍74～79；胸鳍6＋12；腹鳍Ⅰ－6。纵列鳞60～65。鳃耙18～21＋25～30。

本种体延长，侧扁，后部细长。体长为体高的5.4～5.9倍，为头长的5.6～6.3倍。腹部棱鳞16～17＋22～26。胸鳍仅有6枚游离丝状鳍条。臀鳍鳍条与纵列鳞数相对较少。体背绿色，体侧、腹部银白色。尾鳍尖端稍带黑色，鳍基略带金黄色，唇和鳃盖膜橘红色。为近海过河口性鱼类。产卵期为5～7月，性成熟亲鱼游抵河口产卵。怀卵量0.5万～2.0万粒。以浮游生物为食，主食浮游甲壳类。体长20 cm左右。分布于我国渤海、黄海、广西沿海，以及日本海域、朝鲜半岛海域。依地域有不同的地方性群系，是地方性渔业名贵鱼种。肉味鲜美，加工品“凤尾鱼”罐头更是美味佳肴。近年资源衰退[10，78]。

438 刀鲚 *Coilia ectenus* Jordan et Seale，1905

＝*C. nasus*＝短颌鲚 *C. brachygnathus*

背鳍Ⅰ－13；臀鳍97～110；胸鳍6＋11；腹鳍7。纵列鳞74～80。鳃耙17～18＋24～25。

本种形态与凤鲚十分相似。体延长，侧扁，尾部细长。体长为体高的5.84～7.0倍，为头长的5.85～6.5倍。头小。吻钝圆。口大，下位。上颌骨下缘有小锯齿，后缘可伸达胸鳍基底。体被薄圆鳞，腹部棱鳞18～22 + 37～34。本种的臀鳍鳍条和纵列鳞数目较多。体侧银白色；体背色较深，呈青色、金黄色或青黄色。腹部和各鳍色浅，尾鳍灰色。为溯河洄游性鱼类。每年春季（在长江口区为2～3月，在黄河口区为4～5月），性成熟亲鱼结群入河产卵，7～9月产后亲鱼顺流而下，返回海洋。孵出的仔、幼鱼则在河口继续索饵，次年方下海生长、育肥。刀鲚主要以浮游动物为食，兼食部分仔、幼鱼类，其食饵组成依栖息水域和季节而异。分布于我国四大海域及通海江河；日本海域、朝鲜半岛海域也有分布。最大体长41 cm，体重360 g。该鱼味美。它曾是长江、黄河口区主要经济鱼种，产量颇高。现今资源已严重衰退，成为珍稀鱼种，亟待加强保护[78, 79]。

注：短颌鲚为一分布于长江中下游的淡水鲚，是一有效种[62]；黄宗国（2012）及张世义（2001）将其和湖鲚 *C. ectenes*一起列为刀鲚同种[4C, 13]。

（79）宝刀鱼科 Chirocentridae

本科物种体甚长，侧扁，呈长铡刀形。眼小，有脂眼睑。口大，斜上位。前颌骨大，上颌骨窄长，上颌辅骨2块。前颌骨和下颌骨有锐利犬牙。腭骨和舌上亦有齿。鳃膜不与峡部相连。鳃耙短而硬。圆鳞细小。胸鳍基、腹鳍基有腋鳞，尾鳍有尾鳞。背鳍、臀鳍后位，胸鳍下位。腹鳍很小，尾鳍叉形。本科仅有1属2种，在我国均有分布。

宝刀鱼科物种形态简图

439 长颌宝刀鱼 *Chirocentrus nudus*（Swainson，1839）[59]

背鳍16；臀鳍30～34；胸鳍14～15；腹鳍7。纵列鳞214～242。鳃耙7 + 14。

本种一般特征同科。体长刀形，背、腹缘平行，很侧扁。体长为体高的4.23～6.17倍，为头长的5.05～7.1倍。头短，吻钝。眼小，上侧位，全被脂眼睑覆盖。口中等大，口裂垂直。上颌长，上颌骨末端向后伸到或超过前鳃盖骨。颌齿锐尖，腭骨齿细小。体密被小圆鳞，胸鳍基有一大腋鳞。腹鳍小，腋鳞亦小。背鳍后位，距尾基较近。臀鳍基长。尾鳍宽叉形。体背青绿色，体侧、腹部银白色。各鳍淡黄色，胸鳍、尾鳍有黑缘。为暖水性中上层鱼类。分布于我国广东海域、海南海域，以及马来半岛海域、印度-西太平洋暖水域。最大体长46.8 cm。偶见于流刺网、拖网渔获。

440 短颌宝刀鱼 *Chirocentrus dorab*（Forskål，1775）[15]

背鳍16；臀鳍30～34；胸鳍14～15；腹鳍7。纵列鳞221～250。鳃耙3＋14。

本种与长颌宝刀鱼相似。本种体延长，体长为体高的5.28～7.05倍，为头长的5.36～7.13倍。上颌骨稍短，末端不达前鳃盖骨。鳃耙数略少。体背部青绿色，体侧、腹部银白色。各鳍淡黄色。为暖水性中上层鱼类。栖息于热带、亚热带海域。平时不结成大群。春、夏生殖期游向近岸产卵。卵为浮性卵。以其他鱼类和虾类为食。分布于我国黄海、东海、南海，以及日本南部海域、印度尼西亚海域、澳大利亚海域、印度-西太平洋暖水域。体长可达53 cm以上。本种群体数量比长颌宝刀鱼略多，但产量也不高。

23 鼠鱚目 GONORHYNCHIFORMES

本目物种体呈圆柱状或纺锤形。腹部无棱鳞。颏部无喉板。眼被脂眼睑覆盖。由前颌骨构成口缘，通常无上颌辅骨。有鳃上器官。无眶蝶骨、基蝶骨和尾舌骨。口小，下位或前位。有原始的韦伯氏器。体被圆鳞或栉鳞。胸鳍基、腹鳍基具窄长腋鳞。有侧线。背鳍1个，无硬棘。无脂鳍。臀鳍位于背鳍后下方。胸鳍侧下位。尾鳍叉形。一般无鳔，如有鳔时，则有鳔管。由上述特征可知本目是真骨鱼类中较原始且特化的类群。种类不多。全球有4科7属37种，我国仅有2科2属2种。

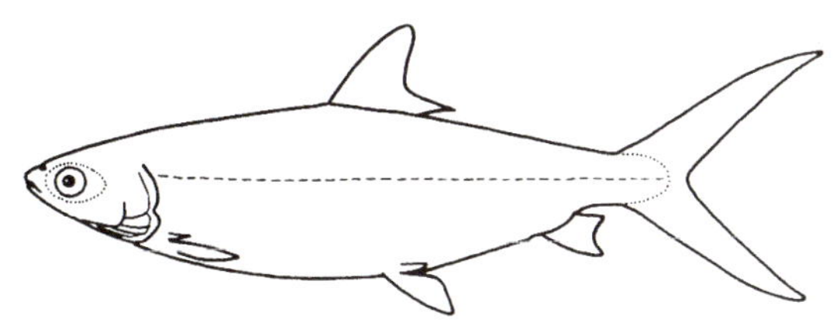

鼠鱚目物种形态简图

鼠鱚目科、属、种检索表

1a 体纺锤形，被圆鳞，吻部无须，有鳔
……………………………遮目鱼科 Chanidae　遮目鱼 *Chanos chanos* 441

1b 体圆柱状，被栉鳞，吻部有须，无鳔
…………鼠鱚科 Gonorhynchidae　鼠鱚 *Gonorhynchus abbreviatus* 442

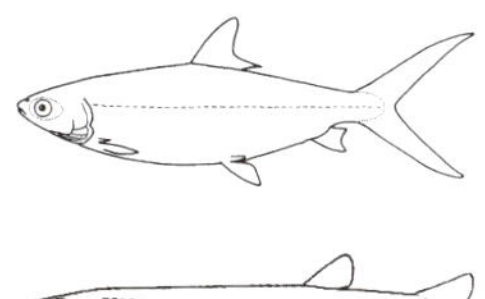

(80) 遮目鱼科 Chanidae

本科物种体呈纺锤形。头长，稍平扁。脂眼睑发达。口小，前位。上颌中凹，下颌联合处有小突起。无齿，无上颌辅骨。有鳃上器官。体被小圆鳞。侧线平直。背鳍1个，中等大，后缘凹入。腹鳍中位，有腋鳞。尾鳍深叉形，有尾鳞。本科仅有1属1种，在我国有分布。

遮目鱼科简图同目。

441 遮目鱼 *Chanos chanos*（Forskål，1755）[15]

背鳍14；臀鳍11；胸鳍15；腹鳍12。侧线鳞85（13/10）。鳃耙152 + 163。

本种体呈纺锤形。头短钝，吻钝圆。眼大，侧中位，被脂眼睑遮覆盖。口小，前位。由前颌骨构成上颌口缘。上颌中间具一凹刻，下颌缝合处具一向上突起。口无齿。鳃膜不与峡部相连。鳃耙细密。体被小圆鳞。胸鳍基、腹鳍基有大腋鳞，尾鳍有尾鳞。侧线平直。背鳍位于体背中部。臀鳍较小。胸鳍短小，低位。尾鳍长，深叉形。体背部青绿色，体侧、腹部银白色。为热带降海产卵洄游鱼类。仔、稚鱼顺黑潮北上到海南海域、台湾海域，随潮入河口、内湾。此时纳苗便可进行养殖。主要以底栖硅藻、蓝藻、有机腐屑为食。分布于我国台湾海域、海南海域、广东沿海。据笔者调查，近些年随全球变暖，鱼苗可达山东乳山、文登一带海域。还分布于日本南部海域、美国夏威夷海域、新西兰海域、红海、印度–太平洋热带水域。体长可达1.8 m。是我国台湾沿海以及东南亚各国沿海的重要养殖鱼类。该鱼肉味鲜美，食性温和，产量高，是联合国粮食及农业组织提倡发展养殖的鱼种。

（81）鼠鱚科 Gonorhynchidae

本科物种一般特征同目。体圆柱状。头小，圆锥形。吻尖长，有1对短须。口小，腹位。唇发达。上、下颌无齿。体被小栉鳞。背鳍、臀鳍、腹鳍皆后位。胸鳍较大，尾鳍后缘内凹。全球仅有1属5种，我国有1种。

鼠鱚科物种形态简图

442 鼠鱚 *Gonorhynchus abbreviatus* Temminck et Schlegel，1846[70]

背鳍10～11；臀鳍8～9；胸鳍10～11；腹鳍8。侧线鳞163～176（18～19/21～24）。鳃耙13＋15。

本种体长，圆柱状。头圆锥形，吻尖突，腹面具1对短须。体长为体高的10.16～12.5倍，为头长的3.97～4.18倍。眼中等大，全被脂膜覆盖。口小，腹位。两颌、犁骨、腭骨无齿。唇厚，唇缘有许多缝毛。鳃膜与峡部相连。体被小栉鳞。胸鳍、腹鳍基部有细长肉质状附属物。侧线显著。背鳍、臀鳍短，后位。尾鳍后缘微内凹。体背部淡棕色，腹部白色，各鳍末端灰黑色。为近海底层中小型鱼类。栖息于沙泥底质海域，水深50～100 m。分布于我国东海、南海，以及日本本州以南海域、韩国海域、美国夏威夷海域、太平洋。最大体长39 cm。该鱼肉有毒[4C]。

24 鲇形目 SILURIFORMES

本目物种体被小刺或甲片，或皮肤裸露。口不突出。两颌具齿，犁骨、腭骨和翼骨亦均具齿。眼较小。有口须数对。颌骨退化。通常有脂鳍。背鳍、胸鳍常具棘。种类甚多，全球有34科412属2405种。但本目物种是淡水水域，尤其是温、热带淡水水域的主要鱼种。化石数据显示，海洋中的鲇类可能在上白垩纪发生于淡水种类[66]。海洋中的鲇类全球有2科22属121种，我国有2科5属11种。

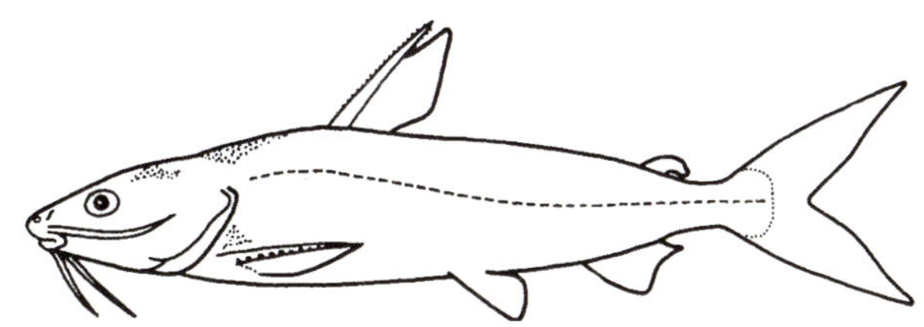

鲇形目物种形态简图

鲇形目科、属、种检索表

1a 无脂鳍；第1背鳍短；须4对
　………………鳗鲇科 Plotosidae　线纹鳗鲇 *Plotosus lineatus* 443

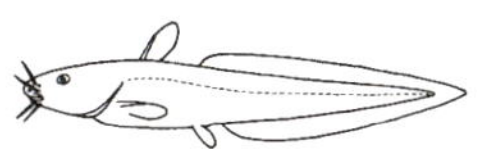

1b 有脂鳍；第1背鳍较长；须3对或仅1对……海鲇科 Ariidae（2）

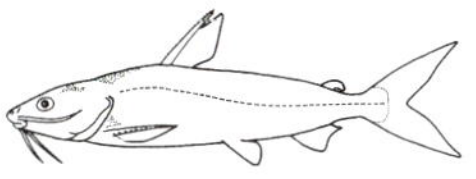

2a 腭骨齿绒毛状，每侧3群……………………………………大海鲇 *Arius thalassinus* 444
2b 腭骨齿粒状………………………………………………………………………………（3）
3a 腭骨齿每侧2群，头背盾状骨板后部粗……………………硬头海鲇 *A. leiotetocephalus* 445
3b 腭骨齿每侧1群……………………………………………………………………………（4）
4a 头背盾状骨板后部粗，腭骨齿群三角形……………………………中华海鲇 *A. sinensis* 447
4b 头背盾状骨板后部细，腭骨齿群椭圆形……………………………斑海鲇 *A. maculatus* 446

（82）鳗鲇科 Plotosidae

本科物种体似鳗形。口须4对。无脂鳍。第1背鳍短，前部有1枚硬棘。第2背鳍长，与尾鳍、臀鳍相连。尾稍圆钝。胸鳍有硬棘。具毒腺。全球有8属约30种，我国有1属3种。

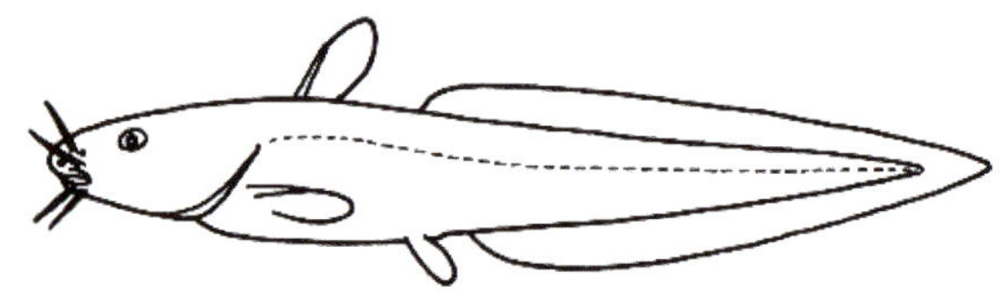

鳗鲇科物种形态简图

443 线纹鳗鲇 *Plotosus lineatus*（Thunberg，1787）[104]

= 鳗鲇 *P. anguillaris* = 短须鳗鲇 *P. brevibarbus*

背鳍Ⅰ－5，87～97；臀鳍74～83；腹鳍12。

本种一般特征同科。体延长，头部平扁，尾渐细。吻钝，眼小。口较小，下位。齿锥形，上、下颌有齿带。口须4对。第1背鳍和胸鳍各具1枚硬棘，第1背鳍和胸鳍鳍棘基部有白色毒腺组织。被刺后剧痛，严重时可引起肢体麻痹和坏疽[71]。第2背鳍与臀鳍、尾鳍连续。体棕黑色，腹面白色。体侧中间有2条黄色纵带。为暖水性沿岸群栖鱼类，7～8月份在岩礁间产卵，幼鱼有数百尾群聚习性。分布于我国东海、台湾海域、南海，以及日本本州中部海域，澳大利亚海域，非洲和美洲佛罗里达热带、亚热带水域。体长可达30 cm。

▲ 本属据记录我国尚有白唇副鳗鲇*Paraplotosus albilabris*和印度洋鳗鲇*P. canius*[13]，与线纹鳗鲇相似，分布于我国南海。

（83）海鲇科 Ariidae

本科物种体延长，后部侧扁。头较大，宽而扁平；头背有粗糙骨板显露。口大，亚下位。唇薄。上、下颌齿1～2行或呈细齿带。颌须3对或仅1对。无鼻须。第1背鳍较长，具一硬棘，有毒腺。有脂鳍。臀鳍较短，后位。尾鳍深叉形。全球有21属150种，我国有4属8种。

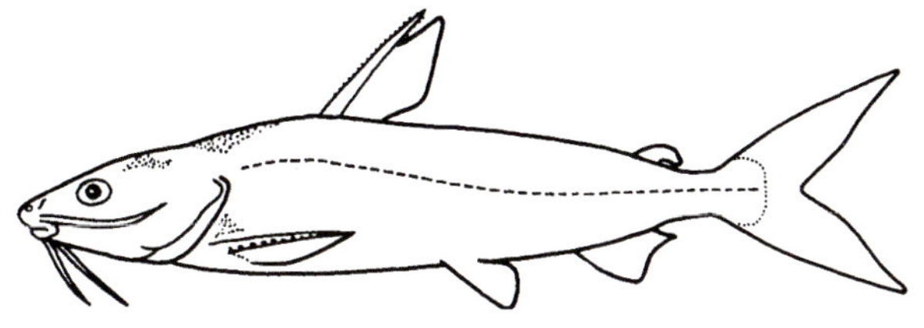

海鲇科物种形态简图

海鲇属 *Arius* Cuvier et Valenciennes，1840

本属物种一般特征同科。上颌须1对，下颌须2对。

444 大海鲇 *Arius thalassinus*（Rüppell，1837）[15]

= 大多齿海鲇 *Netuma thalassina*

背鳍Ⅰ－7；臀鳍15～16；胸鳍Ⅰ－10～13；腹鳍6～7。鳃耙12～15。

本种体延长，粗壮。头大，平扁。眼小，眼间隔宽而平坦。口大，下位，口角外形成较厚的唇褶。口须3对。腭骨齿绒毛状，每侧3群，排列成三角形齿板。背鳍、胸鳍各有1枚硬棘。脂鳍短。体裸露无鳞，侧线明显。头背盾状骨板后部细短。体棕褐色，各鳍黄褐色。为暖水集群性大中型鱼类。喜栖息于水流平缓的泥质海底。3～5月产卵时集群游向近岸沙底质浅水区，产沉性卵。雄鱼有护卵习性。分布于我国东海、南海，以及日本新潟以南海域、东南亚海域、澳大利亚北部海域、红海。体长可达90 cm。为南海习见经济鱼类，曾产量甚丰。肉质欠佳[93]。

445 硬头海鲇 *Arius leiotetocephalus* Bleeker，1846[16]

= 内尔海鲇 *Plicofollis nella*

背鳍Ⅰ-7；臀鳍16；胸鳍Ⅰ-11～12；腹鳍Ⅰ-5。鳃耙4+9～10。

本种体延长，头平扁，后部侧扁。吻钝圆，口大，下位。口须3对。口角唇褶很厚。腭骨齿粒状，每侧2群。头背盾板后方粗。背鳍第1鳍棘粗强，具锯齿。脂鳍较厚，与臀鳍相对应。尾鳍深叉形。体背部青黑色，腹侧淡黄色。各鳍灰黑色。为暖水性底层中型鱼类。喜栖息于大河河口水域。分布于我国东海，以及东印度群岛海域。体长约38 cm。

446 斑海鲇 *Arius maculatus*（Thunberg，1972）[38]

背鳍Ⅰ-7；臀鳍19；胸鳍Ⅰ-10～11；腹鳍Ⅰ-5。鳃耙6+11。

本种体延长，头部纵扁，后部侧扁。口须3对。背鳍、胸鳍具一鳍棘。脂鳍与臀鳍相对应。尾鳍深叉形。腭骨齿粒状，每侧1群，齿群椭圆形。上颌齿带狭长，其长为宽的6倍。头背盾状骨板后部变细。体灰褐色。背鳍、尾鳍黄褐色，其他鳍褐色。为暖水性底层中型鱼类。喜栖息于大河河口水域。分布于我国东海，以及日本南部海域、印度-西太平洋暖温带水域。体长约47 cm。

447 **中华海鲇** *Arius sinensis* Valenciennes，1840[20]
= 丝鳍海鲇 *A. arius*

背鳍 Ⅰ-6～7；臀鳍16；胸鳍 Ⅰ-11；腹鳍6。

本种体延长，前部较高；后部侧扁，稍细。头较大。吻钝，较长，吻长大于眼径。眼较小，侧位，较高；眼间隔稍隆起。口大，下位。两颌齿细，呈带状，其长为宽的3～4倍。腭骨齿粒状，每侧1群，齿群三角形。头背盾状骨板后部粗。体背部褐绿色，腹面银白色。各鳍灰黑色。为暖水性底层中型鱼类。分布于我国东海、南海、台湾海域，以及缅甸海域、印度-西北太平洋暖水域。体长约22.5 cm。

▲ 本科尚有脉海鲇*A. venosus*、双线多齿海鲇*Netuma bilineata*、骨舌海鲇*Osteogeneiosus militaris*（Linnaeus，1758）等种。它们与海鲇相似，多以头形和下颌有无须相区别。分布于我国南海、台湾海域[13]。

25 水珍鱼目 ARGENTINIFORMES

Nelson（1994）将本目鱼类从鲑形目中分离出来，并将本目鱼类列为胡瓜鱼目中的一个亚目[3, 12]。但本目鱼类具有复杂的鳃上器官；前颌骨有或无，上颌骨无或极小；如有前颌骨和上颌骨时，通常无颌齿。所以Nelson（2006）、沈世杰（2011）、黄宗国（2012）将其从胡瓜鱼目中分离，独立为目[3, 13, 37]。全球有6科57属202种，我国有5科15属28种。

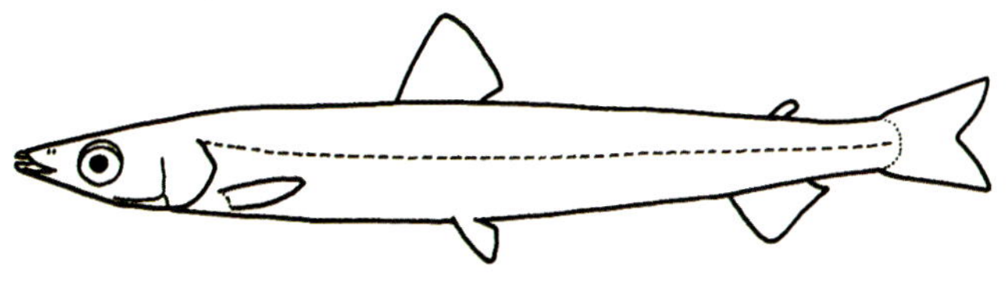

水珍鱼目物种形态简图

水珍鱼目的科、属、种检索表

1a 具脂鳍（小口鱼属及深海鲑和后肛鱼等有例外）；前颌骨有或无，上颌骨无或极小；如有前颌骨和上颌骨时，通常无颌齿……………………………………………………（17）

1b 无脂鳍；上颌口缘由前颌骨和上颌骨构成；通常具颌齿……………………………………平头鱼科 Alepocephalidae（2）

2a 体被鳞……………………………………………………………………………（6）

2b 体无鳞，仅在侧线上有环鳞………………………………………………………（3）

3a 尾部很细，尾鳍常有皮膜与背鳍、臀鳍相连；背鳍、臀鳍鳍条不少于45枚……………………………………………………后鳍裸体鱼 *Leptoderma retropinnum* 470

3b 尾部正常，尾鳍不与背鳍、臀鳍相连；背鳍、臀鳍鳍条少于34枚………………………（4）

4a 鳃孔上端位于眼下缘；背鳍、臀鳍基底长；背鳍鳍条32～33枚……………………………………………………平额鱼 *Xenodermichthys nodulosus* 469

4b 鳃孔上端位于眼上缘；背鳍、臀鳍基底短；背鳍鳍条少于22枚………珍鱼属 *Rouleina*（5）

5a 头背缘前部急陡；吻长小于眼径………………………………………瓦氏珍鱼 *R. watasei* 467

5b 头背缘前部缓斜；吻长大于眼径……………………………………田中珍鱼 *R. guentheri* 468

6–2a 上颌骨具齿，似同前颌骨齿或较强……………………………………………（12）

6b 上颌骨无齿，前颌骨齿不明显……………………………………平头鱼属 *Alepocephalus*（7）

7a 眼间隔宽；臀鳍基底比背鳍基底长………………………………二色平头鱼 *A. bicolor* 456

7b 眼间隔宽度一般或较狭；背鳍、臀鳍几乎相对…………………………………………（8）

8a 吻端钝；臀鳍鳍条17～18枚，侧线鳞67～70枚…………………暗首平头鱼 *A. umbriceps* 457

8b 吻端稍尖锐；臀鳍鳍条18～24枚；侧线鳞51～59枚………………………………………（9）

9a 吻锥状，锐尖突出；臀鳍鳍条22～24枚…………………………长鳍平头鱼 *A. longiceps* 458

9b 吻不呈锥状；臀鳍鳍条18～22枚………………………………………………………（10）

10a 背面观吻端尖…………………………………………………尖吻平头鱼 *A. triangularis* 459

10b 背面观吻端圆……………………………………………………………………（11）

11a 眼上缘处额骨有隆起缘………………………………………………欧氏平头鱼 *A. owstoni* 460

11b 眼上缘处额骨无隆起缘……………………………………………长吻平头鱼 *A. longirostris* 461

12–6a 背鳍起点位于臀鳍前上方…………………………………………………………（15）

12b 背鳍与臀鳍几乎相对………………………………………………塔氏鱼属 *Talismania*（13）

13a 胸鳍鳍条13～16枚，无丝状延长鳍条……………………安的列斯塔氏鱼 *T. antillarum* 464

13b 胸鳍鳍条10～14枚，有丝状延长鳍条…………………………………………………（14）

14a 胸鳍鳍条10～12枚，有丝状延长鳍条；尾鳍无丝状延长鳍条……………………………………………………………丝鳍塔氏鱼 *T. filamentosa* 465

14b 胸鳍鳍条10～14枚，第1鳍条呈丝状延长；尾鳍具丝状延长鳍条……………………………………………………………短头塔氏鱼 *T. brachycephala* 466

15–12a 下颌比上颌突出，两颌齿各1行…………………贝加平头鱼 *Bajacalifornia ermoensis* 472

15b 下颌不比上颌突出，两颌齿均多行……………………………黑口鱼属 *Narcetes*（16）

16a 吻稍短，钝尖；臀鳍起始于背鳍后部下方…………………………鲁氏黑口鱼 *N. lloydi* 463

16b 吻背缘平直或稍弯；臀鳍起始于背鳍中间下方………………蒲原黑口鱼 *N. kamokarai* 462

17–1a 眼通常呈"望远镜"式，水平位或垂直位；体通常呈长椭圆形（侧面观）…………………后肛鱼科 Opisthoproctidae（22）

17b 眼正常，侧位；体细长………………………………………………………………………（18）

18a 臀鳍鳍条7～15枚；鳔和后匙骨存在…水珍鱼科 Argentinidae（23）

18b 臀鳍鳍条17～25枚或9～10枚；鳔和后匙骨缺如………………………………………（19）

19a 胸鳍位于体侧；有眶蝶骨；鳃盖条2～4枚 ………小口鱼科 Microstomatidae　南氏鱼 *Nansenia ardesiaca* 450

19b 胸鳍近于体腹面；无眶蝶骨；鳃盖条2枚 ………………………………………深海鲑科 Bathylagidae（20）

20a 鳃孔上端位于体侧中间下方；体长为体高的5倍以上；腹鳍位于背鳍基后下部 ………………………………………………………………热带深海鲑 *Bathylagus bericoides* 453

20b 鳃孔上端位于体侧中间上方…………………………………………………………………（21）

21a 鳃盖骨上部有深凹刻；臀鳍基底长小于或等于背鳍基底长……钝吻深海鲑 *B. ochotensis* 451

21b 鳃盖骨后缘平滑，上部无凹刻；臀鳍基底长大于背鳍基底长 ……………………………………………………………………长吻深海鲑 *B. longirostris* 452

22–17a 肛门位于背鳍起点后下方；腹鳍位于胸鳍和臀鳍的中间的下方 ……………………………………………………长头胸翼鱼 *Dolichopteryx longipes* 454

22b 肛门位于背鳍起点前下方；眼背向；臀鳍起始于背鳍基底中部下方 ………………………………………………………………大鳍后肛鱼 *Macropinna microstoma* 455

23–18a 犁骨齿带、腭骨齿带接近连续；左、右上颌骨前端明显分离 …………………………………………………鹿儿岛水珍鱼 *Argentina kagoshimae* 448

23b 犁骨齿带、腭骨齿带不连续………………………长颌水珍鱼 *Glossanodon semifasciatus* 449

（84）水珍鱼科 Argentinidae

本科物种体细长。腹部圆。眼大，侧位。口端位，上颌骨构成上颌口缘，具上颌辅骨。上颌无齿，犁骨具齿。头部无鳞。具侧线。背鳍基短，位于体背中部。具脂鳍。臀鳍基中等长，后位。胸鳍低位。腹鳍中等长。尾鳍叉形。全球有2属18种，我国有2属2种。

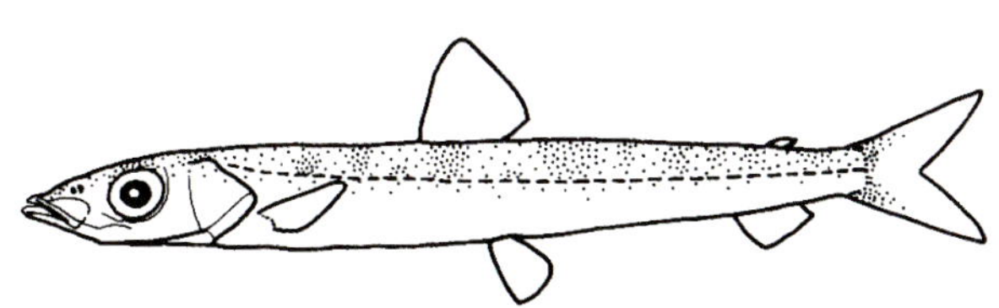

水珍鱼科物种形态简图

448 鹿儿岛水珍鱼 *Argentina kagoshimae* Linnaeus，1758[38]

背鳍10～11；臀鳍10～13；胸鳍15～18；腹鳍13。鳃耙6～10。侧线鳞50～54。

本种体细长。吻中等长，吻长略小于眼径。眼大，口小。上颌较下颌突出，上颌骨不达眼前缘下方。上、下两颌无齿。背鳍基比臀鳍基短。臀鳍后位，靠近尾柄部。脂鳍位于臀鳍上方。体被较大圆鳞。体淡黄褐色。体侧中央有银色纵带。头背、尾基褐色。各鳍色浅。为陆坡底层中小型鱼类。栖息于沙泥底质水域，水深225～385 m。分布于我国东海、南海、台湾海域，以及日本南部海域、西北太平洋。体长约20 cm[49]。

449 长颌水珍鱼 *Glossanodon semifasciatus*（Kishinouye，1904）[48]

=半带水珍鱼=半纹水珍鱼 *Argentina semifasciatus*

背鳍10～11；臀鳍10～12；胸鳍19～22；腹鳍12～13。鳃耙35～40。侧线鳞49～53。

本种与鹿儿岛水珍鱼相似。但头部断面观接近正方形。下颌较上颌突出。吻尖长，吻长明显大于眼径。上颌无齿，下颌、犁骨、腭骨、舌上均有齿。第1鳃弓鳃耙长，鳃耙超过30枚。背鳍基底、臀鳍基底几乎等长。体浅灰黄色。体侧有1条橙黄色纵带。体背侧有7～8条红褐色横带，止于体侧纵带上方。为暖水性深海底层鱼类。栖息水深700～1 017 m。分布于我国东海，以及日本相模湾以南海域、西北太平洋。产卵期为4～6月。体长约22 cm。

（85）小口鱼科 Microstomatidae

本科物种体细长，前部亚圆柱状，后部稍侧扁。眼大。吻短，吻长小于眼径的1/2。口小，端位。上颌和舌无齿，下颌、犁骨、腭骨均具齿。胸鳍侧位。全球有3属17种，我国有1属1种。

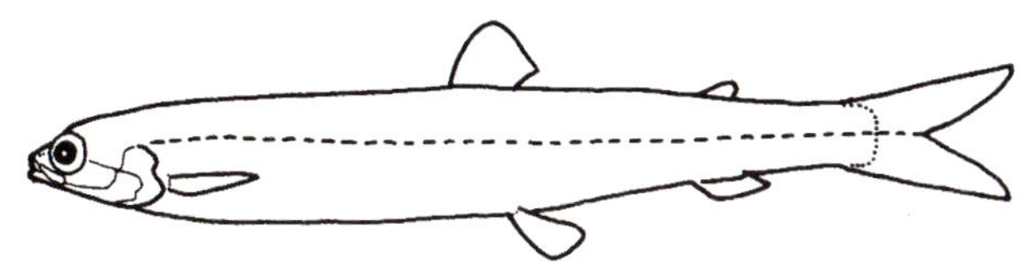

小口鱼科物种形态简图

450 南氏鱼 *Nansenia ardesiaca* Jordan et Thompson，1914[38]

背鳍9～10；臀鳍9～10；胸鳍11～14；腹鳍10～12。侧线鳞46。鳃耙27～35。

本种一般特征同科。口小，端位。上、下颌前端不突出。前颌骨很小。上颌骨短而宽，不达眼前缘下方。眼大，眼径占头长的1/3以上。有一小脂鳍。臀鳍离尾鳍稍远，与脂鳍起始处相对。臀鳍基短于背鳍基。侧线发达，直抵尾鳍后端。体浅灰色，有银色光泽，仅吻端、尾部和腹鳍基褐色。各鳍色浅。为深海底层中小型鱼类。栖息水深300～1 000 m。分布于我国东海、台湾海域，以及日本南部海域、冲绳海域，东南亚各国海域，印度–西太平洋温暖水域。体长约20 cm。

（86）深海鲑科 Bathylagidae

本科物种体细长，侧扁。头短，吻钝。眼大。口小。上颌无齿，下颌、犁骨具齿。胸鳍较小，腹位。全球有1属15种，我国有1属3种。

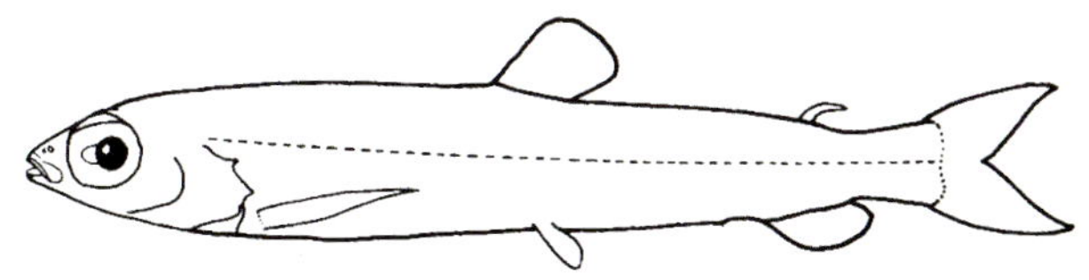

深海鲑科物种形态简图

深海鲑属 *Bathylagus* Günther，1878

= *Leuroglossus*

本属物种一般特征同科。

451 钝吻深海鲑 *Bathylagus ochotensis* Schmidt，1938 [38]

= 深海鲑 *Lipolagus ochotensis* = 鄂霍次克深海鲑

背鳍10～11；臀鳍13～16；胸鳍8～10；腹鳍9～10。鳃耙8～10＋1＋16～20。脊椎骨46～48。

本种体细长，侧扁。吻圆，吻长短于眼径。上、下颌几乎等长。上颌无齿，下颌、犁骨、腭骨有齿。鳃孔向上达体侧中间上方。鳃盖骨上部有深凹刻。臀鳍基底长等于或小于背鳍基底长。体灰褐色或银白色，头部银白色，腹面色浅。各鳍黑褐色。为温水性深海小型鱼类。栖息水深浅于6 100 m。分布于我国黄海、东海，以及日本骏河湾以北海域、鄂霍次克海、白令海、澳大利亚海域、北太平洋、西南太平洋温带–亚寒带水域。体长约12 cm。

452 长吻深海鲑 *Bathylagus longirostris* Maul [38]

背鳍9～11；臀鳍18～21；胸鳍10～13；腹鳍9～10。侧线鳞50。鳃耙8～9＋1＋12～17。

本种与钝吻深海鲑相似。体细长，侧扁。鳃孔大，向上达体中央上方。鳃盖骨后缘平滑，上部无凹刻。臀鳍基长大于背鳍基长或尾柄长。体背部黄褐色，腹侧银白色。头部具银色光泽。各鳍色浅。为暖水性深海小型鱼类。栖息水深550～900 m，可达海域上层。分布于我国南海，以及日本小笠原群岛海域，印度–西太平洋热带、亚热带水域。体长约14 cm。

453 热带深海鲑 *Bathylagus bericoides*（Borodin，1929）[38]
= 黑渊鲑 *Melanolagus bericoides*

背鳍9～11；臀鳍18～20；胸鳍10～11；腹鳍8～10。侧线鳞50～52。鳃耙8＋1＋16。

本种体细长，侧扁。头小，体长为头长的5.0～6.8倍。吻尖短。眼较小。鳃孔小，上端位于体中间线下方。腹鳍基位于背鳍起始处后下方。为暖水性深海中小型鱼类。栖息水深550～1 200 m。分布于我国东海、台湾海域，以及日本小笠原群岛海域，太平洋和大西洋热带、亚热带水域。体长约20 cm。

（87）后肛鱼科 Opisthoproctidae

本科物种体延长，亚圆柱状或侧扁；腹部圆。头裸露。吻短。眼大，典型种类眼呈筒状突出。口小，端位。鳞大，为圆鳞。具侧线。背鳍短，通常位于体背中后部。有或无脂鳍。腹鳍腹位。尾鳍分叉。肠具螺旋瓣。为形状奇特的次深海鱼类。全球有6属10余种，我国有2属2种。

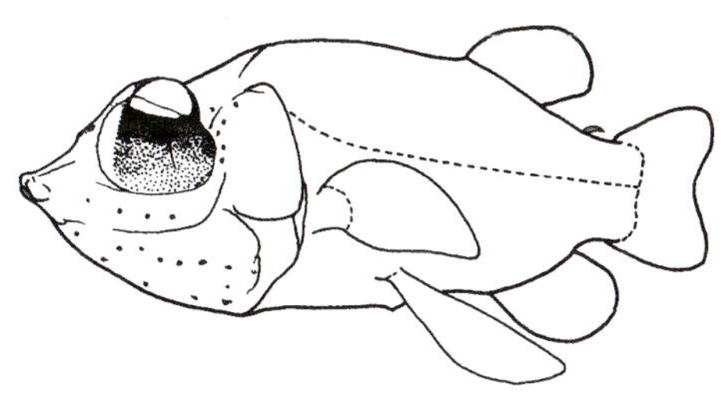

后肛鱼科物种形态简图

454 长头胸翼鱼 *Dolichopteryx longipes*（Vaillant，1888）[38]

背鳍9；臀鳍8；胸鳍15；腹鳍9。

本种体近圆柱形。眼呈筒状突出，位于头部背方。吻长，口小。背鳍后位，起始于腹鳍和臀鳍中间附近的上方。脂鳍小。肛门位于背鳍起点后下方。胸鳍与腹鳍间距几乎等于腹鳍和臀鳍间距。体浅黄褐色，头部色较浅。眼后、腹缘及臀鳍、尾鳍基部有较大黑斑。为暖水性深海小型鱼类。栖息于水深200～700 m，具洄游习性。分布于我国南海，以及日本鹿儿岛海域、小笠原群岛海域，西太平洋暖温带水域。体长约6 cm。

455 大鳍后肛鱼 *Macropinna microstoma* Chapman[38]（上侧面观，下背面观）

背鳍11；臀鳍14；胸鳍17～18；腹鳍10。

本种体高，侧扁。眼特别大，呈筒状突出，位于头背方。胸鳍起点和腹鳍起点间距较腹鳍和臀鳍间距短。臀鳍起始于背鳍基底后下方。肛门位于背鳍起点前下方。脂鳍小。体浅黄色，半透明。头部和背、腹缘前部以及腹鳍基黑褐色。奇鳍无色。为温水性深海小型鱼类。栖息于大洋中深层水域。分布于我国东海，以及日本东北海域，北太平洋温带、亚寒带水域。体长约12 cm。

（88）平头鱼科 Alepocephalidae

本科物种体延长，侧扁。头中等大。眼大。口中等大或大。上颌口缘由前颌骨和上颌骨构成。齿细小。体被薄圆鳞，头部裸露。背鳍、臀鳍均后位。无脂鳍。胸鳍小，下侧位，有的有丝状鳍条。腹鳍腹位。尾鳍深叉形。全球有24属63种，我国有9属20种。

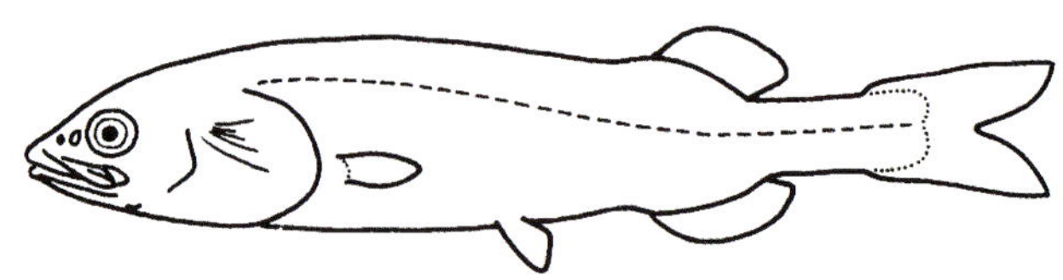

平头鱼科物种形态简图

平头鱼属 *Alepocephalus* Risso，1820

本属物种因头部黑色又称黑头鱼。体延长，侧扁。头中等大，无鳞。眼大。口中等大，上颌后端不达眼后缘下方。前颌骨长，上颌辅骨2块。上颌骨、犁骨无齿。前颌骨、齿骨、腭骨常具细齿。侧线管具发达管状鳞。背鳍基底、臀鳍基底不延长，起点通常相对。无脂鳍。我国有6种。

456 二色平头鱼 *Alepocephalus bicolor* Alcock，1892[70]

背鳍20～21；臀鳍26～28；胸鳍10～11；腹鳍8。侧线鳞60。鳃耙7～10＋1＋17～19。

本种一般特征如属。吻钝尖。眼大，眼径小于吻长的2/3，两眼间隔宽。上颌骨无齿。体有鳞。臀鳍基底长，后端伸达背鳍基底的后下方。侧线完整。体除胸鳍和头部黑色外，均为咖啡色。为暖水性深海中小型鱼类。栖息水深680～770 m。分布于我国台湾海域、东海，以及日本南部海域、印度尼西亚海域、澳大利亚海域、印度–西太平洋暖水域。体长约24 cm。

457 暗首平头鱼 *Alepocephalus umbriceps* Jordan et Thompson，1914[55]

背鳍17～18；臀鳍17～18；胸鳍10～11；腹鳍7～8。侧线鳞67～70。鳃耙9＋18～20。

本种体前部近圆柱状，后部侧扁。头长占体长的1/3左右。吻端钝，两眼间隔较狭。体被小鳞，头部无鳞。体灰褐色，头部、胸鳍黑色，背鳍、尾鳍、腹鳍褐色。为暖水性深海中型鱼类。栖息水深500～2 000 m。分布于我国东海，以及日本北海道以南海域、西北太平洋。体长约63 cm。

458 长鳍平头鱼 *Alepocephalus longiceps* Lloyd，1909[38]

背鳍20 ~ 21；臀鳍22 ~ 24；胸鳍9 ~ 10；腹鳍6 ~ 8。侧线鳞51 ~ 55。鳃耙4 ~ 5 + 1 + 16 ~ 17。

本种吻端尖，呈锥状突出；吻长为眼径的1.5倍以上。头中等大，体长为头长的2.7 ~ 3.5倍。眼眶处额骨向上翘起，但不形成隆起缘。眼间隔宽度一般。口盖具齿，腭骨齿极粗大。臀鳍基底后缘位于背鳍基底后缘下方或后下方。头、体均黑色，仅奇鳍后部色稍浅。为暖水性深海中型鱼类。栖息水深700 ~ 1000 m。分布于我国东海，以及日本冲绳海域、印度–太平洋。体长约25 cm。

459 尖吻平头鱼 *Alepocephalus triangularis* Gilbert，1892[38]

背鳍17 ~ 19；臀鳍18 ~ 21；胸鳍9 ~ 10；腹鳍7 ~ 9。侧线鳞52 ~ 55。鳃耙6 ~ 7 + 1 + 14 ~ 16。

本种体延长，头中等大，体长为头长的2.7 ~ 3.5倍。吻端背面观尖，但吻不呈锥状。吻长为眼径的1.5倍以下。眶上缘额骨不形成隆起缘。腭骨齿微小。背鳍后位，背鳍前体长为体长的70%左右。体灰褐色。为暖水性深海中型鱼类。栖息水深900 ~ 1 100 m。分布于我国东海，以及日本冲绳海域、西北太平洋暖水域。体长约24 cm。

460 欧氏平头鱼 *Alepocephalus owstoni* Tanaka，1908[38]

背鳍17 ~ 21；臀鳍18 ~ 22；胸鳍9 ~ 11；腹鳍7 ~ 9。侧线鳞55 ~ 59。鳃耙6 ~ 7 + 1 + 12 ~ 17。

本种体侧扁。吻不呈锥状，背面观吻端宽，前端圆钝。眼窝圆，眼眶上缘额骨隆起。体头部黑色。躯干部由黄褐色向尾部渐呈淡黄褐色，各鳍色浅。为暖水性深海中型鱼类。栖息水深600 ~ 1 000 m。分布于我国东海，以及日本相模湾以南海域、西北太平洋暖水域。体长约40 cm。

461 长吻平头鱼 *Alepocephalus longirostris* Okamura et Kawanishi，1984[38]

背鳍18；臀鳍20 ~ 22；胸鳍9 ~ 10；腹鳍7 ~ 8。侧线鳞54 ~ 56。鳃耙8 + 1 + 16 ~ 17。

本种与欧氏平头鱼相似。吻不呈锥状，背面观吻端圆。但眼上缘额骨无隆起缘。眼间隔较窄。腭骨有微小齿。背鳍后位。背鳍前体长为体长的67%左右。侧线鳞较少。体灰褐色，各鳍色稍浅。为暖水性深海中型鱼类。栖息水深1 000 ~ 1 100 m。分布于我国东海，以及日本冲绳海域、西北太平洋暖水域。体长约24 cm。

黑口鱼属 *Narcetes* Alcock，1890

本属物种体稍延长，侧扁。头中等大，无鳞。吻中等长。眼小。口宽大，上颌口缘由前颌骨和上颌骨构成。上颌辅骨2块。颌齿多行，犁骨、腭骨具齿。体被大圆鳞，具侧线。无发光器。背鳍位于体背中部后方。无脂鳍。尾鳍叉形。我国有2种。

462 蒲原黑口鱼 *Naecetes kamokarai* Okamura，1984[38]

背鳍18 ~ 20；臀鳍15 ~ 17；胸鳍7 ~ 10；腹鳍8 ~ 9。侧线鳞58 ~ 63。

本种一般特征同属。体稍延长，侧扁。头较大，吻背缘平直或稍弯，头长为吻长的2.9 ~ 3.4倍。口裂较大，下颌不突出。颌齿多行。体棕褐色，头背部褐色，尾鳍基黑色。为暖水性深海中型鱼类。栖息水深700 ~ 1 100 m。分布于我国东海、台湾海域，以及日本冲绳海域。体长约34 cm。

463 鲁氏黑口鱼 *Narcetes lloydi* Fowler，1934

背鳍19 ~ 20；臀鳍16 ~ 17；胸鳍7 ~ 8；腹鳍8。侧线鳞58 ~ 62。鳃耙5 + 1 + 13 ~ 16。

本种体稍延长，侧扁。头中等大，无鳞。吻稍短。眼小。口宽大，上颌后端伸达眼后下方。上颌口缘由前颌骨和上颌骨构成，具上颌辅骨2块。两颌齿通常多行，犁骨、腭骨亦有齿。背鳍位于体背中部后方。无脂鳍。胸鳍较小，下侧位。体褐色。头部、鳃腔、口腔黑色。各鳍黑褐色。为暖水性深海中型鱼类。栖息水深716 ~ 1 350 m。分布于我国东海，以及日本冲绳海域、印度–西太平洋暖水域。体长约51 cm。

塔氏鱼属 *Talismania* Goode et Bean，1895

本属物种延长，侧扁。头中等大，无鳞。吻尖。眼大。上颌缘由前颌骨和上颌骨组成，上颌辅骨2块。两颌和腭骨均具细齿1行。体被圆鳞，具侧线。无发光器。背鳍、臀鳍相对。无脂鳍。胸鳍下侧位，有时第1鳍条呈丝状延长。尾鳍叉形，有时亦延长。本属我国有4种。

464 安的列斯塔氏鱼 *Talismania antillarum*（Goode et Bean，1896）[38]

背鳍20 ~ 22；臀鳍20 ~ 22；胸鳍13 ~ 16；腹鳍8 ~ 9。侧线鳞45 ~ 47。鳃耙6 ~ 7 + 1 + 20 ~ 22。

本种体延长，侧扁。吻较短、细尖，吻长小于眼径。眼大。颌短，上颌不伸达眼中部下方。上颌口缘由前颌骨和上颌骨构成，上颌辅骨2块。两颌和腭骨均具齿1行。上颌骨齿三角形，上颌骨下缘锯齿状。背鳍基、臀鳍基相对应，约等长。胸鳍小，鳍条数稍多，无丝状延长鳍条。体黑褐色，奇鳍色浅。为暖水性深海中小型鱼类。栖息水深600 ~ 1 140 m。分布于我国东海，以及冲绳海槽，太平洋、印度洋和大西洋暖温带水域。体长约15 cm[49]。

465 丝鳍塔氏鱼 *Talismania filamentosa* Okamura et Kawanishi，1984[38]

背鳍22 ~ 24；臀鳍21 ~ 23；胸鳍10 ~ 12；腹鳍6 ~ 7。侧线鳞49 ~ 54；侧线上鳞17 ~ 19。

本种体延长，侧扁。头大，吻端钝圆。上颌骨有细齿，圆锥状，密集排列。背鳍、臀鳍同形，对位。胸鳍呈丝状延长。尾鳍叉形，无丝状延长鳍条。体灰褐色，头部色深。为暖水性深海中型鱼类。栖息水深800 ~ 900 m。分布于我国东海、台湾海域，以及日本土佐湾海域、冲绳海域。体长约37 cm。

466 短头塔氏鱼 *Talismania brachycephala* Sazonov，1981

背鳍21 ~ 22；臀鳍20 ~ 21；胸鳍Ⅰ，10 ~ 14；腹鳍7。纵列鳞47 ~ 50。侧线鳞14 ~ 16。

本种体延长，侧扁。头稍短。吻尖，吻背宽圆。眼中等大。口中等大，上颌伸达眼后缘下方。下颌前端有一三角形突起。牙细小，两颌、腭骨均有1行齿，犁骨齿2行。体被小圆鳞。背鳍、臀鳍几乎相对应。胸鳍下位，上部具一丝状延长鳍条。腹鳍中位。尾鳍叉形，上、下叶均有数条丝状延长鳍条。体褐色，头部和各鳍黑褐色。为暖水性近海中小型鱼类。栖息水深680 ~ 1 160 m。分布于我国东海。体长约25 cm。

注：本种因胸鳍亦具丝状鳍条，故曾被认为与丝鳍塔氏鱼为同物种[49]。但后者尾鳍无丝状延长鳍条。

▲ 本属尚有丝尾塔氏鱼*T. longifilis*，其与短头塔氏鱼相似，胸鳍、尾鳍均具丝状延长鳍条。但本种头部尖长；胸鳍鳍条较少，为10 ~ 11枚[37]。

珍鱼属 *Rouleina* Jodan，1923

本属物种体延长，侧扁，柔软。头中等大，吻短。眼大，稍突出。口中等大，上颌缘由前颌骨和上颌骨组成。前颌骨齿1行。犁骨、腭骨无齿。头、体均无鳞，皮肤多褶皱，侧线具链状变形小圆鳞。背鳍、臀鳍基底较长，几乎相对。我国有2种。

467 瓦氏珍鱼 *Rouleina watasei*（Tanaka，1909）[38]

=渡濑鲁氏鱼

背鳍18～21；臀鳍17～19；胸鳍6～7；腹鳍6。

本种一般特征同属。体延长，侧扁。眼大，圆形。吻短，吻长小于眼径。上、下颌近等长。下颌前端具一尖形小突起，端部常突出于上颌前端。上颌骨无明显齿。鳃孔大，上端达眼后上方。头背缘前方陡斜。背鳍、臀鳍基底短，背鳍位置与臀鳍位置相对或比臀鳍位置稍靠前。体无鳞，散布有颗粒状小发光器。体单一紫色，各鳍褐色，尾鳍色稍浅。为暖水性深海中小型鱼类。栖息水深500～1 260 m。分布于我国东海，以及日本相模湾海域、冲绳海域，菲律宾海域，西太平洋暖水域。体长约22 cm[49]。

468 田中珍鱼 *Rouleina guentheri*（Alcock，1892）[38]

=根室鲁氏鱼

背鳍18～20；臀鳍16～20；胸鳍6～7；腹鳍6～7。

本种体延长，侧扁，柔软，无鳞，被多皱皮膜，其上散布许多小型发光器。上颌骨具1行细齿。吻较长，吻长大于眼径。眼间隔稍凹。头背缘前部缓斜。头、体均呈黑色。鳃盖部紫褐色。各鳍基黑褐色。为暖水性深海中小型鱼类。栖息水深500～1 300 m。分布于我国东海，以及日本相模湾海域、冲绳海域，新西兰海域，印度–西太平洋暖温带水域。体长约23 cm[49]。

469 平额鱼 *Xenodermichthys nodulosus* Günther，1878 [38]

= 日本裸平头鱼

背鳍32～33；臀鳍31～32；胸鳍6～7；腹鳍5。

本种体延长，侧扁。无鳞，头、体包被薄膜。头小。眼大，圆形。吻短，在眼前部垂直高耸，继而水平折向头背，因而得名"平额鱼"。口小。下颌长，突出于上颌。鳃孔小，上端仅处于眼下方水平处。背鳍起始于臀鳍正上方。背鳍、臀鳍基底长，对位。体有颗粒状发光器。体黑褐色，略带蓝色，各鳍色略浅。为暖水性深海中小型鱼类。栖息水深100～700 m。分布于我国东海，以及日本东京以南海域、冲绳海域，菲律宾海域，西太平洋暖水域。体长约20 cm。

470 后鳍裸体鱼 *Leptoderma retropinnum* Fowler，1943 [38]

= 连尾细皮平头鱼

背鳍45～50；臀鳍65～69；胸鳍7～8；腹鳍5。

本种体显著延长，前部圆柱状，后部渐细、侧扁。头中等大。吻短，圆钝。眼很大，圆形。口小，上颌骨不达眼前缘下方，上颌辅骨2块。前颌骨、下颌骨具齿，上颌骨、犁骨、腭骨均无齿。头、体无鳞，包被薄膜。侧线由管状鳞或乳突状鳞构成。背鳍起始于臀鳍后上方，背鳍、臀鳍通过鳍膜与尾鳍相连。体黑褐色，后部色浅。头前部蓝褐色，鳃盖部黑褐色。为暖水性深海中小型鱼类。栖息水深500～1 786 m。分布于我国东海，以及日本冲绳海域、菲律宾海域、印度-西太平洋暖水域。体长约21 cm [49]。

471 小鳞渊眼鱼 *Bathytroctes microlepis*（Günther，1878）[37]

背鳍16；臀鳍14～18；胸鳍10～14；腹鳍7。侧线管鳞52。鳃耙9＋1＋17。

本种体延长，前部粗，向后渐细。吻端稍尖突。头后部稍凹入。眼径大于吻长。口大，端位，上颌骨达眼后缘下方。下颌不突出。臀鳍起始于背鳍后部3/4处的下方。体棕褐色，头背褐色，各鳍色淡。为暖水性深海鱼类。分布于我国台湾海域[37]。

注：本种及伯氏巴术平头鱼、克氏椎首鱼因比较信息不足，未被编列于检索表中，仅据沈世杰（2012）摘录[37]，供参考。

472 贝加平头鱼 *Bajacalifornia ermoensis* Amaoka et Abe[55]

背鳍17～18；臀鳍14～15；胸鳍15～18；腹鳍9～10。侧线鳞54～57。鳃耙5～6＋18～20。

本种体细长，圆柱状。头显著大。吻宽圆，眼较小。吻长大于眼径。眼间隔平坦。口大，上颌后端达眼后缘下方。上颌辅骨2块。下颌显著比上颌突出，先端有尖骨质突起。两颌齿各1行，前颌骨齿大，向内侧弯曲。上颌骨齿小而密。犁骨和腭骨亦有齿1行。体有鳞，头无鳞。背鳍始于肛门和腹鳍起点中间上方。臀鳍始于背鳍基底中央下方。胸鳍短小。腹鳍对应于眼和尾鳍基的中间处。体和各鳍黑紫色。为温水性深海中型鱼类。栖息水深1 000～1 300 m。分布于我国南海、台湾海域，以及日本北海道海域、北太平洋温暖水域。体长约38 cm。

473 伯氏巴术平头鱼 *Bajacalifornia burragei* Townsend et Nichols，1925[37]

背鳍14～17；臀鳍12～14；胸鳍15～17；腹鳍7～8。侧线管鳞51。鳃耙7～10+1+23～28。

本种体细长，前部粗，向后渐细。头尖，吻尖突，下颌稍突出。口裂大，上颌向后伸达眼中间下方。吻背缘下凹。眼上方隆凸。体背浅弧形，腹缘平直。背鳍起始于腹鳍后上方。臀鳍起始于背鳍中间下方。体褐色，头部颜色较深。为暖水性深海鱼类。分布于我国台湾海域[37]。

474 克氏椎首鱼 *Conocare kreffti* Sazonov，1997[37]

背鳍21～28；臀鳍35～43；胸鳍8～10；腹鳍6～8。鳃耙0～2+14～16。

本种体细长，后颈背缘隆起，向后转平直。鳃孔下方腹缘隆凸，向后稍凹。吻长而尖突。口裂大。口端位，呈鸭嘴状。上颌延伸达眼中间下方。体褐色。头部黑褐色，有银色光泽。体后部色较淡。为暖水性深海鱼类。分布于我国台湾海域[37]。

26 胡瓜鱼目 OSMERIFORMES

本目物种是Nelson（1994）从鲑形目中分出来的[3]，与鲑形目溯源关系密切。主要特点是脂鳍有或无，鳞片无辐射沟，无基蝶骨及眶蝶骨，尾椎骨正常。全球有6科22属88种（主要是淡水种），在我国海水种类有3科10属16种。

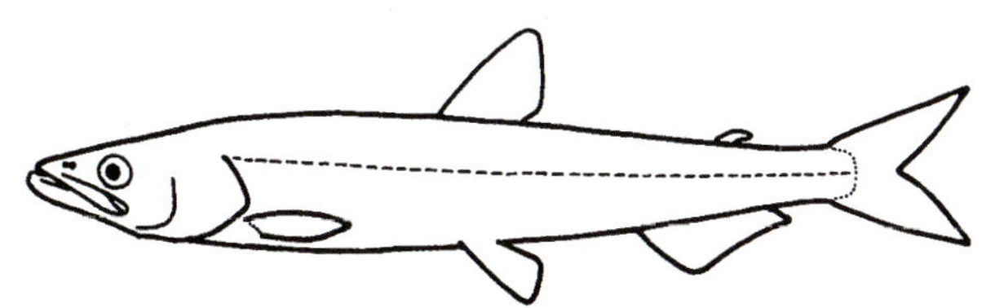

胡瓜鱼目物种形态简图

胡瓜鱼目科、属、种分类检索表

1a 头较平扁；体裸露，半透明……………………银鱼科 Salangidae（6）

1b 头侧扁；体具鳞，不透明……………………………………………………………………………（2）

2a 口底黏膜形成1对大褶膜；鳞较细

………………香鱼科 Plecoglossidae　香鱼 *Plecoglossus altivelis* 475

2b 口底黏膜不形成1对大褶膜；鳞较大……胡瓜鱼科 Osmeridae（3）

3a 臀鳍外缘圆；侧线完全，鳞绒毛状，侧线鳞170～220枚…………毛鳞鱼 *Mallotus villosus* 478

3b 臀鳍外缘凹入；鳞较大，侧线鳞100枚以下…………………………………………………（4）

4a 上颌后端达眼后缘下方…………………………………………………胡瓜鱼 *Osmerus mordax* 479

4b 上颌后端不抵瞳孔中间下方…………………………………………………………………（5）

5a 体侧线鳞64～69枚…………………………………日本公鱼 *Hypomesus pretiosus japonicus* 477

5b 体侧线鳞60枚以下；脂鳍长小于眼径……………………西太公鱼 *Hypomesus nipponensis* 476

6-1a 吻短；前颌骨前部正常，上颌骨超过眼前缘下方……………………………………（9）

6b 吻长；前颌骨前部扩大，上颌骨未达眼前缘下方………………………………………（7）

7a 下颌前端为骨质；臀鳍鳍条27～29枚；脊椎骨73～78枚……有明银鱼 *Salanx ariakensis* 485

7b 下颌前端一般为肉质……………………………………………………………………………（8）

8a 舌无齿，吻钝尖；臀鳍鳍条23～28枚；脊椎骨68～72枚

…………………………………………………………前颌间银鱼 *Hemisalanx prognathus* 486

8b 舌有齿1行，上颌具弯状犬齿；臀鳍鳍条24～26枚…………白肌银鱼 *Leucosoma chinenis* 487

9-6a 舌有齿……………………………………………………………大银鱼 *Protosalanx chinensis* 484

9b 舌无齿或舌上齿不明显……………………………………………………………………（10）

10a 腭骨齿1行……………………………………………小齿日本银鱼 *Salangichthys microdon* 483

10b 一般无腭骨齿或腭骨齿极不明显…………………………………新银鱼属 *Neosalanx*（11）

11a 脊椎骨不少于60枚，背鳍鳍条15枚以上，臀鳍鳍条27枚以上
……………………………………………………………………………安氏新银鱼 *N. anderssoni* 480

11b 脊椎骨60枚以下；背鳍鳍条15枚以下，臀鳍鳍条27枚以下………………………………（12）

12a 脊椎骨57～59枚，腹鳍起点距胸鳍基较距臀鳍起点近………陈氏新银鱼 *N. tangkahkeii* 481

12b 脊椎骨50～53枚，腹鳍起点距胸鳍基较距臀鳍起点远……………乔氏新银鱼 *N. jordani* 482

IV 辐鳍鱼纲

（89）香鱼科 Plecoglossidae

本科物种体延长，侧扁。眶下骨狭窄，后端不达前鳃盖骨。口大，口底有1对由黏膜形成的大型褶膜。上、下颌各有1行着生在皮上的宽扁可动齿。犁骨无齿，口盖有小齿。体被细圆鳞。具脂鳍。仅有1属1种。

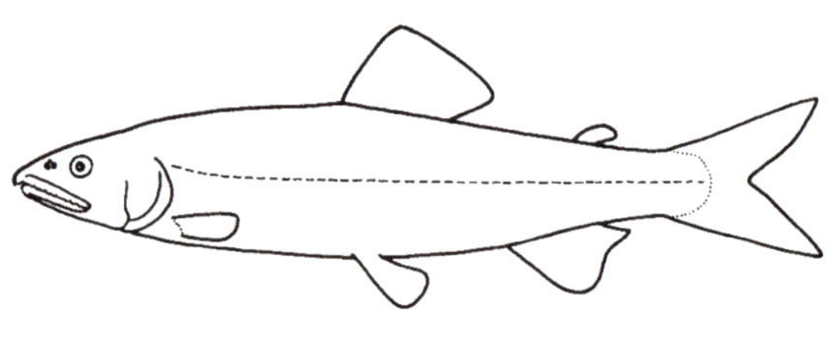

香鱼科物种形态简图

注：Nelson（2006）将其归入胡瓜鱼科。

475 香鱼 *Plecoglossus altivelis* Temminck et Schlegel，1846[68]

背鳍10～11；臀鳍14～15；胸鳍14；腹鳍7。侧线鳞67～68。鳃耙14＋25。

本种一般特征同科。体延长，侧扁。头小。吻尖，先端有吻钩，口闭时可纳入下颌槽中。幼鱼具小圆锥齿，成鱼齿转为皮生栉状。鳃耙细长，侧线发达。背鳍中位，背鳍、腹鳍相对。脂鳍位于臀鳍基底后上方。体黄绿色，背缘灰褐色，腹侧及各鳍色浅。鲜活时有黄瓜清香味。为双向洄游鱼类，于淡水溪流中成长、产卵，幼鱼于近海越冬。亦有陆封类型群体。已是濒危物种[41]，亟待保护与增殖。分布于我国沿海，以及日本海域、朝鲜半岛海域、西北太平洋。体长约20 cm。

(90) 胡瓜鱼科 Osmeridae

本科物种头侧扁。鳞较大。口底黏膜不形成1对大褶膜。两颌及口盖部分骨骼均具齿。具中乌喙骨，无眶蝶骨。颅顶骨很少被上枕骨分开。具脂鳍和侧线。全球有6属19种，我国有3属5种可分布到海洋的种类。

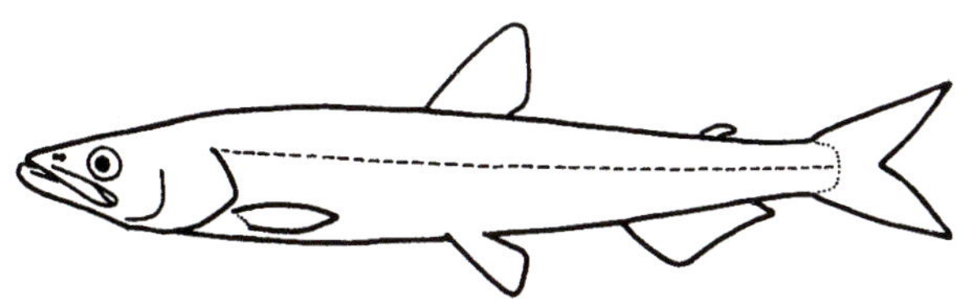

胡瓜鱼科物种形态简图

公鱼属 *Hypomesus* Gill, 1862

本属物种体延长。口小，上位，口裂不达眼瞳孔后缘下方。颌齿小，舌齿绒毛状。下颌略长于上颌。鳞较大，为薄圆鳞。侧线不完全。犁骨左、右各1块。有溯河及淡水分布两种类型。我国分布有2种。

476 西太公鱼 *Hypomesus nipponensis* McAllister, 1963[38]

背鳍9；臀鳍16。侧线鳞53～58。脊椎骨54～56。

本种一般特征同属。口小，上颌后端达眼瞳孔前缘下方。吻较尖长，吻长大于眼间距。前颌骨齿犬齿状。背鳍起始于腹鳍起点后上方。臀鳍大，外缘凹入。脂鳍长短于眼径。体背部青灰色，腹部淡白色。头部和体侧具银色光泽。各鳍色较浅。为近海咸淡水或纯淡水分布鱼类。分布于我国鸭绿江下游，以及日本沿海、朝鲜半岛北部海域。最大体长13 cm[45]。

477 日本公鱼 *Hypomesus pretiosus japonicus*（Brevoort，1856）[38]

背鳍7～9；臀鳍11～13；胸鳍12～16。侧线鳞64～69。鳃耙31～39。脊椎骨60～67。

本种与西太公鱼十分相似。二者区别在于：本种背鳍起始于腹鳍起点前上方；侧线鳞较多；脊椎骨亦较多，超过60枚；幼鱼前颌骨有少数齿，成鱼前颌骨无齿等[89]。体背部蓝黑色，侧腹银白色。各鳍色浅。为海中生活，近岸或河川产卵洄游性鱼类。分布于我国图们江下游，以及日本北海道、本州以北海域，朝鲜半岛北部海域，北太平洋亚寒带水域。体长可达20 cm[90]。

478 毛鳞鱼 *Mallotus villosus*（Müller，1776）[38]

背鳍10～14；臀鳍16～23。侧线鳞170～220。鳃耙33～44。

本种体梭形。口斜，上位。背鳍起始于体背中部，与腹鳍相对。脂鳍基底长，约为背鳍基底长的1/2。鳞显著小，绒毛状。体有银白色光泽，各鳍色浅。为冷水性海洋小型鱼类。栖息于海洋中层水域。春、夏季上升至表层并游向沿岸沙底质海区产卵。卵小，沉性。以浮游生物为食。分布于我国图们江下游河口，以及日本北海道海域、俄罗斯萨哈林岛（库页岛）海域、大西洋、北极海域。体长可达24 cm。是海洋渔业的重要鱼种。

479 胡瓜鱼 *Osmerus mordax*（Mitchill，1814）[44]

= 亚洲胡瓜鱼*Osmerus eperlanus mordax* = *O. dentex*

背鳍8 ~ 11；臀鳍12 ~ 16。侧线鳞61 ~ 69。鳃耙27 ~ 36。

本种体形与毛鳞鱼相似。本种口大、前位。下颌略突出，口裂达眼后缘下方。眼较大。齿大，犁骨具1对大犬齿。鳞较大。背鳍起点比腹鳍起点位置略靠前。脂鳍屈指状，位于臀鳍起点后上方。胸鳍低位。体背部浅灰褐色，体侧和腹部银白色，各鳍色浅。因具鲜黄瓜的清香味而得名。为冷水性过河口鱼类。春季产卵期由沿海溯入江河下游，产沉性黏着性卵。分布于我国图们江、黑龙江下游，以及日本北海道海域、鄂霍次克海、朝鲜半岛北部海域、美国阿拉斯加海域、加拿大海域、北太平洋。体长可达26 cm[64, 90]。

(91) 银鱼科 Salangidae

本科物种体细长，半透明；前部圆柱状，后部侧扁。头部平扁，通常吻较长而尖。无鳞，但雄鱼臀鳍基具1行大鳞。眼小，侧位。口裂宽，两颌及口盖有齿。背鳍位于体背后部，与臀鳍部分相对；或位于臀鳍前上方。脂鳍小。分布于西北太平洋沿岸海域和江河湖泊。在我国有分布的种类较多[13, 91]，其中分布于海洋的有6属10种。

注：Nelson（2006）将本科物种纳入胡瓜鱼科[3]。

银鱼科物种形态简图

新银鱼属 *Neosalanx* Wakiya et Takahasi，1937

本属物种吻圆钝。前颌骨正常，上颌骨末端伸越眼前缘下方。下颌突出。颌齿1行，细小，大小几乎相等。一般腭骨及舌骨无齿，或腭骨齿极不明显。背鳍部分或全部位于臀鳍前上方。胸鳍具肌肉基。

480 安氏新银鱼 *Neosalanx anderssoni*（Rendahl，1923）

背鳍16～17；臀鳍28～32；胸鳍27～33；腹鳍7。鳃耙14～16。脊椎骨60～66。

本种一般特征同属。体稍粗短，吻短钝。眼中等大，眼径略小于吻长。口中等大，前位。上颌略短于下颌，其后端超过眼前缘下方。上颌齿呈不规则的锯齿状，多包于皮膜内。腹鳍长明显短于头长，背鳍起点距吻端较距尾鳍基为远。脂鳍小，位于臀鳍后端上方。臀鳍基较背鳍基长。胸鳍小，下侧位；具肌肉柄。体半透明，吻前端有黑点，体腹侧有黑色小点。尾鳍色深，中部有2个黑点。为暖温性近海河口小型鱼类。分布于我国渤海、黄海、东海，以及朝鲜半岛海域。体长约9.5 cm。

注：图片由东营市海洋与渔业局张士华研究员提供。

481 陈氏新银鱼 *Neosalanx tangkahkeii*（Wu，1931）

= 太湖新银鱼 *N. taihuensis* = 太湖短吻银鱼

背鳍12～13；臀鳍22～24；胸鳍25～26；腹鳍7。鳃耙14～17。脊椎骨57～59。

本种体细长。头部平扁。吻短钝。眼大。口大，前位。下颌联合部无骨质突起。颌骨齿1行，无犬齿。腭骨、舌上无齿。背鳍起点距吻端较距尾鳍基为远。腹鳍小，起点距胸鳍基较距臀鳍起点近。体半透明，腹部两侧各具1列黑色小点。尾鳍基带有分散的黑色素，但通常不形成明显的黑斑。本种于咸、淡水中均能存活。分布于长江中下游湖泊、福建沿海、浙江沿海。近年因移殖，滇池、微山湖、千岛湖等我国淡水湖泊和水库也有分布。为名贵鱼种，产量和经济效益均高，但移殖于新的生境也具有潜在的生态风险。全长约7 cm。

482 乔氏新银鱼 *Neosalanx jordani* Wakiya et Takahasi，1937

= 寡齿新银鱼 *N. oligodontis*

背鳍10 ~ 11；臀鳍21 ~ 23；胸鳍22；腹鳍7。鳃耙12。脊椎骨50 ~ 53。

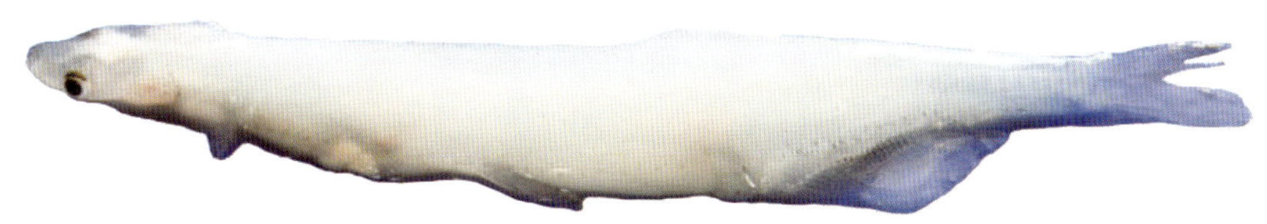

本种形态特征与陈氏新银鱼十分相似，同属于脊椎骨、背鳍鳍条和臀鳍鳍条数目偏少类型。本种以脊椎骨50 ~ 53枚，腹鳍起点距胸鳍基较距臀鳍起点远而与陈氏新银鱼相区别。体半透明，腹侧具成行小黑点。雄鱼臀鳍鳍基中部具明显黑斑。臀鳍、尾鳍暗灰色，尾鳍基有2个黑斑。为海水、淡水栖息小型鱼种。分布于我国渤海、黄海、东海北部，长江中下游通江湖泊也多有分布。体长约6 cm。

▲ 本属尚有银色新银鱼*N. argentea*，一般特征同属，以脊椎骨数目、尾部黑斑及受精卵的卵膜丝等特征而与近似种相区分[91]。

483 小齿日本银鱼 *Salangichthys microdon*（Bleeker，1860）[38]

背鳍11 ~ 15；臀鳍24；胸鳍13 ~ 19；腹鳍7。鳃耙17 ~ 20。

本属物种和新银鱼相似。体细长，侧扁。头部平扁。下颌长于上颌，下颌缝合部无骨质突起。腭骨有1行小齿，舌无齿。雄鱼臀鳍鳍基有16 ~ 18枚鳞。体白色，半透明，沿腹面有2条并列的黑色点。为冷水性近海内湾小型鱼类。分布于我国图们江、绥芬河、黄海北部，以及日本熊本以北近海、俄罗斯萨哈林岛（库页岛）近海、韩国釜山近海。体长可达10 cm。

484 大银鱼 *Protosalanx chinensis*（Basilewsky，1855）
= *P. hyalocranius*

背鳍15～17；臀鳍29～31；胸鳍25～26；腹鳍7。鳃耙13～17。脊椎骨64～67。

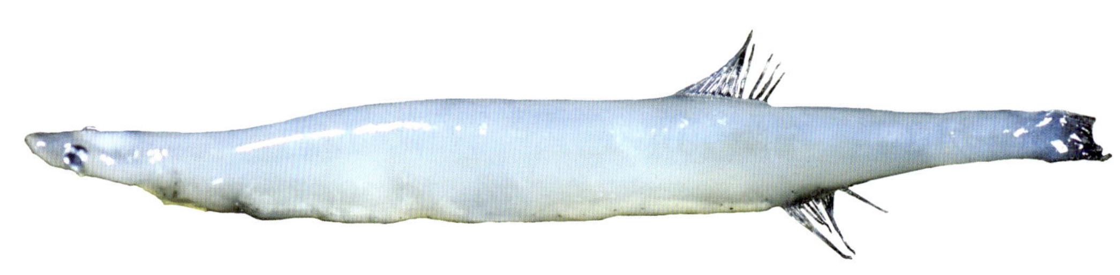

本种体延长。吻尖，呈三角形。前颌骨正常，上颌骨末端伸越眼前缘下方。下颌长于上颌。眼中等大，侧位。前颌、上颌各具1行齿，无犬齿。下颌及舌上有2行齿，腭骨亦具2行齿。下颌联合部无肉质突起。背鳍位于腹鳍后上方，脂鳍前方与臀鳍后部相对应。胸鳍发达，具肉质柄。腹鳍小，距胸鳍起点较距臀鳍近。体半透明，体侧上方和头背部散布小黑点。各鳍灰白色，边缘灰黑色。大银鱼原为溯河性小型鱼类，1～3月产卵。分布于我国黄海、渤海、东海沿岸海域和通江湖泊，以及日本海域、朝鲜半岛海域。现已在我国北方内陆湖泊、水库增养殖，成为当地重要经济鱼类，取得了很大效益。体长可达18 cm。

485 有明银鱼 *Salanx ariakensis* Kishinouye，1901[38]（上雄鱼，下雌鱼）
= 尖头银鱼 *S. acuticeps*

背鳍9～11；臀鳍27～29；胸鳍9～11；腹鳍7。鳃耙9～11。脊椎骨73～78。

本种体细长，头平扁。吻尖长。口大，前位。两颌约等长或上颌稍长于下颌。上颌后端不达眼前缘下方。前上颌骨前部扩大，呈尖三角形。下颌联合部有一骨质突起。两颌及腭骨各具齿1行，犁骨、舌上无齿。下颌骨联合部有1对犬齿。背鳍后位，起点比臀鳍起点略靠前。脂鳍小，起点与臀鳍最后鳍条基部相对应。腹鳍起始于胸鳍和臀鳍的中间处。体半透明，腹部有2行小点。尾鳍灰黑色。为近海溯河性小型鱼类，10~11月产卵。分布于我国渤海、黄海、东海及河口区，以及日本有明海、朝鲜半岛海域。体长可达16 cm[10]。

▲ 本属我国尚记载有居氏银鱼*S. cuvieri*。倪勇等（2006）[10]认为该鱼即为张春霖等（1955）专著中的尖头银鱼*S. acuticeps*[5]。而刘瑞玉（2008）[12]则明确地将尖头银鱼和明银鱼列为同物种。益田一等（1984）提供的有明银鱼特征与尖头银鱼的相同[38]。沈世杰（1994）述及尖头银鱼、有明银鱼和居氏银鱼可能为同物种[9]。故上述问题有必要进一步商榷。

486 前颌间银鱼 *Hemisalanx prognathus* Regan，1908[63]

背鳍11~13；臀鳍23~28；胸鳍9；腹鳍7。鳃耙2~3+8~10。脊椎骨68~72。

本种体细长，前部近圆柱状，后部侧扁。头尖，平扁。吻钝尖。口大，前位。上、下颌约等长，下颌前端有一肉质突起。上颌后端不伸达眼前缘下方。齿尖细，两颌均有齿1行。下颌联合部具1对犬齿。腭骨齿1行。犁骨、舌上无齿。背鳍后位，起点距胸鳍基约为距尾鳍基的2倍。脂鳍小，始于臀鳍基末端后上方。胸鳍低位，肌肉柄不显著。腹鳍小，距吻端较距尾鳍基近。体透明，腹部两侧各有1行黑色小点，其后合为1行，延伸至尾部下方。吻端、下颌前端、胸鳍散布有小黑点。尾鳍黑色。为过河口性鱼类，产卵期为3~4月。主要分布于我国黄海、东海、鸭绿江口、长江口、瓯江口，以及朝鲜半岛海域。体长可达15.6 cm。

487 白肌银鱼 *Leucosoma chinensis*（Osbeck，1756）[20]

= 中国银鱼 *Salanx chinensis*

背鳍9~10；臀鳍24~26；胸鳍10~11；腹鳍7。鳃耙1~2+8~12。

本种体形与前颌间银鱼相似。头部长，平扁，吻尖，口略平直。两颌等长，上颌后端不达眼前缘下方。两颌各有齿1行，上颌具强大弯曲犬齿。下颌联合部的犬齿向上穿出口盖。舌上有1纵行齿。背鳍位于臀鳍前上方，尾鳍短。体透明，沿腹侧各有1行黑色小点。臀鳍前部有一黑斑。尾鳍边缘灰黑色。为近海性、溯河洄游小型鱼类。产卵期为8～12月。分布于我国闽江口以南福建近海、广东近海、广西近海。体长可达14.7 cm。

27 鲑形目 SALMONIFORMES

鲑形目原来十分庞杂，包括水珍鱼、胡瓜鱼、巨口鱼、星衫鱼、平头鱼等多种类群[66]。Nelson的《世界鱼类》（1991）中，本目仍包括水珍鱼、胡瓜鱼等，至1994版时这部分方被移出，独立为胡瓜鱼目[3]。现今鲑形目仅剩下以最后3节脊椎骨向上弯，齿发达，两颌、犁骨、腭骨和舌上均有齿，有前鳃盖骨，具中乌喙骨为主要特征的原鲑科11属68种。在我国仅分布有溯河性鲑科鱼类2属5种。严格说，这些鱼类并不都真正分布于我国海域，而主要分布于日本海，通常分布于45° N以北冷水域。但它们洄游至我国江河，出于鱼源国地位考虑，故将其编入本书。

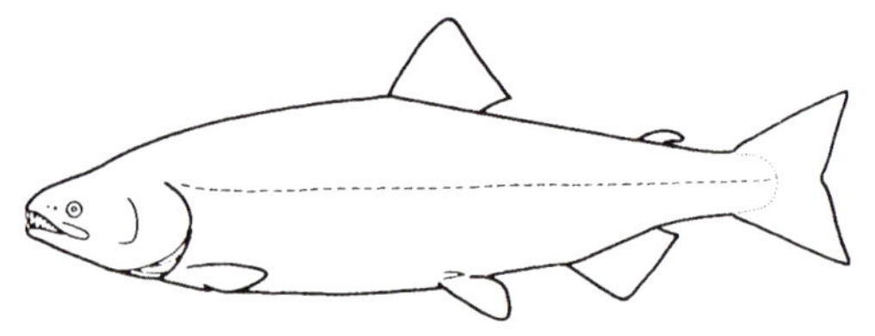

鲑形目物种形态简图

鲑形目鲑科的属、种检索表

1a 臀鳍鳍条不少于13枚；眶后骨连接于前鳃盖骨……………大麻哈鱼属 *Oncorhynchus*（3）
1b 臀鳍鳍条不超过12枚；眶后骨不连接于前鳃盖骨；犁骨齿稀疏；体具鲜艳斑点
……………………………………………………………………红点鲑属 *Salvelinus*（2）
2a 体具大于瞳孔的浅色斑…………………………………………白斑红点鲑 *S. leucomaenis* 488
2b 体具小于瞳孔的橙色斑点……………………………………………花羔红点鲑 *S. malma* 489
3-1a 尾鳍有黑色大斑，侧线鳞不少于150枚……………………细鳞大麻哈鱼 *O. gorbuscha* 491
3b 尾鳍无黑色斑点，侧线鳞通常少于150枚…………………………………………………（4）
4a 尾鳍无银白色线条……………………………………………马苏大麻哈鱼 *O. masou masou* 492
4b 尾鳍有银白色线条……………………………………………………………大麻哈鱼 *O. keta* 490

（92）鲑科 Salmonidea

本科物种一般特征、简图同目。

红点鲑属 *Salvelinus* Richardson，1832

本属物种体呈亚纺锤形。口大。犁骨短，犁骨齿稀疏，不与腭骨齿连续。臀鳍短，鳍条不超过12枚。体具鲜艳斑点。为冷水性鱼种，为具降海和陆封两种类型的群体。我国有2种。

488 白斑红点鲑 *Salvelinus leucomaenis*（Pallas，1814）[68]

= 白点鲑

背鳍10～14；臀鳍8～12；胸鳍13～14。侧线鳞210～230。鳃耙13～19。脊椎骨60～63。

本种一般特征同属。背部和体侧散布有大于瞳孔的浅色斑，色斑不随生长而大型化。通常不具红斑。侧线鳞不多于230枚。有降海和陆封两种类型。前者雌性多，后者雄性多。总体以降海型群体占优势。该类型个体体侧银白色，有大型浅色斑，背鳍后缘发黑。栖息、生长于沿岸海域，第5年性成熟，秋季繁殖时溯入江河产卵。分布于我国黑龙江，以及日本北海道沿海、东北沿海，朝鲜东海岸，白令海，鄂霍次克海，太平洋西北部。全长可达70 cm[64]。

489 花羔红点鲑 *Salvelinus malma*（Walbaum，1792）[68]

= 麻苏红点鲑

背鳍10～12；臀鳍9～11；胸鳍12～17。侧线鳞232～270。鳃耙17～22。脊椎骨60～64。

本种与白斑红点鲑十分相似。背部、体侧的白点显著小。体侧散布有小于瞳孔的橙色斑点，斑点边缘多带绿色。侧线鳞多于230枚。秋季溯河上游产卵，幼鱼降海生长越冬。分布于我国黑龙江、绥芬河、图们江、鸭绿江，以及日本北海道沿海、朝鲜东北沿海、北太平洋北部和美洲沿海。全长约1 m[64, 90]。

大麻哈鱼属 *Oncorhynchus* Suckley，1860

本属物种体延长，侧扁。口大，斜裂，口裂后端可伸达眼后缘下方。眶下骨抵达前鳃盖骨。臀鳍鳍条通常不少于13枚。为冷水性溯河洄游大中型鱼类。繁殖期具婚姻装。我国有3种[64, 65]。

490 大麻哈鱼 *Oncorhynchus keta*（Walbaum，1792）[38]

背鳍10～16；臀鳍13～19；胸鳍16～17；腹鳍9～13。侧线鳞125～153。鳃耙19～2。

本种体侧扁，稍高。头背膨出。吻端突出微弯，如鸟喙，生殖期更如钳状。犁骨、腭骨齿带呈“小”字形。圆鳞较小。溯河期体色随季节而变，9月初体银白色或散布有小黑点，两侧横纹不明显；9月末10月初，性成熟雌鱼体色鲜艳，体侧有8～10条橙红色横斑。雄鱼呈暗红色，吻、鳃、腹青黑色，腹鳍、臀鳍灰白色。本种体背无散布黑点，尾鳍有银色放射线。本种江里生、海里长；4年性成熟，回归原生河流产卵。分布于我国黑龙江、乌苏里江下游，以及日本北海道海域、日本海、鄂霍次克海、白令海、北太平洋亚寒带水域。体长约70 cm。是世界上增殖放流最成功的经济鱼类。我国在黑龙江曾进行该鱼的增殖放流。

491 细鳞大麻哈鱼 *Oncorhynchus gorbuscha*（Walbaum，1792）[38]（上雄鱼，下雌鱼）

= 驼背大麻哈鱼

背鳍12～18；臀鳍16～19；胸鳍14～16；腹鳍9～10。侧线鳞150～240。鳃耙28～32。

本种形态与大麻哈鱼相似。体背散布黑点，下颌齿基灰白色。鳞细小。背鳍、臀鳍有较大斑点。尾鳍散布黑点，后缘无黑边。生殖季节雄鱼头后背部明显隆起呈佝偻状。本种每年6～7月出现于图们江支流珲春河下游。2龄成熟。8～9月产卵，翌年4～5月降海生长育肥。分布于我国黑龙江、图们江流域，以及日本北海道沿海、鄂霍次克海沿岸水域、白令海沿岸水域。体长约50 cm。

492 马苏大麻哈鱼 *Oncorhynchus masou masou*（Brevoort，1856）[38]

背鳍12～17；臀鳍13～17；胸鳍12～14。侧线鳞133～142。鳃耙18～20。

本种体延长，侧扁，雄鱼头后无隆起。吻突出，微弯如鸟喙；生殖季节吻端突出如钩状，颌端变黑，上颌后端达眼后缘下方。上、下颌各有1行齿，齿尖微弯。鳞细小。脂鳍游离，呈屈指状。腹鳍短小，不达臀鳍。体背呈暗青色，有或无小黑斑；腹侧银白色。生殖期有数条鲜红色横斑纹。尾部呈鲜红色，无黑点。2龄性成熟，3～4月溯河上游支流产卵。分布于我国黑龙江、图们江、黄海，以及日本北海道海域、本州海域，朝鲜半岛海域。体长约50 cm。我国在20世纪80年代曾与日本合作在辽宁大洋河进行增殖放流试验，并获得了回归成鱼[90]。

▲ 在我国台湾，尚有台湾钩吻鲑 *O. masou formosanum*（Jordan et Oshima，1919），系为马苏大麻哈鱼的一个亚种，完全陆封于淡水，为养殖对象[9]。

28 巨口鱼目 STOMIIFORMES

本目物种通常体侧下部有2行发光器。上颌由前颌骨和上颌骨共同构成口缘。口裂大，通常超过眼后缘下方。两颌有齿，下颌常有一长须。鳞如存在，则为圆鳞。胸鳍如存在，则位低。腹鳍鳍条4～9枚，脂鳍有或无。是栖息于温、热带大洋中层和底层的鱼类。形态怪异，分类不一致，因具鲑形目原始特征，过去被列于鲑形目中[66]。现虽已独立为目，但其科属配置仍不尽合理。本书遵从Nelson（2006）分类编写[3]。全球有9科50属390余种，我国有9科31属70余种。估计随着大洋和深海调查的开展，本目物种数量还将会有很大增加。

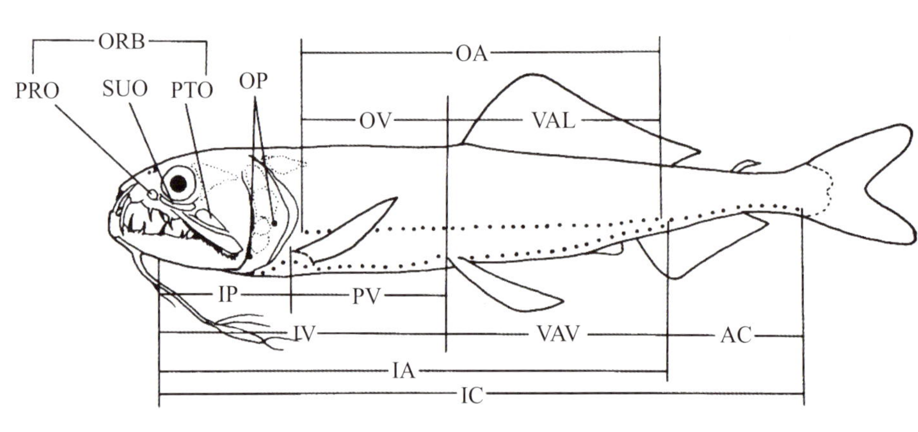

PRO. 眶前发光器
SUO. 眶下发光器
PTO. 眶后发光器
ORB. 围眶发光器
OP. 鳃盖发光器
OA. 前下侧发光器
OV. 前躯下侧发光器
VAL. 腹鳍后下侧发光器
IP. 头部下腹发光器
PV. 胸鳍下腹发光器
IV. 前躯下腹发光器
VAV. 后躯下腹发光器
AC. 臀尾下腹发光器
IA. 腹侧腹部发光器
IC. 下腹发光器

巨口鱼目形态及发光器模式图

巨口鱼目的科、属、种检索表

1a 胸鳍具4枚支鳍骨；鳃弧有鳃耙……………………………………………………………（38）
1b 胸鳍具3枚支鳍骨；鳃弧无鳃耙 ……………………………………………………………（2）
2a 体有鳞，有六角形区 ………………………………………………………………………（35）
2b 体裸露，无六角形区…………………………………………………………………………（3）
3a 背鳍极长…奇棘鱼科 Idiacanthidae　奇棘鱼 *Idiacanthus fasciola* 535
3b 背鳍短…………………………………………………………………………………………（4）
4a 背鳍、臀鳍不对称；脂鳍有或无……………………………………………………………（17）
4b 背鳍、臀鳍对称（真巨口鱼属例外）；无脂鳍……………………………………………（5）
5a 头较小，有一长颏须……………黑巨口鱼科 Melanostomiatidae（7）
5b 头大，通常无须…………………………柔骨鱼科 Malacosteidae（6）
6a 无胸鳍，背鳍、臀鳍不包被皮膜…………………………格氏光巨口鱼 *Photostomias guernei* 534
6b 有胸鳍，背鳍、臀鳍包被皮膜……………………………………黑柔骨鱼 *Malacosteus niger* 533
7–5a 背鳍基底与臀鳍基底约等长，臀鳍起点位于背鳍下方……………………………………（9）
7b 背鳍基底明显短于臀鳍基底，臀鳍起点位于背鳍前下方；吻圆锥形，上颌能伸缩
……………………………………………………………………………真巨口鱼属 *Eustomias*（8）
8a 胸鳍鳍条9枚；颏须不分叉……………………………………………长须真巨口鱼 *E. longibarba* 530
8b 胸鳍鳍条3枚；颏须分两叉…………………………………………………歧须真巨口鱼 *E. bifilis* 531
9–7a 左、右腹鳍基底分离较远，位于体侧中部………丝须深巨口鱼 *Bathophilus nigerrimus* 524
9b 左、右腹鳍基底紧靠，位于体腹部…………………………………………………………（10）
10a 有一大型、粗棒状眶下发光器，以及小型的眶前发光器和眶后发光器
……………………………………………………………厚巨口鱼 *Pachystomias microdon* 523
10b 无眶下发光器及眶前发光器，有眶后发光器……………………………………………（11）
11a 下颌比上颌长，明显向上弯；胸鳍鳍条0～2枚………明鳍袋巨口鱼 *Photonectes albipennis* 525
11b 下颌不比上颌长，也不明显向上弯；胸鳍鳍条3～12枚…………………………………（12）
12a 体甚延长，体较低；胸鳍、腹鳍间至少有39个发光器；颏须长远超过头长；胸鳍鳍条9～
10枚……………………………………………………… 多纹纤巨口鱼 *Leptostomias multifili* 526
12b 体中等长，体较高；胸鳍、腹鳍间最多有30个发光器；颏须仅稍长于头长…………（13）
13a 眼后具一发光器；胸鳍有一丝状游离鳍条…………………………………………………（16）
13b 眼后无发光器；胸鳍无丝状游离鳍条，鳍条5～6枚……黑巨口鱼属 *Melanostomias*（14）
14a 颏须末端球状体侧面有指状附属物…………………………乌须黑巨口鱼 *M. tentaculatus* 529
14b 颏须末端球状体侧面无指状附属物…………………………………………………………（15）
15a 眼较大；颏须仅基部黑色，茎部白色…………………………大眼黑巨口鱼 *M. melanops* 528
15b 眼稍小，颏须茎部黑色…………………………………………………维黑巨口鱼 *M. valdiviae* 527

16–13a 眼后发光器大；胸鳍1+3～4，丝状鳍条末端有白色发光器；腭骨无齿
……………………………………………………………………脂巨口鱼 *Opostomias mitsuii* 521

16b 眼后发光器小；胸鳍1+9～11，丝状鳍条有5～6根细长丝；腭骨有齿
……………………………………………………………………缨鳍巨口鱼 *Thysanactis dentex* 522

17–4a 具脂鳍（细星衫鱼例外）；通常有须
……………………………………………星衫鱼科 Astronesthidae（25）

17b 通常无脂鳍；无须…………………光器鱼科 Photichthyidae（18）

18a 背鳍后端与臀鳍起点相对或比臀鳍起点位置稍靠后，鳃盖条区发光器7～10个……（20）

18b 背鳍后端比臀鳍起点位置相对靠前，鳃盖条区发光器8～15个…………………………（19）

19a 两颌短钝；背鳍长，鳍条14～16枚；腹鳍位于背鳍下方；背脂鳍长
……………………………………………………………………长体颌光鱼 *Ichthyococcus elongatus* 555

19b 两颌较尖长；背鳍短，鳍条11～12枚；腹鳍位于背鳍前下方；背脂鳍短
……………………………………………………………………澳洲离光鱼 *Woodsia nonsuchae* 556

20–18a 围眶发光器2个；臀尾下腹发光器12～21个……………………………………………（22）

20b 围眶发光器1个；臀尾下腹发光器22～25个……………………刀光鱼属 *Polymetme*（21）

21a 第1～2腹鳍后下侧发光器位置不比其他腹鳍后下侧发光器高，第2臀尾下腹发光器位置较其他臀尾下腹发光器高；头小……………………………………长峡刀光鱼 *P. elongata* 549

21b 第1～2腹鳍后下侧发光器位置比其他腹鳍后下侧发光器高，第1～2臀尾下腹发光器位置较其他臀尾下腹发光器高；头较大…………………………………骏河刀光鱼 *P. surugaensis* 550

22–20a 臀鳍鳍条25～27枚；臀尾下腹发光器18～21个…………莫氏轴光鱼 *Pollichthys mauli* 551

22b 臀鳍鳍条12～16枚；臀尾下腹发光器12～16个………………串灯鱼属 *Vinciguerria*（23）

23a 颏缝合部发光器1对；眼正常…………………………………………串灯鱼 *V. nimbaria* 552

23b 颏缝合部发光器无；眼正常或管状……………………………………………………………（24）

24a 眼呈管状，稍背向；鳃耙19～22枚………………………………长尾串灯鱼 *V. attenuata* 553

24b 眼正常，侧向；鳃耙14～16枚……………………………………短尾串灯鱼 *V. poweriae* 554

25–17a 无脂鳍；有须；体细长…………………………………细星衫鱼 *Rhadinesthes decimus* 544

25b 有脂鳍；有须；体较粗……………………………………………………………………………（26）

26a 胸鳍下腹发光器以3～5个组群式排列……………蛇口异星衫鱼 *Heterophotus ophistoma* 546

26b 胸鳍下腹发光器几乎等间距排列…………………………………………………………………（27）

27a 上颌骨齿犬齿状；体粗壮；后躯下腹发光器15个，颏须球状体无附属丝
……………………………………………………………………掠食巨口鱼 *Borostomias elucens* 545

27b 上颌骨齿呈栉状排列…………………………………………星衫鱼属 *Astronesthes*（28）

28a 前下侧发光器11～14个……………………………………………印度星衫鱼 *A. indicus* 536

28b 前下侧发光器30个以上……………………………………………………………………………（29）

29a 腹鳍后下侧发光器最后2～3个位置明显高……………………………………………………（31）

29b 腹鳍后下侧发光器平直状，连续排列……………………………………………………………（30）

30a 胸鳍下腹发光器在腹面呈直线状排列；颏须球状体有附属丝
……………………………………………………………丝球星衫鱼 *A. splendidus* 539

30b 胸鳍下腹发光器在腹面向外侧弯曲；雄鱼颏须长约等于头长，雌鱼颏须仅为痕迹
……………………………………………………………蓝黑星衫鱼 *A. cyaneus* 540

31–29a 胸鳍下腹发光器12～17个…………………………………………………………（33）

31b 胸鳍下腹发光器18～24个……………………………………………………………（32）

32a 胸鳍下腹发光器18～20个；尾柄有黑斑………………………荧光星衫鱼 *A. lucifer* 537

32b 胸鳍下腹发光器23～24个；尾柄无黑斑………………金星衫鱼 *A. chrysophekadion* 538

33–31a 胸鳍下腹发光器15～17个；颏须长于头长，末端球状，具一细丝
……………………………………………………………三丝星衫鱼 *A. trifibulatus* 541

33b 胸鳍下腹发光器12～15个；下颌后半部有或无发光组织……………………………（34）

34a 胸鳍下腹发光器12～15个；下颌后半部有1对形状不规则的发光组织；颏须短于头长
……………………………………………………………台湾星衫鱼 *A. formosana* 542

34b 胸鳍下腹发光器13～14个，下颌后半部无发光组织…………印太星衫鱼 *A. indopacificus* 543

35–2a 背鳍1个，与臀鳍相对；前颌骨、下颌骨无特长齿；有长须
……………………………………………巨口鱼科 Stomiidae（37）

35b 背鳍远比腹鳍体位靠前，腹脂鳍与臀鳍靠近；前颌骨、下颌骨有长齿；无须
………………蝰鱼科 Chauliodontidae　蝰鱼属 *Chauliodus*（36）

36a 前颌骨第3齿比第4齿短；眼后发光器圆形………………………………蝰鱼 *C. sloani* 547

36b 前颌骨第3齿比第4齿长；眼后发光器近三角形……………………梅氏蝰鱼 *C. macouni* 548

37–35a 前颌骨齿比下颌齿多，齿显著小…………………………星云巨口鱼 *Stomias nebulosus* 519

37b 前颌骨齿比下颌齿少，前颌骨前方有1枚大犬齿……………………巨口鱼 *Stomias affinis* 520

38–1a 体延长；口裂斜位或水平位……钻光鱼科 Gonostomatidae（51）

38b 体高，侧扁；口裂垂直或近垂直
……………………………………褶胸鱼科 Sternoptychidae（39）

39a 前躯下侧发光器9个；有颏发光器……………………………间光鱼 *Maurolicus muelleri* 517

39b 前躯下侧发光器3～8个；无颏发光器……………………………………………………（40）

40a 体稍延长，体长为体高的3.7倍以上；无前鳃盖骨棘；腹部无腹棱；臀鳍连续
……………………………………………………………丛光鱼 *Valenciennellus tripunctulatus* 518

40b 体高，体长为体高的0.8～2.0倍；有前鳃盖骨棘；腹部有板状或膜状腹棱…………（41）

41a 腹发光器12个；眼呈“望远镜”式，朝向背方；一些支鳍骨在背鳍前方形成背翼突
……………………………………………………………银斧鱼属 *Argyropelecus*（48）

41b 腹发光器10个；眼正常；背翼突仅1～2枚棘，由1～2枚支鳍骨合成……………………（42）

42a 臀发光器6个或6个以上，侧发光器1个；背翼突退化，臀鳍上方无扩大的透明区
……………………………………………………………烛光鱼属 *Polyipnus*（45）

42b 臀发光器3个，无侧发光器；背翼突为一扩大的棘，臀鳍上方有一扩大的三角形透明区
……………………………………………………………………褶胸鱼属 *Sternoptyx*（43）

43a 臀发光器后缘和臀鳍基底腹缘狭，呈V形……………………………褶胸鱼 *S. diaphana* 514

43b 臀发光器后缘和臀鳍基底腹缘宽，不呈V形……………………………………………（44）

44a 臀发光器前的鳍基骨比尾柄高长，体高是体长的67%~80%………低褶胸鱼 *S. obscura* 515

44b 臀发光器前的鳍基骨与尾柄高几乎等长，体高是体长的85%~106%
…………………………………………………………拟低褶胸鱼 *S. pseudobscura* 516

45-42a 后颞骨棘1枚，小，不分支；鳞骨板腹缘光滑，无锯齿；背鳍前黑色带宽且连续
…………………………………………………………三烛光鱼 *P. triphanos* 506

45b 后颞骨棘大，分3支；鳞骨板边缘有锯齿……………………………………………（46）

46a 前鳃盖骨棘2枚……………………………………………………棘烛光鱼 *P. fraseri* 507

46b 前鳃盖骨棘1枚……………………………………………………………………（47）

47a 尾柄下缘有锯齿；尾柄下发光器各自分离…………………………头棘烛光鱼 *P. spinifer* 508

47b 尾柄下缘无锯齿；尾柄下发光器相互连接…………………………闪电烛光鱼 *P. stereope* 505

48-41a 臀鳍不分为两部分，发光器连续排列…………………………长银斧鱼 *A. affinis* 510

48b 臀鳍分为两部分，发光器不连续排列……………………………………………………（49）

49a 背鳍软条多为8枚；腹后缘棘有锯齿……………………………银斧鱼 *A. hemigymnus* 511

49b 背鳍软条至少9枚；腹后缘棘无锯齿…………………………………………………（50）

50a 两部分臀鳍软条间无棘突，尾柄下发光器下缘也无棘突……………高银斧鱼 *A. sladeni* 512

50b 两部分臀鳍软条间有棘突，尾柄下发光器下缘也有棘突………棘尾银斧鱼 *A. aculeatus* 513

51-38a 臀鳍鳍条16~30枚；背鳍起点与臀鳍位置较靠近；峡部无发光器…………………（54）

51b 臀鳍鳍条56~72枚；背鳍起点远比臀鳍位置靠前；峡部有发光器……………………（52）

52a 后躯下腹发光器5~7个；围眶发光器在眼正下方；下鳃耙12~16枚
…………………………………………………………三钻光鱼 *Triplophos hemingi* 498

52b 后躯下腹发光器12~17个；围眶发光器在眼下方或比眼位置稍靠前；下鳃耙7~10枚
…………………………………………………………双光鱼属 *Diplophos*（53）

53a 眼大，眼径大于眼间距；背鳍始于第7~9腹鳍后下侧发光器上方
…………………………………………………………东方双光鱼 *D. orientalis* 496

53b 眼小，眼径小于眼间距；背鳍始于第11~13腹鳍后下侧发光器上方
…………………………………………………………带纹双光鱼 *D. taenia* 497

54-51a 臀鳍基底长，鳍条27~30枚；有颏部发光器；上颌骨有细长齿
…………………………………………………………钻光鱼属 *Gonostoma*（60）

54b 臀鳍基底短，鳍条16~21枚；无颏部发光器；上颌骨齿较短；臀鳍鳍条16~21枚
…………………………………………………………圆帆鱼属 *Cyclothone*（55）

55a 头与躯干均无发光器，无尾前发光腺……………………………暗圆帆鱼 *C. obscura* 504

55b 头与躯干具发光器，有或无尾前发光腺……………………………………………（56）

56a 体黑褐色到黑色……………………………………………………………………（59）

56b 体白色到褐色，腹膜黑色……………………………………………………………（57）

57a 第1鳃弓上、下鳃耙间有1枚鳃耙……………………………………………白圆帆鱼 *C. alba* 499
57b 第1鳃弓上、下鳃耙间有2枚鳃耙……………………………………………………………（58）
58a 第1鳃弓下支的鳃瓣狭，鳃盖条全部灰褐色…………………………苍圆帆鱼 *C. pallida* 500
58b 第1鳃弓下支的鳃瓣宽，鳃盖条基部、边缘和鳃条褐色……近苍圆帆鱼 *C. pseudopallida* 501
59-56a 尾柄上部发光腺长，超越臀鳍后部…………………………斜齿圆帆鱼 *C. acclinidens* 502
59b 尾柄上部发光腺短，与尾柄下部发光腺等长…………………………黑圆帆鱼 *C. atraria* 503
60-54a 有脂鳍…………………………………………………………………长钻光鱼 *G. elongatus* 493
60b 无脂鳍…………………………………………………………………………………………（61）
61a 有背侧发光腺和尾柄下部发光腺……………………………………纤钻光鱼 *G. gracilis* 494
61b 无背侧发光腺和尾柄下部发光腺…………………………………西钻光鱼 *G. atlanticum* 495

（93）钻光鱼科 Gonostomatidae

本科物种体延长，侧扁。头侧扁，圆锥形。口大，前颌骨齿1行，齿骨前端有齿2行。鳃孔大，鳃耙较发达。体被薄圆鳞。背鳍、臀鳍发达，脂鳍有或无。胸鳍支鳍骨4枚。有发光器，体侧和腹部发光器1～2行，围眶发光器1个。全球有6属27种，我国有4属13 种。

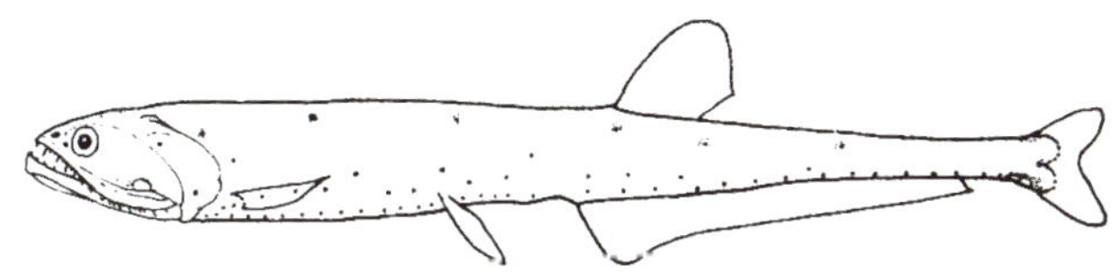

钻光鱼科物种形态简图

钻光鱼属 *Gonostoma* Rafinesque，1810

本属物种一般特征同科。

493 长钻光鱼 *Gonostoma elongatus* Günther，1878 [48]

背鳍13～14；臀鳍28～30；胸鳍11～12；腹鳍7～8。鳃耙8～9＋11～12。

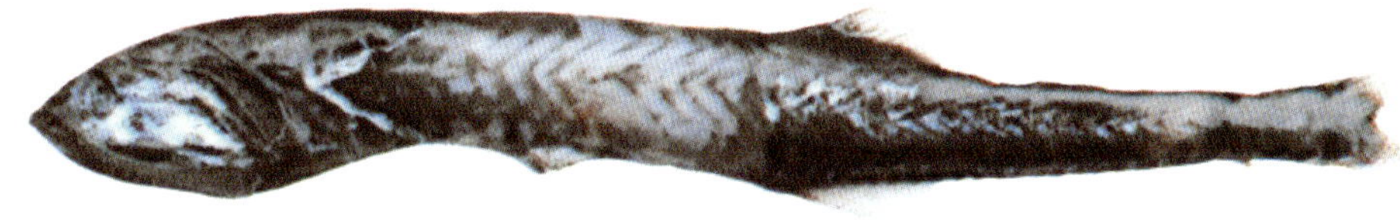

发光器：颏区（SO）1，鳃盖条区（BR）8～9，前躯下腹（IV）15～16，后躯下腹（VAV）4～6，臀尾下腹（AC）20～23，下腹（IC）41～43，前下侧（OA）13～14。

本种体延长，有脂鳍。背鳍、臀鳍起点几乎相对。臀鳍基底长，为背鳍基底长的2倍以上。头、体有许多小发光器，颏部发光器和围眶发光器都有发光腺体。第2、第3个臀尾下腹发光器大而高位。肛门位于臀鳍起始处前、腹侧第4后躯下腹发光器的下方或后下方。体黑色，带有银色光泽。各鳍色浅，布有许多黑点。为暖水性深海小型鱼类。栖息水深达1 700 m，夜间上浮至表层。分布于我国南海、台湾海域，以及日本土佐湾海域、九州海域，帕劳海域，太平洋、大西洋和印度洋温、热水域。最大体长23 cm。

494 纤钻光鱼 *Gonostoma gracilis* Günther，1878 [48]

= 柔身纤钻光鱼 *Sigmops gracilis*

背鳍11 ~ 14；臀鳍27 ~ 30；胸鳍9 ~ 10；腹鳍7 ~ 8。鳃耙7 ~ 9 + 11 ~ 13。

发光器：颏区（SO）1，鳃盖条区（BR）9，前躯下腹（IV）15 ~ 16，后躯下腹（VAV）4 ~ 5，臀尾下腹（AC）17 ~ 19，下腹（IC）37 ~ 38，前下侧（OA）12 ~ 14。

本种体细长，强侧扁。头大，眼小。口裂大，下颌长于上颌。无脂鳍。背鳍起始于臀鳍第4 ~ 5鳍条上方。靠近体背侧有6个背侧（ODM）发光器，排列成1行。有尾柄下部发光器（ICG）。肛门位于腹鳍基底和臀鳍起始处中间稍靠后。尾鳍深叉形。体黑褐色，鳍色浅，有黑点散布。为温水性深海小型鱼类。栖息于水深达2 300 m的中深水域。分布于我国东海，以及日本北海道海域、土佐湾海域，西北太平洋亚寒至亚热带水域。该鱼1龄性成熟，为雄性，其后经性逆转，成为雌性。体长约9 cm。

495 西钻光鱼 *Gonostoma atlanticum* Norman，1930 [38]

背鳍16 ~ 18；臀鳍27 ~ 30；胸鳍9 ~ 10；腹鳍6 ~ 7。鳃耙6 + 11 ~ 12。

发光器：颏区（SO）1，鳃盖条区（BR）9，前躯下腹（IV）15 ~ 16，后躯下腹（VAV）4 ~ 5，臀尾下腹（AC）18 ~ 20，下腹（IC）39 ~ 40，前下侧（OA）13 ~ 14。

本种体延长，略高，侧扁。头大，眼亦大。无脂鳍，背鳍与臀鳍几乎相对。靠近体背部无成行发光器。颏部、围眼部、体侧发光器有发光腺体。无背侧发光腺和尾柄下部发光腺。体灰褐色。鳃腔、腹部黑褐色。各鳍色浅。为暖水性深海小型鱼类。栖息于水深200 ~ 500 m的中深海区。分布于我国南海，以及日本相模湾海域、小笠原群岛海域和太平洋、印度洋、大西洋热带到亚寒带水域。体长约5 cm。

双光鱼属 *Diplophos* Günther，1873

本属物种体侧与腹侧发光器间有1纵列沿侧线走向的微小发光器，直抵尾鳍末端。峡部有发光器。鳃盖条发光器8 ~ 16个。前颌骨齿1行。无脂鳍。

496 东方双光鱼 *Diplophos orientalis* Matsubara，1940[38]

背鳍11 ~ 13；臀鳍57 ~ 63；胸鳍10；腹鳍8。鳃耙3 + 1 + 8。侧线鳞79 ~ 88。

发光器：颏区（SO）2，鳃盖条区（BR）11 ~ 13，头部下腹（IP）15 ~ 18，胸鳍下腹（PV）23 ~ 25，后躯下腹（VAV）13 ~ 15，臀尾下腹（AC）37 ~ 42+2，下腹（IC）92 ~ 99，前下侧（OA）78 ~ 86。

本种体延长。口大，稍上斜。下颌长于上颌。眼大，眼径大于眼间距。最后2个臀尾下腹发光器紧密连接。背鳍始于臀鳍前上方、第7 ~ 9腹鳍后下侧发光器上方。体褐色，腹部色较深。各鳍色稍淡。为暖水性深海中小型鱼类。栖息于水深150 ~ 500 m的中层水域。分布于我国南海、台湾海域，以及日本骏河海域、冲绳海域，帕劳海域，西北太平洋温、热带水域。体长约36 cm。

497 带纹双光鱼 *Diplophos taenia* Günther，1873[38]

=细钻双光鱼=条带多光鱼

背鳍10～11；臀鳍61～72；胸鳍9～10；腹鳍8。鳃耙3＋1＋8。侧线鳞91～99。

发光器：颏区（SO）1，鳃盖条区（BR）10～13，头部下腹（IP）15～19，胸鳍下腹（PV）26～29，后躯下腹（VAV）14～17，臀尾下腹（AC）43～49+2，下腹（IC）103～113，前下侧（OA）80～95。

本种与东方双光鱼十分相似，以至于Johnson等（1970，1972）认为东方双光鱼和本种为同物种[48]。但本种体较低；眼也较小，眼径小于眼间距；臀鳍鳍条、臀尾下腹发光器和下腹发光器等数目则偏多；背鳍起点也略偏后，处于第11～13腹鳍后下侧发光器上方。体黄褐色，头后和腹部深褐色，各鳍色浅。为暖水性深海中小型鱼类。栖息水深300～800 m。分布于我国台湾海域，以及日本东北冲绳海域、小笠原群岛海域，太平洋、大西洋和印度洋热带、亚热带水域。体长约15 cm。

▲ 本属我国尚记录有太平洋双光鱼 *D. pacificus*，分布于我国东海、台湾海域[13]。

498 三钻光鱼 *Triplophos hemingi*（McArdle，1901）[14]

=尾灯鱼

背鳍10；臀鳍66；胸鳍9；腹鳍6。鳃耙12～16。

发光器：鳃盖条区（BR）11，头部下腹（IP）12，胸鳍下腹（PV）24～36，后躯下腹（VAV）5～7，臀尾下腹（AC）38。

本种体长，侧扁，躯干部较高且短，尾细长。背鳍起点十分靠前。口大，斜裂；下颌长于上颌；颌齿非常短。眼大，端侧位。发光器发达，围眶发光器在眼正中下方。体黄褐色，各鳍基底暗褐色，鳍条部色淡。为暖水性深海小型鱼类。分布于我国台湾海域，以及太平洋、印度洋、大西洋热带水域。体长约14 cm。

圆帆鱼属 *Cyclothone* Goode et Bean，1882

本属物种体延长。头中等大。眼非常小。列状发光器明显分离，峡部和颌缝合部无发光器。前部颌齿小，排列紧密，几乎等大；后部颌齿稍扩大。无脂鳍。肛门靠近腹鳍或位于腹鳍至臀鳍的中点处。臀鳍鳍条16～21枚。尾前发光腺发达。为较常见的深海小型鱼类。全球有12种，我国有6种。

499 白圆帆鱼 *Cyclothone alba* Brauer，1906[38]

= 白圆罩鱼

背鳍12～14；臀鳍17～20；胸鳍9～10；腹鳍6～7。鳃耙4＋1＋8～9。

发光器：颏区（SO）0，鳃盖条区（BR）8～9，前躯下腹（IV）13，后躯下腹（VAV）3～4，臀尾下腹（AC）12，下腹（IC）27～30，前躯下侧（OV）6，腹鳍后下侧（VAL）0，前下侧（OA）6。

本种一般特征同属。臀鳍基底短，小于背鳍基底长的2倍。体色从白色到灰褐色不等。腹膜黑色，其后端达第1后躯下腹发光器上方。体发光器大。第1鳃弧的上、下鳃耙间有1枚鳃耙。下鳃骨的鳃瓣愈合。吻部无色素。为暖水性深海小型鱼类。栖息于水深200～500 m海区。分布于我国东海、南海，以及日本北海道海域、冲绳海域和太平洋、印度洋、大西洋的热带到亚寒带水域。体长约3.4 cm。

500 苍圆帆鱼 *Cyclothone pallida* Brauer，1902 [38]

背鳍12～14；臀鳍17～19；胸鳍9～10；腹鳍6。鳃耙8～9＋2＋11。

发光器：颏区（SO）0，鳃盖条区（BR）9～11，前躯下腹（IV）12～13，后躯下腹（VAV）4～5，臀尾下腹（AC）15～16，下腹（IC）32～34，前躯下侧（OV）7，腹鳍后下侧（VAL）1～2，前下侧（OA）8～9。

本种体延长，侧扁，稍高。头中等大。第1鳃弧上、下鳃耙间各有2枚鳃耙，鳃弓下支鳃瓣狭，游离。鳃盖条部全部灰褐色。体灰褐色或褐色。腹膜黑色，其后端达第2～3后躯下腹发光器上方。臀鳍起点前部体表透明，有时可见一些色素。为温水性深海小型鱼类。栖息于水深400～1 200 m的中、渐深层海区。分布于我国东海、南海，以及日本北海道至冲绳海域，太平洋、大西洋、印度洋温、热带水域。体长约7.5 cm。

501 近苍圆帆鱼 *Cyclothone pseudopallida* Mukacheva，1964 [38]

背鳍12～14；臀鳍17～20；胸鳍9～11；腹鳍6～7。鳃耙6～7＋2＋10～11。

发光器：颏区（SO）0，鳃盖条区（BR）9～10，前躯下腹（IV）10～12，后躯下腹（VAV）4～5，臀尾下腹（AC）14～15，下腹（IC）30～31，前躯下侧（OV）7，腹鳍后下侧（VAL）1～2，前下侧（OA）8～9。

本种与苍圆帆鱼相似，体较细长，同为上、下鳃耙间各有2枚鳃耙。鳃条部基部沿边及鳃条骨为褐色，第1鳃弓下支的鳃瓣宽，愈合。体灰褐色或褐色。腹膜黑色，后端达第2后躯下腹发光器上方。吻部色素明显。臀鳍起点前体表透明无色素。体发光器小。为暖水性深海小型鱼类。栖息于200～600 m的中深水层。分布于我国东海、南海，以及日本北海道海域、冲绳海域、小笠原群岛海域和太平洋、大西洋、印度洋的热带到亚寒带水域。体长约5.8 cm。

502 斜齿圆帆鱼 *Cyclothone acclinidens* Garman，1899[38]

背鳍13～14；臀鳍18～20；胸鳍8～10；腹鳍6～7。鳃耙8～9＋2＋11～12。

发光器：颏区（SO）0，鳃盖条区（BR）10～11，前躯下腹（IV）12～14，后躯下腹（VAV）4～5，臀尾下腹（AC）14～16，下腹（IC）31～33，前躯下侧（OV）7，腹鳍后下侧（VAL）1～2，前下侧（OA）8～9。

本种体延长，头较大。体从黑褐色到黑色不等。尾柄上、下部皆有发光腺。尾柄上部发光腺（SCG）长，超过臀鳍后部长。上颌后部齿向前弯，几乎等长。各鳃瓣游离而且发达。为暖水性深海小型鱼类。栖息水深500～1 000 m。分布于我国南海，以及日本纪伊半岛海域和西太平洋、东北太平洋热带水域。体长约5.2 cm。

503 黑圆帆鱼 *Cyclothone atraria* Gilbert，1905[37]

背鳍12～14；臀鳍17～20；胸鳍9～10；腹鳍6。鳃耙8～9＋2＋11～12。

发光器：颏区（SO）0，鳃盖条区（BR）8～10，前躯下腹（IV）13，后躯下腹（VAV）5，臀尾下腹（AC）14～16，下腹（IC）32～34，前躯下侧（OV）7，腹鳍后下侧（VAL）2～3，前下侧（OA）9～10。

本种体延长，黑褐色或黑色。臀鳍前的体表色深，不透明。尾柄上部发光腺短，与尾柄下部发光腺等长。黑色腹膜后端达第3～4后躯下腹发光器上方，但一般从外侧看不见。各鳃瓣游离，不退化。为暖水性深海小型鱼类。栖息于500～1 500 m的渐深层水域。分布于我国南海，以及日本北海道海域、冲绳海域，太平洋，大西洋，印度洋。体长约6.2 cm。

504 暗圆帆鱼 *Cyclothone obscura*（Brauer，1902）

本种与黑圆帆鱼相似。体延长，但头大，口裂更大，下颌突出。其最主要特征是头与躯干部均无发光器，也无尾前发光腺。全体黑褐色。为暖水性深海小型鱼类。分布于我国南海，以及日本相模湾以南海域，印度–太平洋、大西洋热带水域[142]。

（94）褶胸鱼科 Sternoptychidae

本科物种通常体高，很侧扁，有的延长。眼大。口裂垂直或近垂直。两颌齿小，鳃耙发达。围眼眶、颏部、鳃盖膜和体上有成群发光器。峡部和腹鳍间的腹面或腹侧有数行发光器。腹鳍与尾鳍间有1行发光器。背鳍第1支鳍骨或髓棘在背鳍前突出特化为背翼突。腹部有鳞骨板形成腹棱。脂鳍短小。腹鳍小，始于背鳍起点的下方或前下方。Weitzman（1974）依骨骼特征将原属钻光鱼科的丛光鱼属*Valenciennellus*和间光鱼属*Maurolicus*归入本科[2]。全球有10属39种，我国有5属20种，均为深海小型发光鱼类。

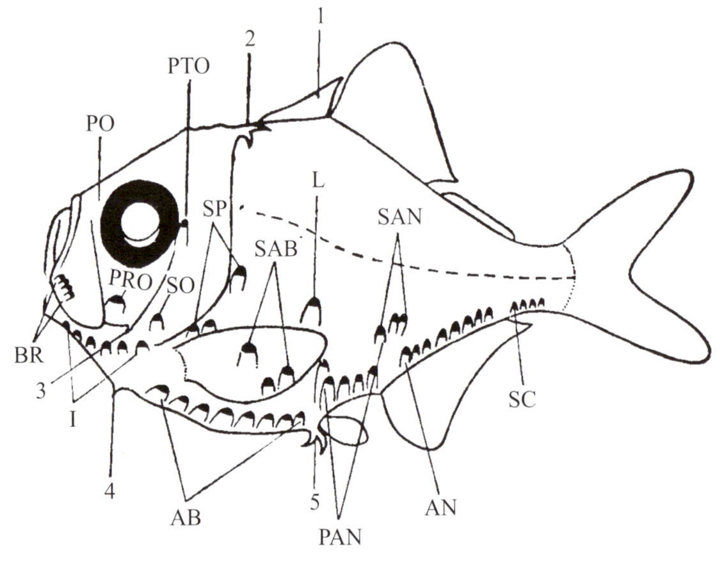

1. 背翼突；2. 后颞棘；3. 前鳃盖棘；4. 腹前棘；5. 腹后棘；AB. 腹发光器；AN. 臀发光器；BR. 鳃盖条发光器；I. 峡部发光器；L. 侧发光器；PAN. 臀前发光器；PO. 眶前发光器；PRO. 前鳃盖发光器；PTO. 眶后发光器；SAB. 上腹发光器；SAN. 臀上发光器；SC. 尾柄下发光器；SO. 下鳃盖发光器；SP. 胸上发光器

褶胸鱼科形态及发光器模式图

烛光鱼属 *Polyipnus* Günther，1887

本属物种体短而高，侧扁。头较大。眼大，不呈“望远镜”式。臀鳍基底上方无透明的三角形区。背翼突仅由1对短棘组成。吻较短，口稍小，口裂垂直。后颞刺发达。背鳍起始于臀鳍起点前上方的体背中部。脂鳍低。胸鳍长，位低。腹鳍小，腹位。全球有21种，我国有9种。

505 闪电烛光鱼 *Polyipnus stereope* Jordan et Starks，1904 [38]

背鳍13；臀鳍14 ~ 15；胸鳍13 ~ 15；腹鳍7。鳃耙8 ~ 9 + 15 ~ 17。

发光器：腹（AB）10，上腹（SAB）3，臀前（PAN）5，臀（AN）+臀上（SAN）12 ~ 14。

本种一般特征如属。臀鳍基底无透明区。后颞刺大，分3支。腹部鳞骨板边缘有锯齿。前鳃盖骨有1枚棘。尾柄下缘无锯齿。尾柄下发光器互相连接。体银白色。背鳍前有黑色带，细尖。体背缘及腹侧发光器列黑褐色。各鳍色浅。为暖水性深海小型鱼类。栖息水深100 ~ 350 m。分布于我国东海，以及日本相模湾海域、骏河海域、土佐湾海域，帕劳海域，西北太平洋温、热带水域。体长约5.3 cm。

506 三烛光鱼 *Polyipnus triphanos* Schultz，1938 [38]

背鳍11；臀鳍16 ~ 17；胸鳍12 ~ 14；腹鳍7。鳃耙7 ~ 8 + 12 ~ 13。

发光器：腹（AB）10，上腹（SAB）3，臀前（PAN）5，臀（AN）7 ~ 8，臀上（SAN）3。

本种体高而侧扁。后颞刺仅1枚，不分支。腹部鳞骨板边缘光滑，无锯齿。臀上发光器位高，与臀发光器分离。上腹发光器以第1发光器位置最高。体基底银灰色。背鳍前有黑色宽带，但不达体侧中线，和背部黑色带连续。为暖水性深海小型鱼类。栖息水深100 ~ 150 m。分布于我国台湾海域、南海，以及日本骏河湾海域、菲律宾海域、印度尼西亚海域、印度–太平洋热带水域。体长约4 cm。

507 棘烛光鱼 *Polyipnus fraseri* Fowler，1934 [48]

= 弗氏烛光鱼

背鳍10；臀鳍11；胸鳍7；腹鳍7。鳃耙7 + 13。

发光器：腹（AB）10，上腹（SAB）5，臀前（PAN）5，臀上（SAN）0。

本种体高而甚侧扁。腹缘轮廓自肛门后斜向后上方。眼大。口裂大，呈垂直开口。两颌及犁骨均具极细小的齿。后头部有3枚棘。腹面鳞骨板具小棘。背鳍起始于体背中部稍后方。臀鳍起点位于背鳍基底下方。尾鳍深叉形。体银白色，体侧黑色带长，越过侧线。为暖水性深海小型鱼类。栖息水深100 ~ 350 m。分布于我国台湾海域，以及日本九州海域、帕劳海域、菲律宾海域。体长约4 cm。

508 头棘烛光鱼 *Polyipnus spinifer* Borodulina，1979 [38]

背鳍13 ~ 14；臀鳍15 ~ 16；胸鳍13 ~ 14；腹鳍7。鳃耙19 ~ 24。

发光器：鳃盖3，眼眶1，鳃盖条（BR）6，鳃盖到腹鳍10，腹鳍基到臀鳍5，臀鳍基到尾柄11 ~ 12。

本种体甚高，侧扁。吻短。口裂大，近垂直。眼大，侧背位。发光器鳞片具小棘。后颞骨背侧棘最长，中棘最短，腹侧棘中等长且稍向前弯。体银白色。体侧色素区呈三角形。为暖水性深海小型鱼类。栖息水深100 ~ 350 m。分布于我国台湾海域，以及日本相模湾海域、九州海域，帕劳海域，太平洋暖水域。体长约7 cm。

509 达氏烛光鱼 *Polyipnus danae* Harold，1990[37]

背鳍12 ~ 15；臀鳍15 ~ 17；胸鳍11 ~ 13；腹鳍4 ~ 5。鳃耙11 ~ 12。

本种与三烛光鱼相似，后颞骨棘单一，延长。但本种体侧扁，椭圆形（侧面观）。头、体部高。尾柄甚延长或呈棒状。全部发光器鳞片腹缘平滑无锯齿。背鳍前具2个不明显的凹槽。臀鳍基上第1和第2发光器高于第3发光器。体银白色，体侧色素条呈波浪状。为暖水性深海小型鱼类。分布于我国南海、台湾海域。本种因可比信息量不足而未列入检索表。

▲ 本属在我国尚有大棘烛光鱼*P. spinosus*、短棘烛光鱼*P. nuttingi*，以后颞骨棘的发达程度、分叉与否以及臀发光器数目等加以区分[49]。

银斧鱼属 *Argyropelecus* Cocco, 1829

本属物种体短而高，侧扁。头较大。眼呈“望远镜”式，朝向背方。前鳃盖骨有棘，腹部有腹棱，臀鳍基底上方无透明区。背部有板状背翼突。腹发光器12个。背鳍起始于臀鳍前上方。臀鳍较长。胸鳍下侧位，尾鳍叉形。全球有7种，我国有5种。

510 长银斧鱼 *Argyropelecus affinis* Garman, 1899[38]

背鳍9；臀鳍12～13；胸鳍10～11；腹鳍6。鳃耙7～8＋11～12。

发光器：腹（AB）12，上腹（SAB）6，臀前（PAN）4，臀上（SAN）0，臀（AN）6。

本种一般特征如属，臀鳍基底上方无透明区，但本种体稍长。臀鳍不分为两部分。上腹发光器、臀前发光器、臀鳍发光器及尾柄下发光器呈一直线连续排列，其尾柄下发光器彼此分离，并列。背翼突低，高小于长的1/3。腹鳍前2枚棘等长。体银白色，黑色素沿肌节分布。各鳍色浅，眼球黄色。为暖水性深海小型鱼类。栖息于300～600 m中深层海区。分布于我国南海，以及日本八户海域、小笠原群岛海域和太平洋、大西洋和印度洋热带、亚热带水域。体长约8.4 cm。

511 银斧鱼 *Argyropelecus hemigymnus* Cocco, 1829[38]

＝半裸银斧鱼

背鳍8～9；臀鳍6＋5～6；胸鳍10～11；腹鳍6。鳃耙8～10＋11～12。

发光器：腹（AB）12，上腹（SAB）6，臀前（PAN）4，臀上（SAN）0，臀（AN）6。

本种体呈椭圆形（侧面观），侧扁，发光器数目与长银斧鱼相同。主要区别在于本种尾柄细长，臀鳍分为两部分，发光器群不连续排列。腹鳍前2枚棘不呈针状，前棘明显大于后棘，且边缘锯齿状。体银灰色，背、腹缘褐色，臀鳍上方和尾柄部各有一黑斑。各鳍色浅。为暖水性深海小型

鱼类。栖息于250 ~ 650 m的中深层海区，分布于我国南海，以及日本冲绳海域、小笠原群岛海域、九州海域，帕劳海域等。体长约3.9 cm。

512 高银斧鱼 *Argyropelecus sladeni* Regan，1908[38]

=斯氏银斧鱼

背鳍9；臀鳍7 + 5；胸鳍10 ~ 11；腹鳍6。鳃耙8 ~ 9 + 10 ~ 11。

发光器：腹（AB）12，腹上（SAB）6，臀前（PAN）4，臀上（SAN）0，臀（AN）6。

本种体甚高，侧扁。臀鳍分两部分，发光器群不连续排列。腹鳍前棘2枚，不呈针状，但两棘几乎等长，且无锯齿。两部分臀鳍之间无棘突，尾柄下发光器下缘亦无棘突。两颌无齿。背翼突低，高小于长的1/3。覆盖尾柄下发光器的鳞骨板腹缘光滑。体灰褐色，具银色光泽，在头后、背、腹和尾部为褐色。各鳍色浅。为暖水性深海小型鱼类。栖息于海洋中深层，集群游泳。分布于我国南海，以及日本东北海域、骏河湾海域、九州海域等。体长约6.7 cm。

513 棘尾银斧鱼 *Argyropelecus aculeatus* Valenciennes，1850[48]

背鳍9 ~ 10；臀鳍7 + 5；胸鳍10 ~ 11；腹鳍6。鳃耙7 ~ 8 + 8 ~ 9。

发光器：腹（AB）12，腹上（SAB）6，臀前（PAN）4，臀上（SAN）1，臀（AN）6。

本种体甚高，体长约为体高的1.4倍。腹鳍前棘2枚，呈针状，后棘明显大于前棘，下缘光滑无锯齿。下颌有扩大的犬齿。背翼突强大，高大于长的1/3。两部分臀鳍间和尾柄下发光器下缘皆有棘突。鳞骨板发达，后部鳞骨板向前弯。体背侧部、尾基和各发光器周围黑褐色，其他部位为银白色。各鳍透明。为暖水性深海小型鱼类。栖息水深一般为100 ~ 600 m，最深可达1 950 m。分布于我国东海、南海，以及日本八户海域、九州海域、小笠原群岛海域，太平洋、大西洋和印度洋温、热带水域。体长约7.5 cm[49]。

▲ 本属我国尚记录有巨银斧鱼*A. gigas*，分布于我国南海、台湾海域[13]。

褶胸鱼属 *Sternoptyx* Hermann，1781

本属物种体短而高，侧扁。头较大。眼正常，较大。口裂较大，近垂直状。有前鳃盖棘。臀鳍基底上方有一三角形透明区，能看见臀鳍的支鳍骨。背翼突仅为一扩大的棘，其前缘有锯齿。腹发光器10个，臀发光器3个，无侧发光器。本属全球有4种，我国有3种。

514 褶胸鱼 *Sternoptyx diaphana* Hermann，1781[38]

背鳍9～10；臀鳍13～14；胸鳍10～11；腹鳍5～6。鳃耙5～6＋2＋5～7。

发光器：腹（AB）10，腹上（SAB）0，臀前（PAN）3，臀上（SAN）1，臀（AN）3。

本种一般特征同属。体显著高而强侧扁，体高是体长的85%以上。腹缘有骨质隆起。背翼突具单一棘。背鳍基底长等于或略小于背翼突高。臀发光器紧接于臀鳍基底上，该发光器前的臀支鳍骨与尾柄高几乎相等。臀上发光器下位，距臀发光器较近。体银灰色，各鳍色淡。为暖水性深海小型鱼类。栖息水深500～1 000 m。分布于我国东海、南海，以及日本北海道海域、冲绳海域，太平洋、大西洋和印度洋温、热带水域。体长约4.3 cm。

515 低褶胸鱼 *Sternoptyx obscura* Garman，1899[38]

＝暗色褶胸鱼

背鳍9～11；臀鳍12～15；胸鳍9～10；腹鳍5。鳃耙5～6＋2＋5～7。

发光器：腹（AB）10，腹上（SAB）0，臀前（PAN）3，臀上（SAN）1，臀（AN）3。

本种体呈斜椭圆形（侧面观），侧扁。体高为体长的67%～80%。背鳍基底长大于背翼突高。臀发光器前的鳍基骨比尾柄高更长。臀上发光器位较高，致使与臀发光器有明显距离。

体略带金黄色，背、腹缘黄褐色，各鳍透明。为暖水性深海小型鱼类。栖息水深500～1 000 m。分布于我国南海、琉球群岛海域、印度–太平洋热带水域。体长约4.5 cm。

516 拟低褶胸鱼 *Sternoptyx pseudobscura* Baird，1971 [38]

= 拟暗色褶胸鱼 = 高星褶胸鱼

背鳍9～11；臀鳍13～15；胸鳍9～11；腹鳍5。鳃耙5～6＋2＋5～8。

发光器：腹（AB）10，腹上（SAB）0，臀前（PAN）3，臀上（SAN）1，臀（AN）3。

本种与低褶胸鱼相似。臀发光器后缘和臀鳍基底腹缘宽，不呈V形。臀鳍发光器前的鳍基骨与尾柄高几乎等长。体高大于体长的85%。臀上发光器位高。臀支鳍骨在臀发光器前方。体银灰色，头、体背部和前腹部黑色，各鳍透明。为暖水性深海小型鱼类。栖息于水深1 000～2 000 m的中深水层海区。分布于我国东海，以及日本冲绳海域、小笠原群岛海域，太平洋、大西洋和印度洋40° N至22° S之间的热带、亚热带水域。体长约6 cm。

517 间光鱼 *Maurolicus muelleri*（Gmelin，1789）[38]

= 颏光鱼

背鳍10～11；臀鳍24～25；胸鳍17～18；腹鳍7。鳃耙5～6＋1＋15～16。

发光器：颏区（SO）1，鳃盖条区（BR）6，头部下腹（IP）6，腹（AB）12，臀前（PAN）6，臀（AN）1+14～15，尾下（SC）7～8，前躯下侧（OV）2+7。

本种体延长，侧扁。头中等大。吻短，眼大。口中等大，斜裂。下颌略长于上颌。齿细小。腹缘无骨质或肉质隆起。臀尾下腹发光器由排列均匀的单个发光器和3～4个发光器紧密聚合而成的复合发光器组成。臀发光器群连续。有颏部发光器。背鳍起始于臀鳍前上方。腹鳍有3枚支鳍骨（软骨）。体背侧褐色，腹侧色浅。各发光器周围黑色，各鳍色浅。为暖水性深海小型鱼类。栖息水深150～1 317 m。分布于我国南海、东海，以及日本本州海域、冲绳海域，世界温、热带海域。体长约6.5 cm。

518 丛光鱼 *Valenciennellus tripunctulatus*（Esmark，1871）[37]

= 三斑丛光鱼

背鳍7；臀鳍24～25；胸鳍13；腹鳍6。鳃耙3＋1＋0。

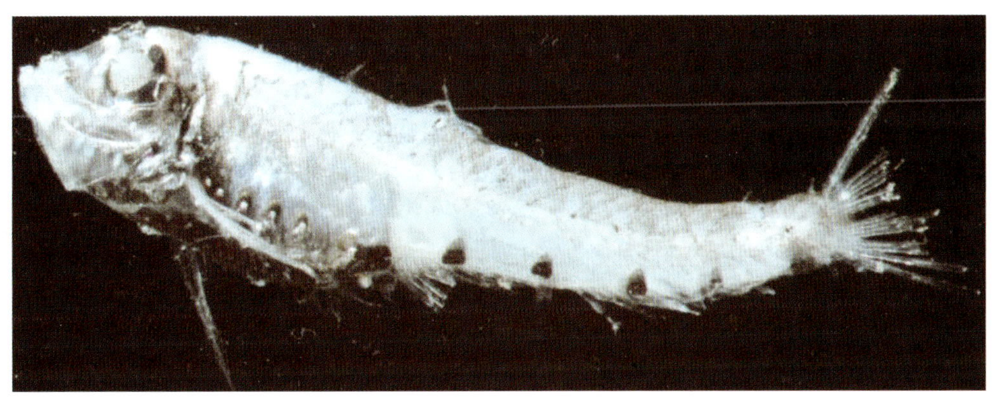

发光器：颏区（SO）0，鳃盖条区（BR）6，头部下腹（IP）3+4，腹（AB）16～17，臀前（PAN）5，臀（AN）3+3+3+2，尾下（SC）4，前躯下侧（OV）2+3。

本种和间光鱼相似。体稍延长，侧扁。腹缘无骨质或肉质隆起。背鳍前无背翼突。臀鳍长，连续，不分为2部分。臀发光器群分离。体半透明，仅吻后到腹部黑色。体中轴有1列黑斑。发光器周围黑色。各鳍均无色透明。为暖水性深海小型鱼类。栖息于中深层海区。分布于我国南海，以及日本相模湾海域，琉球群岛海域，太平洋和大西洋温、热带水域。体长约4 cm。

▲ 本属我国尚有卡氏丛光鱼*V. carlsbergi*，分布于我国南海[13，107]。

(95) 巨口鱼科 Stomiidae

本科物种体细长。体侧有5～6纵行六角形区，每六角形区中均有一薄圆鳞，外被胶质。头小。口裂甚大，斜上位。颏部有一长须。腹部有2行发光器，每六角形区内亦有1个或若干个小发光器。背鳍、臀鳍后位，几乎相对，靠近尾鳍。无脂鳍。胸鳍支鳍骨3枚。鳃耙仅幼鱼时出现。原为本科的脂巨口鱼属*Opostomias*现已移入黑巨口鱼科中。全球有2属11种，我国有1属2种。

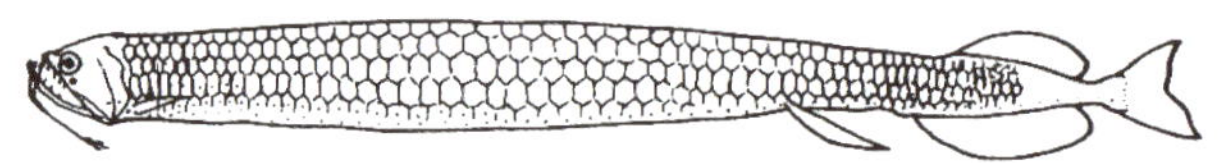

巨口鱼科物种形态简图

巨口鱼属 *Stomias* Cuvier，1817

本属一般特征同科。体细长，头较小。口裂大，前颌骨能突出，颌齿强。颏须短，须末端结构简单，有3～4个纤毛状分支。体腹部发光器少于100个。背鳍、臀鳍位于体后部，靠近尾鳍。胸鳍下侧位。腹鳍腹位，位于体腹中部稍靠后。尾鳍短小。全球有9种，我国有2种。

519 星云巨口鱼 *Stomias nebulosus* Alcock，1889[38]

背鳍15～20；臀鳍18～26；胸鳍6～7；腹鳍5。脊椎骨59～65。

发光器：头部下腹（IP）10～12，胸鳍下腹（PV）33～38，后躯下腹（VAV）5～9，臀尾下腹（AC）14～18，下腹（IC）66～73，前躯下侧（OV）32～38，腹鳍后下侧（VAL）5～9，前下侧（OA）40～45。

本种一般特征同属。体细长。下颌须短，其长度比头长稍短，其末端球状体有3～4条丝状物。前颌骨齿比下颌齿多，齿显著小。最长犬齿位于下颌。腹鳍鳍条由鳍膜相连。体银色。 为暖水性深海小型鱼类。栖息于中、深层海区，分布于我国南海，以及日本鹿儿岛海域、冲绳海域，太平洋、大西洋和印度洋热带、亚热带水域。体长可达18 cm。

520 巨口鱼 *Stomias affinis* Günther，1887[48]

背鳍16 ~ 20；臀鳍18 ~ 25；胸鳍6 ~ 7；腹鳍5。脊椎骨66 ~ 72。

发光器：头部下腹（IP）9 ~ 12，胸鳍下腹（PV）41 ~ 46，后躯下腹（VAV）5 ~ 9，臀尾下腹（AC）14 ~ 18，下腹（IC）73 ~ 82，前躯下侧（OV）40 ~ 46，腹鳍后下侧（VAL）7 ~ 9，前下侧（OA）48 ~ 53。

本种体细长，侧扁。下颌比上颌长，下颌向上方弯曲。前颌骨5枚牙齿等间距排列，以第2枚齿最大。下颌齿9枚，前端4枚排列紧密，后部5枚等间距排列。犁骨齿1对，腭骨齿2枚。触须由黑色茎部和白色球部组成，其长度约为头长的一半，球状体末端有3条黑色丝状物。体侧发光器上方有6纵列六角形鳞状纹。腹鳍具5枚软条，后端达臀鳍起始处。体黄褐色，头和腹侧黑色。为暖水性深海中小型鱼类。栖息水深700 m。分布于我国东海，以及日本冲绳海域、九州海域，帕劳海域，太平洋、大西洋和印度洋热带、亚热带水域。体长可达20 cm。

(96) 黑巨口鱼科 Melanostomiatidae ＝ 袋巨口鱼科

本科物种体延长。体无鳞，也无六角形区。体通常黑色，有的呈暗银色、古铜色或金属绿色。体腹部每侧有2行发光器，头、体上有许多小发光器。背鳍、臀鳍均位于体后部，靠近尾鳍。无脂鳍。口底有膜连接左、右齿骨。有颏须，其末端多呈树枝状。通常无眶前发光器、眶下发光器（厚巨口鱼例外），仅有眶后发光器。有些种类无胸鳍。本科种类甚多，全球有15属约200种，广泛分布于各大洋中深水域，我国有8属15种。

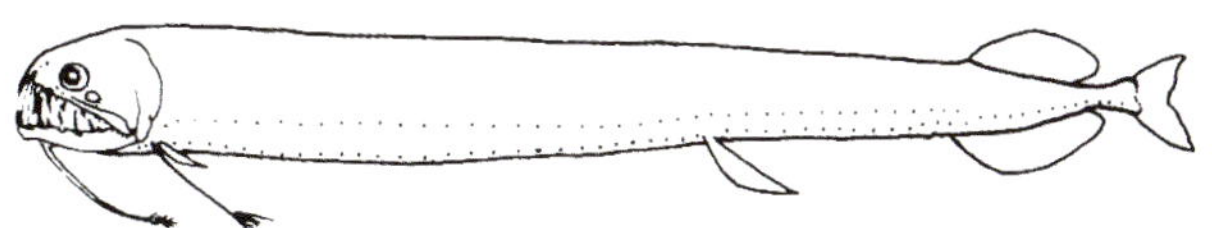

黑巨口鱼科物种形态简图

521 脂巨口鱼 *Opostomias mitsuii* Imai，1941[55]

背鳍21～23；臀鳍22～27；胸鳍1＋3～4；腹鳍7～8。脊椎骨66。

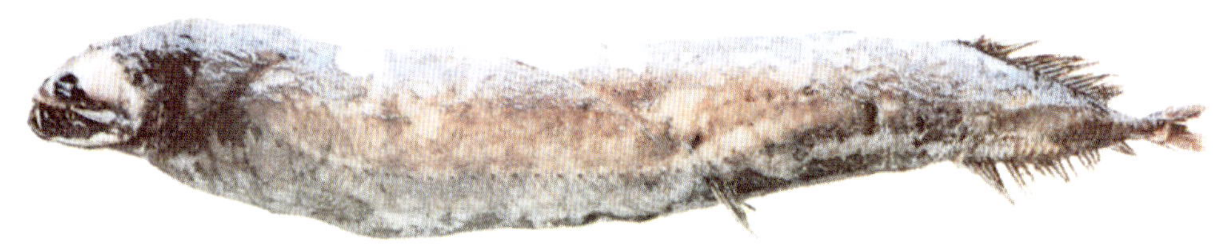

发光器：头部下腹（IP）7～8，胸鳍下腹（PV）27～28，后躯下腹（VAV）15～18，臀尾下腹（AC）13～16，下腹（IC）64～68，前躯下侧（OV）26～30，腹鳍后下侧（VAL）16～19，前下侧（OA）43～48。

本种体延长，侧扁。尾柄细短。头中等大。吻短。眼中等大。口大，略斜裂。两颌几乎等长。前颌骨齿2行，其外行第2齿强大，呈犬齿状。上颌骨无齿。下颌齿亦2行，外行第1齿犬齿状，收纳于前颌齿穴中。犁骨具齿，腭骨无齿。颏部有一须，须长大于头长（图中颏须缺失）。无鳃耙。体无鳞。眼后有一发光器。胸鳍狭小，具一丝状鳍条，末端有白色发光器和3～4枚短鳍条。尾鳍小。头、体黑褐色。为温水性深海中型鱼类，栖息于水深250～1 200 m海区。分布于我国东海，以及日本东北海域、相模湾海域、九州海域，帕劳海域，鄂霍次克海，美国阿拉斯加湾海域，北太平洋温带、亚寒带水域。体长约36 cm[49]。

522 缨鳍巨口鱼 *Thysanactis dentex* Regan et Trewavas，1930[38]

＝缨光鱼

背鳍17～18；臀鳍21～25；胸鳍1＋9～11；腹鳍7。

发光器：头部下腹（IP）8～9+2，胸鳍下腹（PV）31～32，后躯下腹（VAV）16～18，臀尾下腹（AC）10，下腹（IC）67～69，前躯下侧（OV）30～31，腹鳍后下侧（VAL）16～17，前下侧（OA）46～48。

本种体细长，侧扁。头小。吻短，吻长约等于眼径。口裂大，较平直，上、下颌齿强。前颌骨具6枚尖齿，以第2齿强大。上颌后部有1行斜列小齿，以第3齿最大。犁骨齿1对，腭骨齿每侧1枚。颏部有一须，其长度与头长几乎相等。无鳃耙，体无鳞。眼后部具发光器。胸鳍具一游离丝状鳍条，其上端有5～6根细长丝。体黑褐色，各鳍色浅。为暖水性深海小型鱼类。栖息于100～1 080 m海区。分布于我国东海，以及琉球海域，日本小笠原群岛海域，太平洋、大西洋和印度洋温、热带水域。体长约17 cm[49]。

523 厚巨口鱼 *Pachystomias microdon*（Günther，1878）[38]
=小牙厚巨口鱼

背鳍21～24；臀鳍23～29；胸鳍4～6；腹鳍7～9。脊椎骨50～53。

发光器：头部下腹（IP）8～9，胸鳍下腹（PV）14～19，后躯下腹（VAV）12～14，臀尾下腹（AC）8～9，下腹（IC）42～49，前躯下侧（OV）16～19，腹鳍后下侧（VAL）12～16，前下侧（OA）29～34。

本种体中等延长。头大，眼较大。口裂大，超过眼后缘下方。犁骨无齿。眶下发光器很大，在眼下呈弯曲棒状。在该发光器的前方和上方还有一些小发光器。颏须长，成年鱼颏须长度可达体长的1/2，末端简单，无树枝状或球状结构（本图颏须缺失）。下腹发光器和腹部发光器聚集成群。胸鳍无游离丝状鳍条。背鳍、臀鳍对位，靠近尾鳍。腹鳍腹位。尾鳍小，分叉。体黑褐色。为暖水性深海中小型鱼类。栖息于水深250～800 m海区。分布于我国南海，以及日本小笠原群岛海域、九州海域，帕劳海域。体长可达22 cm。

524 丝须深巨口鱼 *Bathophilus nigerrimus* Giglioli，1882[37]
=多鳍深巨口鱼

背鳍13～15；臀鳍13～16；胸鳍37～40；腹鳍18～26。脊椎骨38～42。

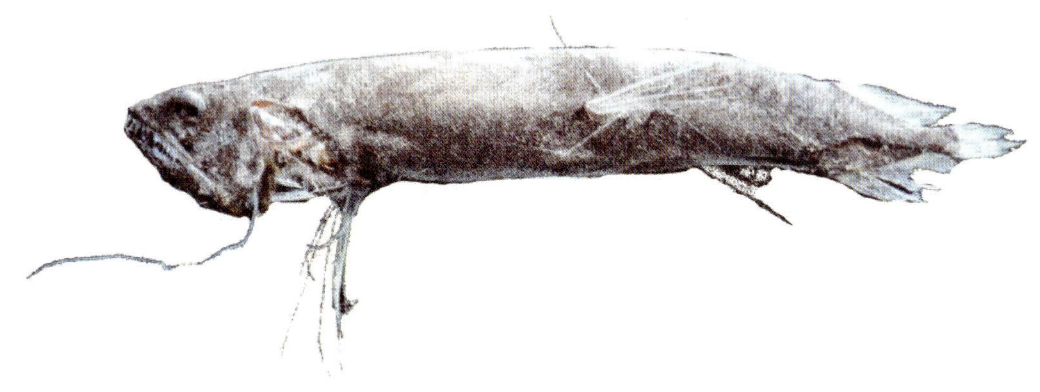

发光器：鳃盖条（BR）7～8，头部下腹（IP）4～6，胸鳍下腹（PV）11～13，后躯下腹（VAV）11～12，臀尾下腹（AC）5，下腹（IC）33～35，前躯下侧（OV）11～13，腹鳍后下侧（VAL）9～12，前下侧（OA）20～25。

本种体中等延长。颏须长，其长度超过体长的2/3，末端无树枝状或球状构造。左、右腹鳍基底相距较远，位于体侧中间。胸鳍较长大，尾鳍叉形。无眼下发光器。下颌平直，不上弯。犁骨无齿。体黑褐色。为暖水性深海小型鱼类。栖息于水深100～500 m海区。分布于我国台湾海域，以及日本骏河湾海域、小笠原群岛海域，地中海，墨西哥湾海域，西太平洋。体长可达14 cm。

▲ 本属我国尚有长羽深巨口鱼*B. longipinnis*，仅以腹鳍鳍条8～13条，下腹发光器36～39个，脊椎骨40～44枚，与丝须深巨口鱼相区别[2]。

525 明鳍袋巨口鱼 *Photonectes albipennis*（Döderlein，1882）[48]

= 白鳍袋巨口鱼 = 明鳍光巨口鱼

背鳍12～17；臀鳍15～17；胸鳍0～2；腹鳍7。脊椎骨53～53。

发光器：头部下腹（IP）7～8，胸鳍下腹（PV）27～30，IV34～38，后躯下腹（VAV）13～14，臀尾下腹（AC）10～11，下腹（IC）60～62，前躯下侧（OV）24～26，腹鳍后下侧（VAL）11～14，前下侧（OA）37～39。

本种体延长。头中等大。眼中等大。口裂大。下颌比上颌长，明显弯向上方。两颌齿均单行，都能倒伏。犁骨有齿。无眶下发光器和眶前发光器，有眶后发光器。背鳍、臀鳍基底约等长，亦均位于体后部，靠近尾鳍。腹鳍腹位。尾鳍小，叉形。颏须长度超过头长，末端小球状，有一黑色细长纤丝状构造。体黑色，背鳍、臀鳍无黑色皮膜，鳍条清晰可见。为暖水性深海中小型鱼类。栖息于水深120～800 m海区。分布于我国台湾海域、东海，以及日本相模湾海域、冲绳海域，西太平洋温、热带水域。体长约30 cm。

526 多纹纤巨口鱼 *Leptostomias multifilis* Imai，1941[38]

背鳍19～21；臀鳍24～27；胸鳍9～10；腹鳍7。脊椎骨77～80。

发光器：头部下腹（IP）10～11，胸鳍下腹（PV）41～44，后躯下腹（VAV）19～21，臀尾下腹（AC）12～14，下腹（IC）84～87，前躯下侧（OV）41～43，腹鳍后下侧（VAL）19～21，前下侧（OA）61～64。

本种体甚延长。头小，眼小。口裂大，后端超过眼后缘下方。颏须长，其长度远超过头长。颏须基部有细附属丝。臀鳍、背鳍起点几乎相对。胸鳍鳍条无游离的延长鳍条。胸鳍、腹鳍间的发光器至少39个。齿骨第1枚齿很短；第2枚齿很长，但不穿过前颌骨。体黑褐色。为暖水性深海中小型鱼类。栖息于水深200～600 m海区。分布于我国台湾外海，以及日本相模湾海域、骏河湾海域、土佐湾海域、冲绳海域。体长约18 cm。

▲ 本属我国尚有强壮纤巨口鱼*L. robustus*。仅以体稍粗壮，颏须较短而末端长丝状，附属丝仅1～3枚；与多纹纤巨口鱼相区别[49]。

527 维黑巨口鱼 *Melanostomias valdiviae* Brauer，1902[38]

= 瓦氏黑巨口鱼

背鳍14～16；臀鳍18～20；胸鳍5；腹鳍7。脊椎骨51～53。

发光器：头部下腹（IP）8+2，胸鳍下腹（PV）24～26，后躯下腹（VAV）13～14，臀尾下腹（AC）9～10，下腹（IC）56～59，前躯下侧（OV）24～26，腹鳍后下侧（VAL）12～14，前下

侧（OA）36～39。

本种体中等延长。头小，眼小。口裂大。犁骨、腭骨有齿。两颌齿大小不一，大多可倒伏。颏须稍长于头长，须茎黑色，末端球状体无色素、无发光体、无指状附属物。眼后具一大型发光斑。胸鳍小，下位，无游离鳍条。腹鳍位于下腹侧面。背鳍、臀鳍起点相对，靠近尾鳍。尾鳍小，叉形。体黑色，各鳍色稍浅。为暖水性深海小型鱼类。栖息水深100～300 m。分布于我国南海，以及日本骏河湾海域、九州海域、小笠原群岛海域。体长约12 cm。

528 大眼黑巨口鱼 *Melanostomias melanops* Brauer，1902[48]

背鳍14～16；臀鳍18～20；胸鳍5～6；腹鳍7。脊椎骨54～56。

发光器：头部下腹（IP）8+2，胸鳍下腹（PV）26～30，后躯下腹（VAV）12～15，臀尾下腹（AC）9～11，下腹（IC）60～64，前躯下侧（OV）26～29，腹鳍后下侧（VAL）11～14，前下侧（OA）39～41。

本种体延长。头小，眼较大。口裂大，超过眼后缘下方。两颌几乎等长。下颌第1齿不刺入上颌骨。前颌骨除第3齿外，其他两颌齿均可倒伏。犁骨齿1对，腭骨齿5枚。眼后发光器三角形。颏须长，基部黑色，茎部白色；球状体侧面无指状附属物，但有小黑斑。胸鳍无游离鳍条。臀鳍起首与背鳍相对应。体黑色，各鳍色浅。为暖水性深海中小型鱼类。栖息水深300～500 m。分布于我国台湾海域，以及日本九州海域，帕劳海域，太平洋、大西洋和印度洋暖水域。体长约27 cm。

529 乌须黑巨口鱼 *Melanostomias tentaculatus*（Regan et Trewavas，1930）[38]

背鳍15～18；臀鳍18～21；胸鳍5；腹鳍7。

发光器：头部下腹（IP）8+2，胸鳍下腹（PV）26 ~ 27，后躯下腹（VAV）14 ~ 15，臀尾下腹（AC）9 ~ 11，下腹（IC）60 ~ 63，前躯下侧（OV）25 ~ 26，腹鳍后下侧（VAL）13 ~ 15，前下侧（OA）38 ~ 40。

本种与大眼黑巨口鱼相似。体更细长。眼较小。颏须长大于体长的1/3；须茎全部黑色，仅球状部色浅；球状体结构简单，但有一指状附属物。体黑色，各鳍色浅。为暖水性深海中小型鱼类。栖息于水深400 ~ 800 m海区。分布于我国东海、台湾海域，以及日本冲之鸟礁海域、九州海域，帕劳海域，黑潮海岭，印度–太平洋热带、亚热带水域。体长约18 cm。

真巨口鱼属 *Eustomias* Vaillant，1888

本属物种体中等延长。上颌能伸缩。背鳍基短于臀鳍基，起点位于臀鳍后上方。无胸鳍；或胸鳍仅由少数鳍条组成，且第1鳍条不游离。为深海鱼类。本属种类多，可达百种，但我国仅记录有3种。

530 长须真巨口鱼 *Eustomias longibarba* Parr，1927 [38]

= *E.macrurus*

背鳍28 ~ 30；臀鳍46 ~ 49；胸鳍9；腹鳍7。

发光器：头部下腹（IP）7，胸鳍下腹（PV）28 ~ 30，后躯下腹（VAV）15 ~ 17，臀尾下腹（AC）23 ~ 24，下腹（IC）74 ~ 76，前躯下侧（OV）28 ~ 30，腹鳍后下侧（VAL）15 ~ 17，前下侧（OA）43 ~ 46。

本种一般特征同属。颏须甚长，其长度超过体长的1/2，不分叉，末端球状。背鳍起始于臀鳍第15 ~ 17鳍条上方。体黑褐色，略带银色光泽，各鳍色浅。为暖水性深海中小型鱼类。栖息水深100 ~ 400 m。分布于我国东海、南海，以及日本小笠原群岛海域，太平洋西部、大西洋温暖水域。体长约24 cm。

531 歧须真巨口鱼 *Eustomias bifilis* Gibbs，1960[48]

背鳍22～23；臀鳍34～36；胸鳍3；腹鳍7。

发光器：头部下腹（IP）7，胸鳍下腹（PV）29～30，后躯下腹（VAV）12～13，臀尾下腹（AC）17～18，下腹（IC）63～69，前躯下侧（OV）27～30，腹鳍后下侧（VAL）12～14，前下侧（OA）40～45。

本种体细长，头较小。吻尖，突出。口裂大。除前颌第1、第3、第5齿和下颌第1、第3、第6齿固着外，两颌其他齿均可倒伏。犁骨、腭骨无齿。颏须1条，其长度超过头长，具长、短两分支。颏须长支末端有球状体，短支多具丝状附属物。背鳍起始于臀鳍第12～15枚鳍条上方。胸鳍无游离丝。体紫色，带有黑色。各鳍色浅。为暖水性深海中小型鱼类。栖息水深200～700 m。分布于我国台湾海域，以及日本硫磺岛海域、美国夏威夷海域、印度尼西亚海域、印度–西太平洋温、热带水域。体长约14 cm。

532 真芒巨口鱼 *Eustomias xenicus* Parin et Borodulina，1993[37]

背鳍11；臀鳍16～17；胸鳍7～8；腹鳍7。

发光器：峡部到胸鳍基10～11，胸鳍基到腹鳍22～23，腹鳍基到臀鳍21～22，臀鳍基到尾柄12，腹面66～68，体侧39～42。

本种体延长。口大，斜裂。眼较大。颏须较短，须茎膨大，基部细缩。背鳍起始于腹鳍基后端上方。尾柄发光器位高。体褐色，侧腹有银色光泽。颏须基部和末端黑色，须茎无色透明。各鳍色浅。腹鳍膜有黑点。脂鳍黑色，后缘白色。为暖水性深海中小型鱼类。栖息水深500～780 m。分布于我国南海、台湾海域。

注：本种未列入检索表。

(97) 柔骨鱼科 Malacosteidae

本科物种体延长，侧扁。头和口甚大。颏须有或无。背鳍、臀鳍相对，位于体后部。尾鳍小，叉形。无脂鳍或仅有几条游离丝。腹鳍鳍条6枚，位于体腹面中部。体通常有发光器，头部有眶后发光器，眶前发光器和眶下发光器有或无。体黑色或深褐色。分布于世界各大洋的深海区。全球有3属17种，我国有2属2种。

柔骨鱼科物种形态简图

533 黑柔骨鱼 *Malacosteus niger* Ayres，1848 [38]

背鳍14～20；臀鳍17～23；胸鳍3～5；腹鳍6。

发光器：眶下/眶后（SUO/PTO）2，后躯下腹（VAV）0，臀尾下腹（AC）0，前躯下侧（OV）0，腹鳍后下侧（VAL）0。

本种一般特征同科。头大。吻很短，吻长小于眼径的1/2。无颏须。有胸鳍，鳍条3～5枚。背鳍、臀鳍包被皮膜。头部无发光斑，体和鳃膜上无列状发光器。眶下发光器大且呈暗红色。眶后发光器位于眼后方，比眶下发光器小，圆形，绿色。体深黑色，各鳍色略浅。为暖水性深海中小型鱼类。栖息于水深790～1 055 m海区。分布于我国东海，以及日本九州海域、冲绳海域，太平洋、大西洋和印度洋热带、亚热带水域。体长可达24 cm。

534 格氏光巨口鱼 *Photostomias guernei* Collett，1889[48]

=半裸柔骨鱼

背鳍20～23；臀鳍25～30；胸鳍0；腹鳍6。

发光器：前躯下腹（IV）20～21，臀尾下腹（AC）13～14，腹侧腹部（IC）54～57，前躯下侧（OA）34。

本种体延长。头长约等于体高。吻极短，具1对眼后发光器。背鳍起始于体背后部，臀鳍位置相对于背鳍靠前，背鳍、臀鳍均不包被皮膜。无胸鳍。尾鳍小，深叉形。无颏须。体棕黑色。眶后发光器、眶下发光器白色。为暖水性深海鱼类。栖息水深500～700 m。分布于我国台湾海域，以及日本小笠原群岛海域、冲绳海域、九州海域，帕劳海域，太平洋、大西洋和印度洋温、热带水域。体长约17 cm。

(98) 奇棘鱼科 Idiacanthidae

本科物种体细长，呈带形或蛇形。体无鳞。雌、雄异形，雌鱼黑色，雄鱼深褐色。雄鱼无腹鳍，臀鳍前部鳍条特化为输精管，两颌无齿，无颏须，眶后发光器甚大。雌鱼两颌具细长、可倒伏、大小不一的齿，颏须长约为头长的2倍，腹鳍有6枚鳍条。本科物种背鳍长约为臀鳍长的2倍。背鳍、臀鳍基部有小刺。成鱼无胸鳍。头、体有许多小发光器，腹部有2行大发光器。本科物种在发育过程中经过柄眼幼鱼阶段，即幼鱼头两侧有2条长眼柄，柄端具眼，形如“十字架”，故曾称其幼鱼为十字架鱼。本科仅有1属，我国只有1种。

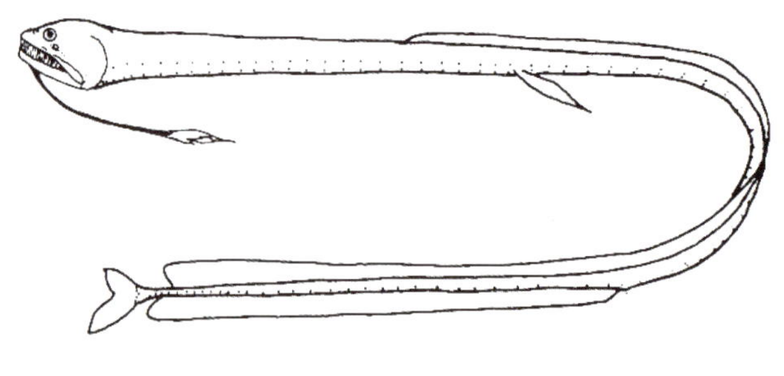

奇棘鱼科物种形态简图

535 奇棘鱼 *Idiacanthus fasciola* Peters，1877[48]

背鳍56～57；臀鳍38～54；胸鳍0；腹鳍6。脊椎骨82～88。

发光器：前躯下腹（IV）33～37，后躯下腹（VAV）13～18，臀尾下腹（AC）13～20，前躯下侧（OV）21～28，腹鳍后下侧（VAL）29～37，前下侧（OA）54～59。

本种一般特征同科。体细长，蛇形。体无鳞。头短。前颌骨不突出。颌齿可倒伏。犁骨齿2对，腭骨齿2枚。眼后发光器很小。后躯下腹发光器偏少。背鳍基底长约为臀鳍基底长的2倍。腹鳍起始于背鳍第3～9枚鳍条下方。腹鳍基部到臀鳍起点距离大于臀鳍长。体黑色。颏须茎部黑色；末端膨大部叶状，白色。为暖水性深海中小型鱼类。栖息于水深400～800 m中深水层海区。分布于我国南海，以及日本九州海域，帕劳海域，太平洋、大西洋和印度洋热带、亚热带水域。体长可达30 cm[48]。

（99）星衫鱼科 Astronesthidae

本科物种体延长。无鳞，皮肤通常黑色。腹部每侧有2行发光器，胸鳍下腹发光器与后躯下腹发光器不连续。头部和体部有许多小发光器。背鳍基底大部分或完全位于臀鳍前上方。有脂鳍（细星衫鱼例外）。通常有须，颏须中等长，末端分支有或无。全球有5属约35种，我国有4属11种。

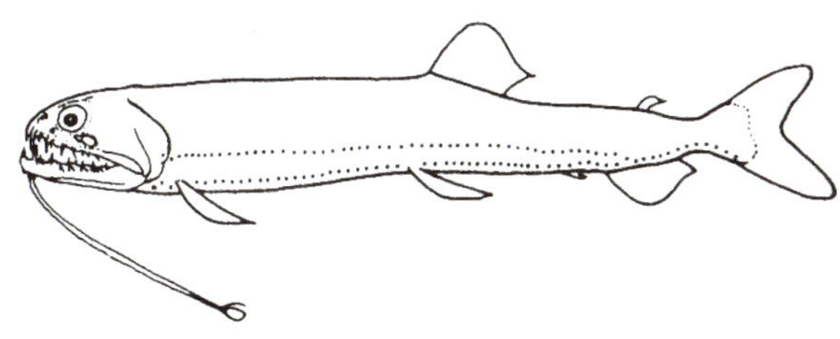

星衫鱼科物种形态简图

星衫鱼属 *Astronesthes* Richardson，1845

本属物种一般特征同科。体延长。头中等大。眼中等大。口裂大，吻部不上翘。颌齿细长，上颌骨齿呈栉状排列，向后倾斜。前颌骨齿和下颌齿呈犬齿状。全球有25种，我国有8种。

536 印度星衫鱼 *Astronesthes indicus* Brauer，1902[38]

背鳍15～16；臀鳍13～14；胸鳍7；腹鳍7。脊椎骨42～46。

发光器：头部下腹（IP）4～6，胸鳍下腹（PV）5～7，后躯下腹（VAV）7～9，臀尾下腹（AC）6～10，下腹（IC）25～29，前躯下侧（OV）5～6，腹鳍后下侧（VAL）6～8，前下侧（OA）11～14。

本种一般特征如属。背鳍部分在臀鳍前上方。体长约为头长的3.6倍。颏须长短于头长。鳃盖、间鳃盖、下颌腹缘以及前下侧有较大的斑块状发光器。胸鳍下腹发光器等间距排列。体桃红色，死亡后呈黑色。为暖水性深海中小型鱼类。栖息于渐深水层区。分布于我国南海，以及日本相模湾海域、土佐湾海域、九州海域，太平洋、印度洋、大西洋热带、亚热带水域。体长21 cm左右。

537 荧光星衫鱼 *Astronesthes lucifer* Gilbert，1905[38]

背鳍11～13；臀鳍17～20；胸鳍6；腹鳍7。脊椎骨53～55。

发光器：头部下腹（IP）10～12，胸鳍下腹（PV）18～20，后躯下腹（VAV）21～24，臀尾下腹（AC）10～12，下腹（IC）63～66，前躯下侧（OV）17～19，腹鳍后下侧（VAL）21～24，前下侧（OA）39～41。

本种体延长。头中等大，体长约为头长的4.5倍。背鳍完全位于臀鳍前上方，颏须长大于头长，须上有黑色斑纹。前下侧发光器多。尾柄下发光器不连续。胸鳍下腹发光器等间距排列。尾柄发光器不连续。体银灰色，头、体背部褐色。尾柄处有一黑斑，尾柄腹面有一黑色带向前侧面延伸。各鳍无色。为暖水性深海小型鱼类。栖息于中深层海区。分布于我国东海、南海、台湾海域，以及日本相模湾海域、冲绳海域，美国夏威夷海域，澳大利亚海域，印度–太平洋热带水域。体长约12 cm。

538 金星衫鱼 *Astronesthes chrysophekadion*（Bleeker，1849）[38]

背鳍11～12；臀鳍19～20；胸鳍6；腹鳍7。

发光器：头部下腹（IP）10～11，胸鳍下腹（PV）23～24，后躯下腹（VAV）22～24，臀尾下腹（AC）13～15，下腹（IC）69～72，前躯下侧（OV）22～23，腹鳍后下侧（VAL）20～22，前下侧（OA）42～45。

本种与荧光星衫鱼相似。前下侧发光器多。后躯下侧最后2～3个发光器位置高。体略窄且长。颏须较长，其长度仅略短于头长，末端球状体小于下腹发光器。体银灰色，头、体背、体腹黑褐色。颏须基部色浅，茎部黑色。尾柄无黑斑，尾柄下部无黑色带。为暖水性深海小型鱼类。栖息于中深层海区。分布于我国南海，以及日本本州海域、小笠原群岛海域，西太平洋温、热带水域。体长约11 cm。

539 丝球星衫鱼 *Astronesthes splendidus* Brauer，1902 [38]

背鳍13～14；臀鳍18～20；胸鳍8～9；腹鳍7。

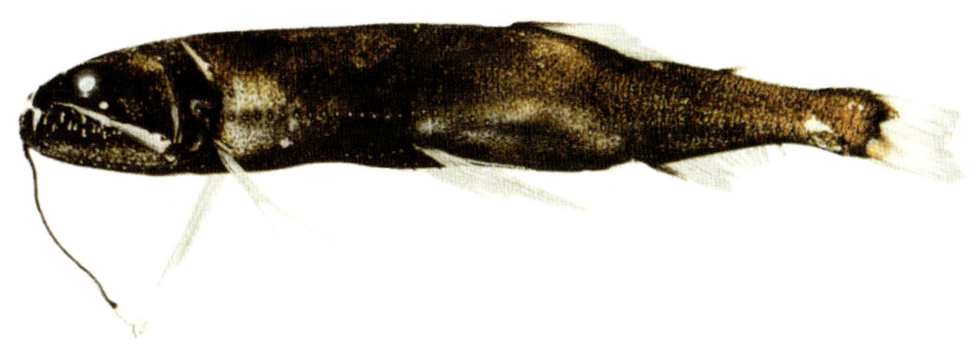

发光器：头部下腹（IP）10～11，胸鳍下腹（PV）16～17，后躯下腹（VAV）20～21，臀尾下腹（AC）11～12，下腹（IC）57～60，前躯下侧（OV）15～16，腹鳍后下侧（VAL）18～21，前下侧（OA）34～37。

本种体延长，头中等大。口大，斜裂。上颌末端达前鳃盖骨缘。上颌齿尖，20～21枚。腹鳍后下侧发光器平直状连续排列。胸鳍下腹发光器呈直线状排列。臀尾下腹发光器呈弧形连续排列。颏须长略长于头长，茎部黑色；球状体白色，末端有8条附属丝。体黑褐色，各鳍色浅。为暖水性深海小型鱼类。栖息于渐深层海区。分布于我国台湾海域，以及日本九州海域，帕劳海域，北太平洋、印度洋热带水域。体长约9 cm。

540 蓝黑星衫鱼 *Astronesthes cyaneus*（Brauer，1902）[38]

背鳍17～21；臀鳍13～15；胸鳍7～9；腹鳍7。脊椎骨45～50。

发光器：头部下腹（IP）9～10，胸鳍下腹（PV）13～14，后躯下腹（VAV）17～20，臀尾下腹（AC）10～11，下腹（IC）52～53，前躯下侧（OV）13～15，腹鳍后下侧（VAL）17～20，前下侧（OA）31～33。

本种体延长，侧扁。口裂大。前颌骨及下颌骨均具犬齿。上颌骨齿栉状。腭骨具小齿。雄鱼颏部具一长须。背鳍位于体背中后部，腹鳍位于背鳍起点下方。脂鳍小。体无鳞。体侧腹缘有2列发光器，胸鳍下腹发光器在腹面向外侧弯曲并列。体分布有粒状小发光器。体黑色，胸部发光斑白色。为暖水性深海中小型鱼类。栖息于中深层海区。分布于我国台湾海域，以及日本相模湾海域、九州海域，帕劳海域，印度-太平洋温热水域。体长约21 cm。

541 三丝星衫鱼 *Astronesthes trifibulatus* Gibbs，Amaoka et Haruta，1984[37]

背鳍11～14；臀鳍18～21；胸鳍6～7；腹鳍7。脊椎骨54～56。

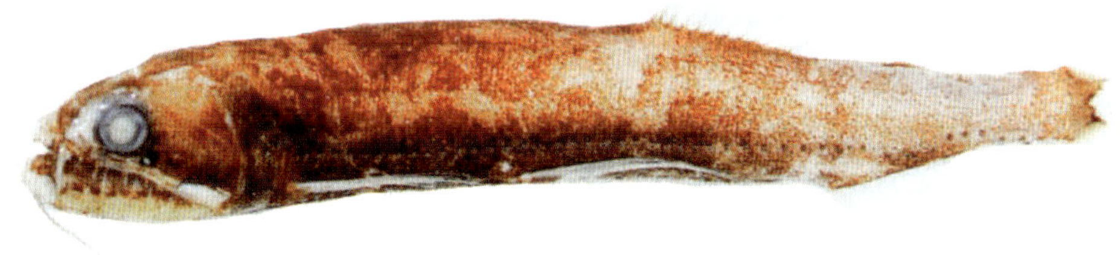

发光器：头部下腹（IP）9 ~ 12，胸鳍下腹（PV）15 ~ 17，后躯下腹（VAV）23 ~ 25，臀尾下腹（AC）10 ~ 12，下腹（IC）60 ~ 64， 前躯下侧（OV）15 ~ 17，腹鳍后下侧（VAL）24 ~ 27，前下侧（OA）40 ~ 43。

本种体细长，侧扁。口大，斜裂。头部发光组织在鼻孔与眼间。鳃盖无发光组织。峡部到腹鳍基发光器呈直线状排列。前下侧发光器后半部平直。颏须长于头长；末端球状，具一细长附属丝。体褐色，腹侧色深。各鳍色浅。为暖水性深海中小型鱼类。栖息于外海中深层，为洄游性鱼类。分布于我国台湾海域，以及印度-太平洋热带、亚热带水域。体长约15 cm。

542 台湾星衫鱼 *Astronesthes formosana* Liao， Chen et Shao，2006[37]

背鳍17 ~ 20；臀鳍13 ~ 15；胸鳍8。

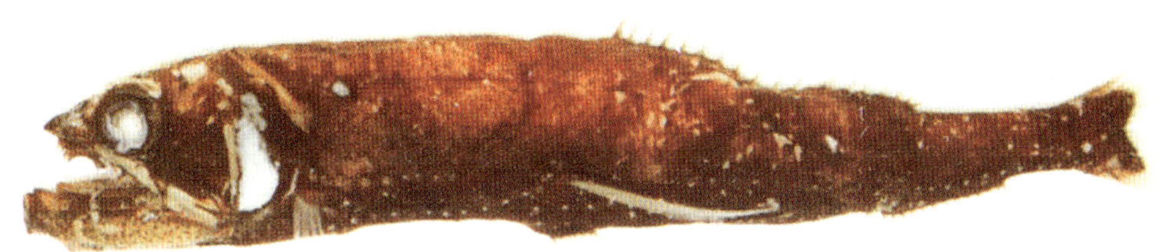

发光器：头部下腹（IP）8 ~ 10，胸鳍下腹（PV）12 ~ 15，后躯下腹（VAV）17 ~ 21，臀尾下腹（AC）10 ~ 12，腹侧（IC）48 ~ 54，前下侧（OA）31 ~ 34。

本种体延长，侧扁。头中等大，体长是体高的4.35 ~ 6.25倍，是头长的3.3 ~ 5倍。口裂大，下颌突出。颏须1枚，其长度短于头长。发光器弯曲排列。前鳃盖与鳃盖间发光组织明显。下颌骨后半部有1对形状不规则的发光组织。体褐色，腹侧色深。各鳍色浅。为暖水性深海中小型鱼类。栖息于中深层水域。分布于我国台湾海域[37]。

543 印太星衫鱼 *Astronesthes indopacificus* Parn et Borodulina，1997[37]

背鳍17 ~ 20；臀鳍13 ~ 16；胸鳍8；腹鳍7。

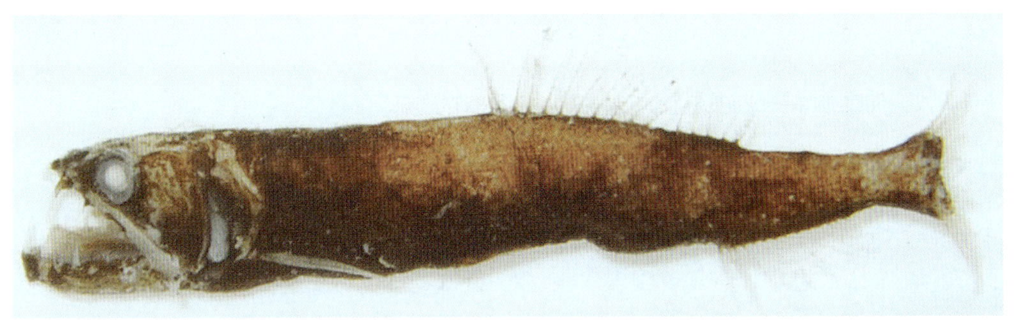

发光器：头部下腹（IP）9～10，胸鳍下腹（PV）13～14，后躯下腹（VAV）17～21，臀尾下腹（AC）9～11，下腹（IC）50～54，前下侧（OA）31～34。

本种与台湾星衫鱼颇相似。发光器弯曲排列。头部、鼻孔、鳃盖、两颌和体背部均有发光组织。成鱼鳃盖间的发光组织明显，但下颌后半部无发光组织。体棕褐色，各鳍色浅。为暖水性深海中小型鱼类。分布于我国台湾海域，以及印度-西太平洋暖水域。

544 细星衫鱼 *Rhadinesthes decimus*（Zugmayer，1911）[38]

背鳍11～13；臀鳍18～21；胸鳍6～8；腹鳍7。

发光器：头部下腹（IP）6～10，胸鳍下腹（PV）25～26，后躯下腹（VAV）20～23，臀尾下腹（AC）15，下腹（IC）66～74，前下侧（OA）44～49。

本种体细长，体长为体高的10倍以上。头较小。口裂大，下颌前端略向上弯。前颌骨齿10～12枚。上颌齿14～30枚，短而分离。颏须1枚，其长度略大于头长。无脂鳍。为暖水性深海中小型鱼类。栖息于中深层海区。分布于我国南海、台湾海域，以及日本鹿儿岛海域，太平洋、大西洋暖水域。体长约35 cm。

545 掠食巨口鱼 *Borostomias elucens*（Brauer，1906）[38]

背鳍15；臀鳍16～17；胸鳍8；腹鳍7。

发光器：头部下腹（IP）11～12，胸鳍下腹（PV）22～24，后躯下腹（VAV）15，臀尾下腹（AC）13，下腹（IC）59～65，前躯下侧（OV）22，腹鳍后下侧（VAL）14～17，前下侧（OA）35～40。

本种体延长，侧扁，较粗，略呈纺锤形。头中等大。吻尖。眼较小，位于吻端。下颌长于上颌。上颌齿呈犬齿状，7枚，稀疏排列。有脂鳍。臀鳍鳍条少。胸鳍下腹发光器几乎等间距排列。颏须长超过头长，须茎黑色；末端球状体小，白色，无附属丝。眶后发光器1个。臀尾下腹发光器在臀鳍基底后方呈弧形排列。体深褐色，各鳍色略浅。为暖水性深海中型鱼类。栖息于中深层海区。分布于我国台湾海域、南海，以及日本九州海域、小笠原群岛海域，太平洋、大西洋和印度洋热带、亚热带水域。体长约26 cm。

546 蛇口异星衫鱼 *Heterophotus ophistoma* Regan et Trewavas，1929[38]

背鳍11～13；臀鳍13～15；胸鳍6～7；腹鳍7。

发光器：头部下腹（IP）10，胸鳍下腹（PV）32～35，后躯下腹（VAV）13～15，臀尾下腹（AC）12～13，下腹（IC）68～73，前躯下侧（OV）33～35，腹鳍后下侧（VAL）16～19，前下侧（OA）46～53。

本种外形与掠食巨口鱼相似。体延长，侧扁。吻钝尖。口裂大，上、下颌几乎等长。两颌齿非常短，呈棘状。颏须1条，扁平，渐细；其长度约等于头长（图中颏须缺失）。眶后发光器大，呈短棒状。胸鳍下腹发光器以3～5个组群式排列，臀尾下腹发光器除腹侧外不连续。臀鳍鳍条较少。体灰黑色，鳍基色深，鳍条部色较浅。为暖水性深海中型鱼类。栖息于中深层海区。分布于我国台湾海域，以及日本岩手海域、小笠原群岛海域，太平洋、大西洋热带、亚热带水域。体长可达34 cm。

（100）蝰鱼科 Chauliodontidae

本科物种体延长。体侧有六角形区，覆以胶质。体腹部每侧有2行发光器，每一六角形区有1个或若干个小发光器。两颌有长大尖齿。背鳍靠近头部，第1鳍条延长。臀鳍靠近尾鳍。臀鳍前方有腹脂鳍。颏须短或消失。本科仅有1属，全球有8种，我国有2种。

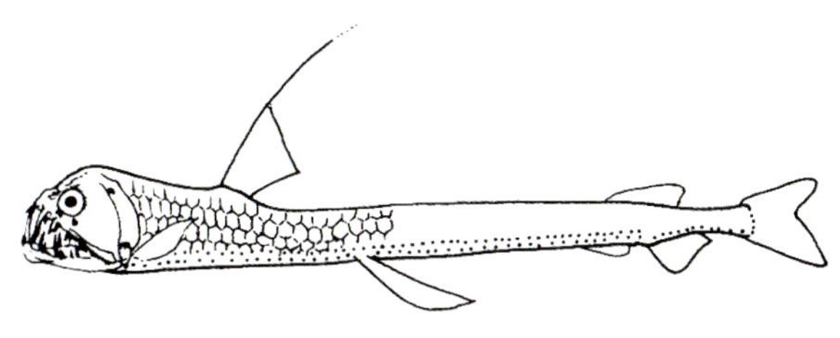

蝰鱼科物种形态简图

547 蝰鱼 *Chauliodus sloani* Bloch et Schneider，1801[38]

背鳍5～7；臀鳍10～13；胸鳍11～14；腹鳍6～8。脊椎骨54～62。

发光器：头部下腹（IP）8～12，胸鳍下腹（PV）17～23，后躯下腹（VAV）22～28，臀尾下腹（AC）9～13，下腹（IC）62～69，前躯下侧（OV）17～22，腹鳍后下侧（VAL）22～28，前下侧（OA）41～48。

本种体延长。体侧有六角形鳞状纹区，每一六角形区均有1个或若干个小发光器，覆以胶质。体腹部每侧有2行发光器。眶后发光器圆形，位于眼后下方。上颌不能伸缩。两颌有长大尖齿。前颌骨上有4枚齿，以第2齿最长，第3齿比第4齿短。颏须消失。背鳍起始于头后方，远比腹鳍位置靠前，第1鳍条延长。臀鳍靠近尾鳍。有背、腹脂鳍。体暗银色。为暖温性深海中型鱼类。栖息于大洋中深层水域，幼鱼可上升至表层。分布于我国南海、东海，以及日本九州海域、小笠原群岛海域，太平洋、印度洋、大西洋温、热带水域。体长可达35 cm。

548 梅氏蝰鱼 *Chauliodus macouni* Bean，1890[55]

背鳍6～7；臀鳍10～13；胸鳍10～13；腹鳍7。脊椎骨56～62。

发光器：头部下腹（IP）9～12，胸鳍下腹（PV）17～20，后躯下腹（VAV）24～28，臀尾下腹（AC）11～14，下腹（IC）64～69，前躯下侧（OV）17～20，腹鳍后下侧（VAL）24～28，前下侧（OA）43～47。

本种体修长，强侧扁。口裂大，斜裂。前颌骨有4枚强齿，以第2齿最长，第3齿比第4齿长。下颌齿7～8枚，第1齿最强大。犁骨无齿，腭骨齿4～6枚。眼后发光器大，近三角形。体侧有5列大型鳞。背鳍比腹鳍靠近头部。第1背鳍鳍条甚长。体黑褐色。为温水性深海中小型鱼类。栖息于100～2 000 m中深层海区。分布于我国南海，以及日本北海道海域、骏河湾海域、小笠原群岛海域，鄂霍次克海，白令海，北太平洋温带、亚寒带水域。体长约28 cm。

（101）光器鱼科 Photichthyidae = 巨口光灯鱼科 = 刀光鱼科 = 管发光鱼科

本科物种体延长，侧扁。头中等大或小。眼中等大或稍大。口前位或次上位。前颌骨齿1行或2行，下颌齿前部通常2行。常有2块上颌辅骨。鳃耙发达。脂鳍有或无，胸鳍有3枚支鳍骨。体上发光器2行或2行以上，峡部有发光器，各发光器有管或腔。无颏须。全球有7属21种，我国有5属11种。

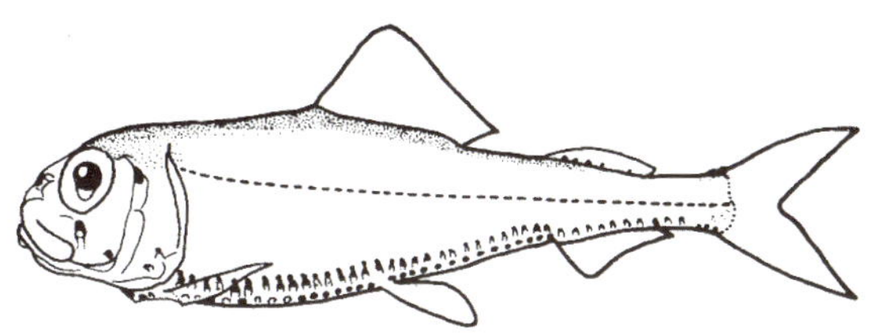

光器鱼科物种形态简图

549 长峡刀光鱼 *Polymetme elongata*（Matsubara，1938）[38]

背鳍11～12；臀鳍28～33；胸鳍9～10；腹鳍7。鳃耙6～7＋11～12。

发光器：颏缝合部（SO）1，鳃盖条（BR）9～10，头部下腹（IP）9+2，胸鳍下腹（PV）10，后躯下腹（VAV）8～9，臀尾下腹（AC）16～18+5～6，下腹（IC）32，前躯下侧（OV）9～10，腹鳍后下侧（VAL）7～8，前下侧（OA）17。

本种体延长，侧扁。头较尖。口大，口裂后缘超过眼。前颌骨齿2行，上颌骨齿1行。犁骨、腭骨有齿。围眶发光器仅1个，为眼前发光器。腹鳍后下侧的第1、第2发光器不高于其他发光器。臀尾下腹发光器均位于臀鳍基上方。臀鳍基底长为背鳍基底长的2倍以上，起点位于背鳍的后下方。

腹鳍位于背鳍前下方。脂鳍短小。体黄褐色。头背及腹部发光器周围褐色。肛门及腹膜几乎为白色。各鳍色浅。为暖水性深海小型鱼类。栖息于陆坡450 ~ 580 m的中深层海区。分布于我国东海、南海，以及日本相模湾海域、冲绳海域，西太平洋–印度洋亚热带、温带水域。体长约10 cm[49]。

550 骏河刀光鱼 *Polymetme surugaensis*（Matsubara，1943）[38]

背鳍11；臀鳍31 ~ 33；胸鳍10；腹鳍7。鳃耙6 ~ 7 + 10 ~ 12。

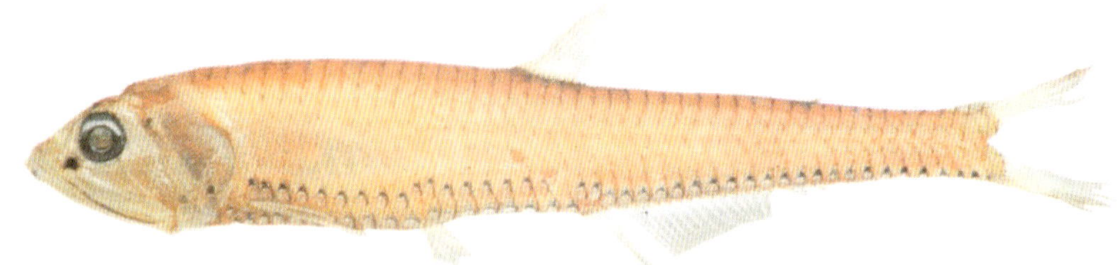

发光器：颏缝合部（SO）1，鳃盖条（BR）8 ~ 9，头部下腹（IP）11，胸鳍下腹（PV）10，后躯下腹（VAV）8，臀尾下腹（AC）23 ~ 24，下腹（IC）52 ~ 53，前躯下侧（OV）9 ~ 10，腹鳍后下侧（VAL）7 ~ 10，前下侧（OA）17。

本种与长峡刀光鱼相似。体细长，侧扁，稍高。头稍大，体长约是头长的4.5倍。围眼发光器只有1个，为眼前发光器。腹鳍后下侧发光器和臀尾下腹发光器中，均是第1、第2发光器位置高。体黄褐色，肛门和腹膜白色，各鳍色浅。为暖水性深海小型鱼类。栖息于中深层海区。分布于我国南海、东海，以及日本骏河湾海域、熊野滩海域，印度–西太平洋暖水域。体长约12 cm。

551 莫氏轴光鱼 *Pollichthys mauli*（Poll，1953）[38]

背鳍10 ~ 11；臀鳍25 ~ 27；胸鳍7 ~ 8；腹鳍6 ~ 7。鳃耙5 + 11 ~ 12。

发光器：颏缝合部（SO）1，鳃盖条（BR）7 ~ 8，头部下腹（IP）7+2，胸鳍下腹（PV）14 ~ 15，后躯下腹（VAV）8 ~ 9，臀尾下腹（AC）18 ~ 21，下腹（IC）52 ~ 55，前躯下侧（OV）13 ~

14，腹鳍后下侧（VAL）10 ~ 12，前下侧（OA）23 ~ 25。

本种形态特征与刀光鱼较相似。体较低，修长。围眼部发光器有2个，即眶前发光器和眼后发光器，以后者较小。臀鳍起始于背鳍基底中央下方，臀鳍基底长约为背鳍基底长的2倍。峡部有发光器。脂鳍小。头部最后下腹发光器高位。最后腹鳍后下侧发光器位于第1 ~ 2臀尾下腹发光器之上。体浅灰褐色，头与腹部黑色，各鳍色浅。为暖水性深海小型鱼类。栖息于中深层海区。分布于我国南海，以及日本骏河湾海域、九州海域、小笠原群岛海域，西北太平洋，大西洋热带、温带水域。体长约10 cm。

串灯鱼属 *Vinciguerria* Jordan et Evermann，1895

本属物种体延长，侧扁。头中等大。眼圆形或稍呈管状。口前位，斜裂。前颌骨齿1行，下颌前部齿2行。犁骨、腭骨有齿。发光器明显，围眶发光器两个，后一个在眼的后腹面。鳃盖发光器3个。颏部发光器有或无。鳃盖条区发光器7 ~ 10个。胸鳍下腹发光器和臀尾下腹发光器位较低。无发光腺。脂鳍短，未达臀鳍基底后缘。臀鳍基底长约等于或短于背鳍基底长，臀鳍起点位于背鳍基底中点下方或背鳍基底中点后下方。腹鳍起点位于背鳍起点前下方。本属有5种，我国有4种。

552 串灯鱼 *Vinciguerria nimbara*（Jordan et Williams，1895）[38]

= 智利串灯鱼

背鳍13 ~ 15；臀鳍13 ~ 15；胸鳍9 ~ 10；腹鳍7。鳃耙5 ~ 7 + 13 ~ 17。

发光器：颏缝合部（SO）2，鳃盖条（BR）7 ~ 8，头部下腹（IP）7，胸鳍下腹（PV）14 ~ 17，后躯下腹（VAV）9 ~ 11，臀尾下腹（AC）12 ~ 15，下腹（IC）32，前躯下侧（OV）11 ~ 15，腹鳍后下侧（VAL）8 ~ 12，前下侧（OA）20 ~ 23。

本种一般特征同属。眼间隔较宽。肛门位于第7 ~ 9个后躯下腹发光器下方。臀鳍基底短，与背鳍基等长。体背部色暗，腹部银色。各鳍色浅。发光器周围黑色。为暖水性深海小型鱼类。栖息于中深水层海区。分布于我国南海，以及日本本州南部海域、相模湾海域、九州海域，帕劳海域，太平洋、大西洋和印度洋热带、温带水域。体长约5 cm。

553 长尾串灯鱼 *Vinciguerria attenuata*（Cocco，1838）[38]

=狭串灯鱼

背鳍13～15；臀鳍13～15；胸鳍8～10；腹鳍6～7。鳃耙19～22。

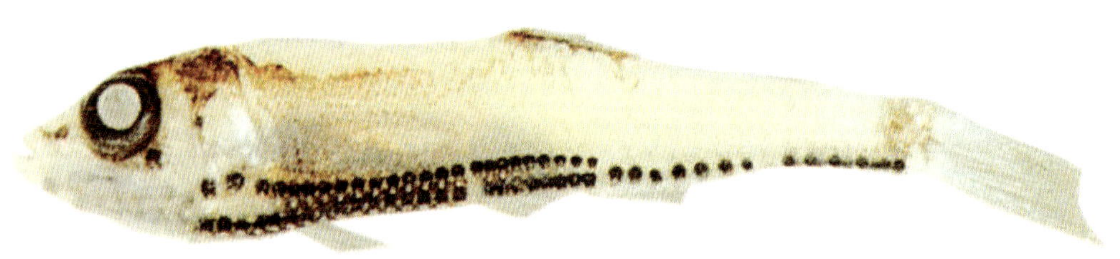

发光器：颏缝合部（SO）0，鳃盖条（BR）7～8，头部下腹（IP）7，胸鳍下腹（PV）15～17，后躯下腹（VAV）7～10，臀尾下腹（AC）12～14，下腹（IC）44～46，前躯下侧（OV）12～13，腹鳍后下侧（VAL）7～10，前下侧（OA）19～23。

本种体长，侧扁，头较高。眼较大，呈管状。尾较长。腹鳍起点至臀鳍距离小于臀鳍和尾鳍间距的1/2。体淡黄褐色。头部、背部与腹部深褐色，吻部色浅。各鳍色浅。为暖水性深海小型鱼类。栖息于中深层海区。分布于我国南海，以及日本九州海域、小笠原群岛海域，太平洋、印度洋、大西洋亚热带、热带水域。体长约3 cm。

554 短尾串灯鱼 *Vinciguerria poweriae*（Cocco，1838）[38]

=强串灯鱼

背鳍13～15；臀鳍12～14；胸鳍9～10；腹鳍7。鳃耙14～16。

发光器：颏缝合部（SO）0，鳃盖条（BR）8，头部下腹（IP）7，胸鳍下腹（PV）15～17，后躯下腹（VAV）8～10，臀尾下腹（AC）12～14，下腹（IC）42～48，前躯下侧（OV）12～14，腹鳍后下侧（VAL）9～11，前下侧（OA）22～24。

本种与长尾串灯鱼相似。头较低。眼正常，侧向。鳃耙少，仅14～16枚。尾较短。腹鳍起点至臀鳍距离为臀鳍起点与尾鳍间距的1/2以上。体浅黄色，略呈半透明状，仅体背和腹侧发光器周边暗褐色。各鳍无色。为暖水性深海小型鱼类。栖息于中深层海区。分布于我国南海，以及日本九州海域、小笠原群岛海域，太平洋、印度洋、大西洋热带水域。体长约3 cm。

555 长体颌光鱼 *Ichthyococcus elongatus* Imai，1941[48]

= 嵌颌鱼 *I. ovaius*

背鳍14～16；臀鳍14～17；胸鳍7～8；腹鳍8。鳃耙31～37。

发光器：颏缝合部（SO）1，鳃盖条（BR）8，头部下腹（IP）10，胸鳍下腹（PV）17，后躯下腹（VAV）13～15，臀尾下腹（AC）13～15，下腹（IC）54～58，前躯下侧（OV）15～16，腹鳍后下侧（VAL）15～16，前下侧（OA）30～32。

本种体延长，侧扁。吻钝圆。口小，下颌可嵌入上颌内。上颌具1行整齐细齿。眼大，呈短筒状。背脂鳍长。肛门前尚有一小腹脂鳍。腹鳍位于体中部下方。背鳍始于腹鳍前上方，臀鳍位于背鳍基后下方。围眼发光器2个，即眶前发光器和眶后发光器。胸鳍下腹发光器呈直线排列。体带黄色；项背色深，有黑色素。为暖水性深海小型鱼类。栖息于水深330～850 m的中深层海区。分布于我国南海，以及日本相模湾海域、土佐湾海域、小笠原群岛海域，西北太平洋亚热带、热带海域。体长可达13 cm[48]。

▲ 本属我国尚有异颌光鱼*I. irregularis*和卵圆颌光鱼*I. ovatus*，分别分布于我国东海和南海[13]。

556 澳洲离光鱼 *Woodsia nonsuchae*（Beebe，1932）[38]

背鳍11～12；臀鳍15～16；胸鳍10～11；腹鳍7～8。鳃耙2＋5～6。脊椎骨24＋21。

发光器：颏缝合部（SO）1，鳃盖条（BR）14～15，头部下腹（IP）11，胸鳍下腹（PV）14～15，后躯下腹（VAV）12，臀尾下腹（AC）12，下腹（IC）48～49，前躯下侧（OV）12～13，腹鳍后下侧（VAL）19，前下侧（OA）31～32。

本种与长体颌光鱼相似。两者围眼发光器皆2个，即眼前和眼后发光器。但本种眼后发光器在眼后缘下方。体长，侧扁。尾柄较高。吻尖，眼大。脂鳍小。背鳍短。腹鳍位于背鳍起始处前下方。体黄褐色，腹侧色深。各鳍色浅。为暖水性深海小型鱼类。分布于我国台湾海域，以及日本小笠原群岛海域，太平洋、大西洋热带水域。体长约9 cm。

29 辫鱼目 ATELEOPODIFORMES

辫鱼由于结构特化，故其分类地位也多变。贝尔格（1955）已将辫鱼独立为目，称为软体鱼目Ateleopiformes[66]。Rosen等（1969）将其并入月鱼目Lampriformes。陈素芝（2002）将其归于鲸口鱼目Cetomimiformes[4d]。刘瑞玉（2008）采纳Nelson分类系统，将其独立为一目[12]。辫鱼尽管与鲸口鱼目或月鱼目鱼类在结构上有一些共同点，但胸鳍支鳍骨愈合为1块软骨板；腰带微软骨化，与乌喙骨相连；无眶蝶骨、基蝶骨；腹鳍仅单一鳍条，喉位；臀鳍基底很长，与退化的尾鳍相连等。上述差异达到了可独立为目的水平。本目物种少，仅有1科4属12种，我国有2属3～4种。不可食用。

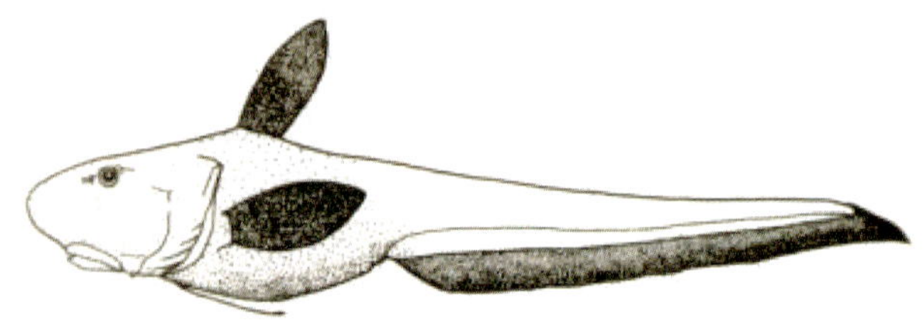

辫鱼目物种形态简图

辫鱼目辫鱼科的属、种检索表

1a 口亚前位；头长等于或小于躯干长；腹鳍短……………………大辫鱼 *Ijimaia dofleini* 559

1b 口下位；头长等于或大于躯干长；腹鳍长，其长度达到或超过胸鳍长的1/2…………（2）

2a 下颌骨无小齿，上颌骨有小齿……………………………日本辫鱼 *Ateleopus japonicus* 557

2b 下颌骨有小齿……………………………………………………………………（3）

3a 胸鳍长，达臀鳍起始处……………………………………田边辫鱼 *A. tanabensis* 558

3b 胸鳍短，达不到臀鳍起始处……………………………………紫辫鱼 *A. purpureus*

(102) 辫鱼科 Ateleopodidae

本科物种一般特征同目。

557 日本辫鱼 *Ateleopus japonicus* Bleeker，1854[38]

= 紫辫鱼 *A. purpureus*

背鳍8～10；臀鳍+尾鳍105～124；胸鳍12～13；腹鳍I，+3。鳃耙1～2+8～9。

本种体甚延长，柔软，几乎半透明。前部肥大，向后渐侧扁而细。体长是体高的9.22～10.50倍，是头长的5.45～6.41倍。头大，具黏液腔，头长几乎等于躯干长。吻长，前端钝圆，向前突出。眼甚小，侧上位。鼻孔大，位于眼前方，后鼻孔具一短鼻瓣。口小，下位，U形。上颌口缘内侧具细颗粒状齿，下颌、犁骨、腭骨均无齿。体光滑无鳞，侧线由1列鳞状孔组成。背鳍前位。臀鳍与退化的尾鳍相连，基底长可超过体长的1/2。腹鳍喉位，具一延长鳍条，末端有一皮质拂，内侧有3枚退化鳍条包被皮膜。腰带骨宽，上有1对小孔。尾鳍退化，不伸向背方，末端尖。体淡黄褐色，吻端半透明或白色。腹鳍白色，其他鳍黑色。口咽腔白色，腹膜褐色。为暖水性深海鱼类。栖息水深140～1 600 m。分布于我国东海、台湾海域、南海，以及日本海南部海域、西北太平洋暖水域。体长约60 cm。

注：关于紫辫鱼*A. purpureus*，因其形态特征与日本辫鱼十分相似，量度特征重叠，分布区相同，故两者为同一物种[4d, 7]。但中坊徹次（1993）、黄宗国（2012）将二者列为两种鱼[36, 13]，二者区别仅在于紫辫鱼的下颌骨上有小齿。本书仅将紫辫鱼列于检索表，未配图说明。

558 田边辫鱼 *Ateleopus tanabensis* Tanaka，1918[48]

背鳍10；臀鳍+尾鳍115～121；胸鳍13；腹鳍3～4。鳃耙1+9。

本种亦与日本辫鱼相似。体略呈蝌蚪形，体长约是体高的6.63倍，约是头长的5.48倍。口下

位。腹鳍长超过胸鳍长的1/2。头大。下颌有小齿。胸鳍宽大，可达臀鳍起始处。体与头部稍透明，带紫褐色，腹鳍接近白色，其他鳍黑褐色。为暖水性深海鱼类。栖息水深100 ~ 500 m。分布于我国台湾海域，以及日本相模湾海域、骏河湾海域、鹿儿岛海域，西北太平洋暖水域。体长约55 cm。

559 大辫鱼 *Ijimaia dofleini* Sauter，1905[38]

= 饭岛软腕鱼

背鳍10；臀鳍 + 尾鳍107；胸鳍13；腹鳍1或2。

本种体延长，由柔软的胶状组织包裹。体长约是体高的7倍，约是头长的6.75倍。躯干短，尾部狭长。头大，圆锥形。口亚前位。腰带骨狭长，中央仅具一小孔。腹鳍短小，呈短杆状，末端叉状。头、体背部光滑无鳞，沿尾上部和腹部两侧有小圆鳞。体肉褐色。奇鳍边缘黑色。胸鳍内侧白色，外侧有一不规则的大斑块。鳃盖上部有白色圆斑，虹彩黄色。为暖水性深海大型鱼类。栖息于较深海区。分布于我国南海、台湾海域，以及日本相模湾海域、西太平洋温暖水域。体长可达1.7 m。较为罕见[4d]。

30 仙鱼目 AULOPIFORMES

仙鱼是一群进化程度较低，栖息生境多态、形态多样的海洋中小型鱼类。它曾因上颌由前颌骨构成口缘，上颌不能伸缩，通常有脂鳍，腹鳍腹位等共性特征而被置于灯笼鱼目中。但是仙鱼具有以下特点：第2鳃弓的咽鳃骨后侧特别延长，与第3鳃弓咽鳃骨分离；第2鳃弓的上鳃骨突起又与第3鳃弓的咽鳃骨相接；腹鳍腰带具髂软骨；通常无发光器等。因此，Rosen（1973）提出将其独立为一目。全球有15科44属236种[3]，我国有13科27属73种[13]。其中，如蛇鲻科中的一些物种有较高产量，具一定经济价值[114]。

注：陈素芝仍将仙鱼置于灯笼鱼目中，见《中国动物志 硬骨鱼纲 灯笼鱼目 鲸口鱼目 骨舌鱼目》（2002）[4D]。

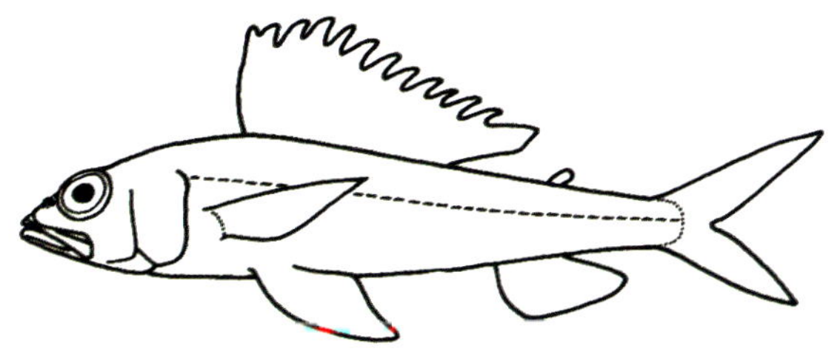

仙鱼目物种形态简图

仙鱼目的科、属、种检索表

1a 两颌通常具多行齿，上颌缝合部具齿，但不弯曲；少数种类无鳃耙或以鳃齿代替；具鳞 ……（18）

1b 两颌有齿时为1～3行且内行齿可倒伏，上颌缝合部齿弯曲；无正常鳃耙，多以鳃齿代替；鳞多退化或易脱落……（2）

2a 无背鳍；脂鳍基底长约等于臀鳍基底长；腹鳍极小 ……法老鱼科 Anotopteridae 法老鱼 *Anotopterus phareo* 560

2b 有背鳍；脂鳍基底长明显小于臀鳍基底长；腹鳍明显……（3）

3a 背鳍始于头后，高如帆状，基底长大于体长的1/2 ……帆蜥鱼科 Alepisauridae 帆蜥鱼 *Alepisaurus ferox* 613

3b 背鳍始于体背中、后部，鳍基底长小于体长的1/2……（4）

4a 眼呈管状，朝向背方或背前方（真齿蜥鱼例外）……（13）

4b 眼正常，不呈管状……（5）

5a 下颌骨有1行大的剑状齿，头、体裸露无鳞 ……锤颌鱼科 Omosudisae 锤颌鱼 *Omosudis lowei* 612

5b 下颌骨无特别大的剑状齿，头、体被鳞或裸露……………………………………………（6）

6a 臀鳍鳍条20～50枚，背鳍起点在体背中点之后
……………………………………鲟蜥鱼科 Paralepididae（8）

6b 臀鳍鳍条16～21枚，背鳍起点在体背中点之前或稍靠后
…………崖蜥鱼科 Notosudidae 弱蜥鱼属 *Scopelosaurus*（7）

7a 下颌侧线感觉孔暗黑色，腹面鳞列银白色……………………………哈氏弱蜥鱼 *S. harryi* 604

7b 下颌侧线感觉孔不呈黑色；腹面鳞列不为银白色；胸鳍短，不达腹鳍起点
……………………………………………………………………霍氏弱蜥鱼 *S. hoedti* 605

8–6a 肛门和臀鳍间有腹脂鳍，体腹中线处有发光组织………………裸蜥鱼属 *Lestidium*（10）

8b 肛门和臀鳍间无腹脂鳍，体腹中线处无发光组织……………………………………………（9）

9a 臀鳍鳍条21～23枚；脊椎骨74～77枚…………………大西洋侧鳞鱼 *Paraleipis atlantica* 610

9b 臀鳍鳍条29～33枚；鳃耙短针状……………………………………背鳞鱼 *Notolepis rissoi* 611

10–8a 眼前方无黑色乳突……………………………………………………………………（12）

10b 眼前方有一黑色乳突……………………………………………………………………（11）

11a 背鳍比腹鳍位置稍靠后……………………………………………日本裸蜥鱼 *L. japonica* 606

11b 背鳍位于腹鳍与臀鳍中间上方…………………………………古巴裸蜥鱼 *L. intermedia* 607

12–10a 背鳍起始于腹鳍后上方，发光管仅抵主鳃盖骨下方…………长裸蜥鱼 *L. prolinum* 608

12b 背鳍与腹鳍几乎相对，发光管前端可抵上颌后下方………………裸蜥鱼 *L. atlanticum* 609

13–4a 舌上具1行强硬的钩状大齿
………………………………珠目鱼科 Scopelarchidae（16）

13b 舌上无齿……………………刀齿蜥鱼科 Evermannellidae（14）

14a 眼正常，不呈管状，侧上位；眼晶体显著大于脂眼睑；侧线长，达臀鳍中部上方，侧线孔34～36个……………………………………………真齿蜥鱼 *Odontostomops normalops* 601

14b 眼伸长，呈半管状或管状；眼晶体稍小于脂眼睑；侧线短，不达臀鳍中部上方，侧线孔4～25个……………………………………………………………………………………（15）

15a 眼朝向背侧方；下颌齿1行；体较高；吻端截形……大西洋谷口鱼 *Coccorella atlantica* 602

15b 眼朝向背方；下颌齿2行；体较低；吻尖而突出……印度刀齿蜥鱼 *Evermannella indica* 603

16–13a 背鳍起点在腹鳍起点后上方；侧线上、下无色素纹；臀鳍鳍条28～30枚，胸鳍无色素
………………………………………………………深海珠目鱼 *Benthalbella linguidens* 598

16b 背鳍起点在腹鳍起点前上方；侧线上、下具色素纹……………………………………（17）

17a 胸鳍鳍条18～22枚，长于腹鳍；腹鳍不伸达臀鳍；臀鳍鳍条23～24枚
…………………………………………………………………柔珠目鱼 *Scopelarchus analis* 599

17b 胸鳍鳍条20～25枚，短于腹鳍；腹鳍伸达臀鳍；臀鳍鳍条24～27枚
……………………………………………………………丹娜拟珠目鱼 *Scopelarchoides dane* 600

18–1a 上颌骨有或无；如有，上颌骨后方不扩大，末端超过眼后缘下方；上颌辅骨无或甚小；齿锐利，鳃耙齿状……………………………………………………………………（29）

18b 上颌骨后方明显扩大，末端不超过眼后缘下方；上颌辅骨明显；齿小，鳃耙细长……（19）

19a 上颌辅骨2块；吻侧扁；背鳍基底较长…仙鱼科 Aulopodidae（27）

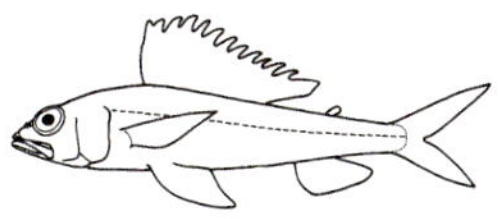

19b 上颌辅骨通常1块；吻平扁；背鳍基底较短……………………………………………………（20）

20a 眼微小，胸鳍上部延长鳍条超过背鳍起点下方
……………………………………………蛛鱼科 Bathypteroidae（28）

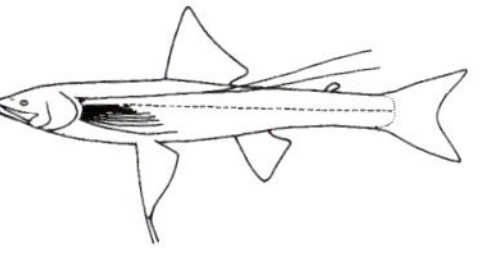

20b 眼正常，胸鳍无延长鳍条
…青眼鱼科 Chlorophthalmidae　青眼鱼属 *Chlorophthalmus*（21）

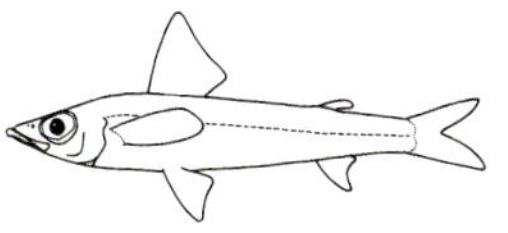

21a 眼小，眼径约等于吻长；体明显侧扁；背鳍前方隆起或稍隆起………………………（26）

21b 眼大，眼径大于吻长；体中部断面呈方形或体前部呈圆柱形；背鳍前方不隆起……（22）

22a 体中部断面呈方形，体背有黄斑……………………………………日本青眼鱼 *C. japonicus* 591

22b 体前部圆柱形或亚圆柱形，体背无黄斑……………………………………………………（23）

23a 侧线鳞少于50枚，侧线上鳞3行以下；鳃耙23枚以上；两腹鳍分离，背鳍、腹鳍前端黑色
……………………………………………………………………长青眼鱼 *C. oblongus* 594

23b 侧线鳞多于50枚，侧线上鳞4行以上；鳃耙22枚以下；两腹鳍接近…………………（24）

24a 头大；上颌骨末端达眼前缘下方；侧线上鳞5～6行；鳃耙17～18枚
…………………………………………………………………短吻青眼鱼 *C. agassizi* 595

24b 头较小；上颌骨末端超过眼前缘下方………………………………………………………（25）

25a 体长是体高的6.3～7.4倍；下颌外缘齿尖…………………………北青眼鱼 *C. borealis* 593

25b 体长是体高的5.4～6.7倍；下颌有圆形齿…………………………大眼青眼鱼 *C. albatrossis* 592

26-21a 背鳍前缘和尾鳍末端边缘不呈黑色，腹鳍无黑色横带，下颌外齿丛2行
……………………………………………………………隆背青眼鱼 *C. acutifrons* 590

26b 背鳍前缘和尾鳍末端边缘呈黑色，腹鳍中部有黑色横带，下颌外齿丛3行
……………………………………………………………黑缘青眼鱼 *C. nigromarginatus* 589

27-19a 吻较眼径长，背鳍鳍条14枚，侧线鳞35～37枚……………深水仙鱼 *Aulopus damasi* 588

27b 吻长小于或几乎等于眼径，背鳍鳍条15～17枚，侧线鳞41～44枚……日本仙鱼 *A. japonicus* 586

28-20a 体褐色，具2条白色横带；尾鳍基前腹侧无缺刻
………………………………………………………贡氏蓑蛛鱼 *Bathypterois guentheri* 597

28b 体黑褐色，无白色横带；尾鳍基前腹侧有缺刻……………………黑蓑蛛鱼 *B. atricolor* 596

29-18a 体近梭形，不柔软，被鳞；尾鳍不呈三叉状
……………………………………………狗母鱼科 Synodontidae（31）

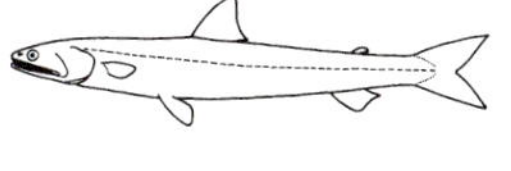

29b 体细长，侧扁，柔软，部分被鳞；尾鳍后端呈三叉状
………………龙头鱼科 Harpadontidae　龙头鱼属 *Harpadon*（30）

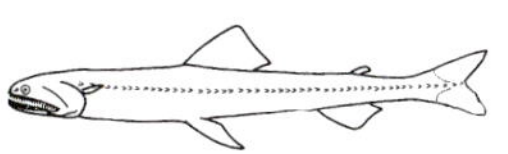

30a 胸鳍短，其长度小于头长的1/2…………………………………小鳍龙头鱼 *H. microchir* 584

30b 胸鳍长，其长度大于头长……………………………………………龙头鱼 *H. nehereus* 585

31-29a 腭骨每侧有1组齿带；腹鳍鳍条8枚，内侧鳍条比外侧长；尾鳍无鳞……………（38）

31b 腭骨每侧有2组齿带；腹鳍鳍条9枚，内、外侧鳍条约等长；尾鳍有鳞
……蛇鲻属 *Saurida*（32）

32a 胸鳍短，后端不达腹鳍起点；侧线鳞不少于55枚……长蛇鲻 *S. elongata* 577

32b 胸鳍长，后端延伸达腹鳍基底上方或后上方；侧线鳞通常少于55枚（长条蛇鲻和鳄蛇鲻有个体例外）……（33）

33a 背鳍前部鳍条不延长成丝状，其长小于头长……（35）

33b 背鳍第2或第3鳍条延长成丝状，其长大于头长……（34）

34a 脂鳍对应于臀鳍基后上方，体背灰褐色……长条蛇鲻 *S. filamentosa* 580

34b 脂鳍与臀鳍相对，体背褐色……鳄蛇鲻 *S. wanieso* 581

35–33a 胸鳍鳍条14～15枚，各鳍无斑纹……（37）

35b 胸鳍鳍条12～13枚，各鳍均有斑纹或尾鳍具黑带……（36）

36a 体浅橘黄色，体侧有9～10条不规则的黄褐色横带；各鳍有褐色斜纹
……细蛇鲻 *S. gracilis* 578

36b 体黄褐色，体侧有10个以上暗褐色云状斑块；尾鳍具黑带……云纹蛇鲻 *S. nebulosa* 579

37–35a 背鳍前缘和尾鳍上缘各有1行节状暗斑，体侧有9～11个黑斑
……花斑蛇鲻 *S. undosquamis* 582

37b 背鳍前缘和尾鳍上缘无节状暗斑，体侧亦无黑斑……多齿蛇鲻 *S. tumbil* 583

38–31a 吻钝，其长明显小于眼径；臀鳍鳍条15～17枚，其基底长大于背鳍基底长
……大头狗母鱼 *Trachinocephalus myops* 576

38b 吻尖，其长等于或大于眼径（肩斑狗母鱼例外）；臀鳍鳍条8～15枚，其基底长小于背鳍基底长……狗母鱼属 *Synodus*（39）

39a 侧线上鳞3.5～4.5行……（45）

39b 侧线上鳞5.5～6.5行，臀鳍鳍条8～10枚……（40）

40a 侧线鳞64～68枚，通常吻部有3对棕色斑点……红斑狗母鱼 *S. ulae* 562

40b 侧线鳞56～64枚……（41）

41a 颊后部有鳞，体侧具1条暗纵带……纵带狗母鱼 *S. englemani* 561

41b 颊后部裸露，体侧具至少9条暗横带……（42）

42a 吻部背面常有3对黑色斑，前鼻孔基部有一黑色斑……杂斑狗母鱼 *S. variegatus* 563

42b 吻部背面无黑色斑……（43）

43a 尾柄有黑斑……裸颊狗母鱼 *S. jaculum* 569

43b 尾柄无黑斑……（44）

44a 腹侧具10条红褐色横纹……羊角狗母鱼 *S. capricornis* 570

44b 体侧具10多条红褐色横带……革狗母鱼 *S. dermatogenys* 571

45–39a 吻端有2个黑点；体浅灰色，有数条褐色横带……吻斑狗母鱼 *S. binotatus* 572

45b 吻端无黑点……（46）

46a 鳃盖后上部无黑斑……（49）

46b 鳃盖后上部有1个黑斑……（47）

47a 鳃盖后上部有1个黑斑，黑斑分裂为2～4个指状斑……肩盖狗母鱼 *S. tectus* 573

47b 鳃盖后方1个黑斑，黑斑不分裂为指状斑……（48）
48a 腹侧有8～10个斑点……台湾狗母鱼 *S. taiwanensis* 574
48b 体侧褐色横带伸过侧线……肩斑狗母鱼 *S. hoshinonis* 564
49–46a 体背侧无横带……（51）
49b 体背侧具横带……（50）
50a 体背侧横带9～10条，向下不伸延过侧线……背斑狗母鱼 *S. fuscus* 565
50b 体背侧横带少于9条，向下伸延过侧线……红纹狗母鱼 *S. rubromarmoratus* 568
51–49a 体侧纵列鳞有橙色纹……东方狗母鱼 *S. orientalis* 575
51b 体侧有1纵列暗斑……（52）
52a 体侧有1纵列方形暗斑，侧线鳞59～63枚……方斑狗母鱼 *S. kaianus* 566
52b 体侧有1纵列叉状暗斑，侧线鳞52～54枚……叉斑狗母鱼 *S. macrops* 567

（103）法老鱼科 Anotopteridae

本科物种体延长，前部侧扁，后部近圆柱形。头大。上颌骨后延达眼前缘下方。下颌有一肉质尖突，位于下颌前端。颌齿固定，腭齿为单行大齿。无背鳍。臀鳍位于体背后部。胸鳍下侧位，有12～15枚鳍条。腹鳍极小，腹位，有9～11枚鳍条。尾鳍后缘分叉。脂鳍发达，位于臀鳍基底上方。无鳞。无发光器和鳃孔。侧线由不发达的侧线管组成。本科仅有1属1种。

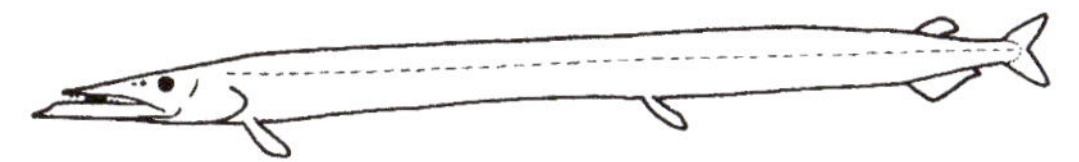

法老鱼科物种形态简图

560 法老鱼 *Anotopterus pharao* Zugmayer，1911 [55]

臀鳍14～16，胸鳍12～15，腹鳍9～11。

本种一般特征同科。体延长，头大，体长约是头长的4.8倍。口裂大。颌甚长，其长约占头长的3/4。下颌突出，前端有肉质尖突。无背鳍。有脂鳍，位于体背后部。腹鳍小，位于体腹中部稍靠后。尾鳍后缘分叉。体无鳞，光滑。骨骼柔软而弱。体背略呈褐色，体侧及腹面银白色。各鳍及侧线开口部黑色。脂鳍淡褐色。为深海鱼类。分布于我国东海，以及日本北海道海域，北太平洋、北大西洋温带、亚寒带水域。体长约1 m。

（104）狗母鱼科 Synodontidae = Synodidae、Sauridae

本科物种体稍延长，近梭形。头平扁，吻尖突。口大，裂斜。上颌由前颌骨构成口缘，后端超过眼后缘下方。眼中等大，侧位，有脂眼睑。两颌、腭骨和舌具有绒毛状细齿，亦有一些可倒伏的犬齿。犁骨无齿。鳃孔大，鳃耙细短，不发达。体被圆鳞，胸鳍、腹鳍、尾鳍基部常有腋鳞。具侧线，无发光器。各鳍有分支或不分支鳍条，但无硬棘。具脂鳍。尾鳍叉状。为温热海区大陆架分布的鱼类，有一定渔业意义[92]。本科全球有3属50多种，我国有3属28种。

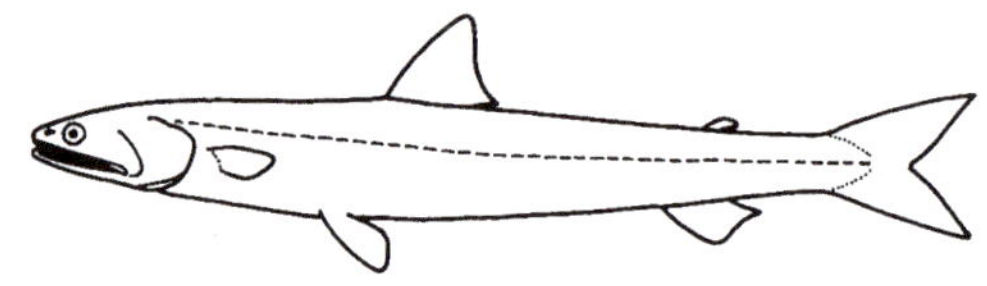

狗母鱼科物种形态简图

狗母鱼属 *Synodus* Gronow，1763

本属物种形态特征基本同科。腹鳍具8枚鳍条，内侧鳍条明显长于外侧鳍条。吻尖长。腭骨每侧仅有1组齿带。臀鳍鳍条8～15枚，基底长小于背鳍基底长。全球有30多种，我国有19种。

注：本属有的种类色彩和斑纹记述与图照不甚一致，笔者因缺其标本未能核对。

561 纵带狗母鱼 *Synodus englemani* Schultz，1953[38]

=红带狗母鱼

背鳍11～13；臀鳍8～10；胸鳍12～13；腹鳍8。侧线鳞60～63。

本种一般特征同属。腹鳍鳍条8枚，内侧鳍条长于外侧鳍条。腭骨每侧具一齿带，前部齿延长，较其他齿尖长。体长是体高的6.03～6.83倍，是头长的3.23～3.48倍。吻较长，吻背缘无凹陷。背鳍位于体背吻至脂鳍的中间处。体背侧灰褐色，腹部色浅。体侧中间有一褐色纵带，该纵带与背侧5条鞍状斑带相接。吻端和尾柄部无黑色斑点。为热带底层中小型鱼类。栖息于5～40 m沙泥底质浅海区。分布于我国台湾海域、南海，以及琉球群岛海域、印度-西太平洋。体长约19 cm。

562 红斑狗母鱼 *Synodus ulae* Schultz, 1953 [68]

背鳍13～14；臀鳍9～10；胸鳍12～14；腹鳍8。侧线鳞64～68。鳃耙38。

本种体延长。体长约是体高的6.6倍，约是头长的3.3倍。前鼻孔具长圆形、似长匙状的鼻瓣。背鳍位于腹鳍基底末端后上方，起点距吻端较距脂鳍起点处略远。尾鳍基有2片长形腋鳞。体红褐色，背部有4～5块鞍状斑或长形斑，斑的中心色浅。体侧有8～9条褐色网状横带。吻部有3对棕色斑点。各鳍均有斜行斑纹。为暖水性底层中小型鱼类。栖息于30～60 m深岩礁、沙底质浅海。分布于我国南海，以及日本南部海域、美国夏威夷海域、印度洋–太平洋暖水域。体长约25 cm。

563 杂斑狗母鱼 *Synodus variegatus*（Lacépède, 1803）[15]

= 日本狗母鱼 *S. japonicas* = 花狗母鱼

背鳍10～13；臀鳍8～10；胸鳍11～13；腹鳍8。侧线鳞61～63。鳃耙33～38。

本种体稍侧扁，体长是体高的5.07～7.30倍，是头长的3.38～3.84倍。头平扁。前鼻孔具长匙形鼻瓣。吻端尖突，吻长略大于眼径。颊部裸露。体橘黄色，腹部银白色。体侧有9～10条深褐色横带。吻背面有3对黑色斑，前鼻孔基部有一黑色斑。背鳍、胸鳍、尾鳍有黑色斑纹。属暖水性底层中小型鱼类。栖息于沿岸水深5～20 m的礁石海区。分布于我国东海南部、南海，以及琉球群岛海域、菲律宾海域、澳大利亚海域、印度–西太平洋暖水域。大型个体可达30 cm。习见于我国南海底拖网渔获[92]。

564 肩斑狗母鱼 *Synodus hoshinonis* Tanaka，1917[38]

=和歌狗母鱼

背鳍12～14；臀鳍8～10；胸鳍11～13；腹鳍8。侧线鳞55～57。

本种体呈圆柱状。头部略纵扁。体高略短于体宽。体长是体高的7.64～8.36倍，是头长的3.5～3.84倍。吻短尖，背缘略有凹陷。眼大，眼径大于吻长。体背侧橙黄色，腹部银白色。体侧有8～10个近T形褐色斑。鳃盖后上部具一黑斑。为暖水性底层中小型鱼类。栖息水深70～80 m。分布于我国东海南部、南海，以及日本南部海域、澳大利亚海域、印度-西太平洋暖水域。体长约23 cm。习见于我国南海底拖网渔获[92]。

565 背斑狗母鱼 *Synodus fuscus* Tanaka，1917[141]

=褐狗母鱼

背鳍10～12；臀鳍8～10；胸鳍11～13；腹鳍8。侧线鳞53～55。

本种体呈长圆柱状，体宽略大于体高。头平扁。体长是体高的8.11～9.86倍，是头长的3.7～4.01倍。吻突出，细长；吻长大于眼径。眼较小，脂眼睑发达。前鼻孔具有长的大瓣。口大，上、下颌约等长。体黄褐色，腹部色浅。体背侧有9～10条黑褐色横带，但横带向下延伸不超过侧线。各鳍色浅，尾鳍末端有黑缘。为暖水性底层中小型鱼类。栖息水深60 m。分布于我国东海南部、南海、台湾海域，以及日本三河湾以南海域、西太平洋暖水域。体长约26 cm。

566 方斑狗母鱼 *Synodus kaianus*（Günther，1880）[38]

背鳍11 ~ 12；臀鳍10 ~ 11；胸鳍12 ~ 13；腹鳍8。侧线鳞59 ~ 63。

本种体延长，纵扁。头平扁。体长是体高的6.59 ~ 6.84倍，是头长的3.27 ~ 4.49倍。吻细长，吻端略上翘，吻长大于眼径。眼中等大，侧上位，脂眼睑较宽。前鼻瓣呈宽三角形。口较大，端位，上颌比下颌长。体棕褐色，腹部色浅。体侧有1列8 ~ 10个方形暗斑。各鳍色浅，尾鳍基色深。为暖水性底层中小型鱼类。栖息水深200 ~ 300 m。分布于我国东海南部、南海，以及日本南部海域、阿拉弗拉海、西太平洋暖水域。体长约30 cm。偶见于底拖网渔获[49]。

567 叉斑狗母鱼 *Synodus macrops* Tanaka，1917[38]

= 大目狗母鱼

背鳍11 ~ 12；臀鳍10 ~ 11；胸鳍11 ~ 12；腹鳍8。侧线鳞52 ~ 54。

本种与方斑狗母鱼相似。体长是体高的6.17 ~ 8.87倍，是头长的3.52 ~ 4.06倍。其侧线鳞偏少。吻较短，背缘有深凹陷。吻长等于眼径。上、下颌约等长。体背部灰褐色，腹部银白色。体侧具1列7 ~ 8个大小相间的叉状暗斑。各鳍色浅，无斑。为暖水性底层中小型鱼类。栖息水深40 ~ 180 m。分布于我国东海、南海，以及日本熊野滩海域、所罗门群岛海域、东印度洋、西太平洋暖水域。全长约30 cm。

568 红纹狗母鱼 *Synodus rubromarmoratus* Russell et Cressey，1979[70]

=红花狗母鱼

背鳍10 ~ 12；臀鳍9 ~ 10；胸鳍11 ~ 12；腹鳍8。侧线鳞54 ~ 55。

本种体呈圆柱状，头稍平扁。体长是体高的7.8 ~ 10倍，是头长的3.7 ~ 4倍。吻部尖，宽大于长。脂眼睑窄。眼后具3条放射状骨棱。前鼻孔具叶状鼻瓣。颌齿、腭齿和舌齿均为犬齿，先端箭形。体具红色斑块和5条大的波浪形条纹。这些条纹从背部向下延伸超过体侧的1/2，又被体侧下部水平排列的褐色斑纹所间断。头红褐色，眼、颊和后头部红色。腹部色浅。各鳍具4 ~ 5行不明显的横纹。为暖水性底层小型鱼类。栖息于热带浅海、珊瑚礁区。分布于我国台湾海域，以及澳大利亚海域、菲律宾海域、西太平洋。体长约7.5 cm。

569 裸颊狗母鱼 *Synodus jaculum* Russell et Cressey，1979[70]

=斑尾狗母鱼

背鳍12 ~ 13；臀鳍9 ~ 10；胸鳍12 ~ 13；腹鳍8。侧线鳞58 ~ 59。

本种体呈圆柱状，头中等大。体长是体高的5.96 ~ 6.04倍，是头长的3.27 ~ 3.78倍。吻稍尖，宽约等于长。吻长大于眼径。眼中等大。前鼻瓣短。口大，上颌稍长于下颌。颊部和鳃盖裸露无鳞。鲜活时头部粉红色，颊和鳃盖白色。体侧具9条鞍形带纹，深浅交错，延伸至侧线下方。尾柄具黑斑。背鳍、尾鳍有4 ~ 6行黑色横纹。为暖水性底层小型鱼类。栖息于水深50 ~ 100 m的岩礁和泥沙底质海区。分布于我国南海、台湾海域，以及新几内亚海域、澳大利亚海域、印度–太平洋区暖水域。体长约15.5 cm[34]。

570 羊角狗母鱼 *Synodus capricornis* Cressey et Randall，1978[37]

背鳍13；臀鳍9；胸鳍13。侧线鳞64，侧线上鳞5.5。鳃耙25。

本种体呈长圆柱状。吻钝尖，鼻瓣膜呈短三角形。口裂大。上、下颌齿可向内侧倒伏，前部腭骨齿长于后部腭骨齿。颊部无鳞。胸鳍不达背鳍与腹鳍基连线，腰带骨后缘宽。体背红褐色，沿侧线有一系列长方形斑，腹侧有10条红褐色横纹。为暖水性底层鱼类。栖息于近海沙泥底质海区。分布于我国台湾海域。

571 革狗母鱼 *Synodus dermatogenys* Fowler，1912[37]

背鳍12 ~ 13。侧线鳞56 ~ 64。

本种体呈圆柱状。头部较宽。吻短，钝尖。眼大，位高。前鼻孔鼻瓣长，呈细枝状。口裂大，闭合时上颌稍突出。两颌齿尖长，可向内倒伏。腹鳍大，胸鳍小。体被圆鳞。体背侧黄褐色，腹侧乳白色。体侧具10多条红褐色横带。尾柄无黑斑。为暖水性近海底层鱼类。分布于我国台湾海域。

572 吻斑狗母鱼 *Synodus binotatus* Schultz，1953[37]

=双斑狗母鱼

背鳍12～14；臀鳍8～10；胸鳍12。侧线鳞52～56，侧线上鳞3.5～4.5。

本种体呈长圆柱状。吻尖长，眼大。前鼻孔瓣膜匙状。口裂大。前部腭骨齿长于后部腭骨齿。上、下颌齿犬齿状，为大型齿，先端箭形。体被圆鳞，颊部具鳞。胸鳍达背鳍、腹鳍基连线。腰带骨后缘宽。体浅灰色。体侧具5～6个不规则的褐色横带。吻端有2个黑点。为暖水性底层鱼类。分布于我国台湾海域，以及日本小笠原群岛海域等。体长约18 cm。

573 肩盖狗母鱼 *Synodus tectus* Cressey，1981[37]

背鳍13；臀鳍9～10；胸鳍12～13。侧线鳞55，侧线上鳞3.5。

本种体呈圆柱状，吻稍尖。眼中等大。前鼻瓣膜短而圆。口裂大，前部腭骨齿长于后部腭骨齿，而后部外侧齿向外倒伏。颊部裸露无鳞。胸鳍达背鳍与腹鳍基连线。腰带骨后缘宽。体背侧褐色，鳃盖后上部具1个大黑斑，黑斑分裂为2～4个指状斑。腹侧色浅，具10个褐色斑点。为暖水性底层鱼类。分布于我国台湾海域。

574 台湾狗母鱼 *Synodus taiwanensis* Chen，Ho et Shao，2007[37]

背鳍13；臀鳍9；胸鳍12～13。侧线鳞55～56，侧线上鳞3.5。

本种体呈长圆柱状。吻短，稍尖。眼小。鼻瓣膜短而圆。口裂大，腭骨前部齿长，后部外侧齿向外倒伏。胸鳍较短，不达背鳍与腹鳍基连线。腰带骨后缘宽。体红褐色，鳃盖后上部具1个大黑斑，黑斑不分裂为指状斑。腹侧具8～10个黄褐色斑点。为暖水性底层鱼类。分布于我国台湾海域。

575 东方狗母鱼 *Synodus orientalis* Randall et Pyle，2008

背鳍12；臀鳍9；胸鳍12。侧线鳞53～55，侧线上鳞3.5。

本种体呈长梭形。头中等大，吻尖，眼小。前鼻瓣呈长三角形，后伸可达后鼻孔。口裂大。腭骨前、后方齿几乎等大。颊部鳞发达，延伸至前鳃盖骨缘。胸鳍较短，不达背鳍与腹鳍基连线。体背蓝灰色，腹侧白色。纵列鳞有橙色条纹。为暖水性底层鱼类。栖息于浅海沙泥底质海区。分布于我国台湾海域。

▲ 本属我国尚有印度狗母鱼*S. indicus*、道氏狗母鱼*S. doaki*[4D，13]。

576 大头狗母鱼 *Trachinocephalus myops*（Forster，1801）[141]

背鳍12～14；臀鳍15～17；胸鳍12～13；腹鳍8。侧线鳞53～58。

本种体呈长圆柱状。体高大于体宽。头大。体长是体高的5.28～6.3倍，是头长的3.45～3.73倍。吻短而钝，吻长小于眼径。眼中等大，前上位，具脂眼睑。口裂大，末端超过眼后缘下方。下颌略长于上颌。上颌齿2行，下颌齿3行。腭骨每侧具1组狭长齿带。鳃耙细短如针尖。体被圆鳞，头部裸露无鳞。侧线发达。背鳍位于腹鳍基后上方，起点距吻端较距脂鳍近。胸鳍小，侧中位。腹鳍前腹位，外侧鳍条较内侧短。尾鳍深叉形。体背部褐色，腹部白色。头背部有红色网状斑纹。鳃孔后上缘具一褐色斑。体背部中央有1行灰色花纹。沿体侧有12～14条灰色纵纹和3～4条黄色细纵纹相间排列。背鳍、腹鳍有黄色纹。为暖水性近海底层鱼类。栖息于水深20～50 m的沙泥底质海区。1～2龄性成熟，在南海每年1～3月产卵。肉食性，主要以甲壳类和小型鱼类为食。分布于我国黄海南部、东海、南海，以及日本南部海域，太平洋、印度洋和大西洋温、热水域。体长约25 cm。是我国海洋经济鱼类之一[108]，为南海底拖网、定置网渔获对象。

蛇鲻属 *Saurida* Guvier et Valenciennes，1849

本属物种体延长，呈圆柱状。头中等大，平扁。吻钝。眼中等大，具窄的脂眼睑。口大。两颌齿呈带状；内侧齿大，呈箭形。腭骨每侧有2组齿带，犁骨前部常具小齿。臀鳍鳍条9～10枚，基底较短。腹鳍鳍条9枚。脂鳍小。躯体、颊部和鳃盖被中等大圆鳞。胸鳍、腹鳍有腋鳞。侧线明显。本属全球有14种，我国有8种，多为海洋经济鱼类[92，110]。

577 长蛇鲻 *Saurida elongata*（Temminck et Schlegel，1846）

背鳍11 ~ 12；臀鳍10 ~ 11；胸鳍14 ~ 15；腹鳍9。侧线鳞55 ~ 65。

本种一般特征同属。体呈长圆柱状，头及尾柄部稍纵扁。体长是体高的6.72 ~ 8.39倍，是头长的4.38 ~ 4.82倍。鳞较小。口大，口裂长超过头长的1/2。两颌约等长。两颌具多行细齿。胸鳍短，后端不达腹鳍起点上方。体背侧黄褐色，腹部白色。背鳍、胸鳍、尾鳍灰褐色。尾鳍后缘有黑边，腹鳍、臀鳍色浅。栖息于水深20 ~ 100 m的沙泥底质海区。2龄性成熟，产卵期5 ~ 8月，卵为浮性卵。性凶猛，以小型鱼、虾类为食，也大量吞食自身幼鱼[56]。为暖温性近海底层鱼类。分布于我国渤海、黄海、东海、南海，以及日本新潟以南海域、朝鲜半岛海域、西太平洋。体长约30 cm。为我国沿海经济鱼类之一，为沿海底拖网、定置网捕捞对象，曾有较高产量，现已稀少。

578 细蛇鲻 *Saurida gracilis*（Quoy et Gaimard，1824）[18]

背鳍10 ~ 11；臀鳍9 ~ 10；胸鳍12 ~ 13；腹鳍9。侧线鳞45 ~ 52。

本种体呈长圆柱状。体长是体高的5.06 ~ 6.61倍，是头长的3.95 ~ 4.77倍。胸鳍较长，后端可伸达腹鳍基底上方。侧线鳞、胸鳍鳍条都偏少，分别少于55枚和少于14枚。体浅橘黄色，腹侧银白色。体侧有9 ~ 10条黄褐色不规则的横带。沿背面尚有4个褐色大斑。各鳍橘黄色，有褐色斜纹。为暖水性底层小型鱼类。栖息于珊瑚礁海域。分布于我国东海南部、南海，以及琉球群岛海域、菲律宾海域、美国夏威夷海域、印度–西太平洋暖水域。全长约20 cm。

579 云纹蛇鲻 *Saurida nebulosa* Valencinnes，1850 [37]

背鳍10～11；臀鳍9～10；胸鳍12～13；腹鳍9。侧线鳞49～51。

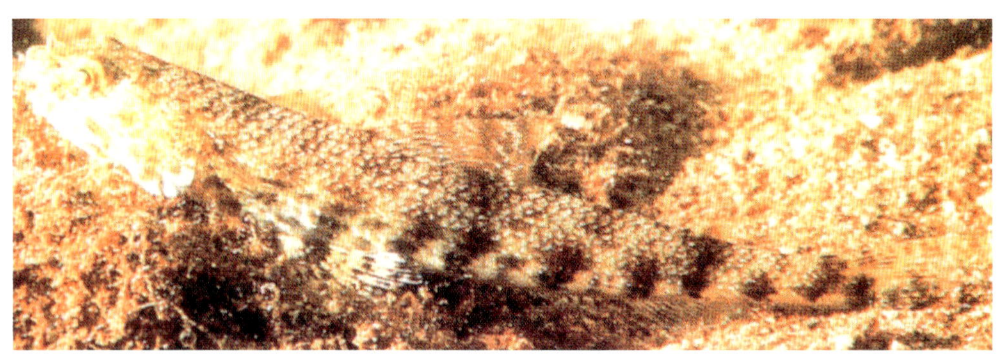

本种体呈长圆柱状。头中等大。吻短，稍钝。口裂大。翼骨具齿2行，腭骨每侧有2组齿带。胸鳍末端达腹鳍基后缘上方。腹鳍内、外侧鳍条等长。体黄褐色，体侧具10个以上深色云状斑，但无深色横带。尾鳍具黑带。为暖水性底层鱼类。栖息于浅海。分布于我国台湾海域。

580 长条蛇鲻 *Saurida filamentosa* Ogilby，1910 [15]

= 长丝蛇鲻 = 鳄蛇鲻 *S. wanieso*

背鳍11～12；臀鳍10～11；胸鳍14～15；腹鳍9。侧线鳞54～57。

本种体呈长圆柱状。头中等大，体长是体高的6.21～7.29倍，是头长的3.98～4.32倍。吻短。背鳍第2或第3鳍条延长为丝状，其长度超过头长。胸鳍较大，可达腹鳍上方。体被较大圆鳞。侧线鳞通常少于55枚。体背侧灰褐色，稍带紫色；腹侧白色。成鱼有时具9～10个模糊的黑斑。沿背部有3～4条斑带。胸鳍、背鳍上部和尾鳍下叶有黑缘。为暖水性底层鱼类。栖息水深30 ~ 100 m。主要以小型鱼类和甲壳类为食。3 ~ 5月份产卵于近岸沙石底海区。分布于我国东海南部、南海，以及澳大利亚海域、西太平洋热带水域[108]。体长约40 cm。习见于我国南海底拖网渔获，有一定产量。

注：长条蛇鲻与鳄蛇鲻相似，二者曾被视为同种[9]。

581 鳄蛇鲻 *Saurida wanieso* Shindo et Yamada，1972[18]

= 日本蛇鲻

背鳍10 ~ 12；臀鳍11 ~ 12；胸鳍14 ~ 15；腹鳍9。侧线鳞54 ~ 60。

本种体细长，圆柱状。头扁平。眼较大，具脂眼睑。口裂大。上颌向后延，可达前鳃盖骨后缘。两颌具锐齿、犬齿，可向内侧倒伏。犁骨、腭骨和舌上均具齿。背鳍位于体背中部靠前。雄鱼背鳍第3鳍条呈丝状延长。臀鳍后位，与脂鳍相对。体被圆鳞。体背褐色，腹侧白色。为暖水性底层鱼类。栖息于水深60 ~ 200 m的近海水域。分布于我国东海、台湾海域，以及日本南部海域、印度–西太平洋暖水域。体长约30 cm[49]。

582 花斑蛇鲻 *Saurida undosquamis*（Richardson，1848）[68]

背鳍11 ~ 12；臀鳍11 ~ 12；胸鳍14 ~ 15；腹鳍9。侧线鳞48 ~ 54。

本种体呈长圆柱状，体长是体高的6.68～8.16倍，是头长的3.82～4.44倍。吻圆钝。胸鳍长，末端超过腹鳍基底后方。侧线平直。背鳍前缘和尾鳍上缘各有1行节状暗斑。体背部灰褐色，腹侧白色。沿侧线有9～11个黑斑。为暖水性底层中小型鱼类。栖息于大陆架沙泥底质海区。1龄即达性成熟。产卵期4～8月，怀卵量4万～70万粒，卵为浮性卵。以小型鱼类和甲壳类为食。分布于我国黄海南部、东海、南海，以及日本南部海域、韩国海域、澳大利亚海域、东非海域、印度–西太平洋[108]。体长约50 cm。习见于我国东海、南海底拖网渔获[34]。

注：本图取自阿部宗明《魚大全》(1995)，该图鱼体有多条纵纹，无沿侧线排列的纵斑[68]。

583 多齿蛇鲻 *Saurida tumbil*（Bloch et Schneider，1795）[60]

背鳍11～13；臀鳍10～12；胸鳍14～15；腹鳍9。侧线鳞47～53。

本种体呈长圆柱状。尾部细长。体长是体高的6.94～7.91倍，是头长的3.97～4.45倍。吻钝，吻长略长于眼径，前端有缺刻。眼中等大，脂眼睑较发达。口裂大。上、下颌约等长。两颌布满小犬齿，上颌齿3～4行，下颌齿4～5行。胸鳍较长，末端可伸达腹鳍基底上方。体背部棕黄色，体侧色较浅，腹部白色。背鳍、胸鳍、尾鳍后缘黑色。为暖水性底层中小型鱼类。栖息于60～150 m的沙泥底质海区。分布于我国东海、南海，以及日本南部海域、韩国海域、印度尼西亚海域、澳大利亚海域、印度–太平洋。体长约33 cm。为我国南海底拖网捕捞对象之一，产量较大，有一定经济价值[104]。

▲ 本属我国尚有小胸鳍蛇鲻*S. micropectoralis*，形态特征与长蛇鲻相似，但体侧有9～10个深灰色斑[4d]。

(105) 龙头鱼科 Harpadontidae

本科物种体延长，柔软，前部亚圆柱状，后部稍侧扁。头粗短。吻圆钝。眼小，位于头前端。口大，由前颌骨构成上颌口缘，无上颌骨。两颌齿尖细，部分弯曲，能倒伏。腭骨每侧有1组齿带。鳃孔大。背鳍中等大，位于腹鳍起点上方。有脂鳍。臀鳍位于脂鳍下方。胸鳍上侧位。腹鳍腹位，鳍条9枚。尾鳍三叉形，中叶较短。头、体前部裸露，后部被小圆鳞。侧线孔明显。全球仅有1属3种，我国有2种。

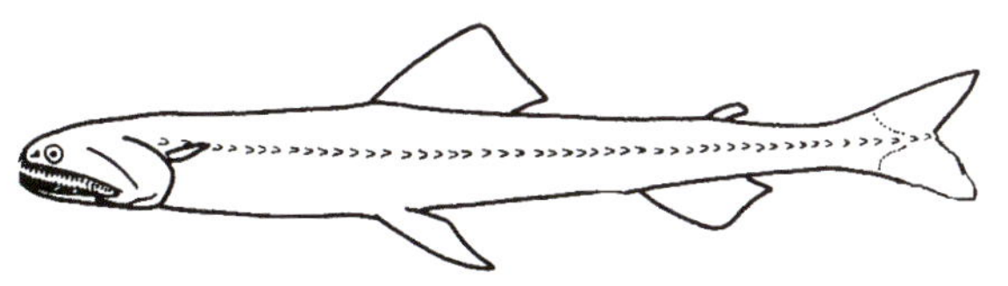

龙头鱼科物种形态简图

龙头鱼属 *Harpadon* Lesueur，1825

本属物种一般特征同科。

584 小鳍龙头鱼 *Harpadon microchir* Günther，1878 [38]

背鳍14；臀鳍14；腹鳍9。

本种一般特征同目。胸鳍很短，其长度小于头长的1/2。侧线管窄而延长。脂鳍基底的1/2覆盖鳞片。幼鱼体灰白色，成鱼体青灰色。口和鳃腔黑色。为暖水性底层中型鱼类。栖息于500～600 m沙泥底质海区。分布于我国台湾海域，以及日本本州以南海域。体长可达70 cm。属龙头鱼科中的大型鱼种。偶见于底拖网渔获。

585 龙头鱼 *Harpadon nehereus*（Hamilton，1822）

背鳍11～13；臀鳍13～15；胸鳍10～11；腹鳍9。侧线鳞40～42。鳃耙50～65。

本种体延长，侧扁。头中等大，头背圆滑。吻甚短，吻端钝圆。眼小，前上位，脂眼睑发达。口大，口斜裂。两颌、腭骨和犁骨均具针尖状小齿，大小参差，可倒伏。侧线较平直，向后延达尾鳍中叉的前端。背鳍中等长，具11～13枚鳍条。胸鳍高位，细长，可伸达背鳍前部下方。腹鳍更长，长于胸鳍。体乳白色。体侧具灰黑色小点，腹前部银白色。各鳍灰黑色。为暖水性底层中小型鱼类。栖息于50 m以浅海区。产卵期6 ~ 8月。属肉食性鱼类，以鳀鱼等小型鱼类、虾类、桡足类为食。为暖水性底层鱼类。分布于我国黄海南部、东海、南海的河口海域，以及日本本州中部以南海域、韩国海域、马来西亚海域、印度–西太平洋暖水域。是定置网和底拖网渔获对象。我国长江口是其主要渔业区之一，产量较高[60]。

（106）仙鱼科 Aulopodidae

本科物种体延长；前部断面近圆形，后部侧扁。吻短，吻端圆形。眼中等大，侧位。具眶蝶骨。口端位，可伸缩，口裂较长。上颌骨后部显著宽大，末端超过眼中部下方。上颌辅骨2块。两颌、犁骨、腭骨和舌均具有可倒伏的针状齿，无大犬齿。鳃孔大，鳃耙正常。无鳔。背鳍位于体背前部，无硬棘。脂鳍发达。臀鳍后位，胸鳍侧位。腹鳍亚胸位，鳍条9枚。尾鳍叉形。头、体被栉鳞或圆鳞，头顶裸露，尾柄具嵴状鳞。侧线发达。本科全球仅有1属7种（包括原姬鱼属*Hime*和盗女鱼属*Latropiscis*）[4d]，我国有3种。

仙鱼科物种形态简图

仙鱼属 *Aulopus* Cloquet，1816

= 姬鱼、比女鱼属 *Hime* Starks，1924

本属物种一般特征同科。

586 日本仙鱼 *Aulopus japonicus* Günther，1877[15]

= 日本姬鱼 *Hime japonicus*

背鳍15 ~ 17；臀鳍9 ~ 10；胸鳍11 ~ 12；腹鳍9。侧线鳞41 ~ 44。鳃耙4 ~ 5 + 14 ~ 15。

本种一般特征同科。体延长，头中等大。体长是体高的4.71～5.60倍，是头长的3.0～3.32倍。眼大，吻短，眼径大于或几乎等于吻长。口较大，前位，上颌末端不达眼后缘下方。两颌齿数行，细小。背鳍大，通常以第4鳍条最长，但不呈丝状延长。腹鳍长大于胸鳍长。体被栉鳞。体背侧鲜红色；腹部色浅，具银色光泽。体侧有3～4个云状褐色斑。各鳍有黄色横带。为暖水性底层中小型鱼类。分布于热带、亚热带水深100～200 m的沙泥底质海区。在我国东海其产卵期为10～12月。以小型虾蟹类为食。分布于我国东海、南海，以及日本海域、菲律宾海域、美国夏威夷海域、中西太平洋。体长约20 cm。为底拖网常见鱼种，但产量较低。

587 台湾仙鱼 *Aulopus formosanus*（Lee et Chao，1994）[37]

= 台湾姬鱼

本种体延长，稍侧扁，背部稍隆起。吻钝尖。眼大，稍突出于头背，眼径为头长的29%～33%。体背侧黄褐色；上半部具淡红色斑和黑色斑点；腹侧乳白色。背鳍末端具一黑点，其他鳍皆呈黄色。为暖水性中小型鱼类。分布于我国台湾海域。

注：本种因信息不足，未列入检索表。

588 深水仙鱼 *Aulopus damasi* Tanaka，1915 [39]

= 达氏姬鱼

背鳍14；臀鳍8～9；胸鳍12；腹鳍9。侧线鳞35～37。鳃耙6～7＋14～16。

本种体延长，头大。吻尖长，约占头长的1/3。眼较小，眼径小于吻长。口大，上颌骨后端可达眼瞳孔后缘下方。背鳍稍短。侧线鳞偏少。体色较深，在褐色基底上，布有大小不等的深褐色纵行斑块。尾鳍基部具黑斑，两叶尚有暗红色斜带。各鳍橙红色。为暖水性底层小型鱼

类。栖息水深250 ~ 500 m。分布于我国东海，以及日本伊豆海域、冲绳海域。体长约18 cm。偶见于深水拖网渔获[39]。

（107）青眼鱼科 Chlorophthalmidae

本科物种体形与仙鱼相似。吻平扁。下颌稍突出，上颌辅骨仅1块。犁骨具齿时，常分左、右两丛。眼大，上侧位。背鳍位于体前半部，基底较短，鳍条9 ~ 13枚。具脂鳍。臀鳍基更短，鳍条7 ~ 11枚。胸鳍下侧位。腹鳍与背鳍对位，鳍条8 ~ 9枚。尾鳍叉状。体被圆鳞或栉鳞。侧线完整。雌雄同体。全球有3属20多种，我国仅有1属7种。

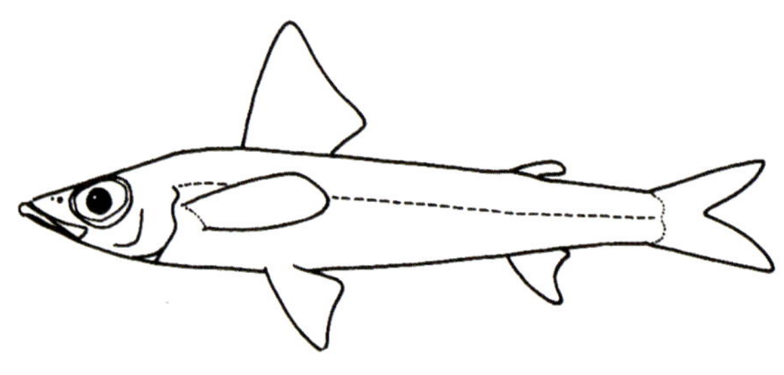

青眼鱼科物种形态简图

青眼鱼属 *Chlorophthalmus* Bonaparte，1840

本属物种一般特征同科。体稍延长，前部亚圆柱状或侧扁，后部侧扁。头尖长。吻短宽，吻长小于或约等于眼径。上颌突出。眼大，侧位。胸鳍大，中侧位。腹鳍内侧黑色，左、右靠近。肛门周围黑色。侧线稍弯曲。体被圆鳞。

589 黑缘青眼鱼 *Chlorophthalmus nigromarginatus*（Kamohara，1953）[70]

背鳍10 ~ 12；臀鳍9 ~ 10；胸鳍14 ~ 16；腹鳍9。侧线鳞52 ~ 54。鳃耙3 ~ 4 + 16 ~ 17。

本种体稍延长。体长是体高的4.60 ~ 5.33倍，是头长的3.02 ~ 3.60倍。吻较尖，吻长约等于眼

径。口小，上颌后缘不达眼中央下方。头背平直。下颌外齿丛3行。犁骨前缘无齿，后部齿带稍长。腭骨齿粒状，单行。背鳍、腹鳍对位，背鳍起点稍靠前。臀鳍后位。胸鳍中侧位，细长。肛门位于腹鳍后方，周围有黑色发光区。体黄褐色；胸部和腹部色浅，有银色光泽。沿体侧有1列黑色云状斑。背鳍前缘、尾鳍末端边缘为黑色。为暖温性底层中小型鱼类。栖息水深200～300 m。分布我国东海、南海、台湾海域，以及日本南部海域、印度尼西亚海域、澳大利亚海域、印度-西太平洋暖水域。体长约23 cm。

590 隆背青眼鱼 *Chlorophthalmus acutifrons* Hiyama，1940[38]

=尖额青眼鱼

背鳍10～12；臀鳍9～10；胸鳍14～16；腹鳍9。侧线鳞52～53。鳃耙3～4＋14～15。

本种与黑缘青眼鱼很相似，以致Kamohara（1953）曾把黑缘青眼鱼定为本种的一个亚种[4d]。体长是体高的4.12～4.50倍，是头长的3.00～3.20倍。吻尖，平扁。体稍高，背鳍前背缘明显隆起。下颌外齿丛2行。腭骨齿1行，圆锥状。体淡褐色，腹部色浅。体侧有1列不规则的云状斑。各鳍色浅，口腔白色，鳃腔黑色。为暖温性底层中小型鱼类。栖息水深200～950 m。分布于我国东海、南海、台湾海域，以及日本骏河湾以南海域、菲律宾海域、西太平洋暖水域。体长约30 cm。

591 日本青眼鱼 *Chlorophthalmus japonicus* Kamohara，1956 [38]

= 双角青眼鱼 *C. bicornis* Norman

背鳍11；臀鳍8～9；胸鳍20；腹鳍9。侧线鳞46～47。鳃耙5～6+20～21。

本种体延长，中部断面观呈方形。头背缘圆，无凹陷。体长是体高的5.2～5.5倍，是头长的3.3～3.5倍。吻短，圆钝，吻长小于眼径。眼大，上侧位。口大，上颌末端可达瞳孔中部下方。下颌无外齿丛。胸鳍长，其长度约等于头长，后端可超越肛门。背鳍、腹鳍对位。肛门周围无黑色发光区。体背褐绿色，腹侧灰绿色，背部有黄色斑。腹鳍、尾鳍后缘暗黑色。为暖水性底层中小型鱼类。栖息水深300 m左右。分布于我国东海，以及日本土佐湾以南海域、印度-太平洋。体长约14 cm。

592 大眼青眼鱼 *Chlorophthalmus albatrossis* Jordan et Starks，1904 [38]

背鳍11～12；臀鳍9～10；胸鳍15～17；腹鳍9。侧线鳞52～54。鳃耙3～4+14～16。

本种体延长，头较小。体长是体高的5.4～6.7倍。吻宽，前端平扁，尖而突出。吻长短于眼径。眼大而圆，侧上位。口较小，上颌后缘未达眼中部下方。两颌具圆形小齿。腭骨每侧具1行齿，犁骨后端具2丛齿。背鳍位于体前部，始于腹鳍前上方。臀鳍小，后位。胸鳍大，可伸达背鳍和腹鳍基底后垂线。体褐色，背部有5～6个棕色斑。体侧具不规则的横斑。胸鳍腋部、腹鳍内侧鳍条和肛门附近为黑色。为暖水性底层中小型鱼类。栖息水深250～620 m。分布于我国东海、南海、台湾海域，以及日本相模湾海域、九州海域，印度－西太平洋。体长可达30 cm。

593 北青眼鱼 *Chlorophthalmus borealis* Kuronuma et Yamaguchi，1941 [38]

背鳍11；臀鳍8～10；胸鳍14～16；腹鳍9。侧线鳞55～58。

本种形态特征与大眼青眼鱼十分相似。沈世杰（1994）曾将二者列为同种[9]。但沈先生（2011）又将二者分立为2种[37]。两者的区别主要在于本种鱼体稍修长，体长为体高的6.3～7.4倍。眼略小，头长为眼径的2.6～3.2倍。下颌外缘齿较尖。分布于我国南海、台湾海域，以及日本铫子以北海域。体长约13 cm。

594 长青眼鱼 *Chlorophthalmus oblongus* Kamohara，1953 [38]

＝大鳞青眼鱼

背鳍10～11；臀鳍8～9；胸鳍16～18；腹鳍9。侧线鳞40～45。鳃耙23以上。

本种体呈亚圆柱状。头中等大，头长大于体高。体长是体高的5.11～6.38倍，是头长的3.02～3.43倍。吻短，前端圆，吻长短于眼径。眼大，高位。口中等大，前上位，上颌末端达瞳孔中部下方。犁骨具2丛三角形齿。体被大圆鳞。各鳍形状及位置与日本青眼鱼相似。体淡褐色，腹侧银白色。体侧后部有4个大小不等的黑斑。体背尚有6～8个较小的不规则的黑斑。背鳍、腹鳍末梢有黑缘。尾鳍上、下叶各有1条黑色纵带。为暖水性底层中小型鱼类。分布于我国东海、南海，以及日本土佐湾以南海域、太平洋。体长约14 cm。

595 短吻青眼鱼 *Chlorophthalmus agassizi* Bonaparte，1840[37]

=尖吻青眼鱼

背鳍10～11；臀鳍9～10；胸鳍15～16。侧线鳞53～55。鳃耙17～18。

本种体细长，圆柱状。头大而平扁。眼大。吻端尖突。下颌长，口裂大。两颌、腭骨、犁骨均有齿。腹鳍末端未超越背鳍末端下方。体被圆鳞，颊部、鳃盖有鳞。体灰橄榄色，体侧有不规则的褐色斑。为暖水性底层鱼类。栖息水深100 m左右。分布于我国东海、南海、台湾海域。广泛分布于太平洋、大西洋和印度洋温暖水域。体长约16 cm。

(108) 蛛鱼科 Bathypteroidae = 深水狗母鱼科

本科是从原青眼鱼科Chlorophthalmidae中独立而来，为特化的栖息于深海的一科[2]。体延长，后部侧扁。吻平扁。眼极小，侧位。口前位。上颌骨后端扩大，可伸达眼后缘下方。上颌辅骨细长。两颌具齿，犁骨、腭骨常具齿，齿小而尖。体被圆鳞。侧线完全。或具脂鳍。各鳍形态皆有不同程度的特化。无发光器。本科有2属，其中蓑蛛鱼属有7～8种；我国有2种。

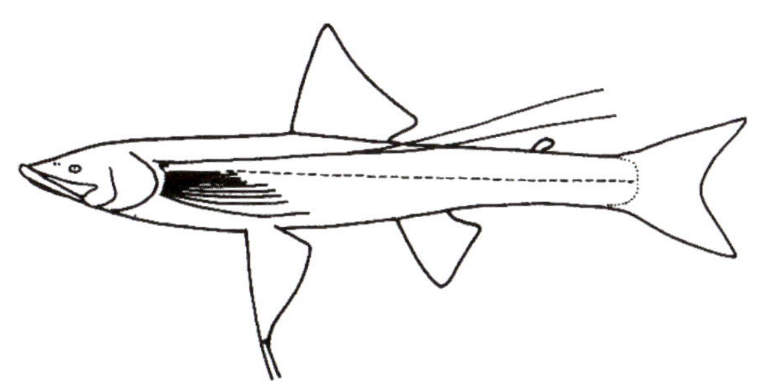

蛛鱼科物种形态简图

蓑蛛鱼属 *Bathypterois* Günther，1878

本属物种一般特征同科。

596 黑蓑蛛鱼 *Bathypterois atricolor* Alcolor，1896[48]

= 黑深海狗母鱼 = 小眼深海狗母鱼 = 黑丝鳍深海灯鱼

背鳍13～14；臀鳍8～9；胸鳍2＋3～4＋10；腹鳍2＋7。侧线鳞55～57。鳃耙12～13＋1＋27～30。

本种体细长，侧扁。头前部平扁。体长是体高的6.08～6.70倍，是头长的4.65～4.90倍。吻尖，宽平。眼极小，侧位。口大，前位。上颌口缘由前颌骨构成，正中有一缺刻。下颌明显突出，正中有一突起。上颌辅骨1块，狭长。颌齿细小，腭骨只有几枚小齿，犁骨无齿。鳃耙细长，向前伸入口腔前方。体被小圆鳞。侧线完全，平直。腹鳍第1鳍条延长，但不达臀鳍。胸鳍发达，可分3部分：上部2枚鳍条粗长，伸达尾柄；中间3～4枚鳍条仅为痕迹；下部10枚游离鳍条较短。尾柄腹侧有缺刻。尾鳍叉形，尾鳍下叶基部前方有一骨质钩状突起。体黑褐色。各鳍褐色。口腔和鳃腔黑色。为温、热带深海小型鱼类。栖息于水深500～1 000 m的泥底质海区。分布于我国东海，以及日本南部海域、印度-太平洋。体长约15 cm[49]。

597 贡氏蓑蛛鱼 *Bathypterois guentheri* Alcock，1889[38]

= 贡氏深海狗母鱼 = 贡氏丝鳍深海灯鱼

背鳍12 ~ 14；臀鳍11 ~ 12；胸鳍2 + 6 + 5；腹鳍1 + 7。侧线鳞49 ~ 54。鳃耙10 + 26 ~ 27。

本种体形与黑蓑蛛鱼相似。背缘平直。吻宽而平扁，呈喙状。胸鳍分为3部分：上部2枚鳍条粗长，可伸达尾鳍基部；中间6枚依次渐短；下部5枚游离鳍条，长的亦可达尾柄。腹鳍位于背鳍前下方，其最外侧鳍条粗长，与尾鳍下叶的延长鳍条呈三脚状，支立于泥质海底上，故本种又有“三脚鱼”的称谓。为热带深海小型鱼类。栖息水深500 ~ 1 100 m。分布于我国东海，以及日本土佐湾海域、印度−太平洋。体长约25 cm[49]。

（109）珠目鱼科 Scopelarchidae = 原灯笼鱼科

本科物种体中等大小，延长，很侧扁。头较大，呈圆锥形。口大，口裂长。上颌口缘由前颌骨构成。眼大，管状或“望远镜”状。背部通常有1 ~ 3条纵隆起线。前颌骨齿小，1行；下颌齿2行，具可倒伏性犬齿。舌齿侧扁，呈钩状。鳃孔大。体被小圆鳞。无鳔。体无发光器，但眼侧有一闪光斑。腹膜黑色。鳍条柔软。背鳍短小，脂鳍发达。臀鳍长，后位。胸鳍侧位。腹鳍位于背鳍前下方或后下方。尾鳍深叉形。为深海小型鱼类。全球有4属17种，我国有3属5种。

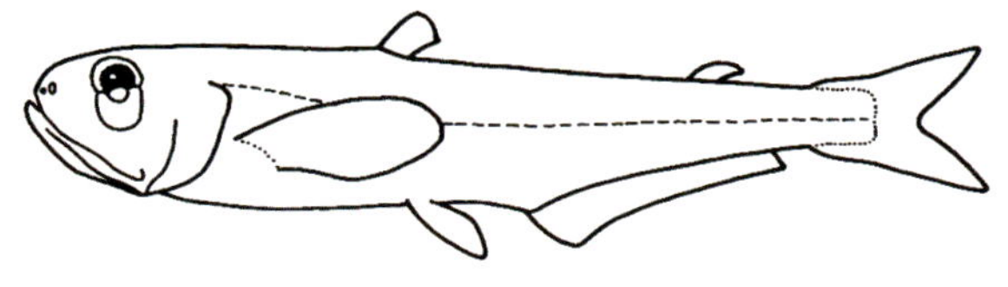

珠目鱼科物种形态简图

598 深海珠目鱼 *Benthalbella linguidens*（Mead et Böhlke，1953）[55]

=舌齿深海珠目鱼

背鳍9；臀鳍28～30；胸鳍25；腹鳍9。侧线鳞62～66。

本种体延长，侧扁。头较小，略平。体长约为体高的7.91倍，约为头长的5.85倍。吻尖。下颌稍突出。眼椭圆形，眼球晶体突出，朝向前上方或背方。口裂长。前颌骨具后弯小齿40枚，下颌齿2行，腭骨齿1～2行，舌上有钩状齿6枚。体鳞细，皮肤柔软、透明。侧线管状。背鳍短小，起点位于腹鳍后上方。脂鳍长，呈膜状。体浅褐色，各鳍暗褐色，眼虹彩黑色。为暖水性深海鱼类。栖息水深130～1 220 m。分布于我国南海，以及日本小笠原群岛海域、西北太平洋温暖水域。体长约30 cm。

599 柔珠目鱼 *Scopelarchus analis*（Brauer，1902）[38]

背鳍7～9；臀鳍23～24；胸鳍18～22；腹鳍8～9。侧线鳞46。

本种体延长，侧扁。头中等大，体长是体高的6.20～6.81倍，是头长的5.02～5.50倍。吻端长且突出，呈长圆锥状。眼中等大，侧上位；眼球突出，朝向背方。口大，端位，口裂达眼后缘下方。下颌略长于上颌。上颌具可倒犬齿3对，下颌齿6对。舌齿大，钩状。尾柄短，侧扁。体被小圆鳞，皮肤薄。胸、腹部透明。背鳍短小，位于腹鳍前上方。臀鳍基底长，后位。胸鳍大，扇形。体浅黄色，腹部透明。侧线上、下各有一暗带。尾柄后有黑斑。眼虹彩黑色，各鳍无色。为亚热带深海鱼类。栖息于海洋中深层水域。分布于我国东沙群岛海域、西沙群岛海域，以及日本小笠原群岛海域，太平洋、大西洋和印度洋暖水域。体长约13 cm。

600 丹娜拟珠目鱼 *Scopelarchoides danae* Johnson，1974

背鳍7～8；臀鳍24～27；胸鳍20～25；腹鳍8。侧线鳞50～52。

本种体细长，侧扁。头中等大，吻尖。眼突出，侧上位。口中等大，口角达眼后缘下方。上颌齿小，1行，向后弯曲。下颌齿2行，外行齿小。犁骨齿1对，腭骨齿2行。舌齿较大，2行。体被小圆鳞。背鳍短小，脂鳍较长。臀鳍起始于体腹中部。尾鳍叉形。体褐色。胸、腹部透明，有几个浅褐色云斑。尾柄下侧有2个小斑。眼虹彩长，深黑色，眼球浅灰色。为深海小型鱼类。分布于我国南海，以及太平洋、大西洋和印度洋暖水域。

▲ 本属我国尚有尼氏拟珠目鱼*S. nicholsi*，与丹娜拟珠目鱼*S. danae*形态特征相似，皆为背鳍起始于腹鳍前上方。但本种臀鳍鳍条稍少，20～23枚；胸部透明区有2个深褐色斑[4D]。分布于我国南海。

（110）刀齿蜥鱼科 Evermannellidae = 齿口鱼科 Odontostomidae

本科物种体短，较高，通常侧扁。头中等大。吻短，前端钝。口裂长，上颌口缘由前颌骨组成。有上颌骨，上颌辅骨小。颅顶骨和额骨愈合。眼正常或管状，朝向侧位或背面。上颌齿1行，下颌齿2行，腭骨齿1行。有犁骨齿和咽鳃齿。舌上无齿。体裸露无鳞，尾部透明。侧线不发达，管状。无鳔。发光器不明显。鳍的形态和位置与珠目鱼科相似。为深海鱼类。全球性分布。本科有3属7种，我国有3属4种。

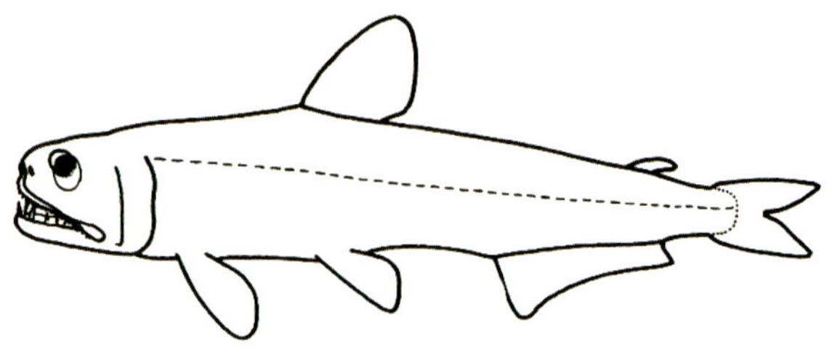

刀齿蜥鱼科物种形态简图

601 真齿蜥鱼 *Odontostomops normalops*（Parr，1928）[38]

=细眼齿口鱼

背鳍12；臀鳍32；胸鳍11；腹鳍9。侧线孔34～36。

本种体延长，很侧扁。头长大于体高。体长约是体高的6.9倍，约是头长的5.25倍。吻短，吻端陡峭。眼细小，不呈管状，侧上位。眼径明显小于眼间距。口端位；口裂长，超过眼后缘下方，达前鳃盖前下方。上颌缝合处具“八”字形缺刻。前颌骨有后弯小齿1行，并有几枚犬齿。下颌突出，具齿2行，前部齿尖长。犁骨、腭骨亦有少数齿。鳃耙退化。体无鳞。侧线孔每节上、下方各具1～2个乳突。背鳍位于体背中部，基底远比臀鳍基底短。脂鳍小。胸鳍位低，细长，末端可抵腹鳍起点。尾鳍叉形。体褐色，吻、颊部及腹部黑褐色。各鳍有黑色斑点。为热带深海小型鱼类。栖息于深海中深层水域。分布于我国南海，以及日本小笠原群岛海域，太平洋、大西洋和印度洋暖水域。体长约12 cm。

602 大西洋谷口鱼 *Coccorella atlantica*（Parr，1928）[38]

背鳍11～13；臀鳍26～31；胸鳍12～13；腹鳍9。

本种体较高，甚侧扁。头短。吻短，钝圆，前端呈截形。额骨侧线感觉管3对。眼较大，突起，朝向背侧方。眼的前上方被脂眼睑。口端位，下颌稍突出。口裂长，约占头长的3/4。颌齿1行，可倒伏。上颌齿为可弯曲的小犬齿；下颌齿少，稀疏排列。腭骨齿1行。鳃孔大，鳃耙退化。体裸露无鳞。侧线管状。各鳍位置与真齿蜥鱼的相近。脂鳍短小。体黑褐色，头侧和体侧略带黄色金属光泽，并布有黑褐色斑点。背鳍、腹鳍及其他鳍的基部黑色。为温热带深海小型鱼类，栖息于中深海区。分布于我国南海、台湾海域，以及日本熊野滩外海，太平洋、大西洋和印度洋温、热带水域。体长约18 cm。

▲ 本属我国尚有阿氏谷口鱼*C. atrata*，其形态特征与大西洋谷口鱼相似。体侧扁而高，额骨侧线管2对。分布于我国南海[13]。

603 印度刀齿蜥鱼 *Evermannella indica* Brauer，1906[38]

=齿口鱼

背鳍12；臀鳍29；胸鳍12；腹鳍9。

本种体中等延长，体高适中。头较大。体长约是体高的5.01倍，约是头长的3.70倍。吻短，尖而突出。眼较大，管状，朝向背侧。眼径大于眼间距。口大，端位。口裂长，可达前鳃盖骨前缘。下颌突出；在联合处有一陷窝，具1～2枚小犬齿；其后小齿2行。前颌口缘有1行后弯小齿。腭骨齿1行，前2枚最大。犁骨齿2枚。舌无齿。体裸露无鳞。侧线短。头背部有许多感觉孔。背鳍起始于腹鳍上方。臀鳍基长，位于体腹中后部。胸鳍低位。尾鳍叉形。体褐色，半透明。体侧散布大小不一的黑斑。各鳍色浅。为深海小型鱼类，栖息于中深层海区。分布于我国南海，以及日本冲绳海域、小笠原群岛海域，太平洋、大西洋和印度洋暖水域。体长约13 cm。

（111）崖蜥鱼科 Notosudidae ＝ 长体仙鱼科

本科物种体甚延长，躯干部圆柱形或稍侧扁。吻较长，吻端尖突。当鱼体发育即将成熟时，齿与鳃耙全部脱落。体被大圆鳞，颊部有鳞。背鳍起点位于体背中部，臀鳍位于体腹后部。腹鳍位于背鳍下方或稍靠前。脂鳍狭小，位于臀鳍起点后上方。无发光器。无鳔。为深海鱼类，雌雄同体。本科全球有3属近20种，我国有1属3种。

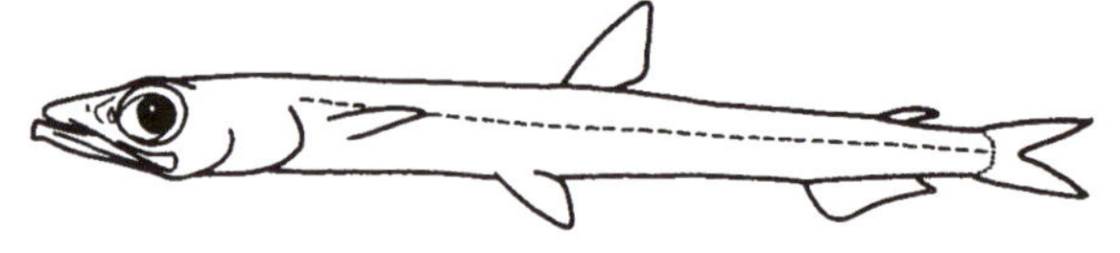

崖蜥鱼科物种形态简图

弱蜥鱼属 *Scopelosaurus*

本属物种一般特征同科。上颌骨达眼后缘下方，眶后骨不愈合，有一叶状突起。腹鳍明显位于背鳍前下方。体腹壁厚，不透明。

604 哈氏弱蜥鱼 *Scopelosaurus harryi*（Mead，1953）[48]

背鳍10；臀鳍18；胸鳍13；腹鳍9～10。侧线鳞57。鳃耙1＋16。

本种体延长，呈圆柱状。头大。体长约是体高的11.8倍，约是头长的3.6倍。吻尖突。眼大。口裂大，上颌达眼后缘下方。颌齿稍粗。犁骨、腭骨有齿。鳞大，薄，呈六角形。头部无鳞。背鳍始于肛门上方。腹鳍位于体腹中部稍靠前一点。体褐色。头、背色暗。颊部、鳃盖带银色光泽。体中轴两侧有3列小白斑。口腔、鳃腔黑色。为暖水性深海鱼类。栖息水深约360 m。分布于我国台湾海域，以及日本九州海域、帕劳海域。体长约14 cm。

605 霍氏弱蜥鱼 *Scopelosaurus hoedti* Bleeker，1860 [38]

背鳍10～12；臀鳍17～19；胸鳍10～14；腹鳍9。鳃耙1＋17～19。

本种体延长，稍高。吻尖长。胸鳍较短，末端不达腹鳍。口大，上颌达眼后缘下方。背鳍位于体背中部稍靠后一点。腹鳍明显位于背鳍前下方。体黄褐色，腹侧无银色光泽。各鳍暗褐色。齿骨上感觉孔无黑色素。肛门周围无明显黑斑。为深海性鱼类。分布于我国台湾海域，以及琉球群岛海域、鄂霍次克海、北太平洋温暖水域。体长约32 cm。

▲ 本属我国尚记录有史氏弱蜥鱼*S. smithii*。分布于我国台湾海域[13]。

(112) 魣蜥鱼科 Paralepididae
= 裸蜥鱼科 = 裸狗母鱼科 = 拟白鲑科 Sudidae

本科物种体甚延长，前部侧扁，后部呈亚圆柱形。头中等大，侧扁。吻尖，突出。眼较大，圆形，侧位。口大，端位。两颌和腭骨常具1～2行齿，下颌和腭骨前部齿大且尖长。犁骨通常无齿。有些种类腹部中央有1～2个皮褶状发光管。无鳔。体被圆鳞或裸露无鳞。侧线由鳞状管组成，埋于体侧皮下。背鳍短小，脂鳍发达，臀鳍基底长且位于体腹后部。胸鳍、腹鳍小。尾鳍亦小，叉状。本科全球有12属50种，我国有6属11种。

魣蜥鱼科物种形态简图

606 日本裸蜥鱼 *Lestrolepis japonica*（Tanaka，1908）[14]
= 日本光鳞鱼 = 日本疵喙鱼

背鳍9～10；臀鳍37～39；胸鳍10～12；腹鳍9。侧线鳞65～66。

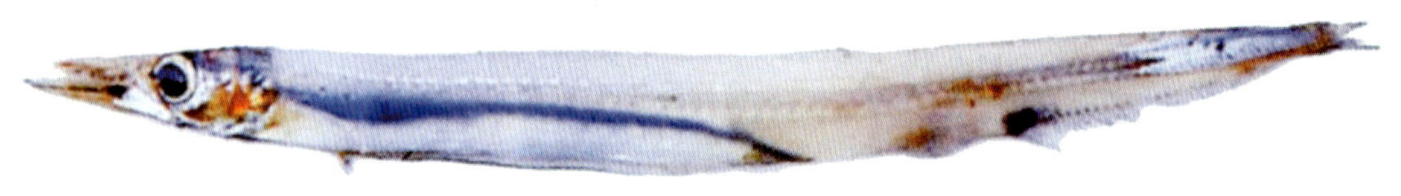

本种体甚延长，侧扁。头狭长，前部尖。体长是体高的11.27～15.51倍，是头长的3.13～4.78倍。吻长大于头长的1/2。眼中等大，侧位。口大，口裂长。上颌口缘由前颌骨组成。下颌长，略上翘。上颌前端有1对可倒伏的犬齿，下颌齿、腭骨齿各2行。体裸露，有鳞状侧线管，埋于皮下。肛门为一长裂缝，前、后分别与腹鳍、臀鳍相接。背鳍小。脂鳍后位。臀鳍基长，后位。胸鳍短小，侧位。尾鳍小，叉状。体灰黄色。眼前有一圆形黑色发光斑。胸部、腹部有1对狭长发光管，两侧有黑色皮褶。尾柄具一浅灰色斑块。尾鳍色暗。腹膜和鳃腔深褐色。为深海小型鱼类。栖息水深240～730 m。分布于我国东海、南海，以及日本相模湾海域、印度尼西亚海域、菲律宾海域、太平洋热带水域。体长约15 cm[49]。

607 古巴裸蜥鱼 *Lestrolepis intermedia*（Poey，1868）[38]

= 中间光鳞鱼

背鳍9；臀鳍40～45；胸鳍11；腹鳍9。侧线鳞74～81。

本种与日本裸蜥鱼相似。体延长，侧扁。头更尖长，吻长约占头长的3/5。眼大，眼径占头侧高度的大部分。背鳍后位，位于腹鳍至臀鳍起点中间的上方。体浅灰色，眼前有一黑色小乳突。体无明显斑纹。为深海性鱼类。分布于我国台湾海域，以及日本相模湾以南海域，太平洋、大西洋和印度洋暖水域。体长约23 cm。

608 长裸蜥鱼 *Lestidium prolinum* Harry，1953[38]

= 长鲟蜥鱼

背鳍10～11；臀鳍31～33；胸鳍12～13；腹鳍9。侧线鳞150～155。

本种体很延长，侧扁。头狭长，吻尖长。体长是体高的11.20～13.05倍，是头长的4.64～4.93倍。眼前方无黑色圆形发光斑，沿腹中线只有1条纵向的发光管。背鳍位于腹鳍后上方。体淡黄褐色。吻端深褐色。尾鳍上、下叶基部色浅。臀鳍基及腹鳍基有小黑点。尾鳍色暗。鳃腔褐色。为温、热带深海中小型鱼类。多栖息于水深200～620 m的陆坡水域。分布于我国东海，以及日本骏河湾以南海域、冲绳海域，西太平洋。体长约27 cm。

609 裸蜥鱼 *Lestidium atlanticum* Borodin, 1928[38]

背鳍9～10；臀鳍29～30；胸鳍12～13；腹鳍9。

本种体稍高，头略短。体长约约是体高的10.7倍，约是头长的5.7倍。背鳍位于体背中部偏后，与腹鳍几乎相对。眼前方无小乳突。腹中线发光器1个，其前端可抵上颌后下方。臀鳍鳍条数偏少。体背侧浅灰色，腹部银白色。头与尾部尚有金属光泽。各鳍色浅。为深海中小型鱼类。栖息于热带近海深水区。分布于我国南海，以及日本骏河湾海域、冲绳海域，太平洋、大西洋和印度洋热带水域。体长约20 cm。

610 大西洋侧鳞鱼 *Paralepis atlantica* Ege, 1953[55]

= 大西洋梭蜥鱼 *Magnisudis barysoma*

背鳍10～12；臀鳍21～23；胸鳍15～18；腹鳍9。侧线鳞56～59。鳃耙36～40。

本种体粗，侧扁。头圆锥形。体长约是体高的5.9倍，约是头长的3.7倍。吻突出。上颌、犁骨、腭骨均无齿。体和头部被圆鳞，侧线鳞几乎为楔形。胸鳍短，后端距腹鳍远。背鳍与腹鳍对位或比腹鳍位置略靠前。体和各鳍灰褐色，有银色光泽。为深海中小型鱼类。栖息水深达2 000 m，夜间可游近表层活动。以磷虾和小鱼为食。分布于我国南海，以及日本骏河湾海域、小笠原群岛海域，鄂霍次克海，除地中海外的全球温、热带水域。全长约45 cm。

611 背鳞鱼 *Notolepis rissoi*（Bonaparte，1840）[38]

背鳍9～11；臀鳍29～33；胸鳍10～12；腹鳍9～10。侧线鳞78。

本种体甚延长，细而侧扁。头长，侧扁。体长约是体高的13.6倍，约是头长的4.6倍。吻尖长。口裂大，但不达眼后缘下方。下颌前端略向上弯曲。眼大，上侧位。胸鳍短，不达腹鳍。腹鳍起点位于背鳍后下方。体被薄圆鳞，侧线鳞呈楔形。体腹中线无纵向发光器。体灰褐色，腹侧有纵向褐色斑。胸鳍基和尾鳍基部黑色。为深海性中小型鱼类。栖息于中层海区。分布于我国东海、南海，以及日本小笠原群岛海域，地中海，太平洋、大西洋和印度洋暖水域。体长约31 cm。

本科多为深海性鱼类，过去收录不多。陈素芝《中国动物志 硬骨鱼纲 灯笼鱼目 鲸口鱼目 骨舌鱼目》（2002）中仅记载有2属2种[4d]，黄宗国、林茂《中国海洋生物图集》（2012），新增数种[13]，多取自陈清潮《南沙群岛海区生物多样性名典》（2003）[105]。因缺少盗目鱼属*Lestidiops*和柱蜥鱼属*Sudis*等数种的彩图资料，本书未对其展开记述。

（113）锤颌鱼科 Omosudidae ＝ 肩柱科、巨牙鱼科

本科物种体延长，很侧扁。头大，侧扁。吻尖长。眼大，侧位。口大，口裂宽。上颌骨后端不扩大，向后伸过眼后下方。上颌辅骨大。两颌齿各1行。上颌齿小，前端有大犬齿，可倒伏。下颌齿较大，前侧部有1行特殊扩大的剑状齿。腭骨齿1行，犁骨和舌无齿。鳃耙退化。无鳔。体无鳞。无发光器。各鳍短，柔软。脂鳍发达。为深海特化的1科，仅有1属1种。

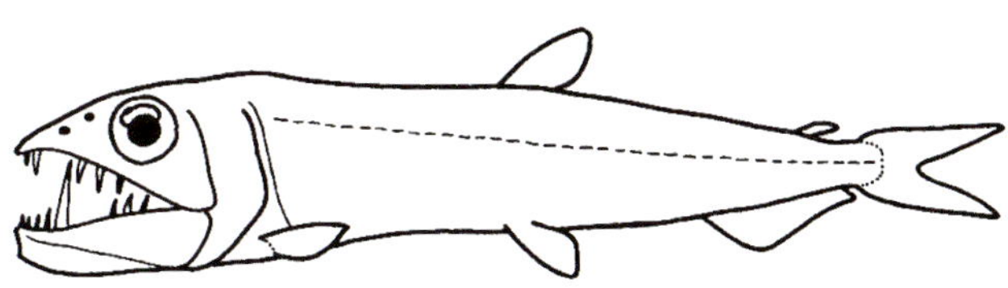

锤颌鱼科物种形态简图

612 锤颌鱼 *Omosudis lowei* Günther，1887[37]

背鳍8～10；臀鳍13～14；胸鳍12～13；腹鳍8。

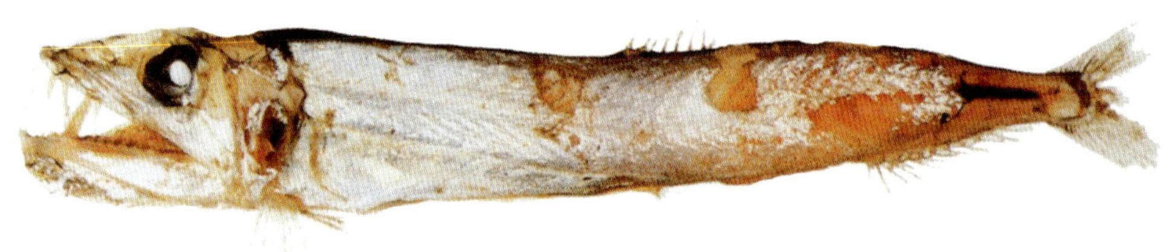

本种一般特征同科。体中等长，甚侧扁。头大，较高。体长是体高的4.6～5.6倍，是头长的2.80～3.54倍。眼大，上侧位，具脂眼睑。口大，口裂长，伸达前鳃盖骨边缘。上、下颌均有几枚长矛状犬齿。体柔软，裸露无鳞。背鳍小，后位，靠近脂鳍。臀鳍长，与脂鳍对位。胸鳍小，位低。腹鳍细小，腹位。尾柄短而高，尾鳍深叉形。头、体背部浅棕色，背中线有一黑色带。体侧散布星状暗斑，腹部密布小黑点。尾柄中部有一细长的黑斑。腹膜黑色，有银色光泽。瞳孔黑色。各鳍色浅。为深海中小型鱼类。栖息于温、热带海域，栖息水深500～1 300 m。分布于我国东海、南海，以及日本鹿儿岛海域、小笠原群岛海域，太平洋，大西洋，印度洋。体长约25.5 cm。

（114）帆蜥鱼科 Alepisauridae
= Alepidosauridae = Plagyodontidae

本科物种体延长，侧扁。吻尖长，呈圆锥状。口大，无须，无上颌辅骨。眼中等大，具脂眼睑。颌齿锐利，腭骨齿1行。体无鳞。侧线明显，突出，呈管状。无鳔。背鳍甚高，呈帆状；基底很长，大于体长的1/2。脂鳍小，后位。臀鳍小，后位。胸鳍细长，低位。腹鳍小，位于体腹中部。尾鳍大，深叉状。为深海大中型鱼类。全球仅有1属3种，我国只有1种[49]。

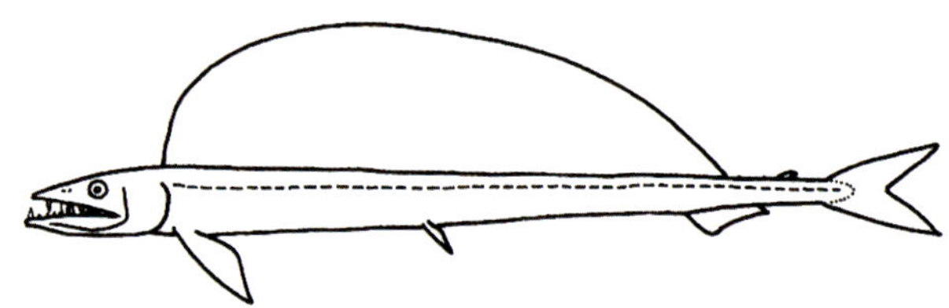

帆蜥鱼科物种形态简图

613 **帆蜥鱼** *Alepisaurus ferox* Lowe，1833[41]

背鳍37 ~ 42；臀鳍14 ~ 16；胸鳍13 ~ 14；腹鳍9。鳃耙5 ~ 6 + 20 ~ 22。

本种一般特征同科。体长是体高的7.03 ~ 10.04倍，是头长的4.44 ~ 5.27倍。但背鳍特别大，起始于鳃盖后上方，向后延伸，几乎占整个体背。有脂鳍。腭骨和下颌骨具大的剑状齿。头、体背侧蓝黑色或暗青色，具珍珠光泽。腹部灰色。背鳍、脂鳍、尾鳍黑色；其他鳍灰色，边缘色深。口和鳃腔白色。为热带、亚热带深海性鱼类。栖息水深1 300 ~ 1 400 m。夜间可游至海面觅食。性凶猛，属肉食性鱼类。分布于我国东海、南海，以及日本南部海域、北海道海域，北太平洋，大西洋，印度洋，地中海。体长可达2 m。

▲ 本目我国尚有副仙女鱼科Paraulopidae的日本副仙女鱼*Paraulopus japonicus*、大鳞副仙女鱼*P. oblongus* 2种深海鱼类[13]。因未获得资料，本书未展开记述。

31 灯笼鱼目 MYCTOPHIFORMES

本目物种体侧扁，稍延长。口一般端位，口裂上缘由前颌骨组成，上颌骨无齿。腹鳍鳍条6 ~ 13枚，胸鳍腹位或亚胸位。常有脂鳍和发光器。具上咽齿和鳃弓缩肌是本目与仙鱼目的主要区别特征，也是本目与副棘鳍鱼类共有的重要特征之一[2]。为深海中上层和次深海中小型鱼类。全球有2科35属240余种，我国有2科17属80余种。

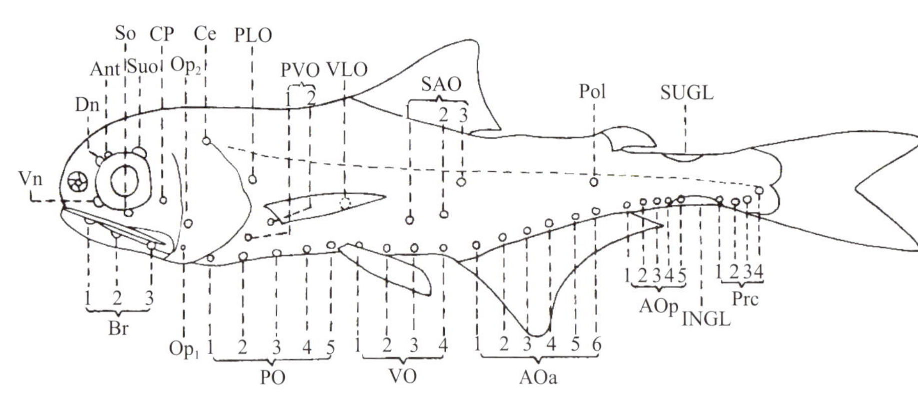

Dn. 鼻部背侧发光器
Vn. 鼻部腹侧发光器
So. 眶下发光器
Suo. 眶上发光器
Ant. 眶前发光器
CP. 颊部发光器
Ce. 肩部发光器
Op. 鳃盖发光器
PVO. 胸鳍下方发光器
PLO. 胸鳍上方发光器
VLO. 腹鳍上方发光器
SAO. 肛门上方发光器
Pol. 体后侧发光器
Br. 鳃膜条发光器
PO. 胸部发光器
VO. 腹部发光器
AOa. 臀前部发光器
AOp. 臀后部发光器
Prc. 尾前部发光器
SUGL. 尾上发光腺
INGL. 尾下发光腺

灯笼鱼科鱼类发光器位置

灯笼鱼目的科、属、种检索表*

1a 臀鳍位于背鳍末端下方；无上颌辅骨；沿腹缘发光器仅1列，尾柄背、腹缘及头部具色素或发光器……………………………………灯笼鱼科 Myctophidae（5）

1b 臀鳍位于背鳍末端远后下方；具上颌辅骨；发光器若有，则在腹下缘和体侧为多列；背、腹缘及头部无色素或发光器…………新灯鱼科 Neoscopelidae（2）

2a 无发光器；眼小，上颌骨远超过眼后缘下方；犁骨齿2行，中翼骨无齿……………………………………………………………………拟灯笼鱼 *Scopelengys tristis* 617

2b 有发光器；眼大，上颌骨伸达或稍超过眼后缘下方；犁骨齿1行，中翼骨有齿……………………………………………………………………新灯鱼属 *Neoscopelus*（3）

3a 体侧发光器36～40个，分为4列…………………………………多孔新灯鱼 *N. porosus* 616

3b 体侧发光器不超过30个，只有1列……………………………………………………………（4）

4a 体侧发光器20～26个；胸鳍短，末端不达肛门……………………小鳍新灯鱼 *N. microchir* 614

4b 体侧发光器12～15个；胸鳍长，末端可达肛门……………大鳞新灯鱼 *N. macrolepidotus* 615

*鉴于灯笼鱼目物种分类主要依据发光器的排列特征，难以用文字简练表述。本书参考陈素芝（2002）附图编列检索表[4D]。

5-1a Prc1或2个，均在侧线下方（图1、图2）；头、体无第2发光器……………………（38）

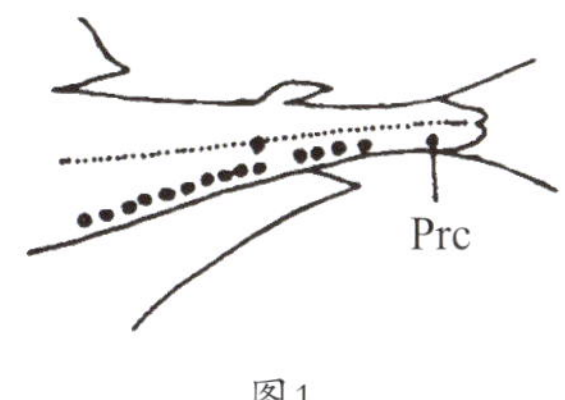

图1

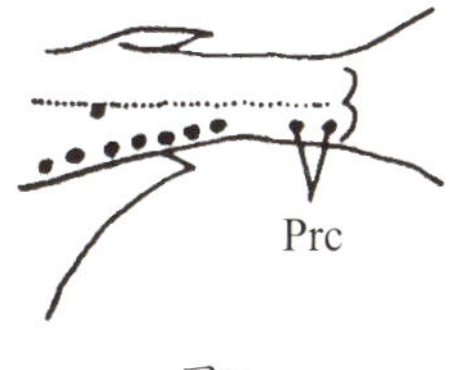

图2

5b Prc3个或更多，偶有1个在侧线上（图3）；头、体有或无第2发光器……………………（6）

6a 无Dn，Vn很小；下颌骨后部有1行中等或强钩状齿（图4）……………………（28）

6b Dn、Vn存在；下颌骨后部齿小尖或扩大或弯曲……………………（7）

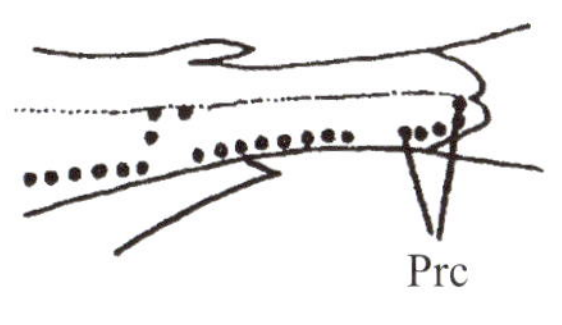

图3

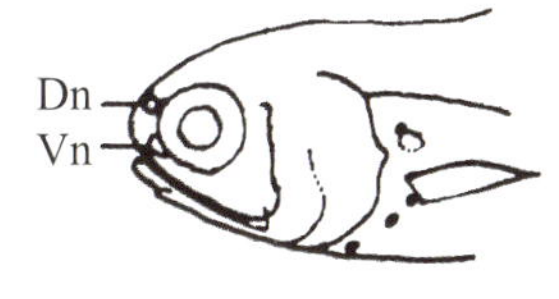

图4

7a PO_4高起；PVO斜行，与PO_1在同一条线上；无尾部发光腺；胸鳍基附近常有发光斑；体无第2发光器……………………眶灯鱼属 *Diaphus*（9）

7b PO_1～PO_4水平状，PO_5略高起；PVO_1～PVO_2竖直排列，与PO_1不在一条直线上（图5）；具尾部发光腺，体上有第2发光器……………………肩灯鱼属 *Notoscopelus*（8）

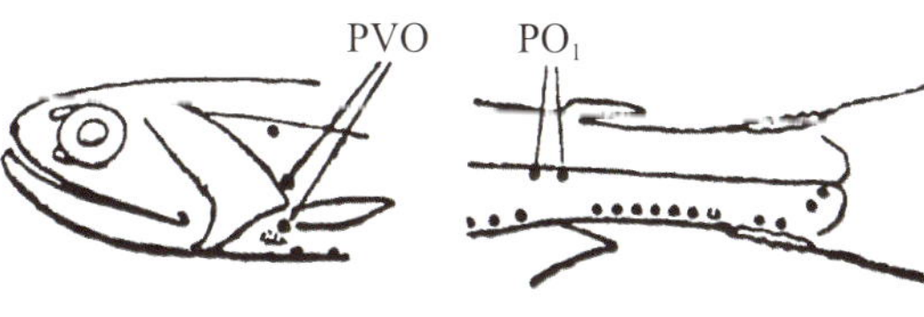

图5

8a 体黑褐色；鳃耙19～23枚……………………闪光肩灯鱼 *N. resplendens* 635

8b 体褐色；鳃耙13～14枚……………………尾棘肩灯鱼 *N. caudispinosus* 636

9-7a 有Suo……………………眶灯鱼 *D. adenomus* 647

9b 无Suo……………………（10）

10a 有So……………………（24）

10b 无So……………………（11）

11a 有Ant……………………（20）

11b 无Ant……………………（12）

12a Dn与Vn分离……………………（17）

12b Dn与Vn相接或愈合……………………（13）

13a Dn与Vn相接；Dn圆形，比鼻器小……………………天蓝眶灯鱼 *D. coeruleus* 652

13b Dn与Vn愈合；Dn椭圆形或豆形……………………（14）

14a 背鳍起点位于腹鳍基稍后上方……………………（16）

14b 背鳍起点位于腹鳍基前上方……………………（15）

15a 第1鳃耙17～23枚；体发光鳞大……………………喀氏眶灯鱼 *D. garmani* 665

15b 第1鳃耙13～15枚；体发光鳞小……………………………莫名眶灯鱼 *D. problematicus* 661

16-14a Dn接近圆形，向前与Vn连接，比眼背缘低…………光亮眶灯鱼 *D. splendidus* 662

16b Dn椭圆形或豆形，向前方与Vn连接成半月形……………………后光眶灯鱼 *D. signatus* 664

17-12a Vn伸长，略呈棒状，背缘有几个小突起……………………吕氏眶灯鱼 *D. luetkeni* 659

17b Vn不呈棒状，背缘无突起……………………………………………………………………（18）

18a 体侧无发光鳞…………………………………………………………黄光眶灯鱼 *D. taaningi* 663

18b 体侧有发光鳞……………………………………………………………………………………（19）

19a 体侧PLO、VLO、SAO_3和Prc_4的下方有发光鳞…………光腺眶灯鱼 *D. suborbitalis* 660

19b 体侧除PLO外，其他发光器下方无发光鳞…………………冠冕眶灯鱼 *D. diademophilus* 666

20-11a SAO_3和Pol紧接侧线下缘………………………………………………………………（23）

20b SAO_3和Pol位于侧线下方，二者到侧线的距离为SAO_3直径的2～3倍…………………（21）

21a 鼻孔被Vn包围，左、右Vn在吻端几乎相接，PLO靠近胸鳍基上端
……………………………………………………………………菲氏眶灯鱼 *D. phillipsi* 648

21b 鼻孔未被Vn包围，左、右Vn在吻端不相接…………………………………………………（22）

22a Vn呈椭圆形；两颌内齿大…………………………………………克氏眶灯鱼 *D. knappi* 653

22b Vn近似三角形；两颌齿全为绒毛状…………………………………瓦氏眶灯鱼 *D. watasei* 651

23-20a PLO位于侧线与胸鳍基上端中间处；鳃耙27～29枚……华丽眶灯鱼 *D. perspicillatus* 649

23b PLO位于侧线与胸鳍基间，靠近侧线；鳃耙22～24枚……金鼻眶灯鱼 *D. chrysorhynchus* 650

24-10a So位于瞳孔后下缘或后下方；Vn伸长，几乎与So相接；PLO下方无发光鳞
……………………………………………………………………………………………………（27）

24b So位于瞳孔中部下方；Vn延长，不达瞳孔中央下方；PLO下方有发光鳞…………（25）

25a AOa_1位置不升高；鳃盖后背缘呈尖角形…………………………巴氏眶灯鱼 *D. parri* 656

25b AOa_1位置升高……………………………………………………………………………（26）

26a Vn和So间距短，小于Vn长度的1/2；VLO位于侧线与腹鳍中间
……………………………………………………………………短距眶灯鱼 *D. mollis* 657

26b Vn和So间距长，约是Vn长度的2倍；VLO位置靠近腹鳍基
……………………………………………………………………长距眶灯鱼 *D. aliciae* 658

27-24a 体较高，尾柄短；Vn呈条带状………………………短头眶灯鱼 *D. brachycephalus* 655

27b 体较低，尾柄较长；Vn呈线状……………………………………李氏眶灯鱼 *D. richardsoni* 654

28-6a SUGL与INGL均围以黑色素组织（图6）………………………………………………（37）

28b SUGL与INGL周围无黑色素组织……………………………………………………………（29）

29a 除尾部发光腺外，臀鳍基底与身体其他部分亦有发光组织（图7）……………………（35）

29b 发光组织仅限于尾部发光器，偶尔存在于脂鳍基…………………………………………（30）

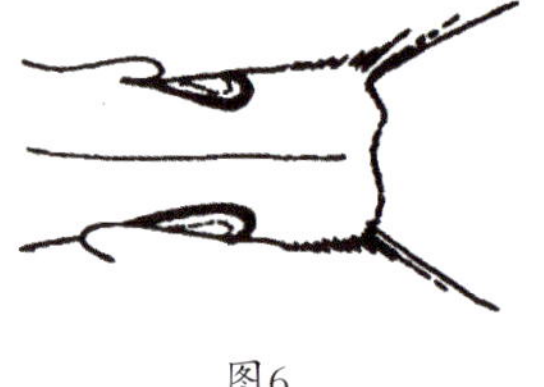

图6

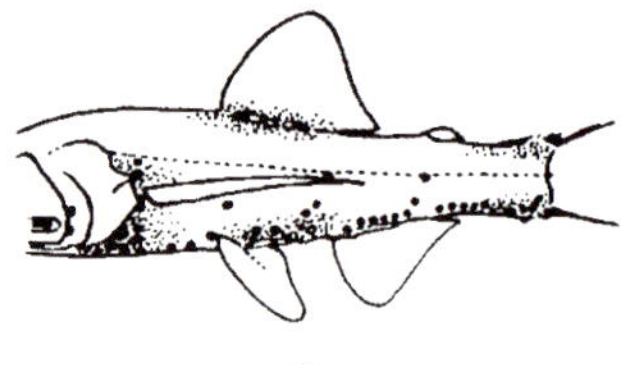

图7

30a VO 5个，VO_2或VO_2和VO_3高起；Prc通常与AOp分开（图8），SAO_1在VO_4和VO_5间的上方 ……………………………………………………………小鳍尾灯鱼 *Triphoturus micropterus* 640

30b VO 3～6个，水平状排列，或VO_4、VO_2高起；Prc通常与AOp相连（细斑珍灯鱼例外）（图9）……………………………………………………………珍灯鱼属 *Lampanyctus*（31）

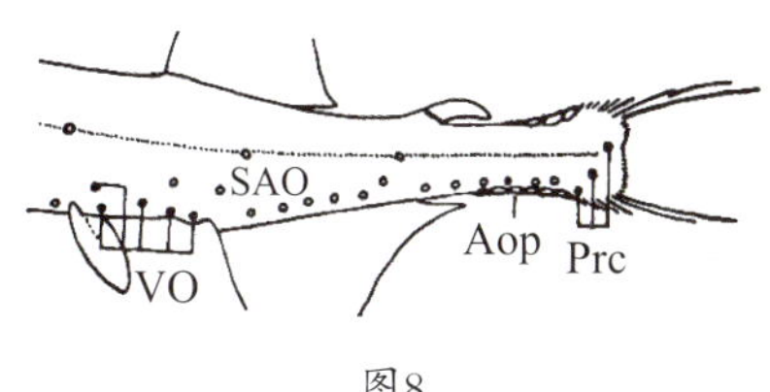

图8

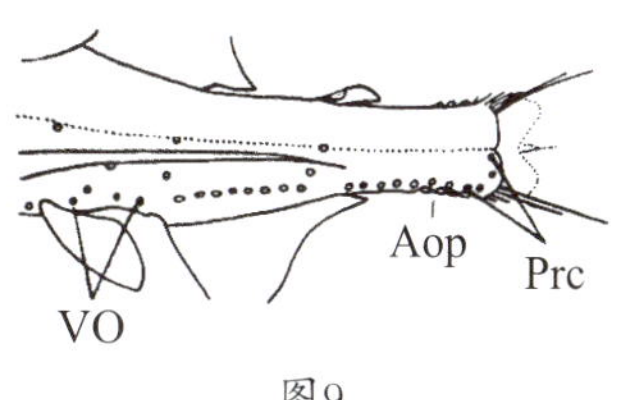

图9

31a 有CP，体上具微小的第2发光器……………………………………细斑珍灯鱼 *L. alatus* 642

31b 无CP，体上无微小的第2发光器……………………………………………………………（32）

32a VO水平排列……………………………………………………………………………………（34）

32b VO_2位置高起…………………………………………………………………………………（33）

33a VLO位于侧线与腹鳍基中间，Prc_2、Prc_3和Prc_4三者排列成一斜线 ……………………………………………………………………………诺贝珍灯鱼 *L. nobilis* 645

33b VLO靠近侧线，Prc_2、Prc_3和Prc_4三者不排列成直线………………喜庆珍灯鱼 *L. festivus* 643

34–32a 胸鳍短，未达腹鳍基；VLO位于侧线下缘…………………………黑色珍灯鱼 *L. niger* 641

34b 胸鳍中等长，后延达臀鳍起点；VLO位于侧线与腹鳍中间处……天纽珍灯鱼 *L. tenuiformis* 644

35–29a Prc 4个（图10），虹彩无发光组织；前颌骨前部无扩大的齿区；尾鳍副鳍条有硬棘 ……………………………………………………………尾明角灯鱼 *Ceratoscopelus warmingii* 639

35b Prc 3个（图11），虹彩后半部有发光组织（图12）；前颌骨前部有扩大的齿区；尾鳍副鳍条无硬棘……………………………………………………………虹灯鱼属 *Bolinichthys*（36）

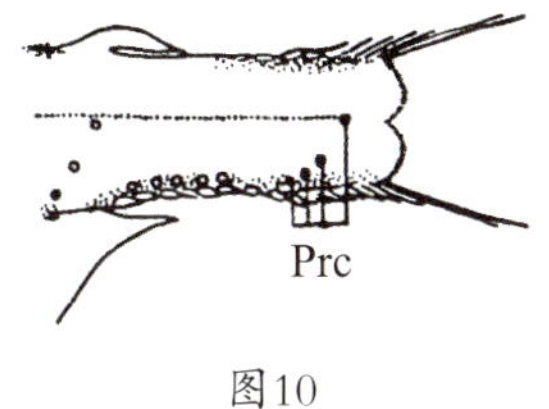

图10

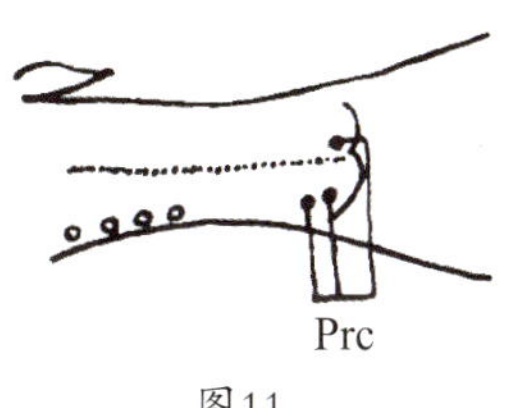

图11

36a 体稍低，胸鳍末端达臀鳍中部…………………………长鳍虹灯鱼 *Bolinichthys longipes* 618

36b 体较高，胸鳍末端仅达臀鳍起点……………………………侧上虹灯鱼 *B. supralateralis* 619

37–28a 虹彩后半部有发光组织（图13）；颌中等长，后端伸过眶后缘下方约1/2眼径的长度 ……………………………………………………前臀月灯鱼 *Taaningichthys bathyphius* 620

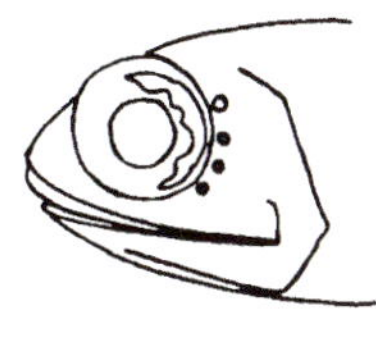
图12

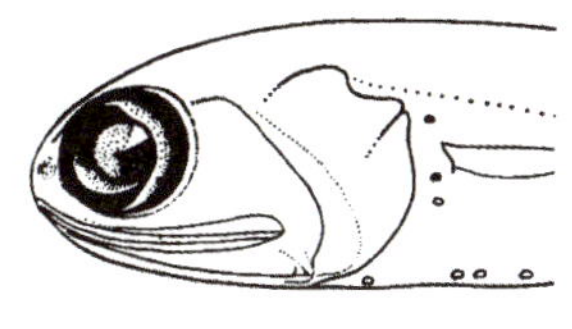
图13

37b 虹彩后半部无发光组织（图14）；颌长，后端伸过眶后缘下方至少1个眼径的长度；鳃耙13～15枚……………………………………………………发光炬灯鱼 *Lampadena luminosa* 637

38–5a PLO位于胸鳍基上端或略高（图15）；颌长，后端伸过眶后缘1/2眼径的长度，口下位，吻突出；眶前骨退化；SAO排列略成一斜线（图22）
……………………………………………………楯锦灯鱼 *Centrobranchus choerocephalus* 621

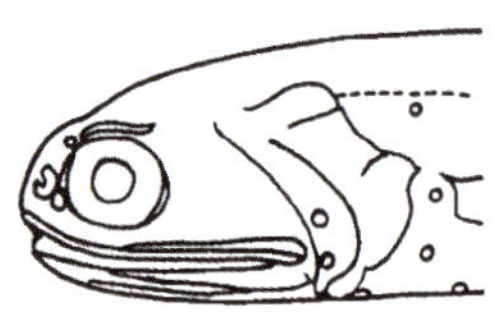

图14

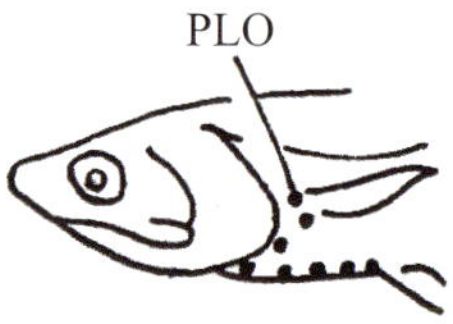

图15

38b PLO位于胸鳍基背侧（图16）；颌短，后端伸过眼眶后缘的长度小于眼径的1/2；口端位，吻钝圆；眶前骨不退化…………………………………………………………………（39）

39a PVO水平排列，VO_2高起（图17）…………………………………………………………（48）

39b PVO斜行，VO水平（图18）…………………………………………………………………（40）

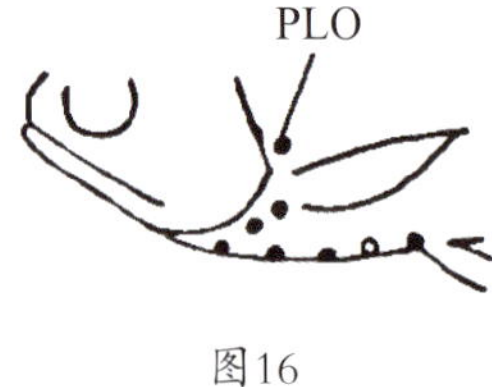

图16

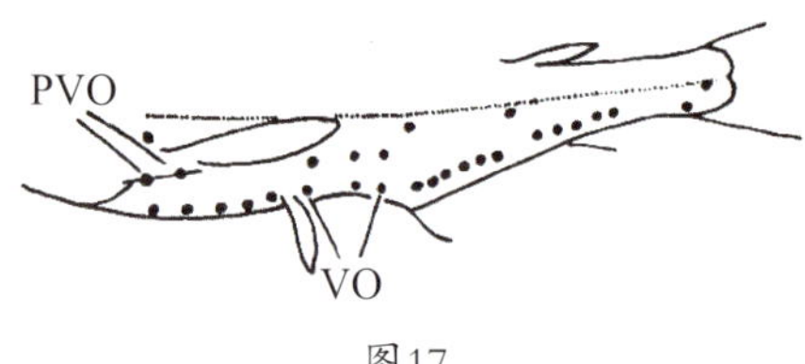

图17

40a Pol 1个（图19）；尾上腺形状不一，不大，不围以黑色素组织……………………………（42）

40b Pol 2个（图20）；尾上腺大，形状单一，围以黑色素组织……壮灯鱼属 *Hygophum*（41）

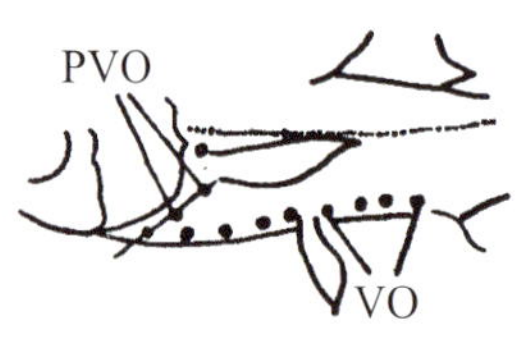

图18

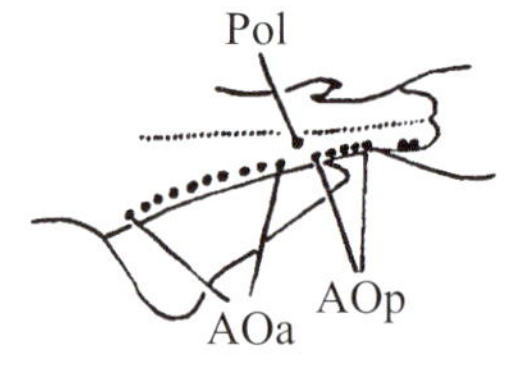

图19

41a SAO_1比SAO_2位置低，两者与PVO_1排列成斜线；体长是体高的4～4.5倍
……………………………………………………………………近壮灯鱼 *H. proximum* 625

41b SAO_1的位置与SAO_2水平排列，两者与PVO_1排列成直线；体长约是体高的5.4倍，上颌末端仅达眼眶后缘…………………………………………………………润哈壮灯鱼 *H. reinhardtii* 626

42–40a SAO_1在VO_3之前（图21）……………………光彩标灯鱼 *Symbolophorus evermanni* 628

42b SAO_1在VO_3之后（图22）……………………………………………灯笼鱼属 *Myctophum*（43）

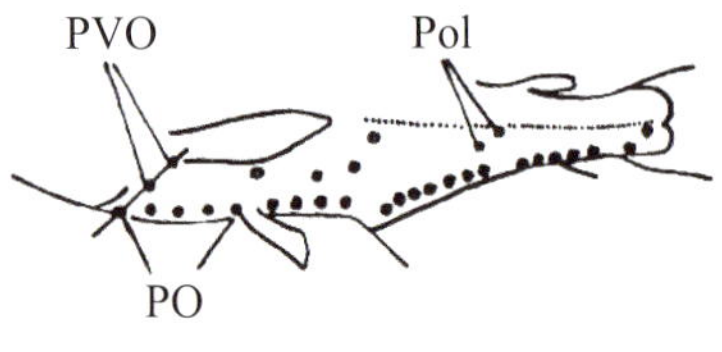

图20

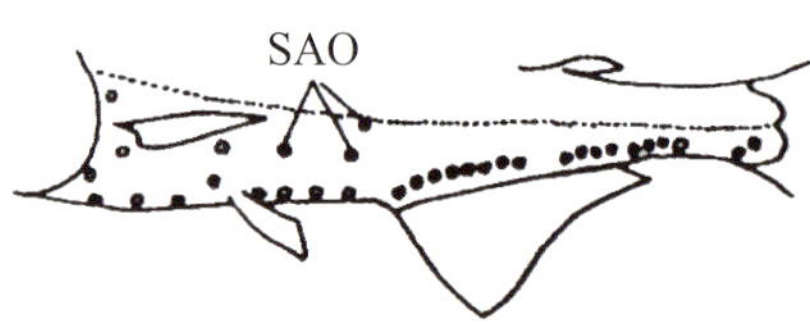

图21

图22

43a AOp至少7个，前2～3个在臀鳍基上 ……（47）

43b AOp不多于6个，第1个在臀鳍基上 ……（44）

44a 鳃耙14～16枚；SAO 3个，呈三角形排列 ……粗鳞灯笼鱼 *M. asperum* 634

44b 鳃耙至少18枚；SAO 3个，排列成直线或近于直线 ……（45）

45a 鳃耙18～22枚，AO 12～15个，胸鳍鳍条12～14枚；鳃盖骨后上缘呈尖角状；体被圆鳞 ……闪光灯笼鱼 *M. nitidulum* 631

45b 鳃耙22～25枚，AO 9～12个，胸鳍鳍条14～18枚 ……（46）

46a 体高，体高几乎等于头长；鳃盖骨后上缘光滑 ……粗短灯笼鱼 *M. selenops* 630

46b 体细长，体高短于头长；鳃盖骨后上缘锯齿状；体被弱圆鳞 ……钝吻灯笼鱼 *M. obtusirostris* 633

47-43a Pol在脂鳍起点垂线的前下方；臀鳍鳍条不少于23枚，体被圆鳞 ……金焰灯笼鱼 *M. aurolaternatum* 629

47b Pol在脂鳍起点垂线的下方；臀鳍鳍条少于23枚，体被栉鳞；SAO_1在VO_3和VO_4之间上方 ……栉刺灯笼鱼 *M. spinosum* 632

48-39a Prc水平排列，或Prc_2稍高起，但远离侧线（图23）；上颌骨后下部中等扩大；前颌骨齿扁；下颌外行齿加宽，后部齿强钩状 ……西明灯鱼 *Diogenichthys atlanticus* 627

48b Prc_2甚高，靠近侧线（图24）；上颌骨后下部甚扩大；前颌骨齿和齿骨齿均小且尖 ……底灯鱼属 *Benthosema*（49）

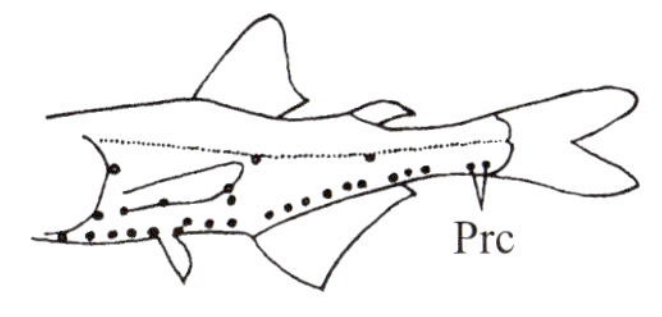

图23

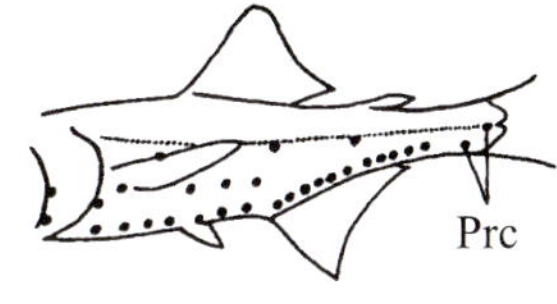

图24

49a VO_2位于VO_1上方，约在PVO、SAO_1和SAO_2水平线上；PLO位于侧线与胸鳍基间，接近胸鳍基；具So ……耀眼底灯鱼 *B. suborbitale* 622

49b VO_2位于VO_1和VO_3之间的上方，在PVO和SAO_1水平线下；PLO位于侧线与胸鳍基中间，或靠近侧线；无So ……（50）

50a PLO位于侧线与胸鳍基中间；PO排列近水平状；Prc_2在侧线下缘 ……七星底灯鱼 *B. pterotum* 623

50b PLO位于侧线与胸鳍基间，靠近侧线；最后的PO升高；Prc_2远离侧线 ……带底灯鱼 *B. fibulatum* 624

（115）新灯鱼科 Neoscopelidae

本科物种体延长，侧扁。头大。眼中等大或小，侧位。口前位，口裂长。上颌口缘由前颌骨组成。上颌骨后部膨大，伸达或超过眼后缘下方。上颌辅骨细长。两颌、犁骨、腭骨均具小齿组成的齿带或齿丛。背鳍、臀鳍中等大，无鳍棘。臀鳍后位，胸鳍低位，腹鳍腹位，尾鳍叉状。有脂鳍，位于臀鳍后上方。鳃耙发达。无鳔或有鳔。具圆鳞或无。体侧或腹部有水平状等距离排列的椭圆形发光器或无发光器。为次深海中小型鱼类。本科全球有3属6种，我国有2属4种。

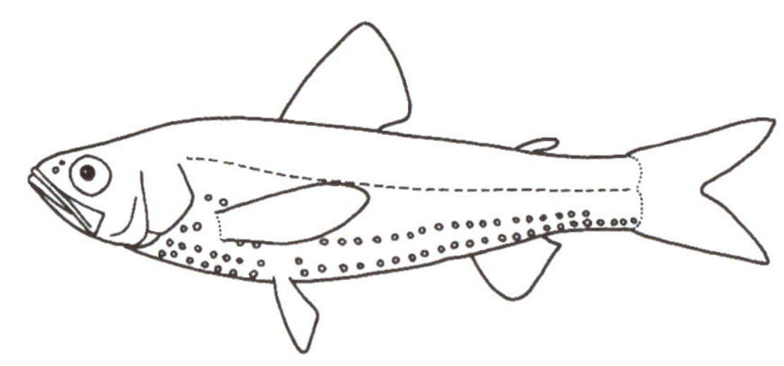

新灯鱼科物种形态简图

新灯鱼属 *Neoscopelus* Johnson，1863

本属物种一般特征同科。体具发光器。眼大，吻突出。口大，前位。上颌骨伸达或稍超过眼后缘下方。两颌和腭骨均具绒毛状齿带。犁骨具1行齿带。背鳍中位，与腹鳍对位。臀鳍后位，其末端与脂鳍相对。胸鳍大而延长。尾鳍叉形。体被大圆鳞。本属物种有鳔。腹部正中具1列发光器，腹侧具2～4列圆形发光器。我国有3种。

614 小鳍新灯鱼 *Neoscopelus microchir* Matsubara，1943[14]

=短鳍新灯鱼

背鳍12～13；臀鳍11～12；胸鳍16～18；腹鳍9。侧线鳞30～33。鳃耙3～4＋11～12。

本种一般特征同属。体延长，侧扁，头较大。体长是体高的3.82～4.48倍，是头长的2.94～3.23倍。体侧发光器1行，20～26个，排列连续，最后1个在臀鳍基之后。背鳍起点比腹鳍起点位置相对稍靠前。胸鳍短，末端距肛门较远。腹侧尚有诸多发光器规则排列。体红色，腹部银白色。眼后方无三角形暗斑。为热带、亚热带深海小型鱼类。栖息水深250～700 m。分布于我国东海、台湾海域、南海，以及日本骏河湾海域，菲律宾海域，新西兰海域，太平洋、印度洋和北大西洋温暖水域。体长约9.5 cm[84]。

615 大鳞新灯鱼 *Neoscopelus macrolepidotus* Johnson，1863[55]

背鳍12～13；臀鳍12～13；胸鳍18～19；腹鳍9。侧线鳞30～32。鳃耙3～4＋11～12。

本种体延长，侧扁。头大。体长是体高的4.6～5.13倍，是头长的3.05～3.42倍。体侧发光器1列，仅12～15个，向后只达臀鳍起点。胸鳍很长，末端可达肛门。头、体均被大圆鳞。体暗紫色，头带红色，各鳍淡红色，鳃盖和口腔黑色。为热带、亚热带深海中小型鱼类。栖息水深300～930 m。分布于我国东海、南海，以及日本福岛以南海域，美国夏威夷海域，澳大利亚海域，太平洋、大西洋、印度洋温暖水域。体长约20 cm。

616 多孔新灯鱼 *Neoscopelus porosus* Arai，1969[14]

背鳍12～13；臀鳍11～13；胸鳍16～17；腹鳍9。侧线鳞34。鳃耙4＋12～13。

本种体延长，侧扁。头较大，体长是体高的3.86～5.0倍，是头长的3.25～3.6倍。吻中等长，吻长大于眼径。口大，上颌末端达眼后缘下方。颌齿细小，犁骨、腭骨具齿带。体被圆鳞，侧线完整。背鳍位于体背中部的前面，与腹鳍相对。峡部发光器8个。体侧发光器4列，共36～40个。体灰褐色，背部、腹部色较深。瞳孔茶褐色，眼、鳃盖深灰色，各鳍无色。为暖水性深海鱼类。栖息水深400～600 m。分布于我国南海、台湾海域，以及日本海域。体长约18 cm[86]。

617 拟灯笼鱼 *Scopelengys tristis* Alcock，1890[38]

= 崖灯鱼

背鳍11～12；臀鳍13～14；胸鳍14～15；腹鳍9。鳃耙2～3＋1＋8～9。

本种体延长，侧扁，头大。体长是体高的5.10～6.13倍，是头长的3.37～3.90倍。无发光器是本种最主要的特征。眼小。上颌骨长，向后延伸远超过眼后缘下方。犁骨齿2行。体被薄圆鳞，无鳔。体灰褐色，头部和腹部颜色较深。尾鳍黑色，其他鳍色浅。为热带、亚热带深海中小型鱼类。栖息水深400～1 800 m。分布于我国东海、南海，以及日本九州海域和太平洋、大西洋、印度洋热带水域。体长约18 cm。

（116）灯笼鱼科 Myctophidae ＝ 七星鱼科 Scopelidae

本科物种体延长或长椭圆形（侧面观），侧扁。腹部圆润。头中等大。吻短，圆钝。眼大，侧位。口裂长，远超过眼后缘下方。前颌骨构成上颌口缘。上颌骨细长，后端不膨大。颌骨具1～2行扩大或窄长小齿。犁骨通常具绒毛状细齿。腭骨齿弱。鳃孔大，鳃耙发达（锦灯鱼属例外）。被圆鳞或栉鳞。背鳍无鳍棘，有脂鳍。臀鳍基底长，起点位于背鳍末端下方。胸鳍低位，腹鳍腹位，尾鳍叉状。本科种类繁多，形态相似，鉴别难度较大，主要依据规律排列的发光器进行分类。本科全球有32属235种；我国有15属，名录收入约80种。本科物种多为大洋深水小型鱼类，许多种类无彩图，本书未对这些种类展开记述。相关种类介绍可参看陈素芝《中国动物志 硬骨鱼纲 灯笼鱼目 鲸口鱼目 骨舌鱼目》（2002）、黄宗国《中国海洋物种多样性（下册）》（2012）[4D，13]。

灯笼鱼科物种形态简图

618 长鳍虹灯鱼 *Bolinichthys longipes*（Brauer，1906）[38]

背鳍12～13；臀鳍13～14；胸鳍12～14；腹鳍8。侧线鳞34～35。鳃耙4～5＋1＋11～13。臀部发光器5～6＋3～4。

本种体延长，侧扁。体长是体高的4.18～5.03倍，是头长的3.03～3.24倍。无鼻部背侧发光器。鼻部腹侧发光器小而圆。虹彩后半部有白色新月形发光组织。腹部发光器5个。腹鳍上方发光器紧邻侧线下缘。第1肛门上方发光器在第5腹部发光器的上方。尾上发光腺和尾下发光腺具1～3片覆瓦状排列的发光鳞，无黑色素。最后的臀后部发光器位于尾下发光腺之前。在眶上、眶后以及背鳍基、腹鳍基也均有发光组织。头、体深褐色，各鳍色浅。为深海小型发光鱼类。栖息于中深层海域。分布于我国南海，以及日本小笠原群岛海域、冲绳近海，太平洋、大西洋和印度洋热带水域。体长约5 cm。

619 侧上虹灯鱼 *Bolinichthys supralateralis*（Parr，1928）[37]

本种体延长，侧扁。头背缘圆。眼大。吻短，吻端钝圆。口裂大，开口于吻端下方。上颌长于下颌。上颌骨末端达前鳃盖后缘下方。背鳍位于体背中部。臀鳍起点位于背鳍基末端下方。腹鳍起点比背鳍起点相对靠前。胸鳍长，末端达臀鳍起点处。体褐色，各鳍灰白色。为暖水性深海小型鱼类。分布于我国台湾海域。

▲ 本属我国尚有眶暗虹灯鱼*B. pyrsobolus*，与长鳍虹灯鱼相似。但眶暗虹灯鱼胸鳍短，不达臀鳍起点。陈素芝（2002）尚述及南沙虹灯鱼*B. nanshanensis*，其腹部发光器只有4个[4D]。但黄宗国（2012）认为南沙虹灯鱼与眶暗虹灯鱼是同物种。

620 前臀月灯鱼 *Taaningichthys bathyphilus*（Tåning，1928）[38]

背鳍12～14；臀鳍12～14；胸鳍12～14；腹鳍8。侧线鳞34。鳃耙3＋1＋7～8。臀部发光器2～3＋1～2。

本种体延长。体长是体高的5.97～6.40倍，是头长的3.26～3.43倍。无鼻部背侧发光器。鼻部腹侧发光器很小。虹彩后半部具白色新月形发光组织。吻短钝。眼大。口大，口裂可超过眼眶后缘约1/2眼径的长度。体头部棕褐色，躯体色浅，各鳍近于无色。为热带、亚热带深海小型鱼类。栖息于800 m以深海域。分布于我国南海，以及日本南部海域，太平洋、大西洋和印度洋温暖水域。体长约6.5 cm[88]。

621 椭锦灯鱼 *Centrobranchus choerocephalus* Fowler，1904[38]

背鳍11；臀鳍19；胸鳍14；腹鳍8。臀部发光器5～6＋10～11。

本种体延长，侧扁，侧面观呈长椭圆形。体长约是体高的5.3倍，约是头长的3.9倍。有鼻部背侧发光器和鼻部腹侧发光器，周边皆有黑色组织。虹彩后半部无白色新月形发光组织。腹鳍上方发光器、肛门上方发光器和体后侧发光器均在侧线附近。尾前部发光器1～2个。腹鳍上方发光器位于胸鳍基上方。肛门上方发光器位于腹部发光器上方，呈直线排列。最前面4～5个臀后部发光器位于臀鳍基上。鼻器大，呈椭圆形。鳃耙退化，呈细小棘状。侧线不完全。体黄棕色，背部色较深。为深海小型发光鱼类。栖息于热带海域中深层。分布于我国南海，以及日本冲绳近海、印度洋和太平洋热带水域。体长约5 cm。

▲ 本属我国尚有牡锦灯鱼*C. andreae*，与椭锦灯鱼相似。前者以鼻器圆大，第1肛门上方发光器位于第4腹部发光器的后上方和后者相区别[4D]。

底灯鱼属 *Benthosema* Goode et Bean，1896

本属物种头、体侧扁。尾细长。口中等大，上颌骨末端扩大，可伸过眼眶后缘下方。颌齿小而锐尖，犁骨、腭骨齿小，呈带状排列。鳃耙细长。侧线明显。臀鳍基比背鳍基长。鼻部背侧发光器明显。鼻部腹侧发光器小或无。眶下发光器有或无。胸鳍上方发光器位于胸鳍背方。腹部发光器4个。尾前部发光器2个；第2尾前部发光器甚高，靠近侧线。尾柄背和尾柄腹发光腺呈长椭圆形，周围有黑色素。我国有3种。

622 耀眼底灯鱼 *Benthosema suborbitale*（Gilbert，1913）[38]

＝肖底灯鱼＝下眶底灯鱼

背鳍12～14；臀鳍16～19；胸鳍13～15；腹鳍8。侧线鳞34～36。鳃耙3＋1＋10。臀部发光器6＋5。

本种一般特征同属。体延长，侧扁。头中等大。体长是体高的3.87～4.34倍，是头长的2.85～3.61倍。吻短，圆钝。眼大，侧上位，眼径是吻长的2倍。上、下颌等长。侧线发达。鼻部背侧发光器圆形。有眶下发光器。胸鳍上方发光器位于胸鳍背上方。靠近胸鳍基有胸鳍下方发光器2个，水平排列；腹部发光器4个，第2腹部发光器高起。尾前部发光器2个，相距远。雄鱼尾上发光腺呈椭圆形，长而大，不分节；雌鱼尾下发光腺为2～3枚发光鳞，较雄鱼的小。体褐色，各鳍无色。为深海小型发光鱼类。栖息于热带、亚热带海域中深层。分布于我国南海，以及日本小笠原群岛海域、冲绳海域，太平洋、大西洋和印度洋热带、亚热带水域。体长约3 cm。

623 七星底灯鱼 *Benthosema pterotum*（Alcock，1891）[39]

背鳍11～13；臀鳍17～19；胸鳍12～13；腹鳍8。侧线鳞32～34。鳃耙7～8＋14～15。臀部发光器5～6＋4～5。

本种体侧扁。头大。体长是体高的4.35～5.07倍，是头长的2.95～3.31倍。无眶下发光器。胸鳍上方发光器在侧线和胸鳍基的中间处。胸部发光器5个，几乎呈水平排列。尾前部发光器2个，第2尾前部发光器位置升高至侧线下缘。背鳍中等大，约位于体背中部。臀鳍较背鳍大，起点比背鳍基底末端位置相对靠前。胸鳍位置低，细长。腹鳍较小，始于背鳍起点前下方。体黄褐色，略透明，腹部银白色，头部深褐色。背鳍基与尾鳍基部色深，其他鳍无色。为海洋小型发光鱼类。常密集成群，栖息水深200 m以深。主要以浮游桡足类、磷虾、糠虾等为食。分布于我国黄海、东海、南海，以及日本相模湾海域、鹿儿岛海域，西太平洋和北印度洋温、热带水域。体长约5.5 cm。我国黄海东部拖网渔获数量较多，是该海区重要的饵料鱼种。但本身无重要渔业价值[39]。

624 带底灯鱼 *Benthosema fibulatum*（Gilbert et Cramer，1897）[37]

＝棘头底灯鱼

本种体稍细长，侧扁。头背缘圆。吻极短，吻端钝圆。眼颇大。口大，开口于吻端，斜裂。上颌骨末端达前鳃盖骨后缘下方。两颌、犁骨具粒状齿带。背鳍位于体背中部。臀鳍起始于背鳍基底末端下方。臀鳍基底较背鳍长。胸鳍上发光器位于侧线与胸鳍基间，靠近侧线。最后胸部发光器位置升高。第2尾前发光器远离侧线。体背侧淡褐色，各鳍灰白色。为暖水性深海小型鱼类。栖息水深122 ~ 567 m。分布于我国东海，以及日本南部海域、印度-太平洋暖水域。体长约7.2 cm[49]。

壮灯鱼属 *Hygophum* Tåning，1939

本属物种体侧扁。头大。吻圆钝。口中等大。胸鳍细长，可达背鳍基底后下方。臀鳍基底比背鳍基底长。鼻部背侧发光器略小于鼻部腹侧发光器。具眶上发光器。胸部发光器5个，近水平排列。腹部发光器4个，水平排列。肛门上方发光器3个，呈三角形排列。尾前部发光器2个，相距较远。尾柄背、腹缘发光腺形状单一，周围有黑色素组织。我国有3种。

625 近壮灯鱼 *Hygophum proximum* Becker，1965[38]

背鳍12 ~ 13；臀鳍19 ~ 20；胸鳍13 ~ 14；腹鳍8。鳃耙4 ~ 5 + 1 + 11 ~ 12。臀部发光器4 ~ 5 + 5 ~ 6。

本种一般特征同属。体侧扁，体长是体高的4.00 ~ 4.50倍，是头长的3.31 ~ 3.37倍。胸鳍上方发光器位置高，高于胸鳍基上端。臀鳍前部发光器和臀鳍后部发光器不连续。胸鳍下方发光器斜列。腹部发光器平列。体后侧发光器2个。第1肛门上方发光器位置明显低于第2肛门上方发光器。胸鳍基上端位于眼球中线下方。体浅褐色，头部和背、腹缘色较深，各鳍无色。为热带深海小型鱼类。栖息于中深层海区。分布于我国南海，以及日本本州以南海域、太平洋-印度洋暖水域。体长约4.1 cm。

626 润哈壮灯鱼 *Hygophum reinhardtii*（Lütken，1892）[38]

背鳍13；臀鳍21；胸鳍13；腹鳍7。鳃耙4＋1＋13。臀部发光器5＋7。

本种形态特征与近壮灯鱼相似。体延长，体长约是体高的5.4倍，约是头长的3.4倍。体后侧发光器2个。第1肛门上方发光器与第2肛门上方发光器呈水平排列。眼大。口稍小，上颌末端向后延伸仅达眼眶后缘下方。体橙黄色，眼蓝黑色，各鳍色浅。为热带深海小型鱼类。栖息水深约1 000 m。分布于我国南海，以及日本骏河湾、本州以南海域，太平洋、大西洋和印度洋暖水域。体长约4.7 cm。

▲ 本属我国尚有黑壮灯鱼*H. atratum*，形态特征与润哈壮灯鱼相似，仅在上颌骨长度、Pol位置和臀鳍鳍条数等特征上有所区别[4D]。

627 西明灯鱼 *Diogenichthys atlanticus*（Tåning，1928）[38]

背鳍11～12；臀鳍15～16；胸鳍12～13；腹鳍8。侧线鳞33～34。鳃耙2＋1＋9～11。臀部发光器6＋3（5～7＋2～4）。

本种体侧扁。头较大。体长是体高的4.30～4.62倍，是头长的2.92～3.17倍。吻钝。口较大，端位。颌短，后端不超过眼眶后缘下方。鼻器玫瑰花状。胸鳍上方发光器位于胸鳍基背侧。胸鳍下方发光器2个，水平排列。第2腹部发光器高起。尾前部发光器水平排列，或第2尾前部发光器稍高起。

上颌骨后下部中等扩大。前颌骨齿扁，下颌外行齿加宽，后部齿呈强钩状。体黄褐色，头、胸部黑褐色，眼蓝黑色，尾鳍基色深，其他鳍无色。为暖水性深海小型鱼类。分布于我国东海、南海，以及日本南部海域，太平洋、大西洋和印度洋温暖水域。体长约2.5 cm。

▲ 本属我国尚有朗明灯鱼（长颌明灯鱼）*D. laternatus*[88]和印明灯鱼*D. panurgus*[87]。二者上颌骨长，末端超过眼眶后缘下方，腹鳍上方发光器距腹鳍较近或位于腹鳍与侧线中间，与西明灯鱼有别[4d]。

628 光彩标灯鱼 *Symbolophorus evermanni*（Gilbert，1905）[48]

背鳍14～15；臀鳍19～21；胸鳍14～15；腹鳍8。侧线鳞37～40。鳃耙6＋1＋14～15。臀部发光器7～8＋4～5。

本种体延长，略侧扁。头中等大。体长是体高的4.65～5.48倍，是头长的3.34～3.67倍。吻短钝。口端位，颌骨后端超过眼眶后缘下方。胸鳍上方发光器位于胸鳍基背侧。腭骨具绒毛状狭齿带，无粗大牙齿。胸鳍下方发光器斜列。腹部发光器水平排列。体后侧发光器仅1个。雄鱼尾上发光腺由3～7个覆瓦状排列的发光鳞组织构成。肛门上方发光器排列成钝角三角形，第1肛门上方发光器在第3腹部发光器之前。体黄色。头胸部、体中段及尾鳍基为黑褐色，并有金属光泽。尾鳍色浅。为热带深海小型鱼类。栖息水深400～700 m。分布于我国南海、东海，以及日本东南海域、九州海域，帕劳海域，太平洋和印度洋热带水域。体长可达10 cm。

▲ 本属我国尚有红标灯鱼*S. rufinum*，形态特征与光彩标灯鱼相似，仅以第1肛门上方发光器位于第3腹部发光器的前上方，第1臀后部发光器在臀鳍末端上方与光彩标灯鱼相区别。分布于南海，为我国新记录[88]。

灯笼鱼属 *Myctophum* Rafinesque，1810

本属物种一般特征同科。体延长，侧扁。尾部细长。吻短，圆钝。眼中等大。口大。上颌骨细长，后端远伸过眶后缘下方。前颌骨和齿骨具绒毛状细齿，呈带状。犁骨齿有或无。鳃孔大，鳃耙长。侧线明显。背鳍中等大，臀鳍基底长。体被圆鳞或栉鳞。具鼻部背侧发光器和鼻部腹侧发光器。胸鳍下方发光器2个，斜行。胸部发光器5个，第1～4胸部发光器水平排列，第5胸部发光器位置稍高。腹部发光器4个，水平排列。肛门上方发光器3个。体后侧发光器1个，尾前部发光器2个。尾上发光腺边缘不围以黑色素组织。我国有9种。

629 金焰灯笼鱼 *Myctophum aurolaternatum* Garman，1899

背鳍13～14；臀鳍23～25；胸鳍14～15；腹鳍8。侧线鳞43～47。鳃耙5＋1＋11～12。臀部发光器10～11＋6～7。

本种一般特征同属。体延长，侧扁。头大，吻短。体长是体高的5.15～5.62倍，是头长的3.56～3.76倍。臀后部发光器6～7个，前1～2个在臀鳍末端上方，沿尾柄腹侧排列。体后侧发光器位于脂鳍起点垂线的前下方。臀鳍鳍条不少于23枚。体被圆鳞。体银灰色，各鳍色浅。为热带深海小型鱼类。白天栖息于较深海域，夜间可上升到海洋表层。以浮游生物为食。分布于我国南海，以及日本南部海域，印度洋和太平洋热带水域。体长可达10.5 cm[88]。

630 粗短灯笼鱼 *Myctophum selenops* Tåning，1928[38]

背鳍13；臀鳍18；胸鳍17；腹鳍8。侧线鳞37。鳃耙7＋1＋16。臀部发光器6～7＋3～4。

本种体短而高，头大，头长约占体长的1/3。体长约是体高的3.40倍。体后侧发光器1个。肛门上方发光器斜行排列。第1肛门上方发光器位于第4腹部发光器后上方。臀前部发光器6 ~ 7个。体被弱栉鳞。体棕褐色，具银色光泽。各鳍色浅。为热带深海小型鱼类。栖息水深191 ~ 216 m。分布于我国南海，以及日本本州以南海域，太平洋、大西洋和印度洋热带水域。体长约6 cm。

631 闪光灯笼鱼 *Myctophum nitidulum* Garman，1899[38]

背鳍12 ~ 13；臀鳍19 ~ 20；胸鳍12 ~ 14；腹鳍8。侧线鳞38 ~ 39。鳃耙18 ~ 22。臀部发光器12 ~ 15。

本种体延长，侧扁。体长是体高的4.07 ~ 5.25倍，是头长的3.19 ~ 3.50倍。鳃盖骨后上缘呈尖角状，无锯齿。体被圆鳞。上、下颌约等长，具绒毛状细齿。体后侧发光器1个，肛门上方发光器斜行排列，臀部发光器12 ~ 15个。鳃耙数多，18 ~ 22枚。体灰棕色，背部色较深，腹部色略浅。各鳍无色。为深海小型鱼类。栖息于温暖海区深水水域。分布于我国东海、南海，以及日本北海道以南海域，太平洋、大西洋和印度洋温暖水域。体长可达7.5 cm。

632 栉刺灯笼鱼 *Myctophum spinosum*（Steindachner，1867）[48]

背鳍13；臀鳍19；胸鳍14；腹鳍8。侧线鳞36。鳃耙7 + 1 + 6 ~ 12。臀部发光器7 + 6 ~ 7。

本种体延长。体长约是体高的4.4倍，约是头长的3.9倍。鳃盖骨后上缘圆弧形，有弱锯齿。体被大栉鳞。臀鳍基底鳞上有1～4枚细长刺。肛门上方发光器几乎呈直线排列，其中第1肛门上方发光器在第3和第4腹部发光器之间上方。雄鱼尾上发光腺由4～6个覆瓦状排列的发光鳞组织构成。雌鱼尾下发光腺较雄鱼的小，周围有黑色素组织。体黑褐色，腹部色深。各鳍色浅。为热带深水小型鱼类。栖息水深320～360 m。分布于我国南海，以及日本九州海域、帕劳海域、西太平洋和印度洋热带水域。体长可达10 cm。

633 钝吻灯笼鱼 *Myctophum obtusirostris* Tåning，1928 [14]

背鳍12～13；臀鳍17～18；胸鳍14～16；腹鳍8。侧线鳞38～40。鳃耙6～7＋1＋16～17。臀部发光器7～8＋3～5。

本种体延长，侧扁。头中等大。体长是体高的3.89～4.41倍，是头长的3.89～3.93倍。吻甚短，前端钝圆，吻长明显短于眼径。鳃盖骨后上缘锯齿状。体被弱圆鳞，腹缘为弱栉鳞。臀后部发光器3～5个，在臀鳍基末端上方。第1肛门上方发光器位于第3和第4腹部发光器之间上方。雄鱼尾上发光腺为4～6个椭圆形覆瓦状腺。雌鱼尾下发光腺由1～3个小扁圆形覆瓦状排列的发光鳞组织构成，周围具黑色素组织。为热带深海小型鱼类。栖息于海洋次深层海区。分布于我国南海、东海，以及日本骏河湾海域，太平洋、大西洋和印度洋暖水域。体长约9 cm [87]。

634 粗鳞灯笼鱼 *Myctophum asperum* Richardson，1845 [48]

背鳍12～13；臀鳍17～18；胸鳍14～15；腹鳍8。侧线鳞37～38。鳃耙14～16。臀部发光器7＋5～6。

本种体延长，侧扁。体长是体高的4.20～4.96倍，是头长的3.26～3.58倍。其体被栉鳞，鳞大，棘状突明显。鳃盖骨后背缘圆弧形，无锯齿。鳃耙偏少，仅14～16条。臀后部发光器5～6个。尾前部发光器2个，其Prc_2位置升高。体黑色，有银色光泽。各鳍色浅。为热带深海小型鱼类。栖息水深约1 000 m，夜间可上浮至表层觅食。分布于我国东海、南海，以及日本九州水域，帕劳水域，太平洋、大西洋和印度洋热带水域。体长约7.3 cm[87，88]。

▲ 本属我国尚有芒光灯笼鱼*M. affinis*、双灯灯笼鱼*M. lychnobium*和短颌灯笼鱼*M. brachygnathum*[4d]。

635 闪光肩灯鱼 *Notoscopelus resplendens*（Richardson，1845）[38]

背鳍22～23；臀鳍18～19；胸鳍12～13；腹鳍8。侧线鳞39～40。鳃耙19～23。臀部发光器7～9＋4～6。

本种体延长，侧扁。头长大于体高。体长是体高的5.11～6.22倍，是头长的3.45～4.71倍。吻短而钝。口大，口裂远超过眼后下方。上、下颌约等长。两颌齿微小，锐尖。体被圆鳞。尾前部发光器3个，其中第3尾前部发光器位置升高。鼻部背侧发光器和鼻部腹侧发光器皆存在，后者圆形。胸部发光器5个，第1～4胸部发光器水平排列，第5胸部发光器位置略高。胸鳍下方发光器2个。第1与第2体后侧发光器的间距为发光器直径的2～3倍。体色单一，黑褐色。头部有金属光泽，除尾鳍深色外，其他鳍无色。为暖水性深海小型鱼类。栖息于中深层海区。分布于我国南海，以及太平洋、大西洋和印度洋热带水域。体长约7.5 cm。

636 尾棘肩灯鱼 *Notoscopelus caudispinosus*（Johnsen，1863）[37]

本种与闪光肩灯鱼相似。体较细长，侧扁。眼较小。吻短，吻端圆钝。口大，下颌稍长，两颌与犁骨均具小齿。胸鳍短小。背鳍位于体背中部。背鳍基长，鳍条多达27枚。鳃耙数少，为13～14枚。体褐色。为暖水性深海小型鱼类。分布于我国台湾海域。

637 发光炬灯鱼 *Lampadena luminosa*（Garman，1899）[38]

= 高星嵌灯鱼、七星鱼

背鳍15；臀鳍14；胸鳍16；腹鳍8。侧线鳞37。鳃耙13～15。臀部发光器6＋2。

本种体延长，侧扁。头长。体长约是体高的4.59倍，约是头长的3.17倍。吻短，吻端陡峭，吻长短于眼径。口裂大，颌长，可超过眼眶后缘至少1个眼径的长度。下颌骨后部有1行中强钩状齿。体被圆鳞。尾前部发光器3个，第1、第2尾前部发光器水平排列，第3尾前部发光器位置升至侧线上。鼻部背侧发光器很小，圆形。体后侧发光器1个，位于脂鳍基下方。尾上发光腺和尾下发光腺几乎相等，均围以黑色素组织。虹彩后半部无发光组织。体黄褐色，头、胸部深褐色。体侧中部及胸鳍、腹鳍、尾鳍颜色较深。为暖水性深海小型鱼类。栖息于中深层海区。分布于我国南海，以及日本以南海域，太平洋、大西洋、印度洋温、热带水域。体长可达18 cm。

638 糙炬灯鱼 *Lampadena anomala* Parr，1928[37]

本种体延长，稍侧扁。头背缘较平坦。眼大。吻端钝圆。口裂大，开口于吻端下方。上颌骨达前鳃盖后缘下方。两颌、犁骨和腭骨均具绒毛状细齿。背鳍起点比腹鳍起点位置相对稍靠前。臀鳍起始于背鳍末端后下方。鳞大，侧线发达。体淡褐色。为暖水性深海小型鱼类。分布于我国台湾海域。

注：本种未纳入检索表。

639 尾明角灯鱼 *Ceratoscopelus warmingi*（Lütken，1892）[48]

= 瓦氏角灯鱼

背鳍13～15；臀鳍3～15；胸鳍13～15；腹鳍8。侧线鳞38～39。鳃耙3～4＋1＋9～10。臀部发光器5～6＋4～6。

本种体较延长，侧扁。头大。体长是体高的5.24～5.71倍，是头长的3.07～3.28倍。吻短，钝圆。两颌具细小、锐利短齿，犁骨前端有2～3枚强钩状犬齿。胸鳍细长，末端可达背鳍基底末端、臀鳍基底中部。体被圆鳞。尾前部发光器4个，其中第1～第3尾前部发光器连续，第4尾前部发光器位于侧线上。鼻部背侧发光器缺失，鼻部腹侧发光器小，圆形，周围具黑色素组织。胸部发光器5个，其中第1～第4胸部发光器呈水平排列，第5胸部发光器位置升高。虹彩无发光组织。尾上发光腺与尾下发光腺均为覆瓦状发光腺，周围无黑色素组织。腹正中线处腹鳍基底到肛门间有数枚发光鳞。体淡褐色。吻到尾柄的背缘具暗带。尾柄后方褐色。各鳍色浅。为热带、亚热带海洋小型鱼类。栖息水深360～380 m。分布于我国南海、东海，以及日本九州海域，帕劳海域，太平洋、大西洋和印度洋暖水域。体长约7.5 cm。

▲ 本属我国尚有羊头角灯鱼*C. townsendi*，形态特征与尾明角灯鱼相似。前者以胸鳍稍短，末端不达臀鳍中部等特征和后者区分[84, 4d]。

640 小鳍尾灯鱼 *Triphoturus micropterus*（Brauer，1906）[70]

背鳍13～14；臀鳍17～18；胸鳍9～10；腹鳍8。侧线鳞34～35。鳃耙3＋1＋8。臀部发光器4～5＋5～6。

本种体细长，侧扁。头中等大。体长是体高的5.58～5.85倍，是头长的3.46～3.59倍。吻较短，前端钝，吻长约等于眼径。眼较小，侧上位。口大，口裂可伸达前鳃盖骨前缘下方。两颌约等长，具锐尖绒毛状齿带。犁骨、腭骨具块状小齿。鳃孔大，鳃盖骨边缘光滑。胸鳍短小。体被圆鳞。侧线完全。尾前部发光器3个，斜列，第3尾前部发光器位于侧线上缘。无鼻部背侧发光器，有鼻部腹侧发光器。尾柄背、腹缘有鳞状尾部发光腺，边缘不具黑色素组织。腹部发光器5个，第2腹部发光器位置升高或第2和第3腹部发光器位置均升高。臀后部发光器与尾前部发光器分离。并且第1肛门上方发光器位于第4和第5腹部发光器之间上方。体褐色。头胸部黑色。尾鳍基深褐色，各鳍色浅。为热带深海小型鱼类。栖息水深500～1 000 m。分布于我国南海，以及日本以南海域、印度–太平洋热带水域。体长约5 cm。

▲ 本属我国尚有浅黑尾灯鱼*T. nigrescens*，形态特征与小鳍尾灯鱼相似。二者均体细长，胸鳍细小。但可据前者第1肛门上方发光器位置靠前，处于第3和第4腹部发光器之间上方等特征与后者区分[4D]。

珍灯鱼属 *Lampanyctus* Bonaparte，1840

本属物种体延长，侧扁。头中等大，尾部细长。无鼻部背侧发光器，鼻部腹侧发光器小。腹部发光器3～6个。肛门上方发光器按一定角度排列。体后侧发光器2个，斜列。尾部前发光器4个。尾上发光腺和尾下发光腺由覆瓦状排列的发光鳞组织构成。本属种类较多，广泛分布于世界各海区。全球有35种，我国有9种。

641 黑色珍灯鱼 *Lampanyctus niger*（Günther，1887）[38]

背鳍13～14；臀鳍17～18；胸鳍12～13；腹鳍8。侧线鳞34～35。鳃耙4～5＋1＋9～10。臀部发光器5～7＋6～7。

本种一般特征同属。体延长，侧扁。头中等大。体长是体高的5.48～7.38倍，是头长的3.50～3.65倍。胸鳍短小。体被圆鳞。腹中线上腹鳍上方发光器和肛门上方发光器间无发光鳞。第4胸部发光器比第1～3胸部发光器位置高。腹鳍上方发光器位于侧线下缘。肛门上方发光器以第2肛门上方发光器为结点呈折线状排列。尾前部发光器4个，第4尾前部发光器位于侧线上。体褐色，头部黑褐色，各鳍色浅。为暖水性深海小型鱼类。栖息于中深层海区。分布于我国南海，以及日本以南海域，太平洋、大西洋、印度洋热带水域。体长可达21 cm。

642 细斑珍灯鱼 *Lampanyctus alatus* Goode et Bean，1896[14]

＝星光珍灯鱼

背鳍12～13；臀鳍17～18；胸鳍12～13；腹鳍8。侧线鳞35～36。鳃耙3～4＋1＋9～10。臀部发光器5～6＋6～7。

本种体延长，侧扁。头较大。体长是体高的4.75～5.74倍，是头长的3.57～4.00倍。胸鳍细长，末端可达臀鳍基后端。颊部发光器1个。脂鳍前有大的发光腺。头、体鳞片上有微小的第2发光器。胸鳍上方发光器1个。臀前部发光器5～6个，水平排列。尾前部发光器4个，不与臀后部发光器相连。第4尾前部发光器紧邻侧线下缘。尾下发光腺由4～5个小的覆瓦状排列的发光鳞组织构成。体茶褐色，头、胸部色较深。为暖温性深海小型鱼类。栖息于中深层海区。分布于我国东海、南海，以及日本以南海域，太平洋、大西洋和印度洋温暖水域。体长约5.5 cm。

643 喜庆珍灯鱼 *Lampanyctus festivus* Tåning，1928 [38]

= 杂色珍灯鱼、朋氏珍灯鱼 *Lampanyctus bensoni*

背鳍13～14；臀鳍18～19；胸鳍14～15；腹鳍8。侧线鳞36～37。鳃耙4～5＋1＋8～11。臀部发光器7～8＋8～9。

本种体延长，侧扁，头中等大。体长是体高的4.68～5.65倍，是头长的3.81～4.03倍。胸鳍细长，末端可达臀鳍基后部。无颊部发光器。脂鳍前亦无发光腺。第1与第2腹部发光器的连线在第1肛门上方发光器附近通过。尾前部发光器4个。尾上发光腺由1～2个细长的覆瓦状发光鳞组织构成。尾下发光腺由7～8个细长的覆瓦状排列的发光鳞组织构成，边缘不具黑色素组织。头、体鳞均不具第2发光器。体褐色，头、口腔、鳃腔黑色。各鳍、颊部色稍浅。为热带海域深水小型鱼类。栖息水深800～1 000 m。分布于我国东海，以及日本小笠原群岛海域，太平洋、大西洋和印度洋温、热带水域。体长可达13 cm。

644 天纽珍灯鱼 *Lampanyctus tenuiformis*（Brauer，1906）[38]

= 狭体珍灯鱼

背鳍14；臀鳍18；胸鳍13；腹鳍8。臀部发光器6＋6。

本种体稍延长，侧扁。头较大。体长约是体高的5.5倍，约是头长的3.4倍。胸鳍中等长，后延达臀鳍起点。6个臀后发光器均位于臀鳍基后端。腹鳍上方发光器1个，位于侧线和腹鳍中间处。腹部发光器4个，水平排列。第1与第2腹部发光器连线在第1肛上发光器下面通过。尾前部发光器4个，其第2～第4尾前部发光器呈折线状排列，第4尾前部发光器位于侧线末端。尾上发光腺和尾下发光腺分别由3～4个和5～6个覆瓦状排列的发光鳞组织构成。体褐色。鳃部、口腔黑褐色。虹膜蓝黑色。各鳍色浅。为暖水性深海小型鱼类。栖息于中深层海区。分布于我国南海，以及日本东南海域，太平洋、大西洋和印度洋热带、亚热带水域。体长约15 cm。

645 诺贝珍灯鱼 *Lampanyctus nobilis* Taning，1928 [48]

= 狭体珍灯鱼 = 华丽珍灯鱼

背鳍14；臀鳍19；胸鳍14；腹鳍8。侧线鳞36。鳃耙4 + 1 + 10。臀部发光器6 + 10。

本种体细长，侧扁。头中等大。体长约为体高的5.6倍，约为头长的3.5倍。吻短而尖。胸鳍细长，可伸达臀鳍。腹鳍宽短，止于臀鳍基前。无颊部发光器和脂鳍前发光腺。4个尾前部发光器中，第2～第4尾前部发光器排成直线，第4尾前部发光器位于尾鳍基底后方。腹鳍上方发光器位于侧线下方。肛门上方发光器3个，排列成钝角三角形，其中第1肛门上方发光器位于第3腹部发光器的稍后上方。具尾上发光腺和尾下发光腺；以后者发达，约由10个发光鳞组织构成，几乎占尾柄腹面全部。体褐色。尾鳍基色深，各鳍色浅。为暖水性深海小型鱼类。栖息水深500～700 m。分布于我国东海、南海，以及日本东南部海域、九州海域，帕劳海域，太平洋、大西洋和印度洋暖水域。体长约15 cm。

646 图氏珍灯鱼 *Lampanyctus turneri*（Fowler，1934）[37]

本种体细长，侧扁。眼较小，吻端圆，稍突出。口大，下颌骨稍突出，上颌骨达前鳃盖后缘下方。背鳍起始于体背中部稍靠前一点。胸鳍较短。臀鳍起始于背鳍末端下方。腹鳍与肛门无发光鳞。胸部发光器上位。腹部第2发光器上位，且位于腹部第1发光器前。体青褐色。为暖水性深海小型鱼类。分布于我国台湾海域。

注：本种未被纳入检索表。

▲ 本属尚有同点珍灯鱼*L. omostigma*[87]、后点珍灯鱼*L. hubbsi*和大鳍珍灯鱼*L. macropterus*。三者一般形态特征同属，以第2腹部发光器位置、胸鳍上方发光器与侧线距离以及臀前部发光器的排列特征相互区分[4d]。

眶灯鱼属 *Diaphus* Eigenmann et Eigenmann，1890

本属物种一般特征同科，是灯笼鱼科中种类最多的属，种间形态十分近似，以发光器的数目与排列特征加以区分。通常具鼻部背侧发光器和鼻部腹侧发光器。眶前发光器、眶下发光器和眶上发光器有或无。胸部发光器5个，第4胸部发光器位置升高。腹部发光器5个，第2、第3腹部发光器位置依次升高。肛门上方发光器3个，排列成一直线或稍弯曲。体后侧发光器1个，尾前部发光器4个。胸鳍上方发光器附近常有发光鳞。有的种类背、腹缘尚有不同形状、大小、排列特征及色素分布的发光器，但尾部无发光腺。通常个体较小，广泛分布于太平洋、大西洋和印度洋热带水域。本属有60多种，我国名录约收录有30种[13, 37]，但未获得部分种类的彩图，个别种类因信息不足未被纳入检索表。

647 眶灯鱼 *Diaphus adenomus* Gilbert，1905[38]

= *D. anteorbitalis*

背鳍14～15；臀鳍14～15；胸鳍10～12；腹鳍8。侧线鳞36～37。鳃耙4～5+1+10。臀部发光器6+5。

本种一般特征同属。体长，侧扁。头中等长。体长约是体高的5.50倍，约是头长的3.92倍。吻钝尖。虹彩后半部无白色新月形发光器。腹鳍上方发光器、肛门上方发光器、体后侧发光器位于侧线附近或稍下方。尾前部发光器3～9个，在侧线上、下不对称排列。体后侧发光器仅1个。尾柄无尾上发光腺和尾下发光腺。有眶上发光器。体棕褐色。头前部、鳃腔和尾鳍基黑色。各鳍色浅。为暖水性深海小型鱼类。栖息于中深层海区。分布于我国南海，以及日本相模湾海域、九州海域，帕劳海域，太平洋、大西洋热带水域。体长约13 cm。

648 菲氏眶灯鱼 *Diaphus phillipsi* Fowler，1934 [48]

背鳍15；臀鳍14；胸鳍12；腹鳍9。侧线鳞35。鳃耙10 + 1 + 16。臀部发光器5 + 5。

本种体延长，侧扁。头较长。体长约是体高的4.8倍，约是头长的3.4倍。吻短，圆钝。无眶上发光器。有眶前发光器，但不明显。鼻部背侧发光器1个，颇大，深埋于杯状反射器的底部。鼻部腹侧发光器较长大，且左、右两侧鼻部背侧发光器和鼻部腹侧发光器各自在吻端几乎相接。胸鳍上方发光器1个，位于胸鳍基与侧线之间，靠近胸鳍基。胸鳍上方发光器下具1枚小发光鳞。肛门上方发光器3个，斜列。第3肛门上方发光器位于侧线下方。臀前部发光器5个，排列成弧形。第1与第5臀前部发光器位置升高。尾前部发光器4个，排列成弧形。体黄褐色，鳃和尾鳍基色较深。吻端黑色。眼蓝黑色。各鳍色浅。为暖温性深水小型鱼类。栖息水深320 ~ 340 m。分布于我国南海，以及日本冲绳海域、小笠原群岛海域，印度–太平洋热带水域。体长约8 cm。

649 华丽眶灯鱼 *Diaphus perspicillatus*（Ogilby，1898）[38]

= 刺边框灯鱼

背鳍16；臀鳍16；胸鳍11；腹鳍8。侧线鳞32。鳃耙27 ~ 29。臀部发光器6 + 5 ~ 6。

本种体高，长侧扁。头长且大。体长约是体高的4.69倍，约是头长的2.70倍。吻短，圆钝。眼大，上侧位。鼻器大，圆形，呈玫瑰花状。无眶上发光器。有眶前发光器。鼻部腹侧发光器在鼻器周围发达，左、右鼻部腹侧发光器在吻端几乎相接。鼻部背侧发光器长方形，左、右鼻部背侧发光器在正中线几乎相接。胸鳍上方发光器位于侧线与胸鳍基上端的中间，其附近有一发光鳞。第3肛门上方发光器和体后侧发光器紧接侧线下缘。体棕色，头、体侧有金属光泽。为暖水性深海小型鱼类。栖息于中深层海区。分布于我国南海，以及日本铫子以南海域，太平洋、大西洋和印度洋热带、亚热带水域。体长约6.5 cm[87]。

650 金鼻眶灯鱼 *Diaphus chrysorhynchus* Gilbert et Cramer，1897

= 相模眶灯鱼 *D. sagamiensis*

背鳍16～17；臀鳍15～16；胸鳍11～12；腹鳍9。侧线鳞36～37。鳃耙8～9＋1＋13～14。臀部发光器6＋5～6。

本种体延长，侧扁。头较小。体长是体高的4.35～5.25倍，是头长的3.54～3.95倍。吻短，吻端圆钝，下颌稍突出。尾细长。体被大圆鳞。侧线平直，显著。胸鳍短小。眶前发光器较发达，近似三角形。鼻部腹侧发光器很发达，向后延伸超过瞳孔前缘。鼻部背侧发光器圆形，埋于鼻器上方。左、右鼻部腹侧发光器、鼻部背侧发光器在吻端均不相接。第3肛门上方发光器和体后侧发光器均与侧线邻接。胸鳍上方发光器位于侧线与胸鳍基之间，较靠近侧线。体淡褐色，口腔及鳃腔色暗。为暖水性深海小型鱼类。栖息于大陆架边缘中深层海区。分布于我国东海，以及日本相模湾以南海域、东南亚海域、美国夏威夷海域。体长约8 cm。

651 瓦氏眶灯鱼 *Diaphus watasei* Jordan et Starks，1904[48]

背鳍14～15；臀鳍15～16；胸鳍12～13；腹鳍9。侧线鳞37～38。鳃耙6＋1＋13～14。臀部发光器6～7＋5～6。

本种体延长，侧扁。头较大。体长是体高的4.73～5.22倍，是头长的3.47～3.65倍。两颌齿

小，绒毛状。尾柄宽而短。眶前发光器大，椭圆形。鼻部腹侧发光器粗大，近似三角形，左、右鼻部腹侧发光器在吻端不相接。鼻器未被鼻部腹侧发光器包围，但鼻部腹侧发光器沿眼前缘向上与鼻部背侧发光器连接。第3肛门上方发光器、体后侧发光器以及第4尾前部发光器均位于侧线下，到侧线的距离是第3肛门上方发光器直径的2～3倍。体黄褐色。头部、背部和腹部色深，有金属光泽。各鳍色浅。为暖水性深海小型鱼类。栖息水深310～335 m。分布于我国东海、台湾海域、南海，以及日本南部海域、骏河湾海域，太平洋、西印度洋和东大西洋暖水域。体长约14.2 cm[86]。

652 天蓝眶灯鱼 *Diaphus coeruleus*（Klunzinger，1871）[44]

= 蓝光眶灯鱼

背鳍14～16；臀鳍14～16；胸鳍10～11；腹鳍8。侧线鳞36～37。鳃耙6 + 1 + 13。臀部发光器5～6 + 5～6。

本种与瓦氏眶灯鱼相似。体延长，侧扁。头中等大。体长是体高的4.65～5.29倍，是头长的3.45～3.72倍。二者曾被误认为同种[38]。主要区别在于本种头部发光器仅由鼻部背侧发光器和鼻部腹侧发光器组成，而眶前发光器缺失。此外，鼻部背侧发光器与鼻部腹侧发光器虽相接，但鼻部腹侧发光器狭长如新月形，末端止于瞳孔前缘；而鼻部背侧发光器圆形，比鼻器小。再者，第3肛门上方发光器、体后侧发光器和第4尾前部发光器位置均较低，离侧线稍远。体褐色，头部、腹部色稍浅。各鳍浅灰色。为暖水性深海小型鱼类。栖息于水深稍深，夜间上浮接近水面。分布于我国南海，以及日本海域、菲律宾海域、澳大利亚海域、印度洋–大西洋暖水域。体长可达20 cm[86]。

653 克氏眶灯鱼 *Diaphus knappi* Nafpaktits，1978[48]

背鳍15；臀鳍15；胸鳍11～12；腹鳍8。侧线鳞37。鳃耙6＋1＋13。臀部发光器6＋5。

本种体延长，侧扁，体长是体高的4.9～6.11倍，是头长的3.2～3.3倍。鼻部腹侧发光器显著大，呈椭圆形，后端可达眼中心前缘。鼻部背侧发光器比鼻器小，鼻孔未被鼻部腹侧发光器包围。第3肛门上方发光器和体后侧发光器紧邻侧线下缘。臀前部发光器6个，第1和第6臀前部发光器位置升高。两颌内侧齿大，不为绒毛状小齿。背鳍、臀鳍数都偏少。尾鳍上、下叶不为黑色。体黄褐色，头部、尾鳍基深褐色，腹部灰褐色，各鳍色浅。为暖水性深海小型鱼类。栖息水深可达620 m。分布于我国南海，以及日本土佐湾海域、九州海域，帕劳海域，西北太平洋、南太平洋、西印度洋热带水域。体长约15.6 cm。

654 李氏眶灯鱼 *Diaphus richardsoni* Tåning，1932[38]

＝线状眶灯鱼

背鳍13；臀鳍12；胸鳍10；腹鳍8。侧线鳞35。鳃耙6＋1＋14。臀部发光器5＋4。

本种体中等延长，侧扁。体长约是体高的3.83倍，约是头长的3.28倍。吻钝圆，吻短。眼较大。无眶上发光器和眶前发光器。鼻部背侧发光器和鼻部腹侧发光器不相接。眶下发光器小，圆形，位于瞳孔后下缘。鼻部腹侧发光器显著细长，如线状，长大于眶下发光器直径的2倍。胸鳍上方发光器距侧线较远，无附属发光鳞。臀后部发光器4个，沿尾柄腹缘水平排列。体发光器大。体灰褐色，各鳍色浅。为暖水性深海小型鱼类。栖息于中深层海区。分布于我国南海，以及日本南部海域，太平洋、印度洋温带、热带水域。体长约4.5 cm。

655 短头眶灯鱼 *Diaphus brachycephalus* Tåning，1928 [38]

=条带眶灯鱼

背鳍13，臀鳍13，胸鳍11，腹鳍8。侧线鳞33。鳃耙6＋1＋12。臀部发光器4～5＋3～5。

本种体高，较短，侧扁。头大。体长约是体高的3.54倍，约是头长的2.83倍。尾柄宽短；吻短，钝圆；眼大，瞳孔竖直方向长，致水晶体前下方出现空隙。上述为本种的主要特征。鼻部腹侧发光器呈条带状。体褐色。头、背和尾端深褐色，头侧有金属光泽。各鳍色较浅。为暖水性深海小型鱼类。栖息水深150～400 m。分布于我国南海，以及日本本州中部以南海域、小笠原群岛海域，太平洋、大西洋和印度洋热带、亚热带水域。体长约5 cm。

656 巴氏眶灯鱼 *Diaphus parri* Tåning，1932 [38]

=尖盖眶灯鱼

背鳍12～13；臀鳍12～13；胸鳍10～11；腹鳍8。侧线鳞29～30。鳃耙5～6＋1＋11～13。臀部发光器5＋4。

本种体高，侧扁，头大。体长是体高的3.62～4.06倍，是头长的2.96～3.31倍。吻短。眼大。无眶上发光器。眶下发光器位于瞳孔中部下方。鼻部腹侧发光器延长，但不达瞳孔中部下方。胸鳍上方发光器下方有发光鳞。臀前部发光器5个，第1臀前部发光器不升高，而第4、第5臀前部发光器则依次升高。本种鳃盖后背缘呈尖三角形，故又称尖盖眶灯鱼。体棕色，头、体背部颜色较深。各鳍色浅。为暖水性深海小型鱼类。栖息于中深层海区。分布于我国南海，以及日本南部海域，中西太平洋及东印度洋和大西洋热带、亚热带水域。体长约5 cm。

657 短距眶灯鱼 *Diaphus mollis* Tåning，1928[38]

背鳍12～13；臀鳍12～13；胸鳍10～11；腹鳍8。侧线鳞34～35。鳃耙4～5＋1＋11～12。臀部发光器4～6＋4～5。

本种体中等延长，侧扁。头大，尾细。体长是体高的4.26～4.52倍，是头长的3.15～3.55倍。吻短，高而钝。眼大，眼径长于吻长。瞳孔水平伸长，致水晶体前方出现空隙。无眶上发光器。眶下发光器位于瞳孔中部下方。鼻部腹侧发光器不达瞳孔中部下方。鼻部腹侧发光器与眶下发光器间距短，小于鼻部腹侧发光器长度的1/2。胸鳍上方发光器下方有小发光鳞。第1臀前部发光器位置升高。腹鳍上方发光器位于侧线与腹鳍的中间。体黑褐色，头、体侧有金属光泽。各鳍色浅。为暖水性深海小型鱼类。栖息于中深层海区。分布于我国南海，以及日本小笠原群岛海域，琉球群岛海域，太平洋、大西洋和印度洋热带、亚热带水域。体长约4.5 cm[88]。

658 长距眶灯鱼 *Diaphus aliciae* Fowler，1934[14]

背鳍13；臀鳍13；胸鳍10；腹鳍8。侧线鳞33。鳃耙6＋1＋13。臀部发光器6＋4。

本种与短距眶灯鱼相似。体长约是体高的4.06倍，约是头长的3.39倍。鳃盖骨后背缘圆弧形，后上部有凹刻。有眶下发光器。鼻部腹侧发光器小，位于眼前缘的后下方，长椭圆形。鼻部腹侧发光器至眶下发光器间距约为鼻部腹侧发光器长度的2倍。腹鳍上方发光器位于腹鳍基和侧线之间，靠近腹鳍基。体黄褐色。颌部、鳃盖背缘和尾鳍基褐色。各鳍无色。为暖水性深海小型鱼类。栖息于中深层海区。分布于我国南海、东海，以及日本骏河湾海域、对马海域，印度–西太平洋热带、亚热带水域。体长约3.5 cm[88]。

659 吕氏眶灯鱼 *Diaphus luetkeni*（Brauer，1904）[38]

=棒突眶灯鱼

背鳍15～16；臀鳍15～16；胸鳍10～11；腹鳍8。侧线鳞35～36。鳃耙6+1+14。臀部发光器6+4。

本种体较高，侧扁。头大。体长是体高的4.08～4.20倍，是头长的3.06～3.35倍。吻短，钝突。尾柄短而宽。无眶上发光器、眶前发光器和眶下发光器。鼻部背侧发光器和鼻部腹侧发光器不连接。鼻部腹侧发光器伸长，略呈棒状，背缘有4～5个微小突起。此外，腹鳍上方发光器、肛门上方发光器和体后侧发光器均位于侧线附近。体后侧发光器上尚有1枚小型发光鳞。尾前部发光器4个，呈弧形排列，第4尾前部发光器位于侧线下。体褐色，各鳍色浅。为暖水性深海小型鱼类。栖息水深达1 800 m。分布于我国东海、南海，以及琉球群岛海域，日本对马海域，太平洋、大西洋和印度洋热带水域。体长约4.5 cm。

660 光腺眶灯鱼 *Diaphus suborbitalis* Weber，1913[38]

=腺眶灯鱼

背鳍14～15；臀鳍14～15；胸鳍11～12；腹鳍9。侧线鳞35～36。鳃耙11 + 18。臀部发光器5～7+4～6。

本种体中等延长，宽厚，侧扁。头中等大。体长是体高的4.30~4.85倍，是头长的3.29~3.64倍。有鼻部背侧发光器和鼻部腹侧发光器，无眶下发光器。鼻部腹侧发光器椭圆形，不呈棒状，背缘无微小突起。在胸鳍上方发光器、腹鳍上方发光器、第3肛门上方发光器和第4尾前部发光器下方均有发光鳞，以尾前部发光器下方发光鳞最大。体褐色。口腔、鳃腔黑色。各鳍无色。为暖水性深海小型鱼类。栖息水深520~810 m，夜间可上浮到100 m以浅水层觅食。分布于我国东海、南海，以及日本相模湾海域、鹿儿岛海域，印度-太平洋热带水域。体长约8 cm。

661 莫名眶灯鱼 *Diaphus problematicus* Parr，1931[38]

背鳍15~16；臀鳍17；胸鳍11；腹鳍8。侧线鳞36~37。鳃耙13~15。臀部发光器6+5~6。

本种体高，较短，侧扁。头大。体长约是体高的4.10倍，约是头长的3.15倍。吻短，圆钝。眼大，侧位。尾柄短而高。背鳍起始于腹鳍基前上方。无眶上发光器、眶前发光器和眶下发光器。鼻部背侧发光器和鼻部腹侧发光器愈合。鼻部背侧发光器比体发光器小，椭圆形。鼻部腹侧发光器发光器大，比鼻部背侧发光器大2~3倍，位于眼窝的前腹缘。胸鳍上方发光器距胸鳍基比距侧线近。体发光鳞小。体灰褐色，头部和尾鳍基褐色。各鳍色浅。为暖水性深海小型鱼类。栖息于中深层海区。分布于我国南海，以及日本小笠原群岛海域、冲绳海域，太平洋、大西洋和印度洋热带、亚热带水域。体长约7 cm。

662 光亮眶灯鱼 *Diaphus splendidus*（Brauer，1904）[14]

背鳍14~16；臀鳍15~16；胸鳍10~12；腹鳍8。侧线鳞37~38。鳃耙17~18。臀部发光器6~7+5~6。

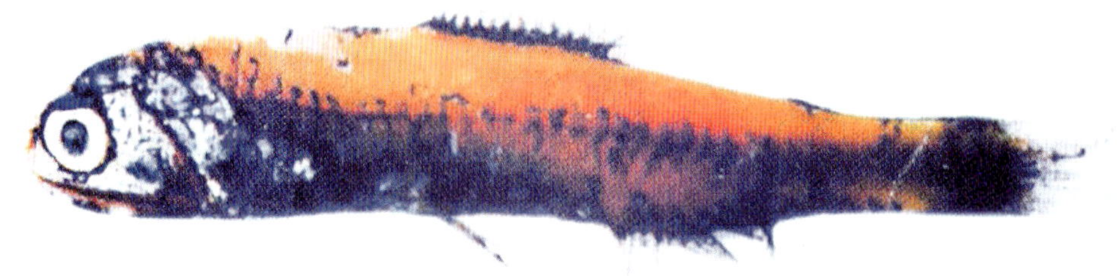

本种体延长，侧扁。头中等大。体长约是体高的5.33倍，约是头长的3.76倍。眼眶上缘有一向前的眼上棘。无眶上发光器、眶前发光器和眶下发光器。鼻部背侧发光器和鼻部腹侧发光器连续。鼻部背侧发光器背缘低于眼背缘，鼻部腹侧发光器末端未达眼中线。胸鳍上方发光器靠近胸鳍基部并有大型发光鳞。体棕褐色，头、腹部及背鳍、尾鳍基褐色。各鳍色浅。为暖水性深海小型鱼类。栖息于深层海区。分布于我国东海、台湾海域，以及太平洋、大西洋和印度洋温暖水域。体长约8 cm。

663 黄光眶灯鱼 *Diaphus taaningi* Norman，1930 [14]

= 谭氏眶灯鱼

背鳍14；臀鳍14～15；胸鳍11；腹鳍8。侧线鳞35～36。鳃耙20～22。臀部发光器5～6＋4～6。

本种体侧扁，较高。头大。体长约是体高的4.33倍，约是头长的3.61倍。吻短，眼大。鼻部腹侧发光器椭圆形，前端未达鼻孔下缘，后端未达眼中线下方，鼻部腹侧发光器的上缘平，背鳍无突起。鼻部背侧发光器小，与鼻部腹侧发光器分离。腹鳍上方发光器位于侧线和腹鳍基的中间或稍高处。体侧无发光鳞。体褐色，头、胸部及各鳍基部褐色，鳍边缘色浅。为暖水性深海小型鱼类。栖息于中深层海区。分布于我国东海、台湾海域，以及西太平洋、大西洋和印度洋热带水域。体长约5.6 cm。

664 后光眶灯鱼 *Diaphus signatus* Gilbert，1908 [14]

= 叉尾眶灯鱼

背鳍15～16；臀鳍15；胸鳍11～12；腹鳍8。鳃耙20～22。臀部发光器5～7＋5～6。

本种体略呈长椭圆形（侧面观）。头中等大。体长约是体高的4.18倍，约是头长的3.94倍。背鳍起始于腹鳍后上方。无眶上发光器、眶前发光器和眶后发光器。鼻部背侧发光器和鼻部腹侧发光器愈合。鼻部背侧发光器为椭圆形或豆形。臀后部发光器5～6个，水平排列。肛门上方发光器3个。第1肛门上方发光器比第5腹部发光器位置高。胸鳍上方发光器位于侧线与胸鳍基的中间。腹鳍上方发光器位于侧线与腹鳍基之间，略靠近侧线。体黄褐色，头背、背鳍基褐色，腹部暗灰褐色。各鳍色浅。为暖水性深海小型鱼类。栖息于中深层海区。分布于我国台湾海域、南海、东海，以及日本海域，印度洋、太平洋南、北纬10° 间热带水域。体长约6.9 cm[88]。

665 喀氏眶灯鱼 *Diaphus garmani* Gilbert，1906[38]

=亮胸眶灯鱼

背鳍14～16；臀鳍16～17；胸鳍11～12；腹鳍8。侧线鳞37～38。鳃耙17～23。臀部发光器6～8＋4～6。

本种与后光眶灯鱼相似。二者头部发光器类型相同，第1肛门上方发光器皆明显在第5腹部发光器的后上方。本种体延长，侧扁，较高。头较大。体长是体高的4.45～4.69倍，是头长的3.37～3.74倍。背鳍起始于腹鳍基前上方。第1臀前部发光器位于第2臀前部发光器的前上方。胸鳍上方发光器下方发光鳞大，为胸鳍上方发光器直径的3～4倍。体褐色，头部和体侧有金属光泽。各鳍色浅。为暖水性深海小型鱼类。栖息于水深300 m附近中深层海区。分布于我国东海、南海，以及日本相模湾海域、骏河湾海域、对马海域，太平洋、大西洋和印度洋热带、亚热带水域。体长约5 cm[88]。

666 冠冕眶灯鱼 *Diaphus diademophilus* Nafpaktitis, 1978 [70]

= 细灯笼鱼 *D. diadematus*

背鳍16；臀鳍16；腹鳍8。侧线鳞35。臀部发光器6 + 4。

本种体侧扁，头稍大。体长约是体高的4.35倍，约是头长的3.11倍。吻短，吻端圆钝。鼻部背侧发光器和鼻部腹侧发光器圆形，后者比前者稍大，背缘无突起，两者分离。体侧除胸鳍上方发光器以外，其他发光器下方无发光鳞。背鳍、臀鳍鳍条稍多，均为16枚。体黄褐色，头部有色素斑点。各鳍色浅。为暖水性深海小型鱼类。栖息于中深层海区。分布于我国南海、台湾海域，以及美国夏威夷海域、东南亚海域、印度洋热带水域，体长约12.5 cm。

注：冠冕眶灯鱼和细灯笼鱼相似，可能是同物种，但二者的量度比例差别较大 [4D, 70]。

667 施氏眶灯鱼 *Diaphus schmidti* Tåning, 1932 [37]

本种体延长，稍侧扁。头背缘圆。眼大，吻钝圆。口裂大，上颌骨达前鳃盖骨后下方。两颌、犁骨均有小齿。背鳍、腹鳍起点相对，位于鱼体中点靠前。臀鳍起始于背鳍基末端下方。鼻背侧发光器和腹侧发光器接近。胸鳍上发光鳞大。胸鳍上和腹鳍上发光器靠近侧线。体黑褐色，为暖水性深海小型鱼类。分布于我国台湾海域。

▲ 本属我国尚有跃星眶灯鱼*D. lucidus*、马来眶灯鱼*D. malayanus*、灿烂眶灯鱼*D. fulgens*等。因无彩图而未对这些种类展开介绍。其一般特征均同属，亦主要以头、体发光器的排列特征加以区分[40]。

668 高鳍电灯鱼 *Electrona risso*（Cocco，1829）[37]

本种体呈长椭圆形（侧面观），侧扁。眼大。吻特短，吻端钝圆。口裂大，开口于吻端下方。上颌骨达前鳃盖骨后下方。鳃盖骨后缘具锯齿。尾前发光器2个，无后侧发光器。胸鳍上发光器位置低。臀部发光器连续。胸鳍下方发光器斜行排列。体淡褐色，各鳍灰白色。为暖水性深海小型鱼类。分布于我国台湾海域。

注：本种未被纳入检索表。沈世杰（2011）记述本种鳃盖骨后缘具锯齿[37]。孟庆闻（1995）认为琥珀灯鱼属*Electrona*鳃盖骨后缘无锯齿；有锯齿为拟琥珀灯鱼属*Metelectrona*的特征[2]。

32 月鱼目 LAMPRIDIFORMES

本目物种体延长，呈带状或侧扁。口小，两颌通常能伸缩，上颌口缘由前颌骨和上颌骨构成。鳃盖骨无棘。体被圆鳞或无鳞，或具瘤状突起。无真正鳍棘。腹鳍如存在，则为胸位、亚胸位或喉位。腰带与乌喙骨相连。臀鳍有或无。本目物种不多，但形态差异很大。全球有7科12属21种，我国有5科7属9种。

月鱼目物种形态简图

月鱼目的科、属、种检索表

1a 体侧扁而高，不延长，不呈带状……（7）

1b 体延长或呈带状……（2）

2a 腹鳍稍长，不呈丝状；眼大；具颌齿……粗鳍鱼科 Trachipteridae（4）

2b 腹鳍甚长，呈丝状；背鳍长，无臀鳍……皇带鱼科 Regalecidae　皇带鱼属 *Regalecus*（3）

3a 背鳍前部6枚鳍条粗长；鳃耙12～14＋41～44枚……勒氏皇带鱼 *R. russellii* 671

3b 背鳍前部10～12枚鳍条粗长；鳃耙7＋36枚……皇带鱼 *R. glesne* 672

4-2a 尾鳍上叶几乎与体纵轴平行；无尾鳍下叶；吻长小于眼径……短吻扇尾鱼 *Desmodema polystictum* 676

4b 尾鳍上叶与鱼体纵轴成一定角度；有尾鳍下叶……（5）

5a 侧线沿尾腹缘成1排棘板，吻端至肛门距离小于体高的2倍……横带粗鳍鱼 *Zu cristatus* 675

5b 侧线沿尾腹缘成骨质瘤突，吻端至肛门距离大于体高的3倍……粗鳍鱼属 *Trachipterus*（6）

6a 从头背向吻部急剧倾斜……粗鳍鱼 *T. trachypterus* 673

6b 从头背向吻部缓慢倾斜……石川粗鳍鱼 *T. ishikawae* 674

7-1a 背鳍前方鳍条高出，呈犁状；臀鳍鳍条均甚低；侧线前部呈弓形……月鱼科 Lampridae　斑点月鱼 *Lampris guttatus* 669

7b 背鳍、臀鳍大部分高出，呈帆状；边缘圆弧形，不凹；侧线前部较平直
……………旗月鱼科 Veliferidae　旗月鱼 *Velifer hypselopterus* 670

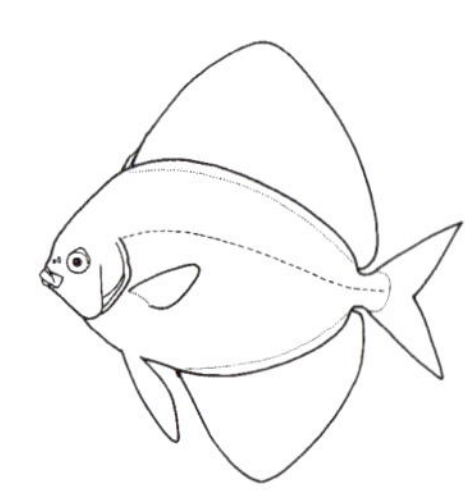

(117) 月鱼科 Lampridae

本科物种体侧扁而高，侧面观呈卵圆形。头中等大。口小，前位。眼较大。体被小圆鳞。侧线前部弓状。背鳍延长；前部鳍条高起，呈犁形。臀鳍基长，与背鳍对位。胸鳍长。腹鳍亚胸位，鳍条稍延长。尾鳍新月形。本科仅有1属2种，我国有1种。

简图同目。

669 斑点月鱼 *Lampris guttatus*（Brünnich，1788）[44]

= 灰月鱼 *L. regius* = *L. luna*

背鳍48～55；臀鳍33～42；胸鳍20～25；腹鳍13～17。鳃耙2+14。脊椎骨22+25。

本种一般特征同科。口小而尖。侧线在胸鳍上方背部弯曲。胸鳍基底水平位。体青灰色，其上散布白色斑点。各鳍红色。为大洋中上层大型鱼类。栖息水深浅于500 m。4～5月产卵。肉食性。分布于我国东海、台湾海域，以及日本南部海域，太平洋、大西洋和印度洋暖水域。体长可达2 m。

(118) 旗月鱼科 Veliferidae

本科物种与月鱼科物种体形相似，呈椭圆形（侧面观）。头小，吻短。眼中等大。口小，前位。两颌均无齿。体被小圆鳞。侧线完全，前部平直。背鳍大部分鳍条高出，呈帆状。胸鳍低位，椭圆形。腹鳍胸位，鳍条较长。尾鳍叉形。全球有2属2种，我国仅有1属1种。

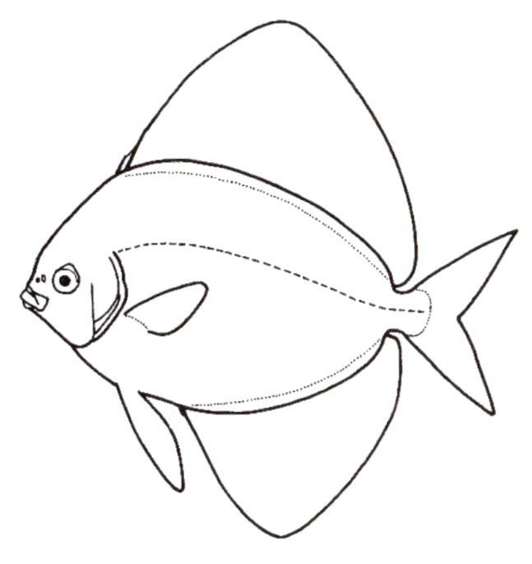

旗月鱼科物种形态简图

670 旗月鱼 *Velifer hypselopterus* Bleeker，1879[44]

背鳍 Ⅰ－11，33～34；臀鳍 Ⅰ－24～25；胸鳍15～16；腹鳍7～8。侧线鳞70～72。鳃耙4＋11～12。脊椎骨16＋17。

本种一般特征同科。背鳍高而宽，边缘圆弧形，无凹刻，倒伏时可纳入鳍沟中。吻短，口小，下颌突出于上颌。体黄绿色，体侧具7～8条深绿色横带。背鳍、臀鳍、腹鳍鳍膜青色，并具绿色条纹。胸鳍、尾鳍黄色。为暖水性底层洄游性鱼类。栖息水深较深。分布于我国南海，以及日本宫城以南海域、印度尼西亚海域、印度-西太平洋暖水域。体长约40 cm。

（119）皇带鱼科 Regalecidae

本科物种体延长，侧扁，呈带状。头小，头的大部分为软骨。口小，吻钝。上颌能伸缩，上颌骨宽。两颌无齿。眼小。体裸露无鳞，具许多瘤状突起。背鳍起始于吻端后上方，基底很长，前方数鳍条延长。无臀鳍。腹鳍很细长。尾鳍退化或消失。该科鱼类无鳔和墨囊。本科全球仅有2属3种。我国有1属2种。

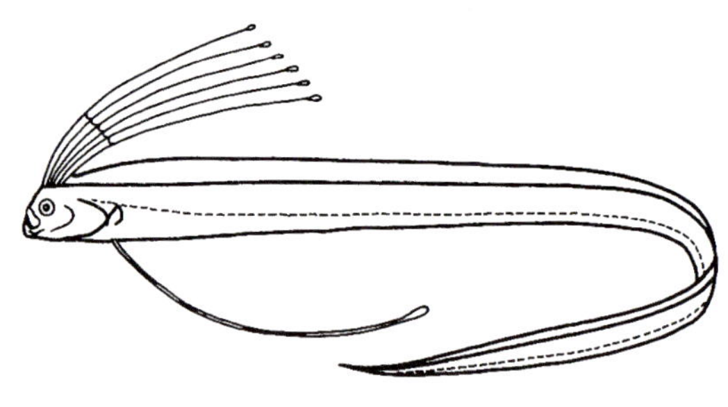

皇带鱼科物种形态简图

671 勒氏皇带鱼 *Regalecus russellii*（Cuvier，1816）[41]

背鳍6 + 188 ~ 274；臀鳍0；胸鳍12 ~ 13；腹鳍1；尾鳍4。鳃耙12 ~ 14 + 41 ~ 44。

本种体窄长，体长是体高的17 ~ 24倍。吻短钝。口小，上斜。上颌宽大，下颌短小。两颌及犁骨、腭骨无齿。背鳍前部6枚鳍条延长成丝状，其长度约是体长的1/3。无臀鳍。胸鳍短小，其长度仅略大于眼径。腹鳍胸位，仅有1枚延长鳍条，其上有4块小皮膜。尾鳍小，不与背鳍、尾鳍相连。体裸露无鳞，但有许多不规则的颗粒状突起。侧线发达。各鳍浅红色。体侧下方有5 ~ 6条纵带。为暖水性底层大型鱼类。通常栖息于较深海域。分布于我国东海、南海、台湾海域，以及日本南部海域、东北太平洋和印度洋暖水域。体长可达3 m。

672 皇带鱼 *Regalecus glesne* Ascaninus，1772[37]

背鳍10～12＋400；胸鳍13；腹鳍1；尾鳍4。鳃耙7＋36。侧线鳞99～106。

本种与勒氏皇带鱼相似，以致孟庆闻（1995）认定二者为同物种[2]。但黄宗国（2012）将二者明确分立为两种[13]。主要区别在于本种背鳍前部粗长鳍条多达10～12枚。鳃耙数较少。下颌前端有少量齿。犁骨具毛刷状齿。体亮银色，具许多黑点与黑线，并具蓝色条纹。为暖水性底层大型鱼类。栖息于中深层海区。分布于我国南海、台湾海域。

（120）粗鳍鱼科 Trachipteridae

本科物种体延长或呈带形，甚侧扁，前部颇高耸，向尾部渐细狭。头较小。口小，上颌能伸缩。颌齿存在。眼大。背鳍延长。无臀鳍。尾鳍上叶上翘，下叶鳍条退化或缺如。体裸露或被小圆鳞。皮膜上有骨质或软骨质瘤状突。鱼体随生长常有变态。全球有3属约10种，我国有3属4种。

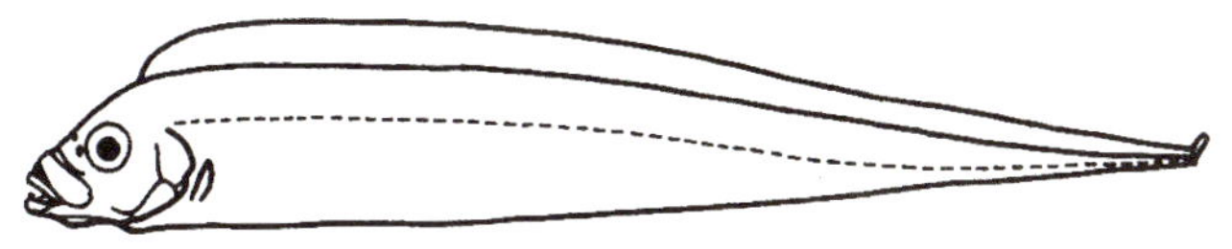

粗鳍鱼科物种形态简图

粗鳍鱼属 *Trachipterus* Gouan，1770

本属物种体很侧扁，延长，前部较高，向尾部渐尖狭。头较短，头背高耸隆起。吻短钝。眼大，上侧位。口小，前位。体裸露。侧线发达，在胸部附近呈深弧形向下弯曲，沿体腹缘伸达尾鳍基。背鳍1个，起始于眼中部上方；基底长，直达尾鳍基。背鳍前方有4～6枚延长鳍条，但不呈丝状。无臀鳍。胸鳍短，下侧位。腹鳍长大，其长度超过头长，胸位，鳍条不呈丝状。尾鳍上叶上翘，很发达，呈扇形；下叶小，不明显。我国有2种。

673 粗鳍鱼 *Trachipterus trachypterrus* Gmelin，1789[38]

= *T. iris* = *T. pentastigma*

背鳍168～178；臀鳍0；尾鳍8～9+5～7；胸鳍8～11；腹鳍4～6。

本种一般特征同属。尾部侧线直线状。背鳍前部6枚延长鳍条与后部鳍条连续。体高大于头长。头部背缘从吻部急剧倾斜。体在肛门后方不急剧变细。腹鳍、尾鳍很长大。体银白色，成鱼体侧有5个黑斑，各鳍色浅。为暖水性深海鱼类。栖息于中层海区。分布于我国台湾海峡，以及日本千叶海域、高知海域，新西兰海域，南非海域，地中海。体长可达1.5 m。

674 石川粗鳍鱼 *Trachipterus ishikawae* Jordan et Snyder，1901[38]

背鳍164～190；臀鳍0；尾鳍8；胸鳍8～13。鳃耙13。

本种与粗鳍鱼相似。头部背缘向吻部缓慢倾斜。胸鳍较大。体银白色，体侧无黑斑。尾鳍小，幼鱼尾鳍呈扇形。为外海栖息、稀向沿岸漂移的鱼种。分布于我国黄海、台湾海域，以及日本北海道海域、冲绳海域。体长可达2.7 m。

675 横带粗鳍鱼 *Zu cristatus*（Bonelli，1819）[38]（上幼鱼，下成鱼）

= *Trachipterus iijimae*

背鳍6 + 132 ~ 138；臀鳍0；尾鳍9 + 2 ~ 3；胸鳍11 ~ 12；腹鳍6。侧线棘板99 ~ 106。鳃耙11。

本种体长，侧扁，前部高而粗，向后细而长。体长是体高的4 ~ 5倍。侧线沿尾腹缘成1排扩大的棘板。腹鳍到肛门间有肉质棱突。幼鱼体侧扁，腹部波曲状，背鳍前方6枚鳍条及腹鳍特别延长成丝状。尾鳍上叶发达，朝向上方。尾鳍下叶短小，退化，仅具2 ~ 3枚鳍条。体有鳞片。成鱼体银灰色，腹部灰白色，尾鳍红黑色。幼鱼体银白色，背部有6条波状横带，腹部有4条暗带，尾部有6条黑带，尾鳍黑色。为暖水性海洋中层大型鱼类。分布于我国台湾海域、南海，以及日本东京湾、小笠原群岛海域和太平洋、大西洋暖水域。体长可达1.8 m。

676 短吻扇尾鱼 *Desmodema polystictum*（Ogilby，1898）[55] + [38]（左幼鱼，右成鱼）

= 多斑带粗鳍鱼 = *Trachypterus misakiensis*

背鳍116 ~ 131；臀鳍0；尾鳍7 ~ 10；胸鳍12 ~ 14；腹鳍9。

本种体前部高，侧扁。尾部细长如鞭。尾鳍上叶平直，由4～10枚鳍条组成，几乎与体纵轴平行。吻短，吻长小于眼径。无鳞。幼鱼体长卵圆形（侧面观），吻甚短。尾短，尾鳍朝上，似扇。腹鳍特别发达。背鳍在头背有一些延长鳍条。成鱼体银灰色中带有粉红色，背鳍红色。幼鱼体银白色，散布褐色斑点。为暖水性海洋中层大型鱼类。分布于我国台湾海域，以及日本山口海域、高知海域，太平洋、大西洋热带水域。体长约1 m。

▲ 我国尚有冠带鱼科Lophotidae的菲氏真冠带鱼*Eumecichthys fiskii*[13]。其体延长，呈带状。头小。吻呈剑状突出。口小，上、下颌有齿。背鳍十分长，从吻端直到尾鳍基部。臀鳍短小，靠近尾鳍。胸鳍小。腹鳍退化。体具鳔和墨囊。分布于我国台湾海域。

33 须鳂目 POLYMIXIIFORMES

本目物种体呈长椭圆形（侧面观）。颏部有1对颏须。有眶蝶骨。犁骨、腭骨有齿。体被栉鳞。背鳍1个，鳍棘发达，鳍棘部与鳍条部连续。腹鳍亚胸位，有6～8枚鳍条。本目是从金眼鲷目中独立出来的[66, 3]。全球现生种类仅有1科1属10种，我国有3种。

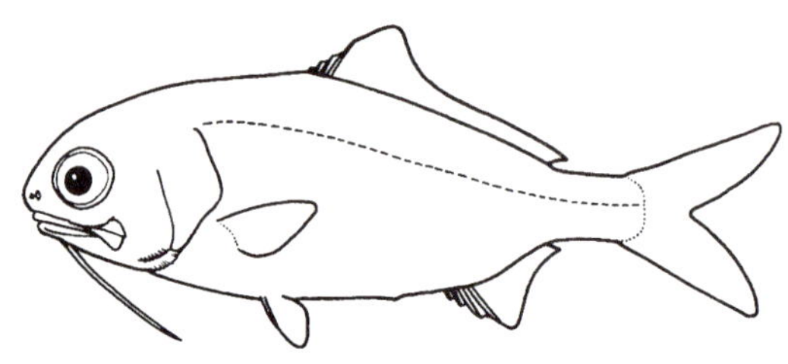

须鳂目物种形态简图

(121) 须鳂科 Polymixiidae

体中等延长。头、体均侧扁。头中等大。口大，前位。上颌达眼后下方，有2块上颌辅骨。颏须2条。有眶下骨、眶蝶骨和基蝶骨。两颌和犁骨、腭骨均有绒毛状齿群。前鳃盖骨后缘锯齿状。鳃盖条4枚。体被栉鳞。侧线发达。背鳍连续，胸鳍下侧位，腹鳍亚胸位，尾鳍叉形。

简图同目。

须鳂属 *Polymixia* Lowe, 1838

本属物种一般特征同科。

须鳂属的种检索表

1a 吻端不比上颌突出，背鳍顶端黑色，侧线上鳞13～16行……………日本须鳂 *P. japonicus* 677

1b 吻端比上颌突出，背鳍前缘暗褐色，侧线上鳞9～11行…………………………………（2）

2a 从吻部向头部背缘平缓弯曲，臀鳍第4鳍棘细短，体高小于体长的36%
……………………………………………………………………………短须须鳂 *P. berndti* 678

2b 从吻部向头部背缘急剧弯曲，臀鳍第4鳍棘粗长，体高大于体长的37%
…………………………………………………………………………长棘须鳂 *P. longispina* 679

677 日本须鳂 *Polymixia japonicus* Günther，1859[44]

= *P. nobilis*

背鳍Ⅳ～Ⅵ－31～35；臀鳍Ⅲ～Ⅴ，15～16；胸鳍13～17；腹鳍7。侧线鳞32～35。鳃耙5＋8～9。

本种体呈长卵圆形（侧面观），侧扁，背缘近圆弧状。头中等大。吻短钝。眼大，侧中位。口大，前位，口裂近水平。上颌骨后端伸达眼后缘下方。颏须1对，须长略短于头长。眶下骨、前鳃盖骨、间鳃盖骨后缘均具细锯齿。侧线1条，侧上位。背鳍起始于体背中点略靠前，鳍棘较弱，以第4鳍棘最长。胸鳍较长，侧下位。腹鳍短，亚胸位。体灰绿色，背缘色暗，腹面白色。尾鳍上、下叶色暗。背鳍顶端黑色。为暖水性深海中型鱼类。栖息水深150～500 m。分布于我国东海、台湾海域，以及日本三崎海域、高知海域、相模湾海域，西太平洋暖水域。体长可达50 cm。

678 短须须鳂 *Polymixia berndti* Gilbert，1905 [48]

背鳍IV～VI－27～31；臀鳍III～IV，14～17；胸鳍14～19；腹鳍7。侧线鳞31～35。

本种体略修长，体高小于体长的36%。侧线上鳞为9～11。吻钝尖，吻端突出，无鳞，半透明状。从吻部向头背缘平缓弯曲。眼大。口大，水平位。齿绒毛状；两颌齿带宽，犁骨齿带细长，腭骨齿带则前宽后窄。背鳍鳍条为27～31枚。臀鳍第4鳍棘细短。体背部青灰色，腹侧银白色。背鳍前缘及上方黑褐色，其他鳍白色。为暖水性深海中小型鱼类。栖息水深300～500 m。分布于我国东海、台湾海域，以及日本相模湾以南海域、美国夏威夷海域、菲律宾海域、印度－西太平洋暖水域。体长约20 cm。

679 长棘须鳂 *Polymixia longispina* Deng，Xiong et Zhan，1983 [48]

背鳍V－29～31；臀鳍IV，14～15；胸鳍14～15；腹鳍7。侧线鳞32～33。鳃耙5＋8～9。

本种与短须须鳂相似。体呈长椭圆形（侧面观），侧扁。头中等大。吻短钝，稍突出于上颌前方。体较高，体高大于体长的37%。头前部高耸，从吻部向头背缘急剧弯曲。臀鳍第4鳍棘粗长。体灰褐色，头背及体上侧褐色，腹侧色浅。背鳍前缘黑褐色，各鳍色浅。为暖水性深海中小型鱼类。栖息水深300～500 m。分布于我国东海，以及日本骏河湾以南海域、太平洋暖水域。体长约20 cm。

34 鳕形目 GADIFORMES

本目物种体延长，常具长背鳍、臀鳍。腹鳍如有则为胸位、喉位或颏位。通常体被圆鳞，少数被栉鳞。上颌口缘由前颌骨构成。无眶蝶骨、基蝶骨。无脂鳍，有或无发光器。有鳔，无鳔管。本目物种分类上几经变动，鼬鳚类和绵鳚类曾被安排于本目（Greenwood，1966）[94]，如今均已分立。Berg（1955）将长尾鳕类列为1目，与鳕形目并列[66]。本目全球有9科75属555种，我国有5科21属90余种（含淡水分布的江鳕）。其中的许多种类是重要经济鱼类[4E, 55]。

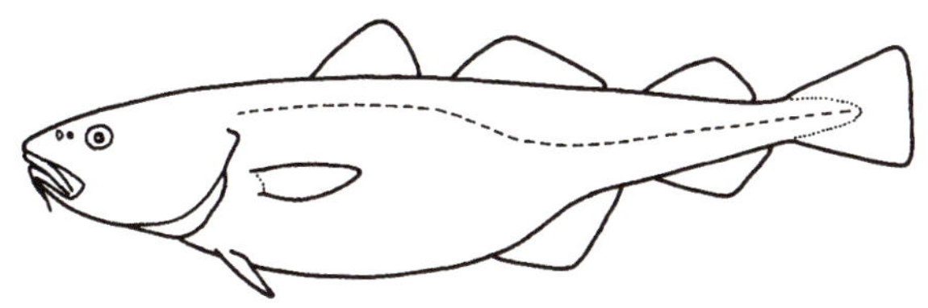

鳕形目物种形态简图

鳕形目的科、属、种检索表

1a 无尾鳍，背鳍有2枚鳍棘（卵首鳕例外），腹鳍胸位或喉位
……长尾鳕亚目 Macrouroidei（18）

1b 具尾鳍，背鳍无鳍棘，腹鳍喉位……鳕亚目 Gadoidei（2）

2a 第1背鳍仅为单一延长鳍条，位于头顶部，离第2背鳍较远
……犀鳕科 Bregmacerotidae 犀鳕属 *Bregmaceros*（14）

2b 第1背鳍起点在头后方，与第2背鳍接近……（3）

3a 鳔前端无盲突；背鳍1～3个……鳕科 Gadidae（12）

3b 鳔前端有盲突与头骨相接……深海鳕科 Moridae（4）

4a 腹鳍长，仅由2枚丝状鳍条组成；第1背鳍比第2背鳍高
……贝劳丝鳍鳕 *Laemonema palauense* 686

4b 腹鳍正常，具5～9枚鳍条……（5）

5a 两颌齿绒毛状，大小约相等……小褐鳕属 *Physiculus*（7）

5b 两颌齿大小不等，外列齿大……（6）

6a 吻圆，不突出；犁骨无齿……矶鳕 *Lotella phycis* 687

6b 吻显著突出，吻侧隆起线发达；犁骨有齿……细鳞拟深海鳕 *Antimora microlepis* 688

7-5a 下颌无须，第2背鳍鳍条66～68枚，臀鳍鳍条64～66枚………无须小褐鳕 *P. inbarbatus* 685

7b 下颌有须……………………………………………………………………………………（8）

8a 第1背鳍鳍条9～10枚，吻端无鳞区窄…………………………………………………（11）

8b 第1背鳍鳍条6～8枚，吻端无鳞区宽……………………………………………………（9）

9a 背鳍、臀鳍黑色；喉部无鳞…………………………………………灰小褐鳕 *P. nigrescens* 682

9b 背鳍、臀鳍红色，喉部有鳞………………………………………………………………（10）

10a 发光器靠近腹鳍基………………………………………………红须小褐鳕 *P. roseus* 683

10b 发光器靠近肛门…………………………………………………黑唇小褐鳕 *P. yoshidae* 684

11-8a 眼较大，眼径大于吻长的2/3；体淡褐色…………………………日本小褐鳕 *P. japonicus* 680

11b 眼稍小，眼径小于吻长的2/3；体深褐色……………………马氏小褐鳕 *P. maximowiczi* 681

12-3a 下颌较上颌长；须短，须长约是瞳孔径的1/2……黄线狭鳕 *Theragra chalcogramma* 696

12b 下颌较上颌短；须长不比瞳孔径短…………………………………………………………（13）

13a 头大，体长小于头长的3.8倍；侧线自第3背鳍后下方呈断续状
……………………………………………………………………大头鳕 *Gadus macrocephalus* 694

13b 头中等大，体长大于头长的4倍；侧线自第2背鳍后下方呈断续状
……………………………………………………………………远东宽突鳕 *Eleginus gracilis* 695

14-2a 纵列鳞超过78枚……………………………………………………………………………（17）

14b 纵列鳞最多78枚……………………………………………………………………………（15）

15a 背鳍起点与臀鳍起点相对；第1背鳍鳍条1枚，第2背鳍鳍条57～65枚，臀鳍鳍条58～68枚
…………………………………………………………………………麦氏犀鳕 *B. macclellandii* 690

15b 背鳍起始于臀鳍起点后上方…………………………………………………………………（16）

16a 第1背鳍鳍条1枚，第2背鳍鳍条51～60枚；臀鳍鳍条56～63枚；尾鳍后缘截形
……………………………………………………………………………日本犀鳕 *B. japonicus* 689

16b 第1背鳍鳍条1枚，第2背鳍鳍条58～64枚；臀鳍鳍条58～67枚；尾鳍后缘圆弧形
……………………………………………………………拟尖尾犀鳕 *B. pseudolanceolatus* 693

17-14a 尾鳍尖，不分叉…………………………………………………尖鳍犀鳕 *B. lanceolatus* 691

17b 尾鳍分叉…………………………………………………………澎湖犀鳕 *B. pescadorus* 692

18-1a 背鳍1个，前部不高出；腹鳍小，鳍条5枚
……卵首鳕科 Macrouroididae 卵首鳕 *Squalogadus modificatus* 697

18b 背鳍2个，前部高出；腹鳍鳍条6～17枚
…………………………………………………长尾鳕科 Macrouridae（19）

19a 臀鳍比第2背鳍发达，第1与第2背鳍有一定距离；鳃耙呈颗粒状……………………（25）

19b 第2背鳍比臀鳍发达，靠近第1背鳍；鳃耙不呈颗粒状………………………………（20）

20a 颏须长，须长一般大于眼径的1/2…………………………………鼠鳕属 *Gadomus*（23）

20b 颏须短或无；发光器靠近腹鳍基………………………………底尾鳕属 *Bathygadus*（21）

21a 头背宽；下颌腹面有1列大型鳞，喉部无鳞…………宽头底尾鳕 *Bathygadus antrodes* 701

21b 头背稍宽；下颌腹面有1.5～2列鳞，喉部有鳞…………………………………………（22）

22a 颏须微小；头长是眼间距的3.7～3.8倍……………………………加氏底尾鳕 *B. garretti* 702

22b 无颏须；头长约是眼间距的3.3倍……………………………日本底尾鳕 *B. nipponicus* 703

23–20a 头较小，头长略小于肛前体长的1/2；颏须长，其长度约等于头长
……………………………………………………………………柯氏鼠鳕 *G. colletti* 698

23b 头较大，头长明显大于肛前体长的1/2；颏须短，其长度小于头长………………（24）

24a 吻钝，眼径大于吻长；头后背较高耸……………………………黑鳍鼠鳕 *G. melanoptorus* 699

24b 吻尖，眼径小于吻长；头后背稍呈缓弧状…………………………多丝鼠鳕 *G. multifilis* 700

25–19a 第1背鳍的第2鳍棘前缘通常锯齿状…………………………………………………（54）

25b 第1背鳍的第2鳍棘前缘通常光滑…………………………………………………………（26）

26a 下颌齿中等大或小，排成2行…………………………………………………………（28）

26b 下颌齿大，排成1行；有颏须……………………………软首鳕属 *Malacocephalus*（27）

27a 喉部有圆鳞丛；前发光器位于腹鳍基底前方…………………………滑软首鳕 *M. laevis* 704

27b 喉部无圆鳞丛；前发光器位于两腹鳍基底间………………日本软首鳕 *M. nipponensis* 705

28–26a 鳃盖条6枚；吻很突出，吻长常大于眼径；腹鳍鳍条7枚
……………………………………………………………………腔吻鳕属 *Coelorinchus*（36）

28b 鳃盖条7～8枚…………………………………………………………………………（29）

29a 吻端单一尖突，体侧扁…………………………………………………………………（31）

29b 吻端有3个突起；体断面圆形…………………………………膜鳕属 *Hymenogadus*（30）

30a 吻前部平截；背鳍第2鳍棘前缘光滑，胸鳍位于背鳍正下方……膨趾膜头鳕 *H. kuronumai* 708

30b 吻前部尖；背鳍第2鳍棘前缘锯齿状，胸鳍起始于背鳍前下方……细身膜头鳕 *H. gracilis* 709

31–29a 鳃盖条8枚，鳃盖膜无鳞……………………日本拟奈氏鳕 *Pseudonezumia japonica* 707

31b 鳃盖条7枚，鳃盖膜有鳞或无鳞…………………………………………………………（32）

32a 侧线上鳞6行；发光器长度小于眼径；腹鳍鳍条7枚……异鳞尾鳕 *Trachonurus villosus* 706

32b 侧线上鳞少于3行；发光器发达，其长度长于头长的1/2；腹鳍鳍条8～12枚
……………………………………………………………膜首鳕属 *Hymenocephalus*（33）

33a 腹鳍鳍条11～12枚………………………………………………刺吻膜首鳕 *H. lethonemus* 710

33b 腹鳍鳍条8枚…………………………………………………………………………（34）

34a 吻端与上颌前端间距短，颏须长于眼径…………………………长头膜首鳕 *H. longiceps* 711

34b 吻端与上颌前端间距长，颏须短于或等于眼径…………………………………………（35）

35a 颏须短，其长度小于眼径的1/2…………………………………纹喉膜首鳕 *H. striatissimus* 712

35b 颏须较长，其长度几乎等于眼径…………………………………长须膜首鳕 *H. longilbarbis* 713

36–28a 鳞上小棘粗、强………………………………………………………………………（45）

36b 鳞上小棘细、弱…………………………………………………………………………（37）

37a 发光器稍长，肛门离臀鳍起点远…………………………………………………………（44）

37b 发光器显著长，肛门紧靠臀鳍起点处……………………………………………………（38）

38a 吻背部前侧无鳞区窄……………………………………………………………………（43）

38b 吻背部前侧无鳞区宽……………………………………………………………………（39）

39a 吻端和口后有鳞…………………………………………………台湾腔吻鳕 *C. formosanus* 730

39b 吻端有鳞，口后无鳞……………………………………………………………………（40）

40a 体侧斑纹不明显…………………………………………………………………………（42）

40b 体侧斑纹明显…………………………………………………………………………（41）
41a 体侧蠕虫状斑纹显著……………………………多棘腔吻鳕 *C. multispinulosus* 731
41b 体侧具多条鞍状斑………………………………………带斑腔吻鳕 *C. cingulatus* 732
42–40a 头部腹面有褐色小皮瓣；体侧鳞片上小棘稀疏；第2背鳍起始于臀鳍起点后上方
……………………………………………………………………蒲原腔吻鳕 *C. kamoharai* 733
42b 头部腹面无褐色小皮瓣；体侧鳞片上小棘密；第2背鳍起始于臀鳍前上方
……………………………………………………………………长管腔吻鳕 *C. longissimus* 734
43–38a 胸鳍上方有细长暗斑，体侧有3条纵带…………………哈卜氏腔吻鳕 *C. hubbsi* 735
43b 胸鳍上方有一圆形大黑斑；体侧中央有1条纵带………………松原腔吻鳕 *C. matsubarai* 736
44–37a 发光器前端达腹鳍基前端；胸鳍上方有一圆形大黑斑……斑肩腔吻鳕 *C. kishinouyei* 744
44b 发光器前端超过腹鳍基前端；雄鱼胸鳍上方有暗斑………………乔氏腔吻鳕 *C. jrodani* 745
45–36a 发光器短，位于肛门与腹鳍中间位置…………………………………………（47）
45b 发光器极短，位于肛门附近…………………………………………………………（46）
46a 头部腹面被鳞………………………………………………平棘腔吻鳕 *C. parallelus* 746
46b 头部腹面无鳞，有圆形肉质皮瓣或黑色绒毛状皮瓣………………吉氏腔吻鳕 *C. gilberti* 749
47–45a 头部腹面被鳞……………………………………………………………………（53）
47b 头部腹面几乎无鳞……………………………………………………………………（48）
48a 吻端锐尖，体无鞍状斑………………………………………………………………（51）
48b 吻端较钝，体有明显的鞍状斑…………………………………………………………（49）
49a 头顶鳞片上仅有1条棘状隆起线；吻长，头长为吻长的2.3～2.5倍；体侧有6条宽横带
……………………………………………………………………东京腔吻鳕 *C. tokiensis* 741
49b 头顶鳞片上有1～3条棘状隆起线………………………………………………………（50）
50a 头顶鳞片上有1～3条棘状隆起线；吻长，头长为吻长的2.2～2.3倍；体侧有3～4条宽横纹
……………………………………………………………………长头腔吻鳕 *C. longicephalus* 743
50b 头顶鳞片上有3条棘状隆起线；吻短，头长为吻长的2.4～2.7倍；体侧有6条宽横带
……………………………………………………………………六带腔吻鳕 *C. hexafasciatus* 742
51–48a 吻中部鳞的小棘呈放射状排列，吻背中央鳞6～8枚………拟星腔吻鳕 *C. asteroides* 737
51b 吻中部鳞的小棘仅向后侧方呈放射状排列，吻背中央鳞9～12枚……………………（52）
52a 颏须为眼径的1/3以上…………………………………………鸭嘴腔吻鳕 *C. anatirostris* 738
52b 颏须为眼径的1/4～1/3…………………………………………东海腔吻鳕 *C. productus* 739
53–47a 头部背面和腹面鳞片有2～5条放射状隆起线…………………史氏腔吻鳕 *C. smithi* 747
53b 头部背面和腹面鳞片仅有1条隆起线……………………………日本腔吻鳕 *C. japonicus* 748
54–25a 肛门位于臀鳍前；无发光器；鳃盖条6枚……………突吻鳕属 *Coryphaenoides*（68）
54b 肛门离臀鳍有一定距离；发光器位于肛门前；鳃盖条7枚…………………………（55）
55a 鳞片无网目状纹；下颌侧齿1行或数行……………………………凹腹鳕属 *Ventrifossa*（59）
55b 鳞片具网目状纹；两颌侧齿排列成带状；腹鳍鳍条9～16枚……奈氏鳕属 *Nezumia*（56）
56a 腹鳍鳍条13～16枚…………………………………………………………………（58）
56b 腹鳍鳍条9～11枚……………………………………………………………………（57）

57a 吻下部前缘倾斜；吻部眼前下方无鳞；腹鳍鳍条9枚……………原始奈氏鳕 *N. proxima* 725

57b 吻下部前缘近垂直；吻端不突出；腹鳍鳍条10～11枚……………胖头奈氏鳕 *N. darus* 726

58-56a 头部无枕骨突起，肛门位于腹鳍和臀鳍中点稍后方………突吻奈氏鳕 *N. condylura* 727

58b 头部有枕骨突起，肛门位于腹鳍和臀鳍中点前方……………大鳍奈氏鳕 *N. propinqua* 728

59-55a 臀鳍起始于第1背鳍起点下方；腹鳍起始于主鳃盖骨下方；吻短钝而高……………………………………………………………………魔灯凹腹鳕 *V. lucifer* 714

59b 臀鳍起点位于第1背鳍基后半部下方或第1背鳍基后下方………………………………（60）

60a 鳃盖条下部有鳞；腹鳍鳍条10～11枚，有一黑斑………黑边凹腹鳕 *V. nigromarginata* 715

60b 鳃盖条下部无鳞……………………………………………………………………………（61）

61a 下颌齿数行，排列成窄齿带，内侧齿不膨大……………………………………………（63）

61b 下颌齿2行，内侧齿膨大……………………………………………………………………（62）

62a 第1背鳍后无无棘鳞区，第2鳍棘前缘锯齿状……………………………褐凹腹鳕 *V. fusca* 716

62b 第1背鳍后有无棘鳞区，第2鳍棘前缘光滑……………………大鳍凹腹鳕 *V. macroptera* 717

63-61a 第1背鳍色暗，无明显的黑斑或黑缘；侧线上鳞5～7.5行…………………………（67）

63b 第1背鳍有一黑斑，或后缘黑色……………………………………………………………（64）

64a 第1背鳍后缘黑色；背鳍有长丝状硬棘…………………………歧异凹腹鳕 *V. divergens* 718

64b 第1背鳍有一黑斑；背鳍无丝状硬棘………………………………………………………（65）

65a 第1背鳍有方形大斑，腹鳍鳍条8～9枚…………………黑背鳍凹腹鳕 *V. nigrodorsalis* 719

65b 第1背鳍有圆形大斑，腹鳍鳍条8枚或10枚………………………………………………（66）

66a 侧线上鳞5～5.5行，腹鳍鳍条10枚…………………………扇鳍凹腹鳕 *V. rhipidodorsalis* 720

66b 侧线上鳞9～10行，腹鳍鳍条8枚……………………………长须凹腹鳕 *V. longibarbata* 722

67-63a 侧线上鳞5～6行，腹鳍起始于胸鳍起点正下方…………加里曼丹凹腹鳕 *V. garmani* 721

67b 侧线上鳞5～6或7～7.5行，腹鳍起点位于胸鳍起点前下方……………………………………………………………………………西海凹腹鳕 *V. saikaiensis* 723

68-54a 头前部强侧扁，腹鳍鳍条7～8枚…………………………暗边突吻鳕 *C. marginatus* 750

68b 头前部不侧扁，腹鳍鳍条9～11枚……………………………锥鼻突吻鳕 *C. nasutus* 751

（122）深海鳕科 Moridae

本科物种体稍延长，后部渐尖细。尾柄细窄。背鳍1～3个，臀鳍1或2个。尾鳍不与背鳍、臀鳍相连。各鳍无鳍棘。腹鳍胸位。体被圆鳞，颏须有或无。本科物种栖息于大陆架外缘到深海水域。全球有18属98种，我国有5属10种。

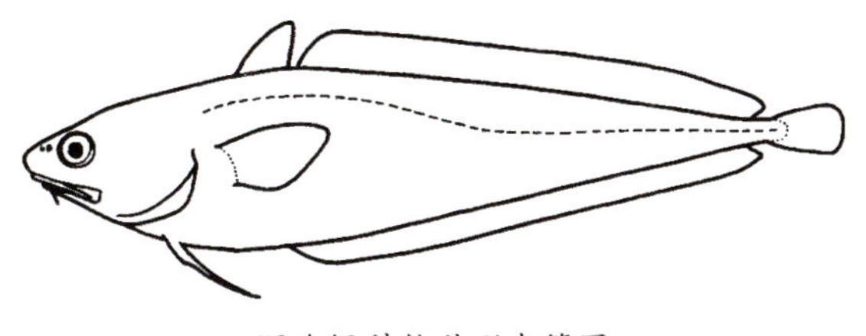

深海鳕科物种形态简图

小褐鳕属 *Physiculus* Kaup，1858

本属物种一般特征同科。体延长，被小圆鳞。吻宽，钝圆。口中等大。颏须有或无。上、下颌具绒毛状齿群，外侧齿不扩大。犁骨、腭骨无齿。背鳍2个。臀鳍1个，无凹刻。腹鳍鳍条5～7枚，第1鳍条延长。尾鳍后缘圆弧形。腹鳍基底后的腹面有圆形黑色发光器。全球有31～38种，我国有6种。

680 日本小褐鳕 *Physiculus japonicus* Hilgendorf，1879 [48]

背鳍9～10，60～68；臀鳍60～71；胸鳍24～25；腹鳍6～7。

本种一般特征同属。体延长，臀鳍起点与第2背鳍相对。第1背鳍无丝状延长鳍条。腹部发光器圆形，前端不达左、右腹鳍基底连线。靠近吻端无鳞区窄。眼较大，眼径大于吻长的2/3，与眼间距几乎相等。体淡褐色，腹部淡灰褐色。背鳍色深，其他鳍色稍浅。为暖水性底层中小型鱼类。栖息水深150～650 m。分布于我国东海、南海，以及日本东京湾以南海域、太平洋。体长约40 cm。

681 马氏小褐鳕 *Physiculus maximowiczi*（Herzenstein，1896）[70]

背鳍9～10，67～69；臀鳍63；胸鳍24～25；腹鳍6～7。

本种形态特征与日本小褐鳕极其相似，仅以眼稍小，眼径小于吻长的2/3，略小于眼间隔宽与后者相区别。孟庆闻等（1995）、李思忠（2011）均介绍本种腹鳍鳍条与鳃盖条数目比日本小褐鳕

略少[2, 4E]，实际上二者腹鳍鳍条和鳃盖条数目相同。本种体深褐色[36]，与尼冈邦夫（1982）的记述和照片一致[48]。为暖水性底层中小型鱼类。栖息于大陆架浅水区。分布于我国台湾海域，以及日本北海道以南海域。体长约25 cm。

682 灰小褐鳕 *Physiculus nigrescens* Smith et Radcliffe，1912[48]

= 黑鳍小褐鳕

背鳍6~8，69；臀鳍72；胸鳍26；腹鳍5。

本种第1背鳍鳍条6~8枚。近吻端无鳞区宽，喉部有无鳞区。腹鳍鳍条5枚，伸过臀鳍起点。肛门位于第1背鳍前下方。体前部黑褐色，后部黄褐色。背鳍、臀鳍黑色。为暖水性底层中小型鱼类。栖息水深340 m左右。分布于我国南海，以及日本九州海域、帕劳海岭。体长约29 cm。

683 红须小褐鳕 *Physiculus roseus* Alcock，1891[14]

= 淡红小褐鳕 = 红稚鳕

背鳍7~8，64~65；臀鳍63；腹鳍7。

本种体延长，体长约是头长的4.2倍，是体高的5~5.5倍。吻部平扁，圆钝，吻长约与眼径相等。口宽，上颌较下颌突出。须短，须长约等于眼径。侧线不完全，侧线上鳞6行。肛门位于胸鳍基底下方。背鳍第1鳍条延长。体淡红色，背鳍和臀鳍外缘黑色。为暖水性底层中小型鱼类。栖息于大陆架深水处。分布于我国东海、南海、台湾海域，以及印度尼西亚海域、澳大利亚海域、印度–西太平洋暖水域。体长约17.5 cm。

684 黑唇小褐鳕 *Physiculus yoshidae* Okamura，1982[48]

背鳍6～7，66～70；臀鳍70～77；胸鳍22～25；腹鳍5。

本种体延长，头中等大。吻短，钝圆。口中等大，颌齿小锥状。上颌齿多行，外行齿较大；下颌齿2行。头、体被圆鳞，喉部有鳞。第1背鳍短，无丝状延长鳍条。发光器距肛门比距腹鳍基近。体黄褐色，口唇及腹部褐色。为暖水性深海中小型鱼类。栖息水深326～375 m。分布于我国台湾海域，以及日本九州海域、帕劳海岭。体长约20 cm。

685 无须小褐鳕 *Physiculus inbarbatus* Kamohara，1952[38]

= 乔丹短稚鳕 *Gadella jordani*

背鳍7～8，66～68；臀鳍64～66；胸鳍20；腹鳍6。侧线上鳞8～9。鳃耙4～5＋11～12。

本种体延长，侧扁。头较小，棱嵴不发达。体长约是体高的5.5倍，约是头长的4.5倍。吻较长，圆钝。眼较小，口较大。上颌达眼后缘下方。两颌齿细小，圆锥状。下颌无须。第1背鳍不延长，起始于胸鳍基底上方。背鳍、臀鳍相似。尾鳍窄，后缘圆弧形。发光器极小。体淡棕色，腹侧褐色。各鳍色浅。为暖水性底层中小型鱼类。栖息水深400～760 m。分布于我国东海、台湾海域，以及日本骏河湾、土佐湾、冲绳海域。体长约25 cm。

686 贝劳丝鳍鳕 *Laemonema palauense* Okamura，1982[48]

背鳍5，61～65；臀鳍57～62；胸鳍22～23；腹鳍2。鳃耙4～5 + 13～14。

本种体延长，后部侧扁，尾部细。吻稍长，较尖。口大，斜裂。上颌略长，两颌具绒毛状齿带，外行齿稍长。犁骨具圆形小齿群。颏须短小。背鳍第1鳍条稍延长。腹鳍长，有2枚丝状鳍条，末端达臀鳍。吻背鼻孔内侧有1纵列鳞，共5～6枚。体淡褐色，腹部淡黄色。背鳍、尾鳍褐色。为暖水性深海中小型鱼类。栖息水深550 m左右。分布于我国南海、台湾海域，以及日本九州以南海域、帕劳海域。体长约20 cm。

687 矶鳕 *Lotella phycis*（Temminck et Schlegel，1846）[38]

=褐矶须鳕=褐浔鳕

背鳍5～6，57～61；臀鳍51～55；胸鳍21～25，腹鳍9。

本种体稍长，后部侧扁。吻部圆，不突出。下颌有颏须，须长约是头长的1/3。犁骨无齿。两颌齿大小不等，外行齿扩大。腹部无发光器。肛门位于臀鳍正前方。侧线完全，直达尾柄。背鳍2个；第2背鳍长，与臀鳍几乎相对。胸鳍中侧位。腹鳍外侧2枚鳍条稍延长。尾鳍后缘圆弧形。体褐色，腹部色浅。背鳍、臀鳍色浅，有黑缘。为暖水性底层中小型鱼类。栖息于大陆架深水区。分布于我国南海，以及日本东京以南海域、印度–太平洋暖水域。体长可达30 cm。

注：因本种无合适彩图，此处借用土佐矶鳕*L. tosaensis*供参考。两种主要差别在于后者侧线不达鱼体尾部，第1背鳍有延长鳍条，背鳍鳍条、臀鳍鳍条数目略少[36]。目前我国暂无分布记录[12, 13]。

688 细鳞拟深海鳕 *Antimora microlepis* Bean，1890[55]

背鳍4～5，50～53；臀鳍36～38；胸鳍18～20；腹鳍6。侧线上鳞11。鳃耙2～5＋10～12。

本种体高，延长，侧扁。吻尖长，纵扁。口大，上颌达眼后缘下方。两颌具绒毛状齿带。犁骨有一齿群，腭骨无齿。体被小圆鳞，头部几乎完全被鳞。侧线明显。腹鳍位于胸鳍基底前下方，第2鳍条呈丝状延长。两背鳍接近，第1背鳍的第1鳍条呈丝状延长。体淡褐色，鳃膜黑色。各鳍褐色。为暖水性深海中型鱼类。栖息水深800～1 100 m。分布于我国台湾海域，以及日本神奈川以北海域、太平洋温、热带水域。体长约50 cm。

(123) 犀鳕科 Bregmacerotidae

本科物种体延长，侧扁。口端位。两颌具多而小且能活动的齿。犁骨亦有相似小齿。腭骨无齿。眼上半部覆脂眼睑。无颏须。体被大而薄的圆鳞。鳃盖条7枚。臀鳍与背鳍同形。腹鳍喉位，鳍条5～7枚，外侧鳍条呈丝状延长，可达臀鳍。背鳍、臀鳍与尾鳍不相连。鳔不与头骨相连。本科全球仅有1属16种，我国有8种。

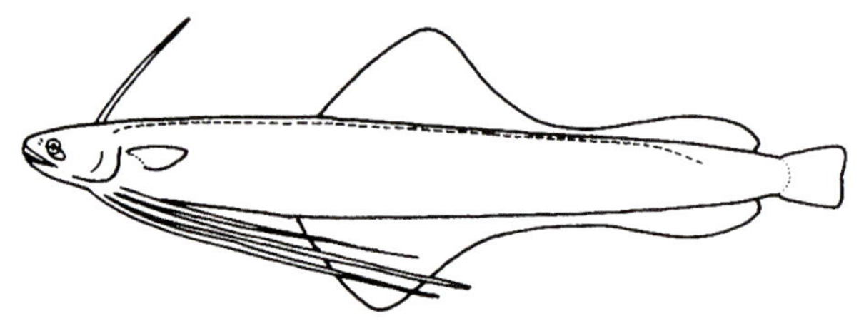

犀鳕科物种形态简图

犀鳕属 *Bregmaceros* Thompson，1840

本属一般特征同科。

689 日本犀鳕 *Bregmaceros japonicus* Tanaka，1908 [38]

背鳍1，51～60；臀鳍56～63；胸鳍17～20；尾鳍33～37。纵列鳞71～78。鳃耙13～15。

本种体延长。头小，吻短，眼侧位。口小，端位。上、下颌及犁骨有小齿。鳞中等大，纵列鳞数偏多。各鳍无鳍棘。第1背鳍仅有1枚鳍条，第2背鳍起点位于臀鳍起点稍后上方。尾鳍后缘截形。头、体背部黑色，腹侧银灰色。各鳍色稍浅。幼鱼全体散布黑色小点。为暖水性小型鱼类。栖息于中层海区。分布于我国南海，以及日本南部海域、印度-太平洋热带水域。体长约8 cm。

690 麦氏犀鳕 *Bregmaceros macclellandii* Thompson，1840 [14]

背鳍1，57～65；臀鳍58～68；胸鳍19～21；尾鳍30～37。纵列鳞70～78。

本种体延长，侧扁。头短小，口中等大，上颌末端达眼瞳孔后缘下方。头部无鳞。背鳍、臀鳍起点相对。腹鳍喉位，延长鳍条末端可达臀鳍中部。体褐色，头背部黑褐色，尾柄黄色，口腔、体腔黏膜黑色。胸鳍、尾鳍黑色，其他鳍鳍条白色。为暖水性小型鱼类。栖息于中层海区。分布于我国东海、南海、台湾海域，以及日本冲绳海域、小笠原群岛海域，印度-太平洋温、热带水域。最大体长达13 cm。

注：李思忠（2011）报告本种纵列鳞为58～65枚 [4E]。

691 尖鳍犀鳕 *Bregmaceros lanceolatus* Shen，1960
= 矛尾犀鳕 = 尖尾海鰗鳅

背鳍1，56～76；臀鳍62～69；胸鳍19～21；腹鳍6～7。纵列鳞84～88。

本种与麦氏犀鳕相似。体较细长，前部亚圆柱状，后部侧扁。尾部不纤细。头短小。口中等大，斜向吻端。臀鳍与第2背鳍同形，对位。尾鳍尖矛状。体土黄色，腹部色稍浅。头背部稍带黑色，具几列黑点。各鳍透明，仅尾鳍有时具一黑点。本种是鲈鱼的饵料种。笔者曾在鲈鱼渔获中采到2尾体长分别为6.1和6.5 cm的个体。为暖水性近海小型鱼类。栖息于水深50～100 m的沙泥质底海区。分布于我国黄海、东海、台湾海域，以及澳大利亚海域、西太平洋热带水域。体长约10 cm。

692 澎湖犀鳕 *Bregmaceros pescadorus* Shen，1960[141]

背鳍1，45～55；臀鳍45～51；胸鳍17；腹鳍6。纵列鳞82～85。

本种体延长，第2背鳍至尾鳍基侧扁。其背部轮廓较腹部稍突出。眼中等大。口斜位，上颌后端仅达瞳孔中部下方。尾鳍叉形。背鳍、臀鳍对位，鳍条数略偏少。体黄褐色，腹部淡黄色，背侧具数行规则排列的小黑点。各鳍透明。为暖水性小型鱼类。分布于我国台湾海域，以及西北太平洋暖水域。体长约4.5 cm。

693 拟尖尾犀鳕 *Bregmaceros pseudolanceolatus* Torii，Javonillo & Ozawa，2004[37]

背鳍1，58~64；臀鳍58~67。纵列鳞68~77。脊椎骨52~55。

本种体延长，侧扁。体长约是高的7.8倍，是头长的5.5~6.5倍。头较小。吻短钝。眼较小。口斜位。鳃盖具鳞。背鳍、臀鳍同形。尾鳍后缘圆弧形。体黄褐色。吻部、背部密布黑色小点。各鳍色稍浅。为暖水性小型鱼类。栖息于近岸海区。分布于我国台湾海域。

▲ 本属我国尚有阿拉伯犀鳕*B. arabicus*、银腰犀鳕*B. nectabanus*、少鳞犀鳕*B. rarisquamosus*。以背鳍、臀鳍位置，鳍条数，尾鳍形态，体色及色斑分布等特征，予以区分[4E]。

(124) 鳕科 Gadidae

本科物种体延长，略呈纺锤形。头长大。圆鳞小。口大，端位，能伸缩。颌齿细小。犁骨有齿。背鳍1~3个。各鳍无鳍棘。尾柄细窄。鳔不与脑颅相接。本科种属虽不甚多，但有许多属于重要经济鱼类，都是海洋渔业的主要捕捞对象。大多分布于北半球高纬度水域。在我国分布的种类少，产量不高。本科全球有12属25种，我国仅有3属3种。

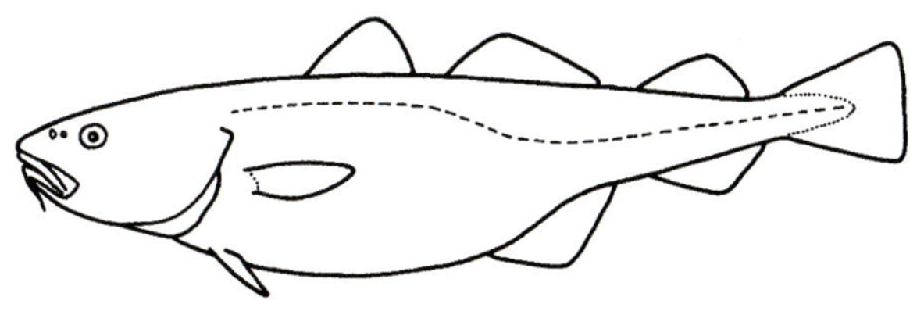

鳕科物种形态简图

694 大头鳕 *Gadus macrocephalus* Tilesius，1810

背鳍13～15，15～18，15～17；臀鳍16～18，16～17；胸鳍18～19；腹鳍6。鳃耙2＋20。

本种一般特征同科。体前部粗，向后渐细狭。头大，眼大。口大，端位，下颌不突出。两颌和犁骨具栉状齿带。颏须发达，与眼径等长。侧线色浅。鳃盖条6～7枚。鳞小。背鳍3个，臀鳍2个。臀鳍起点位于第2背鳍后下方。胸鳍中侧位。腹鳍胸位，起点位于胸鳍基底稍前下方。尾鳍后缘凹入。体淡褐色，腹部白色，背侧有不规则的褐色斑纹。各鳍浅灰色。为冷水性底层大中型鱼类。栖息于大陆架至陆坡沙泥底质海区。1～2月份产卵。分布于我国黄海、东海，以及日本北部沿海、朝鲜半岛海域、北太平洋北部水域。在我国分布的黄海鳕是本种的一个地理种群，是我国黄海重要经济鱼类，年产量曾达2.6万吨（1957年）[110]，如今资源已衰退。目前正在进行黄海鳕的人工繁殖试验。体长可达75 cm。

695 远东宽突鳕 *Eleginus gracilis*（Tilesius，1810）[68]

＝细身宽突鳕

背鳍11～15，15～21，16～23；臀鳍18～24，17～23。

本种体梭形，后部渐侧扁。头中等大。吻比上颌突出。眼稍小，侧位。口中等大。两颌齿细长，向后弯曲。犁骨也有细齿。颏须短，仅与瞳孔径等长。臀鳍起始于第2背鳍前下方。尾鳍后缘截形，侧线在第2背鳍后下方呈断续状。体灰褐色，腹部色浅，背侧有深色斑纹。背鳍、尾鳍黄褐色，其他鳍白色。为冷水性底层中型鱼类。栖息于大陆架浅海。分布于我国黄海、图们江下游，以及日本北海道海域、朝鲜半岛海域、鄂霍次克海、白令海、北太平洋北部[4E, 12, 90]。体长约30 cm。

696 黄线狭鳕 *Theragra chalcogramma*（Pallas，1814）[68]

背鳍10～13，14～18，15～20；臀鳍17～22，16～21。

本种体细长，梭形。吻稍圆，下颌比上颌突出。两颌具绒毛状齿带，上颌外行齿稍大。颏须短小。第1、第2臀鳍分别与第2、第3背鳍相对。胸鳍长，可达第1背鳍后端。体青灰色，背侧有深色斑纹，腹侧色浅，各鳍浅黄色。为冷水性大洋中型鱼类。栖息水深达2 000 m。分布于我国黄海，日本山口、宫城以北海域，鄂霍次克海，白令海，阿拉斯加湾等北太平洋冷水域。体长可达60 cm。本种是世界最重要的渔业对象之一，其年产量曾高达677万吨（1986年），但如今资源已衰退，年产量为100多万吨。我国海区无此鱼的渔业生产，其在黄海东部亦属偶见。

（125）卵首鳕科 Macrouroididae

本科物种头甚大，呈卵圆形（侧面观），柔软。躯干短。眼小，口下位，无颏须。鳃耙细长，鳃盖条7枚。背鳍1个，低而长。臀鳍长，不发达。肛门位于臀鳍前方。无发光器。腹鳍小。我国仅有1属1种。

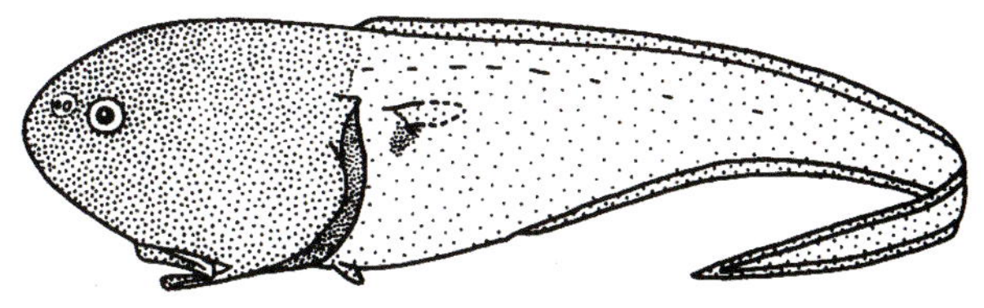

卵首鳕科物种形态简图

697 卵首鳕 *Squalogadus modificatus* Gilbert et Hubbs，1916 [55]

=卵首鲨鳕、圆头鳕

背鳍21～26；腹鳍5。鳃耙3～4+15～17。

本种一般特征同科。头圆大，体侧扁，吻突出而圆钝。无颏须。眼极小。口下位。两颌齿小，呈齿带状，犁骨、腭骨无齿。背鳍1个，无鳍棘。头部表面有很多小棘，不规则地散列于鳞被上。体淡褐色，头部褐色，尾部橙黄色。背鳍、臀鳍黑色，胸鳍基下部有一黑斑。为暖温性深水中型鱼类。栖息水深1 100 m左右。分布于我国东海，以及日本丰后水道海域、相模湾海域，墨西哥湾，太平洋、大西洋暖水域。全长约36 cm。

(126) 长尾鳕科 Macrouridae

本科物种头较大，躯干部短。尾部甚长，细窄，末端尖形。吻常突出，口端位或下位。通常有颏须。眼较大。两颌有齿，腭骨无齿。背鳍通常2个，有2枚鳍棘。腹鳍胸位或近喉位，鳍条6～17枚，外侧鳍条常延长。多数种类鳞上有刺。鳃盖条6～7枚。本科种属甚多，几乎都为大洋深水底层鱼类。全球有19属近300种，我国有11属约70种。

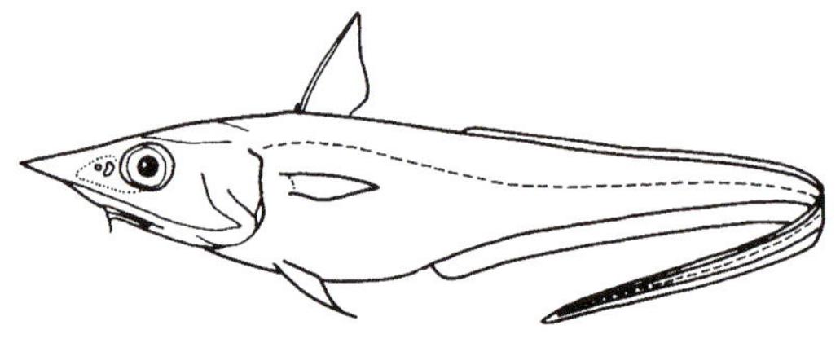

长尾鳕科物种形态简图

鼠鳕属 *Gadomus* Rehan，1903

本属物种体延长，头中等大。吻短钝，不突出。颌齿细微。有颏须，须长一般大于眼径的1/2。背鳍2枚，第2背鳍与第1背鳍间凹刻显著。第1背鳍有2枚鳍棘，第2鳍棘延长。第2背鳍比臀鳍明显发达。胸鳍、腹鳍均有延长鳍条。鳃耙细小，20枚以上。本属全球有11种，我国有3种。

698 柯氏鼠鳕 *Gadomus colletti* Jordan et Gilbert，1904 [48]

第1背鳍Ⅱ－9～12；胸鳍18～21；腹鳍8。鳃耙4～5＋20～22。

本种一般特征同属。头较小，头长略小于肛门前体长的1/2。眼大，眼径大于吻长。颏须长，约等于头长。口大，上颌后端达眼后缘下方。两颌齿绒毛状。第2背鳍与第1背鳍靠近，很发达，比臀鳍高。胸鳍最上鳍条呈丝状延长。体淡紫红色，腹部白色。各鳍淡紫红色或带灰色。鳃腔黑色，沿前鳃盖有白边。为暖水性深海中型鱼类。栖息水深335～710 m。分布于我国南海，以及日本骏河湾以南海域、九州海域，帕劳海岭，印度－西太平洋暖水域。全长约36 cm。

699 黑鳍鼠鳕 *Gadomus melanoptorus* Glibert，1905 [41]

第1背鳍Ⅱ－9；胸鳍17～18；腹鳍8。

本种与柯氏鼠鳕相似。体延长，侧扁。尾鞭状。头较大，吻钝。眼较小。口大，端位。上颌达眼后缘下方，两颌齿绒毛状。其颏须短，仅与上颌等长。背鳍第2鳍棘呈丝状延长，其和胸鳍、腹鳍延长鳍条均特别长。体黄褐色，各鳍黑色。为暖水性深海中小型鱼类。栖息水深800～1 100 m。分布于我国南海，以及太平洋热带、亚热带水域。体长约20 cm。属于我国珍稀鱼类[41]。

700 多丝鼠鳕 *Gadomus multifilis*（Günther，1887）

背鳍Ⅱ－8～9，169～180；臀鳍163；胸鳍15～19；腹鳍8。侧线上鳞5。

本种体延长，侧扁。头较大。吻不突出，略长于眼径。口大，前位，斜裂。颌齿群窄带状，犁骨、腭骨无齿。颏须长，长于头长的1/2。头、体被中等大的圆鳞。背鳍2个。背鳍、胸鳍、腹鳍均有丝状延长鳍条。体背部褐色，腹部黑色。口咽腔、腹膜均呈黑色。各鳍多为黑色。为暖水性深海小型鱼类。栖息水深210～1 627 m。分布于我国南海，以及日本本州海域、菲律宾海域、印度尼西亚海域、印度洋暖水域。体长约12 cm。

底尾鳕属 *Bathygadus* Günther，1878

本属物种延长，侧扁。头中等大。吻钝。口大，端位。颌齿呈小颗粒状，齿群呈带状。颏须有或无。如有颏须，则须长短于眼径的1/3。间鳃盖骨细小。第1背鳍有2枚鳍棘，第2背鳍较臀鳍发达。全球有14种，我国有4种。

701 宽头底尾鳕 *Bathygadus antrodes*（Jordan et Gilbert，1904）[38]

＝宽头渊鼠鳕＝洞底尾鳕

第1背鳍Ⅱ－7～9；胸鳍15～16；腹鳍9。侧线上鳞7。鳃耙6～7＋12～13。

本种体延长，头中等大，口端位。头背宽，眼间距大于眼径的1.5倍。两颌齿粗。下颌腹面有1列膨大鳞片，但喉部裸露无鳞。无颏须。第1、第2背鳍靠近。第2背鳍发达，比臀

鳍高。胸鳍无丝状延长鳍条。体灰褐色，头后、腹部黑色，胸鳍、背鳍基底色深。为暖水性底层中型鱼类。栖息水深800 ~ 1 200 m。分布于我国东海，以及日本南部海域、冲绳海域，西太平洋。全长约60 cm。

702 加氏底尾鳕 *Bathygadus garretti* Glibert et Hubbs，1916[37]

= 盖氏渊鼠鳕 = 须底尾鳕

背鳍 Ⅱ – 8 ~ 10，94 ~ 96；臀鳍80 ~ 85；胸鳍16 ~ 17或18 ~ 19；腹鳍9 ~ 10。侧线上鳞7。

本种体延长，侧扁，向后渐细尖。头稍宽，具许多小孔。头长是眼间距的3.7 ~ 3.8倍。眼间距是眼径的1.5倍。口大，开口于吻端。两颌齿均排列成齿带。下颌有一短须。下颌腹面具大型鳞和小型鳞各1列，喉部有鳞。背鳍2个，基部微连。胸鳍、腹鳍外侧鳍条最长。体淡黄褐色，各鳍淡红褐色。为暖水性深海底层鱼类。栖息水深360 ~ 692 m。分布于我国东海、台湾海域，以及西北太平洋温暖水域。体长约17 cm。

703 日本底尾鳕 *Bathygadus nipponicus* Jordan et Gilbert，1904[38]

第1背鳍 Ⅱ – 10；胸鳍18；腹鳍10。侧线上鳞8。鳃耙5 ~ 6 + 17 ~ 18。

本种与加氏底尾鳕相似。体延长，侧扁。头较宽，头长约是眼间距的3.3倍。口大，开口于吻端。喉部有鳞。背鳍比臀鳍发达。下颌无须，腹面有1.5 ~ 2列鳞。两背鳍靠近但基底不连接。体淡灰褐色，口缘、鳃盖缘黑色。胸鳍、腹鳍褐色，背鳍、臀鳍后部色深。为暖水性深海中型鱼类。栖息于大陆架附近水域。分布于我国东海、台湾海域，以及日本骏河湾海域。体长约57 cm。

▲ 本属我国尚有绵头底尾鳕*B. spongiceps*，形态特征与宽头底尾鳕相似，眼间隔较宽，无颏须。本种以头部腔囊发达似海绵，背鳍、腹鳍无丝状鳍条，与后者相区别[4E]。

704 滑软首鳕 *Malacocephalus laevis*（Lowe，1843）[37]

= 光刺软头鳕

第1背鳍 Ⅱ－10～14；胸鳍17～22；腹鳍8。侧线上鳞11～12。

本种体延长，侧扁，在臀鳍起点后愈尖细。吻短，锥状。眼大而圆。口大，下位。上颌齿2行，下颌齿1行，均呈犬齿状。两背鳍分离，第2背鳍不发达。侧线明显。鳞小，上有细长小棘。鳃盖条6枚，鳃条膜有鳞。肛门距臀鳍甚远。有2个发光器；一个位于腹鳍基底前，呈半月形；另一个较小，位于腹鳍与肛门之间。体褐色，腹部色深。背鳍、臀鳍、胸鳍、腹鳍有黑缘。为暖水性底层中型鱼类。栖息水深270～500 m。分布于我国东海，以及日本南部海域、印度－西太平洋较深水域。全长可达60 cm。

705 日本软首鳕 *Malacocephalus nipponensis* Gilbert et Hubbs，1916[48]

第1背鳍 Ⅱ－10～14；胸鳍17～22；腹鳍8～10。侧线上鳞11～13。鳃耙0＋9～10。

本种体较肥大，侧扁。尾部带状。头大而柔软，嵴低。吻中等突出，吻棘不呈瘤状突。眼大，眼径大于吻长。口大，上颌达眼后缘下方。两颌齿犬齿状，上颌齿2行，下颌齿1行。颏须长略大于眼径的3/4。密生小栉鳞，呈五点排列。鳃盖条有鳞，喉部无鳞。肛门距臀鳍远。前发光器位于两腹鳍基底间。第1背鳍第2鳍棘前缘光滑。头、体背侧暗灰色，体侧下部银白色。胸鳍、腹部淡蓝色，其他鳍黑色。为暖水性深海中型鱼类。栖息水深350 ~ 550 m。分布于我国东海，以及日本九州海域、帕劳海域、西太平洋暖水域。体长约50 cm。

706 异鳞尾鳕 *Trachonurus villosus*（Günther，1877）[38]

= 绒皮粗尾鳕

第1背鳍 Ⅱ－7；胸鳍15；腹鳍7。侧线上鳞6。鳃耙0＋6。

本种头、体较低，侧扁。尾较长。口亚端位。两颌齿小而尖，排列成窄齿带。具短颏须。鳃盖条7枚。头部除鳃膜和颏部外均被鳞，体鳞棱形，具强棘。第2背鳍和臀鳍基底附近鳞片大。第1背鳍的第2鳍棘前缘光滑。腹鳍小，起始于胸鳍后下方。体灰褐色，口腔色暗，鳃腔、肛门周围和发光器黑色。为暖水性深海中型鱼类。栖息于水深850 ~ 1 170 m的沙泥底质海区。分布于我国东海，以及日本南部海域、菲律宾海域，西太平洋热带、亚热带水域。全长可达55 cm。

707 日本拟奈氏鳕 *Pseudonezumia japonica* Okamura，1970 [38]

第1背鳍 Ⅱ－8；胸鳍16；腹鳍6。侧线上鳞9。鳃耙0＋10。

本种体延长，侧扁，后部变细。鳃盖条8枚。肛门附近发光器周围有黑色无鳞区，腹鳍基附近发光器周围没有无鳞区。第1背鳍第2鳍棘前缘锯齿状。第2背鳍和臀鳍无扩大的鳞片。鳃盖膜无鳞。鳞片上有平行排列的细长小棘和网状隆起线构造。头、体黄褐色，腹部和体侧灰褐色。为暖水性深海中小型鱼类。分布于我国东海，以及日本南部海域。体长约34 cm。

▲ 我国南海尚分布有大头拟奈氏鳕*P. cetonuropsis*。本种头大，腹鳍有丝状延长鳍条，鳃盖条7枚[13]。

膜首鳕属 *Hymenocephalus* Giglioli，1884

本属物种体延长。头较大，头上覆有透明的膜，头骨薄而脆。峡部两侧到肩带部有平行的黑色线纹。两背鳍有明显间距，通常第1背鳍第2鳍棘光滑。臀鳍比第2背鳍发达，胸鳍通常无延长鳍条。腹鳍鳍条8～12枚。肛门紧位于臀鳍前。发光器长，从肛门前直伸达胸部，每个发光器有一晶体。鳞片大，侧线上鳞等于或少于3行。本属有21种，我国有8种。

708 膨趾膜头鳕 *Hymenocephalus kuronumai* Kamohaea，1938[38]

=黑沼膜鳕 *Hymenogadus kuronumai* = 库氏膜首鳕

第1背鳍 Ⅱ－9～12；胸鳍18～22；腹鳍8。侧线上鳞3。鳃耙0＋8～10。

本种体圆锥状，头平扁，体后部侧扁。吻部有3个板状突出。眼大。下颌颏须短，其长度仅是眼径的1/3。体被强栉鳞，第1、第2背鳍间距长。第1背鳍第2鳍棘前缘光滑。第2背鳍不发达，一般低于臀鳍。腹鳍第1鳍条膨大似趾。鳃盖条7～8枚。发光器前端可抵腹鳍起首前。肛门紧靠臀鳍前。体青灰色，腹侧银白色，各鳍色稍浅。为暖水性底层中小型鱼类。栖息水深300～500 m。分布于我国东海，以及日本南部海域、菲律宾海域、西太平洋暖水域。全长约20 cm。

709 细身膜头鳕 *Hymenocephalus gracilis* Gilbert et Hubbs，1920[37]

= 薄鳕 *Hymenogadus gracilis*

第1背鳍 Ⅱ－9～11；臀鳍约140；胸鳍15～17；腹鳍8。鳃耙0＋8～12。

本种体细长，呈亚圆柱状，向后渐细尖。头部稍平扁。头骨薄，易碎。吻部短尖，吻端具3个尖锐突起。口大，下位，具一短颏须。第1背鳍第2鳍棘前缘呈锯齿状。两背鳍间距长。腹鳍有1枚呈丝状延长的鳍条。胸鳍位于第1背鳍前下方。体被弱栉鳞。发光器由肛门前延伸至胸鳍基前方，两端各具一晶体。体背粉红色，腹侧银白色。腹部具黑色斑点。为暖水性深海小型鱼类。栖息水深295～500 m。分布于我国东海、南海、台湾海域，以及日本三重县以南海域、菲律宾海域、西北太平洋和印度洋、大西洋暖水域。

710 刺吻膜首鳕 *Hymenocephalus lethonemus* Jordan et Gilbert，1904[38]

= 细点膜头鳕

第1背鳍 Ⅱ－9～12；胸鳍14～17；腹鳍11～12。侧线上鳞2。鳃耙0＋18～20。

本种体较低而细长，无颏须。吻尖，突出于口前方，其下缘斜。眼径约等于眼间距。眼前上方冠状突起较发达，但不显著高。发光器长约是头长的2/3，其前端达腹鳍起点前。体灰褐色，吻端半透明，尾部色浅，腹部褐色。各鳍色浅。体上布有许多随肌节配布的小黑点。为暖水性深海小型鱼类。栖息水深360～810 m。分布于我国南海、东海，以及日本南部海域、帕劳海域、西太平洋暖水域。全长约14 cm。

711 长头膜首鳕 *Hymenocephalus longiceps* Smith et Radcliffe, 1912[48]

第1背鳍Ⅱ－9～10；胸鳍14～16；腹鳍8。侧线上鳞2。鳃耙0＋14～15。

本种体长，侧扁，体高较低。颏须长于眼径。吻端与上颌口缘近，几乎不突出于口前方。眼大，眼径大于眼间距。头骨硬，筛骨和额骨的乌冠状隆起低，眼窝上缘不外突。腹鳍外侧鳍条与头几乎等长。发光器长度大于头长的1/2。体灰褐色，腹侧与上颌口缘银白色。尾上缘色深，背鳍、臀鳍色浅。为暖水性深海中小型鱼类。栖息水深350～550 m。分布于我国南海、东海，以及日本三重以南海域、菲律宾海域、印度－西太平洋暖水域。全长约24 cm。

712 纹喉膜首鳕 *Hymenocephalus striatissimus* Jordan et Gilbert, 1904[48]

＝短须膜首鳕

第1背鳍Ⅱ－8～10；胸鳍13～17；腹鳍8。侧线上鳞2.5。鳃耙0＋12～16。

本种有颏须，吻不突出于口前方，眼径大于眼间距。体前部高而侧扁。吻端与上颌口缘距离稍大。颏须长度小于眼径的1/2。喉部腹侧有细横纹。筛骨和额骨的冠状隆起高于眼窝上缘。眼窝径明显大于眼后头长的2/3。腹鳍外侧鳍条长度短于头长。头与躯干部黑褐色，尾部黄褐色，鳃盖区和体侧有银色光泽。背鳍、臀鳍色浅，腹鳍基部色深。为暖水性深海中小型鱼类。栖息水深300 ~ 570 m。分布于我国南海、东海，以及日本南部海域、帕劳海域、西太平洋暖水域。全长可达20 cm。

713 长须膜首鳕 *Hymenocephalus longilbarbis*（Günther，1887）[38]
= *H. hachijoensis*

第1背鳍 Ⅱ – 10；胸鳍15；腹鳍8。侧线上鳞2.5。鳃耙0 + 15 ~ 16。

本种体长，侧扁。头大，尾尖细。吻端与上颌口缘间距长。颏须较长，其长度几乎等于眼径，不及头长的2/3。筛骨、额骨嵴低厚，不高于眼上缘。眼径小于眼后头长的2/3。腹鳍外侧鳍条长度等于头长。体黄褐色，腹侧色较深，尾部和背鳍、臀鳍色稍浅。为暖水性深海中小型鱼类。分布于我国南海，以及日本丈八岛东部海域、澳大利亚海域、印度–西太平洋暖水域。全长约18 cm。

▲ 本属我国尚有新膜首鳕*H. nascens*（=无须膜首鳕）和盯视膜首鳕*H. torvus*，后者曾被认为和纹喉膜首鳕为同种。二者特征近似。见李思忠《中国动物志　硬骨鱼纲　银汉鱼目　鳉形目　颌针鱼目　蛇鳚目　鳕形目》（2011）[4E]。

凹腹鳕属 *Ventrifossa* Gilbert et Hubbs，1920

体延长，头中等大。眼大小一般。吻短而钝。口下位。上颌齿3行以上，外行齿扩大；下颌齿1行至多行，内行齿扩大。颏须发达。肛门离臀鳍稍远，与腹鳍基底接近。鳃盖条7枚。鳞小。侧线上鳞5行以上。发光器短，位于肛门前方。头部完全被以小型带刺的鳞片。背鳍鳍棘前缘通常具锯齿。本属全球有22种，我国有12种。

714 魔灯凹腹鳕 *Ventrifossa lucifer* (Smith et Radeliffe, 1912) [37]

= 魔灯梭鳕 *Lucigadus lucifer*

背鳍 II - 11，140；臀鳍约175；胸鳍18；腹鳍7。

本种一般特征同属。体延长，侧扁。头与躯干短。吻短，圆钝。眼大，眼径长于吻长。头部小孔发达。口小，开口于吻端。鳃盖膜具鳞。背鳍第2鳍棘具锯齿。臀鳍起始于第1背鳍起点下方。腹鳍起始于主鳃盖骨下方。发光器位于两腹鳍基间。体褐色，腹部黑色。腹鳍、发光器和肛门周围黑色。为暖水性深海小型鱼类。栖息水深137 ~ 330 m。分布于我国南海、台湾海域，以及菲律宾海域。体长约21 cm。

715 黑边凹腹鳕 *Ventrifossa nigromarginata* (Smith et Radeliffe, 1913) [37]

= 黑缘梭鳕 *Lucigadus nigromarginata*

第1背鳍 II - 11；胸鳍20；腹鳍10 ~ 11。

本种体延长，侧扁。头大。吻短，圆钝。头背缘眼前上方略凹。眼大，侧高位，眼径大于吻长。口中等大，上颌达眼中部下方。齿中等大，亚锥形，上颌齿外行大。颏须粗，须长略短于眼径。鳞小，其后部平行排列有6～8行栉刺。第1背鳍起点位于胸鳍基稍后上方，第2鳍棘前缘锯齿状。肛门位于腹鳍基后方。体浅黄褐色。胸鳍下方黑色，背鳍、臀鳍、腹鳍具黑色斑纹。为暖水性深海中小型鱼类。分布于我国南海、台湾海域，以及印度尼西亚海域。体长约18 cm。

716 褐凹腹鳕 *Ventrifossa fusca* Okamura，1982 [48]

=暗色凹腹鳕

第1背鳍Ⅱ－10～12；胸鳍20～23；腹鳍8。侧线上鳞9～9.5。鳃耙0＋9～13。

本种体延长，侧扁。头中等大。吻短钝，吻长短于眼径。口小，下位，马蹄形。下颌齿2行，内行齿较大。体被强栉鳞，下颌骨有鳞，喉部无鳞。第1背鳍后无无棘鳞区，第2鳍棘前缘锯齿状。臀鳍起点位于第1背鳍基后下方。发光器小，位于腹鳍基连线上。体褐色，头侧带银色光泽。各鳍色深。为暖水性深海中型鱼类。栖息水深700 m左右。分布于我国南海，以及日本九州海域、帕劳海域。体长约52 cm。

717 大鳍凹腹鳕 *Ventrifossa macroptera* Okamura，1982 [48]

第1背鳍Ⅱ－9～11；胸鳍21～26；腹鳍9～10。侧线上鳞6～8。鳃耙0＋11～13。

本种体延长，侧扁。尾部细如线。头部大而柔软，稍平扁。吻短，吻端无骨质棘。眼大，眼径、眼间距与吻等长。口大，下位。上颌齿呈带状排列；下颌齿2行，内行较大。颏须长度短于眼径。第1背鳍后有无棘鳞区，第2鳍棘前缘光滑。肛门距臀鳍较远。发光器小。体淡褐色。为暖水性深海中型鱼类。栖息水深700 m左右。分布于我国台湾海域，以及日本九州海域、帕劳海域。体长约40 cm。

718 岐异凹腹鳕 *Ventrifossa divergens* Gilbert et Hubbs，1920 [37]

第1背鳍Ⅱ－9～10；胸鳍19～20；腹鳍8～9。侧线上鳞7～9。鳃耙15～17。

本种体延长，向后渐尖细。头侧面观近三角形。吻短，吻端稍尖。眼大，眼径大于吻长。口大，上颌达眼后缘下方。齿稍粗，两颌齿呈窄带形，上颌外行齿较大。下颌须细长。第1背鳍有长丝状硬棘。腹鳍外缘丝状鳍条远伸过臀鳍。栉鳞有五点列状小刺。喉部与鳃膜无鳞。发光器短小，位于腹鳍基底间，呈黑色水滴状。体背侧褐色，头、躯干腹面黑色。各鳍色浅。为暖水性深海中小型鱼类。栖息水深350～550 m。分布于我国南海、台湾海域，以及菲律宾海域、印度－西太平洋暖水域。体长约30 cm。

719 黑背鳍凹腹鳕 *Ventrifossa nigrodorsalis* Gilbert et Hubbs，1920 [48]

第1背鳍Ⅱ－10～11；胸鳍23；腹鳍9。侧线上鳞5～5.5。鳃耙0＋12～13。

本种体延长，侧扁。头中等大，吻稍尖突，尾纤细。第1背鳍后有无棘鳞区。头侧扁，眼间隔窄，眼间距小于眼径。颏须发达。第1背鳍上有方形大黑斑，而易与近似种区别。体暗灰色，头、体侧有银白色光泽。胸鳍、腹鳍色暗，臀鳍起始部有黑缘。为暖水性深海中小型鱼类。栖息水深650 m左右。分布于我国东海、台湾海域，以及日本土佐湾海域、菲律宾海域、西太平洋暖水域。全长约33 cm。

注：尼冈邦夫（1982）记述本种的第1背鳍具大型黑色椭圆形斑[48]。

720 扇鳍凹腹鳕 *Ventrifossa rhipidodorsalis* Okamura，1984[37]

=黑白凹腹鳕

第1背鳍 Ⅱ－12；胸鳍23；腹鳍10。侧线上鳞5～5.5。鳃耙12。

本种与黑背鳍凹腹鳕十分相似。故曾被误认为同一物种[4E]，相关记述也不甚一致[49]。本种体延长，侧扁，较高。头较大，吻短钝，具一短须。第1背鳍有一圆形黑色大斑。第1背鳍后有无棘鳞区。侧线上鳞5～5.5行。腹鳍鳍条10枚。体淡灰褐色，躯干淡灰蓝色，头下方黑色。胸鳍色暗，基部有一大黑斑。为暖水性深海中小型鱼类。栖息水深520～587 m。分布于我国东海、台湾海域，以及日本土佐湾海域、菲律宾海域、西北太平洋暖水域。

721 加里曼丹凹腹鳕 *Ventrifossa garmani*（Jordan et Gilbert，1904）[48]

=加氏豆腹鳕

第1背鳍 Ⅱ－9～11；胸鳍18～23；腹鳍8～9。侧线上鳞5～6。鳃耙0＋9～13。

本种一般特征同属。第1、第2背鳍分离。第2背鳍不发达。口大，上颌长大于头长的1/3。两颌齿排列成带状。下颌齿带窄，内侧齿不扩大。下颌须细长，其长度约等于眼径。鳞较大，鳞上棘稍宽。第1背鳍后没有无棘鳞区。腹鳍起始于胸鳍起点正下方。肛门位于腹鳍与臀鳍间，靠近腹鳍。发光器1个，前端位于腹鳍起点附近。体背侧暗灰色，头侧和体侧银白色。胸鳍、腹鳍色暗。口腔白色。为暖水性深海中小型鱼类。栖息水深310～720 m。分布于我国南海，以及日本铫子以南海域、西北太平洋暖水域。全长可达25 cm。

注：李思忠（2011）记述腹鳍起始于鳃盖骨下方[4E]，所述腹鳍位置比上述略偏前。

722 长须凹腹鳕 *Ventrifossa longibarbata* Okmur，1982[48]

第1背鳍 II－10；胸鳍23～25；腹鳍8。侧线上鳞9～10。鳃耙0＋9～12。

本种头大，体延长，侧扁。第1背鳍下有无棘鳞区。鳞片细小，鳞上散布细长小棘。侧线上鳞9～10行。颏须显著细长，其长度几乎等于或大于眼径。颌齿小，上颌齿带幅宽一般，下颌齿带细狭。第1背鳍无丝状硬棘。腹鳍外鳍条不显著突出，罕达臀鳍。体背侧暗灰色，头与腹侧银白色。各鳍淡褐色。为暖水性深海中小型鱼类。栖息水深325～750 m。分布于我国东海、台湾海域，以及日本骏河湾以南海域、菲律宾海域、印度尼西亚海域、西太平洋暖水域。全长约30 cm。

723 西海凹腹鳕 *Ventrifossa saikaiensis* Okamura，1984[37]

＝沟北凹腹鳕

第1背鳍 II－9～10；胸鳍19～22；腹鳍8～9。侧线上鳞5～6或7～7.5。鳃耙0＋12～15。

本种体高，侧扁，项背最高，向后渐尖细。头大，侧扁。吻短宽，眼间隔平坦，头部骨嵴不发达。口中等大，颌齿呈带状。颏须细弱，其长度略大于眼径。鳞中等大，呈宽六角形，鳞上棘刺辐射状排列。第1背鳍后无无棘鳞区。背鳍第2鳍棘具细锯齿缘。腹鳍基位于胸鳍基前下方。肛门距腹鳍基较近。发光器位于腹鳍基底间。体蓝灰色，头侧、体侧有银色光泽。各鳍色暗。为暖水性深海中小型鱼类。栖息水深560 ~ 750 m。分布于我国东海、台湾海域，以及琉球群岛海域。体长约30 cm。

724 箭齿凹腹鳕 *Ventrifossa atherodon*（Gilbert et Cramer，1897）[37]

本种体延长，侧扁。尾细如线。头大，眼小。口裂大，下位。上颌齿多行，排列成宽齿带；外行齿长，呈犬齿状。下颌齿2行，内行稍长。背鳍第2鳍棘光滑。体被弱栉鳞；鳞小，棘刺短。体背侧灰色或黑色，腹侧有银色光泽。口缘、颊部及第1背鳍黑色。为暖水性深海鱼类。分布于我国台湾海域。

注：因信息不足，未将本种编入检索表。此处摘自沈世杰（2011），供参考[37]。

▲ 本属我国尚有三崎凹腹鳕*V. misakia*[12，13]，一般特征同属，仅以背鳍斑、肛门位置、眼径长短等性状加以区分[4E]。

奈氏鳕属 *Nezumia* Jordan，1904

= 网鳞鳕属

本属物种体延长，头中等大。眼较大。口下位，上颌长小于头长的1/3。肛门离臀鳍有一定距离，通常较靠近腹鳍基底。发光器位于肛门前方。鳞片具网目状构造。第1背鳍第2鳍棘锯齿状。臀鳍比第2背鳍发达。本属全球有46种，我国有7种。

725 原始奈氏鳕 *Nezumia proxima*（Smith et Radcliffe，1912）[55]

=少鳍奈氏鳕=原始网鳞鳕

第1背鳍Ⅱ-8～9；胸鳍18～22；腹鳍9。侧线上鳞6.5～7。鳃耙0+6～8。

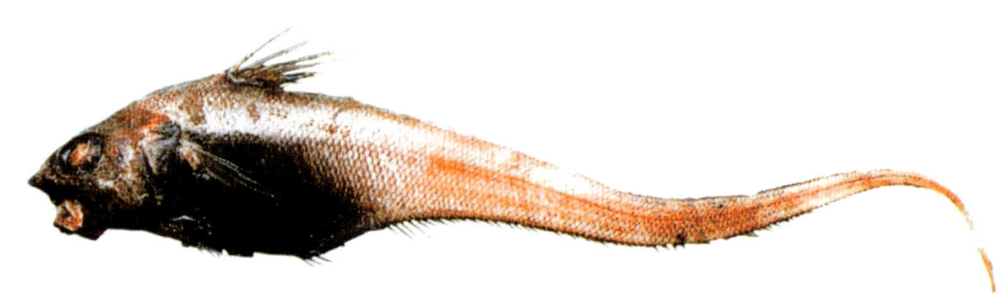

本种体延长，侧扁。吻端稍突出，钝尖。眼大，侧位；口下位。两颌齿细小，呈带状排列。上颌外侧齿扩大。犁骨、腭骨无齿。颏须短，其长度稍长于眼径的1/2。全体被鳞，仅眼前缘下方裸露。鳞棘发达。第1背鳍鳍棘前缘具锯齿。发光器位于腹鳍基部。肛门离臀鳍有一定距离。体褐色，胸部、腹部蓝黑色。各鳍色暗。为暖水性深海中型鱼类。栖息水深420～979 m。分布于我国东海，以及日本南部海域、冲绳海域，菲律宾海域。全长约37 cm。

726 胖头奈氏鳕 *Nezumia darus*（Gilbert et Hubbs，1917）[48]

=平吻奈氏鳕

第1背鳍Ⅱ-9～10；胸鳍23～26；腹鳍10～11。侧线上鳞9～10。鳃耙0+7～8。

本种体延长，头、体均很侧扁。吻钝，吻端几乎呈垂直状。口小，两颌齿群带状，上颌外行齿排列稀疏且较大。肛门距腹鳍基较距臀鳍为近。发光器较大，位于两腹鳍基间。鳞小，有网状纹。背鳍第2鳍棘前缘有锯齿。臀鳍发达。头、体大部分红棕色，腹部色暗。口腔白色，背鳍、臀鳍前部和偶鳍灰色。为暖水性深海中小型鱼类。栖息水深300～700 m。分布于我国东海，以及日本骏河湾海域、九州海域，帕劳海域，西北太平洋暖水域。体长约30 cm。

727 突吻奈氏鳕 *Nezumia condylura* Jordan et Gilbert，1904 [48]

= 瘤鼻奈氏鳕

第1背鳍Ⅱ－11～13；胸鳍20～23；腹鳍15～16。侧线上鳞10.5～12.5。鳃耙0＋8～10。

本种体延长，侧扁。尾部尖细。吻中等突出。吻端左、右侧角各有1个瘤状骨质突起。口小，下位。颏须长等于眼径的1/2。两颌齿群排列成带状，上颌外行齿膨大。肛门距臀鳍较距腹鳍基近。发光器位于两腹鳍基间。体灰褐色，躯干腹面和峡部蓝黑色。口腔、鳃腔膜黑色。为暖水性深海中小型鱼类。栖息水深510～760 m。分布于我国东海，以及日本千叶以南海域、九州海域，帕劳海域，西太平洋暖水域。体长约20 cm。

728 大鳍奈氏鳕 *Nezumia propinqua*（Gilbert et Cramer，1897）[48]

= 白颊奈氏鳕

第1背鳍Ⅱ－10～12；胸鳍21～22；腹鳍13～16。侧线上鳞9～10。鳃耙0＋8～10。

本种与突吻奈氏鳕相似。下颌齿群窄带状，内行齿不膨大。第1背鳍后无无棘鳞区。腹鳍鳍条数偏多。头部有枕骨突起。肛门位于腹鳍和臀鳍的中间前面，紧邻发光器。体淡红褐色，胸部暗青色，颊部带银白色光泽。口、鳃腔黑色。为暖水性深海中小型鱼类。栖息水深700 m左右。分布于我国台湾海域，以及日本九州海域、帕劳海域、美国夏威夷海域、中西太平洋暖水域。体长约25 cm。

▲ 本属我国尚有蒲原奈氏鳕*N. kamoharai*、长趾网鳞鳕*N. macronema*。可查阅李思忠（2011）、黄宗国（2012）[4E，13]。

729 日本舟尾鳕 *Kumba japonica*（Matsubara，1943）[37]

本种体延长，侧扁。尾部细如线。吻端钝尖。口小，下位。吻背几乎全部无鳞，腹面及两颌则全部无鳞。头部棱嵴不发达，无吻部棱鳞和眶下棱嵴。眶下具鳞数列，鳞较小。颏须稍长。发光器前后皮窗分隔较宽。体深棕色。臀鳍基中段具3块黑色区。

注：本种因笔者掌握可比性状不足，而未被列入检索表。

腔吻鳕属 *Coelorinchus* Giorma，1809

本属物种体延长，躯干部呈亚圆柱形。尾部长而侧扁。头大，吻长而尖突，具棱嵴。口下位，两颌具绒毛状齿带或锥状小齿。犁骨、腭骨均无齿。颏须较短。背鳍2个，第1背鳍第2鳍棘前缘通常光滑。第2背鳍、臀鳍相似，基底均延长。肛门位于臀鳍前方，临近发光器（为细菌共生发光）。腹鳍位于胸鳍基下方。体被栉鳞，鳞上小棘呈平行或辐射状排列。本属是本科也是本目种类最多的一属，全球有76种，我国约有30种。

730 台湾腔吻鳕 *Coelorinchus formosanus* Okamura，1964[38]

= 中间腔吻鳕 *Coelorhynchus intermedius*

第1背鳍Ⅱ－8～10；胸鳍16～19；腹鳍7。侧线上鳞3.5。鳃耙1～2＋6～7。

本种一般特征同属。吻端尖，吻长约是眼径的1.5倍。眼下隆起嵴陡直，鳞棘弱小。吻背前侧部无鳞区宽。头腹面前端和口后面有鳞。口小，上颌长小于头长的1/3。前颌骨齿锥状，7～8行；外侧齿较大，呈犬齿状。下颌齿仅3～4行。发光器很长，其黑色发光管自肛门直伸至喉部。第1背鳍起始于胸鳍基底上方。第2背鳍与臀鳍相对。体带金黄色，背部橙色，腹缘发光器部黑色。为暖水性深海中小型鱼类。栖息于大陆架至陆坡上界。分布于我国东海、南海、台湾海域，以及琉球群岛海域。全长约25 cm。

731 多棘腔吻鳕 *Coelorinchus multispinulosus* Katayama，1942[38]

第1背鳍Ⅱ－8～10；胸鳍14～18；腹鳍7。侧线上鳞3.5～5。鳃耙1～2＋6～8。

本种头前部较平扁，后部侧扁。吻长且尖，吻端有1枚刺状硬棘。口较大。颌齿锥状，前颌骨外侧齿较大。体被六角形鳞片，其上散布细长弱棘。吻背前侧无鳞区宽，吻端腹面有鳞。眼下缘有变形鳞1列。发光器甚长。两背鳍间距小于第1背鳍基底长。体银灰色，其上布有3纵行蠕虫状黑灰色斑纹，沿侧线有1条浅色纵带。为暖水性底层中型鱼类。栖息水深146～300 m。分布于我国东海、台湾海域，以及日本南部海域、西北太平洋暖水域。全长约38 cm。

732 带斑腔吻鳕 *Coelorinchus cingulatus* Gilbert et Hubbs，1920[37]

＝横带腔吻鳕

第1背鳍Ⅱ－9；胸鳍20；腹鳍7。侧线上鳞4。鳃耙2＋5。

本种体延长，侧扁。尾渐细如带状。头长。吻尖，吻端突出，具1枚尖棘。眼下隆起嵴直线状。口小，下位。两颌齿带较宽，上颌外行齿较大。第1背鳍第2鳍棘显著延长。发光器长，位于肛门到峡部。体淡褐色，眼后方有纵纹。体侧上部有鞍状斑。为暖水性深海中小型鱼类。栖息水深250 ~ 420 m。分布于我国东海、台湾海域，以及琉球群岛海域、菲律宾海域。体长约23 cm。

733 蒲原腔吻鳕 *Coelorinchus kamoharai* Matsubara，1943 [38]

第1背鳍 Ⅱ − 8 ~ 10；胸鳍16 ~ 20；腹鳍7。侧线上鳞3.5 ~ 4。鳃耙1 ~ 2 + 8 ~ 10。

本种吻尖，颏须短。吻背前部无鳞区宽。头部腹面除吻端有鳞外，其他区域无鳞，但有褐色小皮瓣。体侧鳞片上小棘稀疏。两背鳍间距大于第1背鳍基底长。第2背鳍起始于臀鳍起点后上方。体带银灰色，背缘灰褐色。发光器黑色。体侧有不明显的暗斑。为暖水性深海中小型鱼类。栖息水深200 ~ 400 m。分布于我国东海，以及日本骏河湾以南海域、冲绳海域，西北太平洋暖水域。全长约30 cm。

734 长管腔吻鳕 *Coelorinchus longissimus* Matsubara，1943 [38]

第1背鳍 Ⅱ − 8 ~ 10；胸鳍16 ~ 20；腹鳍7。侧线上鳞3 ~ 4.5。鳃耙1 ~ 2 + 5 ~ 7。

本种与蒲原腔吻鳕许多基本特征相同。二者区别在于头部腹面无褐色皮瓣；鳞片上小棘密，呈辐射状排列；第2背鳍起始于臀鳍前上方；两背鳍间距接近或稍大于第1背鳍基底长。体黄褐色，背缘褐色，腹部稍带蓝色。体侧有不明显的暗斑。发光器黑色。为暖水性深海中型鱼类。栖息水深280 ~ 400 m。分布于我国东海，以及日本骏河湾以南海域、冲绳海域，西北太平洋暖水域。全长约36 cm。

735 哈卜氏腔吻鳕 *Coelorinchus hubbsi* Matsubara，1936[38]

第1背鳍Ⅱ－8～10；胸鳍16～19；腹鳍7。侧线上鳞4～5.5。鳃耙6～3＋5～7。

本种吻端尖长，吻背部前侧无鳞区窄。眼下隆起嵴直线状，有鳞2列。体侧鳞片上小棘弱。背鳍前缘无鳞区窄。背鳍第2鳍棘不显著长。发光器显著长。肛门靠近臀鳍。体灰褐色；腹侧灰白色，略带紫色。体侧有3条纵带，分别沿背侧和胸鳍上纵走。第1背鳍有黑缘。为暖水性深海底层中小型鱼类。栖息于泥底质海区。分布于我国南海、台湾海域，以及日本熊野以南海域、西北太平洋暖水域。全长约22 cm。

736 松原腔吻鳕 *Coelorinchus matsubarai* Okamura，1982[48]

第1背鳍Ⅱ－8～9；胸鳍17～21；腹鳍7。侧线上鳞5～5.5。鳃耙1～2＋6～7。

本种与哈氏卜氏腔吻鳕相似。吻部较尖长。头长约是吻长的2.4倍。体侧鳞片上小棘6列。体紫褐色，腹面白色。胸鳍上方有一眼大小的黑色圆斑。体侧中央有1条纵带。为暖水性深海中小型鱼类。栖息水深330～600 m。分布于我国东海，以及日本九州海域、帕劳海域、太平洋。全长约23 cm。

737 拟星腔吻鳕 *Coelorinchus asteroides* Okamura，1963[38]

= 星鳞腔吻鳕

第1背鳍 Ⅱ－8～9；胸鳍17～19；腹鳍7。侧线上鳞3～3.5。鳃耙0～2＋5～6。

本种吻端尖锐，吻部中央鳞上小棘呈放射状排列。吻背中央有大型纵列鳞6～8枚。头部腹面几乎无鳞。发光器短，仅达肛门与腹鳍中间附近。腹鳍基至峡部与到肛门距离相等。体灰褐色，腹部稍呈蓝色。体无明显的鞍状斑。吻端与尾端黄绿色。发光器黑色。为暖水性深海中型鱼类。栖息水深320～400 m。分布于我国东海，以及日本骏河湾以南海域、西北太平洋暖水域。全长约40 cm。

738 鸭嘴腔吻鳕 *Coelorinchus anatirostris* Jordan et Gilbert，1904[48]

第1背鳍 Ⅱ－8～10；胸鳍16～19；腹鳍7。侧线上鳞3.5～4.5。鳃耙0＋5～7。

本种体延长，头尖长，嵴较发达。吻平扁，稍长；头长是口前吻长的2.6～3倍。颏须长大于眼径的1/3。头腹面无鳞。吻中央鳞上小棘仅向后侧方呈放射状排列。吻背中央有大型鳞9～12枚。头后部肥大鳞具一棘状隆起缘。两背鳍间距大于第1背鳍基底长，腹鳍至峡部较距肛门近。体灰褐色，头部腹面色稍浅，腹部略呈蓝色。为暖水性深海中型鱼类。栖息水深300～655 m。分布于我国东海、台湾海域，以及日本南部海域、西北太平洋暖水域。全长约43 cm。

739 东海腔吻鳕 *Coelorinchus productus* Gilbert et Hubbs，1916[37]

= 尖鼻腔吻鳕

第1背鳍Ⅱ－9～10；胸鳍18；腹鳍7。侧线上鳞3.5～4。鳃耙0＋6。

本种与鸭嘴腔吻鳕相似。体延长，稍侧扁。尾细如线。头较大，隆起嵴特别发达。吻背中央有鳞9～12枚。鳞上小棘仅向后侧方呈放射状排列。吻尖突，吻端具长强棘。两颌具齿带，上颌外侧齿较大。颏须短，是眼径的1/4～1/3。背鳍第2鳍棘前缘光滑。肛门位于臀鳍起点前，具短发光器。体上半部暗棕色到黑色，下半部银色，腹面淡蓝色。口、鳃腔和鳍黑色。为暖水性深海中小型鱼类。栖息水深271～600 m。分布于我国东海、台湾海域，以及日本骏河湾以南海域、西北太平洋暖水域。体长约23 cm。

注：因本种与鸭嘴腔吻鳕很相似，沈世杰（1993）曾认为二者为同物种[9]。

740 窄吻腔吻鳕 *Coelorinchus leptorhinus* Chiou，Shao et Iwamoto，2004[37]

本种体延长，稍侧扁。尾纤细。头中等大。吻突出，吻棘尖长。颏须长。口裂大。鳃膜游离处高且窄。眼径大，占头长的16%～18%。头腹面无鳞。体侧鳞大，鳞上具5～8列棘刺。发光器短，伸达腹鳍基。肛门靠近臀鳍。体深棕色。腹鳍、臀鳍和第1背鳍顶部黑色。为暖水性深海鱼类。分布于我国台湾海域。

注：本种因笔者掌握的资料不足而未被编入检索表，本种介绍摘自沈世杰等（2011），供参考[37]。

741 东京腔吻鳕 *Coelorinchus tokiensis*（Steindachner et Döderlein，1887）[38]

第1背鳍Ⅱ－8～9；胸鳍18～19；腹鳍7。侧线上鳞4～5。鳃耙1～2＋7～9。

本种头大而尖，头长是吻长的2.3～2.5倍。头腹面无鳞，头顶鳞片上通常仅有1条隆起线。吻背中央有大型鳞12～13枚，鳞上小棘向后侧方呈放射状排列。第1背鳍起点与胸鳍基相对。腹鳍基底至峡部和至肛门距离相等。体灰褐色。各鳍褐色。鳃膜白色。体有明显的鞍状斑，并在体侧形成6条较宽的横带。为暖水性深海中型鱼类。栖息水深360～755 m。分布于我国东海，以及日本相模湾以南海域、九州海域，琉球群岛海域。全长约56 cm。

742 六带腔吻鳕 *Coelorinchus hexafasciatus* Okamura，1982[48]

第1背鳍Ⅱ－9；胸鳍19；腹鳍7。侧线上鳞7。

本种与东京腔吻鳕相似，以致曾将东京腔吻鳕译为本种[49]。二者的发光器向前约伸达腹鳍基与臀鳍的中间。本种头顶鳞片有3条隆起线，呈放射状排列。吻较短，头长是吻长的2.4～2.7倍，是眼径的3.7～4.3倍。体深褐色，头腹和尾部色稍浅，腹部带蓝色。体侧有6条褐色宽横带。腹膜及各鳍黑褐色。为暖水性深海中型鱼类。栖息水深336～910 m。分布于我国东海，以及日本九州海域、帕劳海域。体长约57 cm。

743 长头腔吻鳕 *Coelorinchus longicephalus* Okamura，1982 [48]

第1背鳍Ⅱ－9；胸鳍18～19；腹鳍7。侧线上鳞5～5.5。鳃耙2＋7。

本种体延长。头大而尖，吻尖长，头长是吻长的2.2～2.3倍。头部腹面几乎无鳞。肛门靠近臀鳍。发光器短，仅达肛门与腹鳍的中间处。吻端有3个骨质瘤状突起，头顶鳞片上有1～3条隆起线，体鳞的棘列呈放射状排列。体褐色，头部深褐色，尾部色稍浅，鳃膜黑褐色。体侧有3～4条宽的横纹。为暖水性深海大中型鱼类。栖息水深336～700 m。分布于我国南海，以及日本九州海域、帕劳海域、菲律宾海域。全长可达90 cm。

744 斑肩腔吻鳕 *Coelorinchus kishinouyei* Jordan et Snyder，1900 [38]

＝岸上腔吻鳕

第1背鳍Ⅱ－8～10；胸鳍16～20；腹鳍7。侧线上鳞3.5～4。鳃耙0～2＋7～8。

本种吻短，吻端尖锐。眼大，眼下隆起嵴直线状。鳞大，鳞棘弱小。口小，有6行齿排成宽齿带；外侧齿较大，犬齿状。发光器前端达腹鳍基前端，副管长约是眼径的2/3。肛门离臀鳍起点较远。体灰褐色，腹侧色浅。眼前和尾部黄褐色。胸鳍上方有一圆形大黑斑。为暖水性底层中型鱼类。栖息于水深200～300 m的泥沙底质海区。分布于我国台湾海域、东海，以及日本东京湾以南海域、西北太平洋暖水域。全长约25 cm。

745 乔氏腔吻鳕 *Coelorinchus jordani* Smith et Pope，1906 [38]

第1背鳍 II－8～11；胸鳍15～19；腹鳍7。侧线上鳞3.5～4。鳃耙0＋7。

本种与肩斑腔吻鳕相似。头中等大。吻较短，吻端尖。眼大，侧位。体鳞中等大，鳞棘细弱。发光器稍长，其前端越过腹鳍基底前端。肛门距臀鳍稍远，腹鳍距肛门较距峡部近。体大部银白色，略带金黄色，背部深灰色，腹部稍呈蓝色。雄鱼胸鳍上方有卵圆形暗斑，雌鱼无此特征。为暖水性深海中小型鱼类。栖息水深143～380 m。分布于我国东海，以及日本骏河湾以南海域、西北太平洋暖水域。全长约26 cm。

746 平棘腔吻鳕 *Coelorinchus parallelus*（Günther，1877）[38]

第1背鳍 II－7～9；胸鳍18～19；腹鳍7。侧线上鳞3.5～4。鳃耙0＋7。

本种头大，吻尖锐，并有1枚硬棘，眼下隆起线直。鳞小，棘强，头顶鳞片有1条隆起线，头部腹面被鳞。口中等大，两颌有数行锥状齿。发光器极短，仅在肛门周围。肛门靠近臀鳍。第2背鳍起始于臀鳍前上方。两背鳍间距与第1背鳍基底等长。体褐色，头、胸腹面和尾后端色稍浅。为暖水性深海中型鱼类。栖息水深650～990 m。分布于我国东海、台湾海域，以及日本南部海域、新西兰海域、印度－西太平洋暖水域。全长约45 cm。

747 史氏腔吻鳕 *Coelorinchus smithi* Gilbert et Hubbs，1920[48]

第1背鳍 Ⅱ－7～10；胸鳍17～20；腹鳍7。侧线上鳞3.5～4。鳃耙0～1＋6～7。

本种体延长，稍侧扁。头较短。吻尖锐，吻端有1枚硬棘。眼下隆起嵴直线状。鳞小，棘强。头背面和腹面鳞片具2～5条放射状隆起线。发光器短，位于肛门和腹鳍基中间附近。第1背鳍基底长于两背鳍间距。腹鳍到肛门与到峡部距离相等。体背灰黑色，体侧色浅，腹部稍呈银白色。为暖水性深海中小型鱼类。栖息水深300～610 m。分布于我国东海，以及日本南部海域、西太平洋暖水域。全长约23 cm。

748 日本腔吻鳕 *Coelorinchus japonicus*（Temminck et Schlegel，1846）[48]

第1背鳍 Ⅱ－8～10；胸鳍17～21；腹鳍7。侧线上鳞4.5～6。鳃耙2＋6～7。

本种与史氏腔吻鳕相似。头尖锐，头腹面被鳞。发光器短。吻大而突出，吻端棘状。头背面和腹面鳞片上仅有1条隆起线。腹鳍距肛门较距峡部近。侧线上鳞多。体灰黑色，下部白色，各鳍色稍浅。为暖水性深海中型鱼类。栖息于水深300～1 000 m的沙泥底质或泥底质海区。分布于我国东海，以及日本南部海域、西太平洋暖水域。全长可达67 cm。是深海拖网渔获对象。产量较高。

749 吉氏腔吻鳕 *Coelorinchus gilberti* Gilbert et Hubbs，1925[48]

第1背鳍Ⅱ－7～8；胸鳍17～19；腹鳍7。侧线上鳞4.5～5.5。鳃耙0～3＋6～8。

本种体延长，稍侧扁。吻尖锐，眼下隆起嵴直线状。鳞片小，棘强，棘列呈放射状排列。发光器极短，位于肛门附近。两颌齿锥形；上颌齿带宽而外行齿扩大；下颌齿带窄，仅有齿2行，内侧齿扩大。头部腹面无鳞，具圆形肉质皮瓣或黑色绒毛状皮瓣。体和各鳍皆灰褐色。口腔和鳃腔黑色。为暖水性深海中型鱼类。栖息水深700～910 m。分布于我国东海，以及日本九州海域、帕劳海岭、菲律宾海域。全长可达65 cm。

▲ 本属我国尚有银腔吻鳕*C. argentatus*、眼斑腔吻鳕*C. argus*、变异腔吻鳕*C. commutabilis*等物种，分布于我国南海。可查阅李思忠（2011）[4E]或黄宗国（2012）[13]记述。

突吻鳕属 *Coryphaenoides* Gunnerus，1865

本属物种体延长，头中等大。吻稍突出而钝尖，吻端和吻突起的两侧具带小棘的瘤状突及骨质突。口亚端位或下位。颌齿2行或多行。具颏须。鳃盖条6枚。躯干短，肛门位于臀鳍前方。体上鳞片的中央棘列与周围棘列等大。第1背鳍鳍棘具锯齿。臀鳍比第2背鳍发达。腹部无发光器。本属种类较多，全球有16种。有些大型种类具有重要渔业价值，但在我国无分布。我国现有5种。

750 暗边突吻鳕 *Coryphaenoides marginatus* Steindachner et Döderlein，1887[48]

＝黑边鲯鳅鳕＝粗棘突吻鳕

背鳍Ⅱ－9～11；胸鳍19～22；腹鳍7～8。侧线上鳞6～7。鳃耙0～2＋7～9。

本种一般特征同属。吻短，吻端钝。口小，下位。上颌骨长小于头长的1/3。两颌齿群呈带状。鳞上小棘平行排列。第1与第2背鳍间距远。第1背鳍第2鳍棘呈丝状延长，其长度是头长的1.5 ~ 2倍。第2背鳍起始于臀鳍起点后上方。体淡紫褐色。头侧、体侧的下半部色浅，腹部青色。鳃盖黑褐色。第1背鳍和胸鳍边缘及臀鳍色暗。为暖水性深海中大型鱼类。栖息水深250 ~ 990 m。分布于我国东海、台湾海域，以及日本铫子以南海域、西北太平洋。全长约55 cm。

751 锥鼻突吻鳕 *Coryphaenoides nasutus* Günther，1877[48]

= 锥鼻鲯鳅鳕

背鳍 II – 9 ~ 11；胸鳍19 ~ 25；腹鳍9 ~ 11。侧线上鳞6 ~ 6.5。下鳃耙0 + 4 ~ 6。

本种与暗边突吻鳕相似。其头前部不甚侧扁，眼大。鳞上小棘在鳞中央后缘呈束状排列。第1背鳍第2鳍棘的延长丝短，其长度约等于头长。两背鳍间距远大于第1背鳍基底长。腹鳍至峡部距离稍短于其至肛门的距离。体灰褐色。口腔、鳃盖和胸、腹部稍呈蓝色。为暖水性深海中大型鱼类。栖息水深625 ~ 1 180 m。分布于我国台湾海域，以及日本北海道以南海域、冲绳海域，西北太平洋。全长约47 cm。

▲ 本属我国尚有小眼突吻鳕*C. microps*等种，可查阅李思忠（2011）、黄宗国（2012）[4E，13]记录。

注：李思忠（2011）报道，本目我国尚有由他定名的黑鳕科Melanonidae的冈村氏黑鳕*Melanonus okamurai* Li sp,nov，但未记载该种分布于我国哪个海区，还报道了梭鳕科Melucciidae的北太平洋梭鳕*Merlaccius productus*[4E]。笔者根据梭鳕即无须鳕的地理分布推测，我国应无该科鱼类分布。至于褐鳕科Phycidae的张氏五须岩鳕*Ciliata tchangi*，自20世纪30年代采得标本后，再也未见。因缺彩图，本书未展开记述太平洋五须鳕*C. pacifica*。上述两种曾被列于江鳕科，现属于褐鳕科[2，4E]。

35 鼬鳚目 OPHIDIFORMES

本目又称蛇鳚目。体延长。口裂大，上颌后端达到或超过眼后缘下方。体被小圆鳞或无鳞。背鳍、臀鳍基底甚长，伸达尾鳍或与尾鳍相连，无鳍棘。腹鳍如存在，则为喉位或颏位，有1～2枚鳍条。肛门腹位或喉位。本目鱼类分类地位变动较大。Berg（1950）将其安排于鲈形目中，列为一亚目[66]。Greenwood 等（1965）将其列为鳕形目的一亚目[94]。现在Nelson（2006）、李思忠（2011）已将其独立为目[3, 4E]。全球有5科100属385种，我国记录有4科32属近60种。

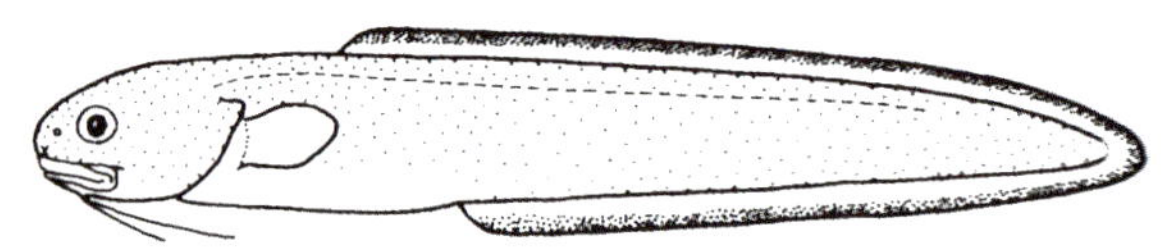

鼬鳚目物种形态简图

鼬鳚目的科、属、种分类检索表

1a 卵胎生，雄鱼有交配器；前鼻孔接近上唇……（35）

1b 卵生，雄鱼无交配器；前鼻孔远离上唇……（2）

2a 肛门靠近喉部；无上颌辅骨；无鳞……潜鱼科 Carapidae（28）

2b 肛门位于躯干中部；具上颌辅骨；有鳞……鼬鳚科 Ophidiidae（3）

3a 吻及下颌有须，共6对……多须鼬鳚 *Brotula multibarbata* 752

3b 吻无须……（4）

4a 匙骨腹肢细长，在前鳃盖骨处相连，有延长丝达腹鳍……席鳞鼬鳚 *Ophidion asiro* 753

4b 匙骨腹肢在前鳃盖骨或远前方相连，前段未变细，无延长丝达腹鳍……（5）

5a 腹鳍始于前鳃盖骨下方……（7）

5b 腹鳍始于眼下方……（6）

6a 腹鳍有1枚鳍条；前鳃盖骨无棘……仙鼬鳚 *Sirembo imberbis* 754

6b 腹鳍有2枚鳍条；前鳃盖骨有3枚强棘……棘鼬鳚 *Hoplobrotula armata* 755

7–5a 主鳃盖骨和前鳃盖骨无粗长棘……（9）

7b 主鳃盖骨和前鳃盖骨有粗长棘……（8）

8a 吻棘外露并分两叉……大棘鼬鳚 *Acanthonus armatus* 756

8b 吻棘不外露，也不分叉……梅氏鳃棘鼬鳚 *Xyelacyba myersi* 757

9–7a 无腹鳍；侧线特殊，去除其上覆盖的小鳞后，可见侧线鳞上有一“十”字形神经丘……布氏软鼬鳚 *Lamprogrammus brunswigi* 758

9b 腹鳍有1～2枚鳍条；眼大或小，外观可见……（10）

10a 第1鳃弓下鳃耙多于6枚……（12）

10b 第1鳃弓下鳃耙至多4枚……（11）

11a 前鳃盖骨下角有2～4枚棘；基鳃骨有2个中央齿群；无假鳃……细鳞姬鼬鳚 *Pycnocraspedum microlepis* 761

11b 前鳃盖骨下角有0～1枚棘；基鳃骨有1个中央齿群；主鳃盖骨上角有1枚棘……巴什矛鼬鳚 *Luciobrotula bartschi* 762

12–10a 主鳃盖骨棘有时隐埋于皮下，横断面呈圆形……（19）

12b 主鳃盖骨无棘或棘弱，若有棘则为宽扁片状；胸鳍短或仅下部显著延长，鳍条多于14枚……（13）

13a 眼径短于吻长……（15）

13b 眼径约等于或大于吻长；头背有冠状突起……嵴鼬鳚属 *Glyptophidium*（14）

14a 第1鳃弓共具长鳃耙14～20枚……光嵴鼬鳚 *G. lucidum* 764

14b 第1鳃弓共具长鳃耙30～33枚……大洋嵴鼬鳚 *G. oceanium* 763

15–13a 上颌骨远伸过眼后缘下方，背侧被遮盖；胸鳍鳍条23～31枚，不伸达肛门，鳍条不分离……索深鼬鳚属 *Bassozetus*（17）

15b 上颌骨背侧游离；胸鳍鳍条16～20枚，完全相连；基鳃骨有0～2个中央齿群……孔鼬鳚属 *Porogadus*（16）

16a 腹鳍伸达胸鳍后端；头长为胸鳍长的3.2倍……贡氏孔鼬鳚 *P. guentheri* 768

16b 腹鳍不伸达胸鳍后端；头长小于胸鳍长的2倍……头棘孔鼬鳚 *P. miles* 769

17–15a 吻长为眼径的3～5倍；胸鳍鳍条24～27枚……扁索深鼬鳚 *B. compressus* 765

17b 吻长为眼径的2～3倍……（18）

18a 胸鳍鳍条28枚……黏身索深鼬鳚 *B. glutinosus* 766

18b 胸鳍鳍条25枚；吻长为眼径的2.6倍……壮体索深鼬鳚 *B. robustus* 767

19–12a 主鳃盖骨棘直；胸鳍通常无游离鳍条（深海钝吻鼬鳚例外）……（21）

19b 主鳃盖骨棘直或弯曲；胸鳍下部鳍条游离，较上部鳍条长……丝指鼬鳚属 *Dicrolene*（20）

20a 胸鳍不达肛门；腹鳍鳍条1枚，不达胸鳍基……五丝指鼬鳚 *D. quinquarius* 759

20b 胸鳍达肛门附近；腹鳍鳍条2枚，伸过胸鳍基……短丝指鼬鳚 *D. tristis* 760

21–19a 基鳃骨有2个中央齿群；腹鳍鳍条2枚……（24）

21b 基鳃骨有1个中央齿群……（22）

22a 腹鳍长大于头长，腹鳍丝状鳍条远伸过肛门；胸鳍位低……长趾鼬鳚 *Homostolus acer* 770

22b 腹鳍长等于或小于头长，腹鳍丝状鳍条不达肛门；胸鳍位较高……单趾鼬鳚属 *Monomitopus*（23）

23a 胸鳍鳍条29～34枚，吻端圆钝；第1鳃弓下鳃耙14～18枚，胸鳍长于腹鳍……熊吉单趾鼬鳚 *M. kumae* 771

23b 胸鳍鳍条27~28枚；吻端截形；第1鳃弓下鳃耙7~10枚；胸鳍短于腹鳍
……………………………………………………………重齿单趾鼬鳚 *M. pallidus* 772

24-21a 眼径远小于吻长；胸鳍上部鳍条延长
……………………………………………深海钝吻鼬鳚 *Holcomycteronus aequatoris* 773

24b 眼径等于或稍小于吻长；胸鳍上部鳍条不延长…………………新鼬鳚属 *Neobythites*（25）

25a 体侧有6~7条深色宽横带…………………………………………横带新鼬鳚 *N. fasciatus* 775

25b 体侧无深色宽横带……………………………………………………………………………（26）

26a 体背侧无明显的云状斑纹，背鳍无椭圆形黑斑…………………黑潮新鼬鳚 *N. sivicola* 777

26b 体背侧有不完整的云状斑纹，背鳍具1~6个椭圆形黑斑………………………………（27）

27a 臀鳍鳍条73~77枚；背鳍黑斑仅1个……………………………单斑新鼬鳚 *N.unimaculatus* 776

27b 臀鳍鳍条82~90枚；背鳍黑斑6个…………………………………多斑新鼬鳚 *N. stigmosus* 774

28-2a 腹鳍鳍条1枚…………………………………………………纤尾锥齿潜鱼 *Pyramodon ventralis* 785

28b 无腹鳍………………………………………………………………………………………………（29）

29a 上、下颌联合处无大犬齿，有大犁骨齿………………………………………………………（31）

29b 上、下颌联合处有1枚至数枚大犬齿，无大犁骨齿………………沟潜鱼属 *Onuxodon*（30）

30a 胸鳍短，头长为其长的3.45~6.26倍；鳃耙（2）+3+（7）……短臂沟潜鱼 *O. parvibrachium* 786

30b 胸鳍较长，头长约为其长的1.88倍；鳃耙（2）+3………珠贝沟潜鱼 *O. margaritiferae* 787

31-29a 鳔中部缩缢，分前、后两室；上颌骨外露；有发达的长鳃耙；肛门位于胸鳍基前下方
………………………………………………………………………细身潜鱼 *Carapus parvipinnis* 788

31b 鳔中部未缩缢，为1室；上颌骨或不外露；无发达的长鳃耙
…………………………………………………………………………鳗潜鱼属 *Encheliophis*（32）

32a 上颌骨外露，游离且能活动…………………………………………………………………（34）

32b 上颌骨隐于皮内，不外露，不能活动………………………………………………………（33）

33a 有胸鳍，胸鳍鳍条17~19枚，鳍长大于吻长…………………………鳗形细潜鱼 *E. gracilis* 790

33b 无胸鳍；背鳍起点至头后端距离大于头长……………………蠕鳗潜鱼 *E. vermincularis* 791

34-32a 胸鳍鳍条15~20枚，其长度约等于吻长；下颌前部有绒毛状突起
……………………………………………………………………博拉细潜鱼 *E. boraborensis* 792

34b 胸鳍鳍条17~21枚，其长度大于吻长；下颌无绒毛状突起………长胸细潜鱼 *E. homei* 789

35-1a 无鳔，无鳞，皮松软，半透明；主鳃盖棘弱或无；奇鳍互连；腹鳍鳍条1枚，喉位
……………………………………………………胶鼬鳚科 Aphyonidae

35b 有鳔，绝大多数有鳞，皮坚硬；腹鳍有或无
………………………………………………胎鼬鳚科 Bythitidae（36）

36a 尾鳍不与背鳍、臀鳍相连………………………………………………………………………（39）

36b 尾鳍与背鳍、臀鳍相连…………………………………………………………………………（37）

37a 胸鳍有长辐鳍骨形成的鳍柄；头部无鳞………毛突囊胃鼬鳚 *Saccogaster tuberculatus* 778

37b 胸鳍辐鳍骨不细长；头部有鳞…………………………………………………………………（38）

38a 腭骨无齿…………………………………………………短体独趾鼬鳚 *Oligopus robustus* 779

38b 腭骨有齿……………………………………………………扁吻底鼬鳚 *Cataetyx platyrhynchus* 780
39-36a 雄鱼的交配器官无骨化部分……………………潘氏拟鳕鼬鳚 *Brosmophyciops pautzkei* 781
39b 雄鱼的交配器官至少有1对骨化的假交配器……………………………………………（40）
40a 前鼻孔位低，距上唇较距后鼻孔近……………………………黄褐小鼬鳚 *Brotulina fusca* 784
40b 前鼻孔位高，鳃膜游离，位于上唇与后鼻孔中间…………双趾鼬鳚属 *Dinematichthys*（41）
41a 背鳍鳍条88～90枚…………………………………………粗吻双趾鼬鳚 *D. dasyrhynchus* 782
41b 背鳍鳍条75～79枚……………………………………………小眼双趾鼬鳚 *D. minyomma* 783

（127）鼬鳚科 Ophidiidae ＝ 蛇鳚科

本科物种体延长。背鳍、臀鳍基底长，与尾鳍相连。通常无腹鳍或腹鳍仅有1～2枚细长鳍条。肛门和臀鳍起点位于胸鳍末端后下方。体被小圆鳞。第1鳃弓鳃耙3枚以上。鳃盖骨有1枚或多枚小棘。有上颌辅骨。卵生，无交配器。本科物种种类多，是鼬鳚目的主体，全球有48属220种，我国有17属30余种。为大陆架底层或深海种类。有些物种有一定经济价值。

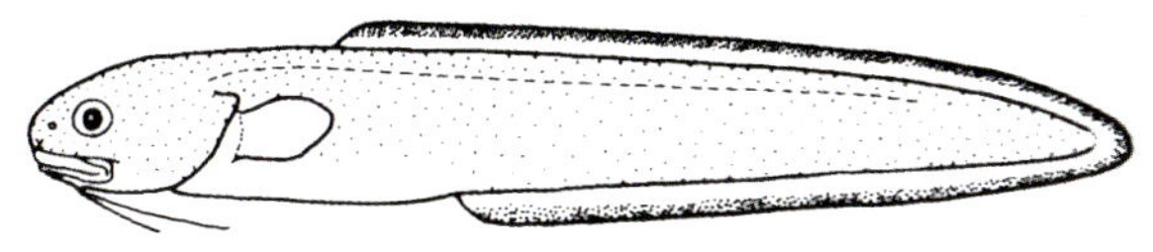

鼬鳚科物种形态简图

752 多须鼬鳚 *Brotula multibarbata* Temminck et Schlegel，1846[38]

背鳍109～139；臀鳍80～106；胸鳍20～26；腹鳍2；尾鳍10。鳃耙4。

本种体略呈长椭圆形（侧面观），被覆瓦状小圆鳞。吻部和下颌有须，共6对。腹鳍位于前鳃盖骨下方、眼的远后下方。中央基鳃骨无齿。背鳍起点位于胸鳍基稍后上方。体棕褐色。各鳍色浅，边缘褐色。为暖水性深海大型鱼类。成鱼栖息水深180 ~ 650 m。7 ~ 8月份产卵，多个受精卵包被于同一浮性卵袋中漂浮、发育。分布于我国南海，以及日本南部海域、红海、印度–太平洋暖水域。体长可达1 m。肉美味。

注：据李思忠（2011）报道，本属在我国尚有台湾须鼬鳚*B. formosae*，以背鳍起点位于胸鳍基稍前上方和多须鼬鳚相区别。但黄宗国（2012）认为二者为同物种[4E, 13]。

753 席鳞鼬鳚 *Ophidion asiro*（Jordan et Fowler，1902）[38]

= 席鳞蛇鳚

背鳍147 ~ 158；臀鳍118 ~ 126；胸鳍23 ~ 25；腹鳍2；尾鳍10。

本种体修长，体长是头长的4.7 ~ 5.4倍，头长约是吻长的5倍。吻无须。眼较大。主鳃盖骨、前鳃盖骨无粗长棘。腹鳍有1枚鳍条，起始于眼的正下方。左、右腹鳍不等长。胸鳍有5 ~ 11枚游离鳍条。背鳍起始于胸鳍基后端上方。尾鳍后缘圆弧形。头部无鳞。体被细长小圆鳞，排列如席编。体淡褐色，背鳍、臀鳍、尾鳍边缘黑褐色。为暖水性底层中型鱼类。栖息水深200 m。分布于我国南海，以及日本神奈海域、土佐湾海域，西北太平洋暖水域。体长约21 cm。

▲ 本属我国尚分布有鳗鳞鼬鳚*O. muraenolenis*，与席鳞鼬鳚十分相似。前者以头较大，吻略长，吻长等于眼径和吻背侧无突起而与后者相区别[4E, 35]。

754 仙鼬鳚 *Sirembo imberbis*（Temminck et Schlegel，1846）[38]

背鳍92 ~ 102；臀鳍68 ~ 72；胸鳍23 ~ 25；腹鳍1；尾鳍9。鳃耙4。

本种腹鳍有1枚鳍条，起始于眼的正下方；左、右腹鳍基紧接。背鳍起始于胸鳍中部上方。前鳃盖骨无棘。主鳃盖骨棘短，不达鳃盖后缘。眼发达，背侧位。第1鳃弓鳃耙4枚。基鳃骨中部仅一齿群。体褐色，背鳍上有数个明显的黑斑，臀鳍有黑色带。从吻端经眼到主鳃盖骨棘有一横带，体侧散布有少量暗斑。为暖水性底层中小型鱼类。栖息于水深100～200 m的沙泥底质海区。分布于我国东海、南海，以及日本南部海域、澳大利亚海域、印度–西太平洋暖水域。体长可达20 cm。

▲ 本属我国尚记录有杰氏仙鼬鳚*S. jerdoni*（= 带纹仙鼬鳚*S. marmoratum*），其特征与仙鼬鳚十分相似，以头、体有数条褐色纵纹和后者相区别[4E，7]。

755 棘鼬鳚 *Hoplobrotula armata*（Temminck et Schlegel，1846）[38]

背鳍79～89；臀鳍61～76；胸鳍19～21；腹鳍2；尾鳍9～10。

本种体形与仙鼬鳚相似。背鳍起始于胸鳍中部上方。前鳃盖骨有3枚强棘，主鳃盖骨亦有强棘。吻钝圆，吻端皮下隐埋有1枚朝向前方的骨棘。腹鳍短，起始于眼下方，后端不超越鳃盖后缘。体背侧茶褐色，腹侧色浅。背鳍无明显的斑纹。背鳍、臀鳍后半部黑色，边缘白色。尾鳍黑色。为暖温性底层中型鱼类。栖息于水深200～350 m的泥沙质底海区。分布于我国黄海、东海、南海，以及日本南部海域、澳大利亚海域、西太平洋暖温水域。体长可达70 cm。可见于深水拖网渔获，为食用鱼类。

756 大棘鼬鳚 *Acanthonus armatus* Günther，1878[38]

= 吻棘鼬鳚

背鳍98～108；臀鳍88～100；胸鳍16～19；腹鳍2。鳃耙16～22。

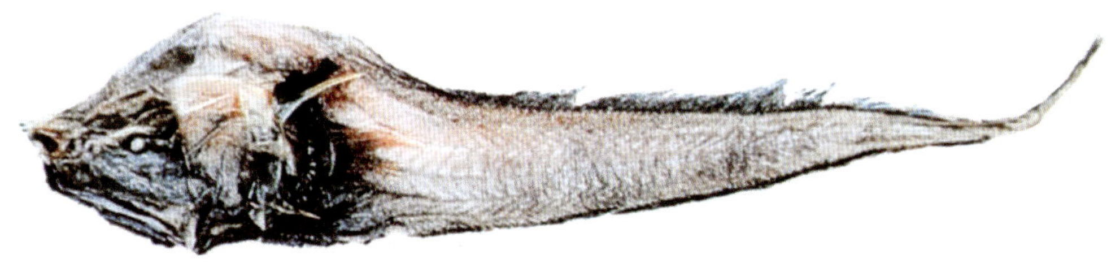

本种头大，身体渐细，尾细长。吻尖，无须。吻端有1枚明显分两叉的短棘。口大，斜裂，达眼后缘下方。眼小。基鳃骨具齿。体灰褐色，后部色较浅。背鳍、尾鳍褐色。为暖水性深海鱼类。栖息水深2 000 ~ 3 000 m。分布于我国南海、台湾海域，以及日本骏河湾海域，太平洋、大西洋和印度洋暖水域。体长约37 cm。

757 梅氏鳃棘鼬鳚 *Xyelacyba myersi* Cohen，1961 [37]

背鳍83 ~ 94；臀鳍69 ~ 80；胸鳍18 ~ 20；腹鳍2。鳃耙15 ~ 18。

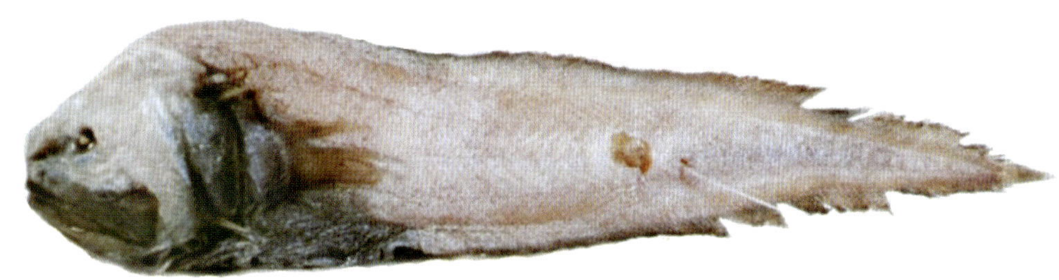

本种头高，身体渐细，尾稍短。吻短，圆钝，吻棘不外露。眼退化。口较小，两颌约等长。前鳃盖骨具3枚强棘，主鳃盖骨具1枚同等长度强棘。基鳃骨有齿。体褐色，胸部、腹部和口颌黑色。为暖水性深海鱼类。栖息水深1 000 ~ 2 000 m。分布我国南海、台湾海域，以及日本西南海域，太平洋、大西洋和印度洋暖水域。体长约57 cm。

758 布氏软鼬鳚 *Lamprogrammus brunswigi*（Brauer，1906）[37]

= 布氏美线鼬鳚 = 大鳍残鼬鳚 *Bassobythites macropterus*

背鳍107 ~ 114；臀鳍94 ~ 96；胸鳍21。鳃耙3 + 1 +（11 ~ 14）。

本种体延长，侧扁。躯干短而高，尾尖而长，头稍短。吻宽而钝，平扁。口前位，有上颌辅骨。两颌、犁骨、腭骨有绒毛状细齿。颏部有2个小孔，无须。主鳃盖骨棘尖，不伸出皮缘。前鳃盖骨有2枚弱棘。体被小圆鳞。侧线平直，上位。侧线鳞上覆盖小鳞。奇鳍互连。无腹鳍。体褐色，鳍和鳃膜色较暗，口腔、腹膜黑褐色。为暖水性深海鱼类。栖息于水深979 ~ 1 006 m的软泥底质海区。分布于我国东海、台湾海域，以及太平洋、大西洋和印度洋暖水域。体长可达1 m。大鳍残鼬鳚是布氏软鼬鳚的幼鱼。

丝指鼬鳚属 *Dicrolene* Goode et Bean，1883

本属物种体延长，中等侧扁。吻稍钝，眼大。主鳃盖骨棘1枚，前鳃盖骨棘3枚。基鳃骨有1～2个中央齿群。第1鳃弓有发达的鳃耙7～15枚。胸鳍下部有5～11枚游离鳍条。腹鳍鳍条1～2枚，呈叉状。全球有14种，我国有3种。

759 五丝指鼬鳚 *Dicrolene quinquarius*（Güanther，1887）[38]

= 五丝叉趾鼬鳚

背鳍86～99；臀鳍72～87；胸鳍20～25；腹鳍1；尾鳍5～6。

本种体甚延长，尾部尖细。吻短钝。眼大，眼径等于吻长。上颌骨无隆起线。主鳃盖骨有1枚棘，前鳃盖骨有3枚小棘。腹鳍起始于前鳃盖骨下缘附近，鳍条1枚。胸鳍下部有5枚粗的游离鳍条。体粉红色至浅褐色，头部、背鳍、臀鳍边缘、胸鳍和尾鳍黑色。为暖温性深海中型鱼类。栖息水深700～1 400 m。分布于我国东海，以及日本相模湾、土佐湾、冲绳海域，西太平洋温、热带水域。体长约46 cm。

760 短丝指鼬鳚 *Dicrolene tristis* Smith et Radcliffe，1913 [38]

= 忧郁叉趾鼬鳚

背鳍92～108；臀鳍76～86；胸鳍23～33；腹鳍2；尾鳍6。

本种与五丝指鼬鳚相似，两者腹鳍皆起始于前鳃盖骨下缘附近。前者以腹鳍具2枚鳍条，胸鳍下部的游离鳍条多达7～11枚，上颌骨有隆起线而和后者相区别。体淡桃红色。胸鳍黑色。奇鳍黄色，有黑缘。为暖温性深海中型鱼类。栖息水深600～1 000 m。分布于我国东海、南海，以及冲绳海槽、菲律宾海域、中西太平洋。体长约25 cm。

▲ 本属我国尚有多丝叉趾鼬鳚*D. multifilis*，与短丝指鼬鳚相似，以腹鳍较短和后者相区别[4E]。

761 细鳞姫鼬鳚 *Pycnocraspedum microlepis*（Matsubara，1943）[48]

= 细鳞厚边鼬鳚

背鳍95～104；臀鳍66～77；胸鳍25～28；腹鳍2。

本种体长。鳃耙少，仅4枚。头大。前鳃盖骨后缘游离，下角有2～4枚小棘。主鳃盖骨有1枚弱棘，不伸出皮外。吻不纵扁，眼正常大小。上颌骨几乎全部裸露。颌齿粒状，基鳃骨齿中央群两个。头部无棘，无冠状突起。背鳍起始于胸鳍基前上方、鳃孔上角上方。胸鳍后缘中部无缺刻。腹鳍不超越肛门。体黄褐色，奇鳍后部黑色。为暖水性深海底层鱼类。幼鱼体高，栖息于水域中上层；成鱼栖息于300～500 m深的海底。分布于我国南海，以及日本土佐湾、熊野海域，帕劳海岭，西北太平洋暖水域。体长约34 cm。

762 巴什矛鼬鳚 *Luciobrotula bartschi* Smith et Radcliffe，1913[38]

背鳍86～91；臀鳍66～70；胸鳍25～26；腹鳍2；尾鳍11。

本种体修长。吻部平扁，无鳞，吻端有3对宽的肉质皮瓣。头大。第1鳃弓仅有3枚鳃耙。颌齿粒状，基鳃骨有一中央齿群。前鳃盖骨后缘游离，下角无棘或有1枚棘。主鳃盖骨上角有1枚棘。背鳍起始于胸鳍后部上方。胸鳍不越过肛门。体灰褐色，头部、胸部茶褐色，尾部棕色。胸鳍和奇鳍缘及尾端黑色。为暖水性深海底层鱼类。栖息水深600 ~ 800 m。分布于我国东海、南海，以及日本土佐湾、冲绳海域，美国夏威夷海域，印度–太平洋暖水域。体长约26 cm。

嵴鼬鳚属 *Glyptophidium* Alcock，1889

本属物种头大，体侧扁，尾部很尖长。眼径等于或大于吻长。口大，斜形。主鳃盖骨具1枚宽扁棘。基鳃骨有1 ~ 2个中央齿群。体被圆鳞，侧线不明显。全球有7种，我国有3种。

763 大洋嵴鼬鳚 *Glyptophidium oceanium* Smith et Radcliffe，1913 [38]

= 大洋隆冠鼬鳚

背鳍127 ~ 134；臀鳍100 ~ 106；胸鳍23 ~ 26；腹鳍2。长鳃耙30 ~ 33。

本种一般特征同属。体延长，侧扁。尾细长。头骨海绵状，背面有发达的纵骨嵴。吻钝，口大。上颌被眶下骨遮盖，后端伸过眼后缘下方。口颌具绒毛状齿。基鳃骨有2个中央齿群和1对小齿群。主鳃盖骨有1枚弱棘，前鳃盖骨无明显的骨棘。奇鳍相连。腹鳍始于前鳃盖下，有2枚鳍条，呈长丝状。头、体大部分橘色，沿背鳍基下方暗棕色，躯干腹面淡蓝色至蓝黑色。为暖水性深海鱼类。栖息于水深200 ~ 700 m的海域底层。分布于我国东海、南海，以及日本土佐湾、熊野海域，菲律宾海域，印度–太平洋暖水域。体长约21 cm。

764 光嵴鼬鳚 *Glyptophidium lucidum* Smith et Radcliffe，1913 [37]

= 光曲鼬鳚

背鳍133 ~ 146；臀鳍109 ~ 122；胸鳍23 ~ 26。长鳃耙14 ~ 20。

本种头、体高，侧扁。尾部尖细。头部具大而薄的骨质棱嵴。眼径约等于或大于吻长。鳃盖骨棘宽扁而弱。基鳃骨具一齿带。为暖水性深海鱼类。分布于我国南海、台湾海域。

▲ 本属我国尚有日本嵴鼬鳚*G. japonicum*，与大洋嵴鼬鳚相似。二者区别在于前者长鳃耙少，为21～28枚；臀鳍始于背鳍第28～31鳍条下方[4E, 13]。

索深鼬鳚属 *Bassozetus* Gill，1883

本属物种体延长，侧扁。尾部尖而长。头骨软，海绵状。除主鳃盖骨有1枚弱棘外，头部无棘。前鳃盖骨宽大。吻稍圆。眼小，吻长大于眼径的2倍。口前位。上颌骨背侧被遮盖，远伸过眼后缘下方。两颌、犁骨、腭骨均有绒毛状齿。基鳃骨有1个中央齿群。奇鳍相连。胸鳍短，不伸达肛门。腹鳍鳍条1枚。体被小圆鳞，侧线不明显。全球至少有13种，我国记录有5种[13]。

765 扁索深鼬鳚 *Bassozetus compressus*（Günther，1878）[37]

背鳍123～129；臀鳍102～109；胸鳍24～27；腹鳍1。

本种一般特征同属。体延长，侧扁。口端位，吻膨大。主鳃盖骨棘弱。前鳃盖骨无棘，后缘几乎达主鳃盖骨后缘。眼小，吻长为眼径的3～5倍。基鳃骨具一齿带。鳞片稍大，斜列。体灰褐色。为暖水性深海鱼类。分布于我国南海、台湾海域。

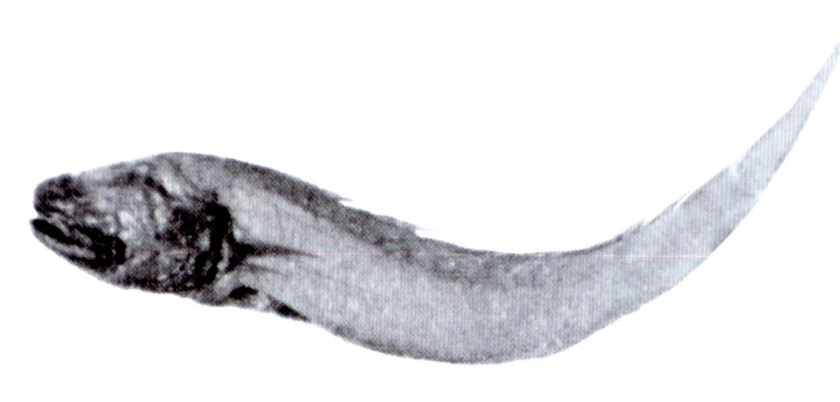

766 黏身索深鼬鳚 *Bassozetus glutinosus*（Alcock，1890）[37]

背鳍125；臀鳍102；胸鳍28；腹鳍1。

本种与扁索深鼬鳚相似。体延长，侧扁。尾尖细。口端位，吻膨大。主鳃盖骨棘弱。前鳃盖骨无棘，后端几乎达主鳃盖骨后缘。眼稍大，吻长为眼径的2~3倍。头部、胸部、腹侧褐色，背侧和尾部色稍浅。各鳍色暗。为暖水性深海鱼类。分布于我国南海、台湾海域。

767 壮体索深鼬鳚 *Bassozetus robustus* Smith et Radcliffe，1913[37]

背鳍120；臀鳍102；胸鳍25；腹鳍1。

本种体延长，侧扁；以项背处最高，向后渐细。头骨软，多囊穴。有一明显的鼻间隙。眼间隔两侧各有一嵴，中间有深凹。眼小，吻长为眼径的2.6倍。口大，斜裂。主鳃盖骨棘弱，宽扁。前鳃盖骨宽圆，无棘。鳞小，侧线不明显。胸鳍、腹鳍均不达肛门。体黄褐色，头部灰褐色，腹部黑色。为暖水性深海鱼类。栖息水深1 035~2 750 m。分布于我国南海、台湾海域，以及太平洋、印度洋、大西洋暖水域。体长约36 cm。

▲ 据沈世杰（2011）和黄宗国（2012）记载，本属我国尚有多棘索深鼬鳚*B. multispinis*和光口索深鼬鳚*B. levistomatus*[13, 37]。但李思忠（2011）记述本属我国仅有壮体索深鼬鳚1种[4E]。

孔鼬鳚属 *Porogadus* Goode et Bean，1885

本属物种体细长，很侧扁。眼眶下方及前鳃盖后缘有明显的黏液孔。口裂大，上颌骨背侧游离。犁骨有V形齿群。基鳃骨有0~2个中央齿群。第1鳃弓有发达鳃耙12~22枚。主鳃盖骨具弱扁棘。每侧侧线由3行圆孔器官和1行变形鳞组成。本属全球有13种，我国有3种。

768 贡氏孔鼬鳚 *Porogadus guentheri* Jordan et Fowler，1902[38]

背鳍176~191；臀鳍144~156；胸鳍16~17；腹鳍2。

本种一般特征同属。体细长，侧扁。尾很细长。头小，有很多发达的小棘。后鼻孔有一向后大棘，眶前骨有2~3枚棘。头部有发达的黏液孔。口大，上、下颌等长，有上颌辅骨。两颌有发达的绒毛状齿。犁骨、腭骨亦有齿。体被小圆鳞，侧线小孔沿背鳍基、体中线和腹部共3条。奇鳍相连。腹鳍始于前鳃盖骨下方，达胸鳍后端。体淡紫红色，头侧黑褐色，躯干腹侧暗蓝色。为暖水性深海鱼类。栖息于水深805~1 530 m的海域底层。分布于我国南海、台湾海域，以及日本骏河湾以南海域。体长约21 cm。

769 头棘孔鼬鳚 *Porogadus miles* Goode et Bean，1885[37]
= 强棘孔鼬鳚

背鳍165~174；臀鳍136~144；胸鳍19；腹鳍2。

本种与贡氏孔鼬鳚相似。体细长，侧扁。头部小棘发达，前鳃盖和眼下缘黏液孔明显。基鳃骨具一中央齿群。吻较尖长，眶前骨有5~7枚棘。腹鳍稍短，不达胸鳍后端。体色浅，略带红色。腹侧和鳃盖部黑色。背鳍、臀鳍后缘和偶鳍亦呈黑色。为暖水性深海鱼类。栖息水深1 500~4 000 m。分布于我国南海、台湾海域，以及日本本州东南海域，印度洋、西大西洋暖水域。体长约35 cm。

▲ 本属我国尚记录有鞭尾孔鼬鳚*P. gracilis*，以腹鳍几乎达肛门，眼间隔骨棘不明显而与上述鱼种相区别。但李思忠（2011）质疑本种在我国的分布情况[4E]。黄宗国（2012）也未将其收录[13]。

770 长趾鼬鳚 *Homostolus acer* Smith et Radcliffe，1913[38]
= 日本长趾鼬鳚 *H. japonicus* = 长丝鼬鳚

背鳍94~95；臀鳍76~80；胸鳍22~23；腹鳍1；尾鳍8。

本种体延长，侧扁。头中等大，具多孔性，有弱的冠状隆起。下颌前端钝尖。腹鳍起始于前鳃盖骨下缘，仅有1枚鳍条，显著延长，伸达臀鳍。口大，水平位。颌齿粒状，排列成窄带。基鳃骨有一中央齿群。前鳃盖骨下角有2枚强棘。侧线宽，侧线鳞变形。体略呈灰黄色。背鳍、臀鳍褐色，无黑斑。为暖水性深海底层鱼类。栖息于300～1 000 m水深的沙泥底质海区。分布于我国南海，以及日本骏河湾、土佐湾海域，菲律宾海域，西太平洋热带水域。体长约20 cm。据李思忠（2011）转述，日本长趾鼬鳚系为长趾鼬鳚的幼鱼[4E]。

单趾鼬鳚属 *Monomitopus* Alcock，1890

本属物种体粗壮，尾尖。头骨弱，多囊孔。吻短，圆钝。口端位或亚端位。眼径等于或小于吻长。鳃盖骨棘强，前鳃盖骨下角有2～3枚棘。基鳃骨1个中央齿群。鳃耙发达，17～27枚。腹鳍鳍条1～2枚，长度等于或小于头长。本属全球有14种，我国有3种。

771 熊吉单趾鼬鳚 *Monomitopus kumae* Jordan et Hubbs，1925[48]

背鳍96～104；臀鳍78～88；胸鳍29～34；腹鳍1；尾鳍10。下鳃耙14～18。

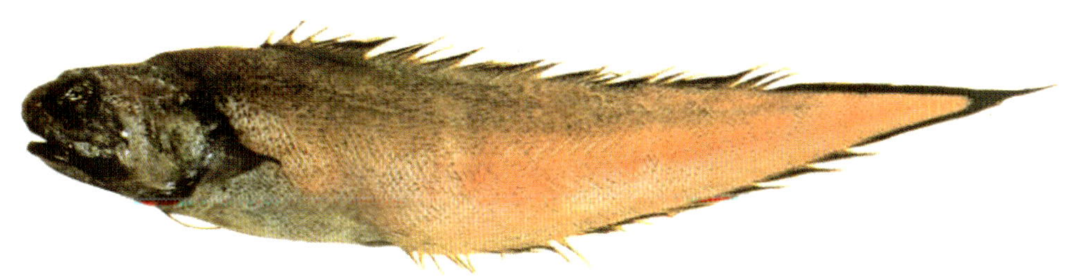

本种体较低，延长，侧扁。尾端尖。头小。吻圆钝，较口突出。眼径略小于吻长。两颌具齿带。基鳃骨有1个中央齿群。鳃盖骨棘强，前鳃盖骨下部有2枚棘。腹鳍短，有1枚鳍条，不达臀鳍起始处。侧线正常，侧线鳞无变形。体褐色，头下部和胸部、腹部暗青色，体下部带灰色。眼围以黑色环状斑，各鳍黑色。为暖水性深海中型鱼类。栖息水深600～800 m。分布于我国东海，以及日本土佐湾、三崎海域。体长可达48 cm。

772 重齿单趾鼬鳚 *Monomitopus pallidus* Smith et Radcliffe，1913[38]

＝黄白单趾鼬鳚

背鳍91～95；臀鳍71～76；胸鳍27～28；腹鳍1。下鳃耙7～10。

本种体稍细长，侧扁。尾尖长。头稍短。吻端截形。眼稍大，眼径约等于吻长。口大，稍斜。上颌骨后端伸越眼后缘下方，背缘被眶下骨遮盖。颌齿绒毛状，外行齿显著肥大。基鳃骨有1个中央齿群。主鳃盖骨有1枚强骨棘。前鳃盖骨有2枚小棘。体被小圆鳞。侧线直，止于尾前部。奇鳍互连。胸鳍较短，腹鳍长于胸鳍。头、体黄白色，鳃盖、腹部蓝褐色，口、鳃腔黑色。为暖水性深海鱼类。栖息于水深220～640 m海域底层。分布于我国南海、台湾海域，以及日本冲绳海域、菲律宾海域、西北太平洋暖水域。体长约19 cm。

▲ 本属我国尚有长头单趾鼬鳚*M. longiceps*，与熊吉单趾鼬鳚相似。前者仅以侧线上鳞少，7～8枚；头较大，体长为头长的3.9倍；腹鳍短，其长度约等于眼径而与后者相区别[4E]。

773 深海钝吻鼬鳚 *Holcomycteronus aequatoris*（Smith et Radcliffe，1913）[37]

＝深海矛尾鼬鳚

背鳍111～113；臀鳍88～91；胸鳍20～21；腹鳍2。

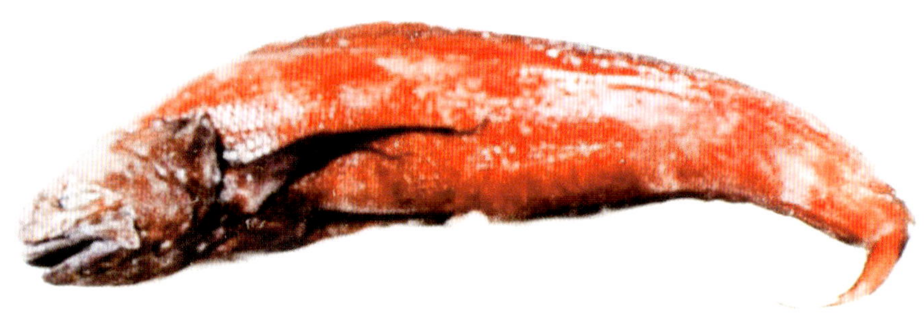

本种体粗壮，尾端尖。吻圆钝，眼径远小于吻长。口裂大，伸越眼后缘下方。鳃盖骨棘强。基鳃骨有2个中央齿群。胸鳍下部鳍条游离，短于上部鳍条。头、体棕褐色，口缘、鳃盖后缘、胸鳍缘和背鳍缘黑色。为暖水性深海鱼类。分布于我国南海、台湾海域。

新鼬鳚属 *Neobythites* Goode et Bean，1886

本属物种口端位或亚端位。躯干部短。尾不甚长，尖突。眼径等于或稍小于吻长。鳃盖骨棘强。基鳃骨有2个中央齿群。鳃耙多。胸鳍上部鳍条不延长。腹鳍有2枚鳍条。侧线明显。大多数种类体侧及奇鳍上有斑点或带纹。本属种类较多。全球有27种，我国有7种。

774 多斑新鼬鳚 *Neobythites stigmosus* Machida，1984[38]

背鳍98～107；臀鳍82～90；胸鳍25～29；腹鳍2；尾鳍8。下鳃耙9～13。

本种一般特征同属。体延长，侧扁。尾端尖。头较小。吻圆钝，比口稍突出。吻不纵扁，吻端无皮瓣。上颌骨后端稍超过眼后缘下方。两颌、犁骨、腭骨有齿带。舌上有齿。头背无棘。前鳃盖骨隅角有2枚棘，主鳃盖骨有1枚棘。背鳍起点位于胸鳍基底后上方。体灰褐色，无横带，有云状斑纹。头部有通过眼睛的纵带。背鳍有6个黑斑，臀鳍有3个黑斑。为暖水性底层中小型鱼类。栖息于水深100 ~ 335 m的沙泥底质海区。分布于我国东海、南海，以及日本三崎以南海域。体长约18 cm。

775 横带新鼬鳚 *Neobythites fasciatus* Smith et Radcliffe，1913[37]

背鳍90 ~ 95；臀鳍85 ~ 88；胸鳍22 ~ 25；腹鳍2。鳃耙5 ~ 6 + 13 ~ 15。

本种形态特征与多斑新鼬鳚十分相似，各项分节指标范围重叠。体淡褐色，稍带红色。体侧有深色宽横带6 ~ 7条，横带上、下通达背鳍、臀鳍，而在背鳍、臀鳍上均无黑斑。分布于我国南海、台湾海域，以及日本九州海域、菲律宾海域、中西太平洋。可见于拖网渔获。体长约15.5 cm。

注：日本尼冈邦夫（1982）和沈世杰（1984）在记述多斑新鼬鳚时曾使用本种学名[48, 95]。

776 单斑新鼬鳚 *Neobythites unimaculatus* Smithet kadcliffe，1913[38]

= 黑斑新鼬鳚 *N. nigromaculatus*

背鳍97 ~ 100；臀鳍73 ~ 77；胸鳍24 ~ 27；腹鳍2；尾鳍8。

本种体延长，侧扁，躯干中部体较高。吻较尖突。眼较小，背侧位，眼径小于吻长。前鳃盖骨有2枚小棘。基鳃骨有2个中央齿群带。体背侧黄褐色，躯干和尾前半部有白斑；腹侧白色。背鳍基底褐色，有一椭圆形大黑斑。臀鳍色浅，无斑。为暖水性底层中小型鱼类。栖息水深达300 m。分布于我国南海，以及日本土佐湾、和歌山海域，菲律宾海域，西太平洋暖水域。体长约26 cm。

777 黑潮新鼬鳚 *Neobythites sivicola*（Jordan et Snyder，1901）[38]

背鳍92～96；臀鳍73～78；胸鳍26～30；腹鳍2；尾鳍8。

本种与黑斑新鼬鳚酷似。吻部稍钝。腹鳍较长，可伸达胸鳍末端。体茶褐色，散布白色斑块；腹侧白色，背侧深棕色。背鳍无椭圆形黑斑，臀鳍亦无斑点。尾部、背鳍、臀鳍色暗。为暖水性底层中小型鱼类。栖息于水深200 m左右的沙泥底质海区。分布于我国东海、台湾海域，以及日本三崎以南海域、西太平洋暖水域。体长约25 cm。

▲ 本属我国尚有长新鼬鳚*N. longipes*，以体修长，背鳍具一眼状斑[37]和中华新鼬鳚*N. sinensis*、双斑新鼬鳚*N. bimaculatus*[13]相区别。

（128）胎鼬鳚科 Bythitidae

本科物种属卵胎生。前鼻孔接近上唇。绝大多数种类有鳞。鳃盖骨棘通常存在且强大。第1鳃弓的鳃耙6枚或6枚以下。有鳔。有幽门垂。全球有31属至少90种，我国有7属8种。

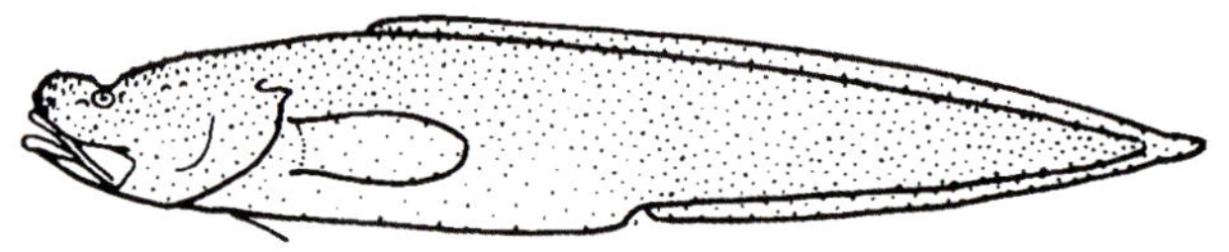

胎鼬鳚科物种形态简图

778 毛突囊胃鼬鳚 *Saccogaster tuberculatus*（Chan，1966）[48]

背鳍76；臀鳍52；胸鳍22；腹鳍1；尾鳍12。鳃耙3 + 13。

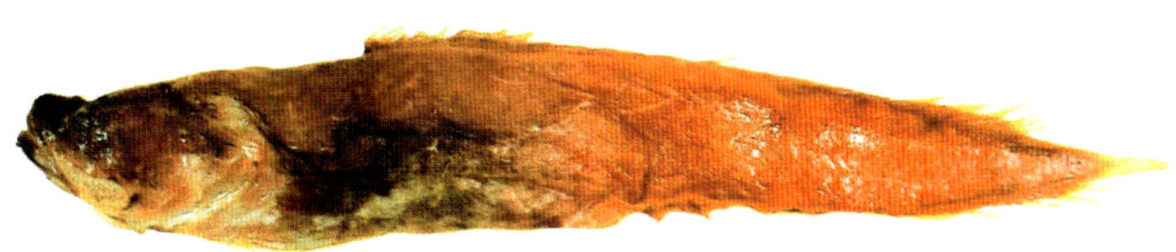

本种体较低，侧扁。头普通大小，头背有许多皮瓣。眼小，吻短。前鼻孔靠近上唇，其周围有绒毛状皮瓣。前鳃盖骨隅角光滑。主鳃盖骨有1枚隐埋于皮下的棘。口大，斜位。两颌齿粗，颗粒状。犁骨、腭骨有宽齿带。下颌内侧齿稍尖。无舌齿。头、体完全无鳞。背鳍、臀鳍长，与尾鳍相连。胸鳍有长辐鳍骨形成的鳍柄。体褐色，上颌和鳃盖后半部色浅，各鳍色浅。为暖水性深海中小型鱼类。栖息水深500 m左右。分布于我国南海，以及日本九州海域、帕劳海域、美国夏威夷海域、澳大利亚海域、印度–西太平洋热带水域。体长约20 cm。

注：本图摘自尼冈邦夫（1982），为本属未定种的囊胃鼬附图，供参考。二者主要差别在于毛突囊胃鼬鳚眼上方较平滑无凹刻[48, 4E]。

779 短体独趾鼬鳚 *Oligopus robustus*（Smith et Radcliffe，1913）[38]

= 壮体疣线鼬鳚 *Grammonus robustus*

背鳍75 ~ 87；臀鳍50 ~ 62；胸鳍23 ~ 25；腹鳍1；尾鳍8。鳃耙0 + 3。

本种体呈长卵圆形（侧面观）。头大，有鳞。口大，近水平位。腭骨无齿。主鳃盖骨有1枚短棘。侧线中央区中断，分离成上、下两段。腹鳍短，有1枚鳍条，起始于主鳃盖骨下方。体红褐色，各鳍色深。为暖水性深海中小型鱼类。栖息水深50 ~ 350 m。分布于我国南海，以及日本骏河湾海域、土佐湾海域，菲律宾海域，印度–西太平洋热带水域。体长约21 cm。

780 扁吻底鼬鳚 *Cataetyx platyrhynchus* Machida，1984[38]

=扁吻深蛇鳚

背鳍84；臀鳍57；胸鳍26；腹鳍1。侧线上鳞约23行；长鳃耙3。

本种体长形，侧扁。尾不很尖长。头大，背面宽平。头部有鳞。眼间隔略凹。吻钝，平扁。口宽，水平位。上颌骨后端游离，远伸过眼后缘下方。主鳃盖骨有1枚棘，强直。前鳃盖骨无棘。体被小圆鳞。侧线中部中断，前、后不重叠。奇鳍相连。胸鳍基肉质柄发达。腹鳍鳍条1枚，粗丝状。体棕褐色，奇鳍、胸鳍后半部和吻部背面色深。为暖水性深海鱼类。栖息于水深910～990 m的海底。分布于我国东海，以及日本冲绳海域。体长约57 cm。

781 潘氏拟鳕鼬鳚 *Brosmophyciops pautzkei* Schultz，1960[37]

=隐领蛇鳚

背鳍72～84；臀鳍54～62；胸鳍23～29；腹鳍1。

本种体长形，向后渐细，有一细尾柄。雄鱼交配器官无骨化部分。吻圆，眼大，眼径等于或大于吻长。上颌后半部几乎被颊部皮质覆盖。主鳃盖骨有2枚棘。体被小圆鳞，头部无鳞。头、体包被黏液。体淡棕色，头背深褐色，各鳍色浅。为暖水性珊瑚礁鱼类。栖息于珊瑚礁区。分布于我国台湾海域，以及琉球群岛海域。体长约6 cm。

双趾鼬鳚属 *Dinematichthys* Bleeker，1855

本属物种体较细长，侧扁。头和体侧有小圆鳞。眼小，吻长大于眼径。口大，上颌达眼后下方。两颌、犁骨、腭骨均有齿。主鳃盖骨有1枚棘。背鳍、臀鳍长，不与尾鳍相连。尾鳍后缘圆弧形。腹鳍始于前鳃盖骨后下方。无侧线。我国有2种。

782 粗吻双趾鼬鳚 *Dinematichthys dasyrhynchus* Cohen et Hutchins，1982[14]

=毛吻双趾鼬鳚

背鳍88～90；臀鳍68～69；胸鳍24；腹鳍1；尾鳍17。下鳃耙3。纵列鳞140。

本种一般特征同属。过去本种曾被定为双趾鼬鳚*D. iluocoeteoides*[8]，陈丽真等（1982）将其分立为1种[9]。本种前鼻孔位于上唇和后鼻孔中间。上颌骨末端膨大。体被圆鳞，头部仅颊部有鳞。吻及下颌有许多棕色小乳突。体黄褐色。奇鳍褐色，边缘白色，尾鳍后部褐色。为热带珊瑚礁鱼类。栖息于珊瑚浅水底层。卵胎生，每胎可产100尾仔鱼。分布于我国南海、台湾海域，以及印度–太平洋热带水域。体长约10 cm[4E, 9]。

783 小眼双趾鼬鳚 *Dinematichthys minyomma* Sedor et Cohen，1987[14]

背鳍75～79；臀鳍63～64；胸鳍19～22；腹鳍1；尾鳍16。下鳃耙0～3。纵列鳞80～95。

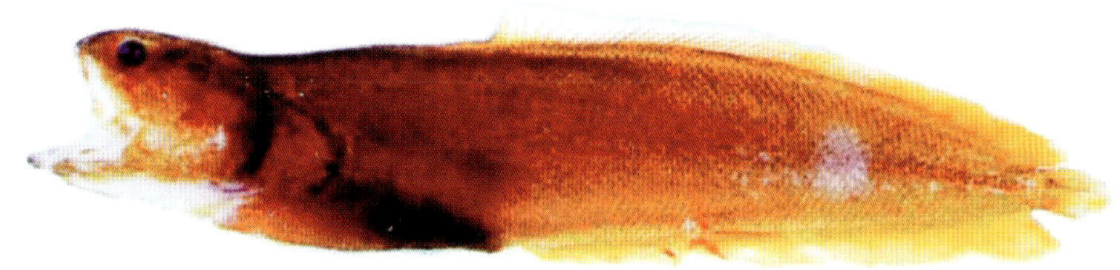

本种形态特征和粗吻双趾鼬鳚十分相似。过去亦被误认为双趾鼬鳚*D. iluocoeteoides*，Sedor和Cohen（1987）将其分立为一独立种[9]。本种背鳍、臀鳍的鳍条数偏少，分别为75～79枚和63～64

枚。体带红黄色，腹腔褐色，各鳍金黄色。为珊瑚礁鱼类。分布于我国台湾海域，以及中西太平洋热带水域。体长约5 cm。

注：未见双趾鼬鳚 *D. iluocoeteoides*在我国分布的记录。

784 黄褐小鼬鳚 *Brotulina fusca* Fowler，1946[70]

= 暗色猎神深鳚 *Diancistrus fuscus*

背鳍72～76；臀鳍58～62；胸鳍18～20；腹鳍1。鳃耙3。纵列鳞115～120。

本种体形与双趾鼬鳚相似。其颊部有鳞，鳃盖无鳞。主鳃盖骨上有1枚锐棘。前鼻孔位低，紧位于上唇边上。上颌骨后端扩为圆弧形。尾鳍发达。体褐色，但新鲜标本则带红黄色。为暖水性珊瑚礁鱼类。栖息于浅海珊瑚礁区。分布于我国台湾海域，以及琉球群岛海域、日本石垣海域、太平洋热带水域。体长约7.1 cm。

▲ 本科我国尚有棕褐双棘鼬鳚*Diplacanthopoma brunnea*，以主鳃盖骨棘强，鳃盖上方有一具大孔的扁皮突为特征。分布于我国南海[4E]。

（129）潜鱼科 Carapidae

本科物种体细长，鳗形，常侧扁，无鳞。肛门位于胸鳍基下方或前下方，靠近喉部。口大，不能伸缩。上颌后缘稍宽，外露或隐埋于皮下。两颌齿和腭骨齿1行或多行，绒毛状或粒状，或有犬齿。犁骨常有大犬齿。无上颌辅骨。前鼻孔位于上唇上方。前鳃盖骨隐埋于皮下。下鳃耙有0～8个羽状突起。背鳍、臀鳍长，与尾鳍相连。胸鳍小或无。为暖水性底层鱼类。和海参等底栖动物共栖。全球有7属32种，我国有6属11种。

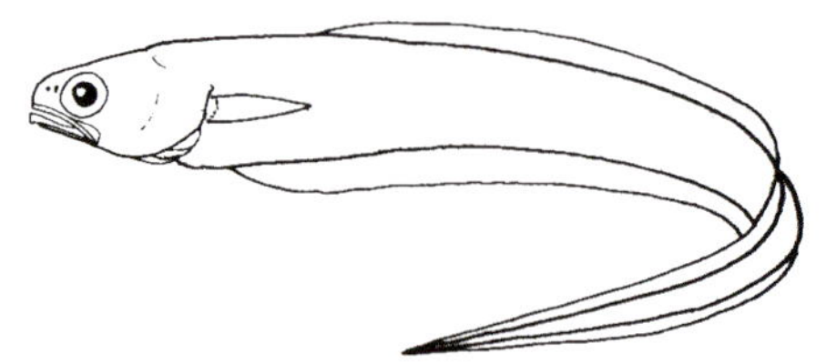

潜鱼科物种形态简图

785 纤尾锥齿潜鱼 *Pyramodon ventralis* Smith et Radcliffe, 1913[44]

= 有足锥齿潜鱼 = 三角齿鱼

背鳍125；臀鳍135；胸鳍25～27；腹鳍1。

本种头、体侧扁，尾尖细，无鳞。背鳍和臀鳍起始处几乎相对，臀鳍鳍条比背鳍鳍条长。胸鳍发达。有腹鳍，鳍条1枚。上颌骨发达，裸露。两颌和犁骨有犬齿。体带红褐色，腹部灰白色，各鳍色浅。头、体背部有棕色小点。为暖水性底层中小型鱼类。栖息水深150～350 m。分布于我国南海，以及日本骏河湾、土佐湾海域，印度－西太热带水域。体长可达35 cm。

▲ 本属我国尚有黑边锥齿潜鱼*P. lindas*，以背鳍、臀鳍外缘黑色，头、体无小黑点，胸鳍鳍条21～25枚，和纤尾锥齿潜鱼相区别[13]。

沟潜鱼属 *Onuxodon* Smith, 1955

= 爪齿潜鱼属 = 扁体潜鱼属

本属物种体细长，头、体较高而侧扁。两颌和腭骨上齿排列成带状。上、下颌有1枚或数枚大犬齿，与其他小齿间有空缺。无腹鳍。全球有3种，我国有2种。

786 短臂沟潜鱼 *Onuxodon parvibrachium* (Fowler, 1927)[14]

= 牡蛎隐鱼

背鳍140；臀鳍140或更多；胸鳍15。鳃耙（2）+ 3 +（7）。

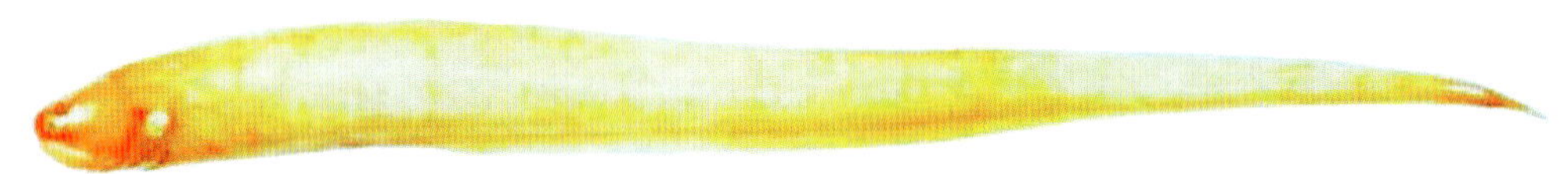

本种一般特征同属。体细长，头、体很侧扁，后端较细尖。吻前端近垂直。眼侧上位，隐于皮下。口大，斜形。上颌后端游离，远超过眼后缘下方。上颌前端有3枚大犬齿。肛门位于胸鳍始点下方。体无鳞，侧线不明显。奇鳍相连。臀鳍发达。胸鳍甚短。无腹鳍。体浅褐色，头前端和体背缘色较暗，尾后端渐为黑色。为暖水性珊瑚礁鱼类。分布于我国南海、台湾海域。

787 **珠贝沟潜鱼** *Onuxodon margaritiferae*（Rendahl，1921）[37]

背鳍160；臀鳍170；胸鳍13。鳃耙（2）+3。

本种头、体甚侧扁而细长。眼间隔甚隆突。口稍斜。上颌骨外露，游离。两颌前端各具1对或数对倒钩状大犬齿，其后为细小齿组成的齿带。齿带与大犬齿间明显分离。体无鳞，侧线直线形。肛门位于胸鳍基后下方。背鳍起始于臀鳍后上方。胸鳍较长，尖矛状。无腹鳍。体半透明，有粉红色光泽。尾端附近黑色。为暖水岩礁性鱼类。分布于我国台湾海域，以及菲律宾海域、印度尼西亚海域、澳大利亚海域、印度–西太平洋暖水域。体长约9 cm。

788 **细身潜鱼** *Carapus parvipinnis*（Kaup，1856）[38]
=小鳍潜鱼=黄巨身隐鱼

胸鳍15～20；腹鳍0。

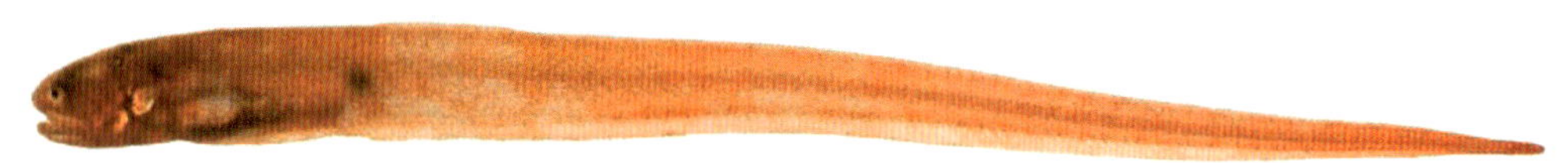

本种体细长，头小，全长为头长的10倍。胸鳍短，头长为胸鳍长的4倍。眼小，头长为眼径的9倍。鳔分两室。上颌骨外露。下颌前端有绒毛状突起。口大且斜。两颌齿小尖，呈带状排列，无犬齿。体黄棕色，其上有许多细小黑点。为热带珊瑚礁区鱼类。与梅花参、蛇目参等共栖。分布于我国南海，以及日本八重山以南海域、印度–中西太平洋。全长约23 cm。

鳗潜鱼属 *Encheliophis* Müller，1842

本属物种体细长如鳗。颌齿及腭齿呈单行或双行排列。无犬齿。颌齿前端无缺口。上颌骨边缘或为皮肤所盖。肛门靠近喉部。胸鳍有或无。鳔中部未缩缢，为1室。

789 长胸细潜鱼 *Encheliophis homei*（Richardson，1846）[14]
=侯姆鳗潜鱼=大牙潜鱼 *Carapus homei*

胸鳍17～21；腹鳍0。

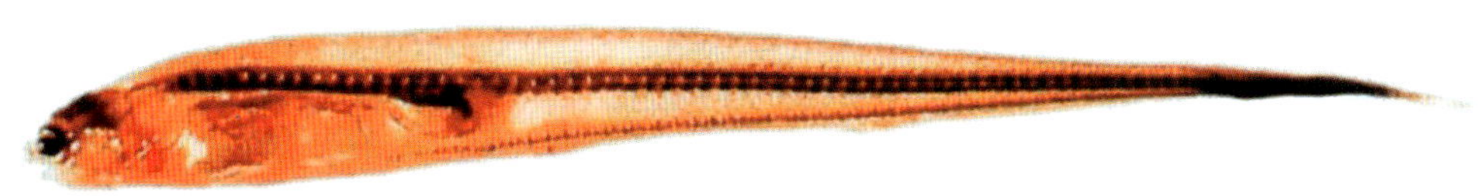

本种体细长。吻短，圆钝。眼径大于吻长。口大，稍斜。上颌骨外露，游离。上颌细齿1行或多行，前端有1对小犬齿。下颌齿2行或多行。犁骨有1～4枚大犬齿。背鳍、臀鳍后端不连续。胸鳍较长，但不伸达背鳍起始处。尾鳍短尖。头、体无鳞。鳔1室。体淡黄色，有金属光泽。尾部有小黑点。为暖水珊瑚礁鱼类。与梅花参、蛇目参等共栖。分布于我国南海、台湾海域，以及琉球群岛以南海域、澳大利亚海域、美国夏威夷海域、印度–中西太平洋暖水域。全长约19 cm。

790 鳗形细潜鱼 *Encheliophis gracilis*（Kaup，1856）[38]

胸鳍17～19；腹鳍0。

本种体细长如鳗。头稍扁。有胸鳍。上颌骨与眼下部密接，外被皮肤包被，不外露。颌齿少，1行。各齿末端向内弯曲，稀疏排列。犁骨具3枚犬齿。体灰褐色，散布褐色小斑点；腹部银白色。尾部末端较黑。为珊瑚礁区鱼类。与梅花参等共栖，但其摄食梅花参的生殖腺和呼吸树，故属于偏害生态类型。分布于我国东海、台湾海域，以及琉球群岛以南海域、印度–太平洋热带水域。全长约25 cm。

791 蠕鳗潜鱼 *Encheliophis vermincularis* Müller，1842 [38]
=云纹鳗潜鱼

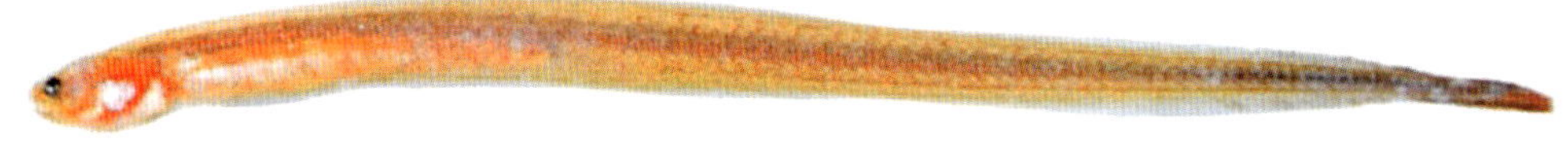

本种体细长，头较小。体长约为体高的15.8倍，为头长的10倍。吻略突出。眼较大，眼径等于吻长。口略下位。上颌远伸过眼后缘下方，不外露，无大犬齿。鳔1室。肛门位于鳃孔稍后下方。奇鳍相连。尾鳍窄尖。无胸鳍。雄鱼体黄褐色，具金属光泽；尾部色渐深。为暖水性珊瑚礁鱼类。分布于琉球群岛南端海域、澳大利亚海域、中西太平洋暖水域[4E]。

注：未见本种在我国分布的记录，属于可能在我国分布的种类。被李思忠收入《中国动物志 硬骨鱼纲 银汉鱼目 鳉形目 颌针鱼目 蛇鳚目 鳕形目》（2011）中[4E]。笔者转引供读者参考。

792 博拉细潜鱼 *Encheliophis boraborensis*（Kaup，1856）[37]

=绒颏鳗潜鱼 = 博拉潜鱼 *Carapus boraborensis* = 鹿儿岛潜鱼 *C.kagoshimanus*

胸鳍15～20；腹鳍0；鳃耙2＋13。

本种体呈鳗形，细长，侧扁。头较短小。吻端钝圆。眼小，隐于皮下。口较大。上颌稍长，末端超越眼后缘下方；下颌前部有绒毛状突起。两颌无犬齿，具绒毛状齿带。犁骨、腭骨均具齿。体无鳞。背鳍低。臀鳍发达。尾鳍小。胸鳍小，长度约等于上颌长的1/2。奇鳍相连。体黄灰色，背侧散布棕褐色小点，尾部色深。栖息于浅海珊瑚礁区，与大海参共栖。分布于我国南海、台湾海域，以及琉球群岛南端海域、印度–西太平洋暖水域。

注：本物种同种异名多，记述略有差别。黄宗国（2012）记述本种为鹿儿岛潜鱼[13]，沈世杰（2011）指出本种与黄巨身隐鱼即细身潜鱼为同物种[37]，而李思忠在《中国动物志 硬骨鱼纲 银汉鱼目 鳉形目 颌针鱼目 蛇鳚目 鳕形目》（2011）中述及侯姆鳗潜鱼曾与博拉细潜鱼同物种，但现在已明确两种[4E]。笔者注。

▲ 本科我国尚有科氏蛇齿潜鱼（=科氏底潜鱼）*Echiodon coheni*和日本突吻潜鱼（=尾鹫宽突潜鱼）*Eurypleuron owasianum*[4E, 13]。

本目我国尚有胶鼬鳚科Aphyonidae中的博林胶鼬鳚*Aphyonus bolinu*和盲鼬鳚*Barahronus diaphanus*等种[4E, 13]，以无鳔、无鳞、眼退化、体半透明为特征。因笔者无标本、彩图，本书未对其展开记述。

36 鮟鱇目 LOPHIIFORMES

本目物种体粗短或稍延长，平扁或侧扁。顶骨有或无；如存在，则常被上枕骨分隔。具中筛骨，无眶蝶骨、基蝶骨。眼位于头顶面或侧位。上颌口缘由前颌骨构成。体无鳞；有些种类具皮质突起，或鳞质和骨质棘突。背鳍的鳍棘部常有1～3枚独立的鳍棘；其第1鳍棘移至额部，常特化为吻触手。胸鳍基底延长成臂状。腹鳍有或无；如有，则通常喉位，Ⅰ，4～5。鳔如存在，则无鳔管。本目鱼类种类颇多，全球有18科66属313种。有关在我国分布的鮟鱇目鱼种，不同报道数据相差颇多。苏锦祥（2002）报告有37种，刘瑞玉（2008）收录有39种，黄宗国（2012）记录有83种。本目多为深海鱼类，本书也仅依有彩图种类编写了12科28属59种的检索表。个别种类记述可能有出入[4F, 12, 13]，有待据标本核实。

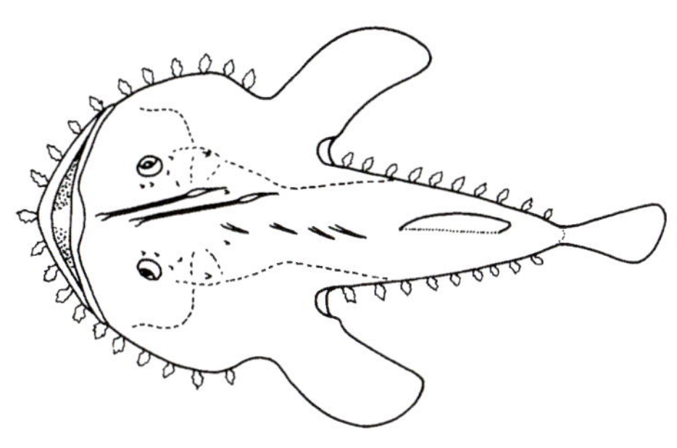

鮟鱇目物种形态简图

鮟鱇目的科、属、种检索表

1a 成鱼无腹鳍；左、右额骨不相接；下咽骨退化……………………角鮟鱇亚目 Ceratioidei（36）

1b 有腹鳍；额骨全部或部分相接；下咽骨发达………………………………………………（2）

2a 皮肤粗糙；伪鳃有或无；额骨后部愈合，前部分开……………躄鱼亚目 Antennarioidei（8）

2b 皮肤光滑；有伪鳃；额骨完全愈合 ………………………鮟鱇亚目 Lophioidei 鮟鱇科 Lophiidae（3）

3a 额骨嵴光滑；鳃孔伸达胸鳍基底前方………………………………拟鮟鱇属 *Lophiodes*（5）

3b 额骨嵴粗糙；鳃孔不伸达胸鳍基底前方………………………………………………（4）

4a 下颌齿1～2行；间鳃盖骨有1枚棘；臀鳍鳍条8～11枚，背鳍鳍条9～10枚；臀鳍黑色，口前部黄色………………………………………………………黄鮟鱇 *Lophius litulon* 793

4b 下颌齿3行；间鳃盖骨无棘；臀鳍鳍条6～7枚，背鳍鳍条7～9枚；臀鳍色浅，口前部黑白色相间……………………………………………………黑鮟鱇 *Lophiomus setigerus* 794

5-3a 后颞骨棘两尖头，体盘圆形……（7）

5b 后颞骨棘单尖头，体盘卵圆形……（6）

6a 口腔深处不呈黑色……奈氏拟鮟鱇 *L. naresi* 795

6b 口腔深处黑色……南非拟鮟鱇 *L. insidiator* 796

7-5a 背鳍第3鳍棘长大于头长，伸达背鳍鳍条部中间……大眼拟鮟鱇 *L. mutilus* 797

7b 背鳍第3鳍棘长小于头长，伸达背鳍鳍条部起始处；体背皮瓣短……少棘拟鮟鱇 *L. miacanthus* 798

8-2a 头、体平扁；体具骨质突或尖锐硬棘……蝙蝠鱼科 Ogcocephalidae（22）

8b 头侧扁或较平扁；体被细小棘刺或光滑……（9）

9a 头侧扁；背鳍具3枚鳍棘……躄鱼科 Antennariidae（11）

9b 头平扁；背鳍具3枚鳍棘，其中第2、第3鳍棘隐埋于皮下……单棘躄鱼科 Chaunacidae 单棘躄鱼属 *Chaunax*（10）

10a 吻触手长，向后达到或超过眼前沿连线；散布比瞳孔小的黄色斑点……单棘躄鱼 *C. fimbriatus* 811

10b 吻触手短，向后未超过眼前沿连线；散布比瞳孔大的黄绿色圆斑……阿部单棘躄鱼 *C. abei* 812

11-9a 无尾柄；背鳍第2、第3鳍棘隐藏于皮下；吻触手常隐藏于吻部……隐棘躄鱼 *Histiophryne cryptacanthus* 799

11b 通常有尾柄；背鳍鳍棘正常……（12）

12a 吻触手极短；腹鳍仅略短于胸鳍，体光滑，仅侧线孔边上有时有弱棘……裸躄鱼 *Histrio histrio* 800

12b 吻触手发达，长于或略短于背鳍第2鳍棘；腹鳍小；体粗糙，有双叉棘……躄鱼属 *Antennarius*（13）

13a 体黑色，无斑纹；胸鳍鳍条末端白色……黑躄鱼 *A. melas* 804

13b 体上斑纹复杂……（14）

14a 吻触手基底位于上颌缝合处后方……（17）

14b 吻触手基底前伸超过上颌缝合处前方……（15）

15a 吻触手末端皮瓣呈球形穗状……毛躄鱼 *A. hispidus* 803

15b 吻触手末端皮瓣呈细长指状……（16）

16a 吻触手末端皮瓣分3支，中央1支短……斑马躄鱼 *A. zerbrinus* 802

16b 吻触手末端皮瓣分3～4支，分叉深……带纹躄鱼 *A. striatus* 801

17–14a 背鳍第2硬棘游离，后方无鳍膜，不与头背相连……………………………………（19）

17b 背鳍第2硬棘后方有鳍膜，与头背相连；吻触手长……………………………………（18）

18a 臀鳍鳍条8枚，背鳍鳍条13枚……………………………………康氏躄鱼 *A. commerson* 806

18b 臀鳍鳍条7枚，背鳍鳍条12枚……………………………………白斑躄鱼 *A. pictus* 807

19–17a 上颌有肉质小突起，背鳍基底有一带黄边的黑色眼状斑
……………………………………………………………………双斑躄鱼 *A. biocellatus* 810

19b 上颌无肉质小突起；背鳍基底如有暗斑，则不带黄边……………………………………（20）

20a 背鳍、臀鳍后端有鳍膜与尾柄连接……………………………………细斑躄鱼 *A. coccneus* 805

20b 背鳍、臀鳍后端无鳍膜与尾柄连接……………………………………………………（21）

21a 吻触手短于背鳍第2鳍棘，其末端肉质部呈单一卵形……………驼背躄鱼 *A. dorehensis* 809

21b 吻触手约与背鳍第2鳍棘等长，其末端肉质部呈球形穗状………钱斑躄鱼 *A. nummifer* 808

22–8a 体平扁不显著，后头部稍隆起；体盘瘤突有棘，腹面硬棘分两叉
…………………………………………………马格瑞拟棘茄鱼 *Halieutopsis margaretae* 814

22b 体平扁显著，后头部不隆起……………………………………………………………（23）

23a 体盘圆形，前鳃盖骨不向外侧方突出……………………………棘茄鱼属 *Halieutaea*（33）

23b 体盘不呈圆形，前鳃盖骨向外侧方突出……………………………………………………（24）

24a 吻端尖突……………………………………………………………………………………（26）

24b 吻端平截或稍前伸……………………………………………………牙棘茄鱼属 *Halicmetus*（25）

25a 吻端平截；体背面有白色网纹……………………………………牙棘茄鱼 *H. reticulatus* 815

25b 吻稍前伸；体无斑纹……………………………………………………黑牙棘茄鱼 *H. nigera* 816

26–24a 体盘三角形，吻端甚尖；前鳃盖骨侧突发达…………………海蝠鱼属 *Malthopsis*（28）

26b 体盘不呈三角形，吻端稍尖；前鳃盖骨侧突小……………………棘蝠鱼属 *Dibranchus*（27）

27a 体黑褐色，体盘侧棘不分支……………………………………日本长棘蝠鱼 *D. japonicus* 823

27b 体黄褐色，体盘侧棘分支为多枚小棘……………………………星板棘蝠鱼 *D. stellulatus* 824

28–26a 前鳃盖骨有前向棘2枚……………………………………………钩棘海蝠鱼 *M. mitrigera* 817

28b 前鳃盖骨前向棘0～1枚…………………………………………………………………（29）

29a 前鳃盖骨无明显的前向棘；腹面散布骨质瘤，并有细密小棘……………………………（32）

29b 前鳃盖骨有1枚前向棘……………………………………………………………………（30）

30a 体背散布具棘的大型骨质瘤，骨质瘤间尚有扁平的小骨质瘤………巨海蝠鱼 *M. gigas* 818

30b 体背、腹散布骨质瘤，但无微细小棘……………………………………………………（31）

31a 肛门和腹鳍间密布骨质瘤，臀鳍后端抵达尾鳍基底……………乔氏海蝠鱼 *M. jortani* 819

31b 肛门和腹鳍间骨质瘤稀疏排列，臀鳍后端不达尾鳍基底……环纹海蝠鱼 *M. annulifera* 820

32–29a 头部有2列瘤状突，尾部有明显的茶褐色横带…………………褐斑海蝠鱼 *M. tiarella* 822

32b 头部有3～5列瘤状突，尾部具不明显的茶褐色横带………………密星海蝠鱼 *M. luteus* 821

33–23a 体盘腹面无小棘，皮肤光滑…………………………………………………………（35）

33b 体盘腹面具绒毛状短棘，皮肤稍厚………………………………………………………（34）

34a 吻凹窝不伸达头盘边缘，背视可见吻凹窝开口……………………………棘茄鱼 *H. stellata* 827

34b 吻凹窝伸达头盘边缘，背视不可见吻凹窝开口…………………………突额棘茄鱼 *H. indica* 828

35–33a 胸鳍基上方有1对眼状斑，背脊两侧有1对乳白色圆斑……费氏棘茄鱼 *H. fitzsimonsi* 825

35b 胸鳍基上方无成对眼状斑，背脊两侧无成对乳白色圆斑…………烟纹棘茄鱼 *H. fumosa* 826

36–1a 吻触手末端不呈明显的棒状增粗，也无发光器，拟饵体有许多丝状皮瓣

………………………茎角鮟鱇科 Caulophrynidae

太平洋茎角鮟鱇 *Caulophryne pelagic* 829

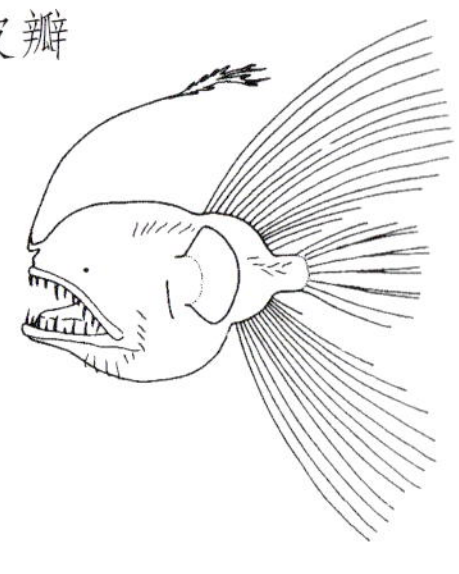

36b 吻触手末端明显呈棒状增粗，其上有发光器…………………………………………………（37）

37a 第2背鳍鳍条少于11枚……………………………………………………………………（39）

37b 第2背鳍鳍条超过11枚，臀鳍鳍条3～4枚

……黑角鮟鱇科 Melanocetidae 黑角鮟鱇属 *Melanocetus*（38）

38a 拟饵体长，稍侧扁；顶端有黑色疣状突起和皮瓣……………约氏黑角鮟鱇 *M. johnsoni* 830

38b 拟饵体短，不侧扁；顶端有黑色疣状突起，但无皮瓣………短柄黑角鮟鱇 *M. murrayi* 831

39–37a 背部无肉质瘤突………………………………………………………………………（41）

39b 背部具2～3个小肉质瘤突；口裂近垂直；第2背鳍鳍条3～5枚，臀鳍鳍条3～5枚

………………………………………………角鮟鱇科 Ceratiidae（40）

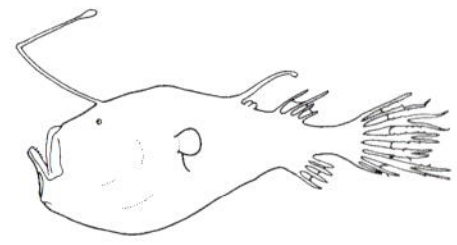

40a 背鳍鳍条部前方有3个肉质瘤突；下鳃盖骨前缘有棘突

……………………………………………………………密棘角鮟鱇 *Cryptopsaras couesii* 833

40b 背鳍鳍条部前方有2个肉质瘤突；下鳃盖骨前缘无棘突

………………………………………………………………何氏角鮟鱇 *Ceratias holboelli* 832

41–39a 无第2吻触手…………………………………………………………………………（44）

41b 具有很小或发达的第2吻触手；第2背鳍鳍条5～6枚，臀鳍鳍条4枚

…………………………………双角鮟鱇科 Diceratiidae（42）

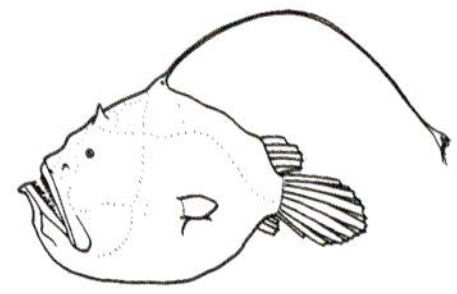

42a 体侧面观呈椭圆形，侧扁；头背2枚吻触手均发达；拟饵体较小

…………………………………………………………细瓣双角鮟鱇 *Diceratias bispinosus* 834

42b 体侧面观近圆形，高而侧扁；头背2枚吻触手中以第1吻触手发达；拟饵体简单或复杂

……………………………………………………………………………………………（43）

43a 第1吻触手长大于体长；拟饵体结构简单………………后棘双角鮟鱇 *Phrynichthys thele* 835

43b 第1吻触手长小于体长；拟饵体具多级分支，呈簇状

…………………………………………………………………邵氏蟾鮟鱇 *Bufoceratias shaoi* 836

44–41a 体前部显著增厚或扩大；吻触手粗短或中等长，常具绒毛状突起…………（50）

44b 体细长，头部不增厚或扩大；吻触手纤丝状，很长

………………………………大角鮟鱇科 Gigantactinidae（45）

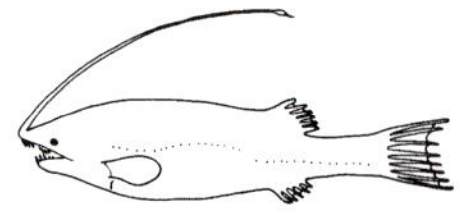

45a 背鳍鳍条5～9枚………………………………………………大角鮟鱇属 *Gigantactis*（47）

45b 背鳍鳍条3～4枚……………………………………………………吻长角鮟鱇属 *Rhynchactis*（46）

46a 吻触手末端不具任何分支……………………………………………细丝吻长角鮟鱇 *R. leptonema* 837

46b 吻触手末端具3～4条无色素的细丝…………………………长丝吻长角鮟鱇 *R. macrothrix* 838

47-45a 拟饵体下方有1对指状皮质突起………………………………伏氏大角鮟鱇 *G. vanhoeffeni* 840

47b 拟饵体下方无指状皮质突起………………………………………………………………………（48）

48a 吻触手甚长，其长度为体长的1.3～3.5倍；尾鳍长，其长度为体长的70%～80%
……………………………………………………………………………长尾大角鮟鱇 *G. gargantua* 839

48b 吻触手短，其长度为体长的69%～120%；尾鳍短，其长度小于体长的35%…………（49）

49a 拟饵体表面分布有圆形浅凹和微小棘，末端具短突起；背鳍鳍条7枚
……………………………………………………………………………克氏大角鮟鱇 *G. kreffti* 841

49b 拟饵体除先端部分外，均被微小棘，基部有1对长丝状突起；背鳍鳍条4～6枚
……………………………………………………………………………艾氏大角鮟鱇 *G. elsmani* 842

50-44a 体光滑，无棘或有少量短棘………………………………………………………………（52）

50b 体散布许多小棘；无小乳突状舌须；前颌骨不突出于下颌前方
…鞭冠鮟鱇科 Himantolophidae　鞭冠鮟鱇属 *Himantolophus*（51）

51a 拟饵体具2个短的突起和约10条细长的皮瓣…………………多指鞭冠鮟鱇 *H. groenlandicus* 843

51b 拟饵体具1个末端乳突和1对多级分支皮瓣…………………黑鞭冠鮟鱇 *H. melanolophus* 844

52-50a 鳃盖条6枚；第2背鳍鳍条多于4枚
……………………………………梦角鮟鱇科 Oneirodidae（54）

52b 鳃盖条4～5枚；第2背鳍鳍条3枚
………………树须鱼科 Linophrynidae　树须鱼属 *Linophryne*（53）

53a 喉须粗，基部分14支；拟饵体无皮瓣，末端具17枚分支的丝状突起
……………………………………………………………………………多须树须鱼 *L. polypogon* 846

53b 喉须中等粗，仅1条；拟饵体末端无分支的丝状突起………………印度树须鱼 *L. indica* 845

54-52a 体侧面观呈椭圆形或近圆形；口斜裂；蝶耳骨棘弱………梦角鮟鱇属 *Oneirodes*（56）

54b 体延长；口水平位；蝶耳骨棘强大……………………………………………………………（55）

55a 吻长，头背斜直；背鳍、臀鳍距尾鳍基稍远……………黑狡鮟鱇 *Dolopichthys pullatus* 847

55b 吻短，头背高耸；背鳍、臀鳍距尾鳍基较近……………印度冠鮟鱇 *Lophodolos indicus* 848

56-54a 体短，近圆形（侧面观）；吻触手短……………………………砂梦角鮟鱇 *O. sebax* 850

56b 体较长，椭圆形（侧面观）；吻触手长，分2节…………………皮氏梦角鮟鱇 *O. pietschi* 849

(130) 鮟鱇科 Lophiidae

本科物种头大，宽阔，平扁，布有骨刺或骨嵴。口大，下颌突出。两颌、犁骨、腭骨均具大小不等的可倒伏的尖齿。胸鳍基底长臂状。鳃孔位于胸鳍基底后下方或下方。皮肤薄，无鳞。头两侧、下颌及体上有许多皮质突起。背鳍鳍棘部的前部由3枚分离的鳍棘组成；第1鳍棘最发达，特化为吻触手，吻触手的末端有皮质穗状拟饵体。背鳍鳍条部位于尾部，几乎与臀鳍对位。腹鳍位于头部腹面，位置比胸鳍靠前。全球有4属25种，我国记录有4属13种。

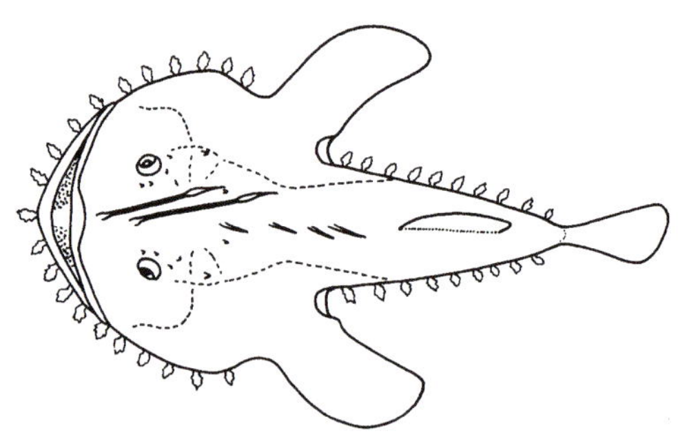

鮟鱇科物种形态简图

793 黄鮟鱇 *Lophius litulon*（Jordan，1902）

背鳍Ⅱ，Ⅰ，Ⅲ－9～10；臀鳍8～11；胸鳍22～25。脊椎26～27。

本种头、体宽阔平扁，头胸部呈盘状。口宽大，下颌齿带狭，有可倒伏的尖齿1～2行。额骨嵴单尖头。鳃孔位于胸鳍基下缘后方。胴体和尾部较长，二者之和超过头长。头、体边缘有许多皮质突起。第1背鳍第2鳍棘位于吻背顶端，有皮质穗。体黄褐色，布有斑纹；腹面白色；各鳍黑色；口腔内黄色。为暖水性底层鱼类。栖息于水深25～500 m的沙泥底质海区。5～7月产卵，受精卵包被于卵袋中；卵为浮性卵。肉食性[56]。分布于我国渤海、黄海、东海、南海，以及日本北海道以南海域、朝鲜半岛海域。体长可达1.5 m。为底拖网兼捕对象。肉味美。

794 黑鮟鱇 *Lophiomus setigerus*（Vahl，1797）[18]

背鳍Ⅱ, Ⅰ, Ⅲ－7～9；臀鳍6～7；胸鳍20～25。脊椎骨18～19。

本种体形与黄鮟鱇相似。胴体和尾部较短，二者之和几乎等于头长。额骨嵴多尖头。下颌齿带稍宽，由3行大小不一的尖齿组成。体背黑褐色，腹面白色。口腔内有白斑。下颌口底前部具黑褐色网状纹。为暖水性底层鱼类。栖息水深30～500 m。分布于我国东海、南海、台湾海域，以及日本北海道以南海域、菲律宾海域、印度－西太平洋暖水域。体长可达1 m。

拟鮟鱇属 *Lophiodes* Goode et Bean，1896

本属物种头、体中等平扁，有许多皮质突起。躯干较短。胸鳍狭长，外缘圆弧形。眼大。雌、雄嗅觉器官异型，雄性的十分发达。吻触手为一皮瓣或呈球形。额骨嵴光滑。鳃孔伸达胸鳍基底前方。全球有14种，我国有7种。

795 奈氏拟鮟鱇 *Lophiodes naresi*（Günther，1880）[38]

= *L. moseley*

背鳍Ⅱ，Ⅰ，Ⅱ~Ⅲ，8；臀鳍7；胸鳍14。

本种一般特征同属。鳃孔位于胸鳍基下缘，伸达前方，并向背面延伸。吻较狭。额骨嵴高，单尖头。头长为眼径的5.6~6.2倍。眼间隔区有深凹陷。头、体皮肤被以长穗状皮瓣。体背面深灰褐色，尾部色稍浅，腹面浅褐色。为暖水性底层鱼类。栖息水深105~320 m。分布于我国东海，以及日本熊野海域、高知海域，菲律宾海域，澳大利亚海域，西太平洋暖水域。体长约34 cm。

796 南非拟鮟鱇 *Lophiodes insidiator*（Regan，1921）[37]

= 纳塔尔拟鮟鱇

背鳍Ⅱ，Ⅰ，Ⅲ，8；臀鳍6；胸鳍14~16；腹鳍Ⅰ-5。

本种头、体中等平扁。背鳍第1鳍棘细长，但短于第2鳍棘，向后倒伏不达翼耳骨棘。背鳍第2～6鳍棘具许多皮须。两侧的内蝶耳骨棘间距为头长的41.7%～45.5%。后颞骨棘单尖头，发育良好。胸鳍各鳍条末端完全分离。臀鳍伸达或超越尾鳍基。体褐色，口腔深处黑色，腹膜黑色。为暖水性深海鱼类。栖息水深130～570 m。分布于我国东海、台湾海域，以及日本南部海域、印度洋。体长约22 cm。

797 大眼拟鮟鱇 *Lophiodes mutilus*（Alcock，1894）[70]

＝多丝拟鮟鱇＝断拟鮟鱇＝光拟鮟鱇

背鳍Ⅱ，Ⅰ，Ⅱ，7～9；臀鳍5～6；胸鳍15～17；腹鳍Ⅰ－5。

本种体盘圆形，尾部较细。体盘周围布有许多长丝瓣。背鳍5枚鳍棘中，以第3鳍棘最长，可伸达鳍条部中间。体灰褐色，有规则的斑纹。口腔灰白色。胸鳍黑褐色。吻触手末端色深。鳍棘色浅。栖息水深300～500 m。在我国本种仅见于台湾海域。印度–西太平洋暖水域也有分布。体长可达35 cm[70]。

798 少棘拟鮟鱇 *Lophiodes miacanthus*（Gilbert，1905）[48]

背鳍Ⅱ，Ⅰ～Ⅱ，7～8；臀鳍6；胸鳍21；腹鳍Ⅰ－5。

本种头、体短，中等平扁。体背皮瓣短。第1背鳍末端呈肉质膨大，具单一皮瓣；背鳍第2鳍棘短；第3鳍棘比头短，有1对深色皮须。胸鳍鳍条粗，不完全分离。蝶耳骨棘小，外侧棘位低。后颞骨棘有2个尖头。体背棕色，布有深色斑；头部散布白色小点；腹面白色。为暖水性深海鱼类。栖息水深360 ~ 535 m。分布于我国台湾海域，以及日本九州以南海域、帕劳海域、美国夏威夷海域。体长约17 cm。

▲ 本属我国尚有隐棘拟鮟鱇*L. abdituspinus*、褐拟鮟鱇*L. infrabrunneus*，以背鳍第3鳍棘隐埋于皮下或第3鳍棘很短等特征加以区分[49]。
在鮟鱇科中我国尚有宽鳃鮟鱇属*Slandenis*的褐色宽鳃鮟鱇*S. remiger*等，分布于我国东海、南海。以头、体稍高，不甚平扁；鳃孔宽大，伸达胸鳍基前方；第1背鳍有4枚鳍棘，仅2枚鳍棘外露而与其他近似属种相区别[49, 13]。

（131）躄鱼科 Antennariidae

本科物种体短，卵圆形（侧面观），稍侧扁。口大，斜裂或垂直，具绒毛状细齿。鳃孔小，位于胸鳍基底后下方。第1背鳍有3枚鳍棘，第1鳍棘纤细，穗状拟饵体发达；第3鳍棘一般较扩大。胸鳍延长，足趾状。有腹鳍。体有小刺或光滑，常有一些皮膜突起。全球有13属约40种，我国有3属13 ~ 14种。

躄鱼科物种形态简图

799 隐棘躄鱼 *Histiophryne cryptacanthus*（Weber，1913）[37]

背鳍Ⅰ，Ⅱ，13 ~ 14，突起7，胸鳍8 ~ 9，尾鳍9。

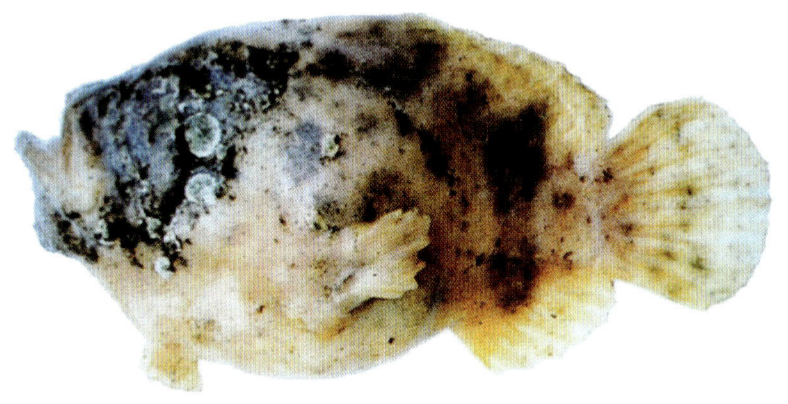

本种体呈卵圆形（侧面观）。头极宽大，边缘具小皮瓣。背鳍第1鳍棘短，常隐埋于吻部。第2、第3鳍棘被皮膜覆盖而隐埋于头背部。体裸露无棘，皮肤光滑。背鳍、尾鳍、臀鳍鳍条相连而无尾柄。胸鳍宽大。有鳔。体粉红色，其上有若干暗斑；各鳍色稍浅。栖息于潮下带岩礁区。分布于我国南海、台湾海域，以及太平洋、大西洋和印度洋暖水域。体长约8 cm。

注：过去本种被误认为鲍氏长鳍躄鱼*H. bougainvilli*，二者区别仅在于后者吻触手虽小，但显露于头背[9]。

800 裸躄鱼 *Histrio histrio*（Linnaeus，1758）[38]

背鳍Ⅰ，Ⅱ，11～13；臀鳍6～8；胸鳍9～11；腹鳍Ⅰ－5；尾鳍9。

本种体呈卵圆形（侧面观）。腹鳍长。前颌骨联合处至第1背鳍鳍棘间有2个皮质突起。吻触手极短。皮肤光滑，几乎无皮质棘，仅侧线孔边上有时有弱的新月形小棘。胸鳍、腹鳍大。有尾柄。体色多变，有淡黄色、褐色等，具不规则的网状带，各鳍有不规则的黑斑或横带。为暖水性藻丛小型鱼类。栖息于马尾藻群中，具拟态习性。5～8月产卵。分布于我国黄海、东海、南海，以及日本海域等。全长约15 cm。

躄鱼属 *Antennarius* Lacépède，1798

本属物种体呈卵圆形（侧面观），侧扁。头较大，腹部突出膨大。皮肤粗糙，覆以浓密的双叉形皮棘。第1背鳍鳍棘裸露无皮刺。胸鳍大部分紧贴于体侧。有或无尾柄。全球有24种，我国有11～12种。

注：本属的一些种类，体色斑纹变化较大，对其吻触手的记述也不甚明确，易产生混淆，值得关注。

801 带纹躄鱼 *Antennarius striatus*（Shaw et Nodder，1794）[44]

= 三齿躄鱼 *Phrynelox tridens*（Temminck et Schlegel）= *Antennarius pinniceps*

背鳍Ⅰ，Ⅱ，11～12；臀鳍6～7；胸鳍9～12；腹鳍Ⅰ－5。

本种一般特征同属。体稍高，稍侧扁。体被小棘。吻触手基底在上颌缝合部向前方伸长；其末端皮瓣呈细长指状，有3～4个分支。体色和斑纹随环境有变异，但多呈淡褐色，散布不规则的深褐色斑纹。眼周围具放射状排列的条纹。为暖水沿岸性小型鱼类。栖息于沿岸浅水岩礁海区和沙泥底质海区。分布于我国黄海、东海、南海、台湾海域，以及日本南部海域。体长可达40 cm。不能食用。

802 斑马躄鱼 *Antennarius zerbrinus* Schultz，1957[38]

= *Phrynelox zerbrinus*

背鳍Ⅰ，Ⅱ，12；臀鳍7；腹鳍Ⅰ－5；尾鳍9。

本种形态特征及体色斑纹和带纹躄鱼酷似。体上斑马纹随鱼体生长而增多。吻触手末端皮瓣分3支，中央1支短，为暖水性沿岸小型鱼类。栖息水深30 m左右。分布于我国东海，以及日本南部海域、印度－太平洋暖水域。体长可达30 cm。

803 毛躄鱼 *Antennarius hispidus* Bloch et Schneider，1801[15]

背鳍Ⅰ，Ⅱ，11～13；臀鳍7；胸鳍10～11；腹鳍Ⅰ－5；尾鳍9。

本种形态特征及体色斑纹和带纹躄鱼十分相似。吻触手末端皮瓣呈球形穗状是本种区别于其他种的最主要特征。背鳍第2鳍棘后方有一凹窝。体和各鳍黄褐色，具不规则的深色斜纹。为暖水性内湾浅海小型鱼类。栖息于近岸内湾至90 m水深沙泥底质海区。分布于我国南海、东海，以及琉球群岛海域、印度－西太平洋暖水域。全长约11 cm。

804 黑躄鱼 *Antennarius melas* Bleeker，1857[38]

= *A. nox*

背鳍Ⅲ，12；臀鳍7；胸鳍11。

本种形态特征与带纹躄鱼十分相似。其体色从黑褐色到黑色不等，无斑纹。胸鳍鳍条末端白色。为暖水性浅海小型鱼类。分布于我国南海，以及日本东京湾以南海域、长崎海域，南非海域。为稀有种。全长约18 cm。

注：本种被刘瑞玉（2008）列为带纹躄鱼*A. striatus*的同种[12]。

805 细斑躄鱼 *Antennarius coccneus*（Lesson，1831）[38]

背鳍Ⅰ，Ⅱ，12～13；臀鳍7～8；胸鳍9～12；腹鳍Ⅰ－5。

本种体短，近椭圆形（侧面观），稍侧扁。吻触手基底位于上颌缝合部后方。吻触手和背鳍第2鳍棘几乎等长，末端有一皮瓣。背鳍第2鳍棘独立，无鳍膜与头部连接。背鳍、臀鳍后端靠近尾鳍，并有鳍膜与尾柄部连接。体灰褐色，散布许多白色或黑色斑点。为暖水性底层鱼类。栖息于水深75 m以浅的珊瑚礁海区。分布于我国台湾海域，以及琉球群岛海域、印度–太平洋和东太平洋暖水域。体长约9 cm。

806 康氏躄鱼 *Antennarius commerson*（Latreille，1804）[14]

背鳍Ⅰ，Ⅱ，13，臀鳍8，胸鳍11，腹鳍Ⅰ－5，尾鳍9。

本种吻触手基底位于上颌缝合部后方。背鳍第2鳍棘后方以鳍膜与头部连接。体布细小分叉棘。吻触手肉质部长，缘生丝状突出物。体粉红色，有许多暗褐色的细小斑纹；并有两个较大的眼状斑，位于背鳍基底1/3处和胸鳍基后方体侧。奇鳍边缘色暗。为暖水性礁栖鱼类。栖息于浅海岩礁或珊瑚礁区。分布于我国南海、台湾海域，以及日本南部海域、印度–太平洋热带水域。全长约21.3 cm。

807 白斑躄鱼 *Antennarius pictus*（Shaw，1794）[37]

= 黑斑躄鱼 = 皮屑躄鱼 *A. leprosus*

背鳍Ⅰ，Ⅱ，12；臀鳍7；胸鳍9～11；腹鳍Ⅰ－5。

本种与细斑躄鱼相似，体更高，吻触手基底位于上颌缝合部后方。背鳍第2鳍棘不独立，有鳍膜与头背连接，末端细尖且向后弯斜。鳃孔位于胸鳍下方。胸鳍全为不分支鳍条。体色艳丽，散布许多白色斑点和带白边的黑色斑点。为暖水性底层鱼类。栖息于水深60 m以浅的岩礁或珊瑚礁海区。分布于我国东海、台湾海域，以及日本南部海域、印度－太平洋暖水域。体长约16 cm。

808 钱斑躄鱼 *Antennarius nummifer* Cuvier，1829[37]

= 眼斑躄鱼 *A. janonicus*

背鳍Ⅰ，Ⅱ，Ⅲ，11～13；臀鳍7～8；胸鳍9～12；腹鳍Ⅰ－5；尾鳍9。

本种体侧面观呈卵圆形，侧扁。吻触手位于上颌缝合部后方，约与背鳍第2鳍棘等长，末端肉质部穗状。背鳍第2鳍棘后无鳍膜，不与头部相连。有尾柄，背鳍、臀鳍后端无鳍膜与其连接。体密布分叉细棘。体橘黄色，有一具白缘的黑色眼状斑。为暖水性岩礁鱼类。栖息于沿岸浅水岩礁区。分布于我国南海，以及日本南部海域、印度海域、太平洋和东大西洋暖水岛礁区。全长约10 cm。

809 驼背躄鱼 *Antennarius dorehensis* Bleeker, 1859[37]

= 新几内亚躄鱼 *A. altipinnis*

背鳍Ⅲ，11～13；臀鳍7～8；胸鳍8～10；腹鳍Ⅰ－5；尾鳍9。

本种体较高，侧扁。有尾柄，背鳍、臀鳍后端无鳍膜与其相连。吻触手稍短于背鳍第2鳍棘，具卵形肉质部和成束丝状物。颌部无肉质突起。背鳍基眼状斑不明显。体密布分叉的细棘和白色乳状突。背鳍第2鳍棘后方无裸露区。体灰黑色，散布极细小的暗斑。栖息于珊瑚礁海区、潟湖等，栖息水深2.4 m以浅。分布于我国南海、台湾海域，以及琉球群岛海域、印度–太平洋热带水域。全长约4.1 cm。

810 双斑躄鱼 *Antennarius biocellatus*（Cuvier, 1817）[14]

背鳍Ⅰ，Ⅱ，12；臀鳍6～7；胸鳍8～10；腹鳍Ⅰ－5；尾鳍9。

本种体较高，侧扁。第1背鳍第2鳍棘后方无鳍膜与头背相连。上颌部有肉质突起。体表遍布小突起和小棘。吻触手短，向前延伸不达上下颌角。体橘红色，背鳍基部具带黄边的黑色眼状斑。为暖水性浅海礁栖鱼类。分布于我国台湾海域。

▲ 本属我国尚有蓝道氏躄鱼 *A. randalli*、大斑躄鱼 *A. maculatus*[13, 37]。

（132）单棘躄鱼科 Chaunacidae

本科物种头平扁，躯干部略侧扁。口大，口裂几乎垂直或斜裂。两颌齿细小，排列成带状。犁骨、腭骨有细齿。背鳍有3枚鳍棘；第1鳍棘特化为吻触手，位于吻部凹腔中；第2、第3鳍棘隐于皮下。胸鳍臂状。鳃几乎位于胸鳍基底的后上方。本科全球有2属14种，我国有1属3种。

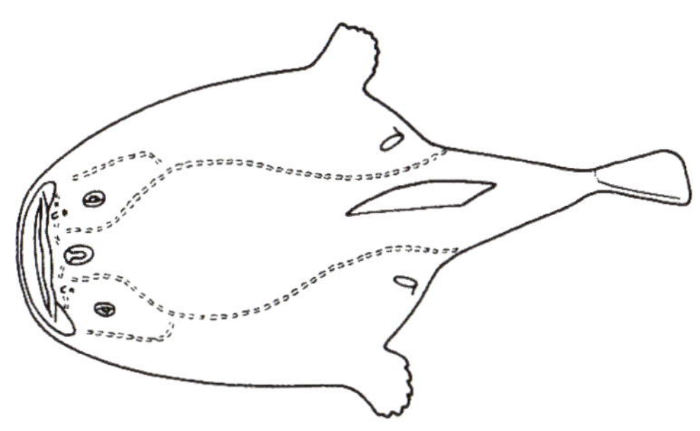

单棘躄鱼科物种形态简图

单棘躄鱼属 *Chaunax* Lowe，1846

本属物种一般特征同科。

811 单棘躄鱼 *Chaunax fimbriatus* Hilgendrof，1879[38]

背鳍Ⅰ，Ⅱ，11；臀鳍7；胸鳍12～14；腹鳍Ⅰ－4；尾鳍9。

本种头显著平扁。口大，口裂几乎垂直。吻触手后端达到或超越眼前沿连线。背鳍软条部前方有凹陷。体橙红色。体中央和背鳍软条起始处有眼大小的黄色圆斑，兼有多而密、小于瞳孔的黄色斑点。为暖水性深海中小型鱼类。栖息水深284～500 m。分布于我国东海，以及日本铫子以南海域、九州海域，帕劳海域。体长约20 cm。

812 阿部单棘躄鱼 *Chaunax abei* Le Danois，1978[48]

背鳍Ⅰ，Ⅱ，11；臀鳍7；胸鳍12～13；腹鳍5。

本种与单棘躄鱼相似。头大，稍纵扁，密被细棘。吻触手短，末端切面呈椭圆形，可退缩入吻沟中。背鳍软条部前方无凹陷。体橙红色，背面中央和背鳍软条起始处无黄色大斑。体盘和胸鳍上散布比瞳孔大的黄绿色圆斑。为暖水性深海中小型鱼类。栖息水深90～500 m。分布于我国东海、台湾海域，以及日本南部海域。全长约23 cm。肉味鲜美。

813 云纹单棘躄鱼 *Chaunax penicillatus* McCulloch，1915[48]

本种与单棘躄鱼相似，体橙红色，以体背有黄色的云状斑和后者相区别。据初步分析，其特征与尼冈邦夫（1982）单棘躄鱼（*Chaunax* sp.）的记述相似[48]，二者可能是同一物种。因笔者掌握的信息不足，本种未被列入检索表中。

(133) 蝙蝠鱼科 Ogcocephalidae

本科物种头、体平扁，腹面平坦。头呈盘状（背面观）。头的前方有一凹陷，吻触手隐于其中。颌齿绒毛状。背鳍鳍条部位于尾部。胸鳍臂状。腹鳍位置比胸鳍靠前。体上密被骨质突起或尖锐硬棘。鳃孔小，位于胸鳍基底上方。本科属种较多，全球有9属57种，我国记录有5属24种。

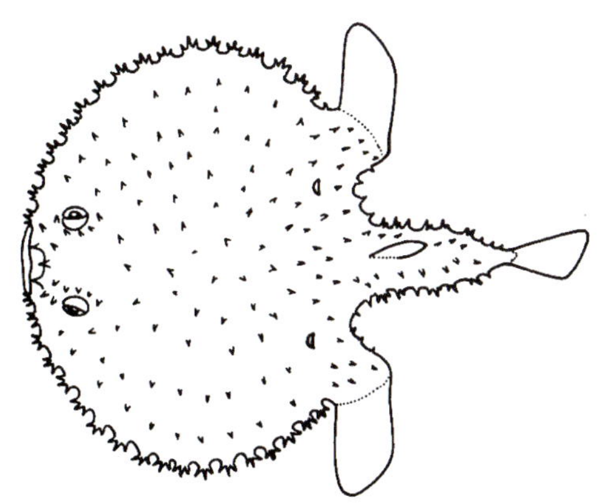

蝙蝠鱼科物种形态简图

814 马格瑞拟棘茄鱼 *Halieutopsis margaretae* Ho et Shao，2007 [37]

本种体盘近圆形。吻尖，稍突出。体盘瘤突有棘，腹面硬棘分两叉。体盘边缘、下鳃盖骨的瘤突有4 ~ 7枚小尖棘，尾部瘤突有3枚尖棘。前鳃盖具3枚侧线鳞，下鳃盖有6枚侧线鳞，体盘腹侧有1 ~ 2枚侧线鳞，尾部有8 ~ 9枚侧线鳞。体背面灰色到黑色，头部、体缘和尾部色较浅。各鳍色深。腹膜黑色。为暖水性底层鱼类。分布于我国台湾海域。

815 牙棘茄鱼 *Halicmetus reticulatus* Smith et Radcliffe, 1912[38]

= 网纹牙棘茄鱼

背鳍Ⅰ，3；臀鳍4；胸鳍12；尾鳍9。

本种头宽，平扁。吻上有骨质凹窝，第1背鳍鳍棘形成的吻触手置于其中。吻触手宽平，不分叶，下缘有肉质须。头前缘呈弧形，吻端平截。下鳃盖骨有侧向突起，上具三角形棘突。口前位。犁骨、腭骨均有齿。头盘背、腹面被鲨皮状小刺。鳃孔小，位于胸鳍基底内侧。体从橄榄绿色到褐色不等，背面有白色网状纹。为暖水性底层小型鱼类。栖息水深290 ~ 610 m。分布于我国南海、台湾海域，以及日本土佐湾以南海域、菲律宾海域。体长约9 cm[8]。

816 黑牙棘茄鱼 *Halicmetus nigera* Ho, Endo et Sakamaki, 2008[37]

= 黑棘茄鱼 *Halieutaea nigera*

本种体盘半圆形，头前部甚平扁。体盘瘤突具3枚尖棘。吻稍前伸，稍盖口缘。眼大，眼间隔宽，眼间距为体长的6% ~ 8%。体盘背面除了额骨嵴和侧线鳞有骨质皮盾外，其他处缺如。第1背鳍鳍棘凹窝宽，呈三角形。臀鳍长。胸鳍鳍条12 ~ 15枚。体灰黑色。各鳍具黑带或全呈黑色。为暖水性底层鱼类。分布于我国台湾海域。

海蝠鱼属 *Malthopsis* Alcock，1891

本属物种体扁平，呈箭头形。吻棘很发达。头三角形（背面观）。吻触手仅呈简单的球状。下鳃盖骨于头侧有1枚或多枚突出棘。口前位，犁骨、腭骨均具齿。体密布大小不等的骨质突，并有一些盾状鳞片，鳞片上有许多小结节自中心向四周呈放射状排列。背鳍位于肛门后上方。胸鳍大。腹鳍喉位，较大。鳃孔较小。本属全球有8种，我国有6种。

817 钩棘海蝠鱼 *Malthopsis mitrigera*（Gilbert et Gramer，1897）[48]

背鳍Ⅰ，4～5；臀鳍4；胸鳍13～15；腹鳍Ⅰ－5。

本种体平扁。头大，吻尖。前鳃盖骨有2枚前向棘。体盘腹面光滑，无棘突。胸部、腹部有大小相同的大型瘤状物。体背土黄色，无任何斑纹。为暖水性深海鱼类。栖息水深300～650 m。分布于我国台湾海域，以及日本东南部海域、九州海域，帕劳海域，美国夏威夷海域，南非海域。体长约8 cm。

818 巨海蝠鱼 *Malthopsis gigas* Ho et Shao，2010[37]

本种体平扁。头大，尾细。体背具大型骨质瘤，瘤突上具尖棘。瘤突间有许多扁平的小骨质瘤。吻部隆起，吻端呈尖棘状，而吻棘向前上方突出。犁骨齿细，角状。下鳃盖骨具1枚前向小棘。背鳍、臀鳍长，分别为体长的17.6%～29.5%和17.4%～24.2%。臀鳍最后鳍条伸达尾鳍起始处。体盘背面黄色，具黑点。背鳍、胸鳍均为褐色。为暖水性深海鱼类。分布于我国台湾海域。

819 乔氏海蝠鱼 *Malthopsis jortani* Gilbert，1905 [38]

=乔氏蝙蝠鱼

背鳍Ⅰ，3～6；臀鳍4；胸鳍12；腹鳍Ⅰ－5；尾鳍9。鳃耙1＋4。

本种一般特征同属。吻端尖，下鳃盖骨有几枚小棘，其中前向棘1枚。腹面散布平扁小骨板，但无细棘。臀鳍后端达尾鳍基底。体黄褐色，散布有2～5条黄色轮纹。为暖水性深海底层鱼类。栖息水深210～430 m。分布于我国东海，以及日本海域、美国夏威夷海域。体长约11 cm。

820 环纹海蝠鱼 *Malthopsis annulifera* Tanaka，1908 [38]

=环纹蝙蝠鱼

背鳍Ⅰ，4～6；臀鳍4；胸鳍11～12；腹鳍Ⅰ－5；尾鳍9。鳃耙1＋3～5。

本种与乔氏蝙蝠鱼相似。臀鳍后端不达尾鳍基底。腹面光滑，仅两腹鳍间或腹鳍前后有少数小骨板。体黄褐色，散布5～12个黑色环纹。为暖水性深海底层鱼类。栖息水深90～300 m。分布于我国南海、台湾海域，以及日本南部海域、菲律宾海域。全长可达14 cm [49]。

821 密星海蝠鱼 *Malthopsis luteus* Alcock，1891[48]

背鳍Ⅰ，5～6；臀鳍4；胸鳍11～12；腹鳍Ⅰ-5。

本种体平扁，头呈三角形（背面观）。下鳃盖骨侧突有几枚小棘，但无前向棘。头部有3～5列瘤状突。腹面散布骨质疣突并密生微细棘。体背褐色，散布有2～8条大的黑色轮纹。尾部有不明显的茶褐色横带。为暖水性深海底层鱼类。栖息水深200～730 m。分布于我国东海、南海，以及日本南部海域、九州海域，帕劳海域，美国夏威夷海域，印度安达曼群岛海域。体长约8 cm。

822 褐斑海蝠鱼 *Malthopsis tiarella* Jordan，1902[48]

=斑点海蝠鱼

背鳍Ⅰ，6；臀鳍4；胸鳍12～13；腹鳍Ⅰ-5。

本种与密星海蝠鱼相似。体平扁；头大，呈三角形（背面观）。吻尖突，口小，颌齿绒毛状。下鳃盖骨有侧突，无明显的前向棘。体背有带棘的大型骨质瘤。体黄褐色，尾部有明显的茶褐色横带。为暖水性深海鱼类。栖息水深350～370 m。分布于我国东海、台湾海域，以及日本南部海域，帕劳海域。体长约6 cm。

823 日本长棘蝠鱼 *Dibranchus japonicus* Amaoka et Toyoshima，1981[55]

背鳍Ⅰ，5～6；臀鳍4；胸鳍13～15。鳃耙0＋4～5。脊椎19～20。

本种体平扁显著，长宽相等，体盘近圆形。体不柔软，头部不隆起。下鳃盖骨稍微突出。吻端稍尖。体盘侧棘不分支。体盘和尾部背侧面布有许多小棘和一部分着生于宽基板上的较大棘。腹面密生比背面小棘还小的微小棘。腹鳍长大于臀鳍基底长。无胸鳍膜与尾部相连。体黑褐色，鳍黑色。为暖水性深海底层鱼类。栖息水深620～1 500 m。分布于我国东海，以及日本岩手海域、和歌山海域。体长约15 cm。

824 星板棘蝠鱼 *Dibranchus stellulatus*（Gilbert，1905）[48]

＝黑点梭罗蝠鱼 *Solocisquama stellulatus*

背鳍Ⅰ，5～6；臀鳍4；胸鳍14～15；腹鳍Ⅰ－5。

本种头部扁平。体盘宽，前缘圆弧形。吻棘伸向前上方，末端有3～8个小突起。体盘和尾部背面有许多单尖头棘，其基底有3～6条放射状隆起线或具星状骨板。体盘与尾部的侧棘又分出多枚小棘。下鳃盖骨棘和吻棘等大，末端有分叉小棘。口小。有颌齿和腭骨齿，无犁骨齿。体背黄褐色。眼后、体盘中央、鳃孔附近褐色并具不规则的暗纹。为暖水性深海鱼类。栖息水深达550 m。分布于我国台湾海域，以及日本九州海域、帕劳海域、美国夏威夷海域。体长约9 cm。

棘茄鱼属 *Halieutaea* Cuvier et Valenciennes，1837

本属物种体平扁，体盘圆形。口较大，前位。上颌与头前缘平行，下颌稍短。两颌齿小，梳状。犁骨、腭骨无齿。下鳃盖骨无侧向突起。鳃孔较小，位于胸鳍基部内侧。体被骨质棘刺。吻触手短小，位于吻部凹窝内。背鳍、臀鳍均位于尾部。胸鳍较大。腹鳍喉位。本属全球有8种，我国有6种。

825 费氏棘茄鱼 *Halieutaea fitzsimonsi*（Gilchrist et Thompson，1916）[48]

背鳍Ⅰ，5；臀鳍4；胸鳍14～15。脊椎骨17。

本种头部扁平。体盘圆形，背面有3～7条隆起线，其上有许多着生于骨质板上的尖锐硬棘，呈点列或对称的带状排列，棘长可达眼径的1/3。体盘和尾侧布有分叉的棘。腹面光滑，无骨质突。吻触手短，顶端分两叶。体背面红色，胸鳍基上方有1对眼状斑，各鳍颜色略浅。为暖水性深海底层鱼类。栖息水深350～360 m。分布于我国台湾海域，以及日本九州海域、帕劳海域。体长约23 cm。

826 烟纹棘茄鱼 *Halieutaea fumosa* Alcock，1894[38]

背鳍Ⅰ，5；臀鳍4；胸鳍12～13；腹鳍5；尾鳍7。

本种和费氏棘茄鱼相似。体盘圆形。体盘腹面无骨质突。头、尾背面虽布有小单棘，但不呈带状排列，小单棘最大长度为眼径的1/4以下。吻触手末端分两叶，下有微小突起缘。体背面桃红色到橙色，无暗斑；腹面白色。为暖水性深海底层鱼类。分布于我国南海、东海，以及日本铫子海域、鹿儿岛海域，菲律宾海域。体长约12 cm。

827 棘茄鱼 *Halieutaea stellata*（Vahl，1797）[18]

背鳍Ⅰ，4～5；臀鳍4；胸鳍13；腹鳍5。

本种体盘圆形。背面有许多锐棘，着生于骨板上，形成3～6条隆起线；其最大棘长约为眼径的1/3。体侧和尾部的棘有2～5枚刺，在棘中混杂有许多微小骨质瘤突。腹面不光滑，有许多微小骨质瘤突。吻触手末端分两叶。体背深红色，有不规则的暗斑；腹面白色。腹鳍和尾鳍后缘黑色。为暖水性深海底层鱼类。栖息水深50～400 m。分布于

我国东海、南海、台湾海域，以及日本岩手海域、鹿儿岛海域，朝鲜半岛海域，菲律宾海域，印度海域。体长可达30 cm。

828 突额棘茄鱼 *Halieutaea indica* Annandale et Jenkins，1910

背鳍Ⅰ，4；臀鳍4；胸鳍13；腹鳍5。鳃耙2 + 5。

本种体平扁，额部隆起。体盘圆形。吻短，吻长小于眼径。口大，横裂。上颌稍长；颌齿细而钝，呈带状排列。犁骨、腭骨无齿。鳃孔小，圆孔形，位于胸鳍基内侧。鳃耙小，粒状。体无鳞，体背有尖锐硬棘，呈放射状排列。第1背鳍仅由1枚短的吻触手组成。胸鳍呈柄状。腹鳍喉位，尾鳍后缘圆弧形。体背侧黄褐色，略带红色，具许多小黑点。腹面和各鳍浅棕色。为暖水性底层鱼类。分布于我国南海，以及印度海域、新几内亚海域。

▲ 本属我国尚分布有中华棘茄鱼*H. sinica*、猩红棘茄鱼*H. coccinea*等3种，一般形态特征与棘茄鱼相似[13]，分布于我国台湾海域。

（134）茎角鮟鱇科 Caulophrynidae

本科物种体短而高。头大，眼小。口大，斜裂。吻触手末端没有棒状增粗，也无发光器。雄鱼寄生于雌鱼上。幼鱼有腹鳍。背鳍鳍条、臀鳍鳍条均延长。胸鳍鳍条、尾鳍鳍条也较长。本科全球有2属4种，我国有1种。

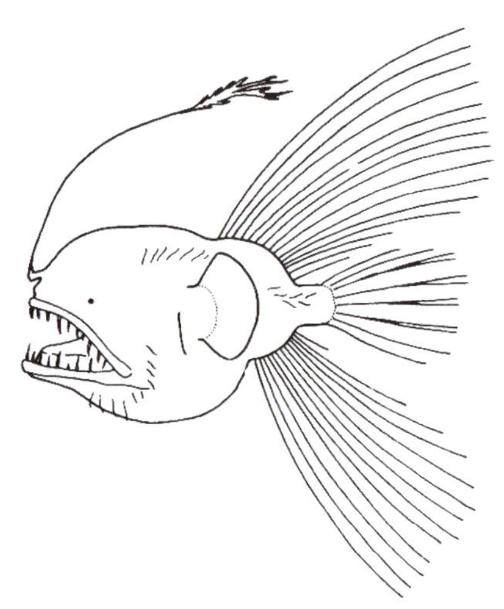

茎角鮟鱇科物种形态简图

829 太平洋茎角鮟鱇 *Caulophryne pelagic*（Brauer，1902）[38]

背鳍Ⅰ，14～17；臀鳍12～16；胸鳍15～18。

本种体短且高，近圆球形。头大，眼小。口大，斜裂。下颌齿24～34枚。吻触手长，末端不呈明显的棒状增粗，拟饵体有许多丝状皮瓣。无发光器。头部侧线管孔各着生一长毛状突起。背鳍鳍条、臀鳍鳍条均呈丝状延长。尾鳍鳍条也甚延长。体黑褐色，各鳍色稍浅。为暖水性深海鱼类。栖息水深500～1 500 m。分布于我国台湾海域，以及日本北海道海域，大西洋和印度洋暖水域。体长约20 cm。

注：笔者未获得太平洋茎角鮟鱇彩图，为不使本科缺失，引用其近似种乔氏茎鮟鱇*C. jordani*的彩图以供参考。二者区别在于后者的拟饵体无丝状皮瓣；下颌齿偏少，为21枚。

（135）黑角鮟鱇科 Melanocetidae

本科物种雌体短而高，近圆球形。口大，口裂斜或垂直。两颌有许多尖长齿。吻触手末端棒状增粗明显，切面呈卵圆形，其上有发光器，故又称灯鮟鱇。皮肤光滑。小个体所有鳍均为无色，大个体色深。本科全球仅有1属5种，我国有2种。

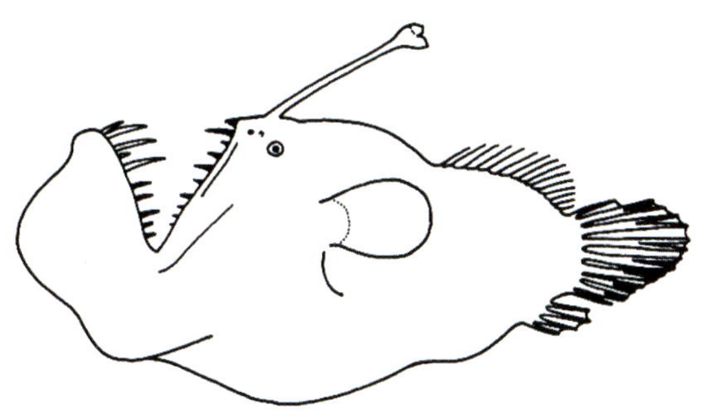

黑角鮟鱇科物种形态简图

830 约氏黑角鮟鱇 *Melanocetus johnsoni* Günther，1864[55]

背鳍Ⅰ，13～17；臀鳍4；胸鳍17～23。

本种雌体近圆球形。口裂大，垂直张开。下颌长占体长的1/2以上。吻触手长度占体长的1/3～1/2；稍侧扁；顶部有黑色疣状发光体突起，其后方有一小皮瓣。雄性体细长，两颌无齿，仅有2～3个齿状突起。嗅器官很发达。体、各鳍和口腔均为黑色。为大洋深海鱼类。仔鱼栖息于大洋上层；幼鱼、成鱼则进入大洋中深层。栖息水深达2 000 m。分布于我国南海，以及日本东南部海域，太平洋、大西洋和印度洋暖水域。雌鱼体长约18 cm，雄鱼体长仅约4 cm[49]。

831 短柄黑角鮟鱇 *Melanocetus murrayi* Günther，1887[37]
=穆氏黑犀鱼

背鳍Ⅰ，12～14；臀鳍4；胸鳍15～18。

本种体近圆球形，头短。拟饵体短，末端锥形；顶部有黑色疣状突起，无皮瓣。眼小。口大，口裂接近垂直状。下颌较短，其长度小于体长的1/2。下颌齿密集，46～120枚，不对称排列。体黑褐色，口腔、腹腔黑色。全体布满细微小棘。为暖水性深海鱼类。栖息水深1 000～5 000 m。分布于我国台湾海域，以及日本冲绳海域，太平洋、大西洋和印度洋温暖水域。体长约8 cm。

（136）角鮟鱇科 Ceratiidae

本科物种雌鱼体稍延长，侧扁。口裂近垂直。两颌有中等大小的齿。第1背鳍位于两眼之间。吻触手球形或梨形，单叶或有1～2枚纤丝。背部有2～3个球形肉质瘤突。皮肤上有小棘。本科全球有2属4种，我国有2属2种。

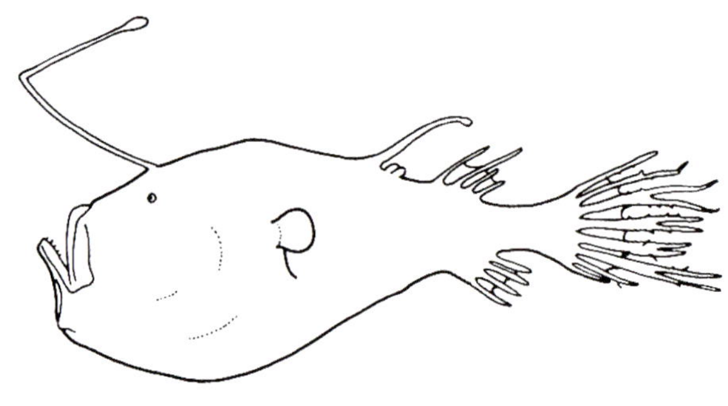

角鮟鱇科物种形态简图

832 何氏角鮟鱇 *Ceratias holboelli* Kröyer，1845[38]

背鳍Ⅰ，Ⅰ，3～5；臀鳍3～5；胸鳍16～19。

本种雌鱼体呈长囊状。头大，眼显著小。口裂近垂直。下颌比上颌短，缝合部有骨质突起。颌齿1～3行，皆可倒伏；犁骨、腭骨无齿。吻触手长，末端有1～2枚丝状皮瓣。皮肤密布小棘。背鳍后位，其前方有2个大小相同的肉质瘤突。臀鳍位于背鳍稍后下方，长度比背鳍稍短。胸鳍小，位于鳃孔的正上方。无腹鳍。体黑色，口腔内淡褐色，鳃弓白色。雌鱼体大，可达1.45 m。雄鱼体小，体长15 cm左右；自由生活阶段，体球形，眼较大；寄生阶段，体侧扁，眼、齿、消化道皆退化。为大洋深海鱼类。栖息水深达700 m。分布于我国东海，以及日本九州海域、帕劳海域、太平洋和大西洋热带水域。

833 密棘角鮟鱇 *Cryptopsaras couesii* Gill，1883[38]

＝驼背角鮟鱇

背鳍Ⅰ，4～5；臀鳍4；胸鳍14～18。

本种体较高，侧扁，呈椭圆形（侧面观）。背鳍鳍棘较短，吻触手末端有一丝状物。下颌缝合处有一突起。背鳍前方有3个肉质瘤突，以中间一个最大。雄鱼寄生于雌鱼头部或腹部，其口部完全和雌鱼组织结合。自由生活阶段的雄鱼最大仅1.4 cm，眼很大，嗅觉器官退化。寄生阶段的雄鱼，体长1.2 ~ 8.7 cm，无背鳍、臀鳍及尾鳍。体、鳍、口腔、鳃腔全部为黑色。为大洋深海鱼类。栖息水深450 ~ 710 m。分布于我国东海，以及日本骏河湾海域、九州海域，帕劳海域。雌鱼体长约44 cm。

（137）双角鮟鱇科 Diceratiidae

本科物种体近球形。头大，眼小。口大，斜裂，有多行小齿。背部无肉质瘤突。第1背鳍鳍棘长，吻触手球状或有丝状分支。具第2吻触手，小棒状，有发光器，紧接第1背鳍鳍棘后方。腹鳍极小。皮肤有刺。全球有2属4种，我国有2属3种。

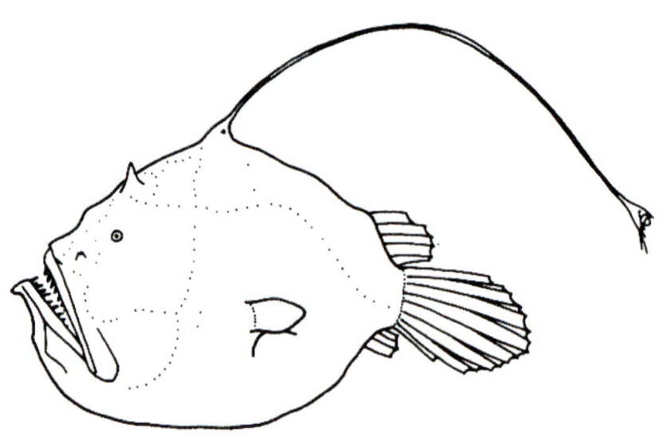

双角鮟鱇科物种形态简图

834 细瓣双角鮟鱇 *Diceratias bispinosus*（Günther，1887）[37]

背鳍Ⅰ，Ⅰ，6；臀鳍4；胸鳍13。

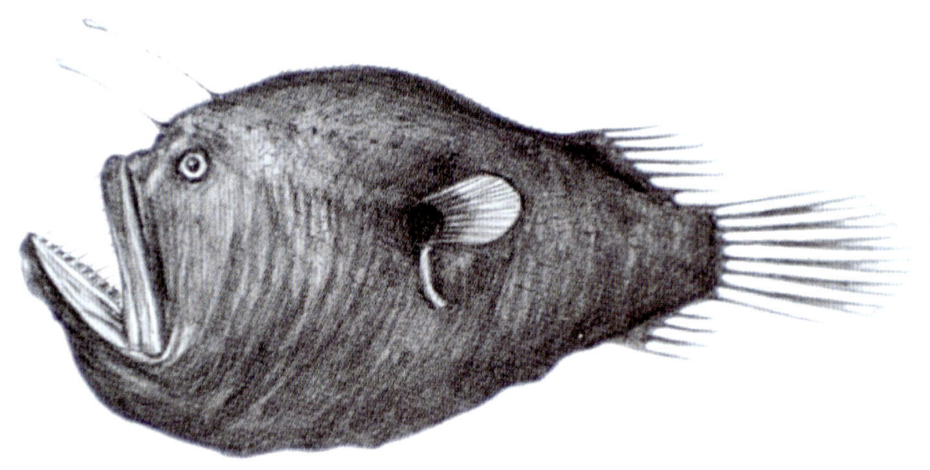

本种体侧面观呈椭圆形，侧扁。吻触手2枚，约等长。两吻触手末端通常有发光器，幼鱼时明显；成鱼发光器则缩短，甚至隐于皮下，仅剩一开孔。变态后雌鱼的拟饵体也相对较小，末端乳突低矮，拟饵体的前、后皮瓣发达，通常长有细丝。口大，口裂超过眼后缘下方。齿尖，上颌齿40枚，下颌齿34枚。背鳍、臀鳍后位，位置相对，同形。体黑褐色，各鳍色稍浅。为暖水性深海鱼类。分布于我国台湾海域。

注：苏锦祥（2002）和沈世杰（2012）对本种2个吻触手大小和位置的描述有很大差别。本书取沈世杰附图[4F、3T]供参考。

835 后棘双角鮟鱇 *Phrynichthys thele*（Vuwate，1979）[37]

= 长鞭蟾鮟鱇 *Bufoceratias thele*

背鳍Ⅰ，Ⅰ，6；臀鳍4；胸鳍14。

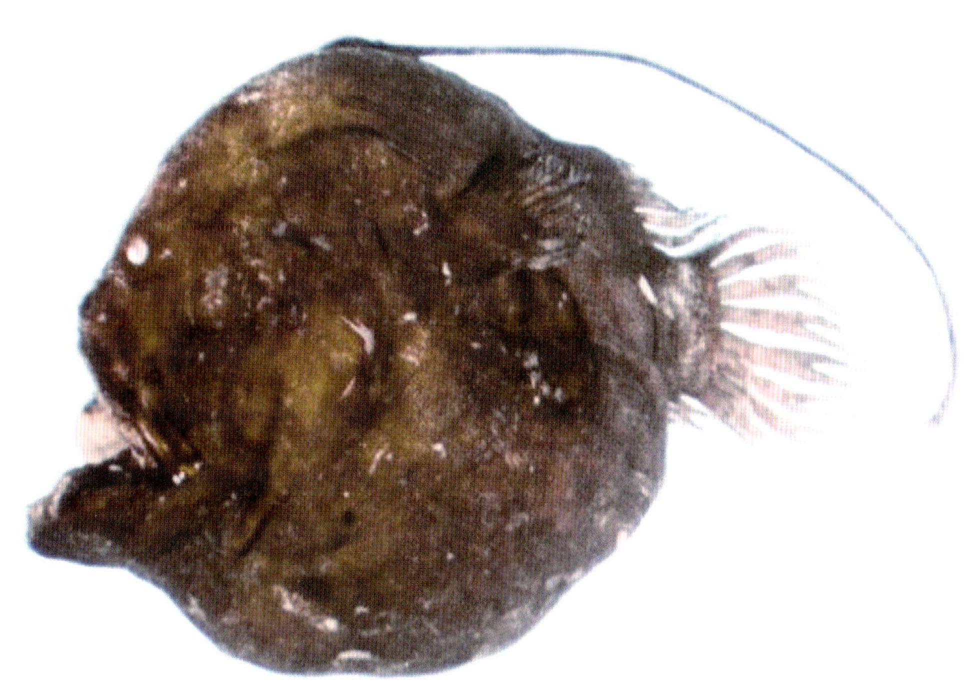

本种体高，侧扁，侧面观近圆形。头、吻短钝。眼小，近吻端。口大。颌齿尖，各2行，稀疏排列。犁骨有齿。第1背鳍具2枚吻触手。第1吻触手长大于体长，位于眼后上方，长棘端部有发光拟饵体。第2吻触手很小，其长度约等于眼径，位于第1吻触手之后，有皮膜相连。胸鳍宽短。无腹鳍。体密被细棘。头、体和胸鳍黑色，其他鳍及口、鳃腔均为褐色。鳍膜透明。为暖水性深海鱼类。栖息水深680 ~ 979 m。分布于我国东海、台湾海域，以及印度尼西亚海域、西太平洋暖水域。体长约16 cm[49]。

836 邵氏蟾鮟鱇 *Bufoceratias shaoi* Pictsch Ho et Chen，2004[37]

背鳍Ⅰ，Ⅰ，5～6；臀鳍4；胸鳍13～14。

本种体高，侧面观近圆形。头大，眼小。口裂较大，齿尖。上颌齿32～42枚，下颌齿25～30枚，犁骨齿8～11枚。吻触手短，长度小于体长，拟饵体具一延长的终端乳突；拟饵体孔位于终端乳突基部后缘；拟饵体的皮瓣发达，具多级分支，呈簇状。体棕褐色，奇鳍白色。为暖水性深海鱼类。分布于我国台湾海域。

（138）大角鮟鱇科 Gigantactinidae ＝ 长丝角鮟鱇科

本科物种雌鱼体延长，稍侧扁。头较小，上颌稍长于下颌。尾柄长，尾鳍后缘截形；最靠腹面鳍条常退化，隐于皮下。吻触手纤丝状，其长度超过体长的60%。雄鱼眼很小，嗅觉器官大。上颌仅有3～6枚小齿，下颌有4～7枚小齿。本科全球有2属20种，我国有2属6种。

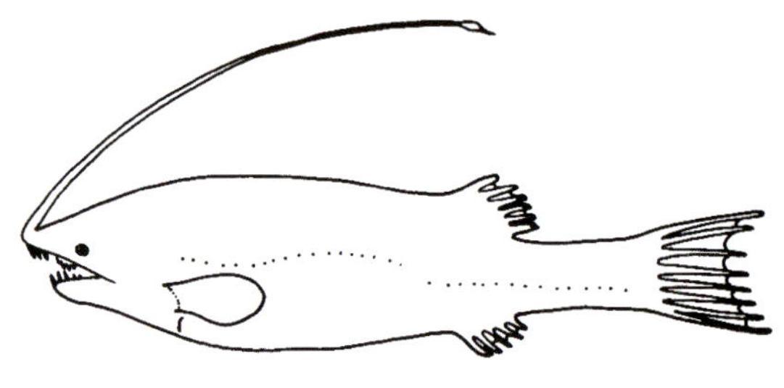

大角鮟鱇科物种形态简图

837 细丝吻长角鮟鱇 *Rhynchactis leptonema* Regan，1925[37]

背鳍3～4；臀鳍3～4；胸鳍18。

本种体蝌蚪状。头大，吻短钝。吻触手位于鼻端稍后处，其长度为体长的1.4～1.6倍，末端不具拟饵体及任何分支。最长尾鳍鳍条长度小于体长的45%。口较小，下颌不具齿。完成变态的雌鱼齿骨退化，较小个体通常上颌有齿。口腔上部有口腔腺，即口腔乳突状腺体。皮肤近裸露或有微细棘覆盖。体褐色。为暖水性深海鱼类。分布于我国台湾海域。

838 长丝吻长角鮟鱇 *Rhynchactis macrothrix* Bertelsen et Pietsch，1998[37]

＝巨丝吻大角鮟鱇

背鳍3～4；臀鳍3；胸鳍17～18。

本种体延长，吻较短钝。吻触手位于鼻端后部，其长度为体长的1.1～1.5倍。无拟饵体，但在吻触手末端有3～4条不具色素的细丝；细丝末端膨大。最长尾鳍鳍条长度小于体长37%。下颌骨无齿，完成变态的雌鱼齿骨退化。大型个体体表被微细棘。体色暗，尾部色稍浅。为暖水性深海鱼类。分布于我国台湾海域。

大角鮟鱇属 *Gigantactis* Brauer, 1902

本属物种一般特征同科。下颌齿发达，排成若干行。背鳍有5～9枚鳍条。臀鳍有4～7枚鳍条。吻触手位于吻端，拟饵体上通常具球状发光体。种类较多，全球有19种，我国有4种。

839 长尾大角鮟鱇 *Gigantactis gargantua* Bertelsen, Pietsch et Lavenberg, 1981 [55]

=深口大角鮟鱇

背鳍Ⅰ，5～6；臀鳍6～7；胸鳍14～20；尾鳍8。脊椎骨23。

本种体延长，侧扁，表面覆以微小棘。尾柄低，细长。吻突出。吻触手甚长，末端无指状皮质突起，有4～5对丝状突起。眼显著小。口几乎水平位。上颌齿细长，向内侧弯曲，每34枚排成1行。下颌齿79枚，中部齿排成4行，前部外行齿大。背鳍、臀鳍长度、形态相同。尾鳍长，第2、第7鳍条呈丝状延长。体一致呈黑褐色。为暖水性深海鱼类。栖息水深500～1 535 m。分布于我国南海，以及日本东部海域、美国夏威夷海域、印度-太平洋暖水域。体长约34 cm。

840 伏氏大角鮟鱇 *Gigantactis vanhoeffeni* Brauer, 1902 [55]

背鳍Ⅰ，5～7；臀鳍5～7；胸鳍17～19。脊椎骨19。

本种体呈长椭圆形（侧面观），侧扁，覆以绒毛状细棘。吻突出。第1背鳍仅1枚鳍棘，特化成吻触手，位于吻端，短于体长。吻触手端部具尖长的带有发光器的拟饵体，发光器的下缘具1对指状皮质突起。头、体和各鳍均为黑褐色，仅发光器白色。体侧有两列平行的黑色斑点。为暖水性深海鱼类。栖息水深300 ~ 5 300 m。分布于我国东海，以及日本以南海域等。体长约35 cm。

841 克氏大角鮟鱇 *Gigantactis kreffti* Bertelsen，Pietsch et Lavenberg，1981 [48]

背鳍Ⅰ，7；臀鳍6；胸鳍16 ~ 18。

本种体延长，侧扁。头较小，锥状。尾部纤细。皮肤密布小棘。吻触手长为体长的69% ~ 111%。尾鳍短，其长度小于体长的35%。拟饵体卵形，基部无羽状突起，上散布微细棘，顶部具一短突起。眼小。口水平位。两颌、腭骨具齿，犁骨无齿。体和各鳍均为黑色。为暖水性深海鱼类。栖息水深550 ~ 600 m。分布于我国台湾海域，以及日本九州海域、帕劳海域、北太平洋到南大西洋温暖水域。体长约25 cm。

842 艾氏大角鮟鱇 *Gigantactis elsmani* Bertelsen，Pietsch et Lavenberg，1981 [55]

背鳍Ⅰ，4 ~ 6；臀鳍4 ~ 5；胸鳍16 ~ 18。

本种与克氏大角鮟鱇相似。体细长，侧扁，被微小棘。尾柄较高。吻突出，吻端着生长的吻触手，达体长的1.2倍。拟饵体扁平，除先端部分外，均被微小棘。拟饵体的基部和端部分别有1对和2对细长丝状突起。口几乎水平

位。颌齿锐尖，多而长。尾鳍不延伸，短于头长。头、体褐色，拟饵体丝状突出白色。为暖水性深海鱼类。栖息水深1 290 ~ 1 300 m。分布于我国台湾海域，以及日本东北海域、太平洋中部、大西洋温暖水域。体长约35 cm。

（139）鞭冠鮟鱇科 Himantolophidae = 鞭冠鱼科 Himantolophidae

本科物种雌鱼体短，球状。口大，斜裂。下颌稍突出。两颌各具3行细尖齿。第1背鳍位于眼间隔上。吻触手粗短，有许多丝状分支。体表散布许多小棘，长在躯体部基板中央。体与口腔呈褐色、灰色到黑色。本科全球仅有1属4种，我国有2种。

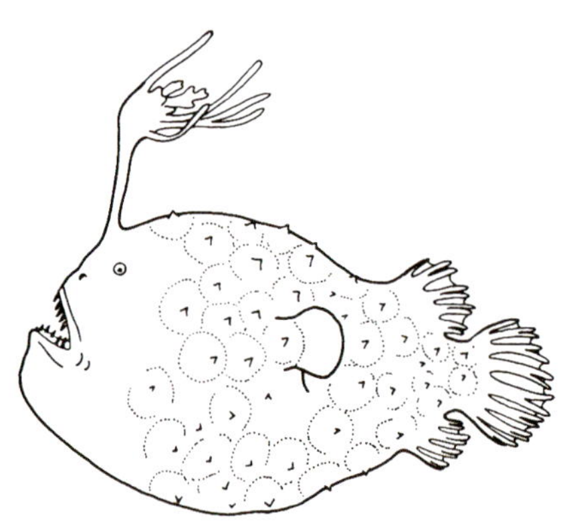

鞭冠鮟鱇科物种形态简图

843 多指鞭冠鮟鱇 *Himantolophus groenlandicus* Reinhardt，1837[38]

= 疏刺鮟鱇（多指鞭冠鱼）

背鳍Ⅰ，5 ~ 6，臀鳍4，胸鳍15 ~ 18。

本种雌鱼近球形，有30 ~ 50个骨质基板，各骨板上具1枚棘。第1背鳍鳍棘特化形成的吻触手短，约为体长的1/2。拟饵体球状，上有10条丝状分支。体长可达60 cm。雄鱼体延长。仅两颌有2 ~ 3枚小齿。嗅觉器官发达。体长约4 cm。为暖水性深海鱼类。栖息于大洋中深层水域。分布于我国台湾海域，以及日本北海道、相模湾海域，太平洋和大西洋暖水域。

844 黑鞭冠鮟鱇 *Himantolophus melanolophus* Bertelsen et Krefft, 1988[37]
=黑球角鮟鱇

本种体短，球状，略侧扁。头大，吻钝，下颌突出。吻触手粗短，两侧有数对侧皮瓣，拟饵体有1个末端乳突和1对多级分支皮瓣。体表散布骨板状鳞片，鳞片中央有1枚棘。口大，上、下颌具犬齿。体黑色，吻触手及尾鳍色浅。为暖水性深海鱼类。分布于我国台湾海域。

(140) 树须鱼科 Linophrynidae = 须角鮟鱇科

本科物种体短，近球形。头部高大，眼小。口大，斜裂。吻触手中等长。体裸露无棘。背鳍、臀鳍基底短，各具3枚鳍条。雌鱼有粗大喉须。本科全球有4属13种，我国有1属2种。

树须鱼科物种形态简图

845 印度树须鱼 *Linophryne indica*（Brauer，1902）[37]

= 印度须角鮟鱇

背鳍Ⅰ，3；臀鳍3；胸鳍14～18。

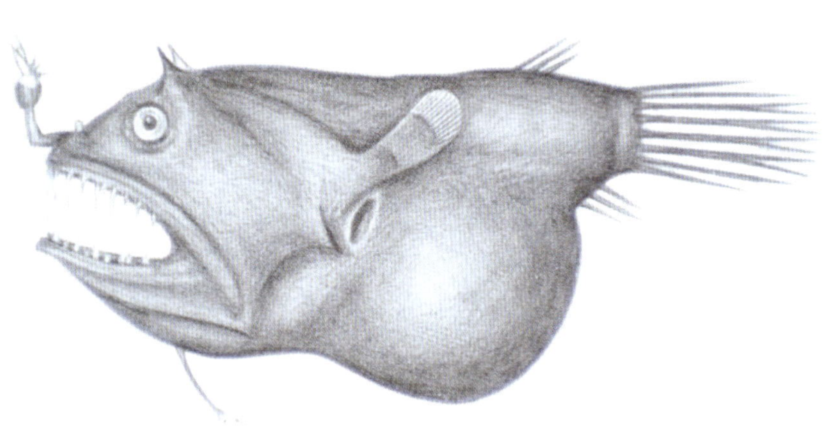

本种体短，近球形。眼小。口大，口裂远超过眼后缘下方。体表裸露无棘。蝶耳骨棘发达。上、下颌等长，颌齿尖长。喉须中等粗，呈杆状。吻触手短，拟饵体末端无分支的丝状突起。自由生活期雄鱼嗅觉器官发达。体灰黑色。鳃盖骨区密布色素。体侧和胸鳍基有数列色素延伸至尾柄基部。为暖水性深海鱼类。栖息水深可达4 000 m。分布于我国台湾海域，以及日本南部海域、印度-太平洋暖水域。体长约5 cm。

846 多须树须鱼 *Linophryne polypogon* Regan，1925

背鳍Ⅰ，3；臀鳍3；胸鳍17；尾鳍9。

本种一般特征同科。体短而高，头大。体长约为体高的1.5倍，约为头长的1.8倍。颏部具分支状须。须基部始于下颌后端下方，分14支，每支末端各具1个发光器。背鳍鳍棘位于吻背的正中间，端部为具发光器的球状拟饵体。拟饵体无皮瓣突起，代以17枚分支的丝状突起。背鳍、臀鳍短小，后位。胸鳍侧上位。体光滑无棘，黑褐色。为暖水性深海鱼类。栖息水深1 045～1 055 m。分布于我国东海，以及太平洋、大西洋东北部。体长可达10 cm。

（141）梦角鮟鱇科 Oneirodidae

本科物种雌鱼短而高，呈卵圆形（侧面观），侧扁。头大，眼小。上、下颌几乎等长。两颌短齿成行排列。第1背鳍鳍棘在眼间隔上，吻触手变异较多。残留的第2背鳍鳍棘被头部皮肤覆盖。体光滑，无鳞，或有少量短棘。体一般深褐色到黑色，口腔黑色。雄鱼很小，体长小于2.5 cm，寄生在雌鱼上或不寄生。本科种属较多，全球有15属55种，我国有5属7种。

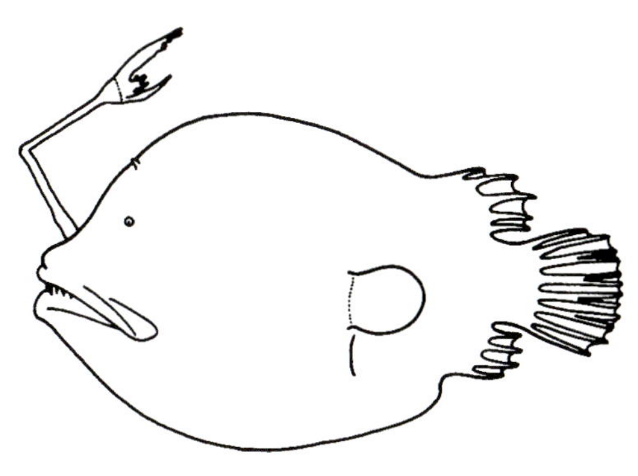

梦角鮟鱇科物种形态简图

847 黑狡鮟鱇 *Dolopichthys pullatus* Regan et Trewavas，1932[37]

背鳍Ⅰ，Ⅰ，6；臀鳍5；胸鳍16～18。

本种体延长。口裂大，水平位。颌齿多，细密而软。眼小。后鼻孔接近眼。蝶耳骨棘发达。吻触手的支鳍骨外露于鼻端。拟饵体结构简单，具后分支，其背部中央有直立状乳突。背鳍、臀鳍隐于皮下，仅末端外露。臀鳍鳍条末端分叉。体黑色。雄鱼没有寄生生活阶段，鼻区具色素。为暖水性深海鱼类。分布于我国台湾海域。

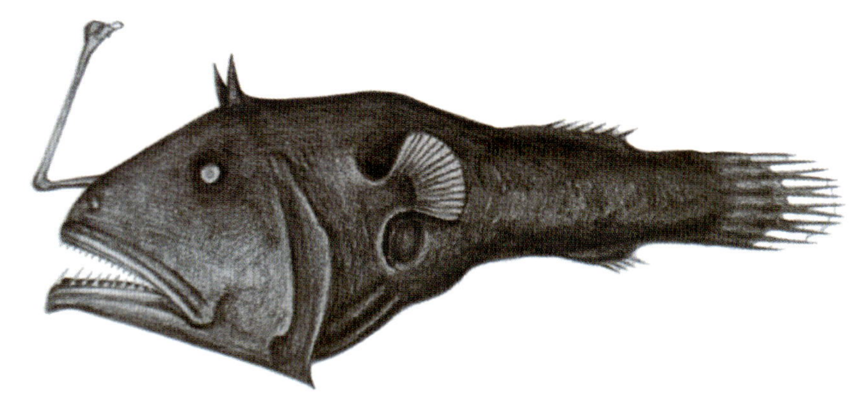

848 印度冠鮟鱇 *Lophodolos indicus* Lloyd，1909[37]

本种体延长，侧扁。头大，高耸。吻短。口大，下颌具发达的联合骨棘。两颌齿细尖而软。下颌齿较上颌多，200～280枚，且随生长而增多。犁骨无齿。吻触手结构简单，支鳍骨外露。皮肤裸露。体表具多条侧线。背鳍、臀鳍后位，靠近尾鳍基部。体黑色，奇鳍黑色，口腔、肠道白色。为暖水性深海鱼类。分布于我国台湾海域。

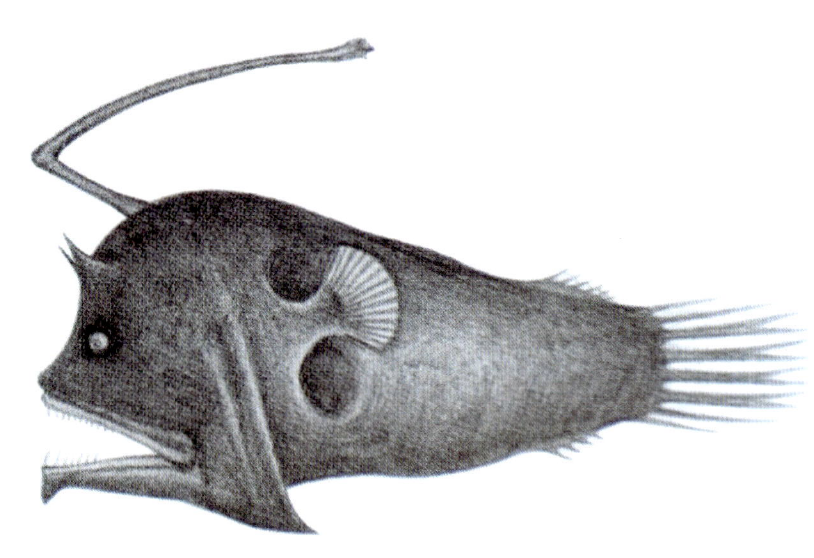

梦角鮟鱇属 *Oneirodes* Lütken，1871

本属物种短而高，侧面观呈椭圆形或近圆形，侧扁。头大，眼小。口中等大，口裂达眼后缘下方。两颌具齿，可倒伏，大小不等。犁骨具齿。体光滑，皮肤裸露。第1背鳍鳍棘位于吻后，端部有球状拟饵体。第2背鳍鳍棘小。臀鳍短，后位。我国有3种。

849 皮氏梦角鮟鱇 *Oneirodes pietschi* Ho et Shao，2004[37]

背鳍Ⅰ，Ⅰ，6；臀鳍4；胸鳍14～16。

本种一般特征同属。体呈椭圆形（侧面观），侧扁。吻触手拟饵体无前皮瓣，具1对侧皮瓣和1对中央皮瓣，并具后皮瓣。侧皮瓣细长，不分支，无色素。中央皮瓣短，长仅为侧皮瓣的1/2，各具3枚或更多分叉细丝。后皮瓣侧扁，末端膨大。拟饵体孔大。主鳃盖骨分两叉，上分叉宽，下分叉窄而直。体黑灰色。为暖水性深海鱼类。分布于我国台湾海域。

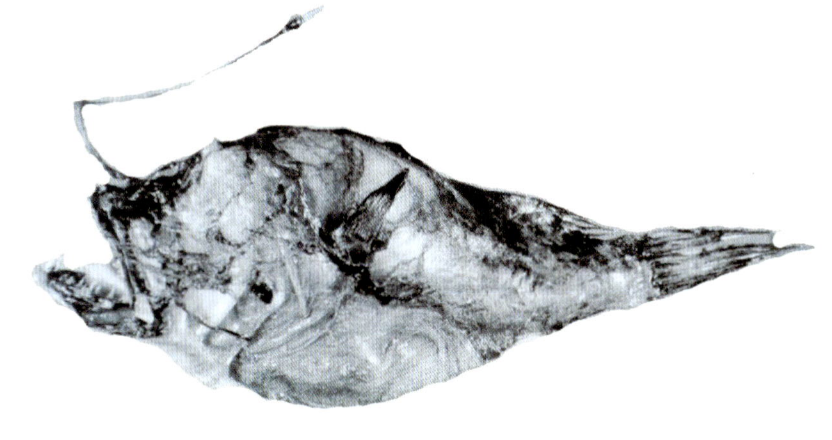

850 砂梦角鮟鱇 *Oneirodes sebax* Pietsch et Seigel，1980[37]

背鳍Ⅰ，Ⅰ，6；臀鳍4；胸鳍13～16。

本种体近圆形（侧面观），侧扁，背部稍平直。背鳍、臀鳍靠近尾鳍。吻触手短，拟饵体结构简单。前皮瓣较小而侧扁；后皮瓣短棒状，稍侧扁。拟饵体端部中间细丝有或无；如有，则为3～4枚，不分叉。拟饵体孔大。体黑色。为暖水性深海鱼类。分布于我国台湾海域。

851 扁瓣梦角鮟鱇 *Oneirodes appendixus* Ni et Xu，1988

背鳍Ⅰ，Ⅰ，6；臀鳍4；胸鳍14；尾鳍8。

本种一般特征同属。与近似种的差别在于：本种蝶耳骨棘尖而短，方骨棘几乎看不见；眼很小，被皮膜所盖；拟饵体前方突起显著短，而且仅在拟饵体后部开孔的后下方有一侧扁的皮瓣[49]。头、体、各鳍、鳃孔和口腔均黑褐色，拟饵体上部白色。为暖水性深海鱼类。栖息水深约437 m。分布于我国东海。体长约14.1 cm。

注：本种为我国新定名的种[49]，未被列入检索表。

▲ 本目我国尚有奇鮟鱇科的印度洋奇鮟鱇*Thaumatichthys pagidostomus*和深海鮟鱇科的刺鮟鱇*Centrophryne spinulosa*，分布于我国台湾海域[13]。

37 鲻形目 MUGILIFORMES

鲻形目在Berg（1955）分类系统中包括银汉鱼科、马鲅科和魣科[66]。Greenwood（1966）将银汉鱼科独立为目，把马鲅科和鲻科分别给予亚目地位纳入鲈形目[94]。以后该目鱼类分类地位又几经变更。Nelson（2006）在保留Greenwood（1966）基本框架的同时，赋予鲻科鱼类独立目的地位[3]。

本目物种体梭形。口小。无齿或齿呈绒毛状。第3～4上咽骨愈合，配合多而细的长鳃耙，呈鳃笼状。背鳍2个，第1背鳍仅具鳍棘，与第2背鳍相距甚远。腹鳍位于胸鳍后下方，胸鳍上侧位或中侧位。头部具侧线，体侧无侧线或侧线不明显。腰带以韧带与肩带连接。幽门胃特化似鸟类砂囊。全球仅有1科17属72种，我国有7属18种。

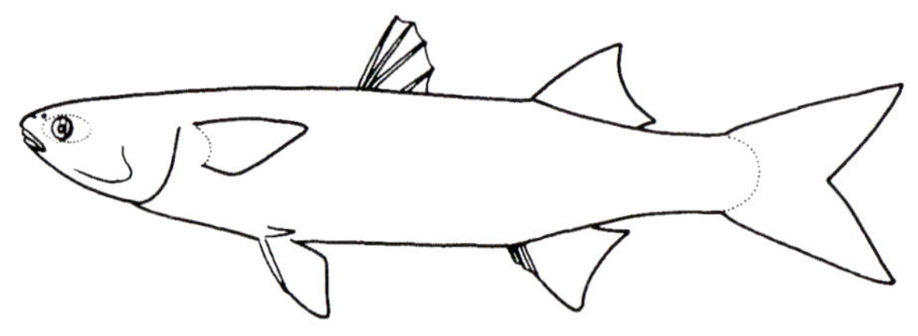

鲻形目物种形态简图

鲻形目鲻科的属、种检索表

1a 上唇不厚，唇缘较光滑……（3）
1b 上唇厚，唇缘具乳突或呈穗状……（2）
2a 上唇唇缘分褶，具有穗状饰；上颌后端外露……角瘤唇鲻 *Oedalechilus labiosus* 866
2b 上唇下部具较宽的乳突带，下唇缘亦有细乳突；上颌骨后端不外露
……粒唇鲻 *Crenimugil crenilabis* 867
3-1a 上颌骨完全被眶前骨掩盖，后端不外露或仅稍露；胸鳍腋鳞发达……（10）
3b 上颌骨后端显著露出；胸鳍短于吻后头长，腋鳞不发达或不存在……（4）
4a 纵列鳞不多于27枚，尾鳍后缘浅凹或近平截……黄鲻 *Ellochelon vaigiensis* 860
4b 纵列鳞不少于27枚，尾鳍后缘凹入或叉形……鮻属 *Liza*（5）
5a 第1背鳍前正中线上有一棱嵴……前鳞鮻 *L. affinis* 854
5b 第1背鳍前正中线上无棱嵴……（6）
6a 脂眼睑发达；纵列鳞30～32枚，横列鳞10枚……绿背鮻 *L. subviridis* 857
6b 脂眼睑不发达……（7）

7a 纵列鳞36～44枚，横列鳞12～14枚……鲛 *L. haematocheila* 855
7b 纵列鳞28～34枚……（8）
8a 纵列鳞28～29枚，横列鳞9枚；胸鳍基无色……粗鳞鲛 *L. dussumieri* 859
8b 纵列鳞30～34枚……（9）
9a 胸鳍基金色……大鳞鲛 *L. macrolepis* 856
9b 胸鳍基黑色……宝石鲛 *L. alata* 858
10–3a 脂眼睑不发达或不甚发达；头部侧线眶下管第1、第2支不达前鳃盖下颌管……凡鲻属 *Valamugil*（12）
10b 脂眼睑发达；头部侧线眶下管第1、第2支达到或超过前鳃盖下颌管……（11）
11a 胸鳍短于吻后头长；头部侧线的眶前管与眶下管不相通……鲻 *Mugil cephalus* 852
11b 胸鳍长大于或等于吻后头长；头部侧线的眶前管与眶下管相通……前鳞骨鲻 *Osteomugil ophuyseni* 853
12–10a 纵列鳞35～42枚……（15）
12b 纵列鳞31～34枚……（13）
13a 脂眼睑正常；尾鳍深叉形……佩氏凡鲻 *V. perusii* 861
13b 脂眼睑发达或特别发达；尾鳍浅叉形……（14）
14a 脂眼睑特别发达；上、下唇有唇齿……长鳍凡鲻 *V. cunnesius* 865
14b 脂眼睑发达；上、下唇无唇齿……台湾凡鲻 *V. formosae* 863
15–12a 纵列鳞39～42枚；吻圆突……圆吻凡鲻 *V. seheli* 862
15b 纵列鳞35～38枚；吻宽短……平头凡鲻 *V. buchanani* 864

（142）鲻科 Mugilidae

本科物种一般特征同目。体呈长纺锤形。两背鳍基底分离，相距甚远。第2背鳍具4枚鳍棘。臀鳍具3枚鳍棘。腹鳍 I – 5。无侧线。胃呈陀螺状。属近岸分布种，多为增养殖经济鱼种。我国有7属18种。

简图同目。

852 鲻 *Mugil cephalus* Linnaeus，1758

= *M. galapagensis* = *M. oeur*

背鳍Ⅳ，8～9；臀鳍Ⅲ – 8～9；胸鳍16～19。侧线鳞37～44。

本种体呈长纺锤形。脂眼睑发达。鳃耙细密如篦，构成鳃笼。体被圆鳞，胸鳍腋鳞尖长。背鳍前鳞14~15枚。口小，平横。上颌中央有一缺刻；下颌中央有一突起。上颌骨完全被眶前骨遮盖。眶前骨后缘有锯齿。颌齿细小，绒毛状。犁骨、腭骨均无齿。尾鳍叉形。体青灰色，体侧有6~7条纵线。为暖水沿岸性鱼类。栖息于近岸浅水或咸淡水沙泥底质海域。分布于我国渤海、黄海、东海、南海、台湾海域，以及日本北海道以南海域。体长可达80 cm。世界性主要增养殖鱼种。秋、冬季产卵，其卵十分名贵。

853 前鳞骨鲻 *Osteomugil ophuyseni*（Bleeker，1958）[141]

= 开氏鲻 *Mugil kelaertii* = 前鳞鲻

本种体呈长梭形，稍高，后部侧扁。口小，下位。眼较大，脂眼睑发达。两颌无齿。体被圆鳞或弱栉鳞。头背鳞片伸达前鼻孔前方。第1背鳍基、胸鳍基、腹鳍基均有腋鳞。无侧线。体背部灰白色，腹部银白色。背鳍、尾鳍边缘黑色。胸鳍基上方有一黑斑。为暖水性沿岸鱼类。栖息于近岸浅水、内湾沙泥底质海域。分布于我国东海、南海，以及西太平洋暖水域。体长约18 cm。为养殖对象之一。

▲ 本属我国尚有硬头骨鲻*O. stronylocephalus*（= 英氏鲻*Mugil engeli*）[13]。其与前鳞骨鲻相似，头背鳞片伸达前鼻孔前方。但本种胸鳍基上方无黑斑。

鲅属 *Liza* Jordan et Swain，1884

本属物种与鲻属物种形态特征相似，过去多把本属物种归于鲻属。本属物种体延长，前部亚圆柱状，后部侧扁。吻短。口小，近下位，几乎平横。上颌中央有一缺刻。上颌骨后端外露，急剧下弯。下颌边缘锐利，中央有一突起。颌齿小，绒毛状。脂眼睑发达或无。本属全球有8种，我国有7种。

854 **前鳞鲅** *Liza affinis*（Günther，1861）[15]
= 棱鲅 *Chelon carinatus* = 锯鲻 *Mugil affinis*

背鳍Ⅳ，8～10；臀鳍Ⅲ－8～10；胸鳍15～18。纵列鳞33～43。

本种体长梭形，脂眼睑稍发达。背中线具一隆起棱嵴，故过去本种亦被称为隆背鲻。唇薄。上唇有1行小唇齿。下唇仅有一高耸小丘，而无唇齿。上颌骨后端伸达口角后方。第1背鳍起点距吻端较距尾鳍基为近。背鳍前鳞22～25枚。胸鳍腋鳞长。尾鳍后缘深凹。体褐色，腹部色浅。胸鳍淡灰色到暗灰色，其他鳍带橄榄绿色。为暖水性浅海内湾鱼类。常栖息于近岸咸淡水交界处。分布于我国黄海、东海、南海、台湾海域，以及日本北海道以南海域、琉球群岛海域、西太平洋暖水域。体长可达63 cm。为咸淡水习见养殖鱼类。

855 **鲅** *Liza haematocheila*（Temminck et Schlegel，1845）
= 龟鲅 *Chelon soiuyzu* = *mugil soiuy* = *Liza soiuy* = 赤眼鲅

背鳍Ⅳ，8～10；臀鳍Ⅲ－8～10；胸鳍16～19。纵列鳞36～44；横列鳞12～14。

本种一般特征同属。体长梭形，头部纵扁。脂眼睑不发达，仅覆盖眼边缘。上颌后端稍超越口角部后端，呈槌状下弯，闭口时能露出。舌颌骨膨大。背中线无棱嵴。第1背鳍起点距吻端较距尾鳍基稍近。体黄褐色，腹部色浅。胸鳍基上端无黑斑。眼虹膜红色，故本种又被称为赤眼鲅。

为暖温性近岸内湾鱼类。栖息于近岸内湾咸淡水河口区，可进入淡水。分布于我国渤海、黄海、东海，以及俄罗斯海域，日本北海道海域、九州海域，朝鲜半岛海域，西北太平洋暖温水域。体长约63 cm。为增养殖经济鱼类。

856 大鳞鲮 *Liza macrolepis*（Smith，1846）[15]

= 大鳞龟鲮 *Chelon macrolepis*

背鳍Ⅳ，8～9；臀鳍Ⅲ－8～10；胸鳍15～18。纵列鳞30～34。

本种体长梭形。舌颌骨不膨大。口闭时上颌后缘不外露。唇薄。下唇有一高耸的小丘，而无唇齿。上唇有1行小钉状唇齿。犁骨有齿，腭骨无齿。鳞片大，纵列鳞30～34枚。体背部灰绿色，体侧银灰色。胸鳍基部有金色横带，腹鳍白色，尾鳍暗蓝色，眼虹膜有金色环。为暖水性沿岸鱼类。栖息于沿岸浅水沙泥底质海区，可达河口、内湾，也可进入淡水。分布于我国东海、南海、台湾海域，以及日本千叶以南海域、印度－太平洋暖水域。体长约30 cm。为习见养殖鱼种。

857 绿背鲮 *Liza subviridis*（Valenciennes，1836）[14]

= 绿背龟鲮 = 白鲮 *Chelon subviridis*

背鳍Ⅳ，8～10；臀鳍Ⅲ－8～9；胸鳍14～17。纵列鳞30～32。

本种体形与鲮相似。脂眼睑发达而厚。唇薄，下唇有一高耸小丘和1行绒毛状唇齿，上唇有多行细唇齿。眶前骨窄，前缘有缺刻。鳞大。体背暗绿色，体侧银白色。尾缘黑色。胸鳍基银白色，有少量黑色素。虹膜有金色环。为暖水性近岸内湾鱼类。栖息于沿岸浅水内湾、咸淡水水域，可进入淡水。分布于我国南海、台湾海域，以及琉球群岛海域、印度–太平洋暖水域。体长约22 cm。

858 宝石鲮 *Liza alata*（Steindachner，1892）[14]

= 宝石龟鲮 *Chelon diadema* = 竹筒鲮 *Mugil diadema*

背鳍Ⅳ，Ⅰ–8；臀鳍Ⅲ–9；胸鳍16。纵列鳞32～33。

本种体呈长纺锤形，前方横断面圆形。脂眼睑不发达。唇薄；上唇有3～5行单尖型唇齿；下唇无齿，但有高耸小丘。舌骨、翼骨有绒毛状齿，犁骨、腭骨无齿。眶前骨宽，前缘有少量缺刻。成鱼被栉鳞。胸鳍腋鳞细小。体背暗绿色，体侧银白色，腹部白色。尾鳍暗蓝色，镶有黑边。背鳍灰色。腹鳍白色。胸鳍基黑色。鳞片周围有黑边，形似宝石。为暖水性沿岸鱼类。栖息于近岸内湾水域。分布于我国东海、台湾海域，以及印度–西太平洋暖水域。体长约20 cm。

859 粗鳞鲮 *Liza dussumieri*（Cuvier et Valenciennes，1836）[14]

= 杜氏龟鲮 *Chelon dussumieri*

背鳍Ⅳ，Ⅰ–8；臀鳍Ⅲ–9；胸鳍15。纵列鳞28～29；横列鳞9。

本种与宝石鲅相似。体呈长纺锤形。脂眼睑不发达。下唇无齿，有高耸的小丘。上唇仅有1行唇齿。眶前骨宽广，具强大锯齿。鳞片大，栉齿显著。胸鳍无腋鳞。体灰绿色。胸鳍黄色，其基底色浅。为暖水性沿岸鱼类。栖息于沿岸浅水沙泥底质海区。分布于我国东海、南海、台湾海域，以及印度-太平洋和东大西洋暖水域。体长约18 cm。

▲ 本属我国尚有尖头鲅*L. tade*（= 太特鲻*M. tade*）。其一般形态特征与粗鳞鲅相似，无背棱嵴，脂眼睑较发达。但该种两眼间平直，纵列鳞32～35枚，背鳍前鳞18～20枚[13]。

860 黄鲻 *Ellochelon vaigiensis*（Quoy et Gaimard，1825）[15]

= 惠琪平鲻 = 截尾鲅 *Liza vaigiensis*

背鳍Ⅳ，7～9；臀鳍Ⅲ－8；胸鳍13～18。纵列鳞25～27。

本种体较粗壮，前部稍宽，后部侧扁。吻短，眼大，眼径大于吻长。脂眼睑不发达。成鱼无颌齿。上、下唇光滑，无突起。眶下侧线感觉管不发达。体被大栉鳞。胸鳍无腋鳞。尾鳍后缘浅凹或近平截。体背褐色，体侧、体腹银灰色。背鳍、胸鳍有蓝黑色缘，臀鳍、腹鳍、尾鳍黄色。为暖水性近岸鱼类。栖息于近岸内湾，亦可进入河口。分布于我国南海、台湾海域，以及日本南部海域、澳大利亚海域、印度-太平洋暖水域。体长可达40 cm。

凡鲻属 *Valamugil* Smith，1948

= 莫鲻属 *Moolgarda*

本属物种体延长，前部宽阔，后部侧扁。头短，吻短。眼圆，前侧位。眼径等于吻长。脂眼睑发达或不甚发达。口小，平横。齿细弱。上颌中央有一缺刻。上颌骨后端不外露。眶前骨下缘有细齿。胸鳍腋鳞发达，基部上端具黑色斑点。本属全球有5种，在我国几乎均有分布。

861 **佩氏凡鲻** *Valamugil perusii*（Valenciennes，1836）[37]
= 胸斑凡鲻 *Moolgarda perusii*

背鳍Ⅳ，8～10；臀鳍Ⅲ－9；胸鳍15～17。纵列鳞31～34。

本种体呈长纺锤形，稍粗壮。吻短，圆钝，吻长小于眼径。上颌骨纤细而弱，后角向下弯曲。眶前骨具锯齿，后腹角细长。脂眼睑正常。第1背鳍始于吻端至尾鳍基中间的上方，第2背鳍与臀鳍对位。胸鳍稍长，可伸达背鳍下方。体被弱栉鳞。头、体背面棕褐色，侧腹浅黄褐色。胸鳍基上方有黑色斑点。为暖水性沿岸鱼类。栖息于内湾、河口。分布于我国台湾海域，以及日本东京湾以南海域、印度－太平洋温暖水域。体长约16 cm。

862 **圆吻凡鲻** *Valamugil seheli* Forskål，1775 [38]
= 薩氏凡鲻 = 圆吻鲻 *Mugil seheli* = 圆吻莫鲻 *Moolgarda scheli*

背鳍Ⅳ，8～9；臀鳍Ⅲ－8～9；胸鳍16～19。纵列鳞39～42；横列鳞7～9。

本种一般特征同属。吻圆突，眼小，眼径小于吻长。口小。上颌骨后端达口角后方，呈锤状向下弯，但口闭时不外露。两唇无小齿。脂眼睑不发达。胸鳍长稍小于头长。第1背鳍起始于吻端到尾鳍基中间上方。尾鳍后缘深凹。体灰褐色，腹部白色。胸鳍黄色，基底有黑色斑点。为暖水性沿岸鱼类。栖息于近海内湾、河口。分布于我国南海、东海，以及日本和歌山以南海域、印度–太平洋暖水域。体长可达50 cm。

注：黄宗国等（2012）认为本种与台湾凡鲻*V. formosue*是同物种[13]。但后者纵列鳞仅为34枚，且脂眼睑发达，和前者差异明显，故笔者仍将二者分为两种记述。

863 台湾凡鲻 *Valamugil formosae*（Oshima，1922）[14]

背鳍Ⅳ，9；臀鳍Ⅲ－9；胸鳍16。纵列鳞34；横列鳞10。

本种体呈长纺锤形。脂眼睑发达。胸鳍腋鳞细长。口唇薄，但无唇齿，下唇仅有一高耸小丘。眶前骨细长。体背部暗灰色，体侧、体腹银白色。胸鳍无色，基底亦有一黑色斑点。为暖水性沿岸鱼类。栖息于近海内湾。分布于我国台湾海域，以及西北太平洋。体长约14 cm。

注：本种曾被列入*Liza*属，称为台湾鲅鲻[1, 9]。但因该鱼具有上颌骨末端不外露，胸鳍腋鳞发达，胸鳍基上方有黑斑等特征，而被归入凡鲻属。

864 平头凡鲻 *Valamugil buchanani*（Bleeker，1953）[38]

＝布氏莫鲻＝少鳞莫鲻＝平吻莫鲻 *Moolgarda pedaraki*

背鳍Ⅳ，9；臀鳍Ⅲ－9；胸鳍17～19。纵列鳞35～38。

本种与圆吻凡鲻相似。吻宽而短。眼较大，眼径大于吻长。第2背鳍和臀鳍呈镰状，胸鳍长大于头长。尾鳍后缘凹入较浅。体灰褐色，腹侧色较浅。胸鳍黄褐色，其基部上端有黑色斑点。尾鳍褐色。为暖水性近岸鱼类。栖息于内湾、咸淡水水域。分布于我国南海，以及琉球群岛海域、东印度洋、西太平洋暖水域。体长约50 cm。

865 长鳍凡鲻 *Valamugil cunnesius*（Valenciennes，1836）[38]

= 长鳍莫鲻 *Moolgarda cunnesius*

背鳍Ⅳ，9；臀鳍Ⅲ－9；胸鳍16～17。纵列鳞31～34；横列鳞11。

本种体呈长纺锤形。脂眼睑特别发达。唇薄。下唇有一高耸小丘，且具有细长、呈纤毛状的唇齿；齿和齿之间有间隔。上唇则具有分散排布的短唇齿。舌骨、犁骨有齿，腭骨无齿。眶前骨宽大，前缘有缺刻。胸鳍腋鳞很长。第1背鳍起始于吻端至尾鳍基中部的上方。体背部黄褐色至灰褐色，体侧银白色。胸鳍黄色，其基部上端有一黑色斑点。为暖水性浅水鱼类。栖息于近岸内湾水域。分布于我国台湾海域，以及日本南部海域、印度－西太平洋暖水域。体长约35 cm。

866 角瘤唇鲻 *Oedalechilus labjosus*（Valenciennes，1836）[38]

= 褶唇鲻 *Plicomugil labjosus*

背鳍Ⅳ，8～9；臀鳍Ⅲ－9；胸鳍16～18。纵列鳞32～37；横列鳞12。

本种体较粗。上唇厚，具数对乳突状褶叶，无唇齿。下唇有一低的双重小丘和单列乳突。舌骨有齿，腭骨无齿。口闭时上颌后端外露。眶前骨宽阔，前缘有深凹刻。脂眼睑不发达。胸鳍无腋鳞。尾鳍后缘浅凹。体背部灰绿色，体侧银白色，腹部白色。胸鳍基底上方有黑色斑点。为暖水性浅水鱼类。栖息于近岸内湾浅水处。分布于我国南海、台湾海域，以及日本千叶以南海域、澳大利亚海域、红海、印度–太平洋暖水域。体长约40 cm。

867 粒唇鲻 *Crenimugil crenilabis*（Forskål，1775）[38]

= 厚唇鲻

背鳍Ⅳ，8～9；臀鳍Ⅲ–8～9；胸鳍15～18。纵列鳞36～40；横列鳞12。

本种体稍延长，前部较宽，后部甚侧扁。吻短，眼径大于吻长，脂眼睑不发达。上唇厚，具乳突带。下唇较薄，有一高耸小丘及1～10列乳突。腭骨有齿，颌骨、犁骨无齿。眶前骨窄小，微弯，前缘缺刻随生长而渐平直。胸鳍腋鳞很长。体背部橄榄绿色，体侧银白色，腹部白色。胸鳍黄色，鳍基上端有一黑蓝色斑。其他鳍灰绿色。为暖水性浅水鱼类。栖息于珊瑚礁潟湖区。分布于我国南海，以及日本千叶以南海域、印度–太平洋。体长约44 cm。

38 银汉鱼目 ATHERINIFORMES

本目物种体呈亚圆柱状或延长，稍侧扁。口小，前位，可伸出；口缘仅由前颌骨组成。眼较大。腹鳍腹位或亚胸位。肛门位于臀鳍前方。背鳍通常2个，第1背鳍由柔软棘组成。第2背鳍、臀鳍、腹鳍常有1枚鳍棘。体被栉鳞或圆鳞。无侧线或侧线不发达。全球有6科48属312种（含淡水种210种），我国海水银汉鱼目仅有4科5属10～11种。

银汉鱼目物种形态简图

银汉鱼目的科、属、种分类检索表

1a 腹部无肉质棱突……………………………………………………………………………（3）

1b 腹部肉质棱突明显；上颌齿仅着生于前颌骨前端
………………背手银汉鱼科 Notocheiridae　浪花银汉鱼属 *Iso*（2）

2a 体较低，体背弯曲较小………………………………………………浪花银汉鱼 *I. flosmaris* 875

2b 体较高，体背弯曲较大……………………………………澳大利亚浪花银汉鱼 *I. rhothophilus* 876

3-1a 腹鳍胸位，腹鳍最内侧鳍条有鳍膜与腹部相连
……………………………虹银汉鱼科 Melanotaeniidae
湖虹银汉鱼 *Melanotaenia lacustris* 868

3b 腹鳍腹位，腹鳍最内侧鳍条不与腹部相连……………………………………………………（4）

4a 肛门后位，紧靠臀鳍起点；头部具齿状小棘列；前鳃盖骨后缘无缺刻
………小银汉鱼科 Atherionidae　糙头小银汉鱼 *Atherion elymus* 869

4b 肛门离臀鳍起点甚远；头部无齿状小棘；前鳃盖骨后缘有缺刻
…………………………………………………银汉鱼科 Atherinidae（5）

5a 前颌骨升突细长；下颌骨后叉钩状突高；上颌骨仅达眼前缘下方
……………………………………………………短鳍细突银汉鱼 *Stenatherina brachyptera* 870

5b 前颌骨升突短；下颌骨后叉钩状突较低钝……………………………………………………（6）

6a 前颌骨升突短而宽，其高与宽约相等；下颌骨钩状突起甚低
……………………………………………………………蓝美银汉鱼 *Atherinomorus lacunosus* 871

6b 前颌骨升突短而窄，侧突低；下颌骨钩状突起显著…………下银汉鱼属 *Hypoatherina*（7）

7a 肛门位于腹鳍远后方；被圆鳞……………………………………后肛下银汉鱼 *H. tsurugae* 874

7b 肛门位于腹鳍末端之前或附近；被圆鳞或弱栉鳞……………………………………………（8）

8a 肛门位于腹鳍末端附近；被圆鳞，鳞少………………………吴氏下银汉鱼 *H. woodwardi* 873

8b 肛门位于腹鳍基底与末端中间处；被弱栉鳞，鳞多…………布氏下银汉鱼 *H. bleekeri* 872

（143）虹银汉鱼科 Melanotaeniidae ＝ 黑纹鱼科

本科物种体长，侧扁。背鳍2个。第1背鳍有3 ~ 7枚鳍棘，第2背鳍具6 ~ 22枚鳍条。臀鳍鳍条10 ~ 30枚。胸鳍中侧位，腹鳍最内侧鳍条有鳍膜与腹部相连。腹部无肉质棱突。大多数种类雄鱼、雌鱼的体色不相同，雄鱼通常色较鲜艳。本科全球有8属约50种。主要分布于大洋洲淡水水域，少数也见于咸淡水水域。我国仅记录有1属1种。

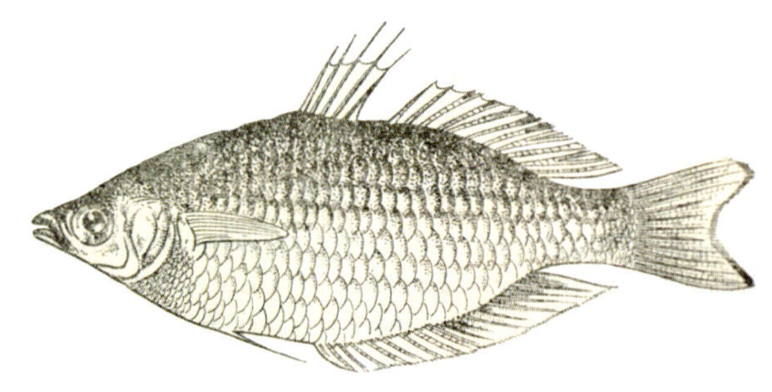

虹银汉鱼科物种形态简图

868 湖虹银汉鱼 *Melanotaenia lacustris* Munro，1964[14]

本种一般特征同科。体延长，侧扁，较高。头中等大。吻短，圆钝。眼大。口小。第1背鳍位于体背中间偏后，较靠近第2背鳍。臀鳍始于第2背鳍前下方。胸鳍中侧位，偏高。尾鳍深叉形。体被大圆鳞，侧线几乎平直。体略呈黄灰色，体侧有银色光泽。头背与尾鳍色深。为暖水性近岸鱼类。栖息于咸淡水至淡水水域。分布于我国台湾沿海、澳大利亚沿海、新西兰沿海。体长约12 cm。

（144）小银汉鱼科 Atherionidae

本科物种原被列于银汉鱼科Atherinidae。体细长，头部有齿状小棘列。前颌骨较宽且无明显的侧上突起；前上突起宽短，其宽约等于长。前鳃盖骨后缘无缺刻。鳃耙少而短。犁骨有齿。肛门后位，紧靠臀鳍起点。背鳍2个，第1背鳍起点位于腹鳍末端后上方。我国仅有1种。

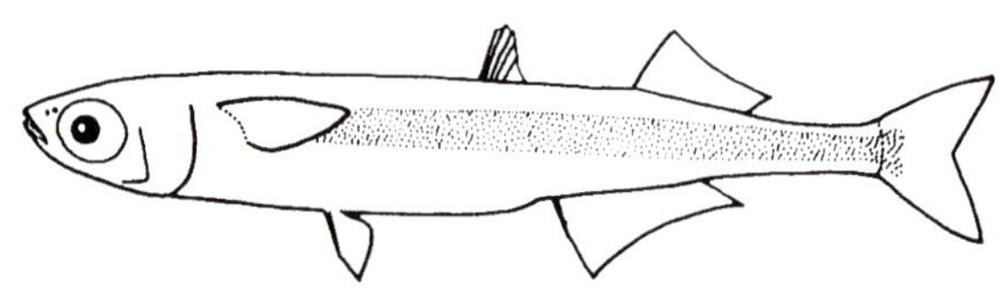

小银汉鱼科物种形态简图

869 糙头小银汉鱼 *Atherion elymus* Jordan et Starks，1901[44]
=麦氏银汉鱼

背鳍Ⅲ～Ⅴ，Ⅰ－8～11；臀鳍Ⅰ－15～16。纵列鳞35～44。

本种体细长，断面亚圆形。头部具齿状小棘列。腹部无隆起缘。口小。上颌骨不达眼下，后部向口内突出。前鳃盖骨后缘无缺刻。背鳍2个，第1背鳍起始于腹鳍末端后上方。臀鳍起点位于两背鳍起点中间的下方。肛门紧靠臀鳍起点。体背黄褐色，体侧有1列银色宽带，腹侧白色。各鳍色淡。为暖水性沿岸小型鱼类。栖息于沿岸内湾水域。6～9月在岩礁区集群产卵。分布于我国东海、南海，以及日本南部海域、西太平洋暖水域[45]。体长约7 cm。口感差，可做钓饵。

（145）银汉鱼科 Atherinidae

本科物种体延长，亚圆柱状或稍侧扁。头中等大。眼较大，侧位，无脂眼睑。口可伸出，上颌口缘仅由前颌骨构成。主鳃盖骨后缘平滑，前鳃盖骨后缘有缺刻。鳞较大，无侧线。纵列鳞31～50枚。背鳍2个，分离。第2背鳍小于臀鳍。腹鳍通常腹位。胸鳍中等大。具鳔。体侧具银色宽纵带。本科全球有29属约160种，多数种类分布于淡水。我国海水种类仅有3属6种。

银汉鱼科物种形态简图

870 短鳍细突银汉鱼 *Stenatherina brachyptera*（Bleeker，1851）

背鳍Ⅶ，Ⅰ－9；臀鳍Ⅰ－11；胸鳍16；腹鳍Ⅰ－5。纵列鳞44。鳃耙7＋1＋22。

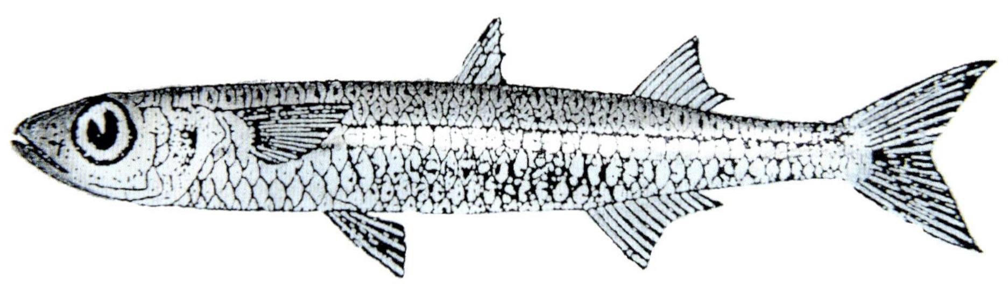

本种体呈亚圆柱状。吻长约等于眼径。上颌骨达眼前缘下方。前颌骨升突细长，伸达眼间隔。下颌骨后叉高，上端有一钩状突。两颌、犁骨、腭骨均有细齿，排列成窄带。第1背鳍起点距尾鳍基较距吻端稍近。胸鳍上位，伸达腹鳍基。尾鳍深叉形。体被大圆鳞。体半透明。体侧上缘稍黑，具银带纵纹。背中线黑色，头背、下唇黑色。为暖水性浅海小型鱼类。分布于我国南海，以及印度尼西亚海域、澳大利亚热带海域。体长约8 cm。

美银汉鱼属 *Atherinomorus*（Whitely，1943）

本属物种一般特征同科。体细长。口小，前位。两颌、犁骨、腭骨均具绒毛状齿带。下颌骨后部具一明显的钩状突起。肛门位于腹鳍末端或稍靠前，通常在第1背鳍起点前下方。本属我国有2～3种。

871 蓝美银汉鱼 *Atherinomorus lacunosus*（Forster，1801）[38]

＝南洋近银汉鱼＝福氏美银汉鱼 *A. forskali*＝海岛美银汉鱼 *A. insularum*

背鳍Ⅳ～Ⅵ，Ⅰ－8～11；臀鳍Ⅰ－12～16。纵列鳞39～44。

本种体延长，较粗，略呈圆柱状，从臀鳍起点向尾柄急剧变细。头部无齿状小棘列。上颌骨较长，末端超过瞳孔前缘下方。两颌齿细，绒毛状。前鳃盖骨后缘有缺刻。体侧被圆鳞。肛门位于腹鳍末端或稍靠前。体背侧浅灰褐色，侧腹白色。体侧银色纵带稍窄，仅为鳞宽的1/2。各鳍色浅。为暖水性浅海小型鱼类。栖息于内湾浅水区，可入河口。分布于我国南海、台湾海域，以及日本南部海域、印度–西太平洋暖水域。体长可达14 cm。

注：本种异名较多，见沈世杰（1994）、刘瑞玉（2008）[9, 12]。海岛美银汉鱼实际上也和本种为同种，但黄宗国（2012）则将二者分立为2种[13]。

▲ 本属我国尚记录有壮体美银汉鱼*A. pinguis*[13]。

下银汉鱼属 *Hypoatherina* Schultz，1948

本属物种体延长，略侧扁。上颌骨末端不达眼前缘下方；其上突起窄，长度为眼径的1/3～1/2。侧突起宽而短。我国有3种。

872 布氏下银汉鱼 *Hypoatherina bleekeri*（Günther，1861）[15]

= 凡氏下银汉鱼 *H. valenciennei* = 白氏银汉鱼 *Allanetta bleekeri*

背鳍Ⅴ～Ⅵ，Ⅰ–9；臀鳍Ⅰ–12～14。纵列鳞44～45。

本种一般特征同属。体细长，侧扁。头短而尖，眼稍小，头长为眼径的3倍左右。眼间隔宽，微凹。口小而斜。上、下颌约等长，或上颌稍长。鳞大，边缘有波状弱锯齿。体银白色，背部及头顶具小黑点。吻端黑色。体侧具一宽的银灰色纵带，占2～3行鳞片的宽度。各鳍色浅。为暖温性近海小型鱼类。常集群活动。栖息于近岸内湾中上层水域。分布于我国黄海、渤海、东海、南海，以及日本海域、朝鲜半岛海域、印度–西太平洋温、热带水域。体长可达15 cm。

873 吴氏下银汉鱼 *Hypoatherina woodwardi*（Jordan et Starks，1901）[38]

= 吴氏银汉鱼 *Allanetta woodwardi*

背鳍Ⅴ～Ⅵ，Ⅰ–8～10；臀鳍Ⅰ–10～12。纵列鳞30～41。

本种体细长，从臀鳍起点向尾端逐渐变细。头无齿状小棘列。眼径大，几乎占头长的一半。眼间隔平突。吻短，下颌略长。体被圆鳞，纵列鳞30～41枚。肛门位于腹鳍末端附近。体背侧银灰色，腹侧灰白色。中部有一银色纵带，各鳍色浅。为暖水性浅海小型鱼类。栖息于浅海内湾河口部。分布于我国南海，以及琉球群岛海域、西北太平洋暖水域。体长约10 cm。

874 后肛下银汉鱼 *Hypoatherina tsurugae*（Jordan et Starks，1901）[38]
=敦贺下银汉鱼=后肛小银汉鱼 *Allanetta tsurugae*

背鳍Ⅵ～Ⅷ，Ⅰ－8～11；臀鳍Ⅰ－10～13。纵列鳞43～47。

本种体细长。头小，吻尖，上颌略突出。眼较小。肛门位于腹鳍远后方，处于第1背鳍起点下方。体背侧色较深，略带暗灰色；腹侧浅灰色。体侧纵带前部色深。尾鳍黑色。为暖水性沿岸小型鱼类。栖息于沿海浅水区。分布于我国台湾海域，以及日本除冲绳外的南部海域、朝鲜半岛海域、西北太平洋温、热带水域。体长可达15 cm[45]。

（146）背手银汉鱼科 Notocheiridae
=浪花鱼科 Isonidae =前齿银汉鱼科

本科物种体显著侧扁；体最高处位于颈背，并向尾柄逐渐变低。胸部下缘成刀片状。上颌齿仅着生于前颌骨前端。体被细小圆鳞。无侧线。第1背鳍小。臀鳍长，软条多达21～28枚。体银白色，体侧有一宽纵带。本科全球仅有2属5种，我国有1属2种。

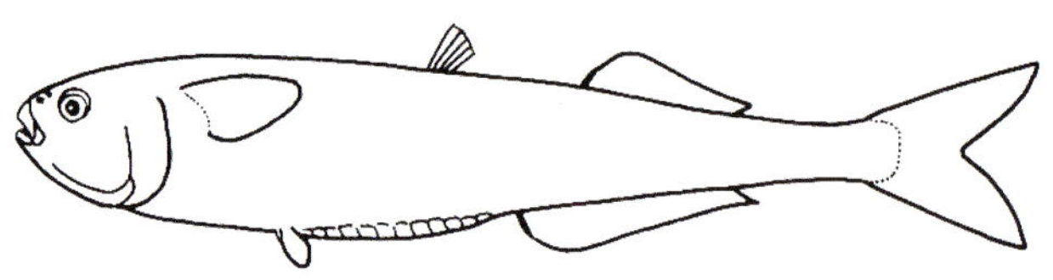

背手银汉鱼科物种形态简图

浪花银汉鱼属 *Iso* Jordan et Starks，1901

本属物种一般特征同科。体延长，强侧扁。体最高处位于颈背。头短钝。口小，斜位。头、体前部无鳞。胸部下缘薄如刀片。第2背鳍与臀鳍几乎对位，但背鳍略小。尾鳍叉形。

875 浪花银汉鱼 *Iso flosmaris* Jordan et Starks，1901 [14]

= 似银汉鱼

背鳍Ⅳ ~ Ⅵ，Ⅰ－13 ~ 17；臀鳍Ⅰ－21 ~ 27。纵列鳞60。

本种一般特征同属。体显著侧扁，体最高处位于胸鳍基部附近，体高为头长的1.1 ~ 1.2倍。上颌不能伸出。体侧被小圆鳞，胸部及腹部无鳞。胸鳍位高，其后缘圆弧形。体淡黄色，近半透明。体侧具宽幅银色纵带。各鳍色浅。为暖水性岸礁小型鱼类。栖息于沿海波浪破碎带水域。分布于我国台湾海域，以及日本南部海域、西北太平洋暖水域。体长约5 cm。

876 澳大利亚浪花银汉鱼 *Iso rhothophilus*（Ogilby，1895）[14]

= 刀浪花鱼

背鳍Ⅳ，Ⅰ－14 ~ 16；臀鳍Ⅰ－23 ~ 37。纵列鳞49。

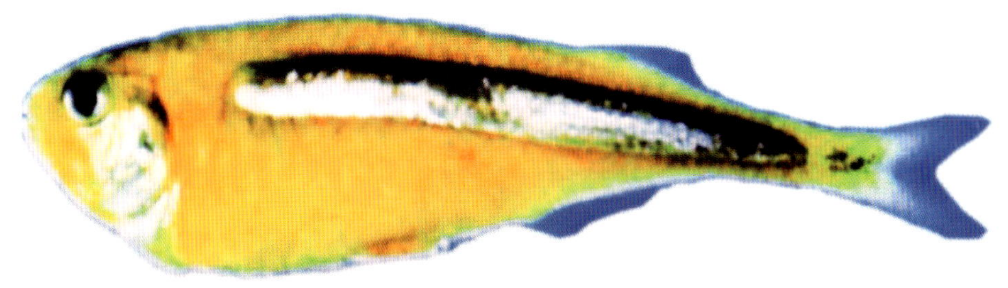

本种与浪花银汉鱼相似。体更高，体高为头长的1.4 ~ 1.5倍。体背弯曲较大，形似弯刀。体黄色。胸鳍基至尾鳍基有一宽幅银色纵带。为暖水性波浪花溅区小型鱼类。分布于我国南海、台湾海域，以及日本南部海域、澳大利亚海域、印度－太平洋暖水域。体长约4.6 cm。

39 颌针鱼目 BELONIFORMES

本目物种体延长，近圆柱形或侧扁，被圆鳞。侧线位低，接近腹部。各鳍无鳍棘。腹鳍腹位，胸鳍高位。背鳍后位，全部或部分与臀鳍对位。上颌口缘仅由前颌骨构成。下咽骨完全愈合为1块三角形骨板。无眶蝶骨和中乌喙骨。骨内含胆绿素，骨骼呈绿色。全球有5科36属227种，其中含淡水种98种。我国海洋种类有4科18属62种。许多种类属经济鱼种[56]。

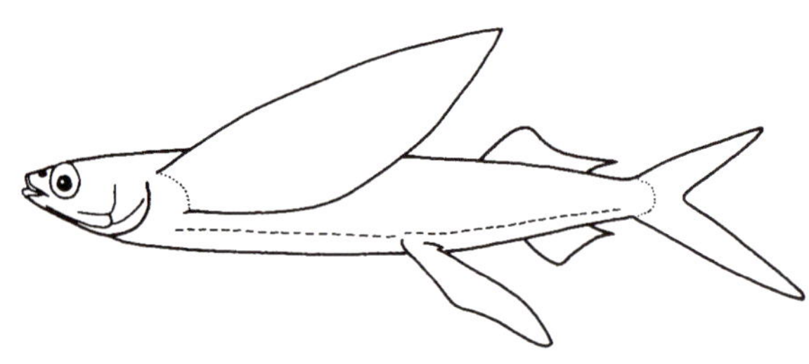

颌针鱼目物种形态简图

颌针鱼目的科、属、种检索表

1a 鳞中等大；上、下颌不延长或仅下颌延长……（10）

1b 鳞小；上、下颌延长呈喙状或稍突出……（2）

2a 背鳍及臀鳍后方各有4～6个小鳍；吻不呈喙状
……竹刀鱼科 Scomberesocidae　秋刀鱼 *Cololabis saira* 877

2b 背鳍及臀鳍后方无小鳍；两颌延长，呈喙状
……颌针鱼科 Belonidae（3）

3a 第1鳃弓有鳃耙；体横截面呈五角形；尾柄平扁，尾柄宽远大于尾柄高
……宽尾颌针鱼 *Platybelone platyura* 878

3b 第1鳃弓无鳃耙；体和尾柄呈圆柱形或侧扁……（4）

4a 尾鳍深叉形、叉形或双凹形，下叶长；上颌骨后缘被眶前骨覆盖；头顶中央沟不发达
……（8）

4b 尾鳍后缘截形或略凹；上颌骨后缘突出于眶前骨前；头顶中央沟较发达
……柱颌针鱼属 *Strongylura*（5）

5a 背鳍鳍条12～15枚，臀鳍鳍条15～18枚；臀鳍、背鳍基底有鳞；尾鳍有一黑斑
……斑尾柱颌针鱼 *S. strongylura* 882

5b 背鳍鳍条17～21枚，臀鳍鳍条21～27枚；臀鳍、背鳍基底无鳞；尾鳍无黑斑……（6）

6a 体近圆柱形，侧线在胸鳍基无分支；鳞较大……无斑柱颌针鱼 *S. leiura* 881

6b 体较侧扁，侧线在胸鳍基有分支……（7）

7a 主鳃盖无鳞片，头部鳞小……………………………………………尖嘴柱颌针鱼 *S. anastomella* 879

7b 主鳃盖有鳞片，头部鳞大…………………………………………………琉球柱颌针鱼 *S. incisa* 880

8-4a 体侧扁，呈带状；体侧有蓝色横带8～13条；臀鳍鳍条25～27枚，多于背鳍鳍条；尾柄无隆起嵴………………………………………………………横带扁颌针鱼 *Ablennes hians* 885

8b 体近圆柱状或略侧扁；体侧无横带；臀鳍鳍条19～24枚，少于背鳍鳍条；尾柄有隆起嵴……………………………………………………………………………叉尾颌针鱼属 *Tylosurus*（9）

9a 背鳍鳍条24～27枚，臀鳍鳍条22～24枚；上颌基部向上弯，下颌末端有斧状突出物；尾鳍深叉形…………………………………………………………叉尾圆颌针鱼 *T. melanotus* 884

9b 背鳍鳍条19～24枚，臀鳍鳍条19～22枚；上颌平直，下颌末端无斧状突出物；尾鳍双凹形或叉形…………………………………………………鳄形叉尾圆颌针鱼 *T. crocodilus* 883

10-1a 胸鳍特别发达……………………………飞鱼科 Exocoetidae（25）

10b 胸鳍不发达…………………………………鱵科 Hemiramphidae（11）

11a 上颌前缘呈直线状，不明显突出，胸鳍长度为体长的30%～35%……………………………………………………………………………飞鱵属 *Oxyporhamphus*（24）

11b 上颌前缘向前突出，明显呈三角形或梯形；胸鳍长度不超过体长的28%……………（12）

12a 鼻瓣长而尖，突出于鼻孔；尾鳍后缘圆弧形或截形，中央鳍条最长……………………………………………………………………………异鳞鱵属 *Zenarchopterus*（23）

12b 鼻瓣圆形、扇形或穗状，突出鼻孔不多；尾鳍后缘凹形、叉形，下叶通常较上叶长……………………………………………………………………………………………（13）

13a 体呈带状；犁骨、舌上有齿；背鳍鳍条20～25枚；胸鳍长度为体长的25%～28%…………………………………………………………………长吻鱵 *Euleptorhamphus viridis* 888

13b 体不呈带状；犁骨、舌上无齿；背鳍鳍条13～18枚；胸鳍长度小于体长的20%……………………………………………………………………………………………（14）

14a 上颌无鳞；无眼前脊；鳔为多室……………………………………………鱵属 *Hemiramphus*（22）

14b 上颌被鳞；眼前脊发达；鳔为单室……………………………………………………………（15）

15a 鼻瓣呈穗状；侧线在胸鳍下方具2条平行分支………乔氏吻鱵 *Rhynchorhamphus georgii* 898

15b 鼻瓣不呈穗状；侧线在胸鳍下方仅有1条向上分支……………下鱵属 *Hyporhamphus*（16）

16a 上颌三角部高大于底边长；腹鳍起点距胸鳍基较距尾鳍基近；下颌短于头长……………………………………………………………………………日本下鱵 *Hy. sajori* 892

16b 上颌三角部高小于或约等于底边长………………………………………………………（17）

17a 腹鳍起点至胸鳍基距离等于或小于其至尾鳍基距离……………………………………（19）

17b 腹鳍起点距胸鳍基较距尾鳍基远…………………………………………………………（18）

18a 上颌短，其三角部高为底边长的65%～85%；臀鳍鳍条14～17枚……………………………………………………………………………杜氏下鱵 *Hy. dussumieri* 896

18b 上颌稍长，其三角部高为底边长的85%～100%；臀鳍鳍条17～19枚……………………………………………………………………………尤氏下鱵 *Hy. yuri* 895

19–17a 腹鳍起点距胸鳍基距离等于其至尾鳍基距离；侧线鳞51～63枚……瓜氏下鱵 *Hy. quoyi* 897
19b 腹鳍起点距胸鳍基较距尾鳍基为近……………………………………………………（20）
20a 背鳍前鳞35～40枚……………………………………………简氏下鱵 *Hy. gernaerti* 894
20b 背鳍前鳞40枚以上……………………………………………………………………（21）
21a 背鳍前鳞43～46枚，下颌长略大于头长……………………间下鱵 *Hy. intermedius* 891
21b 背鳍前鳞48～63枚，下颌长约为头长的1.5倍………………台湾下鱵 *Hy. taiwanensis* 893
22–14a 体侧有暗斑3～9个……………………………………………………斑鱵 *He. far* 889
22b 体侧无暗斑；体长为胸鳍长的4.5～5.4倍……………………………路氏鱵 *He. lutkei* 890
23–12a 下颌长约是体长的50%，尾鳍后缘截形，稍圆突；上颌单一褐色
……………………………………………………………………纵带异鳞鱵 *Z. dunckeri* 886
23b 下颌长不超过体长的40%；尾鳍后缘圆钝；背鳍前中线有暗褐色带
……………………………………………………………………………异鳞鱵 *Z. buffoni* 887
24–11a 腹鳍黑色，腹鳍基至尾鳍下叶起点距离为其至胸鳍基距离的1.1～1.3倍
……………………………………………………………………黑鳍飞鱵 *O. convexus* 900
24b 腹鳍色浅，腹鳍基至尾鳍下叶起点距离为其至胸鳍基距离的90%～110%
………………………………………………………………白鳍飞鱵 *O. micropterus* 899
25–10a 胸鳍末端超过背鳍最后鳍条下方，腹鳍达到或未达臀鳍起点，下颌无骨质突起
……………………………………………………………………………………………（27）
25b 胸鳍末端不达背鳍最后鳍条下方，腹鳍几乎达臀鳍起点，下颌有骨质突起
………………………………………………………………拟飞鱼属 *Parexocoetus*（26）
26a 臀鳍鳍条10～12枚，背鳍前鳞18～20枚，背鳍达尾鳍基……………长颏拟飞鱼 *P. mento* 904
26b 臀鳍鳍条13～14枚，背鳍前鳞19～25枚，背鳍超过尾鳍基
……………………………………………………………短鳍拟飞鱼 *P. brachypterus* 903
27–25a 腹鳍长，以第3鳍条最长……………………………………………………………（29）
27b 腹鳍短，以第1鳍条最长……………………………………………飞鱼属 *Exocoetus*（28）
28a 幼鱼下颌具一须，头后半部隆起；侧线上鳞8行………………单须飞鱼 *E. monocirrhus* 902
28b 幼鱼下颌无须，头后半部不隆起；侧线上鳞6行…………………翱翔飞鱼 *E. volitans* 901
29–27a 臀鳍鳍条较背鳍鳍条少1～5枚，臀鳍起始于背鳍第3鳍条下方或后下方…………（32）
29b 臀鳍鳍条与背鳍鳍条数目相等或比背鳍鳍条多1～2枚，臀鳍起始于背鳍第2鳍条下方或前下方……………………………………………………………文燕鳐属 *Hirundichthys*（30）
30a 胸鳍前部2枚鳍条不分支，以第4鳍条最长……………………黑翼文燕鳐 *H. rondeleti* 908
30b 胸鳍前部第1鳍条不分支，以第3鳍条最长……………………………………………（31）
31a 胸鳍中央有一明显的浅色横带；腭骨无齿……………………尖头文燕鳐 *H. oxycephalus* 909
31b 胸鳍中央有三角形透明区；腭骨有齿………………………………文燕鳐鱼 *H. speculiger* 910
32–29a 胸鳍第1鳍条不分支；幼鱼有须或无须…………………………………………（35）
32b 胸鳍有2～4枚不分支鳍条或鳍条全部分支；幼鱼无须………真燕鳐属 *Prognichthys*（33）
33a 胸鳍鳍条全部分支…………………………………………………全岐燕鳐 *P. cladopterus* 907
33b 胸鳍有2～4枚不分支鳍条…………………………………………………………（34）

34a 胸鳍不分支鳍条2枚，臀鳍起点位于背鳍第3鳍条下方……………………真燕鳐 *P. agoo* 906

34b 胸鳍不分支鳍条3枚，臀鳍起点位于背鳍第4鳍条后下方………短鳍真燕鳐 *P. brevipinnis* 905

35−32a 下颌稍短于上颌，或两颌几乎等长；颌齿多为三峰齿；幼鱼无须或具1条须 ………………………………………………………………………燕鳐属 *Cypselurus*（45）

35b 上、下颌约等长或下颌稍长；颌齿多为单峰齿或有小尖突；幼鱼有2条须 ………………………………………………………………………拟燕鳐属 *Cheilopogon*（36）

36a 胸鳍膜无斑点…………………………………………………………………（39）

36b 胸鳍膜有斑点…………………………………………………………………（37）

37a 背鳍无黑斑；臀鳍鳍条10～11枚…………………………点鳍拟燕鳐 *Ch. spilopterus* 913

37b 背鳍有黑斑……………………………………………………………………（38）

38a 胸鳍末端的黑斑不比其他区黑斑大，背鳍前鳞38～42枚………苏氏拟燕鳐 *Ch. suttoni* 911

38b 胸鳍末端的黑斑较其他区黑斑大，背鳍前鳞32～36枚……印度洋拟燕鳐 *Ch. atrisignis* 912

39−36a 背鳍灰色，无黑斑；胸鳍中央有浅色宽斜带……………弓头拟燕鳐 *Ch. arcticeps* 920

39b 背鳍不呈灰色，有或无黑斑……………………………………………………（40）

40a 背鳍无黑斑……………………………………………………………………（43）

40b 背鳍有黑斑……………………………………………………………………（41）

41a 胸鳍有浅色透明斜带………………………………………………黄鳍拟燕鳐 *Ch. abei* 918

41b 胸鳍无浅色透明斜带…………………………………………………………（42）

42a 胸鳍蓝黑色，腹鳍至鳃盖后缘距离小于其至尾鳍基距离 ………………………………………………………………青翼拟燕鳐 *Ch. cyanopterus* 914

42b 胸鳍紫褐色，腹鳍至鳃盖后缘距离约等于其至尾鳍基距离 ………………………………………………………………黑点拟燕鳐 *Ch. spilonotopterus* 915

43−40a 背鳍前鳞40～47枚，侧线鳞61～68枚……………羽须拟燕鳐 *Ch. pinnatibarbatus* 916

43b 背鳍前鳞38枚以下，侧线鳞57枚以下……………………………………………（44）

44a 胸鳍无斑纹，无色透明…………………………………………白鳍拟燕鳐 *Ch. unicolor* 917

44b 胸鳍中部具黄色宽斜带……………………………………黄斑拟燕鳐 *Ch. katoptron* 919

45−35a 胸鳍具黄色和褐色斑点；背鳍、腹鳍无斑点；臀鳍鳍条7～9枚 ………………………………………………………………花鳍燕鳐 *Cy. poecilopterus* 922

45b 胸鳍无斑点；背鳍无黑斑……………………………………………………（46）

46a 胸鳍黑色，无任何斑纹和透明区；背鳍浅灰色……………………史氏燕鳐 *Cy. starksi* 923

46b 胸鳍不呈黑色且无斑点，背鳍无黑斑…………………………………………（47）

47a 胸鳍上半部色暗；背鳍前鳞24～28枚，侧线鳞42～45枚………少鳞燕鳐 *Cy. oligolepis* 927

47b 胸鳍末端透明或色暗……………………………………………………………（48）

48a 胸鳍末端有透明区；背鳍前鳞31～35枚，侧线鳞51～55枚……海氏后鳍燕鳐 *Cy. hiraii* 924

48b 胸鳍末端色暗…………………………………………………………………（49）

49a 背鳍前鳞30～35枚，侧线鳞52～57枚……………………………细牙燕鳐 *Cy. doederleini* 921

49b 背鳍前鳞25～30枚，侧线鳞48枚以下……………………………………………（50）

50a 头长几乎等于背鳍基底长；背鳍鳍条13～14枚……………细头燕鳐 *Cy. angusticeps* 925

50b 头长大于背鳍基底长；背鳍鳍条10～12枚；背鳍前鳞28～32枚，侧线鳞45～48枚
……………………………………………………………………………纳氏燕鳐 *Cy. naresii* 926

(147) 竹刀鱼科 Scomberesocidae

本科物种体延长，侧扁。口小。两颌稍突出，但不呈喙状。齿细尖。背鳍、臀鳍后位，后方各具4～6个游离小鳍。胸鳍、腹鳍较小。尾鳍叉形。本科全球有2属4种，我国仅有1属1种。

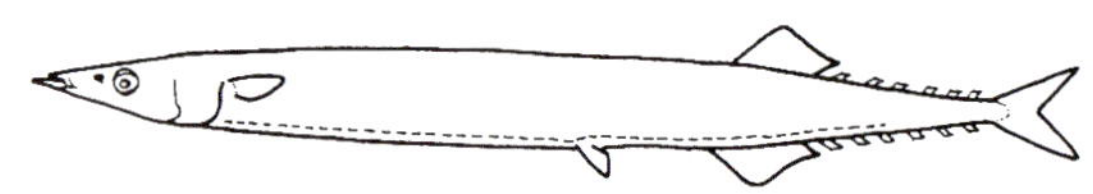

竹刀鱼科物种形态简图

877 秋刀鱼 *Cololabis saira*（Brevoort，1856）

背鳍8～11＋6～7；臀鳍10～14＋6～9；胸鳍12～15。侧线鳞128～148。鳃耙32～43。

本种体延长，侧扁。两颌较短，下颌比上颌突出。颌齿细小。背鳍起点位于臀鳍起点的后上方。背鳍、臀鳍后方有小鳍。胸鳍、腹鳍较小。尾鳍叉形。体被小圆鳞。体背部青绿色，腹侧银白色。下颌前部黄色。各鳍色较浅。为冷温性中上层鱼类。栖息于大洋表层，具季节性洄游习性。分布于我国黄海，以及日本北海道海域、朝鲜半岛海域、俄罗斯海域、美洲西海岸–北太平洋冷温水域。体长可达40 cm。是西北太平洋重要经济鱼种[89]。

(148) 颌针鱼科 Belonidae

本科物种体延长。头较长，口平直。上、下颌延长，呈喙状；具细齿，呈带状排列；并各具1行稀疏排列的犬齿。犁骨、舌上有或无齿。鳃孔宽。体被圆鳞。侧线下侧位。背鳍、臀鳍后位，后方无游离小鳍。胸鳍小，上侧位。腹鳍腹位。全球有10属32种，我国有4属8种。

颌针鱼科物种形态简图

878 宽尾颌针鱼 *Platybelone platyura* Fowler，1919[38]

= *Belone platyura*

背鳍13～15；臀鳍17～19；胸鳍10～11；腹鳍6。侧线鳞95～137。鳃耙4～5＋6～7。

本种体延长。尾柄平扁，尾柄高远小于尾柄宽，侧面尚有隆起嵴。尾鳍叉形。第1鳃弓有鳃耙。背鳍起点位于臀鳍起点后上方。体背部黑色，腹侧银白色。各鳍暗灰色，尾鳍色深。为暖水性中上层鱼类。栖息于沿海表层水域。分布于我国南海，以及琉球群岛海域、日本小笠原群岛海域，除印度洋西北部以外的印度–西太平洋热带水域。全长约50 cm。

柱颌针鱼属 *Strongylura* van Hasselt，1824

= 后鳍颌针鱼

本属物种体延长，近圆柱形或侧扁。尾柄无隆起嵴。体表有明显中沟。吻长，下颌稍长于上颌，上颌骨后缘突出于眶前骨前。颌齿多，无鳃耙。侧线沿体腹缘延伸。背鳍、臀鳍前部鳍条较长，背鳍起始于臀鳍第4～10鳍条上方。尾鳍后缘截形或略凹。本属我国有4种。

879 尖嘴柱颌针鱼 *Strongylura anastomella*（Valenciennes，1846）[18]

= 尖嘴扁颌针鱼 *Ablennes anastomella* = 太平洋颌针鱼

背鳍18～20；臀鳍21～23；胸鳍10～11。背鳍前鳞195～230。鳃耙0。

本种一般特征同属。体呈带状延长，侧扁。喙长，嘴尖。胸鳍小，位高。侧线在胸鳍基有分支。头部鳞小，背鳍前鳞多达195～230枚。主鳃盖无鳞片。尾柄无隆起嵴。尾鳍后缘截形或稍凹。体背部青绿色，腹侧银白色，无横纹。胸鳍色浅，尾鳍暗灰色。为暖温性中上层鱼类。栖息于沿海表层水域，可进入河口低盐水域。分布于我国黄海、渤海、东海、南海、台湾海域，以及日本北海道以南海域、朝鲜半岛海域、西北太平洋。全长可达1 m。

880 琉球柱颌针鱼 *Strongylura incisa*（Valenciennes，1846）[38]

背鳍18～21；臀鳍22～26；胸鳍10～12；腹鳍6。侧线鳞103～113。鳃耙0。

本种与尖嘴柱颌针鱼相似。体延长，侧扁，呈带状。两颌特别延长，呈喙状。尾柄无隆起嵴。侧线在胸鳍基有分支。体被细鳞，头部鳞较大，主鳃盖有鳞片。无鳃耙。背鳍、臀鳍后位，几乎相对，同形，前部鳍条延长。体背褐色，腹侧银白色，无斑纹。为暖水性表层鱼类。栖息于沿海表层水域。分布于我国台湾海域，以及琉球群岛以南海域、东印度−西太平洋温、热带水域。体长约70 cm。

881 无斑柱颌针鱼 *Strongylura leiura*（Bleeker，1850）[14]

= 无斑圆颌针鱼 *Tylosurus leiurus* = 无斑后鳍颌针鱼 = 台湾圆尾颌针鱼

背鳍18～21；臀鳍23～25；胸鳍10～11。背鳍前鳞130～160。鳃耙0。

本种体延长，近圆柱形。头长大于鳃盖后缘至腹鳍基底长。头背中央沟较深且宽。背鳍基底较短，起始于臀鳍第7～10鳍条上方。尾柄无隆起嵴。尾鳍后缘略凹入，下叶略长。鳞较大。体背部黑色，腹侧银白色。腹鳍、臀鳍色较浅。背鳍、尾鳍色暗，无斑点。为暖水性中上层鱼类。栖息于沿海上层水域。分布于我国南海、台湾海域。全长约68 cm。

882 **斑尾柱颌针鱼** *Strongylura strongylura*（Van Hasselt，1823）[15]

=尾斑圆颌针鱼 *Tylosurus strongylura*

背鳍12～15；臀鳍15～18；胸鳍9～10。背鳍前鳞100～115。

本种体近圆柱状，稍侧扁。尾柄横截面圆形，无隆起嵴。尾鳍后缘截形。背鳍、臀鳍鳍条数较少。背鳍、臀鳍基底被鳞，鳃盖亦被鳞。体背部青绿色，腹侧色浅，体侧中央有一纵带。各鳍淡黄色，尾鳍有一黑斑。为暖水性中上层鱼类。栖息于近海或河口附近。分布于我国南海、台湾海域，以及印度–西太平洋暖水域。体长约45 cm。

叉尾颌针鱼属 *Tylosurus* Cocco，1833

=圆颌针属

本属物种体延长，近圆柱状或略侧扁。尾柄稍侧扁，高、宽约相等。头大，背侧中央沟不发达。喙长。颌齿细小，两颌各有1行犬齿。上颌骨后缘被眶前骨遮盖。无鳃耙。鳞细小。侧线在胸鳍基有分支，沿腹缘延伸至尾柄侧并形成侧线嵴。背鳍、臀鳍后位，较长。尾鳍深叉形、叉形或双凹形，下叶长。本属有5种，我国有2种。

883 **鳄形叉尾圆颌针鱼** *Tylosurus crocodilus*（Péron et Lesueur，1821）[38]

=鳄形圆颌针鱼 =大圆颌针鱼 *T. giganteus*

背鳍19～24；臀鳍19～22；胸鳍14～15。背鳍前鳞271～340。鳃耙0。

本种一般特征同属。体近圆柱状。上颌平直，两颌间无缝隙。上颌犬齿向前弯曲，下颌末端无斧状突出物。无鳃耙。背鳍、臀鳍对位，两者前部鳍条延长，背鳍后部鳍条亦较长。尾鳍双凹形或叉形。体背部灰黑色，腹侧银白色。背鳍、尾鳍色深，胸鳍、腹鳍、臀鳍色浅。为暖水性中上层鱼类。栖息于沿海表层水域。分布于我国东海、南海、台湾海域，以及日本轻津海峡以南海域、除东太平洋外的世界温、热带水域。全长约1.3 m。

884 叉尾圆颌针鱼 *Tylosurus melanotus*（Bleeker，1850）[15]

= 黑背圆颌针鱼 *T. acus melanotus*

背鳍24～27；臀鳍22～24；胸鳍11～13。背鳍前鳞280～310。鳃耙0。

本种与鳄形叉尾颌针鱼相似。体近圆柱状，稍侧扁。上颌基部向上弯曲，两颌间有缝隙。上颌犬齿垂直排列，下颌末端有斧状突出物。侧线在尾柄侧形成隆起嵴。尾鳍深叉形，下叶较长。体背深绿色，腹侧银白色。各鳍灰褐色。为暖水性中上层鱼类。栖息于沿海表层水域。分布于我国东海、南海、台湾海域，以及日本南部海域、印度–西太平洋温热水域。体长约1 m。

885 横带扁颌针鱼 *Ablennes hians*（Valenciennes，1846）[38]

背鳍18～20；臀鳍25～27；胸鳍10～11。背鳍前鳞195～230。鳃耙0。

本种体侧扁，呈带状。尾柄侧扁，无隆起嵴。上颌骨下缘被眶前骨遮盖。吻长，两颌几乎等长。颌齿细小，两颌各有1行稀疏排列的犬齿。无鳃耙。鳞细小。侧线在胸鳍基无分支。背鳍、臀鳍较长，背鳍前部、后部鳍条均延长。尾鳍叉形。体背翠绿色，腹侧银白色。各鳍淡绿色，边缘黑色。体侧有8～13条蓝色横带。为暖水性中上层鱼类。栖息于沿海表层水域。分布于我国南海、东海、台湾海域，以及日本轻津海峡以南海域，太平洋、大西洋和印度洋温、热带水域。体长约50 cm。

（149）鱵科 Hemiramphidae

本科物种体延长，侧扁或近圆柱形。头中等大，吻较短或稍长。口小，上颌吻端形成扩大平展的三角区。下颌一般延长。两颌仅相对部分有细齿，齿端三峰或单峰。犁骨、腭骨均无齿。鳃耙发达。体被圆鳞。侧线沿近腹缘延伸。背鳍、臀鳍后位，同形，相对。胸鳍、腹鳍均较短。全球有12属85种，我国有6属18种。

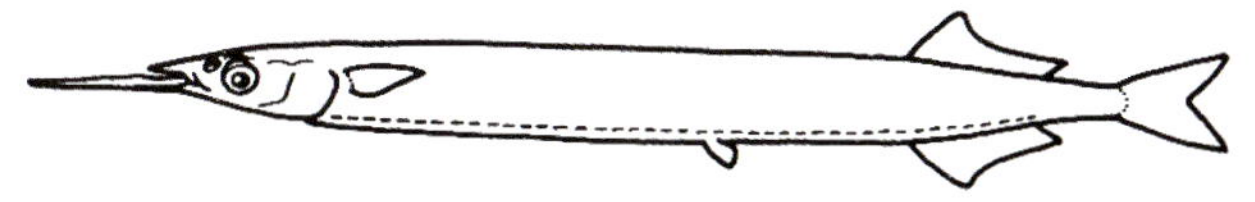

鱵科物种形态简图

异鳞鱵属 *Zenarchopterus* Gill，1863

本属物种体延长，稍侧扁。吻较短，眼中等大。鼻孔每侧1个；鼻瓣发达，尖而长。口较小，上颌骨愈合成一三角形板。下颌延长，呈喙状，两侧及腹面各具一皮质瓣膜。体被圆鳞。背前鳞排成2列，中间具1枚分界鳞，其游离缘朝向前方。背鳍、臀鳍后位。雄性背鳍鳍条延长，臀鳍部分鳍条特化，呈羽状。胸鳍高位，腹鳍后位，尾鳍后缘圆弧形或截形。全球有17种，我国有2种。

886 纵带异鳞鱵 *Zenarchopterus dunckeri* Mohr，1926 [38]

背鳍10～12；臀鳍10～13；胸鳍10。背鳍前鳞28～32。鳃耙3～6＋11～13。

本种一般特征同属。尾鳍后缘截形，稍圆突。鼻孔的肉质突起长。下颌甚长，其长度约是体长的1/2。雄鱼背鳍第4鳍条延长，臀鳍第6鳍条扩张，呈羽状。体背侧褐色，腹侧银灰色。上颌单一褐色。各鳍灰褐色。为暖水性中上层鱼类。常栖息于河口表层水域。卵胎生。分布于我国南海、台湾海域，以及日本宫古岛海域、新几内亚海域、东印度洋暖水域。体长约10 cm。

887 异鳞鱵 *Zenarchopterus buffoni*（Valenciennes，1846）[14]

背鳍11～12；臀鳍10～13；胸鳍10～11。鳃耙2＋12～16。

本种与纵带异鳞鱵相似。尾鳍钝圆。下颌较短，其长度不超过体长的40%。体背灰褐色，腹侧色浅。体侧有一窄的褐色纵带，其下方有一宽的银灰色纵带。背鳍前中线有一褐色带。喙前端黑色。为暖水性中上层鱼类。栖息于近海内湾河口区，可进入淡水水域。分布于我国南海、台湾海域，以及马来半岛海域、印度–西太平洋暖水域。最大体长12.5 cm。

888 长吻鱵 *Euleptorhamphus viridis*（van Hasselt，1823）[38]

＝绿长臂鱵＝长鱵 *E. longirostris*

背鳍20～25；臀鳍20～24；胸鳍8～9。背鳍前鳞48～72。鳃耙6～9＋18～23。

本种体延长，侧扁，呈带状。头较小，吻短。鼻孔每侧1个，鼻瓣边缘无穗状突起。口较小。两颌、犁骨和舌上有齿。下颌呈喙状，甚长，其长度约为头长的2倍。体被圆鳞，侧线位低。背鳍、臀鳍相对。胸鳍高位，其长度大于头长，为体长的25%～28%。腹鳍后位，小。尾鳍叉形，下叶长大。体背侧暗褐色，腹侧灰白色。头侧带黄色，喙部黑色。各鳍色稍浅。为暖水大洋性鱼类。栖息于大洋水域上层。分布于我国南海、台湾海域，以及日本以南海域、冲绳海域，印度–太平洋温、热带水域。体长约60 cm。

鱵属 *Hemiramphus* Cuvier，1817

本属物种体延长，侧扁。头较长，吻短。眼中等大，无眼前脊。鼻孔每侧1个，浅凹，鼻瓣扇形，无穗状分支。上颌骨愈合，呈三角形；下颌延长，呈针状。颌具细齿。体被圆鳞。侧线下位，在胸鳍基有分支。背鳍、臀鳍后位。胸鳍上侧位。尾鳍叉形，下叶长。鳔分室。全球约有10种，我国有3种。

889 斑鱵 *Hemiramphus far*（Forskål，1775）[15]

= 星鱵

背鳍13～14；臀鳍10～12；胸鳍11～13。背鳍前鳞32～39。鳃耙6～10＋19～26。

本种一般特征同属。体稍侧扁。上颌短，三角部底边长大于高。体侧有3～9个暗斑。胸鳍短小。背鳍矮，其长度仅为基底长的1/2。臀鳍起点位于背鳍第6～8鳍条下方。体背部青绿色，腹侧银白色。喙黑色，前端红色。各鳍浅灰色。为暖水性中上层鱼类。栖息于沿海表层。分布于我国南海、台湾海域，以及日本伊豆半岛以南海域、印度-西太平洋温暖水域。全长约50 cm。

890 路氏鱵 *Hemiramphus lutkei* Valenciennes，1847[38]

= 无斑鱵 = 南洋鱵[9]

背鳍13～15；臀鳍11～13；胸鳍10～12。背鳍前鳞36～41。鳃耙9～14＋24～32。

本种与斑鱵相似。体侧扁。体侧无暗斑。胸鳍较长，体长为胸鳍长的4.5～5.4倍。背鳍较高，其高度大于基底长的1/2。臀鳍起始于背鳍第4～5鳍条下方。体背色暗，体侧带浅黄色。各鳍色浅。喙黑色，前端橘红色。为暖水性中上层鱼类。栖息于沿海表层水域。分布于我国东海、台湾海域，以及日本相模湾以南海域、印度–西太平洋热带和温带水域。体长约30 cm。

注：李思忠（2011）称南洋鱵为*H. archipelagicus*，述及其背鳍前鳞较少，34～36枚；胸鳍较短，体长为胸鳍长的6.2～6.6倍[4E]。

▲ 本属我国尚有水鱵*H. marginatus*。本种下颌较短，其长度小于或等于头长[13]。

下鱵属 *Hyporhamphus* Gill，1859

本属物种与鱵属物种一般形态特征很相似。两属物种皆为体延长，侧扁；上颌短，突出或呈三角形；下颌延长，呈喙状；体被圆鳞，侧线低位；背鳍、臀鳍后位；尾鳍通常为叉形。两属物种形态特征区别在于本属物种的上颌三角板被鳞；眼中等大，眼前脊发达；鼻孔浅凹形，具一边缘光滑的圆形或扇形鼻瓣；下颌喙长；侧线在胸鳍基仅有一向上的分支；背鳍基底较长，通常起始于臀鳍前上方；鳔为单室。全球有24种，我国有9种。

891 间下鱵 *Hyporhamphus intermedius*（Cantor，1842）[38]

= 间鱵 *Hemiramphus intermedius* = 九州鱵 *Hemiramphus kurumeus* = *Hemiramphus occipitalis*

背鳍14～17；臀鳍16～19；胸鳍10～12。背鳍前鳞43～46。鳃耙7～11＋19～24。

本种一般特征同属。体细长。上颌三角部高约等于底边长。下颌长略大于头长。颌齿细微，下颌后部具三峰齿。背鳍、臀鳍几乎相对，后位，背鳍起点位于臀鳍第1～3鳍条上方。腹鳍短小，其起点距胸鳍基较距尾鳍基近。体被圆鳞。体背青绿色，腹侧银白色。各鳍色浅。为暖水性中上层鱼类。栖息于浅海内湾、河口以至江河、湖泊水域。分布于我国沿海，以及日本沿海、西北太平洋温、热带水域。体长约15 cm。

892 日本下鱵 *Hyporhamphus sajori*（Temminck et Schlegel，1846）[15]

= 细鳞下鱵 = 沙氏下鱵 = 日本鱵 *Hemiramphus sajori*

背鳍14 ~ 18；臀鳍15 ~ 18；胸鳍12 ~ 14。背鳍前鳞66 ~ 81。鳃耙7 ~ 11 + 21 ~ 26。

本种上颌呈三角形，高大于底边长。下颌短于头长。腹鳍起点距胸鳍基较距尾鳍基近。体背青绿色，腹侧银白色，体侧有一银色纵带，喙部橘黄色。胸鳍黄色，尾鳍黄绿色，其他鳍色浅。为暖温性中上层鱼类。栖息于沿海水域表层、内湾河口、海草茂密水域。春、夏产黏着性卵。分布于我国东海、黄海、渤海，以及日本北海道以南海域、朝鲜半岛海域、西北太平洋温水域。体长可达40 cm。曾是黄海、渤海重要经济鱼类，现资源已衰退[56]。

893 台湾下鱵 *Hyporhamphus taiwanensis* Collette et Su，1986 [14]

本种体延长。下颌延长如喙，其长度约为头长的1.5倍（本图下颌不完全）。上颌短小，顶部呈三角形，三角形部高略小于底边长；被鳞。上、下颌具小三峰齿。胸鳍短小。背鳍、臀鳍后位，相对。臀鳍起始于背鳍第1 ~ 3鳍条下方。背鳍前鳞48 ~ 63枚。尾鳍浅叉形，下叶略长。体背褐绿色，体侧、腹部银白色。胸鳍、尾鳍有黑缘。为暖水性表层鱼类。栖息于近岸水域上层。分布于我国台湾海域[9]。

894 简氏下鱵 *Hyporhamphus gernaerti*（Valenciennes，1847）[14]

本种体延长，体长为头长的4.5～5.1倍，体长为体高的7.8～9.7倍。下颌呈喙状，其长度约等于头长。上颌小，呈三角形，底边长大于高，被鳞，中央具一隆起嵴。颌齿细长，多为单峰齿。胸鳍较短，臀鳍起始于背鳍第1～3枚鳍条下方。背鳍前鳞35～40枚。腹鳍短小。腹鳍距胸鳍基较至尾鳍基近。尾鳍分叉浅，下叶略长。体背褐色，腹侧具银色光泽。吻端与尾鳍色深。为暖水性表层鱼类。栖息于近岸河口水域表层。分布于我国东海、台湾海域。

895 尤氏下鱵 *Hyporhamphus yuri* Collette et Parin，1978[38]

背鳍15～18；臀鳍17～19；胸鳍11～12。背鳍前鳞9～12＋26～32。

本种体延长，侧扁。腹鳍位置靠后，其距胸鳍基较距尾鳍基远。眼前沟T形，具向后分支。上颌稍长，其三角部高为底边长的85%～100%。臀鳍鳍条稍多。尾鳍分叉深，下叶长。体背侧黑绿色，腹侧银白色。喙部黑色，各鳍色深。为暖水性中上层鱼类。栖息于近海表层。分布于我国南海、台湾海域，以及日本冲绳近海、西北太平洋暖水域。体长约30 cm。

896 杜氏下鱵 *Hyporhamphus dussumieri*（Valenciennes，1846）[15]

＝方柱下鱵

背鳍14～17；臀鳍14～17；胸鳍11～13。背鳍前鳞37～42。鳃耙10～14＋25～32。

本种体延长，高与宽约相等。上颌较短，高为底边长的65%～85%。下颌比头部长。背鳍、臀鳍后位，相对。臀鳍起始于背鳍第3鳍条下。尾鳍分叉深，下叶长。体背青绿色，腹侧银白色，喙部橘红色。各鳍黄绿色。为暖水性中上层鱼类。栖息于近海表层。分布于我国东海、南海、台湾海域，以及日本冲绳以南海域、印度–西太平洋暖水域。体长可达40 cm。

897 瓜氏下鱵 *Hyporhamphus quoyi*（Valenciennes，1847）[15]

= 崑氏鱵

背鳍15～17；臀鳍14～16；胸鳍11～13。背鳍前鳞36～43。鳃耙6～14＋18～25。侧线鳞51～63。

本种上颌圆钝，三角部高为底边长的50%～60%。腹鳍起点位于胸鳍基至尾鳍基的中间。体背青绿色，腹侧银白色，喙部橘红色。各鳍灰色。为暖水性中上层鱼类。栖息于沿岸浅水、河口附近海区。分布于我国南海，以及日本长崎海域和印度洋、太平洋暖水域。体长约35 cm。

▲ 本属我国尚有缘下鱵*Hy. limbatus*、少耙下鱵*Hy. paucirastris*，二者形态特征与上述鱼种近似，仍以上颌三角部长短、背鳍前鳞数、腹鳍位置等差异相区别[35, 9]。

898 乔氏吻鱵 *Rhynchorhamphus georgii*（Valenciennes，1847）[16]

背鳍13～17；臀鳍13～16；胸鳍9～11。鳃耙52～67。

本种体甚延长，略呈扁圆柱状。头较长，吻较短。上颌三角部具鳞，高略大于或等于底边长。鼻孔每侧1个，深凹，长椭圆形；鼻瓣呈穗状。体被圆鳞。侧线下位，在胸鳍下方有2条平行分支。腹鳍后位。尾鳍深叉形。体黄绿色，头背略呈绿色，体侧有一较宽的黑色纵带。为暖水性中上层鱼类。栖息于近海表层。分布于我国南海、台湾海域，以及印度–西太平洋暖水域。体长约20 cm。

飞鱵属 *Oxyporhamphus* Gill，1863

本属物种形似飞鱼，但胸鳍不特别发达，长不达腹鳍。吻短，而上颌前缘直线状，下颌不延长成喙。尾鳍深叉形，下叶很发达。故其曾被列入针飞鱼科Oxyporhamphidae。现其被归于鱵科，主要因为其幼鱼阶段有延长的喙。但李思忠（2011）将其置于飞鱼科Exocoetidae中[4E]。全球仅有2种，在我国均有分布。

899 白鳍飞鱵 *Oxyporhamphus micropterus*（Brum，1935）[38]

= 小鳍针飞鱼 = *Hemiramphus cuspidatus*

背鳍13 ~ 15；臀鳍14 ~ 16；胸鳍11 ~ 13。背鳍前鳞28 ~ 33。鳃耙7 ~ 9 + 21 ~ 26。

本种体延长。上颌前缘平直，不明显突出。成鱼下颌也仅略突出于上颌。鳔单室。腹鳍色浅，腹鳍基至尾鳍下叶起点长为其至胸鳍基长的90% ~ 110%。幼鱼腹鳍外缘无色素。体背部蓝黑色，腹侧银白色。体侧有宽纵带。胸鳍、尾鳍色较深，臀鳍灰白色。为暖水性中上层鱼类。栖息于近海表层。分布于我国东海、南海、台湾海域，以及日本千叶海域、铫子以南海域，印度–太平洋热带水域。体长约20 cm。

900 黑鳍飞鱵 *Oxyporhamphus convexus*（Weber et Beaufort，1922）[9]

= 凸针飞鱼 *O. meristocystis* = 斑鳍针飞鱼 *Hemiramphus convexus*

背鳍12 ~ 13；臀鳍14 ~ 15；胸鳍11 ~ 13。鳃耙6 ~ 8 + 20 ~ 25。背鳍前鳍28 ~ 34。

本种与白鳍飞鱵相似。其鳔呈小泡状，多室。腹鳍略靠前，腹鳍基至尾鳍下叶起点距离为其至胸鳍基距离的1.1 ~ 1.3倍。幼鱼腹鳍外缘有明显的斑点，故其又有斑鳍针飞鱼之称。体背部色暗，腹侧银白色。腹鳍黑色，其他鳍色稍浅。为暖水性中上层鱼类。栖息于近海内湾表层。分布于我国东海、台湾海域，以及日本三重海域、岩狭湾以南海域，印度–西太平洋暖水域。体长约14 cm。

（150）飞鱼科 Exocoetidae

本科物种体延长或侧面观呈长椭圆形，稍侧扁。头中等大，吻短，眼大。鼻孔每侧1个，呈三角形，深凹陷。口小，前位。上、下颌均不延长，口缘由前颌骨构成。齿细小，有时呈三峰状。体被圆鳞，侧线下侧位。胸鳍特别发达。少数种类腹鳍也甚长大。尾鳍深叉形，下叶长于上叶。全球有7属约60种，我国有7属35种。

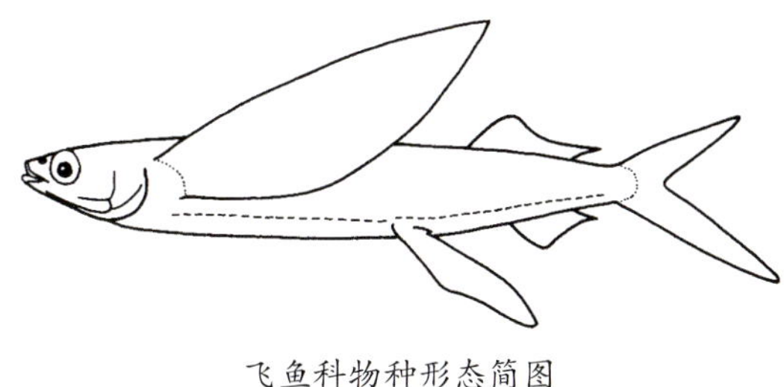

飞鱼科物种形态简图

飞鱼属 *Exocoetus* Linnaeus，1758

本属物种体延长，稍侧扁。头较小，吻短钝。口小，前位。上、下颌等长，下颌无骨质突起。犁骨无齿，腭骨有或无齿。体被圆鳞。侧线下位，侧线鳞40枚以上。背鳍、臀鳍后位，相对。胸鳍特别长，末端超过背鳍后端下方。腹鳍短小，远未达臀鳍起点。尾鳍深叉形。幼鱼下颌有或无须。卵浮性，无丝状突出物。全球有3种，我国有2种。

901 翱翔飞鱼 *Exocoetus volitans* Linnaeus，1758[16]

= 大头飞鱼

背鳍13 ~ 15；臀鳍13 ~ 14；胸鳍13 ~ 15。背鳍前鳞17 ~ 20。鳃耙6 ~ 8 + 23 ~ 27。

本种一般特征同属。体延长，稍侧扁。侧线在胸鳍基下方不分支。胸鳍长大，可达尾鳍基。幼鱼下颌无须。体背部深蓝色，腹侧银白色。背鳍灰色，胸鳍黑色，尾鳍黑褐色，腹鳍和臀鳍透明。为暖水性中上层鱼类。栖息于近海岛礁水域上层。分布于我国东海、南海、台湾海域，以及日本南部海域、朝鲜半岛海域，太平洋、大西洋和印度洋暖水域。体长约20 cm。

902 单须飞鱼 *Exocoetus monocirrhus* Richardson, 1846[9]

背鳍12～14；臀鳍12～14；胸鳍14～16。背鳍前鳞18～22。鳃耙4～6＋18～21。

本种与翱翔飞鱼相似。侧线上鳞多为8行。背鳍略靠后，其至吻端距离为腹鳍至吻端距离的1.6～1.7倍。幼鱼后头部高耸，下颌有一触须。头、体上半部色暗，下半部银色。胸鳍蓝黑色，下方2～3枚鳍条色浅，沿后缘有瞳孔径宽的浅色窄边。背鳍、臀鳍无色，尾鳍黑褐色。为暖水性中上层鱼类。栖息于外海、岛礁水域表层。分布于我国东海、南海、台湾海域，以及日本南部海域、印度－太平洋热带水域。体长约20 cm。

拟飞鱼属 *Parexocoetus* Bleeker, 1866

本属物种体形与飞鱼相似。吻更短钝，吻长小于眼径。口能向前伸出。下颌前端有一三角形骨质突起。两颌、犁骨、腭骨均具齿。背鳍高大，黑色。胸鳍较飞鱼的短，仅达背鳍基底中后部。腹鳍短，位于体腹中间。卵沉性，具丝状突出物。本属全球共有2种，在我国均有分布。

903 短鳍拟飞鱼 *Parexocoetus brachypterus*（Richardson, 1846）[38]

＝白短鳍拟飞鱼

背鳍11～13；臀鳍13～14；胸鳍12～14。背鳍前鳞19～25。鳃耙6～8＋17～19。

本种一般特征同属。侧线在胸鳍基部有分支。胸鳍较短，末端达背鳍中央。臀鳍鳍条数略多。幼鱼下颌有1对黑色短须。体背部蓝黑色，腹侧银白色。背鳍除基底部外，为黑色。胸鳍白色透明。臀鳍白色。雌鱼腹鳍亦为白色，尾鳍色暗。但雄鱼的腹面、腹鳍和尾鳍下叶紫红色。为暖水性中上层鱼类。栖息于近海表层。分布于我国南海、东海、台湾海域，以及日本南部海域、印度–太平洋热带水域。体长约15 cm。

904 长颏拟飞鱼 *Parexocoetus mento*（Cuvier et Valenciennes，1846）[14]

= 黑短鳍拟飞鱼 = *Exocoetus gryllus*

背鳍10～12；臀鳍10～12；胸鳍14～15。背鳍前鳞18～20。鳃耙24～27。

本种体较侧扁。胸鳍末端可达背鳍后部。下颌略尖长。尾鳍较长。幼鱼下颌无须。体背部灰绿色，腹侧淡黄色。胸鳍大部分色暗。臀鳍除后部2～3枚软条外，均为黑色。为暖水性中上层鱼类。栖息于近海上层。分布于我国东海、南海、台湾海域，以及日本南部海域、朝鲜半岛海域、印度–太平洋暖水域。体长约13 cm[45]。

真燕鳐属 *Prognichthys* Breder，1928

本属物种体延长，稍侧扁。吻短，眼大。口小，前位，上、下颌等长。体被圆鳞，侧线下侧位。背鳍、臀鳍后位，臀鳍起始于背鳍第3鳍条下方或后下方。胸鳍特别长大，伸达背鳍基底后下方。胸鳍有2～4枚不分支鳍条或无不分支鳍条。腹鳍长，后伸达臀鳍后部或超过臀鳍。尾鳍深叉形，下叶长。幼鱼无须。本属全球有4种，在我国均有分布。

905 短鳍真燕鳐 *Prognichthys brevipinnis*（Valenciennes，1846）[14]

= 短鳍原飞鱼 *Cypselurus brevipinnis*

背鳍10～11；臀鳍8～10；胸鳍16～18。背鳍前鳞25～29。鳃耙8＋22。

本种一般特征同属。侧线在胸鳍基不分支。胸鳍达臀鳍后部上方，其前3枚鳍条不分支。腹鳍较短，达臀鳍后部。臀鳍起始于背鳍第4鳍条后下方。幼鱼无颏须。体背黑色，腹部色浅。胸鳍深灰色，背鳍黑色。雌鱼腹鳍色深，无斑点；尾鳍深灰色。雄鱼腹鳍、尾鳍淡红色。为暖水性中上层鱼类。栖息于近海表层。分布于我国东海、台湾海域，以及琉球群岛海域、西太平洋热带水域。体长约19 cm。

906 真燕鳐 *Prognichthys agoo*（Temminck et Schlegel，1846）[15]

= 阿戈燕鳐 *Cypselurus ago* = 阿氏须唇飞鱼 *Cheilopogon agoo* = *Exocoetus agoo*

背鳍10～12；臀鳍9～11；胸鳍16～17。背鳍前鳞31～37。鳃耙5～7＋16～17。

本种体稍侧扁。其胸鳍仅有2枚不分支鳍条。背鳍前鳞较多。幼鱼下颌具扁平短须1对。背鳍较高。体背灰褐色，腹侧银白色。胸鳍灰褐色，鳍膜透明。背鳍浅灰色，无黑色区。臀鳍白色，尾鳍色较深。为暖温性中上层鱼类。栖息于近海表层。分布于我国黄海、渤海、东海，以及日本南部海域、朝鲜半岛海域、西北太平洋暖温水域。体长约35 cm。曾是黄海、渤海流刺网渔获对象[56]。

907 全岐燕鳐 *Prognichthys cladopterus* Zhang，sp. Nov

= *Cypselurus cladopterus*

背鳍13；臀鳍9；胸鳍16；腹鳍6。侧线鳞45，背鳍前鳞32。鳃耙20。

本种体呈纺锤形，稍侧扁。与真燕鳐十分相似，过去在渔获中混同为一种。二者区别主要在于本种胸鳍鳍条全部分支。体背部浅灰褐色，腹侧银白色。胸鳍色浅透明，其他鳍色浅。为暖温性中上层鱼类。栖息于近岸海区。分布于我国山东海域。体长约23.5 cm[4E]。

▲ 本属我国尚有塞氏真燕鳐*P. sealei*，以胸鳍上方有4枚不分支鳍条为鉴别特征[2]。

文燕鳐属 *Hirundichthys* Breder，1928

= 前鳍燕鳐 = 细身飞鱼

本属物种体较细长，稍侧扁。头较小，吻短钝。上、下颌等长，下颌无骨质突起。腭骨齿有或无。背鳍中等大小，无黑斑。背鳍、臀鳍后位，相对。胸鳍特别长大，末端超过背鳍最后鳍条下方，前部仅有1 ~ 2枚不分支鳍条。腹鳍长大，其长度大于头长，后伸超过臀鳍起点。腹鳍基至吻端距离大于其至尾鳍基距离。全球有11种，我国有4种。

908 黑翼文燕鳐 *Hirundichthys rondeleti*（Valenciennes，1846）[9]

= 隆氏细燕鳐 = 黑鳍真燕鱼 *Danichthys rondeleti*

背鳍10 ~ 12；臀鳍10 ~ 12；胸鳍17 ~ 20。背鳍前鳞28 ~ 32；侧线鳞50 ~ 54。鳃耙7 ~ 9 + 17 ~ 22。

本种一般特征同属。腭骨无齿。胸鳍前部有2枚不分支鳍条，以第4鳍条最长。臀鳍起始于背鳍第2鳍条前下方。背鳍鳍条较少，与臀鳍鳍条数目相等。体背灰褐色，腹侧白色。胸鳍除边缘外，均为黑色。腹鳍色浅。尾鳍上叶色浅，下叶灰褐色。为暖水性中上层鱼类。栖息于浅海表层。分布于我国东海、南海、台湾海域，以及日本南部海域，太平洋、大西洋、印度洋热带、亚热带水域。体长约25 cm。

909 尖头文燕鳐 *Hirundichthys oxycephalus*（Bleeker，1852）[9]

= 尖头细燕鳐 *Cypselurus oxycephalus* = 尖头细身飞鱼

背鳍9～12；臀鳍10～13；胸鳍15～17。背鳍前鳞31～36；侧线鳞51～56。鳃耙7～9＋21～23。

本种与黑翼文燕鳐相似，腭骨无齿。但胸鳍前部仅有1枚不分支鳍条，以第3鳍条最长。臀鳍起始于背鳍第2鳍条下方或前下方。体背部蓝黑色，腹侧银白色。胸鳍大部分色暗，中央部有一浅色横带。尾鳍略带黑色。为暖水性中上层鱼类。栖息于近海表层。分布于我国东海、台湾海域，以及日本南部黑潮区、印度–西太平洋。体长约24 cm。

910 文燕鳐鱼 *Hirundichthys speculiger*（Valenciennes，1847）[16]

=尖鳍细燕鳐=细身飞鱼 *Cypselurus speculiger*

背鳍10～12；臀鳍11～13；胸鳍16～19。背鳍前鳞30～34；侧线鳞50～55。鳃耙5～7+14～22。

本种体稍侧扁。侧线在胸鳍基不分支。胸鳍长，可达臀鳍后端，其第1鳍条不分支。腹鳍大，可达臀鳍。臀鳍起始于背鳍第2鳍条前下方。体背蓝黑色，腹侧白色。胸鳍浅灰色，中央有三角形透明区，边缘白色。背鳍、臀鳍色浅。尾鳍叉形，浅灰色。为暖水性中上层鱼类。栖息于近海上层。分布于我国南海，以及日本小笠原群岛海域，太平洋、大西洋和印度洋热带水域。体长约28 cm。

▲ 本属我国尚有白斑文燕鳐*H. albimaculatus*（=无斑前鳍燕鳐*Danichthys albimaculatus*），以胸鳍长为头长的2倍，胸鳍上有一浅色三角形斑为特征而与近缘种相区别。分布于我国南海[13]。

拟燕鳐属 *Cheilopogon* Lowe，1841

=须唇飞鱼

本属物种体延长，侧扁。吻短钝。眼大，上侧位。鼻孔大，每侧1个，三角形，深凹陷，具一圆形鼻瓣。口小，上、下颌约等长或下颌稍长。腭骨无齿或具弱齿。体被圆鳞，侧线下侧位。背鳍、臀鳍后位，臀鳍起始于背鳍第3～8鳍条下方。胸鳍特别发达。成鱼胸鳍通常第1鳍条不分支。腹鳍较长，后伸超过背鳍起点下方。尾鳍深叉形，下叶长。幼鱼颏部具宽扁分支的须。全球约有30种，我国有13种。

911 苏氏拟燕鳐 *Cheilopogon suttoni*（Whitley et Colefax，1938）[38]

= 苏氏须唇飞鱼 = 斑条燕鳐 *Cypselurus vitiazi*

背鳍12～14；臀鳍9～11；胸鳍13～14。背鳍前鳞38～42；侧线鳞56～59。鳃耙6～7+16～17。

本种一般特征同属。腭骨齿弱。幼鱼有1对颏须。背鳍高。臀鳍起始于背鳍第5～7鳍条下方。胸鳍仅第1鳍条不分支。腹鳍位于鳃盖后缘至尾鳍基的中间处。体背黄褐色，腹侧色浅。胸鳍膜淡褐色，散布黑色小斑点，无大黑斑。背鳍第3～11鳍条间有一黑斑。腹鳍色浅，无暗斑。为暖水性中上层鱼类。栖息于近海上层。分布于我国南海、台湾海域，以及琉球群岛以南海域、印度-太平洋热带水域。体长约35 cm。

912 印度洋拟燕鳐 *Cheilopogon atrisignis*（Jenkins，1903）[14]

= 印度洋须唇飞鱼 = 半斑燕鳐 *Cypselurus atrisignis* = 红斑鳍飞鱼 *Cypselurus gregoryi*

背鳍13～15；臀鳍9～11；胸鳍13～14。背鳍前鳞32～36；侧线鳞55～58。鳃耙7～8+16～19。

本种体延长，侧扁。胸鳍仅第1鳍条不分支，但鳍上有明显的黑色斑点，其末端附近有较大的黑斑。背鳍前鳞稍少。腹鳍大，其基底位于鳃盖后缘至尾鳍基的中间处前下方。体黄褐色，腹侧色浅。胸鳍红棕色，半透明。背鳍第8～11鳍条处有一黑斑。腹鳍灰色，无暗斑。幼鱼有颏须，背鳍高。为暖水性中上层鱼类。栖息于近海上层。分布于我国台湾海域，以及日本伊豆半岛海域、琉球群岛海域、印度–西太平洋热带水域。体长约35 cm。

913 点鳍拟燕鳐 *Cheilopogon spilopterus*（Valenciennes，1847）[15]

= 点鳍须唇飞鱼 = 斑鳍飞鱼 *Cypselurus spilopterus*

背鳍12～14；臀鳍10～11；胸鳍14～15。背鳍前鳞26～29；侧线鳞46～50。鳃耙5～6 + 16。

本种与印度洋拟燕鳐相似，腹鳍起始于鳃盖后缘至尾鳍基中间处前下方。体背部略呈褐色，腹侧银白色。背鳍无黑斑。胸鳍上散布黑褐色圆形斑点，其后缘有1条宽的黑褐色带和白边。腹鳍灰色，无黑斑。幼鱼有1对颏须。为暖水性中上层鱼类。栖息于近海上层。分布于我国南海、台湾海域，以及琉球群岛以南海域、东印度洋、西太平洋暖水域。体长约30 cm。

914 青翼拟燕鳐 *Cheilopogon cyanopterus*（Valenciennes，1846）[38]

= 青翼须唇飞鱼 = 横斑燕鳐 = 蓝鳍燕鳐 *Cypselurus cyanopterus*

背鳍12～15；臀鳍9～10；胸鳍12～14。背鳍前鳞35～40；侧线鳞51～57。鳃耙5～7 + 16～18。

本种体延长，侧扁。体背部蓝黑色，腹侧银白色。胸鳍蓝黑色，末端达背鳍最后端下方，仅第1鳍条不分支。背鳍较高，第4～10鳍条间有一大黑斑。腹鳍灰色，无暗斑，位于鳃盖后缘至尾鳍基中间处前下方。臀鳍起始于背鳍第5～6鳍条下方。尾鳍色暗。幼鱼有1对颏须，须长可超过体长；且背鳍高。为暖水性中上层鱼类。栖息于海域上层。分布于我国南海、台湾海域，以及日本南部海域。体长约35 cm。

915 黑点拟燕鳐 *Cheilopogon spilonotopterus*（Bleeker，1866）[38]

=点背须唇飞鱼 = 斑鳍拟燕鳐 = 紫斑鳍飞鱼 *Cypselurus spilonotopterus*

背鳍13～14；臀鳍10～11；胸鳍13～14。背鳍前鳞29～34；侧线鳞48～55。鳃耙8＋16～19。

本种体背灰褐色，腹侧白色。胸鳍紫褐色，末端可达背鳍基后下方，仅第1鳍条不分支。背鳍较高，其第4～9鳍条间有大黑斑。腹鳍色浅，无暗斑，位于鳃盖后缘至尾鳍基的中间下方处附近。臀鳍起始于背鳍第6～8鳍条下方。幼鱼背鳍高；有1对长须，但须长不超过体长的1/2。为暖水性中上层鱼类。栖息于海域上层。分布于我国南海、台湾海域，以及琉球群岛以南海域、印度-太平洋热带水域。体长可达38 cm。

916 羽须拟燕鳐 *Cheilopogon pinnatibarbatus japonicus*（Franz，1910）[38]

=羽须燕鳐 *Cypselurus pinnatibarbatus*

背鳍12～14；臀鳍10～11；胸鳍14～16。背鳍前鳞40～47；侧线鳞61～68。鳃耙6～8＋14～16。

本种体延长，侧扁。口小，斜位。颌齿圆锥状，1行，犁骨、腭骨无齿。体背灰褐色，腹侧白色。胸鳍黑色，下半部有一白色斜带；长大，可超过背鳍最后鳍条，几乎达尾鳍基；仅有1枚鳍条不分支。背鳍、臀鳍、腹鳍除基底黑色外，鳍膜上无黑斑。尾鳍上叶白色，下叶黑色。腹鳍距尾鳍基较距鳃盖后缘略近。臀鳍始于背鳍第5鳍条下方。背鳍前鳞、侧线鳞偏多。幼鱼下颌具许多波状丝，背鳍高。为暖水性中上层鱼类。栖息于海域上层。分布于我国南海，以及日本北海道以南海域、印度-太平洋暖温水域。为本科最大鱼种，全长可达50 cm。

917 **白鳍拟燕鳐** *Cheilopogon unicolor*（Valenciennes，1846）[38]
= 白鳍须唇飞鱼 = 白鳍燕鳐 = 单色燕鳐 *Cypselurus unicolor*

背鳍12 ~ 14；臀鳍10 ~ 11；胸鳍14 ~ 16。背鳍前鳞28 ~ 33；侧线鳞49 ~ 55。鳃耙4 ~ 6 + 15 ~ 18。

本种体延长，呈纺锤形。下颌微突。腭骨无齿。体背灰褐色，腹侧银白色。胸鳍长大，后伸达背鳍基底后部下方；第1鳍条不分支；无斑纹，无色透明。背鳍色暗，无黑斑。腹鳍位于鳃盖后缘至尾鳍基的中间处下方，色浅，无暗斑。臀鳍色浅，起始于背鳍第5 ~ 7鳍条下方，鳍条较背鳍鳍条少2 ~ 3枚。幼鱼有1对颏须，须长不超过体长；背鳍高。为暖水性中上层鱼类。栖息于近海上层。分布于我国南海、台湾海域，以及日本冲绳海域、伊豆半岛海域，太平洋热带水域。体长可达38 cm。

918 **黄鳍拟燕鳐** *Cheilopogon abei* Parin，1996[37]
= 阿氏须唇飞鱼 = 黄鳍飞鱼

本种体延长，呈纺锤形。口小。胸鳍甚长，末端超过臀鳍起点。臀鳍起始于背鳍第3鳍条后下方。背鳍鳍条较臀鳍鳍条多2 ~ 4枚。胸鳍上部通常有1枚，少数有2枚鳍条不分支。胸鳍鳍膜黑色，具一透明斜带。背鳍具一黑斑。尾鳍上叶色暗。为暖水性表层鱼类。分布于我国台湾海域。

919 **黄斑拟燕鳐** *Cheilopogon katoptron*（Bleeker，1866）[15]

= 黄鳍须唇飞鱼 = 黄斑燕鳐 *Cypselurus katoptron* = 高鳍燕鳐 *Cypselurus altipennis*

背鳍12～14；臀鳍9～11；胸鳍14～15。背鳍前鳞22～27；侧线鳞43～47。鳃耙6～7＋16～17。

本种体延长，稍侧扁。吻尖短，下颌突出。颌齿小圆锥状，腭骨有细弱齿。体背青黑色，腹侧银白色。胸鳍长大，末端达尾柄；第1鳍条不分支；鳍膜黑色，中央有一黄色宽斜带，边缘有白斑。背鳍色浅，无斑。腹鳍位于鳃盖后缘至尾鳍基的中间的前下方，色浅，有暗斑。臀鳍色浅，起始于背鳍第5～7鳍条下方。尾鳍叉形，色暗。幼鱼有1对颏须，背鳍高。为暖水性中上层鱼类。栖息于近海上层。分布于我国东海、南海、台湾海域，以及日本房总以南海域、印度－西太平洋热带水域。体长约18 cm。

920 **弓头拟燕鳐** *Cheilopogon arcticeps*（Günther，1866）[16]

= 弓头须唇飞鱼 = 弓头飞鱼 *Cypselurus arcticeps*

背鳍11～12；臀鳍8～9；胸鳍13～14。背鳍前鳞26～32；侧线鳞47～48。鳃耙4～5＋16～17。

本种体稍侧扁。吻端尖，下颌突出。颌齿细小，腭骨无齿。体背青蓝色，腹侧银白色，颌部微黄色。胸鳍长达背鳍中部；第1鳍条不分支；暗褐色；下缘1/3处有一微红色透明带。腹鳍距头后较距尾鳍基近，白色，中央灰色。背鳍后位，灰色。臀鳍起始于背鳍第6鳍条下方。尾鳍叉形，黑褐色。幼鱼有2条颏须，背鳍灰色，高大。为暖水性中上层鱼类，栖息于洋区表层。分布于我国南海、台湾海域，以及日本南部海域、西太平洋热带水域。体长约20 cm。

▲ 本属我国尚有扁鼻须唇飞鱼*Ch. simus*=（单峰燕鱼*Cy. simus*）[13]。

燕鳐属 *Cypselurus* Swainson，1838

本属物种与拟燕鳐属物种形态特征很相似，两属物种分类容易混淆。体延长，稍侧扁。吻短钝。眼大。鼻孔每侧1个，深凹，三角形。口小，前位。上、下颌几乎等长，或下颌稍短于上颌。颌齿多为三峰齿。腭骨齿有或无，犁骨、舌上无齿。体被大圆鳞。侧线下侧位。背鳍、臀鳍后位，背鳍鳍条比臀鳍鳍条多2～5枚，臀鳍起始于背鳍第4鳍条下方或后下方。胸鳍长大，可达背鳍基后下方或尾鳍基部。成鱼胸鳍第1鳍条不分支。腹鳍较长，后伸达臀鳍。尾鳍深叉形。幼鱼无须，或仅颏部有单一须。我国有9种。

921 细牙燕鳐 *Cypselurus doederleini*（Steindachner，1887）[38]
=多氏须唇飞鱼 *C. arcticeps*

背鳍12～14；臀鳍9～11；胸鳍15～16；腹鳍6。背鳍前鳞30～35，侧线鳞52～57。鳃耙5～7＋16～17。

本种体近纺锤形。头较窄。口小。颌齿细长，腭骨无齿。幼鱼下颌有一短须。腹鳍起点至鳃盖后缘较其至尾鳍基为近。体背和体侧暗褐色，腹侧灰白色。胸鳍末端色暗，半透明，无显著斑纹。背鳍无黑斑。体侧有数条横带，偶鳍可见斑点。为暖水性上层鱼类。分布于我国东海、台湾海域，以及日本北海道以南温暖海域。体长约35 cm。

注：细牙燕鳐名称不统一。我国先后有燕鳐*Cy. agoo*（成庆泰，1955）[5]、垂须燕鳐*Cy. naresii*（成庆泰，1987；沈世杰，1993）[35, 9]、垂须燕鳐*Cy. doderleini*（张春光，2011）[4]、北方拟燕鳐*Ch. doderleini*（孟庆闻，1995）[2]、多氏须唇飞鱼*Ch. arcticeps*（黄宗国，2012）[13]等称谓。本书仍将其列于燕鳐属。

922 花鳍燕鳐 *Cypselurus poecilopterus*（Valenciennes，1846）[15]

= 斑鳍飞鱼

背鳍11～13；臀鳍7～9；胸鳍14～16。背鳍前鳞25～28；侧线鳞45～48。鳃耙5～7＋16～17。

本种一般特征同属。体稍粗短。吻短，眼大。体背蓝色，略带紫色；体侧带黄绿色。胸鳍宽大，末端达体背后部，第1鳍条不分支，具褐色和黄色圆斑点。腹鳍色浅，时有黄褐色斑，位于鳃盖后缘至尾鳍基中间的前下方。背鳍色稍深，无斑点。臀鳍起始于背鳍第6～7鳍条下方。上、下颌均为三峰齿，腭骨有长条形齿丛。幼鱼无须。为暖水性中上层鱼类。栖息于近海上层。分布于我国东海、南海、台湾海域，以及日本房总半岛以南海域、印度–西太平洋热带水域。体长约23 cm。

923 史氏燕鳐 *Cypselurus starksi* Abe，1953

背鳍13；臀鳍9；胸鳍ⅰ，15～16；腹鳍6。背鳍前鳞27～31。鳃耙3～5＋15～16。

本种体近长梭形，略侧扁。吻短，眼大。口小，下颌稍尖，两颌具三尖扁齿。背鳍位于体后部。胸鳍长大，伸达背鳍基后下方。尾鳍深叉形，下叶长。体背部蓝褐色，腹部色浅。背鳍、腹鳍、臀鳍浅灰色。胸鳍黑色，无任何斑纹和透明区。尾

鳍浅褐色。为暖温性中上层鱼类。分布于我国黄海、东海、台湾海域，以及日本南部海域。体长约19 cm[4E]。

924 海氏后鳍燕鳐 *Cypselurus hiraii* Abe，1953[68]

= 平井燕鳐 = 黑鳍燕鳐 *C. opishopus hiraii*

背鳍11 ~ 14；臀鳍8 ~ 10；胸鳍15 ~ 17。背鳍前鳞31 ~ 35；侧线鳞51 ~ 55。鳃耙5 ~ 8 + 20 ~ 23。

本种体形较花鳍燕鳐修长。下颌不突出，腭骨无齿。胸鳍色暗，其尖端有透明区。腹鳍长，后伸达臀鳍，位于鳃盖后缘至尾鳍基的中间处后下方。背鳍、臀鳍、腹鳍色浅，无斑纹。臀鳍起始于背鳍后下方。尾鳍色浅，仅下叶色稍深。幼鱼下颌具一短须。为暖水性中上层鱼类。栖息于近海上层。分布于我国东海、台湾海域，以及日本轻津海峡以南海域、西太平洋暖水域。体长约28 cm[45]。

注：黄宗国（2012）所述黑鳍燕鳐*Cypselurus opishopus*[13]实际与平井燕鳐为同种[45]。

925 细头燕鳐 *Cypselurus angusticeps* Nichols et Breder，1935[38]

= 宽带燕鳐

背鳍13 ~ 14；臀鳍9 ~ 10；胸鳍14 ~ 15。背鳍前鳞25 ~ 28；侧线鳞44 ~ 46。鳃耙6 ~ 7 + 16 ~ 18。

本种体近梭形，稍侧扁。头与背鳍基底几乎等长。下颌不突出。腭骨有弱齿。体背黄褐色，腹侧色浅。胸鳍仅第1鳍条不分支；上半部淡红色，下半部透明，末端色暗。一些个体胸鳍末端可抵尾柄中央。腹鳍色浅，位于鳃盖后缘至尾鳍基的中间下方或略靠后下方。臀鳍起始于背鳍第5～7鳍条后下方，较背鳍少4～5枚鳍条。背鳍、臀鳍、尾鳍均色浅，无斑。幼鱼有一扁带状颏须，背鳍不高大。为暖水性中上层鱼类。栖息于海域上层。分布于我国南海、台湾海域，以及琉球群岛以南海域、太平洋热带水域。体长约25 cm。

926 纳氏燕鳐 *Cypselurus naresii*（Günther，1889）[9]

=垂须飞鱼

背鳍10～12；臀鳍7～9；胸鳍14～15。背鳍前鳞28～32；侧线鳞45～48。鳃耙7～8＋15～16。

本种与细头燕鳐相似。头比背鳍基底长。吻短钝，口小，下颌不突出，腭骨有弱齿。胸鳍长大，延伸达背鳍基底后部；上半部色暗，下半部透明，末端色暗；第1鳍条不分支。背鳍不高大，无黑斑。腹鳍色浅，无暗斑，基底位于鳃盖后缘至尾鳍基的中间下方。臀鳍起始于背鳍第5～7鳍条下方。幼鱼有一带状颏须。为暖水性中上层鱼类。栖息于海域上层。分布于我国南海、台湾海域，以及琉球群岛以南海域、印度–太平洋热带水域。体长约22 cm。

927 **少鳞燕鳐** *Cypselurus oligolepis*（Bleeker，1866）[15]

= 寡鳞飞鱼

背鳍11～13；臀鳍7～9；胸鳍14～15。背鳍前鳞24～28；侧线鳞42～45。鳃耙5～6＋16～17。

本种体近梭形。头短，吻钝。口小。颌齿三峰状，腭骨有齿。体背紫褐色，腹侧银白色。下颌至尾柄腹缘带黄绿色。胸鳍上半部色暗，下半部透明，末端止于背鳍基底后部下方，第1背鳍不分支。背鳍不高，灰色，无黑斑。腹鳍色浅，无暗斑，位于鳃盖后缘至尾鳍基的中间的前下方。臀鳍色亦浅，起始于背鳍第6～7鳍条下方，较背鳍鳍条少4～5枚鳍条。幼鱼无须。为暖水性中上层鱼类。栖息于近海。分布于我国南海、台湾海域，以及日本南部海域、印度–太平洋暖水域。体长约18 cm。

▲ 本科我国尚有尖颏飞鱼*Fodiator acutus pacificus*，以吻部尖长，大于眼径，胸鳍延长不达臀鳍后端，腹鳍小但未达臀鳍起点而与上述属、种相区别。

40 奇金眼鲷目 STEPHANOBERYCIFORMES

本目物种体通常呈长椭圆形（侧面观），头较大。腭骨无齿，通常无眶蝶骨。头骨薄，黏液腔发达。无眶下棚。上颌辅骨退化或消失。无鳍棘或鳍棘短而弱。是一支从原金眼鲷目独立出来，增加仿鲸目部分鱼类而成的目。由于该鱼类系由多种异源性海洋鱼类组成，形态特化，故也是分类系统变化较大的深海小型鱼类[4d, 3, 66]。全球有9科28属75种，我国记录有6科9属14种。

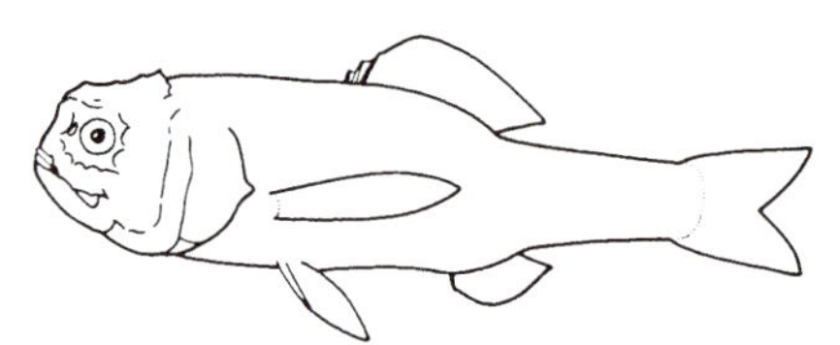

奇金眼鲷目物种形态简图

奇金眼鲷目的科、属、种分类检索表

1a 背鳍位于体背后部，与臀鳍相对；口大，侧线粗大，由内侧线管孔连成；或口中等大，嗅囊特别发达……………………………………（8）

1b 背鳍位于体背中间，与臀鳍相对或不相对；口中等大，侧线不发达；腹鳍胸位或喉位……………………孔头鲷科 Melamphaidae（2）

2a 纵列鳞不多于15枚；体上鳞易脱落，鳞片囊不明显……大鳞鳞孔鲷 *Scopelogadus mizolepis* 928

2b 纵列鳞20～40枚；体上鳞不易脱落，鳞片囊明显……………………（3）

3a 额顶骨边缘呈锯齿状，眼前方有1枚中棘……………犀孔鲷属 *Poromitra*（6）

3b 额顶骨边缘较光滑，眼前方中棘不明显……………………（4）

4a 背鳍鳍棘、鳍条共18～19枚……………多耙孔头鲷 *Melamphaes lugubris* 934

4b 背鳍鳍棘、鳍条共13～15枚……………灯孔鲷属 *Scopeloberyx*（5）

5a 胸鳍基至腹鳍起点距离小于腹鳍到背鳍距离；眼小，眼径小于眶下幅高的1/2；鳃耙20枚以上……………高尾灯孔鲷 *S. robustus* 932

5b 胸鳍基至腹鳍起点距离大于腹鳍到背鳍距离；眼较大，眼径大于眶下幅高的1/2；鳃耙17枚以下……………后鳍灯孔鲷 *S. opisthopterus* 933

6–3a 眼大，眼径大于吻长；尾柄较长，尾柄长大于尾柄高的3倍……大眼犀孔鲷 *P. megalops* 929

6b 眼较小，眼径小于吻长；尾柄较短，尾柄长小于或等于尾柄高的3倍……………（7）

7a 眼较小，眼径约等于眶下幅高的1/2；尾柄高，尾柄高为尾柄长的1/2左右……………厚头犀孔鲷 *P. crassiceps* 930

7b 眼很小，眼径小于眶下幅高的1/2；尾柄低，尾柄高为尾柄长的1/3左右……………小眼犀孔鲷 *P. oscitans* 931

8–1a 体近圆柱形，稍侧扁，口中等大；嗅囊特别发达，鼻孔呈漏斗状………大鼻鱼科 Megalomycteridae　狮鼻鱼 *Vitiaziella cubiceps* 935

8b 体略长，侧扁，口大；侧线粗大，由侧线管孔连成……………………（9）

9a 无腹鳍，无腹肋骨；体侧面观略呈长方形，躯干部体较低……仿鲸口鱼科 Cetomimidae　里根拟鲸口鱼 *Cetostoma regani* 936

9b 具腹鳍，具腹肋骨；体长椭圆形（侧面观）……………………（10）

10a 侧线由许多刺状小孔构成；体橙红色…………刺鲸鲷科 Barbourisiidae　红刺鲸鲷 *Barbourisia rufa* 938

10b 侧线由一系列竖直排列的乳突状小孔构成；体橙褐色………龙氏鱼科 Rondeletiidae　网肩龙氏鱼 *Rondeletia loricata* 937

（151）孔头鲷科 Melamphaidae

本科物种体呈长椭圆形（侧面观），侧扁，头中等大或大。口中等大，前位。体被圆鳞，仅1～2枚鳞片有侧线管孔。背鳍1个，具1～3枚弱棘。腹鳍胸位或喉位，Ⅰ－6～8。尾鳍叉形，尾鳍基上、下各有3～4枚棘状鳞。全球有5属33种，我国有4属9种。

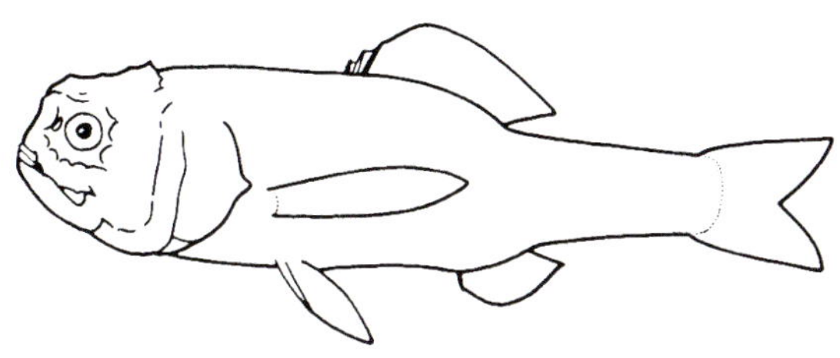

孔头鲷科物种形态简图

928 大鳞鳞孔鲷 *Scopelogadus mizolepis*（Günther，1878）[48]

背鳍Ⅱ－10～11；臀鳍Ⅰ－8～9；胸鳍14～16；腹鳍Ⅰ－7。鳃耙6～7＋15～16。纵列鳞13～15。

本种体长，侧扁，尾柄长。鳞大，易脱落。上、下颌齿各1行。前鳃盖骨边缘锯齿状。无上颌辅骨。无鼻间棘。头部冠状隆起边缘光滑。体黑褐色，口腔、舌和鳃腔黑色，各鳍色暗。为暖水性深海小型鱼类。栖息水深500～1 800 m。分布于我国南海，以及日本九州海岭、西太平洋和大西洋、印度洋暖水域。体长约7 cm。

犀孔鲷属 *Poromitra* Goode et Bean，1882

本属物种纵列鳞较多，为25～36枚，鳞片囊明显。眼间隔有1对薄骨嵴，边缘锯齿状。有一强鼻间棘伸向前上方。两颌齿均单行。胸鳍伸达肛门后上方。背鳍Ⅱ～Ⅲ，9～14。我国有3种。

929 大眼犀孔鲷 *Poromitra megalops*（Lütken，1878）[38]

= 强棘犀孔鲷

背鳍 II－10～11；臀鳍 I－8；胸鳍14～15；腹鳍 I－7。鳃耙6～7＋16～17。纵列鳞31～32。

本种一般特征同属。上颌辅骨1块。有强鼻间棘。头冠边缘有锯齿。眼大，眼径大于吻长。尾柄较长，尾柄长大于尾柄高的3倍。体灰褐色，胸部、腹部黑色。背部、尾部和各鳍色稍浅。为暖水性深海小型鱼类。栖息水深500～1 800 m。分布于我国南海，以及日本小笠原群岛海域，太平洋、大西洋和印度洋热带水域。体长约4 cm。

930 厚头犀孔鲷 *Poromitra crassiceps*（Günther，1878）[55]

背鳍 III－12～14；臀鳍 I－9～10；胸鳍13～14；腹鳍 I－7。鳃耙8～9＋18～20。纵列鳞28～31。

本种体延长，侧扁。头中等大。眼较小；眼径小于吻长，但几乎等于眶下幅高的1/2。尾柄高，稍短，尾柄长约为尾柄高的2倍。背鳍基底后端位于臀鳍基中间稍靠后上方。体黑色，骨质隆起白色，口、咽腔黑色。为深海广布种。栖息水深800～2 600 m。分布于我国东海，以及日本东北海域、小笠原群岛海域，太平洋、大西洋和印度洋热带、亚热带水域。体长可达15.5 cm。

931 小眼犀孔鲷 *Poromitra oscitans* Ebeling, 1975[38]

背鳍Ⅲ－9～10；臀鳍Ⅰ－8；胸鳍13～14；腹鳍Ⅰ－7。鳃耙6～7＋16～18。纵列鳞25～26。

本种与厚头犀孔鲷相似。头较大，体背高，尾柄低，细短。背鳍鳍条稍少，为9～10枚。眼很小，眼径小于眶下幅高的1/2。体灰褐色。头部、胸部褐色，背部、尾部和各鳍色较浅。为暖水性深海小型鱼类。栖息水深800～1 800 m。分布于我国南海，以及日本小笠原群岛海域、印度尼西亚海域、太平洋和印度洋热带水域。体长约6 cm。

灯孔鲷属 *Scopeloberyx* Zugmayer, 1911

本属物种体形与犀孔鲷属相似。头上眼间隔有1对薄骨嵴，边缘光滑。眼前方中棘不明显，无鼻间棘。两颌齿呈带状。为深海小型鱼类。本属我国有2种。

932 高尾灯孔鲷 *Scopeloberyx robustus*（Günther, 1887）[38]

背鳍Ⅱ～Ⅲ－10～12；臀鳍Ⅰ－8～9；胸鳍13～15；腹鳍Ⅰ－7～8。鳃耙5～6＋16～19。纵列鳞32～35。

本种一般特征同属。上颌齿排列成齿带。前鳃盖骨边缘光滑，头部有冠状隆起。鳃耙20枚以上。眼小，眼径小于眶下幅高的1/2。体褐色，仅尾部色稍浅。各鳍色浅。为深海广布小型鱼类。栖息水深500 ~ 3 000 m。分布于我国南海，以及日本北海道海域、九州海域等。体长约7 cm。

933 后鳍灯孔鲷 *Scopeloberyx opisthopterus*（Parr，1933）[38]

背鳍 Ⅲ − 11 ~ 12；臀鳍 Ⅰ − 7 ~ 8；胸鳍12 ~ 14；腹鳍 Ⅰ − 8。鳃耙3 + 11 ~ 12。纵列鳞28 ~ 30。

本种与高尾灯孔鲷相似。眼较大，眼径大于眶下幅高的1/2。胸鳍到腹鳍起点距离比腹鳍到背鳍的距离大。体前部褐色，后部及各鳍色稍浅。为深海广布小型鱼类。栖息水深500 ~ 1 500 m。分布于我国东海，以及日本海域，太平洋、大西洋和印度洋温、热带水域。体长仅约3.7 cm。

934 多耙孔头鲷 *Melamphaes lugubris* Gilbert，1891[55]

背鳍 Ⅲ − 15 ~ 16；臀鳍 Ⅰ − 8；胸鳍16；腹鳍 Ⅰ − 7。鳃耙5 ~ 6 + 16 ~ 18。纵列鳞32 ~ 34。

本种体延长，侧扁。尾较细长。头部无冠状隆起。前鳃盖骨边缘光滑，具4 ~ 6个感觉孔。上颌骨不达眼窝后缘下方。眶下幅窄，眼径等于眶下幅高。鳃耙较宽而平扁，最大宽幅等于鳃耙间隔。臀鳍起始于背鳍基底后部下方。体、口腔和鳃腔均为黑色。为温水性深海小型鱼类。栖息水深200 ~ 1 500 m。分布于我国东海，以及日本东北海域、鄂霍次克海和北太平洋温带、亚寒带水域。体长约8.7 cm。

▲ 本属我国尚有多鳞孔头鲷*M. polylepis*和洞孔头鲷*M. simus*，形态特征与多耙孔头鲷相似。分布于我国南海[13]。

(152) 大鼻鱼科 Megalomycteridae

本科物种体近圆柱形，稍侧扁。头小，吻钝。口中等大，前位。嗅囊特别发达，后鼻孔长约等于或大于眼径。背鳍、臀鳍后位，相对。各鳍均无鳍棘。胸鳍小，侧中位。腹鳍有或无。尾鳍中等大，后缘圆弧形。本科全球有4属5种，我国仅有1属1种。

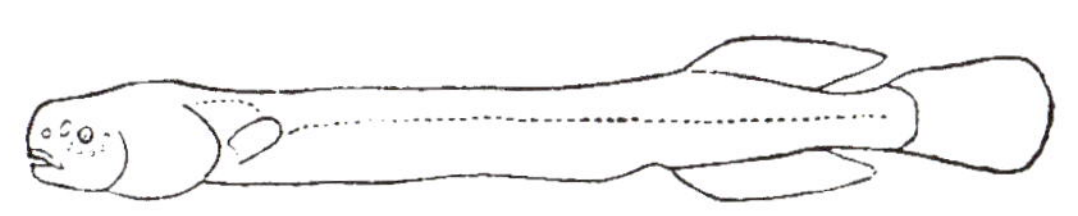

大鼻鱼科物种形态简图

注：大鼻鱼科的分类地位多变：该科物种曾与大瓣鱼同归于月鱼目[2]；陈素芝（2012）将其归于鲸口目[4d]；Nelson（2006）将瓣鱼独立为目，将大鼻鱼及鲸口类并入奇金眼鲷目[3]。

935 狮鼻鱼 *Vitiaziella cubiceps*，Rass，1955

= 方头狮鼻鱼

背鳍16；臀鳍17；胸鳍17。鳃盖条6。脊椎骨48。

本种体细长，稍侧扁。头小，侧面观呈长方形。吻端截形。眼小，被以深色皮膜。眼周围具数个大孔。口中等大，端位；口缘齿弱。鼻孔极大，位于吻端，呈漏斗形。腹腔长，尾柄短，尾鳍后缘圆弧形。背鳍、臀鳍后位，相对。胸鳍短小，侧中位。体具侧线。体棕红色，头部色浅、透明。为暖水性深海小型鱼类。栖息水深约2 700 m。分布于我国南海，以及太平洋热带深水域。体长约5 cm。

(153) 仿鲸口鱼科 Cetomimidae

本科物种体侧扁。头大。口大，口裂远超过眼后缘下方。眼甚小。皮肤松弛，仅侧线处具嵌入皮肤的大鳞，其他部位无鳞。侧线由一些甚粗大的侧线管孔连成。肛门及背鳍、臀鳍有发光器。背鳍、臀鳍后位，相对，无鳍棘。无腹鳍。本科全球有4属13种，我国仅有1属1种。

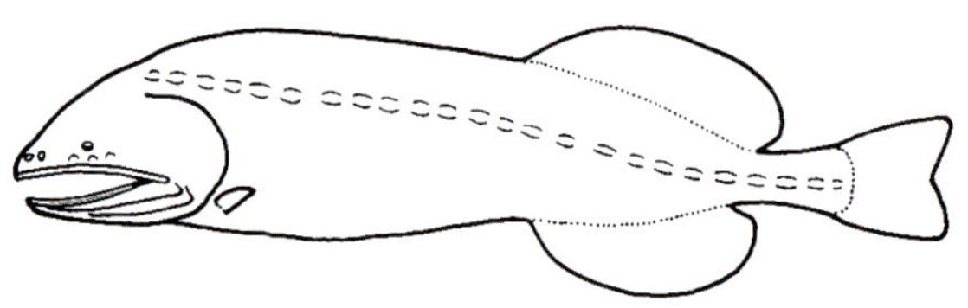

仿鲸口鱼科物种形态简图

936 里根拟鲸口鱼 *Cetostoma regani* Zugmayer，1914[55]

背鳍29 ~ 37；臀鳍26 ~ 34；胸鳍20 ~ 21；腹鳍0。侧线鳞16 ~ 18。

本种一般特征同科。体侧扁，背鳍、臀鳍起始处体最高，躯干部深凹。头小，吻尖长。眼显著小。口大，斜位。颌齿小，排列成绒毛状宽齿带。犁骨齿小圆板状。腭骨齿带约为上颌齿带的1/2长。背鳍起点位于眼后至尾鳍基的中间附近上方。胸鳍小，下位。无腹鳍。体橙红色，各鳍色暗。为暖水性深海鱼类。栖息水深700 ~ 1 200 m。分布于我国台湾海域，以及日本小笠原群岛海域，马里亚纳海沟，太平洋、大西洋和印度洋温暖水域。体长约24 cm。

(154) 龙氏鱼科 Rondeletiidae = 红口仿鲸科 = 红口鲸鲷科

本科物种体呈长椭圆形（侧面观），侧扁。口大，前位，上颌口缘由前颌骨构成。齿粗钝，颗粒状。眼小，无须。体光滑无鳞。背鳍、臀鳍后位，几乎相对。胸鳍短，下侧位。腹鳍小，亚腹位，鳍基发达。尾鳍叉形。各鳍无硬棘。侧线由一系列竖直排列的乳突状小孔构成。为大洋深海鱼类。本科仅有1属2种，我国有1种。

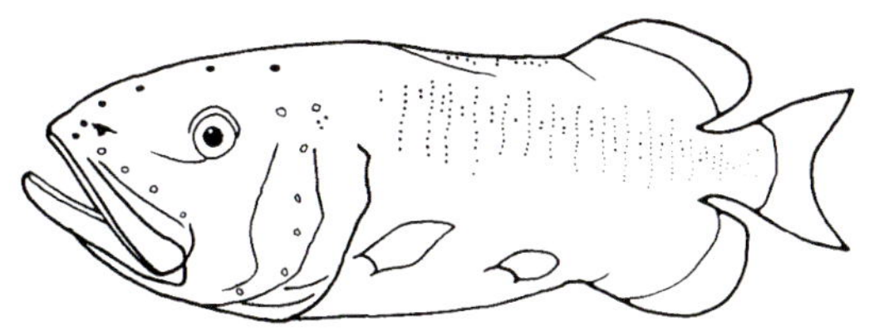

龙氏鱼科物种形态简图

937 网肩龙氏鱼 *Rondeletia loricata* Abe et Hotta，1963[38]

= 红口仿鲸

背鳍14 ~ 16；臀鳍13 ~ 15；胸鳍10 ~ 11；腹鳍5。鳃耙5 ~ 6 + 15 ~ 16。

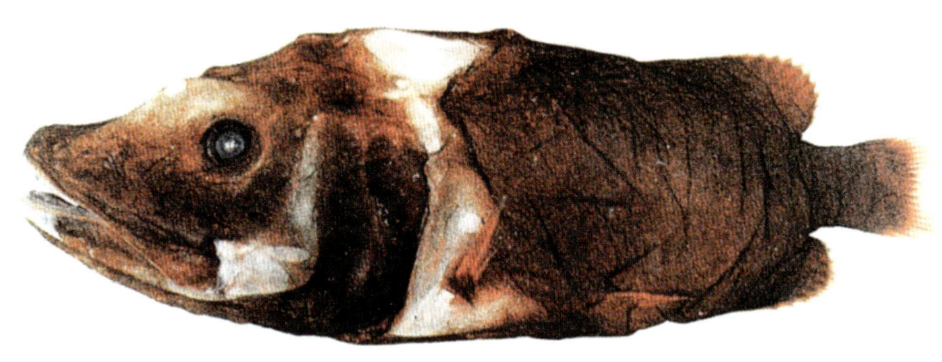

本种一般特征同科。体宽，长椭圆形（侧面观），侧扁。头大，头长几乎占体长的1/2。吻长，前端钝，吻长占头长的1/2。口大，稍斜裂。前颌骨末端可达眼前缘下方。上颌辅骨1块。头部后颞骨棱脊发达，呈三角形。体柔软无鳞，皮肤薄韧。侧线由15列垂直排列的乳突状小孔构成，头部尚有白色圆形感觉孔。体橙褐色，口腔、鳃腔和鳍红褐色。为热带、亚热带小型深海鱼类。栖息水深140 ~ 3 500 m。分布于我国东海、南海，以及日本宫城海域、相模湾海域，太平洋、大西洋和印度洋热带和温带水域。体长约8.8 cm。

(155) 刺鲸鲷科 Barbourisiidae = 须皮鱼科 = 刺皮鲸口鱼科

本科物种体呈长椭圆形（侧面观），侧扁。头中等大。吻宽，平扁。口大，前位。口裂长，上颌骨后端超过眼后缘下方。眼很小，位高。各鳍无鳍棘。背鳍、臀鳍后位，长度约相等。胸鳍小，位低。无脂鳍。腹鳍小。尾柄短而宽，尾鳍后缘浅凹形。体无鳞，但被以浓密小刺。侧线为1列刺状小孔构成。为深海广布鱼类。本科全球仅有1属1种，在我国有分布。

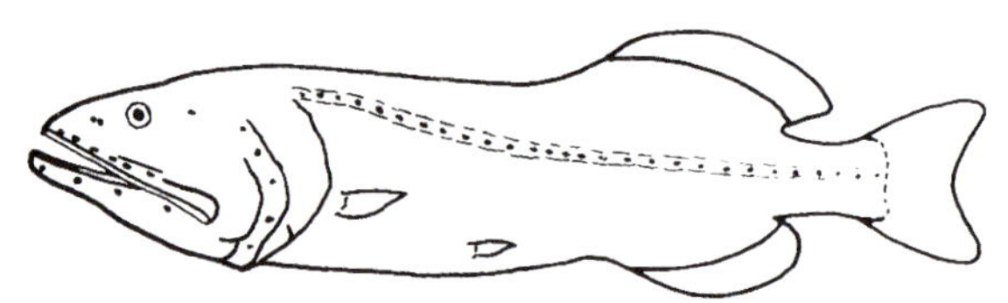

刺鲸鲷科物种形态简图

938 **红刺鲸鲷** *Barbourisia rufa* Parr，1945[55]

= 红刺鲸口鱼 = 刺皮鲸口鱼

背鳍18～21；臀鳍17～18；胸鳍12～13；腹鳍6。鳃耙5＋1＋13。侧线鳞29～30。

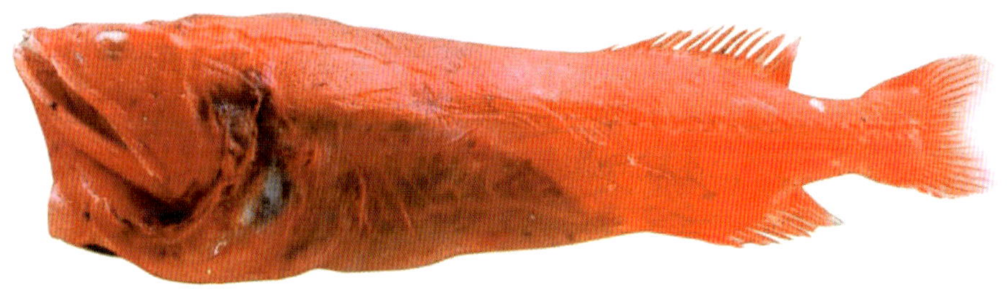

本种一般特征同科。体宽、长，侧扁。头大，头高超过体高。口大，上颌骨超过眼后缘下方。两颌齿短小，呈带状排列。体柔软。皮肤粗糙，被以针状小刺。侧线孔明显，刺状。头部感觉孔发达。体橙红色，鳃腔、腹膜黑色。为深海广布鱼类。栖息水深410～1 080 m。分布于我国东海、南海，以及日本北海道海域、冲绳海域，太平洋、大西洋和印度洋温、热带水域。体长约20 cm。

▲ 据刘瑞玉（2008）记载，本目我国尚有1种属于刺金眼鲷科Hispidoberycidae的刺金眼鲷*Hispidoberyx ambagionus*。其一般特征与奇金眼鲷相同，但有眶蝶骨，这在本目中属于例外。栖息水深1 019 m。分布于我国南海[10]。

41 金眼鲷目 BERYCIFORMES

本目物种体高，通常呈椭圆形（侧面观），侧扁。头甚大，尾柄细长。头部有发达黏液腔。具眶蝶骨。上颌辅骨2块。具眶下棚。腹鳍软条常多于5枚。尾鳍具16～17枚分支鳍条。因部分种类分类地位的不确定性，本目全球约有7科29属140余种，本书只统计了7科28属112种。我国有7科16属59种。

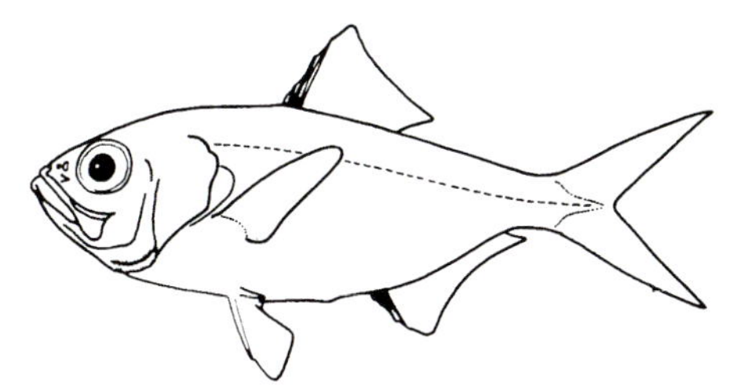

金眼鲷目物种形态简图

金眼鲷目的科、属、种检索表

1a 各鳍均无鳍棘
…高体金眼鲷科 Anoplogasteridae　高体金眼鲷 *Anoplogaster cornuta* 939

1b 至少腹鳍有鳍棘……………………………………………………………………………（2）

2a 体被骨甲；腹鳍 Ⅰ－2～3；背鳍鳍棘5～7枚，鳍棘部与鳍条部分离
……松球鱼科 Monocentridae　日本松球鱼 *Monocentris japonicus* 943

2b 体不被骨甲；腹鳍 Ⅰ－5～13……………………………………………………………（3）

3a 眼下有大型发光器
……………灯眼鱼科 Anomalopidae　灯眼鱼 *Anomalops katoptron* 940

3b 眼下无发光器………………………………………………………………………………（4）

4a 腹鳍鳍棘不平扁，背鳍、臀鳍均有鳍棘………………………………………………（6）

4b 腹鳍鳍棘平扁，背鳍、臀鳍无鳍棘………………………………洞鳍鲷科 Diretmidae（5）

5a 肛门紧靠臀鳍；背鳍鳍条、臀鳍鳍条基部无小棘；下颌稍突出
………………………………………银色洞鳍鲷 *Diretmus argenteus* 941

5b 肛门距臀鳍约5个鳞嵴；背鳍鳍条、臀鳍鳍条基部有小棘；下颌突出
……………………………………………………………帕氏拟银眼鲷 *Diretmoides parini* 942

6-4a 腹部中央有1排明显的棱突或棱鳞……棘鲷科 Trachichthyidae（48）

6b 腹部中央无棱突和棱鳞，或者具弱棱鳞……………………………………………………（7）

7a 背鳍鳍棘部与鳍条部间有深凹刻，腹鳍 Ⅰ－5～8
……………………………………………金鳞鱼科 Holocentridae（13）

7b 背鳍鳍棘部与鳍条部间无深凹刻，腹鳍 Ⅰ－7～13
…………………………………………………金眼鲷科 Berycidae（8）

8a 背鳍基底短于臀鳍基底；臀鳍Ⅳ－25～32；腹鳍Ⅰ－8～12……………金眼鲷属 *Beryx*（11）

8b 背鳍基底长于臀鳍基底；臀鳍Ⅳ－12～17；腹鳍Ⅰ－7～11………拟棘鲷属 *Centroberyx*（9）

9a 上颌后端达眼后缘下方；侧线在胸鳍上方稍弯曲；腹鳍腋鳞发达……线纹拟棘鲷 *C. lineatus* 954

9b 上颌后端不达眼后缘下方；侧线近平直…………………………………………………（10）

10a 腹部无棱鳞……………………………………………………金眼拟棘鲷 *C. rubricaudus* 955

10b 腹部具弱棱鳞……………………………………………………掘氏拟棘鲷 *C. druzhinini* 956

11－8a 体较高，体长为体高的1.9～2.2倍……………………………大目金眼鲷 *B. decadactylus* 951

11b 体稍低，体长为体高的2.5～2.9倍…………………………………………………（12）

12a 后鼻孔细长；背部鳞片后缘波状；背鳍鳍条13～15枚……………红金眼鲷 *B. splendens* 952

12b 后鼻孔卵圆形；背部鳞片后缘锯齿状；背鳍鳍条12～13枚………软体金眼鲷 *B. mollis* 953

13－7a 前鳃盖骨下缘无棘突；臀鳍最长鳍棘短于背鳍最长鳍棘；吻稍钝…………………（32）

13b 前鳃盖骨下缘有1枚强棘；臀鳍最长鳍棘长度大于或等于背鳍最长鳍棘长度；吻较尖突
……………………………………………………………………………………（14）

14a 背鳍第11鳍棘紧附于第1鳍条；下颌较上颌长……………………新东洋鳂属 *Neoniphon*（29）

14b 背鳍第11鳍棘最短，距第1鳍条稍远；下颌不比上颌长……………………………（15）

15a 眶前骨有一大横突，第2躯椎腹面有2枚长棘……………………红双棘鳂 *Dispinus ruber* 975

15b 眶前骨无大横突，第2躯椎腹面无长棘…………………………棘鳞鱼属 *Sargocentron*（16）

16a 侧线上鳞2.5行……………………………………………………………………（18）

16b 侧线上鳞3.5行……………………………………………………………………（17）

17a 后鼻孔边缘有小棘；背鳍鳍棘部鳍膜无缺刻……………………黄纹棘鳞鱼 *S. furcatum* 961

17b 后鼻孔边缘无小棘；背鳍鳍棘部鳍膜有缺刻……………………尖吻棘鳞鱼 *S. spiniferum* 962

18－16a 后鼻孔边缘无小棘……………………………………………………………（22）

18b 后鼻孔边缘有小棘…………………………………………………………………（19）

19a 侧线鳞40～43枚……………………………………尾斑棘鳞鱼 *S. caudimaculatum* 963

19b 侧线鳞32～37枚…………………………………………………………………（20）

20a 上颌前端不比下颌突出；全体红色，体侧鳞片具蓝色斑点………紫棘鳞鱼 *S. violaceum* 967

20b 上颌前端比下颌突出；背鳍鳍条基部、臀鳍鳍条部基底和尾柄中央有黑斑…………（21）

21a 体较低，体侧鳞片无黄色横纹……………………………黑点棘鳞鱼 *S. melanospilos* 964

21b 体较高，体侧鳞片有黄色横纹…………………………………角棘鳞鱼 *S. cornutum* 965

22－18a 鼻骨后部有小棘…………………………………………………………………（28）

22b 鼻骨后部无小棘……………………………………………………………………（23）

23a 眶前骨上缘无小棘…………………………………………………………………（25）

23b 眶前骨上缘有小棘…………………………………………………………………（24）

24a 眶前骨上缘有1枚水平小棘；背鳍鳍条基部、臀鳍鳍条基部各有一黑斑
……………………………………………………………………点带棘鳞鱼 *S. rubrum* 968

24b 眶前骨上缘有1枚侧向小棘；背鳍鳍条部有一棕色斑，臀鳍鳍条部有一圆斑
……………………………………………………………………褐斑棘鳞鱼 *S. praslin* 966

25－23a 侧线鳞42～45枚；胸鳍鳍条15枚；前鳃盖骨隅棘长约为眼径的1/2
…………………………………………………………乳斑棘鳞鱼 *S. lacteoguttatum* 974

25b 侧线鳞46～52枚……………………………………………………………………（26）

26a 背鳍鳍棘部不呈黑色，亦无黑点；前鳃盖骨隅棘长，其长度与眼径几乎等长
……………………………………………………………………赤鳍棘鳞鱼 *S. tiere* 969

26b 背鳍鳍棘部黑色或有黑点；前鳃盖骨隅棘短，其长度小于眼径的1/2………………（27）

27a 背鳍鳍棘部黑色，中间夹有白色纵带；胸鳍鳍条13～15枚……黑鳍棘鳞鱼 *S. diadema* 970

27b 背鳍鳍棘部前端有黑点，且有白色纵带；胸鳍鳍条15～16枚………银带棘鳞鱼 *S. ittodai* 971

28-22a 体较高，体长为体高的2.5～2.7倍；侧线鳞35～38枚……刺棘鳞鱼 *S. spinosissimum* 972

28b 体较低，体长为体高的3.1～3.5倍；侧线鳞49～56枚…………长棘鳞鱼 *S. microstomum* 973

29-14a 背鳍最后1枚鳍棘比倒数第2枚鳍棘短；侧线上鳞3.5行……恕容新东洋鳂 *N. scythrops* 960

29b 背鳍最后1枚鳍棘比倒数第2枚鳍棘长；侧线上鳞2.5行……………………………（30）

30a 背鳍鳍棘部鳍膜无斑，亦不呈黑色……………………………银新东洋鳂 *N. argenteus* 957

30b 背鳍鳍棘部鳍膜有大斑或全呈黑色………………………………………………………（31）

31a 背鳍鳍棘部第1～4鳍棘有暗红色大斑，背鳍鳍条11～12枚……条新东洋鳂 *N. sammara* 958

31b 背鳍鳍棘部鳍膜全部黑色，背鳍鳍条13枚…………………黑鳍新东洋鳂 *N. opercularis* 959

32-13a 背鳍鳍棘11枚，第10和第11鳍棘分离；鳞表面光滑…………锯鳞鱼属 *Myripristis*（37）

32b 背鳍鳍棘12枚，鳍棘部有深缺刻但有鳍膜相连；鳞表面粗糙……………………………（33）

33a 两侧筛骨间沟窄，菱形；上颌缝合部内侧无齿；侧线鳞32～34枚
……………………………………………………………………滩涂琉球鳂 *Plectrypops limus* 976

33b 两侧筛骨间沟宽，V形……………………………………………………骨鳂属 *Ostichthys*（34）

34a 侧线上鳞3.5行……………………………………………………………………………（36）

34b 侧线上鳞2.5行……………………………………………………………………………（35）

35a 头背缘缓慢突起，白色纵带幅窄，第1枚侧线鳞上方无鳞…………深海骨鳂 *O. kaianus* 980

35b 头背缘直线形或稍凹，白色纵带幅宽，第1枚侧线鳞上方有鳞
……………………………………………………………………长吻骨鳂 *O. archiepiscopus* 979

36-34a 背鳍最后1枚鳍棘长为倒数第2鳍棘长的2～3倍；鳃耙20～23枚；侧线下鳞9行
……………………………………………………………………日本骨鳂 *O. japonicus* 977

36b 背鳍最后1枚鳍棘长等于或稍大于倒数第2鳍棘长；鳃耙19～20枚；侧线下鳞10～11行
……………………………………………………………………沈氏骨鳂 *O. sheni* 978

37-32a 侧线鳞27～30枚………………………………………………………………………（41）

37b 侧线鳞32～42枚……………………………………………………………………………（38）

38a 鳃盖膜和主鳃盖均无暗斑……………………………………………无斑锯鳞鱼 *M. vittata* 981

38b 鳃盖膜和主鳃盖均具暗斑或仅前者具暗斑…………………………………………………（39）

39a 鳃盖膜和主鳃盖均有暗斑并向肩带区扩张……………………………孔锯鳞鱼 *M. kuntee* 982

39b 鳃盖膜有深色斑，主鳃盖色浅………………………………………………………………（40）

40a 背鳍、臀鳍、腹鳍、尾鳍均为黄色；鳃盖膜深色斑较大；眼间隔窄
……………………………………………………………………黄鳍锯鳞鱼 *M. chryseres* 983

40b 背鳍、臀鳍、腹鳍、尾鳍均不是黄色；鳃盖膜深色斑小，仅存在于鳃盖骨棘上方；眼间隔宽……………………………………………………………………红锯鳞鱼 *M. pralinius* 984

41-37a 背鳍、臀鳍、尾鳍有黑边………………………………………焦黑锯鳞鱼 *M. adusius* 985

41b 背鳍、臀鳍、尾鳍无黑边……………………………………………………………………（42）
42a 胸鳍腋部有小鳞……………………………………………………………………………（44）
42b 胸鳍腋部无小鳞……………………………………………………………………………（43）
43a 下颌稍长，具2对齿丛……………………………………………博氏锯鳞鱼 *M. botche* 986
43b 两颌几乎等长，具1对齿丛……………………………………格氏锯鳞鱼 *M. greenfieldi* 987
44–42a 下颌齿丛2对…………………………………………………齿颏锯鳞鱼 *M. hexagonus* 988
44b 下颌齿丛1对…………………………………………………………………………………（45）
45a 侧线上方鳞片后缘暗褐色……………………………………………紫红锯鳞鱼 *M. violacea* 989
45b 侧线上方鳞片后缘深红色……………………………………………………………………（46）
46a 鳃盖膜黑色区向主鳃盖骨棘下方扩张；眼间隔宽；背鳍鳍棘部红色
……………………………………………………………………………白边锯鳞鱼 *M. murdjan* 990
46b 鳃盖膜黑色区止于主鳃盖骨棘上方；眼间隔窄……………………………………………（47）
47a 背鳍鳍棘部上方黄色…………………………………………………大鳞锯鳞鱼 *M. berndti* 991
47b 背鳍鳍棘部上方红色………………………………………塞舌尔锯鳞鱼 *M. serchellensis* 992
48–6a 肛门位于臀鳍前，肛门前方有腹棱鳞；腹部无发光器…………………………………（50）
48b 肛门位于两腹鳍间，肛门后方有腹棱鳞；腹部下缘有发光器
……………………………………………………………………臀棘鲷属 *Paratrachichthys*（49）
49a 腹鳍下缘发光器达尾鳍基……………………………………………前肛臀棘鲷 *P. prosthemius* 949
49b 腹鳍下缘发光器不达尾鳍基…………………………………南方前肛臀棘鲷 *P. sajademalensis* 950
50–48a 背鳍无缺刻，背鳍鳍棘细；侧线鳞大，呈盾状……………胸棘鲷属 *Hoplostethus*（52）
50b 背鳍有缺刻，背鳍鳍棘粗；侧线鳞较大，不呈盾状…………桥棘鲷属 *Gephyroberyx*（51）
51a 眼间隔稍凸；体较低，体长为体高的2.2倍左右；尾鳍后缘分叉浅
……………………………………………………………………………日本桥棘鲷 *G. japonicus* 944
51b 眼间隔微凹；体较高，体长为体高的1.4~2.0倍；尾鳍后缘分叉深
……………………………………………………………………………达氏桥棘鲷 *G. darwinii* 945
52–50a 尾鳍后缘黑色……………………………………………………日本胸棘鲷 *H. japonicus* 946
52b 尾鳍后缘不呈黑色……………………………………………………………………………（53）
53a 胸鳍鳍条16~17枚…………………………………………………重胸棘鲷 *H. crassispinus* 947
53b 胸鳍鳍条20枚……………………………………………………黑首胸棘鲷 *H. melanopus* 948

（156）高体金眼鲷科 Anoplogasteridae

本科物种体短而高，侧扁。头甚大，头高大于头长，有发达的黏液腔。尾柄细。眼小，位高。口大，前位，斜裂。成鱼上、下颌齿尖长。侧线部分穿过鳞片，呈开放性沟状。各鳍均无鳍棘。背鳍较长。臀鳍短。胸鳍长，中位。腹鳍亚胸位。尾鳍后缘凹形。鳞小而薄，有小刺。本科全球仅有1属1种，在我国有分布。

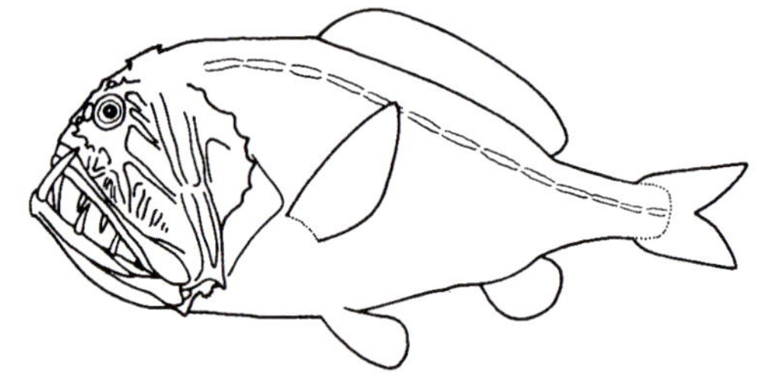

高体金眼鲷科物种形态简图

939 高体金眼鲷 *Anoplogaster cornuta*（Valenciennes，1833）[38]
= 角裸腹鲷

背鳍17～18，臀鳍7～8，胸鳍14～15。鳃耙8＋11～12。

本种一般特征同科。体高。头大，头部有多而不定型的沟和隆起嵴。体柔软，密布粗杂微小的歪形鳞，呈覆瓦状排列。侧线呈开放性沟状，约16枚桥状鳞几乎呈等间隔横断。各鳍无鳍棘。两颌齿尖长，成鱼上颌齿3对，下颌齿4对。口不能闭合。体黑褐色，各鳍色稍浅。为世界性深海小型鱼类。栖息水深100～1 000 m。分布于我国东海，以及日本东北海域。体长约9 cm。较罕见[49]。

（157）灯眼鱼科 Anomalopidae ＝ 灯颊鱼科

本科物种体呈长椭圆形（侧面观），头中等大。口前位，斜裂。吻钝，齿小。腭骨有齿，犁骨无齿。眼中等大，眼下方有一大型发光器。背鳍鳍棘2～6枚，鳍棘部与鳍条部分离或连接。臀鳍鳍棘2～3枚。胸鳍中位。腹鳍Ⅰ－5～6。尾鳍叉形。鳞小，为强栉鳞。鳃耙发达。本科全球有5属6种，我国有1属1种。

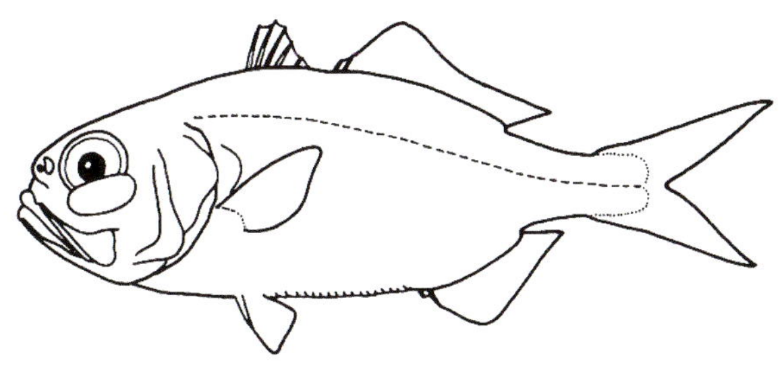

灯眼鱼科物种形态简图

940 灯眼鱼 *Anomalops katoptron*（Bleeker，1856）[38]

=发光金眼鲷

背鳍Ⅳ，Ⅰ－14；臀鳍Ⅱ－9；胸鳍18。鳃耙8～11＋23～24。

本种一般特征同科。背鳍2个。眼下有半月形白色发光器，无黑色遮盖膜。体表鳞片微小，从腹鳍至肛门的腹中线上有棱鳞。尾鳍深叉形。体黑色，背鳍、臀鳍有白色纵带。为暖水性亚深海小型鱼类。栖息水深超过100 m，居于岩礁洞穴中，月夜可升至水面摄食。分布于我国台湾海域，以及日本千叶海域、琉球群岛海域、太平洋暖水域。体长可达30 cm。

（158）洞鳍鲷科 Diretmidae

本科物种体侧面观呈椭圆形或卵圆形，甚侧扁。头中等大。眼大，眼径约为头长的1/2。口大，斜裂。犁骨、腭骨均无齿。无侧线。背鳍、臀鳍均较长，无鳍棘，鳍基间膜上各有一空洞。胸鳍大，侧中位。腹鳍Ⅰ－6，鳍棘平扁，呈板状。腹缘有棱突。头、体被栉鳞。本科全球有3属4种，我国有2属4种。

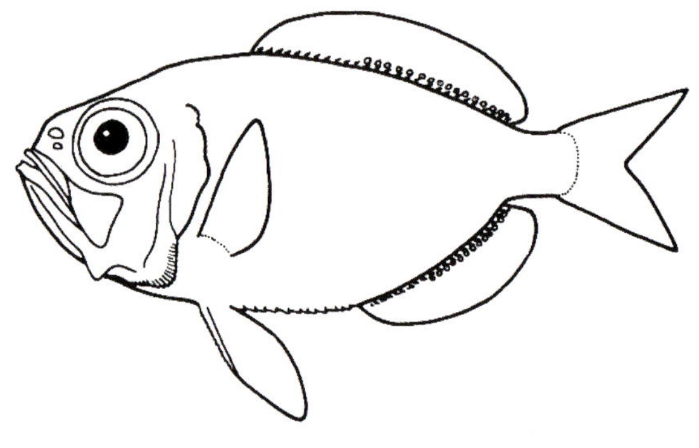

洞鳍鲷科物种形态简图

941 银色洞鳍鲷 *Diretmus argenteus* Johnson，1863[55]

=黑银眼鲷

背鳍25～29，臀鳍19～24，胸鳍17～20，腹鳍Ⅰ－6。鳃耙16～23。

本种体呈卵圆形（侧面观），甚高，侧扁。头大而高。吻短而宽。眼大，眼径大于吻长。口大，斜裂，上位。上颌辅骨大，呈三角形。两颌齿细小，前部呈窄带状排列，后部为单行排列。犁骨、腭骨无齿。头部骨骼薄而粗糙，内有凹腔。幼鱼的头部和前鳃盖骨有棘，成鱼消失。体被小栉鳞，肛门前具棱鳞。无侧线。背鳍、臀鳍无鳍棘，鳍条基部无小棘，鳍基的鳍膜有空洞。体蓝褐色。眼周缘有一黑圈，鳃膜、咽腔均为黑色。为暖水性深海中小型鱼类。栖息水深通常为850～880 m，有时可达2 300 m。分布于我国东海、南海，以及日本东北海域和世界除地中海外的温、热带海域。体长约18 cm[49]。

942 帕氏拟银眼鲷 *Diretmoides parini*（Post et Quero，1981）[38]

背鳍26～30，臀鳍20～23，胸鳍16～19，腹鳍Ⅰ－6。鳃耙6～7＋12～13。

本种与银色洞鳍鲷十分相似。体侧扁，呈卵圆形（侧面观），甚高。头大，眼径大于吻长。口大，斜裂。上颌后缘不超过眼后缘下方，下颌突出。颌齿绒毛状，犁骨、腭骨无齿。体被小栉鳞，无侧线。背鳍、臀鳍无鳍棘，但每枚鳍条基部皆有小棘。背鳍较臀鳍基底长，鳍条多。腹中线棱鳞分布于腹鳍、臀鳍之间。肛门位于腹鳍、臀鳍中间处，距臀鳍约5个鳞峭。体褐色，各鳍色稍浅。为暖水性深海鱼类。栖息水深250～1 460 m。分布于我国台湾海域，以及日本东北海域，太平洋、大西洋和印度洋暖水域。体长约28 cm。

▲ 本属我国尚有短鳍拟洞鳍鲷*D. pauciradiatus*和维里拟洞鳍鲷*D. veriginae*两种[10, 13]。二者肛门离臀鳍5个鳞峭，腹中线无棱鳞。

（159）松球鱼科 Monocentridae

本科物种体高，稍侧扁。头大，具很大黏液腔。下颌下方有2个发光器。体表被以骨质盾状大鳞，并连成骨甲，各行骨甲中央有骨质隆起峭。背鳍鳍棘部与鳍条部分离。臀鳍无鳍棘，有10枚鳍条。腹鳍具1枚强棘，2～3枚小鳍条。本科全球有2属4种，我国仅有1属1种。

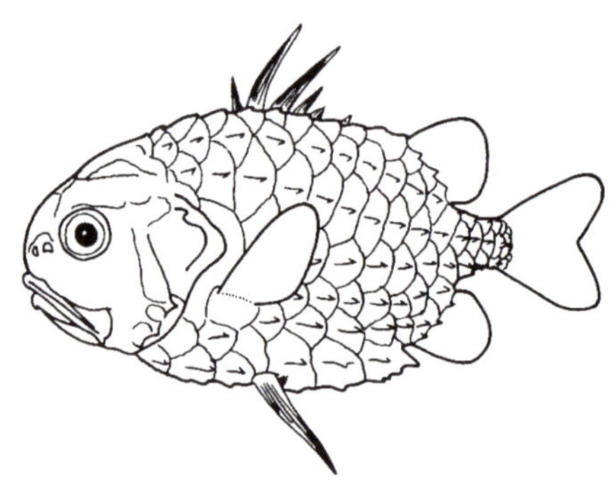

松球鱼科物种形态简图

943 日本松球鱼 *Monocentris japonicus*（Houttuyn，1782）[15]

背鳍Ⅴ～Ⅶ，10～12；臀鳍9～10；胸鳍13～15。

本种一般特征同科。体被骨质盾状鳞，每枚鳞上皆有放射纹，中央具骨质隆起峭，并由各鳞峭连成鱼体的纵列峭。背鳍鳍棘粗硬，无鳍膜相连。腹鳍有一不能活动的粗大棘。下颌前端左、右各有一卵圆形发光器。有侧线，但侧线无外部开口。体橙黄色，鳞边缘黑色，头及两颌具黑色条纹。

各鳍橘红色，略带浅黄色。为暖水性底层发光鱼类。栖息于近海、浅海岩礁底质海区。分布于我国黄海、东海、南海，以及日本南部海域和印度-西太平洋温、热带水域。体长可达16 cm。

（160）棘鲷科 Trachichthyidae

本科物种体呈椭圆形（侧面观），侧扁而高。头较大，有黏液腔。眼大，口前位。上颌辅骨1枚。前鳃盖骨下角有长棘。有侧线。背鳍、臀鳍均有鳍棘。背鳍鳍棘部与鳍条部连续，无深缺刻。臀鳍基底短，仅为背鳍基底长的1/2。胸鳍下侧位，长或中等长。腹鳍胸位，Ⅰ-6～7。尾鳍叉形。体被圆鳞或栉鳞，侧线鳞扩大。腹部有明显的棱鳞或棱突。有的种类有发光器。本科全球有7属23种，我国有3属8种。

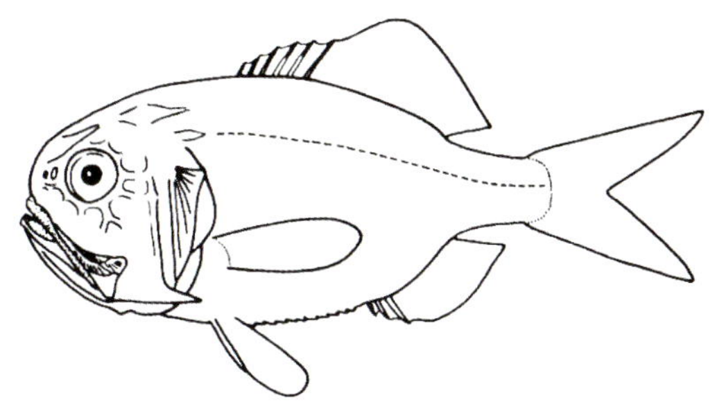

棘鲷科物种形态简图

桥棘鲷属 *Gephyroberyx* Boulenger，1902

本属一般特征如科。背鳍鳍棘粗，7～8枚，以第4鳍棘最长；鳍棘部与鳍条部间有浅缺刻。眼较大，位高。口较大，前位。犁骨、腭骨有齿。前鳃盖骨棘明显，向后伸达鳃盖边缘。肛门位于臀鳍前方。肛门前方有腹棱鳞。侧线鳞较大，有1枚中棘。本属全球有3种，我国有2种。

944 日本桥棘鲷 *Gephyroberyx japonicus*（Döderlein，1883）[48]

背鳍Ⅶ-13～14；臀鳍Ⅲ-11；胸鳍14～15。侧线鳞29～31。

本种一般特征同属。体呈椭圆形（侧面观），较低，体长为体高的2.2倍左右。头中等大，体长约为头长的2.75倍。口较大，斜裂。两颌齿小，排列成绒毛状齿带。犁骨齿圆锥状，排成小三角形齿带。肛门位于臀鳍前。肛门前腹缘有棱鳞9 ~ 16枚。背鳍有缺刻，鳍棘强，以中央鳍棘最长。侧线鳞比其他鳞片稍大。体淡褐色、灰褐色，各鳍带红色，口腔和鳃腔黑色。为暖水性深海中小型鱼类。栖息水深320 ~ 660 m。分布于我国台湾海域，以及日本东南海域、九州海域，帕劳海岭，西北太平洋。体长约27 cm。

945 达氏桥棘鲷 *Gephyroberyx darwinii* Johnson，1866[52]

背鳍Ⅶ－13 ~ 14；臀鳍Ⅲ－10 ~ 11；胸鳍11 ~ 13。侧线鳞30 ~ 33。

本种与日本桥棘鲷十分相似。背鳍有缺刻，第4鳍棘最长。犁骨有齿。体较高，体长为体高的1.4 ~ 2.0倍。头较大，体长为头长的2.5倍左右。眼间隔微凹，眼位偏高。体鲜红色，口腔和鳃腔黑色。为暖水性深海中小型鱼类。分布于我国东海、南海，以及菲律宾海域、世界热带海域。体长约33 cm。

胸棘鲷属 *Hoplostethus* Cuvier et Valenciennes，1829

本属物种与桥棘鲷属物种形态特征相似。背鳍鳍棘部与鳍条部间无缺刻。背鳍鳍棘细，最后1枚鳍棘最长。头大，体长为头长的2.2 ~ 2.6倍。眼大，头长为眼径的3.3 ~ 3.5倍。肛门位于腹鳍后方，靠近臀鳍。肛门前方有腹棱鳞。胸鳍长大，后端可超过臀鳍起点上方。侧线鳞大，呈盾状。我国有4种。

946 日本胸棘鲷 *Hoplostethus japonicus* Hilgendorf, 1879 [48]

背鳍Ⅴ～Ⅷ－12～13；臀鳍Ⅲ～Ⅳ－9～10；胸鳍17～18。侧线鳞26～29。

本种一般特征同属。肛门位于臀鳍正前方。肛门前腹缘有棱鳞13～14枚。体长为体高的2.0～2.1倍；为头长的2.5倍左右。头大，吻钝而高。犁骨齿小，成鱼犁骨齿逐渐消失。尾鳍深叉形。体银白色，口腔暗褐色，各鳍淡红色，尾鳍边缘黑色。为暖水性深海中小型鱼类。栖息水深335～605 m。分布于我国台湾海域，以及日本东南海域、太平洋暖水域。体长约18 cm。

947 重胸棘鲷 *Hoplostethus crassispinus* Kotlyar, 1980 [48]

背鳍Ⅵ－13；臀鳍Ⅲ，9～10；胸鳍16～17。侧线鳞27～29。

本种与日本胸棘鲷相似。头略小，体长约为头长的2.6倍。体更高，体长为体高的1.9～2.0倍。头背平缓，不高突。体褐色。腹棱鳞黑色，各鳍淡红色，尾鳍后缘不呈黑色。为暖水性深海中小型鱼类。栖息水深370～600 m。分布于我国南海，以及日本九州以南海域、帕劳海岭、西北太平洋温暖水域。体长约17 cm。

948 黑首胸棘鲷 *Hoplostethus melanopus*（Weber，1913）[37]

背鳍Ⅵ－14～15；臀鳍Ⅲ，9～10；胸鳍20。侧线鳞28。

本种体呈卵圆形（侧面观），侧扁。体高，体长约为头长的2.6倍。背鳍无缺刻，背棘鳍鳍细。侧线鳞大，棱鳞状。肛门紧位于臀鳍前，前方具弱而短的棱鳞。腹部无发光器。体灰褐色，胸鳍黑色，尾鳍色浅。为暖水性深海鱼类。分布于我国东海、台湾海域。

▲ 本属我国尚有红胸棘鲷*H. mediterranecus*（=地中海胸棘鲷），分布于我国东海深海[49]。

949 前肛臀棘鲷 *Paratrachichthys prosthemius*（Jordan et Fowler，1902）[38]

=准燧鲷

背鳍Ⅴ～Ⅵ－13～14；臀鳍Ⅲ－8～9；胸鳍12～13。侧线鳞6＋15。

本种体呈长椭圆（侧面观），侧扁。头中等大，眼较大。口较大，前位。肛门开口于左、右胸鳍基的正前下方。棱鳞位于肛门后至臀鳍前方，9～10枚。背鳍鳍棘5～6枚，以最后1枚鳍棘长；鳍棘部与鳍条部间无明显缺刻。胸鳍下侧位，后端不达臀鳍。腹鳍胸位，腹鳍下缘皮下有细长发光器，直抵尾鳍基。体银白色，背缘、腹缘、尾缘黑色，各鳍色浅。为暖水性深海小型鱼类。分布于我国南海、台湾海域，以及日本相模湾海域、高知县海域，太平洋暖水域。体长约13 cm。

950 南方前肛臀棘鲷 *Paratrachichthys sajademalensis* Kotlyar, 1979 [48]

= 南方准燧鲷

背鳍 V – 13；臀鳍 III – 8；胸鳍12 ~ 13。鳃耙6 ~ 7 + 12 ~ 13。

本种与前肛臀棘鲷相似。体侧扁，呈椭圆形（侧面观）。头较大，眼上缘处头背略凹陷。鳃盖后上角突起成棱，但不形成小棘。肛门位于腹鳍基之间。肛门至臀鳍间具棱鳞。腹部发光器仅达尾柄中线。体暗红褐色，头、腹侧带蓝色金属光泽。各鳍淡红黄色。为暖水性深海鱼类。栖息于陆坡、海山水域。分布于我国台湾海域，以及日本九州以南海域、印度洋。体长约13 cm。

（161）金眼鲷科 Berycidae

本科物种体侧面观呈椭圆形，较侧扁。头大，具黏液腔，外被以薄膜。眼侧位，较大。口阔而大，斜裂。前颌骨较大，常有上颌辅骨。两颌和犁骨、腭骨均具齿。体被叶状或颗粒状的圆鳞或栉鳞。背鳍鳍棘部与鳍条部间无深凹刻；其鳍棘依次增长。全球有2属9种，我国有2属6种。

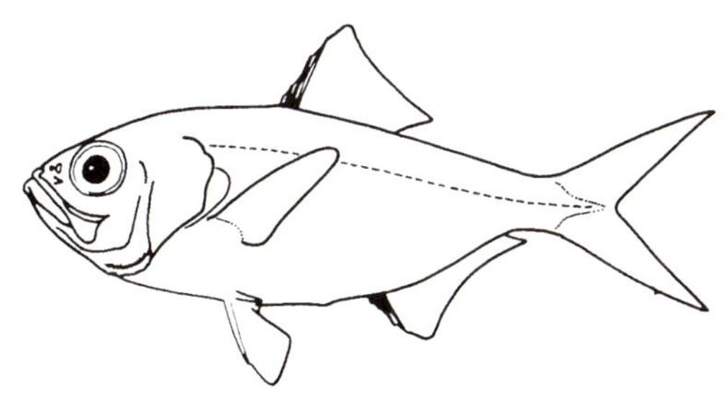

金眼鲷科物种形态简图

金眼鲷属 *Beryx* Cuvier, 1829

本属物种一般特征同科。体呈椭圆形（侧面观），侧扁。头中等大或大，眼大，侧位。口较大，上前位，斜裂。体侧鳞较小，背鳍无缺刻。臀鳍较长，胸鳍下侧位，腹鳍胸位，尾鳍深叉形。我国有3种。

951 大目金眼鲷 *Beryx decadactylus* Cuvier，1829 [68]
=十指金眼鲷

背鳍Ⅳ－18～20；臀鳍Ⅳ－25～30；胸鳍15～18；腹鳍Ⅰ－8～11。侧线鳞52～62。

本种一般特征同属，体侧扁而高，体长为体高的1.9～2.2倍。头中等大。眼大，眶前骨有1枚尖棘。背鳍鳍棘4枚。臀鳍基底长于背鳍基底。体红色，腹侧色稍浅。各鳍红色。为暖水性深海中型鱼类。栖息水深约500 m。分布于我国台湾海域，以及日本南部海域，太平洋、大西洋和印度洋热带、亚热带水域。体长约30 cm。

952 红金眼鲷 *Beryx splendens* Lowe，1834 [68]

背鳍Ⅳ－13～15；臀鳍Ⅳ－26～30；胸鳍16～18；腹鳍Ⅰ－9～11。侧线鳞65～73。

本种与大目金眼鲷相似。体侧扁，稍低，体长为体高的2.5～2.9倍。后鼻孔细长。背部鳞片后缘波状，鳞的露出部内有胶状物。侧线向尾鳍延伸。体深红色；腹侧红色，有金属光泽。各鳍深红色。为暖水性深海中型鱼类。栖息水深200～800 m。分布于我国南海，以及日本钏路以南海域，太平洋、西大西洋和印度洋暖水域。体长可达50 cm。

953 软体金眼鲷 *Beryx mollis* Abe，1959[37]

背鳍Ⅳ－12～13；臀鳍Ⅳ－27～32；胸鳍16～18；腹鳍Ⅰ－9～10。侧线鳞60～69。

本种体侧扁而高，体长为体高的2.5～2.9倍。背鳍基较臀鳍基短，鳍条少。后鼻孔卵圆形。眶前骨有1枚侧向棘。体被小栉鳞，鳞片后缘锯齿状。头、体鲜红色；腹侧色浅，有金属光泽。背鳍、尾鳍深红色。为暖水性深海鱼类。栖息水深100～500 m。分布于我国台湾海域，以及日本相模湾以南海域、冲绳海域。体长约30 cm。

拟棘鲷属 *Centroberyx* Gill，1862

本属物种与金眼鲷属相似。体呈椭圆形（侧面观），侧扁而高。头大，具黏液腔，外被薄膜。眼大，侧位，眶前骨无棘。口大，斜裂。上颌骨宽。两颌、犁骨、腭骨具绒毛状齿。鳞稍大，为强栉鳞。背鳍鳍棘部和鳍条部连续，无缺刻。臀鳍中等长。腹中部具V形弱腹棱。尾鳍深叉形。我国有3种。

954 线纹拟棘鲷 *Centroberyx lineatus*（Cuvier，1829）[16]

背鳍Ⅳ－13；臀鳍Ⅳ－16；胸鳍12；腹鳍Ⅰ－7。侧线鳞52～58。

本种一般特征同属。体呈椭圆形（侧面观），高侧扁。头中等大。体长为体高的2.1 ~ 2.4倍，为头长的3.2倍左右。吻短而钝尖。眼大，头长约为眼径的2.3倍。上颌骨宽，上颌辅骨1枚。下颌稍突出于上颌，具2对小犬齿。两颌和腭骨尚有绒毛状齿带。犁骨具小三角形齿丛。侧线在胸鳍上方稍弯曲。腹鳍亚胸位，腋部具1枚三角形大腋鳞。体鲜红色，鳞具闪光。各鳍淡红色，鳍条边缘黑褐色。为暖水性底层中型鱼类。分布于我国南海，以及日本南部海域，西太平洋、西印度洋暖水域。体长约23.5 cm。

955 金眼拟棘鲷 *Centroberyx rubricaudus* Liu et Shen，1985 [14]

= 红尾棘金眼鲷

背鳍Ⅳ－13；臀鳍Ⅳ－16；胸鳍12 ~ 13；腹鳍Ⅰ－7。侧线鳞59 ~ 64。

本种与线纹拟棘鲷相似。体高，侧扁，头较大。体长约为体高的2.3倍，约为头长的2.8倍。眼较大，头长约为眼径的2.5倍。上颌后端不达眼后缘下方。侧线近平直。腹部无棱鳞。体鲜红色，鳞有银色光泽。各鳍鲜红色，以尾鳍最红。为暖水性底层鱼类。仅见于台湾海域，为我国特有种[10]。体长约20 cm。

956 掘氏拟棘鲷 *Centroberyx druzhinini*（Busakhin，1981）[38]

= 棘金眼鲷

背鳍Ⅴ ~ Ⅶ－12 ~ 15；臀鳍Ⅳ－15 ~ 17；胸鳍13；腹鳍Ⅰ－8 ~ 11。侧线鳞53 ~ 62。

本种体侧扁，呈椭圆形（侧面观）。口大，斜裂。上颌不达眼后缘下方，下颌突出。背鳍鳍基长于臀鳍鳍基。腹鳍起点比背鳍起点位置稍靠前。侧线近平直，不伸达尾鳍基，腹部具弱棱鳞。头部、

体侧鲜红色，腹部和胸鳍粉红色，其他鳍亦显鲜红色。虹膜黄色。为暖水性深海鱼类。分布于我国台湾海域，以及日本以南海域、印度−西太平洋暖水域。体长约30 cm。

（162）金鳞鱼科 Holocentridae = 鳂科

本科物种体中等侧扁。头部有黏液囊，外露骨骼多有嵴纹。眼大，侧上位。口前位，斜裂。前颌骨能伸缩，上颌骨达眼下方，有上颌辅骨。两颌、犁骨、腭骨均有绒毛状齿群。鳃盖骨边缘通常锯齿状。前鳃盖骨后下方棘突有或无。体被强栉鳞，颊部、鳃盖部有鳞。侧线1条，位较高。背鳍鳍棘部与软条部间有明显的缺刻。背鳍可倒伏于鳞沟中。臀鳍较短，有4枚鳍棘，以第3鳍棘最粗大。腹鳍Ⅰ－5～8，胸位。尾鳍深叉形。本科全球有8属65种，我国有6属38种。

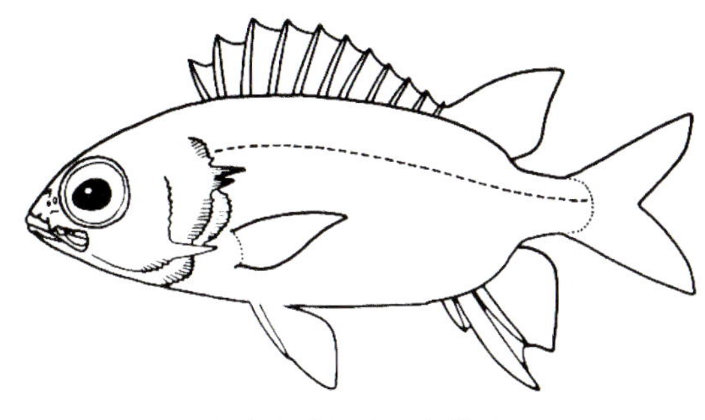

金鳞鱼科物种形态简图

新东洋鳂属 *Neoniphon* Castelnau，1875

= 东洋鳂属 = 长颏鳂属 *Flammeo*

本属物种头稍大。眼中等大。口前位，较大。下颌较上颌长，下颌长达头长的1/2以上。前鳃盖骨隅棘发达。背鳍缺刻明显，其第11鳍棘与第1鳍条紧贴。臀鳍鳍棘4枚，以第3鳍棘粗大。胸鳍下侧位。腹鳍胸位。侧线发达。我国有4种。

957 银新东洋鳂 *Neoniphon argenteus*（Valenciennes，1831）[15]

= 光长颏鳂 *Flammeo argenteus* = 光滑真鳂 *Holocentrus laevis*

背鳍Ⅹ，Ⅰ－11～13；臀鳍Ⅳ－7～9；胸鳍12～13。侧线鳞38～43，侧线上鳞2.5。鳃耙4～7＋8～12。

本种一般特征同属。体延长，稍侧扁，被强栉鳞。前鳃盖骨隅棘短，其长度仅为眼径的1/3。背鳍最后1枚鳍棘比倒数第2鳍棘长。体银灰色。背鳍上部黄色，下部淡红色，鳍棘部鳍膜无斑纹。尾鳍上、下叶边缘具红色区，其余部分黄色。为暖水性珊瑚礁鱼类。栖息于珊瑚礁海区。分布于我国南海，以及日本冲绳以南海域、印度–西太平洋热带水域。体长约12 cm。

958 条新东洋鳂 *Neoniphon sammara*（Forskål，1775）[15]

= 萨姆新东洋鳂 = 条长颏鳂 *Flammeo sammara*

背鳍Ⅹ，Ⅰ–11～12；臀鳍Ⅳ–7～8；胸鳍12～13。侧线鳞39～43，侧线上鳞2.5。鳃耙5～8＋8～12。

本种体呈长卵圆形（侧面观），侧扁，稍低。头小，吻端较尖。前鳃盖骨棘长约为眼径的1/3。体侧具多条红褐色纵纹。背鳍鳍棘部红色，有白缘，第1～4鳍棘间有暗红色大斑。第2背鳍和臀鳍黄色。为暖水性珊瑚礁鱼类。栖息于浅水珊瑚礁及岩礁海区。分布于我国南海，以及日本纪伊半岛以南海域、印度–西太平洋热带水域。体长约14 cm。

959 黑鳍新东洋鳂 *Neoniphon opercularis*（Valenciennes，1831）[38]

= 白边长颏鳂 *Flammeo opercularis*

背鳍Ⅹ，Ⅰ–13；臀鳍Ⅳ–9；胸鳍13～14。侧线鳞38～40，侧线上鳞2.5。鳃耙6～7＋11～12。

本种体延长，呈卵圆形（侧面观），稍高。头略呈锥状，尾柄较细。每枚鳞片后缘均呈褐色。背鳍鳍棘部黑色，基底有白缘。其他鳍带黄色。为暖水性珊瑚礁鱼类。栖息于珊瑚礁海区。分布于我国南海，以及日本冲绳以南海域、印度–太平洋热带水域。体长约14 cm。

960 恕容新东洋鳂 *Neoniphon scythrops*（Jordan et Evermann，1903）[38]

= 黄带新东洋鳂 *N. aurolineatus* = 温长颏鳂 *Flammeo aurolineatus*

背鳍Ⅹ，Ⅰ－12～13；臀鳍Ⅳ－8～9；胸鳍14。侧线鳞44～46，侧线上鳞3.5。鳃耙5～6＋10～12。

本种体呈长椭圆形（侧面观），稍高。背鳍最后1枚鳍棘短于倒数第2枚鳍棘。侧线上鳞3.5行。体橙黄色，背鳍鳍棘膜橙红色，无黑色斑纹。除尾鳍橙黄色外，其他鳍色浅。为暖水性珊瑚礁鱼类。栖息于珊瑚礁、岩礁海区。分布于我国南海，以及日本纪伊半岛以南海域、印度–太平洋热带和亚热带水域。体长约14 cm。

棘鳞鱼属 *Sargocentron* Fowler，1904

= 角鳂属 *Adioryx*

本属物种体呈长椭圆形（侧面观），中等侧扁。头中等大，眼较大。口中等大，前位。下颌不显著突出，长不及头长的1/2。前鳃盖骨隅棘发达。背鳍鳍棘部与鳍条部间有明显缺刻；第11鳍棘比第10鳍棘短，且不附于第1鳍条上，有鳍膜相连。为本科种类最多的属，全球有26种，我国有16种。

961 黄纹棘鳞鱼 *Sargocentron furcatum*（Günther，1859）[38]

= 黄纹鳂 *Adioryx furcatum*

背鳍XI，14～15；臀鳍IV－10；胸鳍15。侧线鳞43～47，侧线上鳞3.5。鳃耙6～8＋12～14。

本种一般特征同属，前鳃盖骨隅有1枚粗长棘。背鳍最后1枚鳍棘最短，位于软条部起点前。背鳍鳍棘部鳍膜无缺刻。侧线上鳞3.5行。后鼻孔边缘有小棘。体红色，体侧有蓝色和白色纵纹。前鳃盖有白色横条。背鳍鳍棘部橙黄色。尾鳍鳍基鲜红色。尾缘灰白色。为暖水性珊瑚礁鱼类。栖息于珊瑚礁、岩礁海区。分布于我国南海，以及日本纪伊水道以南海域、印度－太平洋暖水域。体长约14 cm。

962 尖吻棘鳞鱼 *Sargocentron spiniferum*（Forskål，1775）[15]

= 棘鳂 *Adioryx spiniferum* = 尖吻真鳂 *Holocentrus spiniferum*

背鳍XI，14～16；臀鳍IV－9～10；胸鳍15。侧线鳞41～47，侧线上鳞3.5。鳃耙5～7＋11～13。

本种吻尖长。前鳃盖骨隅角有1枚强棘，棘长约等于眼径。后鼻孔边缘无小棘。体被强栉鳞，侧线上鳞3.5行。背鳍鳍棘膜有缺刻。体红色，鳞片后缘有白边。颊部有白色分叉横纹。背鳍鳍棘部、尾部红色，其他鳍橙黄色。为暖水性珊瑚礁鱼类。栖息于岩礁、珊瑚礁海区。分布于我国南海、台湾海域，以及日本纪伊水道以南海域、印度–太平洋暖水域。体长约21 cm。

963 尾斑棘鳞鱼 *Sargocentron caudimaculatum*（Rüppell，1838）[8]

= 斑尾鳂 *Holocentrus caudimaculatus*

背鳍Ⅺ，14；臀鳍Ⅳ – 9；胸鳍13 ~ 14。侧线鳞40 ~ 43，侧线上鳞2.5。鳃耙5 ~ 8 + 11 ~ 13。

本种体呈椭圆形（侧面观），侧扁。吻端稍钝。侧线上鳞2.5行，侧线鳞40 ~ 43枚。后鼻孔边缘有1枚以上小棘。鼻骨前端分两叉。眶前骨上缘无棘，无锯齿。体色较深，略带褐色，无黑斑。前鳃盖有白色横条。背鳍红色，其他鳍橙黄色。尾鳍通常有乳白色斑点，幼鱼斑点较为显著。为暖水性岩礁鱼类。栖息于岩礁海区。分布于我国南海、台湾海域，以及日本土佐湾以南海域、印度–太平洋暖水域。体长约14 cm。

964 黑点棘鳞鱼 *Sargocentron melanospilos*（Bleeker，1858）[14]

背鳍Ⅺ，12 ~ 14；臀鳍Ⅳ – 9 ~ 10；胸鳍13 ~ 14。侧线鳞32 ~ 36，侧线上鳞2.5。鳃耙4 ~ 7 + 10 ~ 12。

本种体呈长椭圆形（侧面观），侧扁。较矮，体长为体高的2.6～3倍。吻端较尖，上颌前端比下颌突出。眶前骨后缘平滑，无锯齿。前鳃盖骨棘略短，其长度为眼径的1/2左右。体橙红色，鳞片有白色斑纹，无黄色横纹。背鳍鳍棘膜有白斑，内、外缘红色，各鳍鳍基常有黑斑，以背鳍基黑斑最大。为暖水性岩礁鱼类。栖息于热带珊瑚礁、岩礁海区。分布于我国台湾海域，以及日本小笠原群岛以南海域、澳大利亚大堡礁海域、印度海域、太平洋热带水域。体长约16 cm。

965 角棘鳞鱼 *Sargocentron cornutum*（Rüppell，1838）[15]

= 角鳂 *Adioryx cornutus* = *Holocentrus cornutum*

背鳍XI，13；臀鳍IV－9；胸鳍13～14。侧线鳞32～36，侧线上鳞2.5。鳃耙4～7＋10～12。

本种与黑点棘鳞十分相似。背鳍、臀鳍、胸鳍、尾鳍基底各有一黑色斑点，以背鳍基底黑斑最大。体稍高，体长为体高的2.6倍左右。体偏黄色，鳞片有一黄色横纹。背鳍鳍棘膜红色，有白色横纹。为暖水岩礁性鱼类。分布于我国台湾海域，以及日本土佐湾以南海域、澳大利亚大堡礁海域、西太平洋热带水域。体长约14 cm。

注：黑点棘鳞鱼和角棘鳞鱼形态特征高度相似。二者体高与体色略有差别，这与鱼体大小及栖息地有关。《台湾鱼类志》（1993）、《中国海洋生物图集》（2012）列为两种[9，110，13]，但二者有可能为同一物种。

966 褐斑棘鳞鱼 *Sargocentron praslin*（Lacépède，1802）[37]

= 普拉斯林棘鳞鱼

背鳍XI，12～13；臀鳍IV－8～9；胸鳍13～16。侧线鳞33～36，侧线上鳞2.5。

本种体呈椭圆形（侧面观），侧扁。头小，吻短，眼大。眶前骨上缘有1枚侧向小棘。鼻骨后

缘无小棘。鼻孔无棘。体被中等大栉鳞，颊部鳞4列。背鳍最后1枚鳍棘位于前1枚鳍棘与第1鳍条正中间。体背侧有4～5条暗红色带。背鳍鳍条部有一棕色斑。臀鳍鳍条部有一圆斑。胸鳍基部有深色斑点。为暖水性岩礁鱼类。栖息于岩礁海。分布于我国台湾海域。

967 紫棘鳞鱼 *Sargocentron violaceum*（Bleeker，1853）[15]

= 紫鳂 *Adioryx violaceus*

背鳍Ⅺ，14；臀鳍Ⅳ－9；胸鳍14。侧线鳞35～37，侧线上鳞2.5。鳃耙6～7＋12～13。

本种后鼻孔边缘有小棘，鼻骨前端分两叉。眶前骨后缘平滑，无锯齿。上颌前端不比下颌突出。前鳃盖骨棘长大于眼径。体红色。体侧鳞片具蓝色斑点，边缘红色。各鳍红色，无斑点。为暖水性珊瑚礁鱼类。分布于我国南海，以及琉球群岛以南海域、印度–太平洋暖水域。体长约11 cm。

968 **点带棘鳞鱼** *Sargocentron rubrum*（Forskål，1775）[70]

= 黑带金鳞鱼 = 红眼鳂 *Adioryx rubrum*

背鳍Ⅺ，12～14；臀鳍Ⅳ－9～10；胸鳍14。侧线鳞33～36，侧线上鳞2.5。

本种体呈长椭圆形（侧面观）。前鳃盖骨隅有1枚长棘，背鳍最后1枚鳍棘最短。后鼻孔边缘无小棘，鼻骨后部亦无小棘。眶前骨上缘有1枚水平小棘。体红色，体侧有6～7条纵带。背鳍鳍棘红色，背鳍鳍膜、腹鳍、臀鳍灰白色。尾鳍橙黄色，上、下叶有红边。背鳍、臀鳍、尾鳍基底各有一黑斑。为暖水性岩礁鱼类。分布于我国南海、以及日本南部海域、印度－太平洋温、热带水域。体长约15 cm。

969 **赤鳍棘鳞鱼** *Sargocentron tiere*（Cüvier 1829）[38]

= 赤鳂 *Adioryx tiere*

背鳍Ⅺ，14；臀鳍Ⅳ－9；胸鳍14～15。侧线鳞46～52，侧线上鳞2.5。鳃耙6～8＋13～15。

本种与点带棘鳞鱼相似，后鼻孔和鼻骨均无棘。眶前骨上缘平滑，无小棘。侧线鳞多，46～52枚。眼小，眼径与前鳃盖骨棘几乎等长。背鳍鳍棘高度低。体和各鳍均为红色。背鳍鳍棘膜上有1

纵行小白点。为暖水性珊瑚礁鱼类。分布于我国台湾海域，以及琉球群岛以南海域、印度–太平洋热带水域。体长约17 cm。

970 黑鳍棘鳞鱼 *Sargocentron diadema*（Lacépède，1802）[38]

= 白纹鳂 *Adioryx diadema* = 黑鳍真鳂 *Holocentrus diadema*

背鳍XI，13 ~ 15；臀鳍IV – 8 ~ 10；胸鳍13 ~ 15。侧线鳞46 ~ 50，侧线上鳞2.5。鳃耙4 ~ 6 + 12 ~ 15。

本种为鼻骨后部无小棘，眶前骨上缘无棘，侧线鳞较多。前鳃盖骨棘短，其长度小于眼径的1/2。体红色，有9条白色纵纹。头部于眼下缘和前鳃盖均有白色带贯穿。背鳍鳍棘部黑色，中部有白色纵带。其他鳍白色，腹鳍、臀鳍和尾鳍上、下叶有红边。为暖水性礁岩鱼类。主要栖息于珊瑚礁海区。分布于我国台湾海域，以及日本奄美大岛以南海域、印度–太平洋暖水域。体长约14 cm。

971 银带棘鳞鱼 *Sargocentron ittodai*（Jordan et Fowler，1902）[141]

= 光泽鳂 *Adioryx ittodai* = 伊氏鳂

背鳍XI，12 ~ 14；臀鳍IV – 9 ~ 10；胸鳍15 ~ 16。侧线鳞46 ~ 49，侧线上鳞2.5。鳃耙4 ~ 6 + 12 ~ 14。

本种前鳃盖骨棘较短，其长度为眼径的1/3 ~ 1/2。臀鳍鳍棘粗长，超过鳍条长。侧线鳞较多。体侧、头部具白色条纹。尾鳍、臀鳍、胸鳍、腹鳍底色白色，有红边。背鳍鳍棘部红色，有一白色纵带；前部尚有黑点。为暖水性珊瑚礁鱼类。栖息于珊瑚礁、岩礁海区。分布于我国台湾海域，以及日本小笠原群岛以南海域、印度–太平洋热带水域。体长约14 cm。

972 刺棘鳞鱼 *Sargocentron spinosissimum*（Temminck et Schlegel，1843）[44]

= 大刺真鲲 *Holocentrus spinosissimus*

背鳍Ⅺ，13；臀鳍Ⅳ－8～9；胸鳍13～15。侧线鳞35～38，侧线上鳞2.5。鳃耙5～8＋10～11。

本种后鼻孔边缘无小棘，但鼻骨后部有小棘。体较高，体长为体高的2.5～2.7倍。侧线鳞偏少。全体红色，布有10条以上白色纵纹。背鳍鳍棘部在红色基底上有黄色条纹。为暖水性岩礁鱼类。栖息于稍深的岩礁海区。分布于我国台湾海域，以及日本本州中部以南海域、西北太平洋温、热带水域。体长可达25 cm。

973 长棘鳞鱼 *Sargocentron microstomum*（Günther，1859）[38]

= 小口鲲

背鳍Ⅺ，13；臀鳍Ⅳ－8～9；胸鳍13～15。侧线鳞49～56，侧线上鳞2.5。鳃耙5～8＋10～11。

本种体较修长，较低，体长为体高的3.1～3.5倍。鼻骨后部有1～2枚小棘。侧线鳞偏多，为49～56枚。体红色，有8条白色纵带。头部眼下缘、前鳃盖及鳃条部银白色。背鳍鳍棘部红色，鳍膜上有白色横纹与鳍棘相间排列；尾鳍红色，有灰白色尾缘；其他鳍色浅。为暖水性珊瑚礁鱼类。主要栖息于珊瑚礁海区。分布于我国台湾海域，以及琉球群岛以南海域、印度–太平洋热带水域。体长约12 cm。

974 乳斑棘鳞鱼 *Sargocentron lacteoguttatum*（Cüvier，1829）[70]

= 乳斑鳂 *Adioryx lacteoguttatum* = 斑纹棘鳞鱼 *S. punctatissimum*

背鳍XI，12～14；臀鳍IV－9；胸鳍15。侧线鳞42～45，侧线上鳞2.5。鳃耙5～7＋10～12。

本种侧线鳞2.5行。后鼻孔边缘、鼻骨后部均无小棘。眶前骨无水平小棘。侧线鳞较少，为42～45枚。前鳃盖骨棘短，其长度约为眼径的1/2。额骨在眼窝前上方向侧方呈棚状突出。体红黄色或色稍深。背鳍鳍棘缘深红色或黑色。为暖水性岩礁鱼类。分布于我国东海，以及琉球群岛以南海域、印度–太平洋暖水域。体长约14 cm。

▲ 本属我国尚记录有剑棘鳞鱼*S. ensifer*和格纹棘鳞鱼*S. inaequalis*[12，13]，其一般特征同属，多以斑纹配布和近缘种相区别。分布于我国台湾海域、南海。

975 红双棘鲲 *Dispinus ruber*（Forskål，1775）[15]

双棘鲲属仅此1种，一般形态特征与棘鳞鱼属鱼类相似。本种体呈长椭圆形（侧面观），中等侧扁。头中等大。眼大，侧上位。口中等大，前位。下颌较上颌短，其长不及头长的1/2。前鳃盖骨隅棘扁平，尖端超过鳃盖膜。背鳍鳍棘部与鳍条部间有明显的缺刻；第11鳍棘最短，以鳍膜连于鳍条部。体被强棘鳞。眶前骨有一大横突。第2躯椎腹面有2枚长棘。体红色，体侧具8～9条深红色纵带。各鳍黄色，尾鳍上、下叶具红边，背鳍鳍条部和臀鳍前部有红色区。为热带珊瑚礁鱼类。栖息于珊瑚礁底层水域。分布于我国南海、台湾海域，以及西北太平洋暖水域。体长可达26.5 cm。

976 滩涂琉球鲲 *Plectrypops limus*（Valenciennes，1831）[38]

＝多鳞鲲

背鳍Ⅻ，15；臀鳍Ⅳ，11；胸鳍17。侧线鳞32～34。鳃耙7～8＋14～15。

本种体呈长椭圆形（侧面观），侧扁而高。前鳃盖骨隅无强棘。背鳍鳍棘12枚，第10和第11鳍棘间有深凹刻，但以鳍膜相连。两侧筛骨间具菱形沟，沟窄。上颌骨在眶前骨下无突起。上颌缝合部内侧无齿。眶下骨有锯齿，无棘。主鳃盖骨后缘有尖锯齿，但无明显的棘。体鲜红色，体侧有数纵列不甚明显的白点。各鳍红色，仅腹鳍色稍浅。为暖水性珊瑚礁鱼类。栖息于浅水珊瑚礁海区、潟湖和岩礁海区。分布于我国南海、台湾海域，以及日本纪伊半岛以南海域、印度–太平洋热带水域。体长约10 cm。

骨鲵属 *Ostichthys* Jordan et Evermann，1896

本属物种体侧面观呈长椭圆形，侧扁。头较大，头上有骨质隆起嵴。吻较短，眼较大。口大，斜裂。两侧筛骨间沟宽，呈V形。两颌齿细小，呈带状排列。主鳃盖骨后具强骨棘及锯齿缘，上方有一凹刻。前鳃盖骨隅无强棘，其边缘具锯齿。体被强栉鳞，鳞上有嵴和强锯齿缘。侧线明显。背鳍有12枚鳍棘，以第3鳍棘最长；鳍棘部与鳍条部间有明显的缺刻。臀鳍与背鳍相对，具4枚鳍棘，以第3鳍棘最强。胸鳍侧下位，腹鳍胸位，尾鳍叉形。我国有4种。

977 日本骨鲵 *Ostichthys japonicus*（Cuvier，1829）[38]

背鳍XII，12～14；臀鳍IV–10～12；胸鳍16～17。侧线鳞28～30，侧线上鳞3.5。鳃耙20～23。

本种一般特征同属。体呈长椭圆形（侧面观）。背鳍鳍棘12枚；第12鳍棘长为第11鳍棘长的2～3倍；其间具深凹，有鳍膜相连。鳞表粗糙。两侧筛骨间为宽的V状沟。侧线下鳞9行。眼较大，第1眶下骨高为眼径的1/2。头、体红色，腹侧色稍浅。每枚鳞片均具银白色光泽。各鳍红色，尾鳍鲜红色。为暖水性底层鱼类。栖息于沿岸100 m以浅海域。分布于我国南海、东海，以及日本冲绳海域、印度–西太平洋。体长约24 cm[49]。

978 沈氏骨鳂 *Ostichthys sheni* Chen，Shao et Mok，1990[14]

背鳍XII，13；臀鳍IV－11；胸鳍17。侧线鳞28～30，侧线上鳞3.5。鳃耙19～20。

本种曾被认为是日本骨鳂，1988年后方独立为一新种[9]。背鳍最后1枚鳍棘长等于或略大于前1枚鳍棘长。侧线下鳞较多，为10～11行。鳃耙较少，为19～20枚。本种与日本骨鳂一样，体无斑纹。但本种体色更红，可能和栖息地不同有关。同为暖水性底层鱼类。分布于我国台湾海域，以及西北太平洋。体长约12 cm。

979 长吻骨鳂 *Ostichthys archiepiscopus*（Valenciennes，1862）[48]

背鳍XII，13～15；臀鳍IV－11～12；胸鳍13。侧线鳞28～30，侧线上鳞2.5。鳃耙7～9＋13～15。

本种体呈长椭圆形（侧面观），稍低，体长为体高的2.1～2.3倍。吻稍尖长。头部背缘直线形或稍凹。两侧筛骨间沟宽，呈V形。第1侧线鳞前上方有鳞片。侧线上鳞仅2.5行。体红色，其上白色纵带宽。为暖水性底层鱼类。栖息水深200 m左右。分布于我国南海、台湾海域，以及日本冲绳海域，美国夏威夷海域，印度洋、太平洋暖水域。体长约20 cm。

980 **深海骨鳂** *Ostichthys kaianus*（Günther，1880）[38]
=基岛骨鳂=白线金鳞鱼

背鳍Ⅻ，12～13；臀鳍Ⅳ-11；胸鳍15～17。侧线鳞28～30，侧线上鳞2.5。鳃耙7～9+14～16。

本种与长吻骨鳂相似。体较高，体长为体高的2.09～2.12倍。吻较圆钝，头部背缘缓慢突起。第1侧线鳞上方无鳞片。体深红色，其上排布有10条白色狭纵带。尾鳍鲜红色，其他鳍红色。为暖水性底层鱼类。栖息水深100～340 m。分布于我国台湾海域，以及日本冲绳海域、印度尼西亚海域。体长约22 cm。

锯鳞鱼属 *Myripristis* Cuvier，1829

本属物种体呈长椭圆形（侧面观），侧扁。头中等大，吻短。眼大，上侧位，靠近吻端。口前位，两颌、犁骨、腭骨均具细齿。上颌骨下缘常有锯齿。主鳃盖骨有或无弱棘。前鳃盖骨下缘无棘。体被栉鳞，鳞片表面光滑，后缘有锯齿。背鳍鳍棘部与鳍条部间缺刻明显，具11枚鳍棘，其第11鳍棘紧附于第1鳍条前缘。臀鳍与背鳍鳍条部相对，有4枚鳍棘，以第3鳍棘最粗长。胸鳍下侧位，腹鳍腹位，尾鳍叉形。本属全球有21种，我国有12种。

981 **无斑锯鳞鱼** *Myripristis vittata* Valenciennes，1831[38]
=赤鳃锯鳞鳂=多纹锯鳞鱼

背鳍Ⅹ，Ⅰ-14～15；臀鳍Ⅳ-12～13；胸鳍14～16。侧线鳞35～38。鳃耙11～14+22～25。

本种一般特征同属。体呈长椭圆形（侧面观）。眼大，吻短。背鳍鳍棘11枚，其第10和第11鳍棘间完全分离。体表面光滑。侧线鳞较多。全体鲜红色。背鳍鳍棘部、尾鳍深红色，背鳍鳍条顶端

有深红色斑。鳃盖膜和主鳃盖无暗斑。为暖水性珊瑚礁鱼类。栖息于沿岸岩礁、珊瑚礁海区。分布于我国台湾海域，以及日本土佐湾海域、印度-太平洋暖水域。体长约15 cm。

982 孔锯鳞鱼 *Myripristis kuntee* Valenciennes，1831[38]

=康德锯鳞鱼

背鳍Ⅹ，Ⅰ-15~17；臀鳍Ⅳ-14~16；胸鳍14~16。侧线鳞38~42。鳃耙12~15+22~26。

本种与无斑锯鳞鱼相似。同为背鳍鳍棘11枚，背鳍缺刻出现在第10和第11鳍棘间。鳞表面较光滑，体稍高，眼较小，侧线鳞多。鳃盖膜和主鳃盖红色，有暗斑，并向肩带区扩张。背鳍鳍棘部背缘黄色，鳍条部顶端有深红色斑。为暖水性底层鱼类。栖息于岩礁海区。分布于我国台湾海域，以及日本土佐湾以南海域、印度-太平洋暖水域。体长约14 cm。

983 黄鳍锯鳞鱼 *Myripristis chryseres* Jordan et Evermann，1903[38]

背鳍Ⅹ，Ⅰ－13～14；臀鳍Ⅳ－11～13；胸鳍14～16。侧线鳞33～37。鳃耙12～15＋23～27。

本种体呈长椭圆形（侧面观）。头中等大，眼间隔窄。鳃盖膜深色斑明显，并超过主鳃盖骨棘向下扩散。主鳃盖色浅。背鳍、臀鳍、腹鳍、尾鳍均为鲜艳的黄色。为暖水性珊瑚礁鱼类。栖息于珊瑚礁或岩礁海区。分布于我国台湾海域，以及日本小笠原群岛海域、印度－太平洋暖水域。体长约16 cm。

984 红锯鳞鱼 *Myripristis pralinius* Cuvier，1829[38]

背鳍Ⅹ，Ⅰ－15～16；臀鳍Ⅳ－14～15；胸鳍15。侧线鳞37～39。鳃耙13～15＋23～26。

本种与黄鳍锯鳞鱼相似。主鳃盖区色浅。鳃盖膜具斑块；斑块色深，较小，仅存在于主鳃盖骨棘上方。各鳍均不呈黄色，背鳍、臀鳍基部透明。此外，本种眼较大，眼间隔宽，眼瞳孔上方不呈黑色，这也是本种与近缘种相区分的主要特征。属于暖水性珊瑚礁鱼类。分布于我国台湾海域，以及日本土佐湾海域、琉球群岛海域、印度－太平洋热带水域。体长约10 cm。

985 焦黑锯鳞鱼 *Myripristis adusius* Bleeker，1853[38]

背鳍Ⅹ，Ⅰ－15；臀鳍Ⅳ－13；胸鳍15～16。侧线鳞27。鳃耙13～14＋26。

本种背鳍具11枚鳍棘，其第10鳍棘与第11鳍棘分离。眼大。鳞大，表面光滑。侧线鳞较少。体暗红色，背鳍、臀鳍、尾鳍边缘黑色，各鳞后缘有黑边。为暖水性珊瑚礁鱼类。栖息于岩礁、珊瑚礁海区。分布于我国南海、台湾海域，以及琉球群岛以南海域和印度－西太平洋热带、亚热带水域。体长约20 cm。

986 博氏锯鳞鱼 *Myripristis botche* Cuvier，1829[38]

＝黑斑锯鳞鱼 *M. melanostictus*

背鳍Ⅹ，Ⅰ－13～14；臀鳍Ⅳ－12～13；胸鳍14～15。侧线鳞28。鳃耙11～14＋22～25。

本种与焦黑锯鳞鱼相似。但本种背鳍、臀鳍、尾鳍无黑边。胸鳍腋部无小鳞。下颌齿丛2对。体红色，背鳍、臀鳍深红色，鳃盖膜具暗红色斑。背鳍鳍棘部鳍膜红黄色。为暖水性底层鱼类。分布于我国台湾海域，以及日本土佐湾以南海域、印度－太平洋暖水域。体长约10 cm。

987 格氏锯鳞鱼 *Myripristis greenfieldi* Randall et Yamakawa，1996[37]

背鳍Ⅺ，14～15；臀鳍Ⅳ－12；胸鳍15。侧线鳞28～29。

本种体呈长椭圆形（侧面观），侧扁。吻短，眼大。下颌有1对齿丛。口闭合时，下颌不突出。背鳍第10和第11鳍棘间无鳍膜相连。体鳞后缘具许多细棘。胸鳍腋部无腋鳞。体红色。背鳍、臀鳍、尾鳍具白缘。背鳍鳍棘部红色，基部白色。鳃盖膜上缘和胸鳍腋下黑色。为暖水性岩礁鱼类。栖息水深60 m以浅。分布于我国台湾海域。

988 齿颏锯鳞鱼 *Myripristis hexagonus*（Lacépède，1802）[38]

＝六角锯鳞鱼

背鳍Ⅹ，Ⅰ－14～15；臀鳍Ⅳ－11～13；胸鳍14～15。侧线鳞27～28。鳃耙15～16＋27～32。

本种体呈长椭圆形（侧面观），侧扁。全体均为红色。背鳍、臀鳍、尾鳍无黑边。下颌骨齿丛2对。鳞片大，露出部分明显呈六角形。胸鳍腋部有小鳞。为暖水性珊瑚礁鱼类。分布于我国台湾海域、南海，以及琉球群岛以南海域、印度－太平洋暖水域。体长约10 cm。

989 紫红锯鳞鱼 *Myripristis violacea* Bleeker，1851 [38]

= 小眼锯鳞鱼 *M. microphthalmus*

背鳍Ⅹ，Ⅰ－14～16；臀鳍Ⅳ－12～14；胸鳍14～16。侧线鳞27～29。鳃耙12～15＋27～31。

本种与焦黑锯鳞鱼体形相似。体紫褐色。鳃盖膜暗红色。奇鳍均为橙红色而无黑边。胸鳍腋部有小鳞。下颌骨齿丛仅1对。侧线上方鳞片后缘褐色。为暖水性珊瑚礁鱼类。分布于我国台湾海域、南海，以及琉球群岛以南海域、印度－西太平洋暖水域。体长约11 cm。

990 白边锯鳞鱼 *Myripristis murdjan*（Forskål，1775）[15]

= 小牙锯鳞鱼 *M. parvidens*

背鳍Ⅹ，Ⅰ－13～15；臀鳍Ⅳ－12～14；胸鳍14～16。侧线鳞27～29。鳃耙13～14＋24～29。

本种体呈长椭圆形（侧面观），侧扁。头中等大。眼大，眼间隔宽，瞳孔上方有黑斑。胸鳍腋部有小鳞。下颌骨齿丛仅1对。体红色。侧线上方鳞片后缘深红色。鳃盖膜的黑色区向主鳃盖骨棘下方扩张。胸鳍腋部有深红色大斑。奇鳍鳍条部和腹鳍前缘有乳白色边。为暖水性珊瑚礁鱼类。栖息于珊瑚礁及岩礁海区。分布于我国南海，以及日本奄美大岛以南海域、印度－西太平洋热带水域。体长约21 cm。

991 大鳞锯鳞鱼 *Myripristis berndti* Jordan et Evermann，1903[38]

背鳍Ⅹ，Ⅰ－13～15；臀鳍Ⅳ－11～14；胸鳍14～16。侧线鳞28～30。鳃耙11～14＋24～27。

本种体呈长椭圆形（侧面观）。头较大。体长为头长的2.87～3.04倍，约为体高的2.5倍。下颌比上颌明显突出。眼较大，瞳孔上方黑色，眼间隔窄。胸鳍腋部有小鳞。下颌齿丛1对。体鲜红色。鳃盖膜亦有黑色区，只是黑色区小，止于主鳃盖骨棘的上方。背鳍鳍棘部上方黄色。为暖水性珊瑚礁鱼类。主要栖于珊瑚礁海区。分布于我国台湾海域，以及日本奄美大岛以南海域、印度－太平洋暖水域。体长约18 cm。

992 塞舌尔锯鳞鱼 *Myripristis serchellensis* Cuvier，1829[9]

背鳍Ⅹ，Ⅰ－14；臀鳍Ⅳ－11；胸鳍15。侧线鳞28。鳃耙11＋22。

本种与大鳞锯鳞鱼相似。胸鳍腋部有小鳞。鳃盖膜黑色区小，止于主鳃盖骨棘上方。眼大，眼间隔窄。体红色。但本种体更高，体长约为体高的2.2倍，约为头长的2.94倍。背鳍鳍棘部红色，无黄边。其他鳍亦为红色。体侧腹部色稍浅，具银色光泽。为暖水性底层鱼类。分布于我国台湾海域，以及印度－西太平洋热带水域。体长约14 cm。

42 海鲂目 ZEIFORMES

本目物种体侧面观呈椭圆形或卵圆形，侧扁而高。上颌骨显著突出。无上颌辅骨。无眶蝶骨与眶下棚。后颞骨与颅骨密接。鳞细小或退化。背鳍鳍棘4 ~ 11枚，臀鳍鳍棘0 ~ 4枚，背鳍、臀鳍及胸鳍鳍条不分叉。腹鳍胸位。鳔无鳔管。脊椎骨21 ~ 46枚。全球有6科16属32种，我国有3科10属14种。其中菱鲷科Antigonidae（= Caproidae）被Nelson（2006）、黄宗国（2012）移入鲈形目，成为其下一个亚目[3, 13]。本书仍依据刘瑞玉（2008），将该科置于海鲂目中[12]。

海鲂目物种形态简图

海鲂目的科、属、种检索表

1a 鳞片有或无；如有亦不排成垂直鳞列……………………………………………………（3）

1b 体背细小鳞，排成垂直鳞列；口小，口裂近垂直或稍上斜
……………………………………菱的鲷科 Grammicolepidae（2）

2a 口裂近垂直；眼上方头背凹入；体侧无棘状小骨板
……………………………………………………异菱的鲷 *Xenolepidichthys dalgleishi* 1000

2b 口稍斜向上；眼上方头背稍隆起；仅幼鱼体侧有棘状小骨板
……………………………………………………斑线菱鲷 *Grammicolepis brachiusculus* 1001

3-1a 腭骨无齿；腹鳍鳍条5枚；脊椎骨21～23枚
………………………菱鲷科 Antigonidae　菱鲷属 *Antigonia*（10）

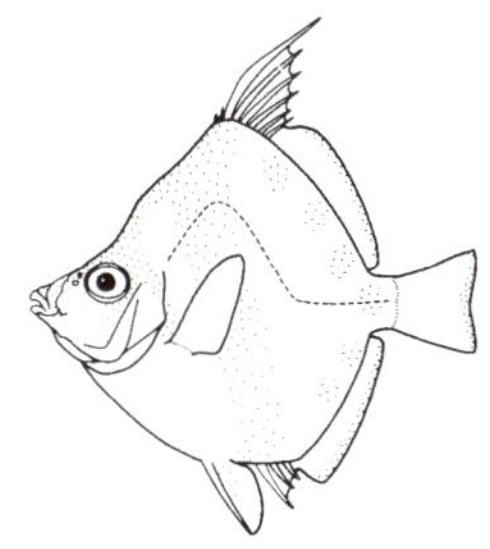

3b 腭骨有齿；腹鳍鳍条至少5枚；脊椎骨25枚以上
…………………………………………………………海鲂科 Zeidae（4）

4a 腹鳍起始于胸鳍基底下方或前下方……………………………………………………………（6）
4b 腹鳍起始于胸鳍基底后下方…………………………………………………………………（5）
5a 口斜裂；前鳃盖骨隅无向后棘……………………………太平洋副海鲂 *Parazen pacificus* 993
5b 口裂近垂直；前鳃盖骨隅有向后大棘………………………日本小海鲂 *Zenion japonicum* 994
6-4a 腹部腹鳍和臀鳍间无棘状骨板……………………………青菱海鲂 *Cyttomimus affinis* 995
6b 腹部腹鳍和臀鳍间有棘状骨板…………………………………………………………………（7）
7a 胸鳍基底上端与眼下缘几乎处于同一水平线上；腹鳍无鳍棘，鳍条9～10枚
……………………………………………………………………红腹刺海鲂 *Cyttopsis rosea* 996
7b 胸鳍基底上端位于眼下缘下方，腹鳍鳍棘1枚，鳍条6～7枚……………………………（8）
8a 头部背面凸状，成鱼体侧中央有一大黑斑……………………………远东海鲂 *Zeus faber* 999
8b 头部背面凹入，成鱼体侧中央无黑斑或黑斑不明显……………………………………（9）
9a 幼鱼多有黑色圆斑；背鳍鳍棘间鳍膜延长成丝状…………云纹亚海鲂 *Zenopsis nebulosa* 997
9b 体侧无黑色圆斑；背鳍鳍棘间鳍膜不呈长丝状………………多棘亚海鲂 *Z. stabilispinosa* 998
10-3a 眼后方头背缘显著凹陷；吻长，口裂近水平位……………………红菱鲷 *A. rubescens* 1002
10b 头背缘有凹陷，但不显著；吻短，口裂近垂直或稍斜…………………………………（11）
11a 眼上方凹入；口裂近垂直；体侧有红色横带…………………………高菱鲷 *A. capros* 1003
11b 眼上方稍隆起；口裂稍斜；体侧无红色横带…………………………绯菱鲷 *A. rubicunda* 1004

（163）海鲂科 Zeidae

本科物种体侧面观呈椭圆形或卵圆形，特别侧扁。口大，前位。上颌可伸缩，无上颌辅骨。胸部、腹部常有锯齿状骨板。鳞退化或缺失。背鳍基部粗壮，有时鳍棘间鳍膜有丝状延长部分。尾鳍分支鳍条11枚。包括已分立副海鲂科Parazenidae、线菱鲷科Grammicolepididae和大海鲂科Zeniontidae物种，全球有7属13种，我国有7属9种。

本科物种简图同目。

993 太平洋副海鲂 *Parazen pacificus* Kamohara，1935 [48]

背鳍Ⅵ～Ⅶ，27～29；臀鳍Ⅰ－28～34；胸鳍12～16；腹鳍7。侧线鳞82～87。脊椎骨12＋22。

本种体呈椭圆形（侧面观），侧扁。腹鳍起点位于胸鳍基的后下方。口斜裂，能伸缩。前鳃盖骨隅无向后棘。体密被细弱栉鳞。腹鳍无鳍棘，鳍条7枚，腹鳍与臀鳍间无棘状骨板。体淡橙红色，体侧有银色光泽，仅背鳍鳍棘前端黑色。为暖水性底层中小型鱼类。栖息水深200～360 m。分布于我国台湾海域、南海，以及日本熊野海域、土佐湾海域，印度–西太平洋暖水域。体长可达25 cm [49]。

注：太平洋副海鲂亦被列入准的鲷科Parazenidae（＝副海鲂科）中 [13]，刘瑞玉（2008）在海鲂科和准的鲷科均列有该鱼 [10]。

994 日本小海鲂 *Zenion japonicum* Kamohara，1934 [48]

＝日本巨眼海鲂＝小海鲂 *Z. hololepis*

背鳍Ⅵ～Ⅶ，23～28；臀鳍Ⅰ－6～7；胸鳍15～17；腹鳍Ⅰ－5～6。脊椎骨10～11＋17～18。

本种体呈卵圆形（侧面观）。眼显著大，眼径可达体高的1/2。口中等大，口裂近垂直，上颌可伸缩。两颌齿退化，微小；腭骨无齿。前鳃盖骨隅有向后大棘。腹鳍起始于胸鳍基后下方。背鳍、臀鳍基底有棘状板，但腹鳍和臀鳍间无棘状板。胸鳍小。体被小圆鳞。侧线1条，在躯干部背面，呈弯曲状。体带紫褐色，尾鳍淡红色。背鳍鳍棘部顶端黑色，其他鳍无色。为暖水性底层鱼类。栖息水深200 ~ 380 m。分布于我国南海，以及日本熊野海域、土佐湾海域，西太平洋暖水域。体长约6.5 cm[49]。

注：据孟庆闻（1995）述及小海鲂*Z. hololepis*与日本小海鲂*Z. japonicus*为同物种[2]，但黄宗国（2012）将二者列为独立两种[13]。笔者未见小海鲂图照、标本，暂将二者作为同物种安排。

995 青菱海鲂 *Cyttomimus affinis* Weber，1913[37]

＝青甲眼的鲷

背鳍Ⅷ，20 ~ 21；臀鳍Ⅱ－21 ~ 22；胸鳍14；腹鳍Ⅰ－6。侧线鳞43。

本种体呈卵圆形（侧面观），甚侧扁。头大，吻尖长。眼大，眼径稍大于吻长。口大，斜裂。颊部有鳞3列，侧线上鳞4行。尾柄长约为尾柄高的2倍。腹鳍和臀鳍间无棘状板。腹鳍起始于胸鳍基稍前下方。背鳍以第2鳍棘最长，其长度稍长于眼径。背鳍鳍棘小。为暖水性底层小型鱼类。栖息水深100 m以浅。分布于我国南海、台湾海域，以及日本土佐湾海域。体长约7 cm。

996 红腹刺海鲂 *Cyttopsis rosea*（Lowe，1843）[48]

=笼拟海鲂 Zen itea =似海鲂

背鳍Ⅶ-28~30；臀鳍Ⅰ-Ⅱ，28~29；胸鳍13~14；腹鳍9~10。侧线鳞75~85。脊椎骨10~11+20~21。

本种体呈卵圆形（侧面观）。头大，吻钝。尾柄细短。眼大，位高。腹鳍起始于胸鳍基前下方。腹鳍、臀鳍间有棘状板。体被小圆鳞，侧线向背侧弯曲大。胸鳍基上方与眼下缘几乎处于同一水平线上。腹鳍无鳍棘；臀鳍有鳍棘。体浅红色，头侧有银白色光泽。腹鳍暗红色，其他鳍颜色与体色相近。为暖水性底层鱼类。栖息水深200~500 m。分布于我国南海、台湾海域，以及日本骏河湾以南海域，太平洋、大西洋和印度洋暖水域。体长约18 cm[49]。

997 云纹亚海鲂 *Zenopsis nebulosa*（Temminck et Schlegel，1847）[48]

=雨印亚海鲂 =褐海鲂

背鳍Ⅸ，26~27；臀鳍Ⅲ-24~25；胸鳍13；腹鳍Ⅰ-6。脊椎骨12~13+21。鳃耙2~3+9~10。

本种体呈椭圆形（侧面观），强侧扁。腹鳍起始于胸鳍基底前下方。腹鳍与臀鳍间有棘状骨板。眼小，紧位于头背缘下凹处。体无鳞。胸鳍位较低，其基底上端位于眼下缘下方。腹鳍长，可超越肛门。背鳍、臀鳍基底有发达的棘状骨板。背鳍鳍棘部有发达的延长丝。体银白色，体侧中央有一比眼稍大的黑斑，成鱼黑斑不明显。背鳍鳍棘部、腹鳍和尾鳍色暗。为暖温性深海底层鱼类。栖息于水深200～800 m的泥底质海区。冬季产卵。分布于我国台湾海域、东海，以及日本福岛以南海域、印度-太平洋温带水域。全长可达70 cm。

998 多棘亚海鲂 *Zenopsis stabilispinosa* Nakabo，Bray et Yamada，2006 [37]

= 立鳍印鲷

背鳍Ⅶ，26；臀鳍Ⅲ-23；胸鳍12；腹鳍Ⅰ-6。侧线鳞43。

本种体呈椭圆形（侧面观），甚侧扁。吻突出。眼小，位于头后部上方。眼上头背缘凹陷。口中等大，斜裂。臀鳍前两鳍棘可活动；第3鳍棘与支鳍骨愈合，不能活动。胸鳍短，头长为胸鳍长的1.7～1.8倍。背鳍基底有棘状骨板。腹缘在腹鳍前、腹鳍与臀鳍间和臀鳍基底的棘状骨板分别有5～6、6～7和5～6枚。体银灰褐色，腹侧色浅。体侧无黑色圆斑。背鳍鳍棘部和尾鳍色较深。为暖水性底层鱼类。栖息水深100 m以浅。分布于我国南海、台湾海域。

999 远东海鲂 *Zeus faber* Linnaeus，1758 [15]

= 日本海鲂 *Z. japonicus*

背鳍Ⅹ，22～23；臀鳍Ⅳ-21～23；胸鳍13；腹鳍Ⅰ-7。侧线鳞约110。

本种体呈椭圆形（侧面观），强侧扁而高。腹鳍起始于胸鳍基底前下方。腹鳍中等长。头背缘

凸状。眼较小，高位。胸鳍侧下位，位于眼下缘下方。背鳍鳍棘细长，棘间膜延长成丝状。沿背鳍鳍条基部及臀鳍基部各有1行棘状骨板，腹缘亦有棘状骨板。体灰褐色，腹侧色浅。体侧中央有一比眼大的黑斑，黑斑周缘尚有一白色环纹。各鳍与体同色，仅腹鳍色稍深，并布有浅色斑点。为暖温性底层鱼类。栖息水深100～200 m。分布于我国黄海、东海、南海，以及日本本州以南海域。体长可达50 cm。

▲ 本科我国尚有隆起背拟海鲂*Zen cypho*（= 驼背腹棘海鲂*Cyttopsis. cypho*）。隆起嵴拟海鲂尾部侧线上有一小于眼的褐色斑，臀鳍仅有1枚鳍棘。

（164）菱的鲷科 Grammicolepidae

本科物种体侧扁而高，似菱形（侧面观）。头较小，眼中等大。口甚小，口裂近垂直或稍上斜。两颌具1～2行细齿，犁骨、腭骨均无齿。头、体被细小鳞，相互垂直排列且密接。背鳍、臀鳍基部有1行小棘。幼鱼第1臀鳍鳍棘、第2背鳍鳍棘延长成丝状，成鱼臀鳍、背鳍不具丝状延长鳍棘。全球有3属4种，我国有2属2种。

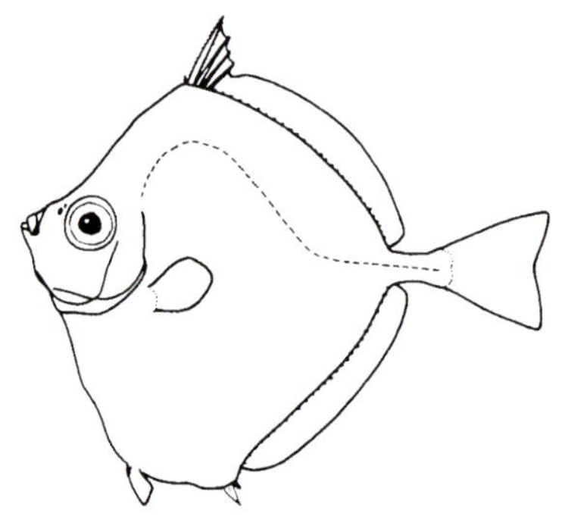

菱的鲷科物种形态简图

1000 异菱的鲷 *Xenolepidichthys dalgleishi* Gilchrist, 1922[38]

=菱的鲷

背鳍Ⅳ～Ⅵ－28～31；臀鳍Ⅱ－27～29；胸鳍14；腹鳍Ⅰ－6。侧线鳞70～80。

本种体呈菱形（侧面观），强侧扁。头部在眼背缘处下凹。口小，前上位；口裂近垂直。体侧无棘状小骨板。鳞细小，线状，相互呈垂直状紧密排列。背鳍第1鳍棘短，背鳍鳍条与臀鳍鳍条数目相近，几乎对位排列。体银灰色，背缘与尾鳍色暗。体侧散布瞳孔大小的黑色圆斑。为暖水性深海鱼类。分布于我国台湾海域。体长约15 cm。为稀有种。

1001 斑线菱鲷 *Grammicolepis brachiusculus* Poey, 1873[37]

背鳍Ⅵ－33～34；臀鳍Ⅱ～Ⅲ，33～38；胸鳍14～15；腹鳍Ⅰ－6。

本种体极侧扁。眼上头背缘稍隆起。口小，稍斜向上。体长小于17 cm的幼鱼体侧有许多具棘的小骨板。体鳞细长，相互呈垂直状排列。体灰褐色，散布褐云状斑。腹侧有金属光泽。尾鳍黑色。为暖水性深海鱼类。栖息水深约500 m。分布于我国南海、台湾海域，以及日本骏河湾海域、土佐湾海域。体长约32 cm。

(165) 菱鲷科 Antigonidae = 羊鲂科 Caproidae

本科物种体侧面观呈菱形或卵圆形，甚侧扁。头小或中等大，头顶无骨质嵴。口较小，能伸缩，口裂近垂直。两颌具细齿，犁骨、腭骨无齿。体被小栉鳞。腹缘无棘状板。胸鳍较长，通常长于腹鳍。全球有2属8种，我国有1属3种。

菱鲷科物种形态简图

菱鲷属 *Antigonia* Lowe，1834

本属物种一般特征同科，体呈菱形（侧面观），体高约等于或大于体长。头中等大。口小，能向外伸。尾柄短，尾鳍后缘近截形。我国有3种。

1002 红菱鲷 *Antigonia rubescens*（Günther，1860）[48]

背鳍Ⅷ～Ⅺ－28～29；臀鳍26～27；胸鳍13；腹鳍Ⅰ－5。侧线鳞56～58。

本种一般特征同属。体呈菱形（侧面观），体长为体高的1.0～1.1倍，为头长的2.8～2.9倍。眼后头背缘显著凹陷。眼较大，吻长，吻长几乎等于眼径。口小，前位。两颌齿细小，圆锥状，排列成1行。背鳍以第3鳍棘最长，其长度大于体长的1/3。尾鳍后缘近截形。体橙红色。头、体共有3条不明显的深色横带。为暖水性底层鱼类。栖息水深50～750 m。分布于我国南海、台湾海域，以及日本三崎以南海域、冲绳海域，印度-西太平洋暖水域。体长可达25 cm。

1003 高菱鲷 *Antigonia capros* Lowe，1834[15]

背鳍Ⅷ～Ⅸ-35～37；臀鳍Ⅲ-32～35；胸鳍13～14；腹鳍Ⅰ-5。侧线鳞56～57。

本种体高大，体长为体高的80%～90%，为头长的2.6～2.8倍。眼上头背缘仅稍凹。眼中等大，吻短，吻长小于眼径。口小，口裂近乎垂直。背鳍第3鳍棘最长，其长度约为体长的1/4。尾鳍后缘平截。体橙红色，体侧从背鳍鳍棘部至腹鳍前有一红色横带。头侧、躯干部银灰色。为暖水性底层鱼类。栖息水深50～750 m。分布于我国东海、南海，以及日本本州以南海域、冲绳海域，印度洋和大西洋热带、亚热带水域。体长约25 cm。

1004 绯菱鲷 *Antigonia rubicunda* Ogilby，1910[44]

背鳍Ⅸ－28；臀鳍Ⅲ－26～28；胸鳍13～14；腹鳍Ⅰ－5。侧线鳞51～53。鳃耙5＋1＋13。

本种与高菱鲷十分相似。体呈菱形（侧面观），甚侧扁，体高略小于体长。吻短钝。口小，口裂稍斜。眼后部虽有凹陷，但眼正上缘却略隆起。全体绯红色，无红色横带。为暖水性深海鱼类。栖息水深182～345 m。分布于我国东海，以及日本山崎县以南海域、印度－太平洋暖水域。体长可达25 cm[49]。

43 刺鱼目 GASTEROSTEIFORMES

本目物种包含原Berg（1955）分类系统中的刺鱼目、海龙目和海蛾目鱼类[66]。其基本特征为体延长，或侧扁，或呈管状，或为飞蛾形。吻通常呈管状。口小，前位。上颌口缘或仅由前颌骨构成，或由前颌骨与上颌骨共同构成。齿有或无。背鳍1或2个。第1背鳍存在时，具2枚或更多枚游离鳍棘。胸鳍腹位到亚胸位。背鳍鳍条、臀鳍鳍条、胸鳍鳍条常不分支。无眶蝶骨，腰带不与匙骨相连。体裸露，或者体被骨板、骨甲、小栉鳞或细小棘刺。无鳔管。本目全球有11科71属278种，内含淡水21种；我国海洋有8科27属62种。

刺鱼目的科、属、种检索表

1a 体平扁，形似飞蛾……………………………海蛾鱼科 Pegasidae（50）

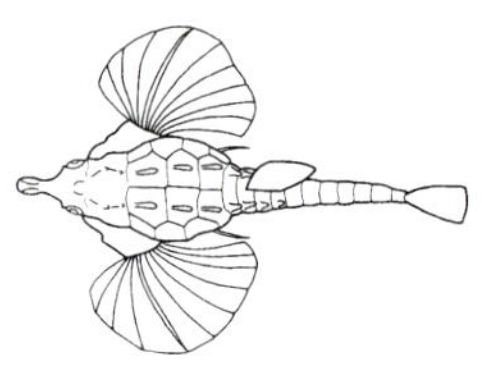

1b 体侧扁或呈管状……………………………………………………………………………（2）

2a 背鳍前方无游离硬棘…………………………………………………………………………（5）

2b 腹鳍亚胸位；背鳍前方具2～16枚游离硬棘

……………………………………………刺鱼科 Gasterosteidae（3）

3a 背鳍游离鳍棘3～4枚………………………………………三刺鱼 *Gasterosteus aculeatus* 1005

3b 背鳍游离鳍棘9～13枚……………………………………………………………………（4）

4a 侧线鳞板纵贯全体；背鳍、臀鳍、胸鳍、尾鳍黄褐色……中华多刺鱼 *Pungitius sinensis* 1006

4b 侧线鳞板仅存在于尾柄部；背鳍最后1枚鳍棘长……多刺鱼 *Pungitius pungitius tymensis* 1007

5-2a 鳃囊状，鳃孔小；无感觉器………………………………………………………（11）

5b 鳃栉状，鳃孔宽大；具感觉器……………………………………………………………（6）

6a 口有齿；体裸露，或者被小栉鳞或细小棘刺；具侧线…………………………………（9）

6b 口无齿；体被骨板或骨甲；无侧线…………………………………………………………（7）

7a 体及腹面具许多分离骨板；尾部不向下弯曲

…长吻鱼科 Macrorhamphosidae　长吻鱼 *Macrorhamphosus scolepax* 1011

7b 体被骨甲；第2背鳍、尾鳍和臀鳍均向下弯曲

……………………………………………玻甲鱼科 Centriscidae（8）

8a 背鳍第1鳍棘与躯干最后骨板间形成可动关节；眼间隔隆起……条纹虾鱼 *Aeoliscus strigatus* 1012

8b 躯体最后骨板止于第1棘状突起，与背鳍鳍棘间不形成关节；眼间隔凹入

……………………………………………………………………玻甲鱼 *Centriscus scutatus* 1013

9-6a 体侧扁，被小栉鳞，有须；前颌骨无齿；尾鳍近菱形

……管口鱼科 Aulostomidae　中华管口鱼 *Aulostomus chinensis* 1010

9b 体甚延长，呈圆管状，裸露或被细小棘刺，无须；前颌骨有齿；尾鳍叉形…………烟管鱼科 Fistulariidae　烟管鱼属 *Fistularia*（10）

10a 皮肤粗糙，被绒毛状小棘；眼间隔较凹…………………………棘烟管鱼 *F. commersonii* 1009

10b 皮肤光滑；眼间隔较平坦……………………………………………鳞烟管鱼 *F. petimba* 1008

11-5a 每侧2个鼻孔；通常具1个背鳍；体被以环状甲片；无腹鳍

……………………………………………海龙科 *Syngnathidae*（14）

11b 每侧1个鼻孔；具2个背鳍；体被以星状骨片；有腹鳍

…………剃刀鱼科 Solenostomidae　剃刀鱼属 *Solenostomus*（12）

12a 吻背面有锯齿………………………………………………………锯吻剃刀鱼 *S. paegnius* 1016

12b 吻背面无锯齿……………………………………………………………………………（13）

13a 尾柄高，尾柄高大于尾柄长；尾鳍鳍膜起始处靠近第2背鳍后缘及臀鳍后缘；体散布褐色小点……………………………………………………………蓝鳍剃刀鱼 *S. cynopterus* 1014

13b 尾柄低，尾柄高小于尾柄长；尾鳍鳍膜起始于第2背鳍及臀鳍远后方；体散布黄褐色斑点

……………………………………………………………………细吻剃刀鱼 *S. paradoxus* 1015

14-11a 无尾鳍，尾端向腹面卷曲……………………………………………………………（41）

14b 有尾鳍，尾端不向腹面卷曲…………………………………………………………（15）

15a 躯干上背棱与尾上背棱不相连………………………………………………………（19）

15b 躯干上背棱与尾上背棱相连…………………………………………………………………………（16）
16a 背鳍起始于肛门后上方；颏部有须…………………………带纹须海龙 *Urocampus nanus* 1017
16b 背鳍起始于肛门前上方………………………………………………………………………………（17）
17a 躯干下腹棱与尾下腹棱不相连……………………………猪海龙 *Choeroichthys sculptus* 1018
17b 躯干下腹棱与尾下腹棱相连…………………………………………锥海龙属 *Phoxocampus*（18）
18a 躯干中侧棱止于第3尾环；体环16～17＋29～37；尾棱锯齿状
……………………………………………………………………………黑锥海龙 *P. belcheri* 1019
18b 躯干中侧棱止于最后体环或第1尾环；体环15+26………双棘横带锥海龙 *P. diacanthus* 1020
19–15a 躯干下腹棱与尾下腹棱不相连或近相连…………………………………………………（29）
19b 躯干下腹棱与尾下腹棱相连………………………………………………………………………（20）
20a 尾鳍具9枚鳍条……………………………………………宝加枪吻海龙 *Doryichthys boaja* 1032
20b 尾鳍具10枚鳍条……………………………………………………………………………………（21）
21a 主鳃盖骨隆起嵴显著；皮瓣有或无………………………………………………………………（23）
21b 主鳃盖骨隆起嵴呈痕迹状或缺失；无皮瓣………………………………海龙属 *Syngnathus*（22）
22a 背鳍鳍条36～45枚；尾长大于躯干长的2.5倍………………………舒氏海龙 *S. schlegeli* 1037
22b 背鳍鳍条35～41枚；尾长小于躯干长的2.5倍…………………………………尖海龙 *S. acus* 1038
23–21a 吻背中央隆起嵴呈起伏状…………………………斑氏环宇海龙 *Cosmocampus banneri* 1036
23b 吻背中央隆起嵴光滑…………………………………………………………………………………（24）
24a 臀鳍具2～3枚鳍条；育儿囊褶发达……………………………………副海龙属 *Hippichthys*（27）
24b 臀鳍具4枚鳍条；育儿囊褶不发达…………………………………冠海龙属 *Corythoichthys*（25）
25a 吻长小于眼后头长；体侧有褐色横带……………………黄带冠海龙 *C. flavofasciatus* 1022
25b 吻长大于眼后头长……………………………………………………………………………………（26）
26a 体侧具黑色斑；吻长几乎等于眼后至胸鳍基长……………红鳍冠海龙 *C. haematopterus* 1023
26b 体侧无显著的黑色斑；吻长大于眼后至胸鳍基长………………舒氏冠海龙 *C. schultzi* 1021
27–24a 背鳍起始于最后1节躯干环；全部骨环少于50节…………蓝点副海龙 *H. cyanospilus* 1034
27b 背鳍完全位于尾部；全部骨环超过50节…………………………………………………………（28）
28a 体腹部具黑白相间的横带………………………………………………横带副海龙 *H. spicifer* 1033
28b 体腹部无黑白相间的横带，具7纵行珍珠状斑点……………珠副海龙 *H. argyrostictus* 1035
29–19a 尾鳍具10枚鳍条…………………………………………………………………………………（34）
29b 尾鳍具8～9枚鳍条……………………………………………………………………………………（30）
30a 躯干环15～22节；鳃盖骨隆起嵴直线状；雄鱼孵化囊在躯干部
…………………………………………………………………………腹囊海龙属 *Microphis*（32）
30b 躯干环21～24节；鳃盖骨隆起嵴弯向鳃孔；雄鱼孵化囊在尾部
……………………………………………………………………粗吻海龙属 *Trachyrhamphus*（31）
31a 吻长小于眼后至胸鳍基底长………………………………………………粗吻海龙 *T. serratus* 1024
31b 吻长大于眼后至胸鳍基底长；吻背光滑，无小棘…………光吻粗吻海龙 *T. bicoarctatus* 1025
32–30a 尾长小于躯干长；主鳃盖骨隆起嵴发达，躯干中侧棱棘及下腹棱棘显著
……………………………………………………………………短尾腹囊海龙 *M. brachyurus* 1027
32b 尾长大于躯干长…………………………………………………………………………………………（33）

33a 尾部长稍大于躯干长，主鳃盖骨隆起嵴下方有4条放射线，有躯干侧棱棘
……………………………………………………………………印尼腹囊海龙 *M. manadensis* 1028

33b 尾部长远大于躯干长，主鳃盖骨隆起嵴不明显，躯干侧棱棘及下腹棱棘不显著
………………………………………………………………………无棘腹囊海龙 *M. leiaspis* 1026

34-29a 鳃盖骨隆起嵴为一直线，背鳍基底体环不隆起，吻背中央隆起嵴呈凹陷状
……………………………………短吻小须海龙 *Micrognathus brevirostris* 1039

34b 鳃盖骨隆起嵴向上弯曲，背鳍基底体环隆起或不隆起……………………………（35）

35a 第1体环仅略长于第2体环；胸鳍后缘圆弧形；尾鳍小型；雄鱼育儿囊在尾部；吻背中央隆起嵴较高……………………………………………………海蝎鱼属 *Halicampus*（38）

35b 第1体环显著长于第2体环；胸鳍后缘内凹；尾鳍大型；雄鱼育儿囊在躯干部
………………………………………………………………………矛吻海龙属 *Doryrhamphus*（36）

36a 吻背中央隆起嵴两侧各有1列棘刺；孵化囊褶缺如；体侧有黑黄相间的横带
………………………………………………………………带纹矛吻海龙 *D. dactyliophorus* 1031

36b 吻背中央隆起嵴两侧无棘列；具孵化囊褶；体侧有纵带，无横带……………………（37）

37a 躯干环19～20节；从吻端至鳃盖后上缘有一黑色纵带……日本矛吻海龙 *D. japonicus* 1030

37b 躯干环17～20节；体侧有一深蓝色纵带贯穿…………………红海矛吻海龙 *D. excisus* 1029

38-35a 躯干环17～18节；体环上棱有棘齿……………………………葛氏海蝎鱼 *H. grayi* 1040

38b 躯干环14～15节……………………………………………………………………………（39）

39a 吻长，头长约为吻长的1.7倍；头、体有叶状皮瓣………大吻海蝎鱼 *H. macrorhynchus* 1041

39b 吻短；体无叶状皮瓣……………………………………………………………………（40）

40a 背鳍起始于体背前1/3处稍后方；体褐色，体环不鲜明…………褐海蝎鱼 *H. mataafae* 1042

40b 背鳍起始于体背前1/3处；体绿褐色，白环清晰………………杜氏海蝎鱼 *H. dunckeri* 1043

41-14a 头部与躯干部几乎呈直角…………………………………………海马属 *Hippocampus*（44）

41b 头部与躯干部几乎位于同一直线上………………………………………………………（42）

42a 吻长几乎等于眼后头长………………………短身细尾海龙 *Acentronura breviperula* 1046

42b 吻长远大于眼后头长……………………………………………………………………（43）

43a 躯干部上背棱与尾上背棱不相连或近相连…………哈氏刁海龙 *Solegnathus hardwicki* 1045

43b 躯干部上背棱与尾上背棱相连…………………………拟海龙 *Syngnathoides biaculeatus* 1044

44-41a 背鳍基底短，具分支鳍条10～13枚；顶冠高，棘亦高…………冠海马 *H. coronatus* 1050

44b 背鳍基底长，具分支鳍条15～21枚…………………………………………………（45）

45a 背鳍鳍条16～18枚；体环11+35～38节……………………………………………（47）

45b 背鳍鳍条18～21枚；体环11+39～41节……………………………………………（46）

46a 背鳍鳍条20～21枚；体环11+40～41节；体侧第1、4、7节各有一大黑斑
……………………………………………………………………三斑海马 *H. trimaculatus* 1053

46b 背鳍鳍条18～19枚；体环11+39～40节；体具不规则的或虫状白色斑纹
…………………………………………………………………………大海马 *H. kelloggi* 1051

47-45a 体有发达棘，细长而尖………………………………………………………………（49）

47b 体无发达棘………………………………………………………………………………（48）

48a 背鳍鳍条17枚，胸鳍鳍条16枚；体环11＋35～38节……………………管海马 *H. kuda* 1048
48b 背鳍鳍条16～17枚，胸鳍鳍条13枚；体环11＋37～38节…………日本海马 *H. japonicus* 1049
49-47a 棘刺细长，其长度约等于眼径……………………………………刺海马 *H. histrix* 1047
49b 棘刺较粗，其长度小于眼径…………………………………………棘海马 *H. erinaceus* 1052
50-1a 尾环8～9节；体背起伏大，眼后有深凹陷；最后尾环背面有棘
……………………………………………………宽海蛾鱼 *Eurypegasus draconis* 1054
50b 尾环11或12节；体背较光滑，眼后无深凹陷；最后尾环背面无棘
……………………………………………………………飞海蛾鱼属 *Pegasus*（51）
51a 尾环11节；吻突较短……………………………………………海蛾鱼 *P. laternarius* 1055
51b 尾环12节；吻突细长……………………………………………飞海蛾鱼 *P. volitans* 1056

（166）刺鱼科 Gasterosteidae

本科物种体中等长，侧扁。尾柄细窄。体侧被骨甲或裸露无鳞。头中等大，吻不突出为管状。口中等大，斜裂。两颌具尖锐小齿，上颌口缘仅由前颌骨构成。围眼眶骨后部不完全。背鳍前方有2～16枚游离棘。臀鳍具1枚鳍棘。腹鳍Ⅰ－1～2，亚胸位。全球有5属7种，我国有2属3种。

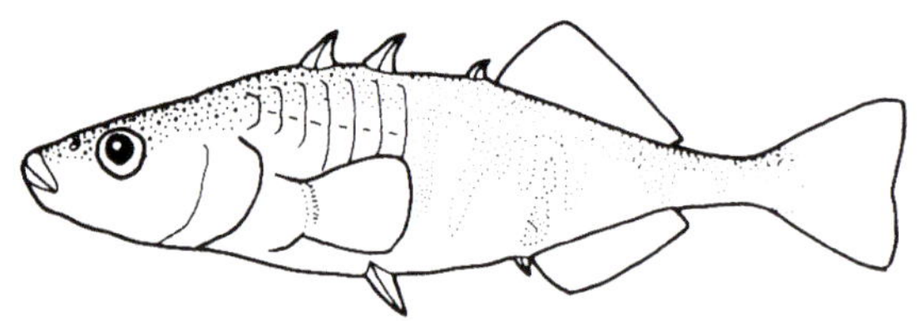

刺鱼科物种形态简图

1005 三刺鱼 *Gasterosteus aculeatus*（Linnaeus，1758）[44]

背鳍Ⅲ～Ⅳ，11－15；臀鳍Ⅰ－8～11；胸鳍9～10；腹鳍Ⅰ－1。侧线骨板31～34。

本种体侧扁，梭形，体长为体高的4.4～4.8倍。侧线鳞板从体前部至尾柄连续排列。背鳍游离鳍棘3～4枚。背鳍鳍棘膜若有，仅附于基部。体背侧青绿色，腹侧银白色。性成熟时雄鱼头、胸部

腹面鲜红色，各鳍透明。为冷温性沿岸河口小型鱼类。栖息于近岸内湾咸淡水区，尚可进入淡水。分布于我国黑龙江、图们江、黄海，以及日本北海道沿海、北美沿海。体长可达8 cm[64, 90]。

1006 中华多刺鱼 *Pungitius sinensis*（Guichenot，1869）[38]

背鳍Ⅸ，8～11；臀鳍Ⅰ－10；胸鳍Ⅰ－1～2。侧线骨板32～33。

本种一般特征同科。体修长，较低，体长为体高的6～6.8倍。背鳍游离鳍棘9枚，背鳍鳍棘长稍大于眼径，背鳍鳍棘膜白色。侧线鳞板纵贯全体。尾鳍后缘平截。体背部黑绿色，体侧灰黄色。背鳍、臀鳍、胸鳍、尾鳍黄褐色。为冷温性浅水内湾小型鱼类。栖息于淡水、河口区。春季雄鱼筑巢繁殖并护幼。分布于我国黑龙江、黄河、长江等流域和沿岸内湾，以及日本北海道沿海。体长约5.5 cm[90]。

注：据记载，本种在淡水中生活，但笔者在山东日照港养纳苗时采到过样本。

1007 多刺鱼 *Pungitius pungitius tymensis*（Nikolsky，1889）[38]

背鳍Ⅸ～ⅩⅢ，10～13；臀鳍Ⅰ－9～10；胸鳍9～10。

本种与中华多刺鱼相似，体较低。背鳍鳍棘长比眼径小，鳍膜色浅。侧线鳞板仅存在于尾柄部，棱鳞（0～5）+（4～8）。尾鳍后缘近圆弧形。体褐色，各鳍色稍浅。为冷温性小型鱼类。栖息于河川至河口水域。分布于我国黑龙江、图们江，以及日本北海道沿海、俄罗斯萨哈林岛（库页岛）沿海。体长约5 cm。

（167）烟管鱼科 Fistulariidae

本科物种体甚延长。体裸露或被以细小棘刺。吻特别突出，呈管状。口小，前位。两颌及犁骨、腭骨均具齿。颏部无须。无鳃耙。背鳍无鳍棘，与臀鳍对位。尾鳍叉形；中间鳍条延长，呈丝状。侧线发达。本科全球仅有1属4种，我国有2种。

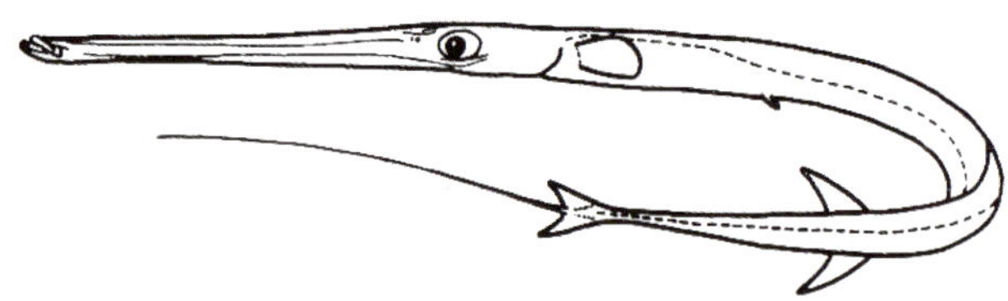

烟管鱼科物种形态简图

烟管鱼属 *Fistularia* Linnaeus，1758

本属物种一般特征同科。

1008 鳞烟管鱼 *Fistularia petimba* Lacépède，1803[15]

= *F. serrata*

背鳍14～16；臀鳍14～15；胸鳍15～17；腹鳍6。

本种吻特别延长，形成长吻管。口小，开口于吻端。体光滑裸露，仅侧线在背鳍与臀鳍间有1列细长栉鳞。眼间隔较平坦。尾鳍叉形；中间鳍条延长，呈丝状。体鲜红色，腹面银白色。为暖水性底层鱼类。栖息于浅水岩礁或珊瑚礁海区。分布于我国黄海、东海、南海、台湾海域，以及日本以南海域等。体长可达1 m以上。

1009 棘烟管鱼 *Fistularia commersonii* Rüppell，1838[15]
= 康氏烟管鱼 = 无鳞烟管鱼 = 毛烟管鱼 *F. villosa*

背鳍15～17；臀鳍14～16；胸鳍13～15；腹鳍6。

本种与鳞烟管鱼相似。体具绒毛状小棘，开口于吻管顶端。眼间隔凹入。体绿色，各鳍略带黄褐色。为暖水性底层鱼类。栖息于近岸浅水岩礁海区。分布于我国东海、南海、台湾海域，以及日本本州以南海域、印度–太平洋暖水域。体长可达1.5 m。

注：关于毛烟管鱼，孟庆闻（1995）、黄宗国（2012）认为其与鳞烟管鱼为同物种[2, 13]；沈世杰（1993）认为其与棘烟管鱼是同物种[9]。笔者查阅朱元鼎（1962，1963）的记述[6, 7]，并核对东海鳞烟管鱼标本，赞同毛烟管鱼与棘烟管鱼为同一物种的观点。

（168）管口鱼科 Aulostomidae

本科物种体甚延长，稍侧扁。头中等长。吻突出，呈管状。眼小。口小，次上位，斜裂。上颌无齿，下颌前方有细齿，犁骨齿延长。颏部有1枚须。无鳃耙。背鳍有8～13枚游离短棘，背鳍鳍条部、臀鳍鳍条部相对。胸鳍小。腹鳍腹位，靠近肛门，无鳍棘。尾鳍近菱形。体被小栉鳞。侧线发达。本科仅有1属，全球有3种，我国有1种。

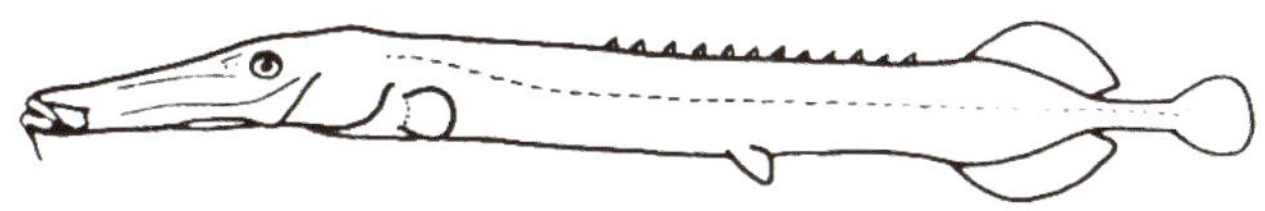

管口鱼科物种形态简图

1010 **中华管口鱼** *Aulostomus chinensis*（Linnaeus，1758）[38]（上正常鱼，下变异鱼）

背鳍Ⅷ～XⅢ，23～28；臀鳍Ⅲ－23～29；腹鳍0。侧线鳞244～258。

本种一般特征同科。吻和头部显著侧扁，躯体被微小栉鳞。颏部有一肉质须。背鳍棘游离，无鳍膜。体黄褐色，并有浅色纵、横带。尾鳍上叶有一黑色圆点。为暖水性底层鱼类。栖息于珊瑚礁海区藻丛间，具竖直倒置拟态习性。分布于我国南海、台湾海域，以及日本相模湾以南海域、印度–太平洋热带水域。体长约60 cm。

（169）长吻鱼科 Macrorhamphosidae

本科物种体稍短，甚侧扁。头中等大。吻突出，呈管状。眼中等大。无颌齿。体侧胸鳍上方有一些骨板。体被盾状鳞片，上有嵴和棘刺。背鳍有5～8枚鳍棘，以第2鳍棘最长大。侧线有或无。有鳔。全球有3属12种，我国有1属1种。

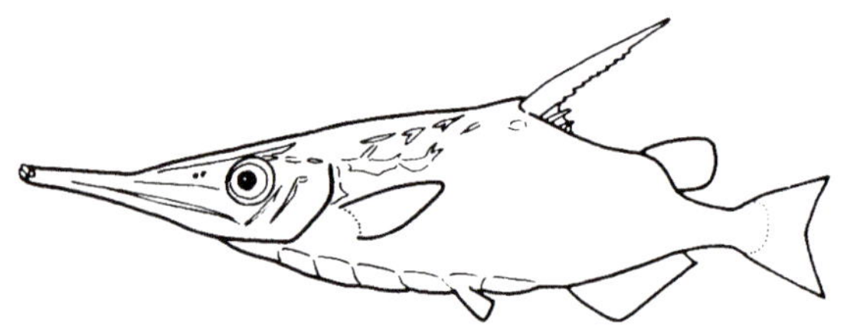

长吻鱼科物种形态简图

1011 **长吻鱼** *Macrorhamphosus scolepax*（Linnaeus，1758）[44]
＝日本长吻鱼 *M. japonicus*＝细长吻鱼 *M. gracilis*

背鳍Ⅳ～Ⅵ，11～12；臀鳍18～19；腹鳍5。

本种体呈长椭圆形（侧面观）。吻尖长，呈管状。两颌无齿。无侧线。体被粗糙小鳞。躯干部背、腹面有一些骨板。背鳍2个；第2背鳍鳍棘最长大，后缘锯齿状。两背鳍间有1列游离小棘。体红色，腹侧带银色，各鳍黄色。为暖水性底层鱼类。栖息水深15～150 m。分布于我国东海、南海、台湾海域，以及日本本州以南海域和印度-西太平洋热带、亚热带水域。全长可达17 cm。

注：本种体长小于8 cm时，体细长，体高小于吻长，与细长吻鱼*M. gracillis*特别相似。Ehrich（1976）认为后者是本种的幼体[2]，黄宗国（2012）则将后者列为一独立种[13]。

（170）玻甲鱼科 Centriscidae

本科物种体延长，甚侧扁。体完全包被于透明的骨甲中。骨甲腹缘较薄，甚锐尖。头大。吻特别突出，呈管状。口小，端位。无颌齿。背鳍第1鳍棘尖长，位于体末端。第2背鳍、尾鳍、臀鳍均向下弯曲，尾位于体后部下方。胸鳍发达，侧位。腹鳍很小，腹位。各鳍均无分支鳍条。全球有2属4种，我国有2属2种。

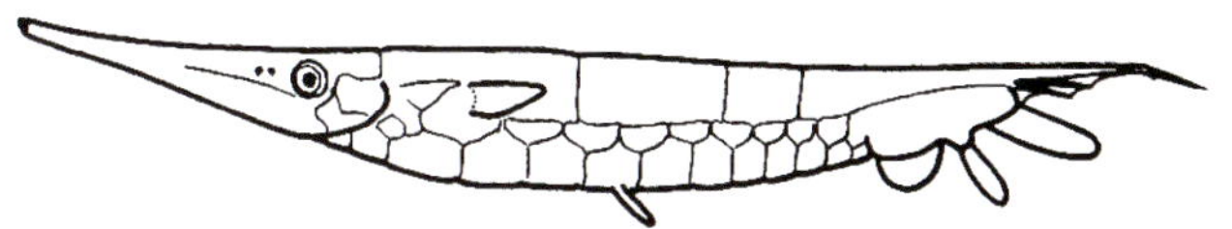

玻甲鱼科物种形态简图

1012 条纹虾鱼 *Aeoliscus strigatus*（Günther，1861）[70]

背鳍Ⅲ～Ⅳ，10；臀鳍9～12；胸鳍10～12；腹鳍3～5。

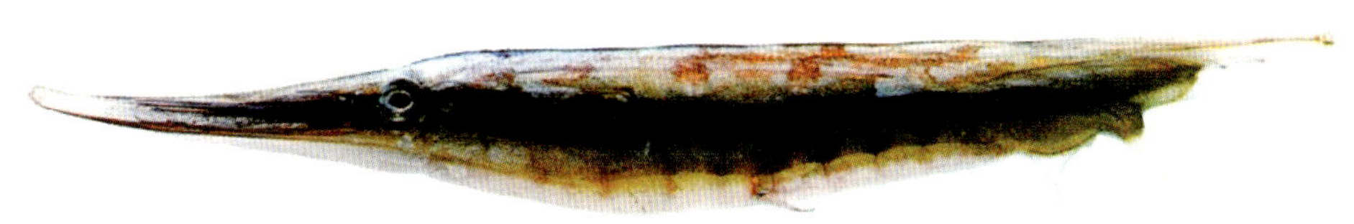

本种体极端侧扁，外被透明骨甲。背鳍第1鳍棘位于体后端，与躯干最后骨板形成可动关节。背鳍鳍条部和尾部均在腹面。体色浅，透明，体侧有一黑色纵带。为暖水性底层小型鱼类。栖息于珊瑚礁浅水处沙底质海区。竖直倒置群栖，以浮游动物为主食。分布于我国东海、台湾海域，以及日本相模湾以南海域、印度-西太平洋暖水域。全长可达15 cm。为珍稀种，可作观赏鱼饲养。

1013 玻甲鱼 *Centriscus scutatus* Linnaeus，1758[15]

背鳍Ⅲ～Ⅴ，10～12；臀鳍11～13；胸鳍10～11；腹鳍Ⅰ-3～5。

本种与条纹虾鱼相似，体甚侧扁，包被于透明的骨甲中，腹缘薄。吻突出，呈管状。口小，位于吻管顶端。背鳍2个，位于体末端。尾鳍与第2背鳍及臀鳍间有深缺刻。体后端的背鳍第1鳍棘与躯体间无关节，不能活动。体透明，带黄绿色。各鳍粉红色。为暖水性小型鱼类。栖息于内湾浅水泥沙底质海区。分布于我国南海、台湾海域，以及日本和歌山以南海域和印度-太平洋热带、亚热带水域。全长可达14 cm。

（171）剃刀鱼科 Solenostomidae

本科物种体较短，侧扁，尾部较短。体被以星状骨片。吻很长，管状，侧扁。口小而斜。无侧线。背鳍2个，第1背鳍由5枚鳍棘组成，第2背鳍与臀鳍相对。胸鳍小，中侧位。腹鳍大，亚胸位，与第1背鳍相对。雌鱼腹鳍特化为育儿囊[3, 44]。尾鳍甚大。本科全球仅有1属5种，我国有3种。

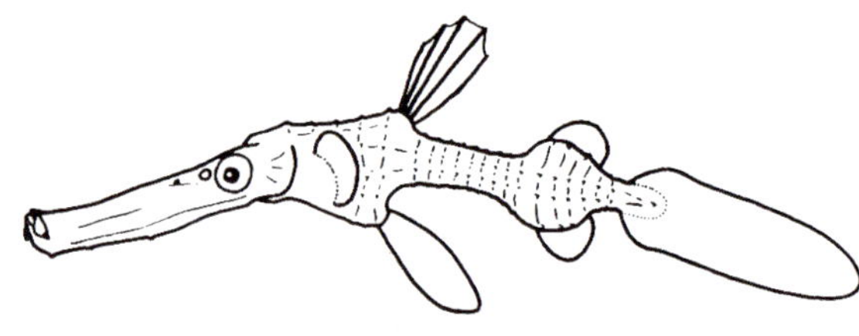

剃刀鱼科物种形态简图

剃刀鱼属 *Solenostomus* Lacépède，1803

本属物种一般特征同科。

1014 蓝鳍剃刀鱼 *Solenostomus cynopterus* Bleeker，1854[38]（上雄鱼，下雌鱼）

背鳍Ⅴ，18～21；臀鳍18～20；胸鳍25～27；腹鳍Ⅰ－6。

本种一般特征同科。体、鳍上无细长皮瓣，也无缟纹斑。吻稍粗，背缘光滑。尾柄短，侧扁而高，背、腹缘有肉质突起。第2背鳍和臀鳍后缘几乎与尾鳍起始处相接，尾鳍长大。雌鱼腹面有育儿囊。体黄褐色，背鳍鳍棘部和尾端有黑斑。为暖水性珊瑚礁鱼类。栖息于沿岸浅水岩礁海区藻场或沙底质海域。分布于我国南海、台湾海域，以及日本千叶以南海域和印度–太平洋热带、亚热带水域。全长约15 cm。为稀见种。

1015 细吻剃刀鱼 *Solenostomus paradoxus*（Pallas，1770）[44]+[70]（上幼鱼，下成鱼）

背鳍Ⅴ，19～20；臀鳍19～21；胸鳍25～27；腹鳍Ⅰ－6。

本种基本形态与蓝鳍剃刀鱼相似。尾柄较细长，断面几乎为正方形，且背、腹缘为骨质状。第2背鳍和臀鳍后缘通常不与尾鳍起始处相接。吻高与吻形随个体有变异。幼鱼细瘦。体通常黄褐色，有深色个体，此与栖息环境有关。为暖水性珊瑚礁鱼类。栖息于沿岸岩礁海区或沙底质海区。分布于我国东海、台湾海域，以及日本相模湾以南海域、印度–西太平洋暖水域。成鱼体长约11 cm。幼鱼约5.5 cm。

1016 锯吻剃刀鱼 *Solenostomus paegnius* Jordan et Thompson，1906[38]

背鳍Ⅴ，20；臀鳍19；胸鳍25～26；腹鳍Ⅰ–7。

本种与细吻剃刀鱼相似。吻较粗高，吻长为吻高的2.9倍。吻部背面有细锯齿。吻腹面有许多皮质穗瓣。体为茶褐色，背鳍、尾鳍散布有黑色斑点。为暖水性岩礁鱼类。栖息于沿岸浅水岩礁海区或附近沙底质海区。分布于我国台湾海域，以及日本相模湾海域、田边湾海域，澳大利亚海域，西太平洋暖水域[34]。全长约10 cm。为稀见种。

注：黄宗国（2012）认为本种与蓝鳍剃刀鱼为同物种[13]，但后者吻背面无锯齿。

（172）海龙科 Syngnathidae

本科物种体延长，具棱角或侧扁。尾部细长。体被环状甲片。头细长，通常具一管状吻。口小，前位。两颌、犁骨无齿。鼻孔每侧2个，小，很靠近。鳃孔小，位于头侧背方。背鳍1个，无鳍棘。臀鳍很小，与背鳍对位。一般具胸鳍，无腹鳍。尾鳍小或无。雄鱼尾下或腹部有一育儿囊。全球有52属215种，我国有17属47种。多数为药用鱼类[43]。

海龙科物种形态简图

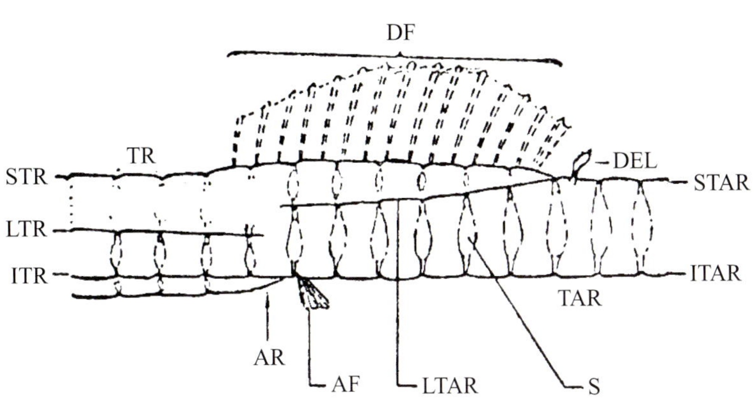

AF. 臀鳍；AR. 臀环；DF. 背鳍；DEL. 皮质瓣突；ITR. 躯部下腹棱；ITAR. 尾部下腹棱；LTR. 躯部中侧棱；LTAR. 尾部中侧棱；S. 盾片；STR. 躯部上背棱；STAR. 尾部上背棱；TR. 躯部体环；TAR. 尾部体环

海龙科的一些分类特征

1017 带纹须海龙 *Urocampus nanus* Günther，1870 [38]

= *U. rikuzenius*

背鳍15 ~ 17；臀鳍7 ~ 9；胸鳍7 ~ 9；尾鳍10。体环10 ~ 12 + 53 ~ 57。

本种体细长，尾部甚长。躯干、尾部上背棱相连。体上各棱嵴显著。吻稍长，吻长等于眼后头长，吻部中背嵴明显且完全。头、体有皮瓣突起。颏部有须。躯干腹面V形。背鳍起始于肛门后上方，位于尾部。尾鳍退化，仅为痕迹。体黄褐色，各鳍透明。为暖水性浅海小型鱼类。栖息于沿岸内湾藻场水域。分布于我国东海、黄海、南海，以及日本海域、朝鲜半岛海域、西北太平洋。全长约13 cm。

1018 猪海龙 *Choeroichthys sculptus*（Günther，1870）[70]

= 曲海龙 = 雕纹海龙

背鳍26 ~ 35；臀鳍3 ~ 4；胸鳍18 ~ 25；尾鳍10。体环18 ~ 21 + 21 ~ 25。

本种体延长，头背在眼前方较隆起。吻略向上，无中侧棘。体背中央有一具齿背中棱。体环均具锐利边缘，但不成棘。背鳍起始于肛门前上方。尾部略短于躯干部。有尾鳍。育儿囊位于躯干部，皮褶不发达，受精卵外露。体褐色，有浅色点。为暖水性浅海小型鱼类。栖息水深3 m以浅。分布于我国台湾海域，以及日本高知以南海域、印度–西太平洋。全长约7 cm。为较稀见种类。

锥海龙属 *Phoxocampus* Dawson，1977

本属物种体较细长，躯干下腹棱与尾下腹棱相连。躯干中侧棱不向下弯曲。每一尾环后方均有一钩状角。育儿囊在尾部腹面。背鳍起点在肛门前上方。臀鳍很小，胸鳍具11 ~ 14枚鳍条，尾鳍小。本属全球有3种，我国有2种。

1019 黑锥海龙 *Phoxocampus belcheri*（Kaup，1856）[14]

= 勃氏海龙 = 尖黑海龙 *Ichthyocampus nox*

背鳍20 ~ 24；臀鳍3 ~ 4；胸鳍11 ~ 13；尾鳍10。体环16 ~ 17 + 29 ~ 37。

本种体较细长，背鳍起始于躯干部，在肛门的前上方。躯干、尾部上背棱相连，下腹棱也相连。躯干中侧棱不向下弯，终止于第3尾环后缘。尾部较躯干部长。每一尾环后方均有钩状角。尾鳍很小。全体褐色，体环间各有一不太明显的黑色横纹。为暖水性浅海小型鱼类。栖息水深15 m以浅。分布于我国台湾海域，以及日本骏河湾以南海域、印度–西太平洋暖水域。全长约9 cm。

1020 双棘横带锥海龙 *Phoxocampus diacanthus*（Sthultz，1943）[14]

背鳍24；臀鳍3；胸鳍14；尾鳍10。体环15 + 26。

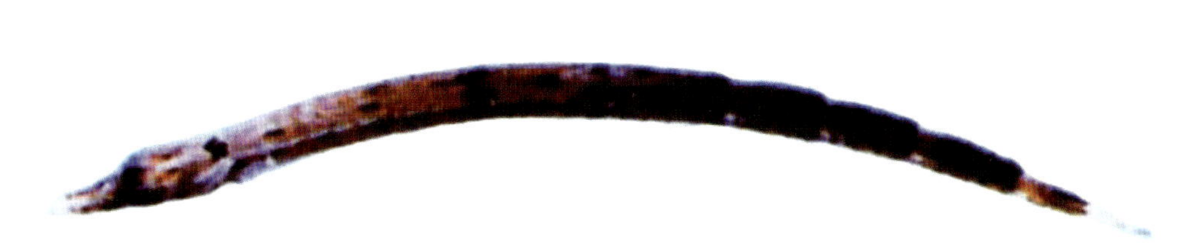

本种与黑锥海龙相似。躯干中侧棱终止于最后体环或第1尾环。吻部稍长，体环较少。体褐色，有许多不太明显的白点及横带。为暖水性浅水鱼类。栖息于岩礁潮间带海区。分布于我国台湾海域，以及印度–太平洋暖水域。体长约8 cm。

冠海龙属 *Corythoichthys* Kaup，1856

本属物种体延长，稍侧扁，躯干部六棱形，尾部四棱形。躯干上背棱、尾上背棱不相连，但躯干下腹棱和尾下腹棱相连。头尖形，吻部无中侧嵴。眼眶突出，主鳃盖骨隆起嵴明显。后头部与项骨部中央有一锐薄隆起嵴。尾长大于体长的1/2。背鳍基底完全在尾部上。臀鳍有4枚鳍条。尾鳍短小，其长度小于眼后头长。育儿囊在尾部腹面，皮褶不发达，卵粒外露。我国有3种。

1021 舒氏冠海龙 *Corythoichthys schultzi* Herald，1953[38]

背鳍25 ~ 31；臀鳍4；胸鳍14 ~ 18；尾鳍10。环鳞15 ~ 17 + 32 ~ 39。

本种体细长，呈筷子状。腹部中央无隆起线。吻长大于眼后头长，头长约为吻长的1.7倍。眼后头背突起。尾较长，尾长约为躯干长的2倍。体黄褐色，体侧有一纵列褐色星状斑和几列小白点。为暖水性底层鱼类。栖息水深30 m以浅。分布于我国台湾海域，以及琉球群岛海域、印度–太平洋暖水域。体长约16 cm。

1022 黄带冠海龙 *Corythoichthys flavofasciatus*（Rüppell，1838）[14]

背鳍26～36；臀鳍4；尾鳍10。体环15～17＋32～39。

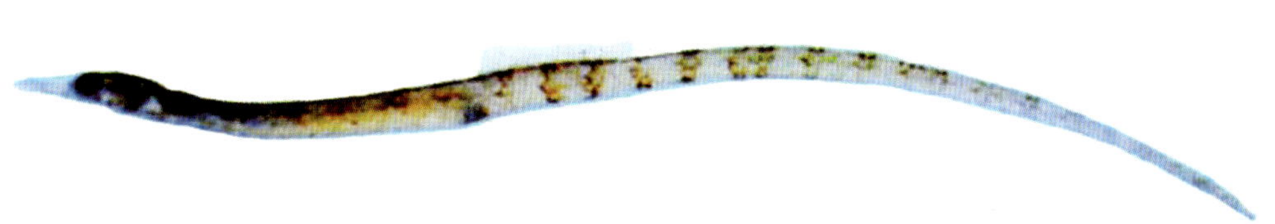

本种一般特征同属，有尾鳍。躯干上背棱、尾部上背棱不相连，躯干下腹棱和尾下腹棱相连，各棱嵴边缘光滑。主鳃盖骨隆起嵴发达。吻背中央隆起嵴光滑。腹部中央无隆起嵴。吻长小于眼后头长。体黄灰色，体上具有20多条较窄的褐色横带。头侧有2条，腹面有3条褐色纵带。背鳍有3～4列褐色点。为暖水性珊瑚礁鱼类。栖息水深24 m以浅。分布于我国东海、南海、台湾海域，以及琉球群岛以南海域、印度－太平洋暖水域。全长约12 cm。

1023 红鳍冠海龙 *Corythoichthys haematopterus*（Bleeker，1851）[38]

＝刺冠海龙 *C. crenulatus*

背鳍23～33；臀鳍4；胸鳍13～18；尾鳍10。体环16～18＋32～37。

本种与黄带冠海龙相似，吻背中央隆起嵴光滑，腹部中央无隆起嵴。但本种以吻长大于眼后头长，几乎等于眼后至胸鳍基长；头背前方急剧隆起而和后者相区别。体黄色，体侧有20多个黑斑。雄鱼胸部、腹面有3条黑色横带，间有2条白色横带。为暖水性珊瑚礁鱼类。栖息水深20 m以浅。分布于我国东海、台湾海域，以及日本伊豆半岛以南海域、印度海域、太平洋暖水域。全长约18 cm。

注：关于红鳍冠海龙与刺冠海龙，刘瑞玉（2008）列为2个种[10]。黄宗国（2012）与朱元鼎等（1963）[13, 6]明确将两者定为同物种。

粗吻海龙属 *Trachyrhamphus* Kaup，1856

本属物种体延长，稍侧扁，躯干七棱形，尾部四棱形。体上棱嵴不甚突出，较光滑，无棘突。顶骨具一明显的中央隆起嵴。躯干上背棱、尾上背棱不相连，躯干下腹棱与尾下腹棱接近，而躯干中侧棱与尾下腹棱相连。头、体均光滑无棘刺，仅吻背中央有一细锯齿嵴。体上无皮瓣。鳃盖骨突出，上有一小隆起嵴，弯向鳃孔。背鳍基底隆起，位于肛门前上方。尾鳍很小，具8～9枚鳍条。雄性育儿囊在尾部。本属我国有3种。

1024 粗吻海龙 *Trachyrhamphus serratus*（Temminck et Schlegel，1850）[141]

=锯粗吻海龙

背鳍24～29；臀鳍3～4；胸鳍14～19；尾鳍9。体环21～24＋41～50。

本种一般特征同属。头部眼眶上缘明显隆起，与吻管形成一定角度。吻稍短，吻长小于眼后至胸鳍基底长。吻部中央隆起嵴有锯齿。各体环间有一小骨片，体环边缘平滑。尾长约为躯干长的2倍。尾鳍短小，有9枚鳍条。体灰褐色，有9～14条黑灰色横带。为暖水性底层鱼类。栖息水深15～100 m。分布于我国台湾海域，以及日本南部海域、朝鲜半岛海域、印度–西太平洋暖水域。体长可达33 cm。

1025 光吻粗吻海龙 *Trachyrhamphus bicoarctatus*（Bleeker，1857）[38]

=短尾粗吻海龙 =长吻粗吻海龙

背鳍24～32；臀鳍4；胸鳍15～19；尾鳍9。体环21～24＋55～63。

本种与粗吻海龙相似，但体更细长。吻尖；吻长略大于眼后至胸鳍基底长；吻背光滑，无小棘。体黄褐色，躯干部散布褐色小斑点。为暖水性底层鱼类。栖息水深42 m以浅。分布于我国台湾海域，以及日本伊豆半岛以南海域、印度-西太平洋暖水域。体长可达40 cm。

▲ 本属尚有长鼻粗吻海龙*T. longirostris* [13]，以吻长超过眼后至胸鳍基底长，吻背面有许多小棘而呈锯齿状为特征。分布于我国台湾海域。

腹囊海龙属 *Microphis* Duncker，1910

本属物种体延长。躯干和尾部上背棱及下腹棱均不相连。鳃盖骨隆起嵴直线状。背鳍基底不隆起，基底的大部分在尾部。吻长等于眼后头长。躯干体环数等于或少于尾环数。肛门位于体腹中点偏后。尾鳍发育完善，鳍条9枚，长度等于或小于眼后头长。育儿囊在躯干部腹面。本属全球共有18种，我国有3种。

1026 无棘腹囊海龙 *Microphis leiaspis*（Bleeker，1853）[14]

背鳍53 ~ 63；臀鳍4 ~ 5；胸鳍16 ~ 20；尾鳍9。体环16 ~ 18 + 30 ~ 34。

本种一般特征同属。鳃盖骨隆起嵴不明显。躯干部侧棱棘及下腹棱棘不显著。体细长。躯干稍粗，其长度小于除尾鳍外的尾部长。背鳍鳍条多。尾鳍发达。体褐色，头侧有一黑色细纵带。在体侧棱稍上方尚有一较宽带，条带的上半部为一些浅色斑浸润。为暖水性底层鱼类。栖息于近岸河口。分布于我国台湾海域，以及日本相模湾以南海域、印度-西太平洋。体长约13 cm。

1027 短尾腹囊海龙 *Microphis brachyurus*（Bleeker，1853）[38]

背鳍36 ~ 48；臀鳍3 ~ 4；胸鳍18 ~ 23；尾鳍9。体环19 ~ 22 + 20 ~ 24。

本种体延长，躯干、尾部上背棱和下腹棱均不相连。主鳃盖骨隆起嵴发达。躯干中侧棱棘与下腹棱棘显著。躯干部长，其长度远大于尾部长。其背鳍鳍条和尾环数目也较少。体褐色，吻部有一些不太明显的横纹，体侧躯干侧棱上方亦有1条不太明显的暗纵带，但未见浅色斑纹。为暖水性底层鱼类，栖息于近岸内湾河口的咸淡水以至淡水水域。分布于我国台湾海域，以及日本相模湾以南海域、印度–太平洋暖水域。体长约15 cm。

1028 印尼腹囊海龙 *Microphis manadensis*（Bleeker，1856）[14]

本种体细长。吻向前突出，呈长管状。口小，开口于吻端。主鳃盖下方有4条放射线。肛门位于背鳍起点后下方。尾长稍大于躯干长。尾鳍短小。体褐色，具一暗带自吻端达鳃盖后缘。头部腹面具横带。为暖水性底层鱼类。栖息于浅水岩礁海区。分布于我国台湾海域。体长约15 cm。

矛吻海龙属 *Doryrhamphus* Kaup，1856

本属物种体延长。躯干部明显长于尾部，躯干环多于尾环。躯干上背棱和尾上背棱不相连，但躯干中侧棱与尾下腹棱相连。鳃盖骨隆起嵴略上弯，并有放射纹。吻背通常有3条锯齿状嵴，以中嵴最强。每个体环隆起嵴末端有1或2枚棘刺。背鳍基底不隆起，大部分在躯干上。尾鳍大，长度大于眼后头长。雄性育儿囊在躯干部腹面。本属全球共有10种，我国有4种。

1029 红海矛吻海龙 *Doryrhamphus excisus* Kaup，1856[8]

= 蓝带矛吻海龙 *D. melanopleura*

背鳍21～29；臀鳍4；胸鳍19～23；尾鳍10。体环17～20＋13～17。

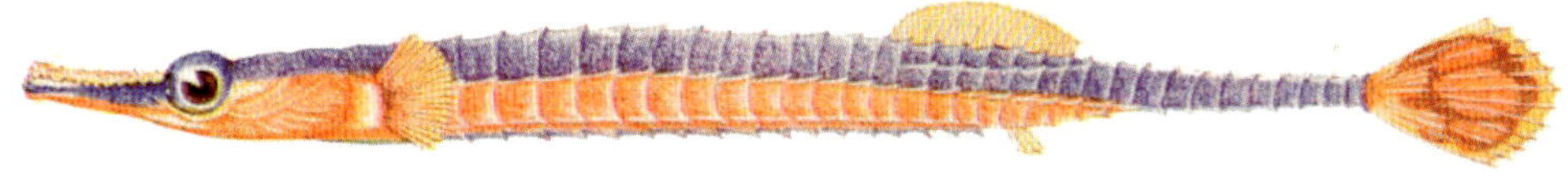

本种一般特征同属。吻部背中棱两侧无棘列，吻长小于眼后到胸鳍基长。体黄褐色；体侧有深蓝色宽纵带，无横带。尾鳍大，后缘圆弧形，有鲜艳斑纹（可据此鉴定不同亚种）。躯干体环为

17～20节，各体环棱嵴仅有1枚棘刺。雄鱼吻部腹面有一骨质突起。有育儿囊褶。为暖水性底层鱼类。栖息水深50 m以浅。分布于我国南海、台湾海域，以及琉球群岛海域，印度–太平洋、中美洲西岸暖水域。体长约6 cm。

1030 日本矛吻海龙 *Doryrhamphus japonicus* Araga et Yoshino，1975[38]

背鳍21～23；臀鳍3～4；胸鳍19～23；尾鳍10。体环19～20＋14～15。

本种与红海矛吻海龙十分相似。躯干环为19～20节。雄鱼吻部腹面无骨质突起。体红褐色，体侧有一黑色细纵带。尾鳍上有3个黄斑。为暖水性礁栖鱼类。栖息水深10 m以浅，通常雌、雄共居于岩礁壁的洞穴中。分布于我国台湾海域，以及日本相模湾海域、九州近海，西北太平洋暖水域。体长约8 cm。

注：由于上述两种鱼类形态特征相似，在《南海诸岛海域鱼类志》（1979）中本种被称为矛吻海龙*D. melanopleura*[8]；在《鱼类分类学》（1995）中其被认为和红海矛吻海龙为同种[2]；在《台湾鱼类志》（1993）中本种被列为日本矛吻海龙的一个亚种[9]。

1031 带纹矛吻海龙 *Doryrhamphus dactyliophorus*（Bleeker，1853）[38]

＝黑环矛吻海龙＝指环矛吻海龙＝斑节海龙 *Dunckerocampus dactyliophorus*

背鳍20～26；臀鳍4；胸鳍18～22；尾鳍10。体环15～17＋18～22。

本种体细长。吻尖长，吻长大于眼后至胸鳍基长，吻背中央隆起嵴两侧各有1列棘刺。体黄色，体侧有黑黄相间的横带。为暖水性礁栖鱼类。栖息水深56 m以浅。分布于我国南海、东海、台湾海域，以及琉球群岛海域、印度–太平洋暖水域。体长约17.5 cm。

1032 宝加枪吻海龙 *Doryichthys boaja* Kaup, 1853[14]

背鳍49；臀鳍3；胸鳍27；尾鳍9。体环23～34。

本种体细长。躯干部和尾部上背棱不相连，下腹棱相连。吻较长，长于眼后头长。鳃盖骨具明显的隆起嵴。体环边缘锋锐，各有1枚锐棘。尾部较躯干部长，尾鳍很小且呈黑色。体褐色，每节体环各有一黑色横带。为暖水性底层鱼类。栖息于沙泥底质近海。分布于我国南海、台湾海域，以及马来西亚海域、越南海域。体长约27 cm。

副海龙属 *Hippichthys* Bleeker, 1849

本属物种体延长，不侧扁。躯干部和尾部上背棱不相连，但下腹棱相连。头通常呈柱状，吻为管状。吻与眼眶部在同一直线上。鳃盖骨隆起嵴为一直线。背鳍基底不隆起。臀鳍小，有2～3枚鳍条。胸鳍发达，短而宽。尾部长于躯干部。尾鳍短小，长度小于眼后头长。全球有5种，我国有4种。

1033 横带副海龙 *Hippichthys spicifer*（Rüppell, 1838）[38]
=穗副海龙=多环海龙

背鳍25～30；臀鳍2～3；胸鳍15～18；尾鳍10。体环14～16+35～41。

本种一般特征同属。吻长小于吻后头长，但略大于眼后头长。吻背中央及躯体各隆起嵴光滑，主鳃盖骨隆起嵴发达。尾长为躯干长的2倍。尾鳍长小于眼后头长。体黄褐色，躯干部腹面有黑色横带。吻部腹面有黑点。尾鳍黄褐色。为暖水性底层鱼类。栖息于近岸内湾藻场或河口。分布于我国南海、台湾海域，以及日本伊豆半岛海域等暖水域。全长约17 cm。

1034 蓝点副海龙 *Hippichthys cyanospilus* Bleeker，1854[38]

= 棘盖多环海龙

背鳍20～28；臀鳍2～3；胸鳍13～16；尾鳍10。体环12～14＋32～35。

本种吻稍长，吻长略长于眼后头长。主鳃盖骨隆起嵴上、下各有一些放射线。背鳍起始于最后1节躯干环。尾长为躯干长的2倍，尾鳍长则略小于眼后头长。体褐色，其上布有白色斑点。腹中线隆起嵴黑色。为暖水性底层鱼类。栖息于内湾藻场、河口。分布于我国南海、东海、台湾海域，以及琉球群岛以南海域、印度–西太平洋暖水域。全长约15 cm。

1035 珠副海龙 *Hippichthys argyrostictus*（Kaup）[38]

= *Parasygnathus argyrostictus*

背鳍25～29；臀鳍2～3；胸鳍14～15。体环15～17＋37～41。

本种与蓝点副海龙相似。头和体部的隆起嵴平滑，无棘也无皮瓣。躯干部和尾部上背棱不相连，下腹棱相连。躯干部腹面V形，但不形成龙骨状突起。尾鳍小，雄性育儿囊位于尾部腹面，发达。体褐绿色，具7纵行珍珠状斑点。为暖水性底层鱼类。栖息于近岸内湾水域。分布于我国南海、东海，以及日本和歌山以南海域、西北太平洋暖水域。体长约15 cm。

▲ 本属我国尚有低副海龙*H. djarong*（=七角海龙*H. heptagonus*），以吻侧棱显著，吻长短于眼后头长，背鳍有25枚鳍条，臀鳍有3枚鳍条，体环15+41节为特征[13]。

1036 **斑氏环宇海龙** *Cosmocampus banneri*（Herald et Randall，1972）[14]

背鳍16～20；臀鳍2～4；胸鳍11～14；尾鳍10。体环鳞15+27～30。

本种体细长。眼背缘显著突出。吻侧具棘，吻背中央隆起嵴呈起伏状。尾部末端具隆起嵴且弯向侧面，趋向体环后角。头、眼均具皮膜。体白色，并具灰色横带。通常胸部体环腹面具褐色带。为暖水性底层鱼类。栖息水深20 m以浅。分布于我国台湾海域，以及日本石垣岛海域、印度–太平洋暖水域。体长约6 cm。

海龙属 *Syngnathus*（Linnaeus，1758）

本属物种体细长，不侧扁。躯干部和尾部上背棱不相连，下腹棱相连。头呈柱状，吻为管状。吻与眼眶处于同一直线，眼眶边缘不突出。主鳃盖骨隆起嵴呈痕迹状或缺失。尾部长于躯干部。背鳍基底不隆起，起始于最后1节躯干环，止于第9尾环。臀鳍很小。胸鳍发达，短而宽。尾鳍小，其长度小于眼后头长。雄性育儿囊在尾部。本属全球约有35种，我国有3种。

1037 **舒氏海龙** *Syngnathus schlegeli* Kaup，1856[44]

背鳍36～45；臀鳍3～4；胸鳍12～13。体环19+36～40。

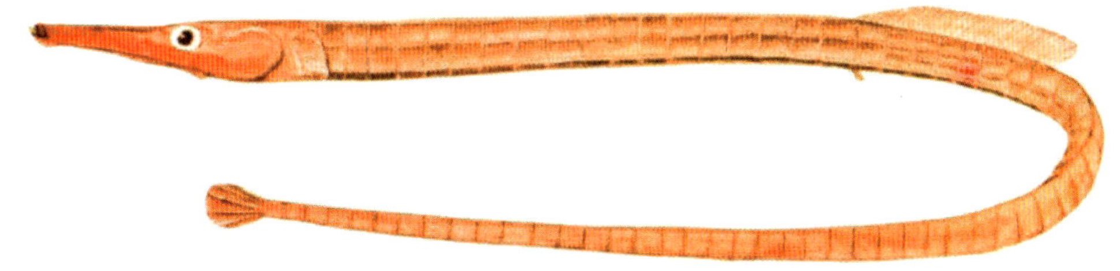

本种一般特征同属。头长而尖，体长为头长的4.8～7.2倍。吻长大于眼后头长，头长为吻长的1.7～1.8倍。吻背无锯齿，鳃盖骨无隆起嵴。尾较长，尾长为躯干长的2.5～2.7倍。尾鳍小，后缘近圆弧形。体黄褐色。为暖水性底层鱼类。栖息于近岸内湾藻丛海区。分布于我国东海、南海、台湾海域，以及日本本州海域、朝鲜半岛南部海域、西北太平洋。体长可达30 cm。

1038 尖海龙 *Syngnathus acus* Linnaeus，1785

背鳍35～41；臀鳍3～4；胸鳍12～13；尾鳍10。体环19＋38～40。

本种与舒氏海龙十分相似，分节特征多相互重叠。尾稍短，尾长为躯干长的2～2.5倍。背鳍稍小。尾鳍长短于眼后头长，但尾鳍后缘略呈截形。体黄绿色。为暖水性底层鱼类。栖息于近岸内湾藻丛海区。分布于我国黄海、渤海、东海，以及印度－太平洋、东大西洋温暖水域。最大体长为46 cm。为常见种类。

▲ 本属我国尚有飘海龙*S. pelagicus*，其形态特征与上述两种相似。仅以背鳍鳍条较少，为19～31枚；尾较短，尾长约为躯干长的1.7倍；尾环亦少，为34节而和上述两种相区分。

1039 短吻小须海龙 *Micrognathus brevirostris*（Rüpell，1838）

＝小颌海龙 *M. mataefae*

背鳍17～23；臀鳍3；胸鳍11～12；尾鳍10。环鳞15～16＋27～33。

本种体细长，尾部比躯干部长。躯干部和尾部上背棱、下腹棱均不相连。鳃盖骨隆起嵴为一直线。背鳍基底体环不隆起。吻长明显短于眼后头长。吻背面中央隆起嵴凹陷状。体一般呈褐色。为暖温性底层鱼类。栖息于浅水岩礁海区。分布于我国南海，以及日本南部海域、印度－西太平洋暖水域。

海蠋鱼属 *Halicampus* Kaup，1856

本属物种体较粗，躯干部六棱形，尾部四棱形。体上背棱突出，粗糙。体环边缘具小棘或细锯齿。躯干部和尾部上背棱不相连，下腹棱近相连。头较小，后头部中央有2条隆起嵴。眼大，眼眶特别突出。吻背和头部通常被棘。鳃盖骨有隆起嵴，向上弯，有放射纹。尾长大于体长的1/2。背鳍基底隆起，位于肛门背方。尾鳍细小。雄鱼育儿囊在尾部。我国有5种。

1040 葛氏海蠋鱼 *Halicampus grayi* Kaup，1856[141]

= *H. koilomatodon* = 海蠋鱼

背鳍19 ~ 22；臀鳍4；胸鳍15 ~ 20；尾鳍10。体环17 ~ 18 + 32 ~ 37。

本种一般特征同属。头部和体环有树枝状皮瓣，主鳃盖骨嵴略向上弯。吻短，吻长小于眼后头长。体环上棱边缘均有细棘齿。背鳍基底体环显著突起。尾较长，尾长为躯干长的1.6倍。体褐色，各鳍色浅，有一些不太明显的横带。为暖水性底层鱼类。栖息水深100 m以浅。分布于我国南海、台湾海域，以及日本长崎以南海域、印度–西太平洋暖水域。体长约18 cm。

1041 大吻海蠋鱼 *Halicampus macrorhynchus* Bamber，1915[14]

背鳍18；臀鳍4；胸鳍19；尾鳍10。体环15 + 26。

本种头长，体长约为头长的5倍。吻尖长，头长约为吻长的1.7倍，吻长约为吻高的5.9倍。尾较短，尾长约为躯干长的1.6倍。眼眶背面显著隆起。头、体有许多大型叶状皮瓣。体绿褐色，有一些不太明显的横带。为暖水性珊瑚礁鱼类。栖息于珊瑚礁及附近岩礁海区。分布于我国台湾海域，以及印度–西太平洋暖水域。体长约6 cm。

1042 褐海蠋鱼 *Halicampus mataafae*（Jordan et Seale，1906）[14]

= 玛塔法海蠋鱼（台）= 褐小颌海龙 *Micrognathus mataafae*

背鳍21；臀鳍3；胸鳍12；尾鳍10。体环15 + 35。

本种头较短，体长约为头长的14.7倍。吻短而粗，头长约为吻长的3.9倍，吻长约为吻高的1.6倍。主鳃盖骨隆起嵴较短，有若干放射线纹。体无叶状皮瓣。每2节体环间有2个小骨片。尾较长，尾长约为躯干长的2倍。尾鳍小，长度仅约等于眼径。体褐色，体环不鲜明。为暖水性底层鱼类。栖息于沿岸潮间带岩礁海域。分布于我国台湾海域，以及印度–太平洋暖水域。体长约10.5 cm。

1043 杜氏海蠋鱼 *Halicampus dunckeri*（Chabanaud，1929）[38]

背鳍18 ~ 19；臀鳍3 ~ 4；胸鳍11 ~ 12。体环14 + 34 ~ 36。

本种体细长。吻显著短，吻背中央隆起嵴上有缟棘或锯齿。吻侧也有隆起嵴。多数个体头部有棘。背鳍基体环不隆起。雄鱼育儿囊始于第17体环。体绿褐色，白环清晰。为暖水性底层鱼类。栖息于浅海岩礁水域。分布于我国台湾海域，以及日本田边湾海域、西太平洋暖水域。体长15 cm。

▲ 本属我国尚记录有分布于台湾海域的短吻海蠋鱼*H. spinirostris*[10]。台湾还提及一近似种*H. brocki*，但未采集到标本[9]。笔者不了解其形态特征。

1044 拟海龙 *Syngnathoides biaculeatus*（Bloch，1758）[38]

= 棘海龙

背鳍37 ~ 50；臀鳍4；胸鳍20 ~ 24；尾鳍0。体环15 ~ 18 + 40 ~ 54。

本种体延长，稍粗，平扁。尾长小于头长与躯干长之和。躯干部四棱形，尾前部六棱形，尾端向腹面卷曲。躯干部和尾部上背棱及下腹棱均相连接，棱突不明显。体环粗糙，但不具棘刺，吻部具皮瓣。头长，后头部有2条明显隆起嵴。吻较钝。鳃盖骨无隆起嵴，但有放射纹。背鳍较长，起始躯干最末体环，止于第10尾环。无尾鳍。肛门位于体1/2处后方。雄鱼育儿囊位于躯干部腹面。体绿褐色、黄褐色不等。为暖水性底层鱼类。栖息于近岸藻场、内湾河口处。分布于我国东海、南海、台湾海域，以及日本南部海域、印度-太平洋暖水域。全长约25 cm。

1045 哈氏刁海龙 *Solegnathus hardwicki*（Gray，1830）[17]

背鳍40 ~ 51；臀鳍4；胸鳍23 ~ 26。体环24 ~ 26 + 53 ~ 57。

本种体延长，较高而侧扁，其腹面呈V形。躯干部五棱形；尾前部六棱形，向后变细，呈四棱形。吻长大于眼后头长的2倍。无尾鳍，尾端卷曲，尾长约等于躯干长。躯干部和尾部上背棱不相连或近相连，下腹棱相连。体表有无数瘤状小突起，眼眶上散布有带棘的小骨板。体浅褐色，各体环上缘及侧边均有一褐色斑。为暖水性底层鱼类。栖息水深100 m以浅。分布于我国东海、南海，以及日本高知以南海域、印度尼西亚海域、印度-西太平洋暖水域。体长可达40 cm。

1046 短身细尾海龙 *Acentronura breviperula* Fraser-Brunner et Whitley，1949[38]

本种和海马属鱼类相似。尾端卷曲，均无尾鳍。头部与躯干部几乎位于同一直线上。体细长，体板上无疣状突或棘，而体表皮质突数量依个体变化多。育儿囊在尾部，为袋状。体从红褐色到黑褐色不等。为暖水性底层鱼类。栖息于浅水岩礁海区。分布于我国台湾海域。

注：笔者未取得本种彩图。但考虑本种是介乎海龙与海马的中间类型，本书选择分布于日本海域的其近缘种细尾海龙*A. gracilissima*的图幅供参考。

海马属 *Hippocampus* Rafinesque，1810

本属物种体侧扁，腹部突出。尾部细长，呈四棱形；尾端尖，无尾鳍。头部弯曲，与躯干部几乎呈直角。头顶部具顶冠，冠尖端、眼眶和颊部具小棘。每一体环都具突起或小棘。吻管状。口小，端位。鳃孔小，位于近头部背位。鳃盖骨突出，有向上弯曲的小隆起嵴。背鳍基底隆起。臀鳍短小，胸鳍宽而短。背鳍无鳍棘，鳍条不分支。雄鱼育儿囊在尾部腹面。全球约有30种，我国有12种。

1047 刺海马 *Hippocampus histrix* Kaup，1856[38]（左雌鱼，右雄鱼）

= 长棘海马

背鳍17～18；臀鳍4；胸鳍17～18。体环11＋35～36。

本种一般特征同属。躯干环11节，体侧棘尖长。吻长大于眼后头长的2倍。顶冠后的枕嵴几乎与顶冠等高。体上隆起嵴的棘刺长几乎与眼径相等。雄鱼体红褐色，育儿囊黄色。各棘刺末端黑色。雌鱼吻有横带，个体也有体灰褐色的变异。为暖水性沿岸鱼类。栖息于近岸内湾岩礁海区。分布于我国东海、南海、台湾海域，以及日本伊豆半岛海域、和歌山海域，印度－太平洋暖水域。体长可达17 cm。为珍稀种。

1048 管海马 *Hippocampus kuda* Bleeker，1854【38】+【14】（左雄鱼，中雌鱼，右变异鱼）

=库达海马

背鳍17；臀鳍4；胸鳍16。体环11 + 35 ~ 38。

本种与刺海马相似。躯干环11节，但体环具突起或钝棘。吻也较长，吻长大于眼后头长。顶冠明显，但无尖棘。依栖息地及雌鱼、雄鱼，体有鲜黄色至黑褐色或灰白色（变异个体）。尾部有数条横带。为暖水性沿岸鱼种。栖息于河口。分布于我国渤海、东海、南海、台湾海域，以及日本南部海域、印度–太平洋暖水域。体长可达18 cm。

注：据孟庆闻（1995）、黄宗国（2012）报告，该种在渤海有分布。但在渤海未采到过本种样本。

1049 日本海马 *Hippocampus japonicus* Kaup，1853

背鳍16～17；臀鳍4；胸鳍13。体环11＋37～38。

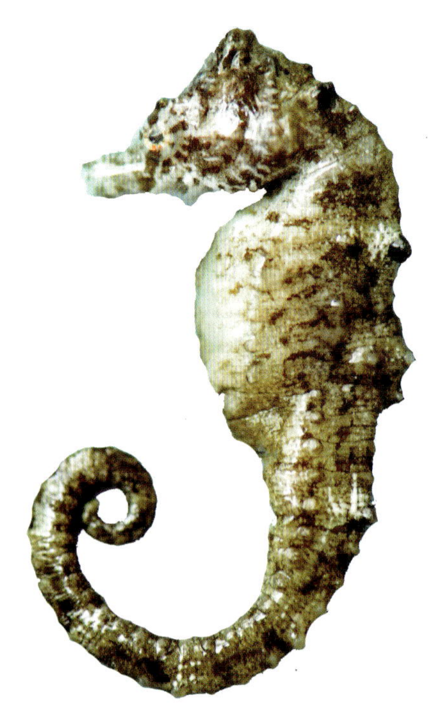

本种躯干环11节。吻短，头长为吻长的3倍。头冠甚低，无棘。各体环棘刺亦低、钝。尾显著细长。体褐色或深褐色，布有不规则的带状斑。为暖温性沿岸鱼种。栖息于近岸内湾藻场海域。分布于我国黄海、渤海、东海、南海，以及日本北海道以南海域、朝鲜半岛海域、越南海域、西太平洋温暖水域。体长约8 cm。是海马中的习见小型种，为北方药用养殖鱼类。

1050 冠海马 *Hippocampus coronatus* Temminck et Schlegel，1850[38]（左雌鱼，右雄鱼）

背鳍10～13；胸鳍11～14。体环10＋34～40。

本种躯干环10节。背鳍基底短，仅10～13枚分支鳍条。头部顶冠高，吻短。头、体皮瓣多而长，但顶冠形状、体环的棘以及枝状皮瓣的形状和数量依个体皆有显著变异。体从黄褐色到红褐色不等。背鳍有黑缘。为暖温性沿岸鱼类。栖息于沿岸内湾藻场海域。分布于我国渤海、黄海，以及日本沿海、朝鲜半岛南部海域、西北太平洋暖温水域。体长约9 cm。

1051 大海马 *Hippocampus kelloggi* Jordan et Snyder，1901[14]

= 克氏海马

背鳍18～19；臀鳍4；胸鳍18。体环11＋39～40。

本种与冠海马相似，头部顶冠甚高；但其顶端有6个小突起。躯干环11节。背鳍基底长，有18～19枚鳍条。体黄褐色，具不规则的或虫状白色斑纹。本种形态也与管海马相似，以至于日本富山（1961）认为大海马和管海马为同种。《南海鱼类志》（1962）也将管海马误认为是本种[7]。为暖水性沿岸鱼类。栖息于近岸藻场海域。分布于我国南海，以及日本骏河湾以南海域、菲律宾海域、印度－西太平洋暖水域。体长可达30 cm。为主要药用养殖鱼类。

1052 棘海马 *Hippocampus erinaceus* Günther，1870[9]

背鳍18；臀鳍4；胸鳍16～17。体环11＋36～37。

本种与刺海马相似，但吻粗短，长度小于吻后头长。顶冠后方的枕脊上有2个明显的锐棘。各棱嵴上皆有锐棘，并呈间隔性延长，但棘刺长小于眼径。体灰褐色，吻部色稍浅。为暖水性近岸鱼类。栖息于沿岸藻场海域。分布于我国台湾海域，以及印度－太平洋暖水域。体长约6.6 cm。

1053 三斑海马 *Hippocampus trimaculatus* Leach，1814[19]

= 高伦海马 *H. takaurai*

背鳍20～21；臀鳍4；胸鳍17～18。体环11＋40～41。

本种吻较短，吻长小于吻后头长，但略大于眼后头长。顶冠低，上有5个小突起。其后方枕脊上有2枚低钝棘。体部各棱无棘状突起。体从浅褐色到深褐色不等，在背鳍前方有3个黑色圆斑。为暖水性近岸鱼类。栖息于沿岸浅水岩礁海区，或附近沙底质或砾底质海区。分布于我国南海、台湾海域，以及日本南部海域、印度－太平洋暖水域。体长可达19 cm。为主要药用养殖鱼类。

注：《南海鱼类志》（1962）将日本产高伦海马认作本种，实际上两者斑点有显著区别。高伦海马为褐色基底上，依体环分布有2～3列白色斑点，而无黑色圆斑[8]。

▲ 本属我国尚记录有花海马*H. sindonis*、巴氏海马*H. bargibanti*、科氏海马*H. colemani*等几种[13]，均分布于我国台湾海域。

（173）海蛾鱼科 Pegasidae

本科物种头、体平扁，较宽，被骨板。吻扁，稍突出。口小，下位，无齿。前颌骨与上颌骨间有一大型骨板。腹鳍腹位，具弱鳍棘和1～3枚指状鳍条。胸鳍大，平展，呈翼状。背鳍单一，与臀鳍同形，对位排列于尾部。尾柄四棱形，尾鳍鳍条8枚。本科全球仅有2属5种，我国有2属3种。

注：因海蛾鱼类十分特别，故贝尔格（1959）、苏锦祥（2002）和Nelson（1984）都将其作为独立目安排[66, 4F, 3]。但Nelson（2006）《世界鱼类》（第4版）中则将其合并于刺鱼目中。考虑到黄宗国等（2012）已接受此安排[13]，故本书亦遵从此归纳。

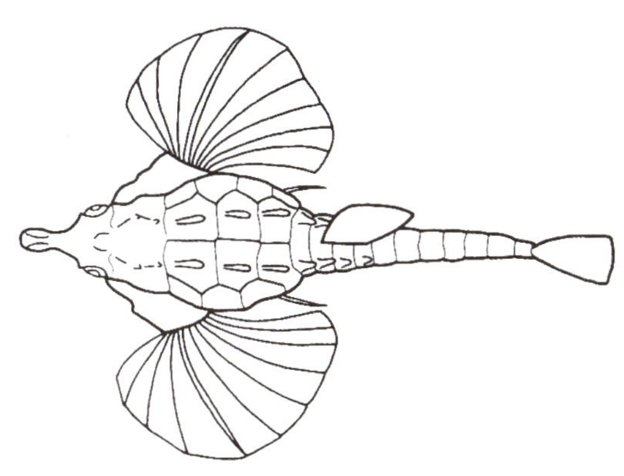

海蛾鱼科物种形态简图

1054 宽海蛾鱼 *Euryegasus draconis*（Linnaeus，1766）[38]

= 长吻海蛾鱼

背鳍5；臀鳍5；胸鳍9～12；腹鳍Ⅰ－2。

本种头、体扁平，宽展。吻较短，圆突。体被骨板，背面3对，腹面4对，棱嵴具锯齿。体背起伏较大，眼后有一深凹陷。尾环8～9节，最后尾环背面有棘。由腹面观可见眼睛。体褐色，背部与体侧具黑色条纹，其第1尾节多有黑色带。胸鳍透明，具纵列斑点，基部具白色斑点。为暖水性底层小型鱼类。栖息于浅水沙泥底质海域。分布于我国南海、台湾海域，以及日本千叶以南海域、美国夏威夷海域、印度–太平洋热带水域。全长约7 cm。

1055 海蛾鱼 *Pegasus laternarius* Cuvier，1817[20]

背鳍5；臀鳍5；胸鳍10～11；腹鳍Ⅰ-2。

本种体宽短，平扁。尾部较短，尾环11节，四棱形。头三角形（背面观），吻突较短，两侧各具一棱嵴。背、腹面各具2条隆起嵴，隆起嵴上尚有锯齿状小棘。眼较小，突出于头背缘。口小，无齿。背鳍1个，后位，与臀鳍相对。胸鳍发达，翼状。腹鳍腹位，尾鳍后缘截形。各鳍无鳍棘，鳍条不分支。体背灰褐色，腹部色浅，尾部具横带，各鳍有暗斑。为暖水性底栖小型鱼类。分布于我国南海、台湾海域。体长约8 cm。

1056 飞海蛾鱼 *Pegasus volitans* Linnaeus，1758[38]

=海蛾鱼=短尾海蛾鱼 *P. laternarius*

背鳍5；臀鳍5；胸鳍9～12；腹鳍Ⅰ-2。

本种体平扁而尖。吻突细长。尾细长，尾环12节，两侧具隆起嵴，尾鳍后缘截形。体黑褐色，腹面色浅，体上有红褐色斑点和不明显的横带。胸鳍有2纵行褐色带以及黑褐色和黄色斑点。尾鳍有黑褐色斑点。为暖水性底层小型鱼类。栖息于浅水沙泥底质海域。分布于我国南海、台湾海域，以及日本高知以南海域、印度-西太平洋暖水域。全长约7 cm。

注：孟庆闻（1995）认为海蛾鱼与飞海蛾鱼是同物种[2]。刘瑞玉（2008）、黄宗国（2013）则将二者列为两独立物种[12，13]。